U0358792

规矩方圆　天地之和

中国古代都城、建筑群与单体建筑之构图比例研究

（图版）

王南　著

中国城市出版社　中国建筑工业出版社

序一

清华大学王南老师长期从事中国古建筑史、北京城市规划及古建筑研究，是一位勤于治学的青年学者，曾出版国家重大出版工程项目“十二五”国家重点图书《中国古建筑丛书》中的《北京古建筑》，深得好评。

这一本书稿我看了之后感到学术价值很高，与近年来出版有关古代空间文化、有关古代人居环境等新作可以并驾齐驱，均为新世纪开拓之作。

20世纪对中国古代建筑大多宏观研究或个案考察，到60年代开始对其设计规划规律有所探求。前辈陈明达先生曾指出“当时匠师设计必有一定方法……现在我们要追究这一方法，也只有从实测结果中去寻求线索。”傅熹年院士也认为“我们只能通过这些城市、建筑群、单体建筑的实测数据进行分析、归纳、找出共同点，才能逐步把这些原则、方法、规律反推出来。”

《规矩方圆　天地之和　中国古代都城、建筑群与单体建筑之构图比例研究》对中国古代都城、建筑群与单体建筑构图比例的研究方法正是延续先辈指点的途径，在多位专家研究的基础上，进而通过对6座都城、118处建筑群和276座单体建筑（共计400个实例）的大量实测图进行几何作图、数据分析，找出一系列构图比例，以探索古代规划设计的原则、方法、规律。我对其研究方向、方法与成果的深度与广度，十分赞赏，期冀《规矩方圆　天地之和　中国古代都城、建筑群与单体建筑之构图比例研究》进入中国古建筑研究佳作之林。

張錦秋

序二

清华大学建筑学院王南博士的研究成果《规矩方圆　天地之和　中国古代都城、建筑群与单体建筑之构图比例研究》是一部关于中国古代建筑史方面的重要著作，其内容涉及中国古代城市规划与建筑设计方法论方面一些重要探索。该论著在前人研究的基础上，对400余例中国古代城市、建筑群与单体建筑的实测图进行几何作图与实测数据分析，以大量令人信服的实证分析，证实了规矩方圆作图是中国古代匠人一以贯之的规划设计手法，其所生成的$\sqrt{2}$等经典构图比例，是与西方黄金分割比并驾齐驱，体现了东方文化及其哲学思想（尤其是“天圆地方”的宇宙观及追求天、地、人和谐的文化理念）的经典设计比例。这是一项极具突破性的研究，回应了以往几代建筑史学人寻找中国古代设计方法与规律的殷切期待。

本人1980年代在对唐宋木结构建筑的平、立、剖面设计进行研究时发现，诸多单体建筑设计中存在$\sqrt{2}$比例关系，并认为方圆关系涉及古代中国人“天圆地方”的宇宙观念，具有相当深刻的文化内涵。王南博士在这部专著中对这一课题作出了更加广泛而深入的研究，不但对大批现存重要的古代单体建筑作了实证分析，还对具有代表性的古代建筑群、古代都城作了实证分析，书中所引用案例，上迄新石器时代，下至清代，规模宏大，论述精密，充分运用古代文献，揭示了规矩作图法与中国古代天地阴阳哲学相表里，是中国古代建筑设计与城市规划的基本方法。

这一研究成果的出版，必将推动中国古代建筑史研究的深入，也将为当前建筑设计与城市规划工作提供参考，增进国内外学术界交流，产生多方面成效。

前言

本研究可谓是对一个老课题的新发现。所谓老课题，即对中国古代城市与建筑规划设计方法的研究，尤其是规划设计中的构图比例问题的研究。此方面研究由中国营造学社先辈们肇始，八十余年来几乎从未停止。而本书的新发现，实际上是在前人富于启发性的一系列研究成果的基础之上，研究并指出：基于规矩方圆作图的一系列构图比例，尤其是$\sqrt{2}$与$\sqrt{3}/2$比例，在中国古代都城规划、建筑群布局及单体建筑设计中有着极为普遍地运用。

本书通过对四百余个实例的分析来对上述发现进行论证。这批为数众多的实例，在时间跨度上，从五千年前的新石器时代直至清末；在地域分布上，遍及北京、天津、河北、河南、山西、山东、陕西、辽宁、内蒙古、甘肃、青海、新疆、四川、云南、湖北、湖南、安徽、江苏、浙江、福建等20个省（或自治区、直辖市）；在建筑类型上，则涵盖了中国古建筑的绝大部分类型（还包括城市中的都城这一类型）；在典型性方面，所选实例包括各个类型之中大量最具代表性的作品。此外，在许多宗教建筑实例中，我们甚至发现建筑空间与其中的塑像之间，同样存在方圆作图比例关系（本书称之为“度像构屋”）。

综上可知，方圆作图比例在中国古代城市与建筑的规划设计中运用极为广泛。不仅如此，本书的实例分析还可以证明，方圆作图比例的运用，与前人做过大量研究的中国古代城市与建筑规划设计中的“模数化”方法（包括模数网格的运用）实际上相辅相成、并行不悖。

本书的实例分析，主要通过对实测图进行几何作图，结合对实测数据的演算加以讨论。故全书在形式上分为“文字版”和“图版”两册：“文字版”的主体部分即对四百余个实例的文字分析与数据计算，“图版”则是与之相对应的以实测图作为底图的几何作图分析——将二者对照阅读、相互参看，可以对本书讨论的中国古代城市与建筑之构图比例问题同时获得直观印象与理性把握，颇似中国古人所谓的“左图右史”。

特别需要指出的是：如果说从大量实例中总结出的方圆作图比例规律，仍属于我们对中国古代规划、建筑匠师所采用的规划设计方法的大胆猜测的话，那么本书所引用的一些关键古代文献，则成为可以与实例分析互为印证的重要文字证据。其中，尤为关键的是北宋《营造法式》第一幅插图“圆方方圆图”所包含的要义（以往似乎未引起《营造法式》研究者的足够重视）。《营造法式》的作者李诫在全书开篇即援引《周髀算经》的此幅插图及相关文字“数之法出于圆方。圆出于方，方出于矩，矩出于九九八十一”、“万物周事而圆方用焉，大匠造制而规矩设焉”，已经充分暗示出规矩方圆作图对于匠人营造之重大意义。耐人寻味的是，这幅“圆方方圆图”与汉代画像石（如典型的武梁祠画像）中广为流传的伏羲女娲分执规矩、规天矩地的图像形成了有趣的呼应。

本书在实例分析与文献研究的基础上认为：中国古代匠师广为运用的基于方圆作图的构图比例，蕴含着中国古人“天圆地方”的宇宙观与追求天地和谐的文化理念，可谓中国古代城市规划与建筑设计中源远流长的重要传统。

这项研究同时亦可看作是对中国古代城市、建筑之美的几何/数学证明。对比于西方古典建筑（以及其他造型艺术）中大量运用并为西方建筑师、艺术家奉为圭臬的“黄金分割比”，本书将中国古代匠师基于方圆作图的这套比例称为“天地之和比”。“天地之和比”可谓中国古代大匠设立的“规矩”，不仅是中国传统城市与建筑规划设计的伟大遗产，更有可能成为中国当代城市与建筑创新的宝贵源泉。

目录

序一　4

序二　6

前言　8

引言：天圆地方与方圆作图　14

上篇　都城规划与建筑群布局

第一章　都城宫殿　33

第二章　祭祀建筑　85

第三章　陵墓建筑　107

第四章　宗教建筑　125

第五章　民居祠堂　151

第六章　苑囿园林　177

下篇　建筑单体设计

第七章　木结构单层建筑　191

第八章　楼阁与城楼　325

第九章　佛塔与经幢　399

第十章　牌楼、牌坊与棂星门　463

第十一章　亭　485

第十二章　墓祠、墓阙与墓表　503

第十三章　石窟　513

第十四章　其他类型　523

结语：从心所欲不逾矩　541

后记　546

引言：天圆地方与方圆作图

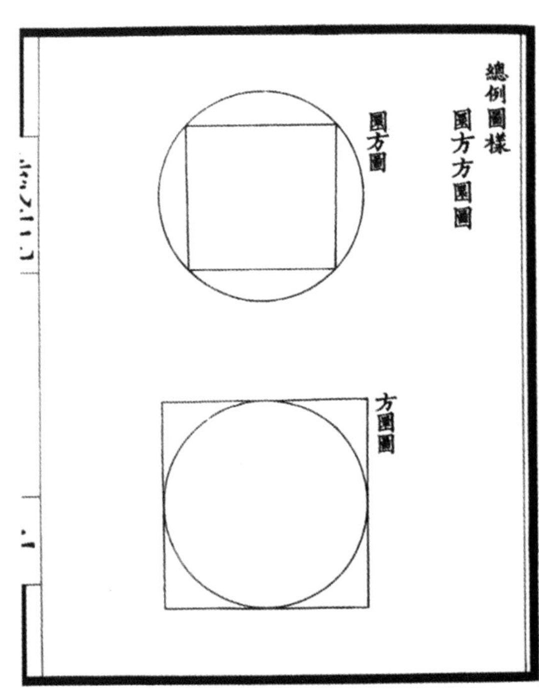

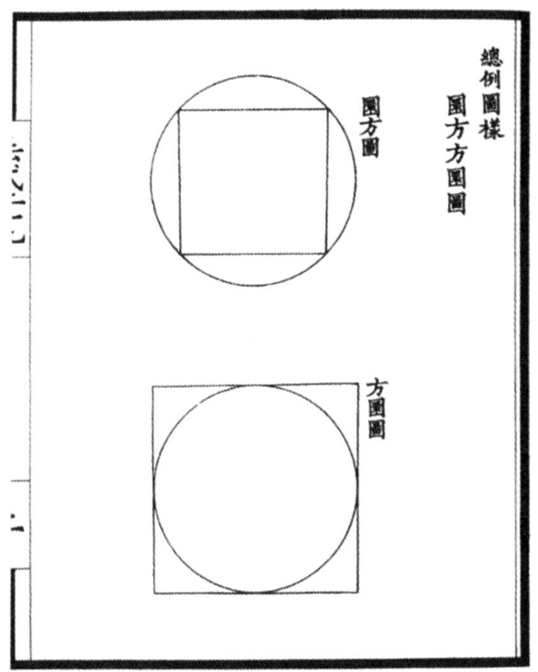

图0-1　北宋《营造法式》第一图："圆方方圆图"

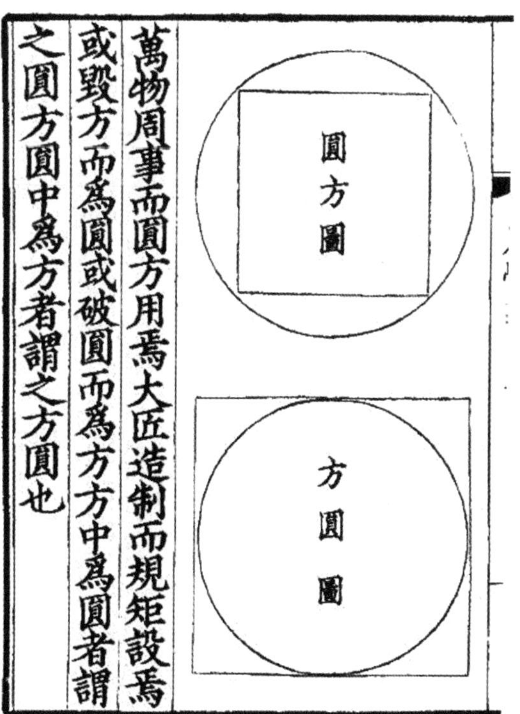

图0-2《周髀算经》中的"圆方图"与"方圆图"

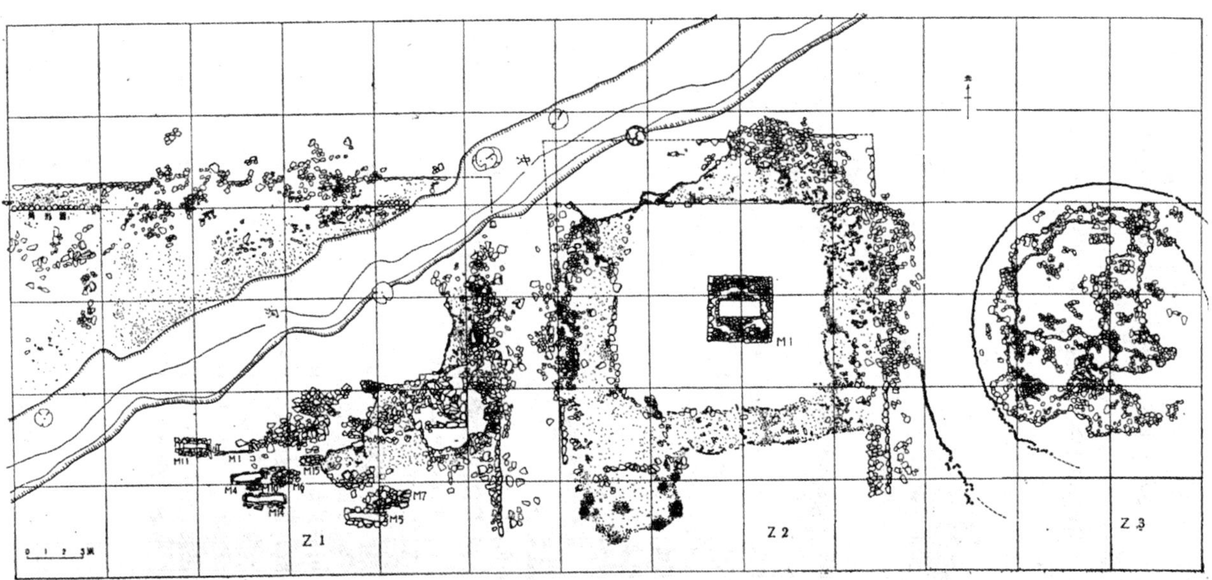

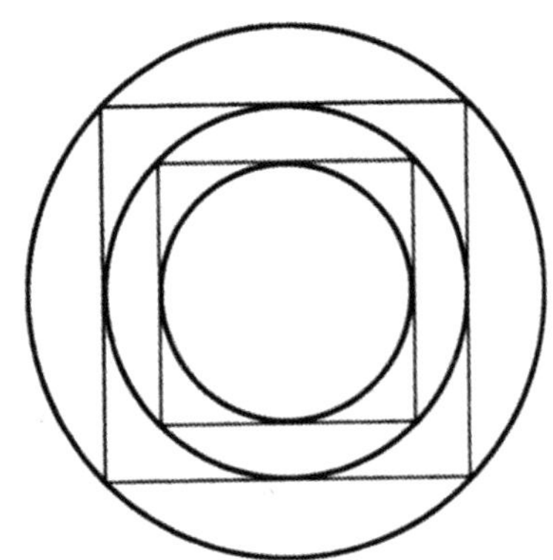

图0-3 辽宁牛河梁红山文化圜丘与方丘总平面图
来源：辽宁省文物考古研究所．辽宁牛河梁红山文化“女神庙”与积石冢群发掘简报［J］．文物，1986（8）．

图0-4 冯时指出辽宁牛河梁红山文化圜丘三环石坛直径之比为1：$\sqrt{2}$：2
来源：冯时《中国古代的天文与人文》（2006）

1

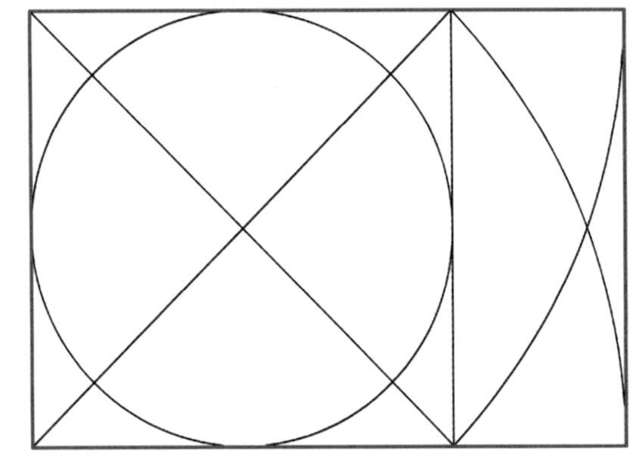

$\sqrt{3}/2$

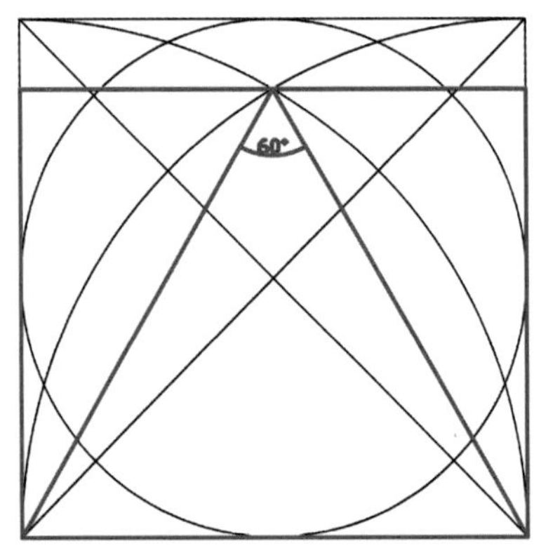

$\sqrt{2}$

1

图0-5 本书讨论的方圆作图基本构图比例——$\sqrt{2}$与$\sqrt{3}/2$

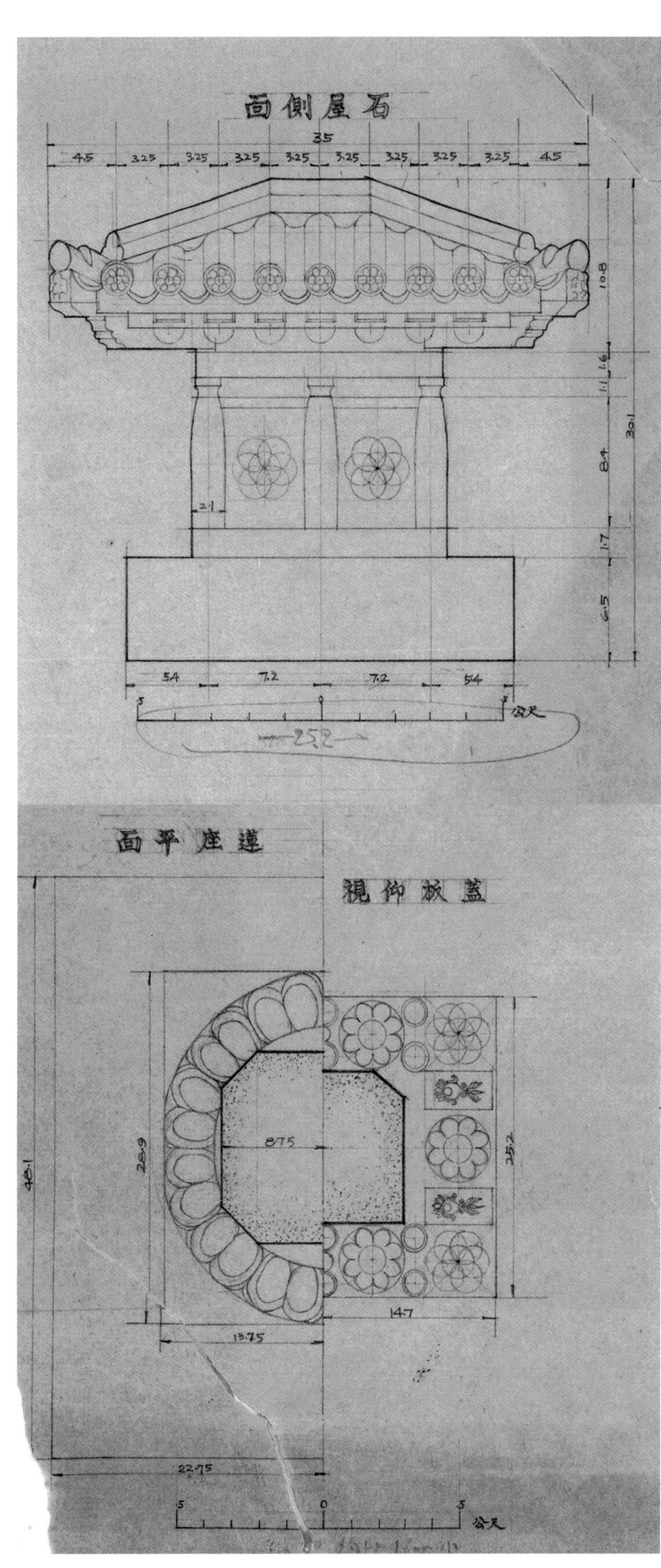

图0-6　河北定兴县北齐石柱装饰图案中可见用圆形作图获得正六边形的构图

来源：清华大学建筑学院中国营造学社纪念馆藏

次间格扇棂花

图0-7 朔州崇福寺金代槅扇棂花图案中的$\sqrt{3}/2$矩形构图
底图来源：《朔州崇福寺》（1996）

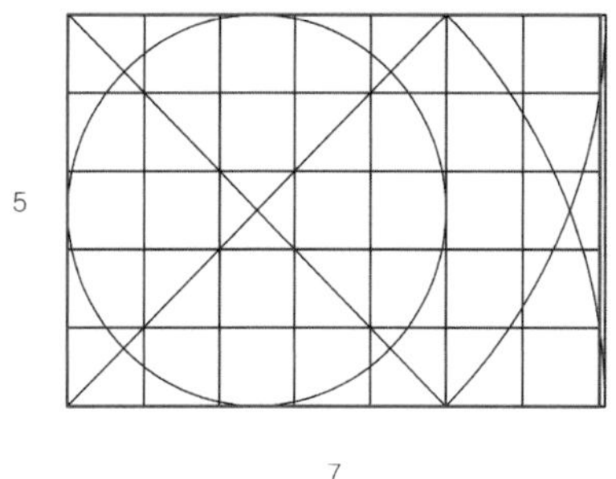

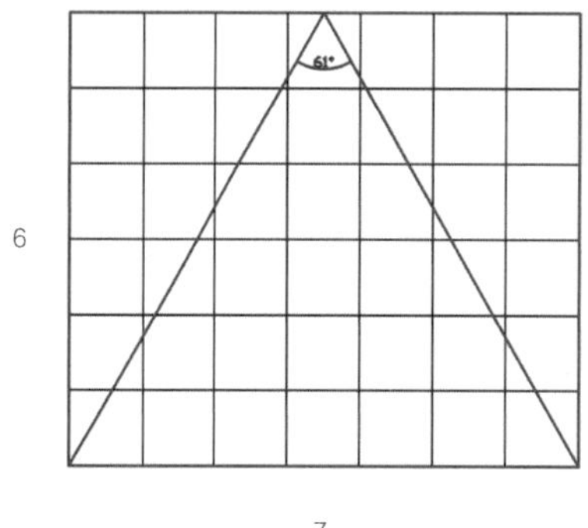

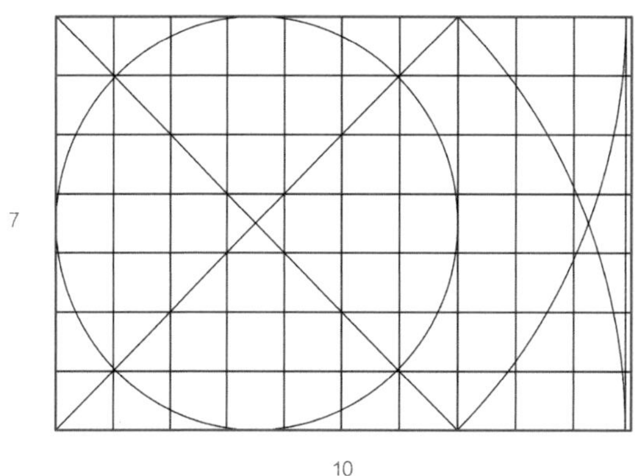

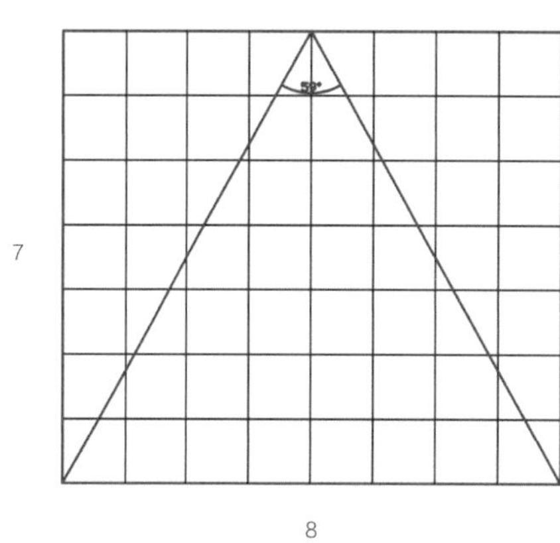

图0-8　方圆作图基本原型$\sqrt{2}$矩形与$\sqrt{3}/2$矩形的近似作图法——以7：5或10：7代替$\sqrt{2}$，以6：7或7：8代替$\sqrt{3}/2$（边长6：7的矩形内含顶角61°等腰三角形，边长7：8的矩形内含顶角59°等腰三角形）

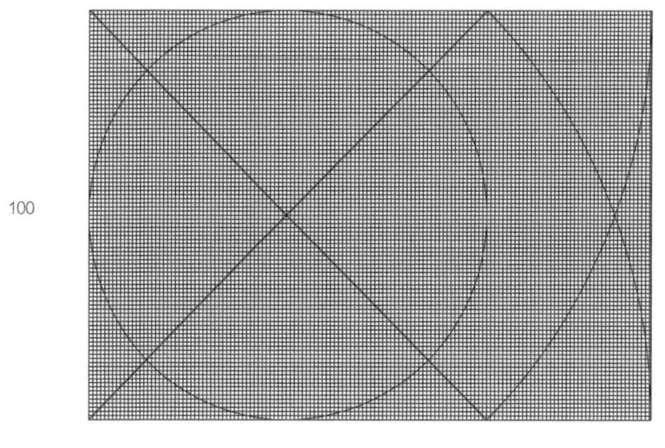

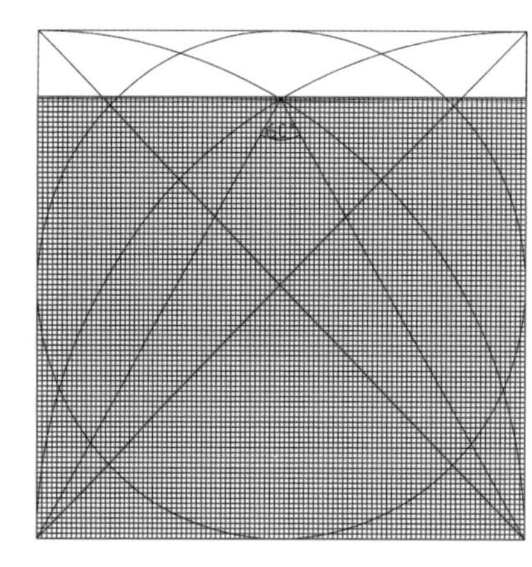

图0-9　方圆作图基本原型$\sqrt{2}$矩形与$\sqrt{3}/2$矩形的《营造法式》作图法——以141：100代替$\sqrt{2}$，以87：100代替$\sqrt{3}/2$

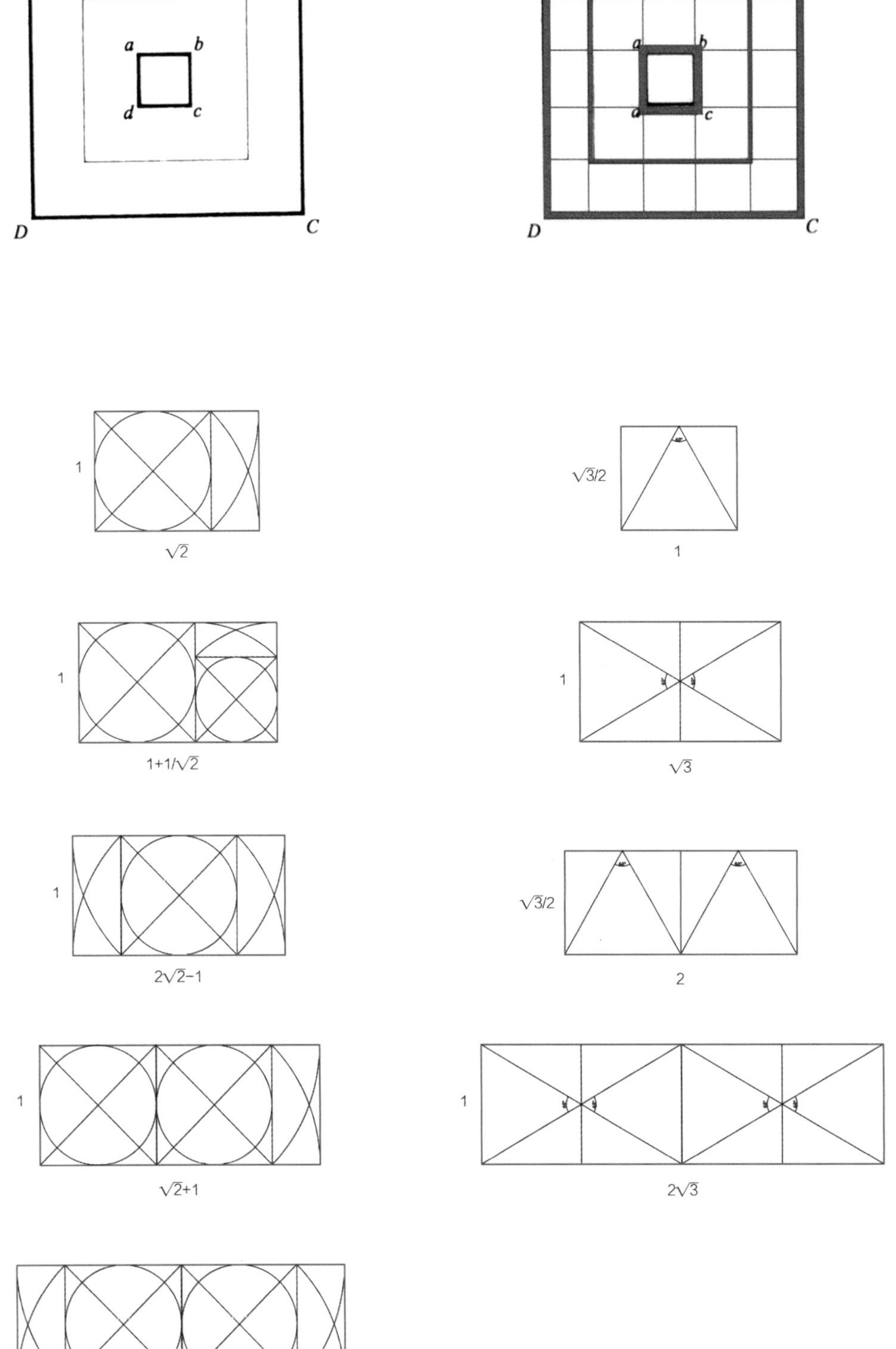

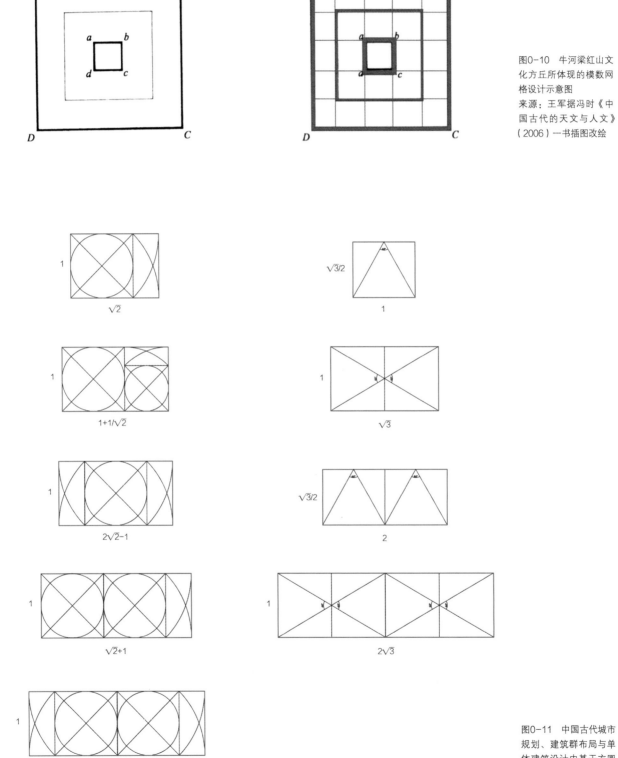

图0-10　牛河梁红山文化方丘所体现的模数网格设计示意图
来源：王军据冯时《中国古代的天文与人文》（2006）一书插图改绘

图0-11　中国古代城市规划、建筑群布局与单体建筑设计中基于方圆作图的常见构图比例

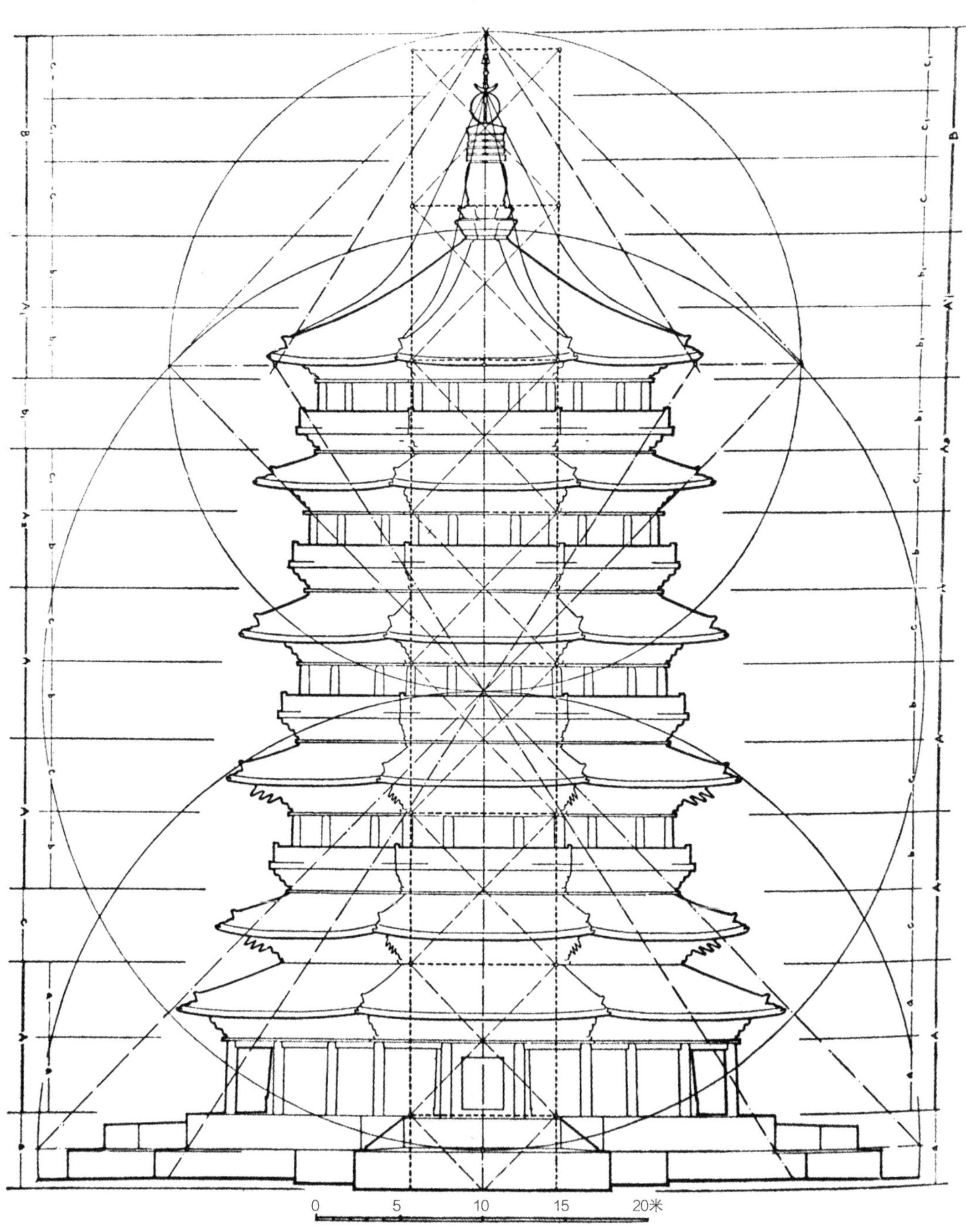

图0-12　陈明达的应县木塔立面构图比例分析
来源：陈明达《应县木塔》(1966)

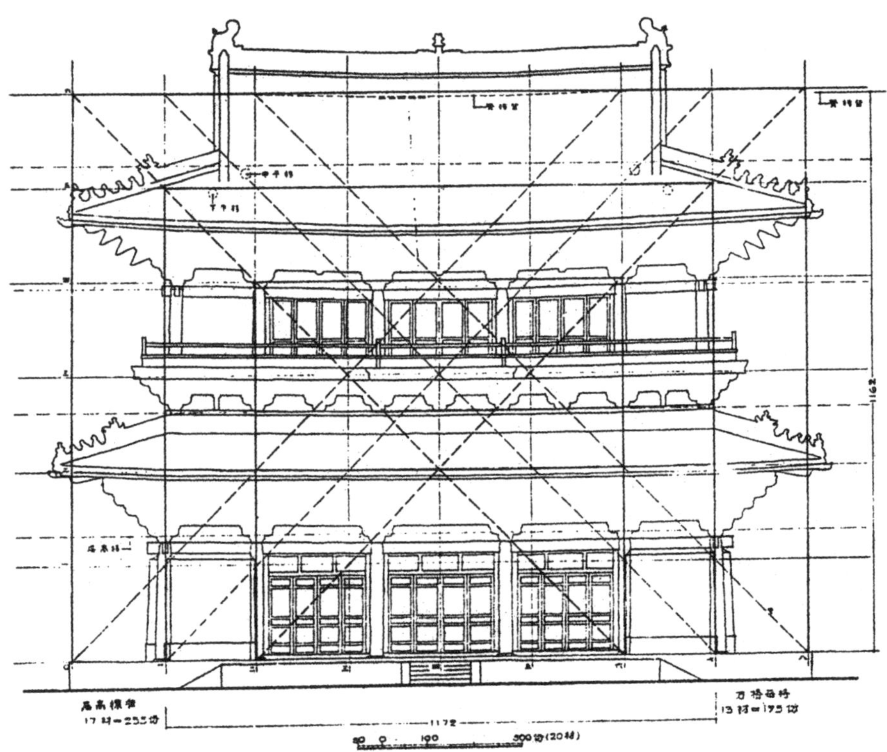

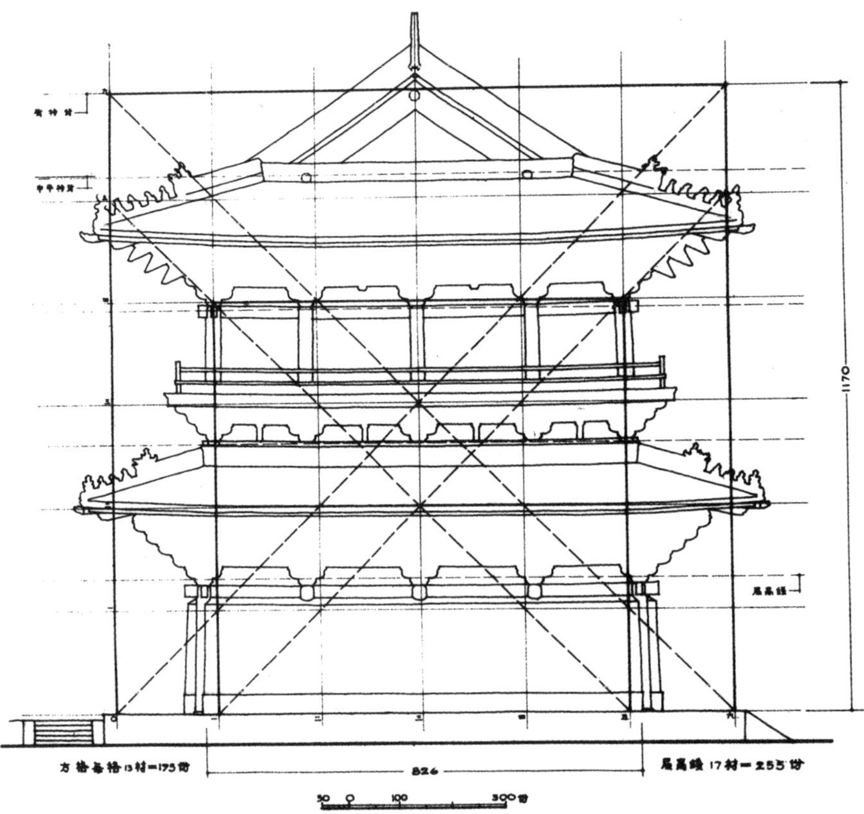

图0-13　陈明达的独乐寺观音阁立面比例分析草图
来源：《蓟县独乐寺》(2002)

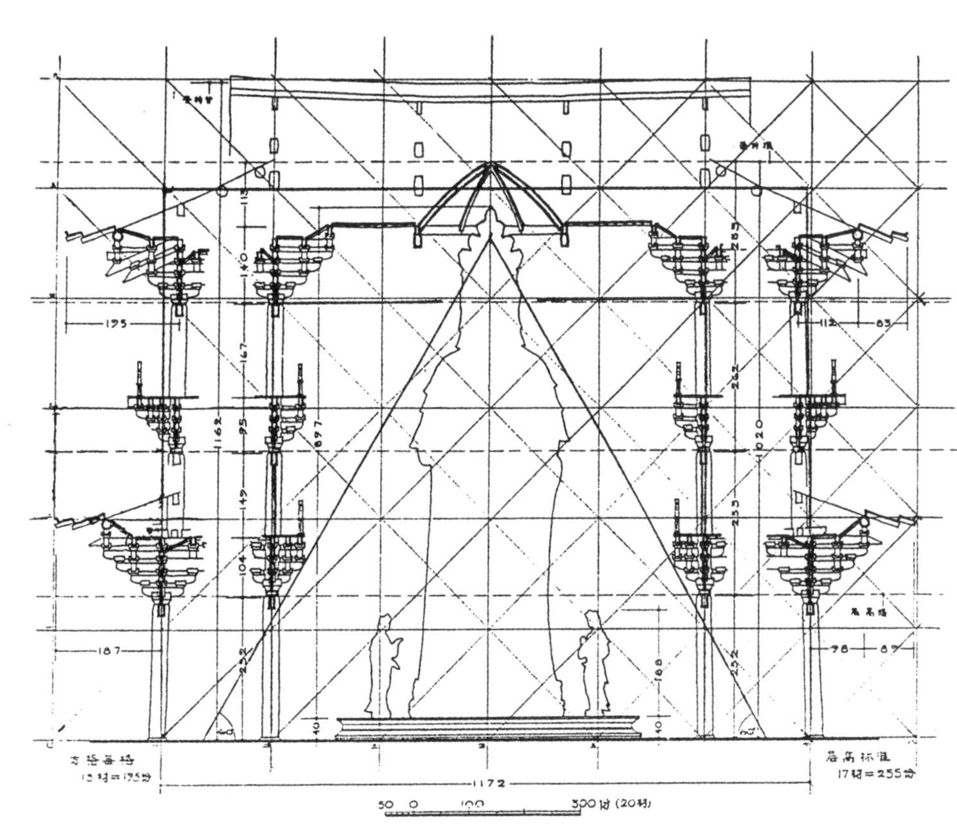

图0-14　陈明达的独乐寺观音阁纵剖面比例分析草图
来源：《蓟县独乐寺》(2002)

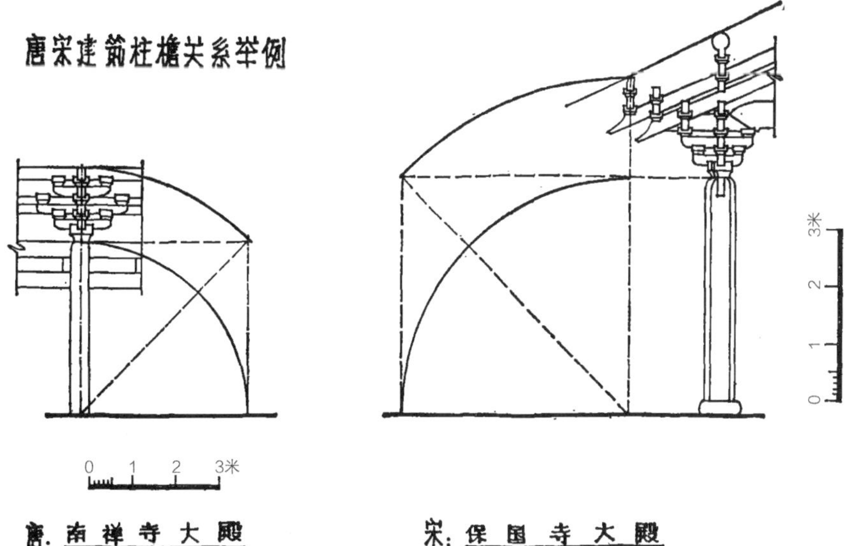

图0-15　王贵祥的唐宋建筑檐高与柱高比例分析图
来源：王贵祥《$\sqrt{2}$与唐宋建筑柱檐关系》(1984)

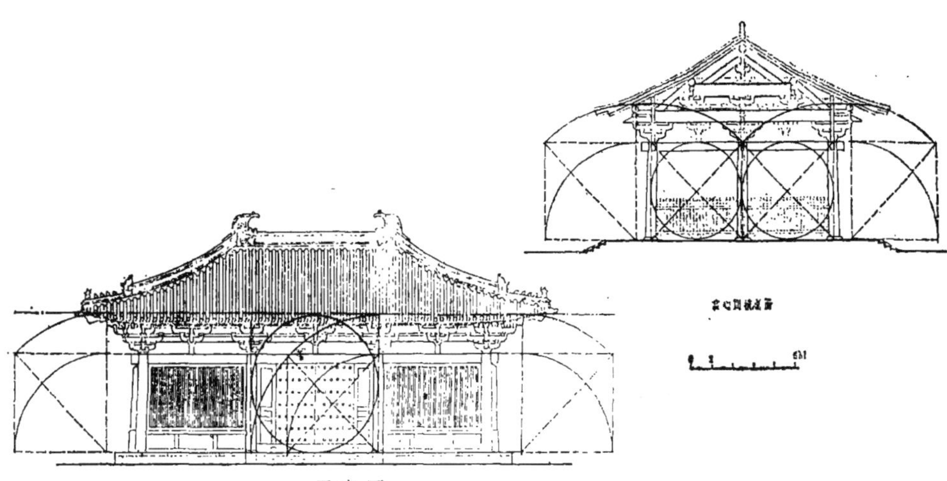

正 立 面
河北蓟县独乐寺山门剖面、正立面比例分析图

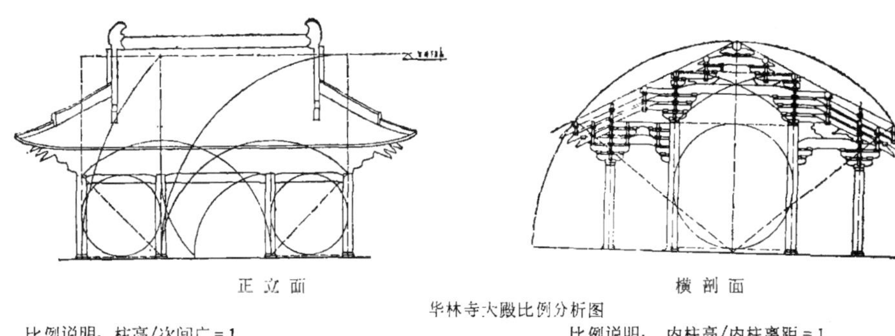

比例说明：柱高/次间广 = 1
心间广/次间广 = $\sqrt{2}$
心间广/柱高 = $\sqrt{2}$
通间广/（心间广 + 次间广）= $\sqrt{2}$
（心间广 + 次间广 = 脊槫下皮高）（由柱础顶围计）

比例说明：内柱高/内柱离距 = 1
中平槫上皮高/内柱高 = $\sqrt{2}$
脊槫上皮标高/地面中点至前后撩檐方上皮距离

图0-16 王贵祥的蓟县独乐寺山门和福州华林寺大殿比例分析图
来源：王贵祥《唐宋单檐木构建筑平面与立面比例规律的探讨》（1989）

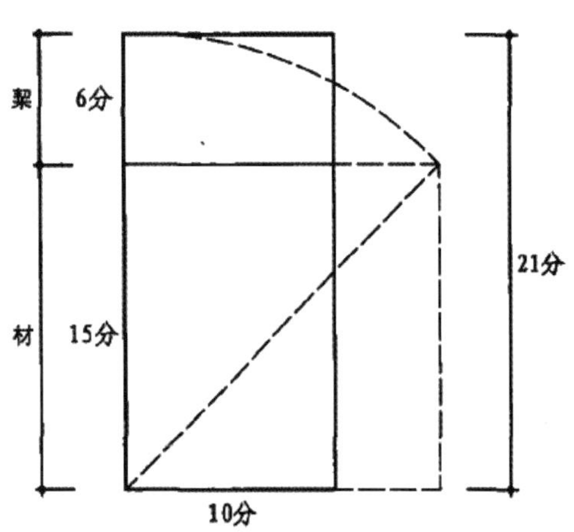

材栔比例关系：足材取单材方形的斜长

图0-17 张十庆的《营造法式》足材与单材比例分析图
来源：《〈营造法式〉材比例的形式与特点——传统数理背景下的古代建筑技术分析》（2013）

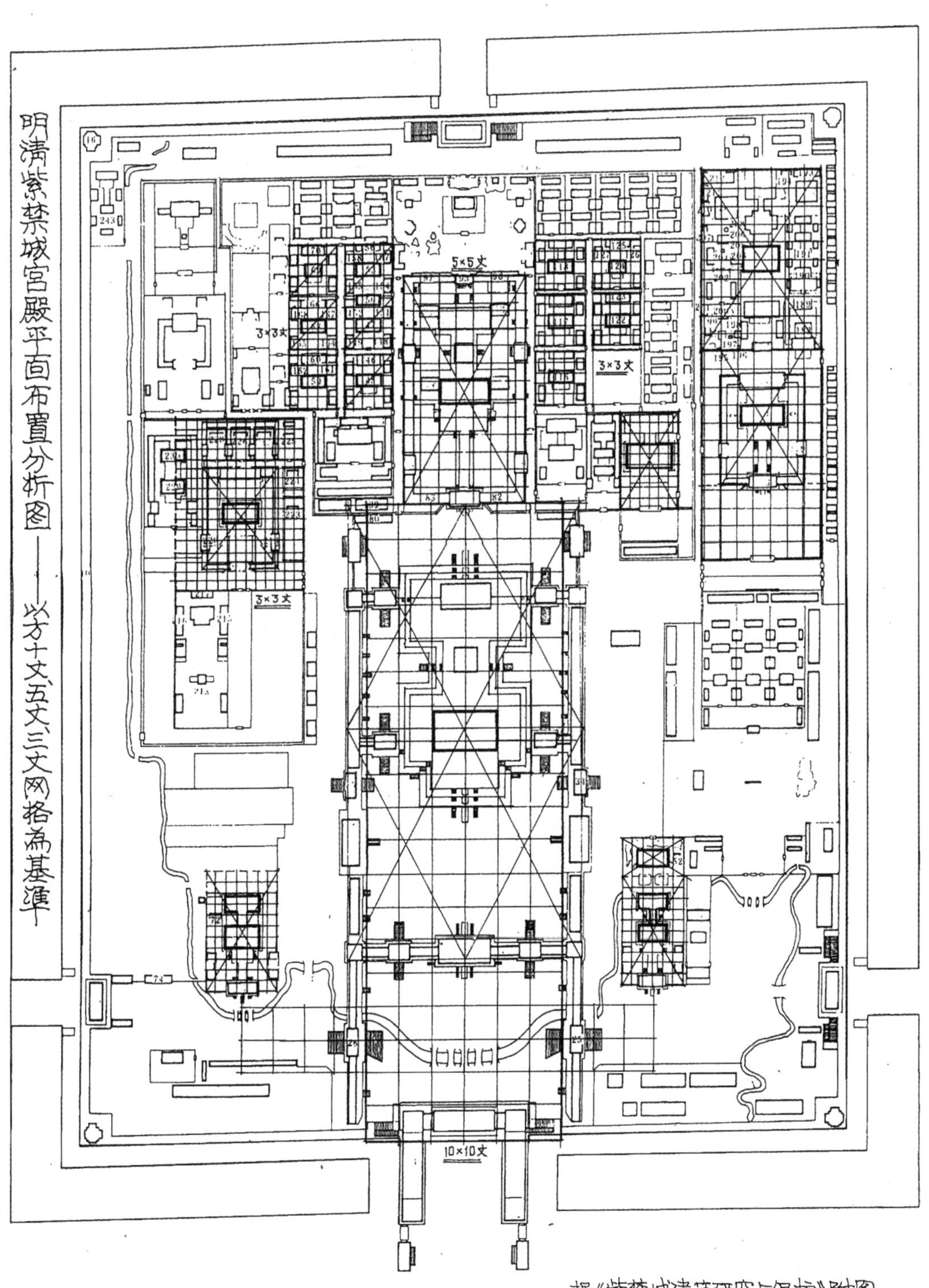

图0-18　傅熹年的紫禁城总平面分析图
来源：傅熹年《中国古代城市规划、建筑群布局及建筑设计方法研究》（下册，2001）

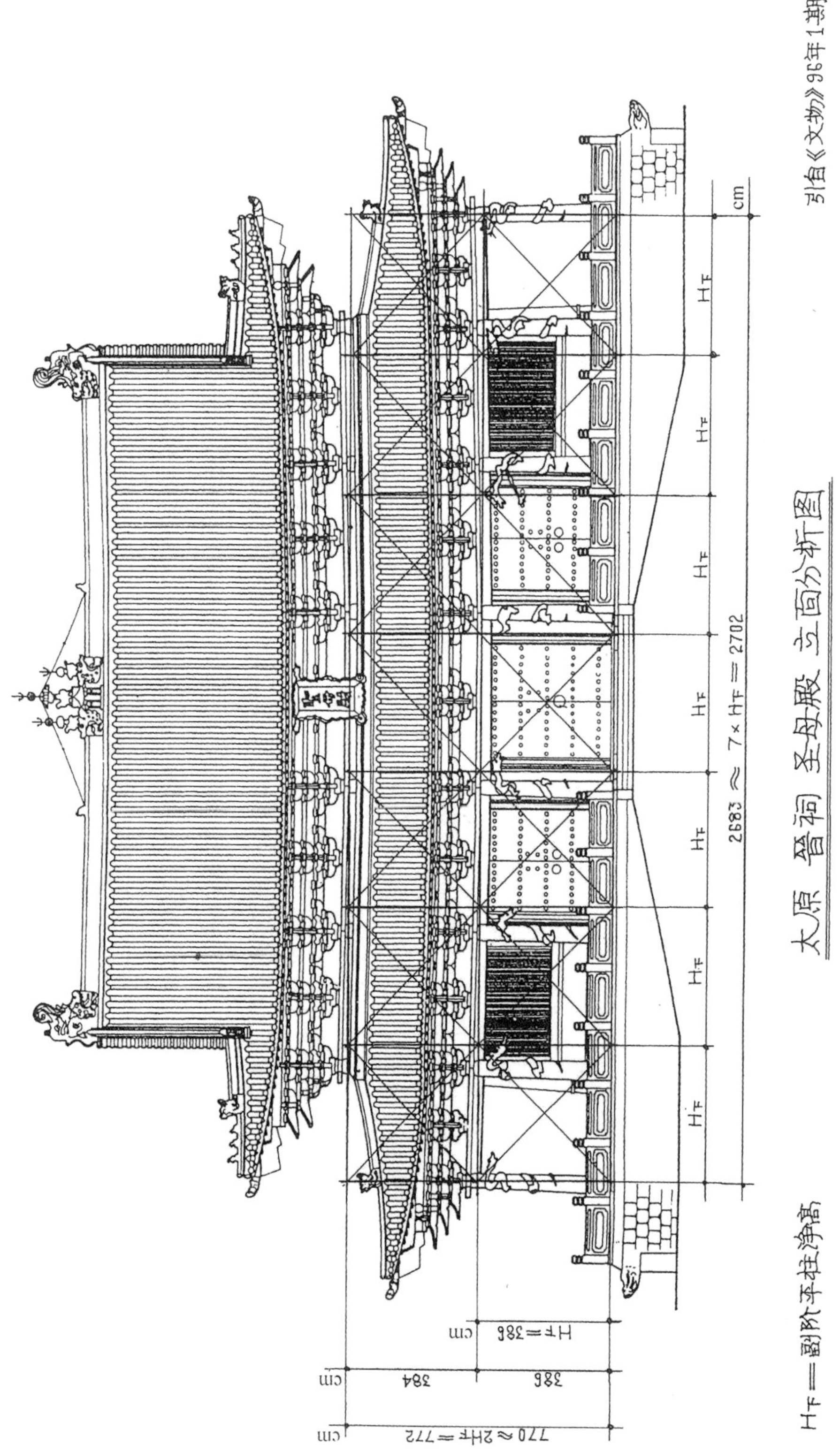

图0-19　傅熹年的晋祠圣母殿正立面分析图
来源：傅熹年《中国古代城市规划、建筑群布局及建筑设计方法研究》（下册，2001）

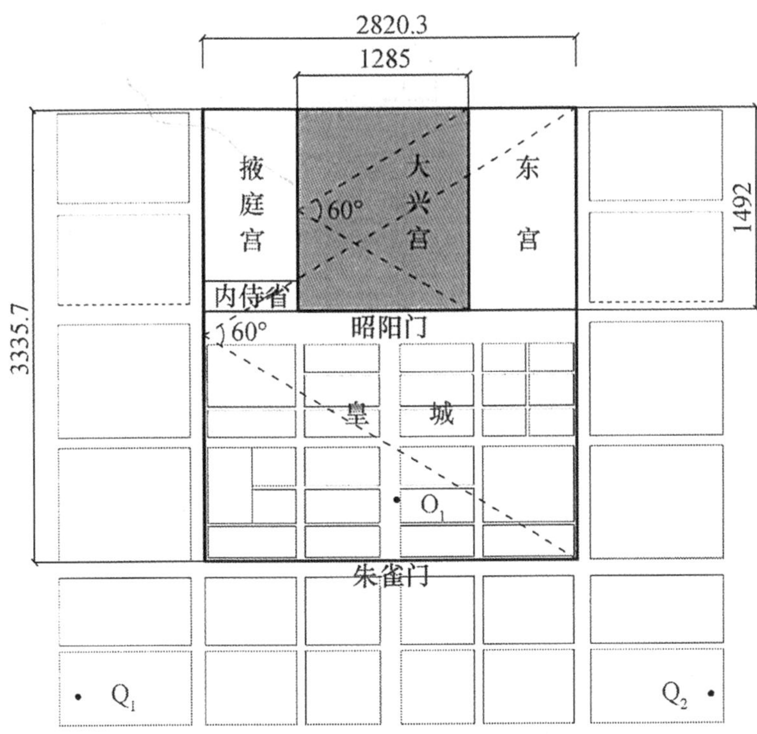

图0-20　王树声的隋大兴-唐长安分析图之一
来源：王树声《隋唐长安城规划手法探析》（2009）

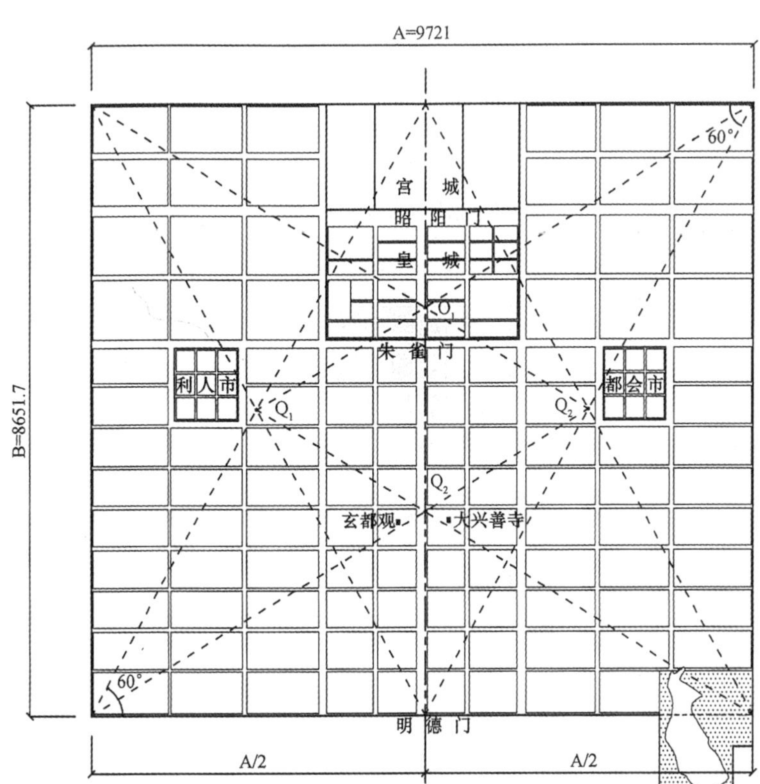

图0-21　王树声的隋大兴-唐长安分析图之二
来源：王树声《隋唐长安城规划手法探析》（2009）

上篇　都城规划与建筑群布局

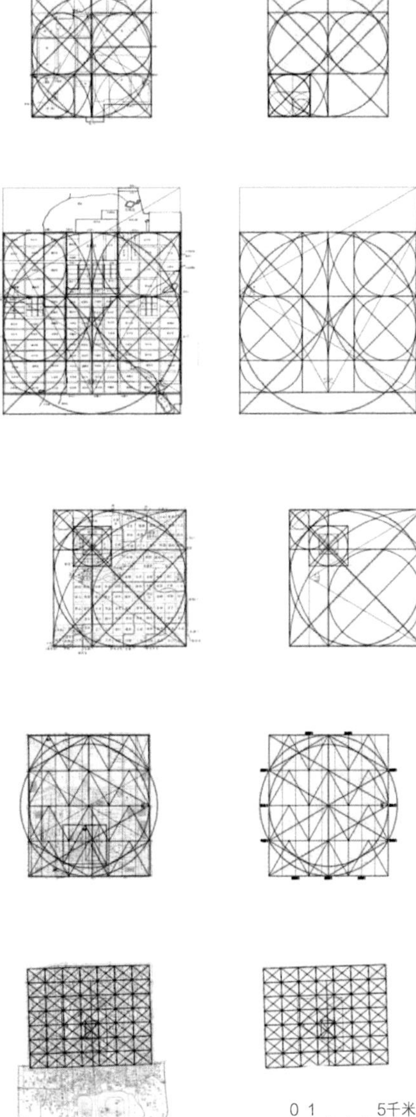
0 1 5千米

第一章 都城宫殿

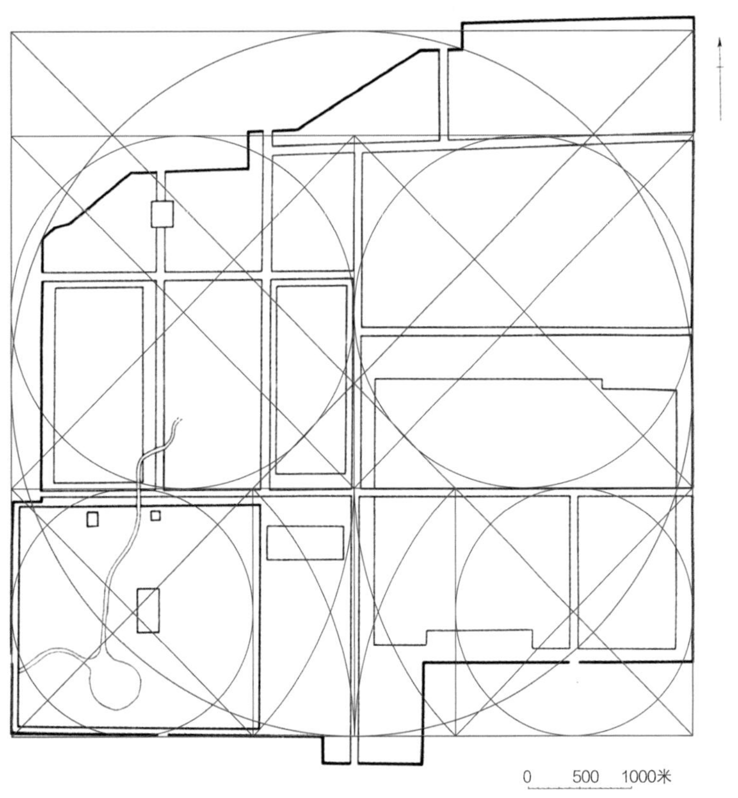

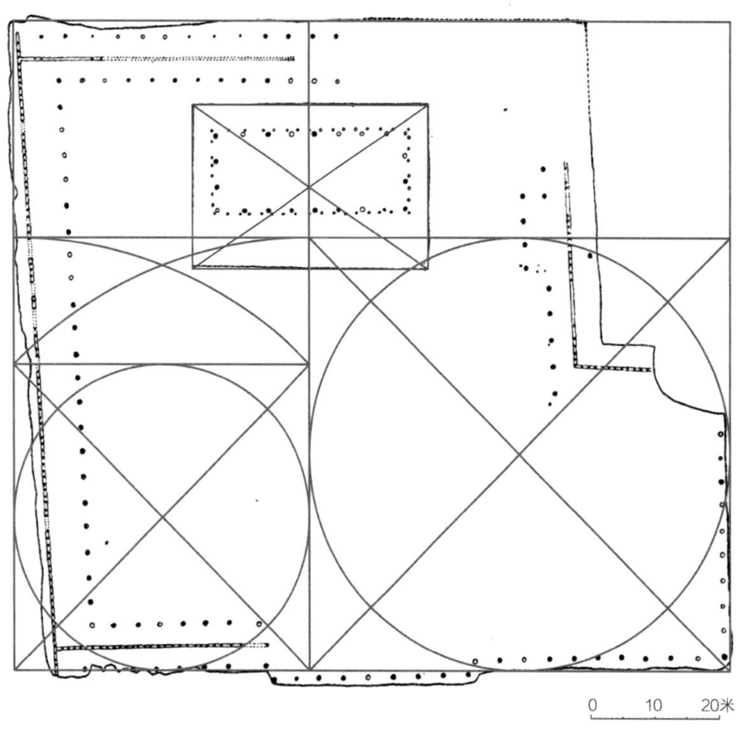

图1-1 偃师二里头1号宫殿总平面分析图一
底图来源：《河南偃师二里头早商宫殿遗址发掘简报》(《考古》1974年第4期)

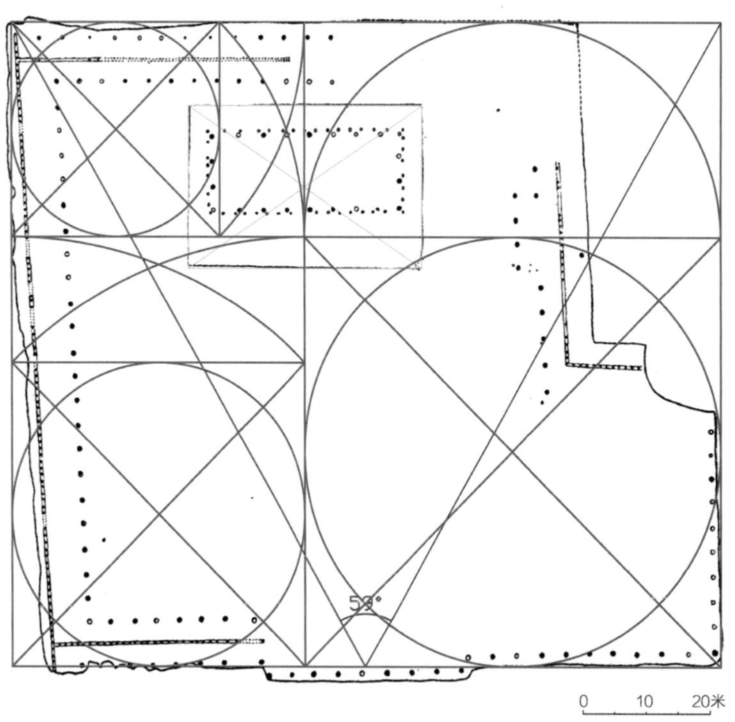

图1-2 偃师二里头1号宫殿总平面分析图二
底图来源：《河南偃师二里头早商宫殿遗址发掘简报》(《考古》1974年第4期)

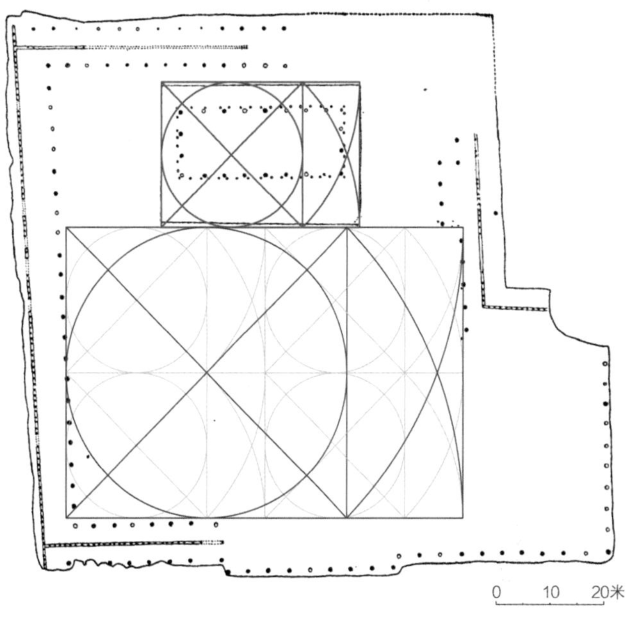

图1-3 偃师二里头1号宫殿总平面分析图三
底图来源：《河南偃师二里头早商宫殿遗址发掘简报》(《考古》1974年第4期)

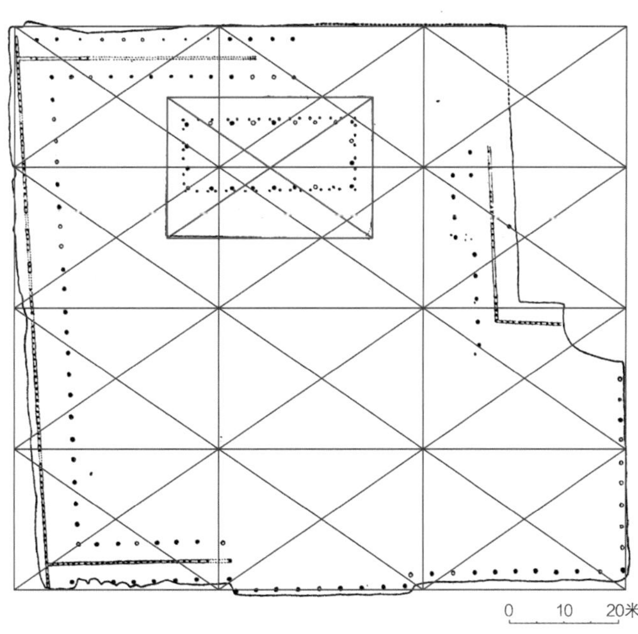

图1-4 偃师二里头1号宫殿总平面分析图四
底图来源：《河南偃师二里头早商宫殿遗址发掘简报》(《考古》1974年第4期)

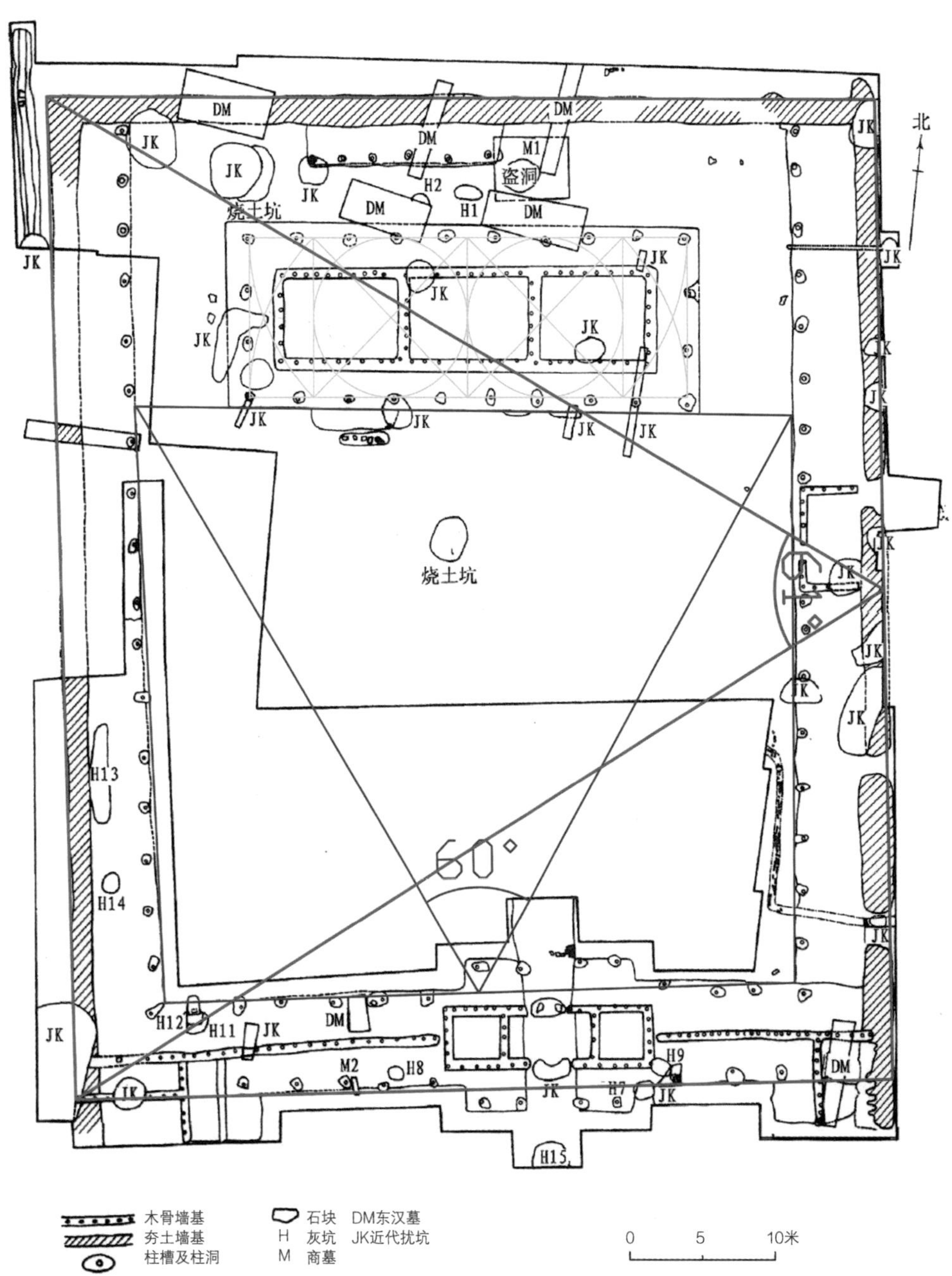

图1-5 偃师二里头2号宫殿总平面分析图一

底图来源：《偃师二里头：1959～1978年考古发掘报告》（1999）

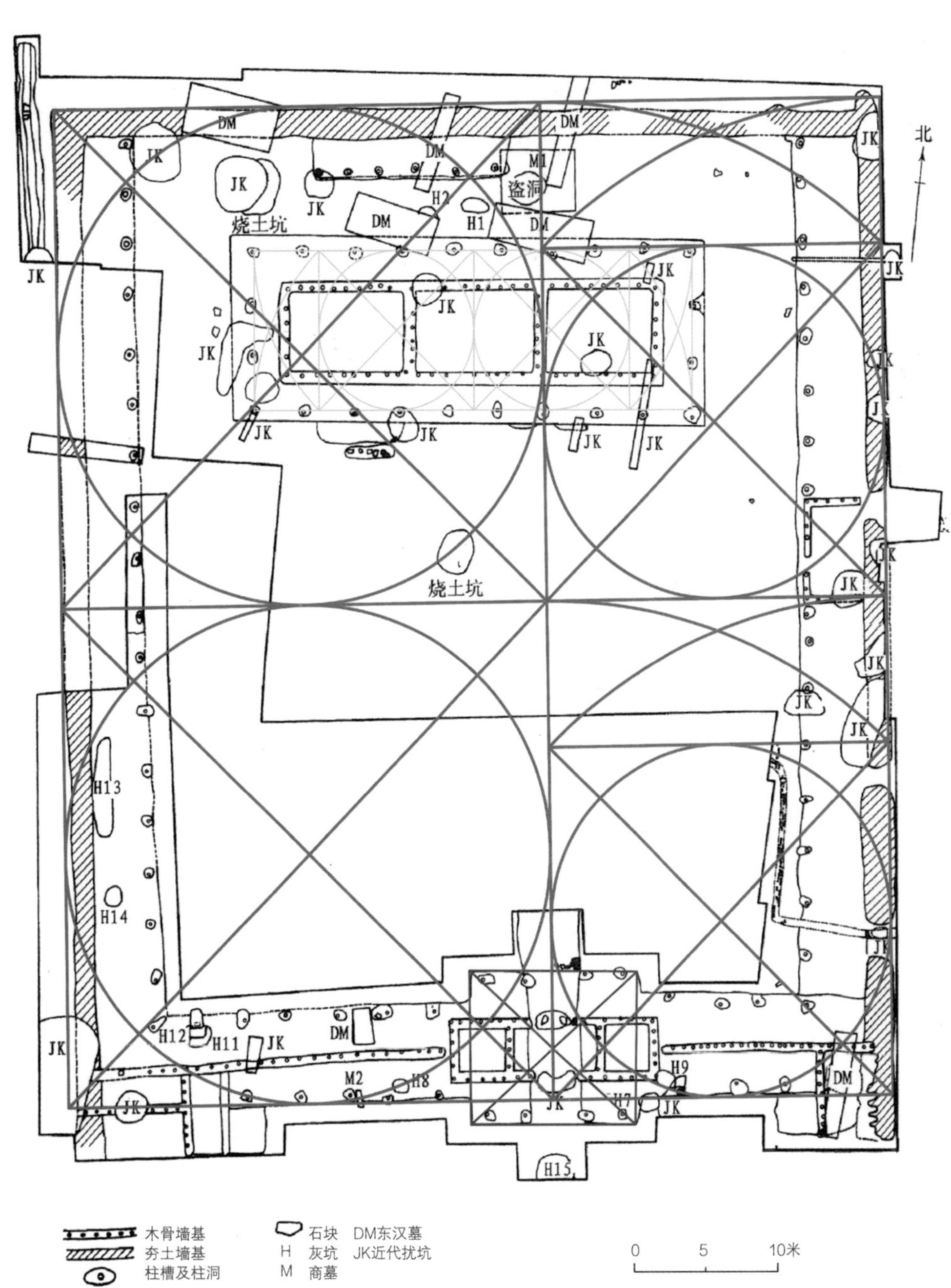

图1-6　偃师二里头2号宫殿总平面分析图二
底图来源:《偃师二里头:1959~1978年考古发掘报告》(1999)

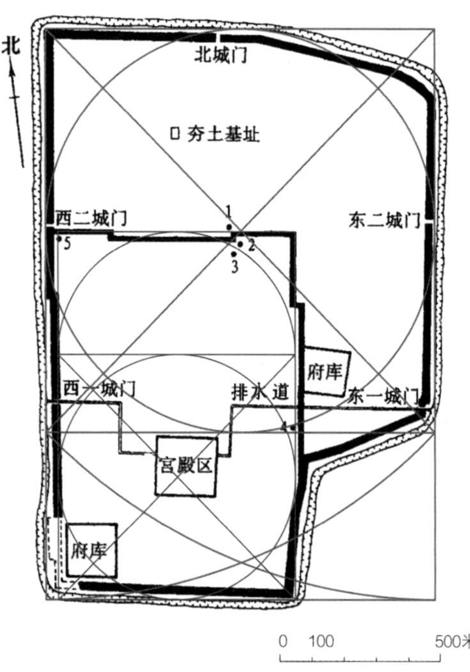

图1-7 偃师商城总平面分析图
底图来源：《河南偃师商城小城发掘简报》(《考古》1999年第2期)

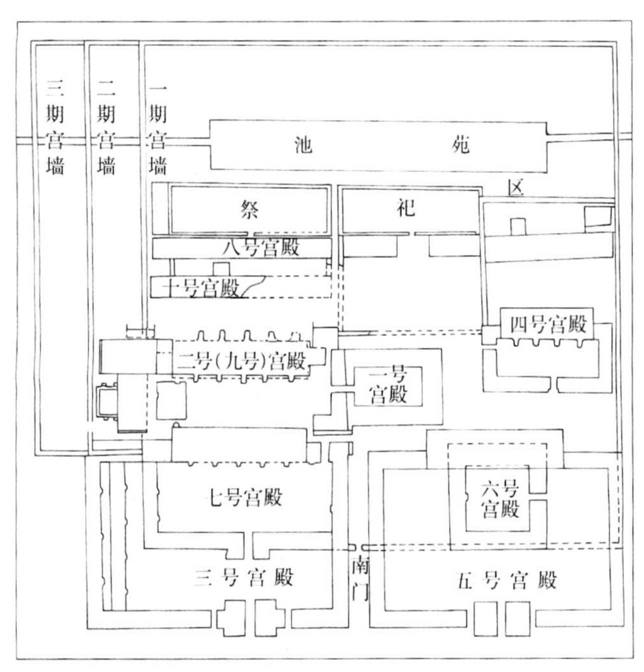

图1-8 偃师商城宫城一至三期基址示意图
底图来源：王学荣、谷飞. 偃师商城宫城布局与变迁研究［M］. 中国历史文物，2006(6)：4-15。

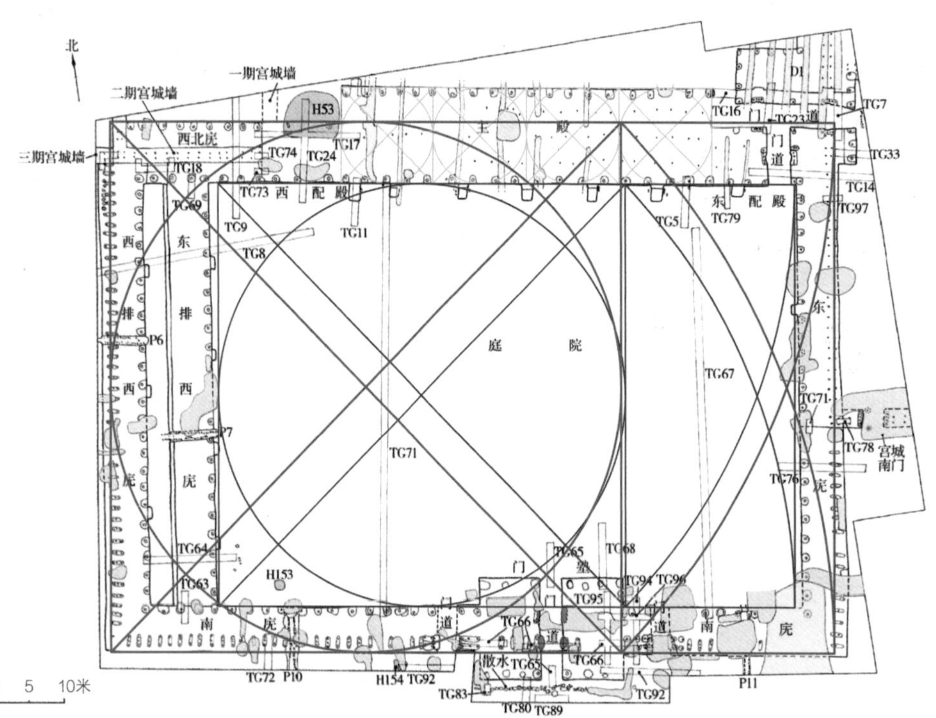

图1-9 偃师商城3号宫殿总平面分析图一
底图来源：《河南偃师商城宫城第三号宫殿建筑基址发掘简报》(《考古》2015年第12期)

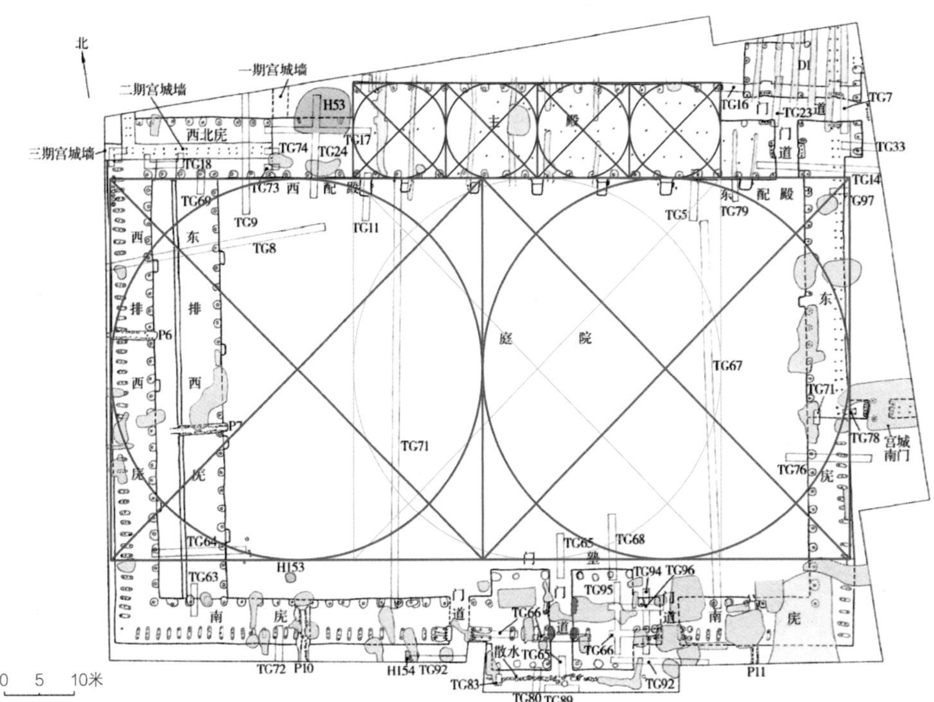

图1-10 偃师商城3号宫殿总平面分析图二
底图来源：《河南偃师商城宫城第三号宫殿建筑基址发掘简报》(《考古》2015年第12期)

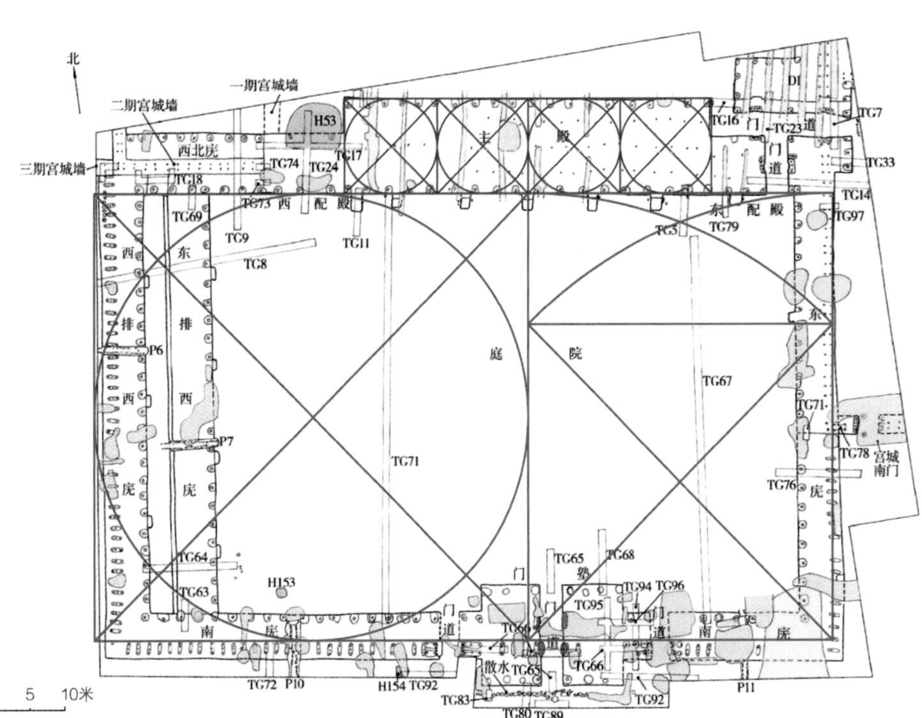

图1-11 偃师商城3号宫殿总平面分析图三
底图来源：《河南偃师商城宫城第三号宫殿建筑基址发掘简报》(《考古》2015年第12期)

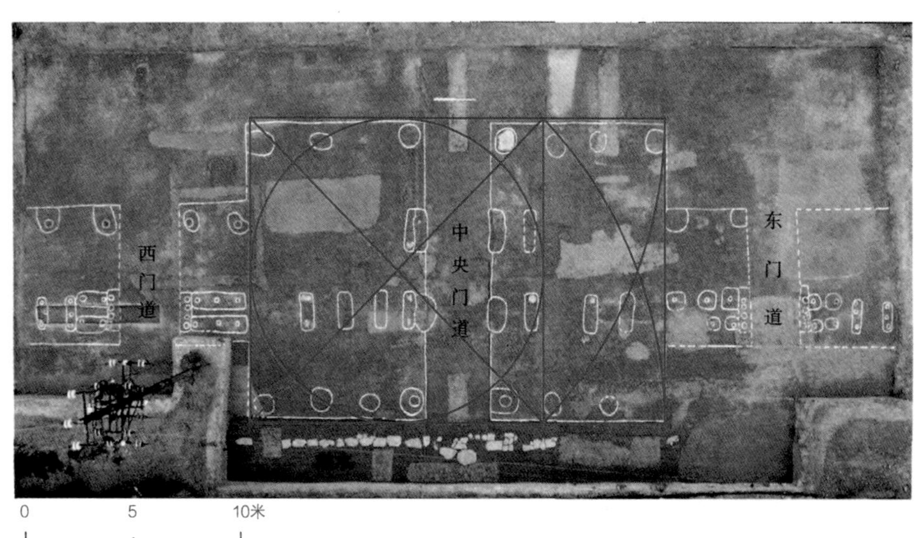

图1-12 偃师商城3号宫殿门塾（晚期）平面分析图
底图来源：《河南偃师商城宫城第三号宫殿建筑基址发掘简报》（《考古》2015年第12期）

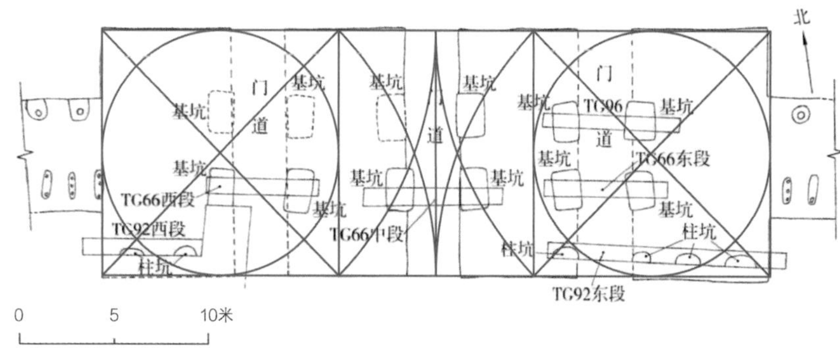

图1-13 偃师商城3号宫殿门塾（早期）平面分析图
底图来源：《河南偃师商城宫城第三号宫殿建筑基址发掘简报》（《考古》2015年第12期）

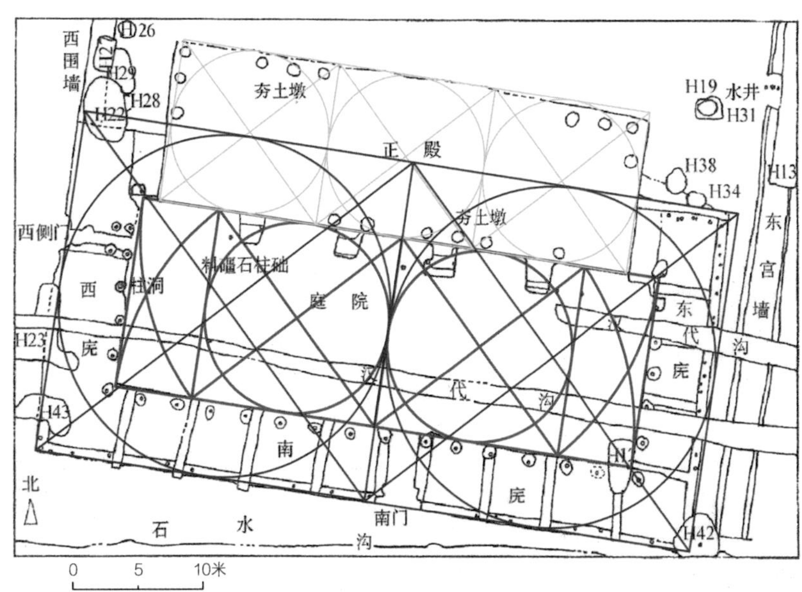

图1-14　偃师商城4号宫殿总平面分析图一
底图来源：《1984年春偃师尸乡沟商城宫殿遗址发掘简报》（《考古》1985年第4期）

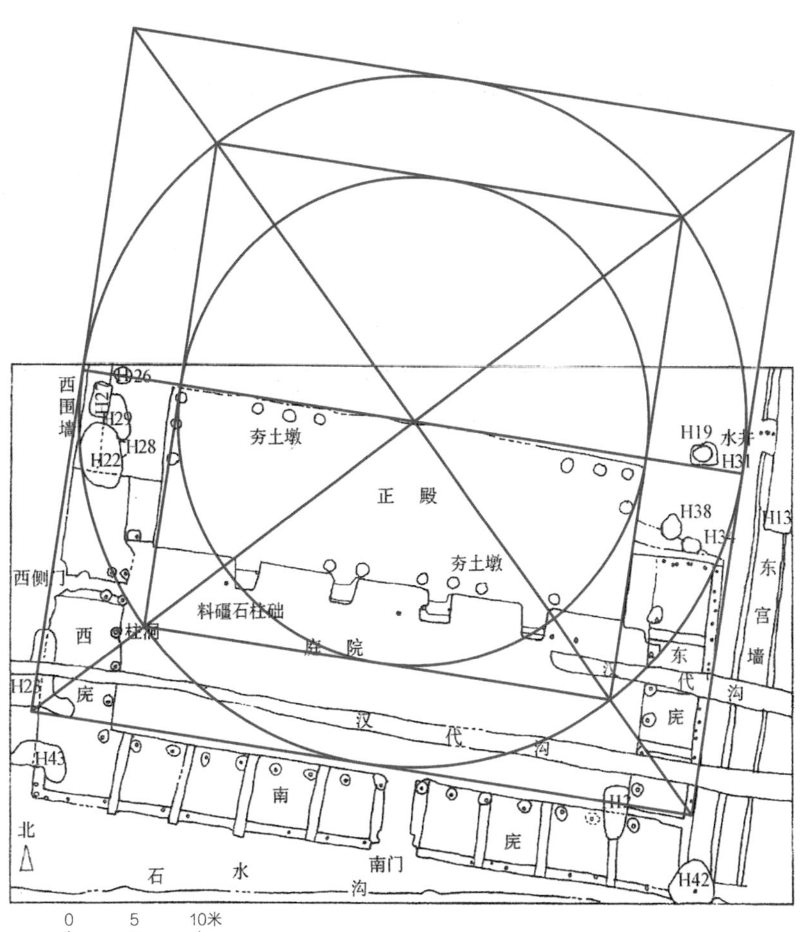

图1-15　偃师商城4号宫殿总平面分析图二
底图来源：《1984年春偃师尸乡沟商城宫殿遗址发掘简报》（《考古》1985年第4期）

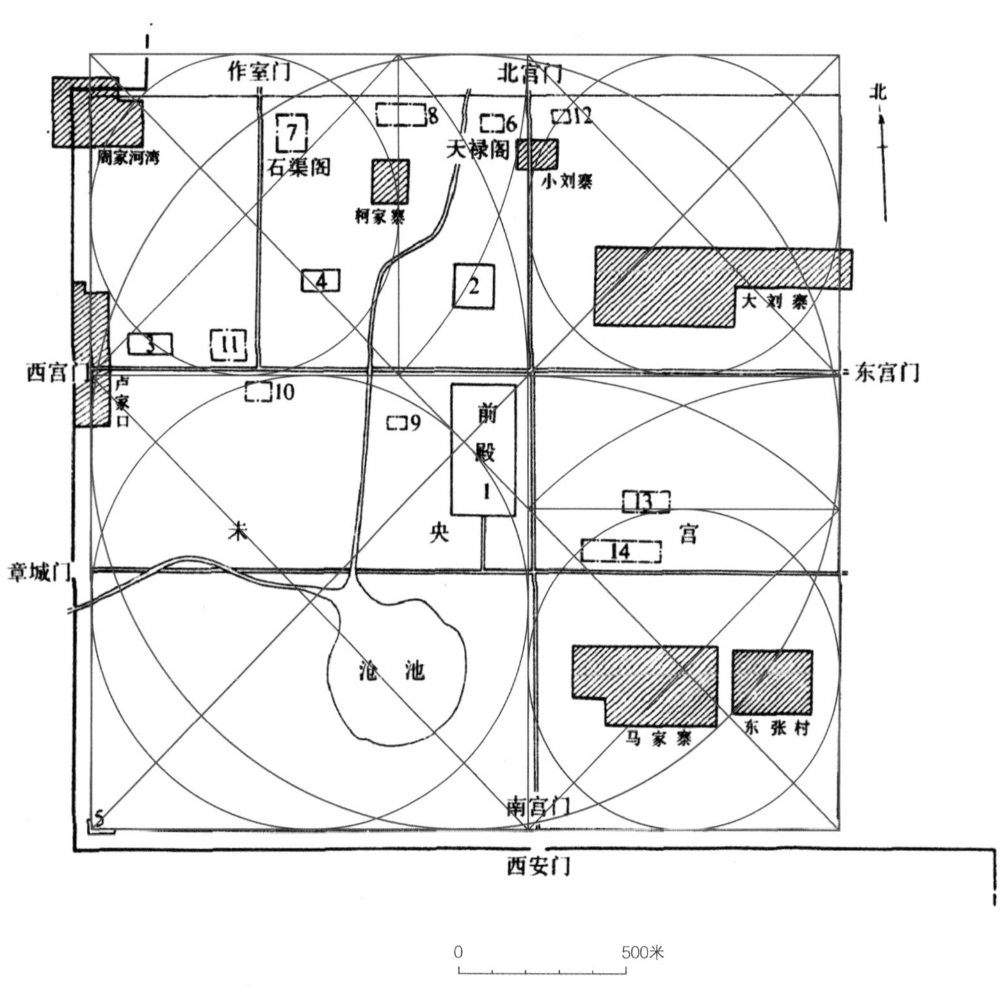

1. 前殿建筑遗址　2. 椒房殿建筑遗址　3. 中央官署建筑遗址　4. 少府建筑遗址　5. 宫城西南角楼建筑遗址
6. 天禄阁建筑遗址　7. 石渠阁建筑遗址　8—14. 第8—14号建筑遗址

图1-16　汉长安未央宫总平面分析图一
底图来源：《汉长安城未央宫：1980～1989年考古发掘报告（上）》（1996）

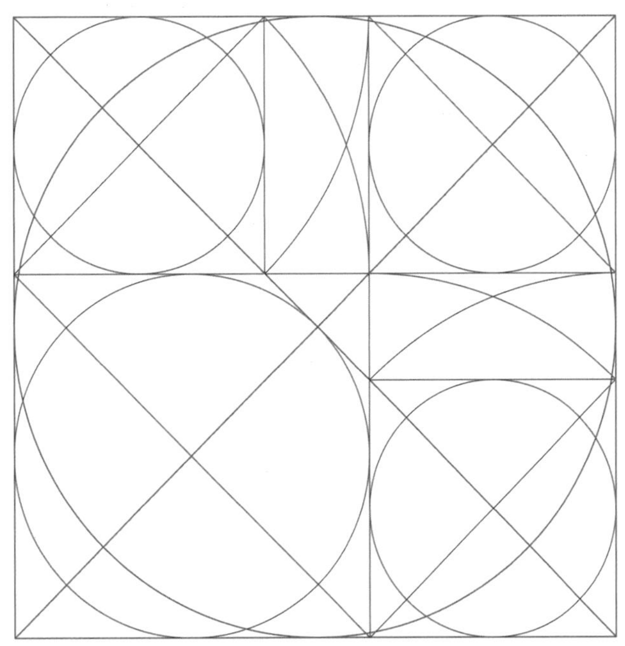

图1-17 汉长安未央宫
理想规划构图示意

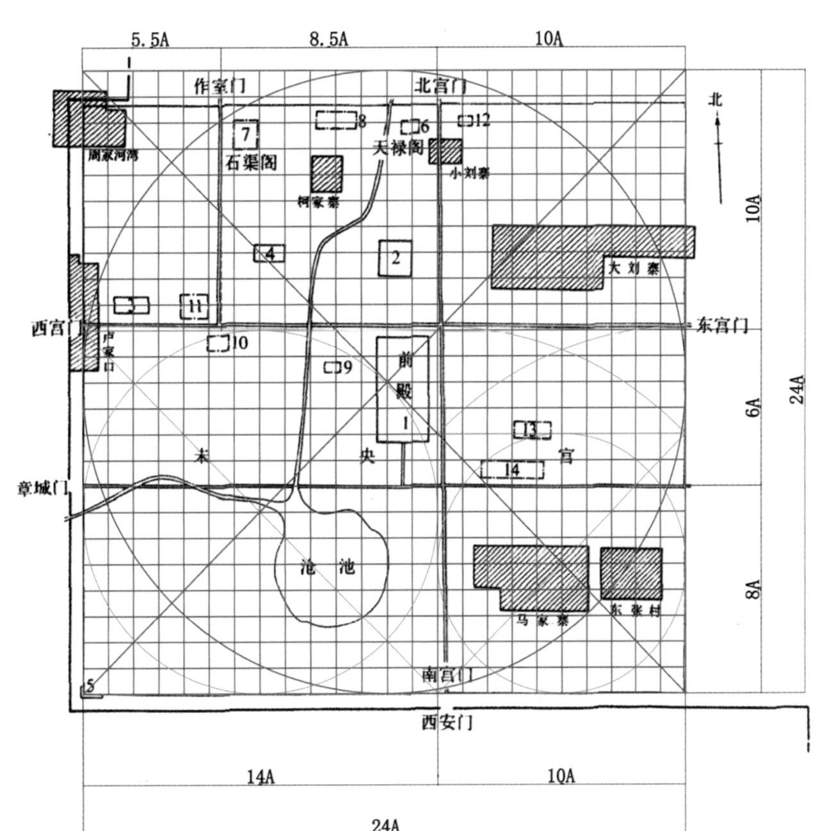

图1-18 汉长安未央宫
总平面分析图二
底图来源：《汉长安城
未央宫：1980～1989
年考古发掘报告（上）》
（1996）

1. 前殿建筑遗址　2. 椒房殿建筑遗址　3. 中央官署建筑遗址　4. 少府建筑遗址　5. 宫城西南角楼建筑遗址
6. 天禄阁建筑遗址　7. 石渠阁建筑遗址　8—14. 第8—14号建筑遗址

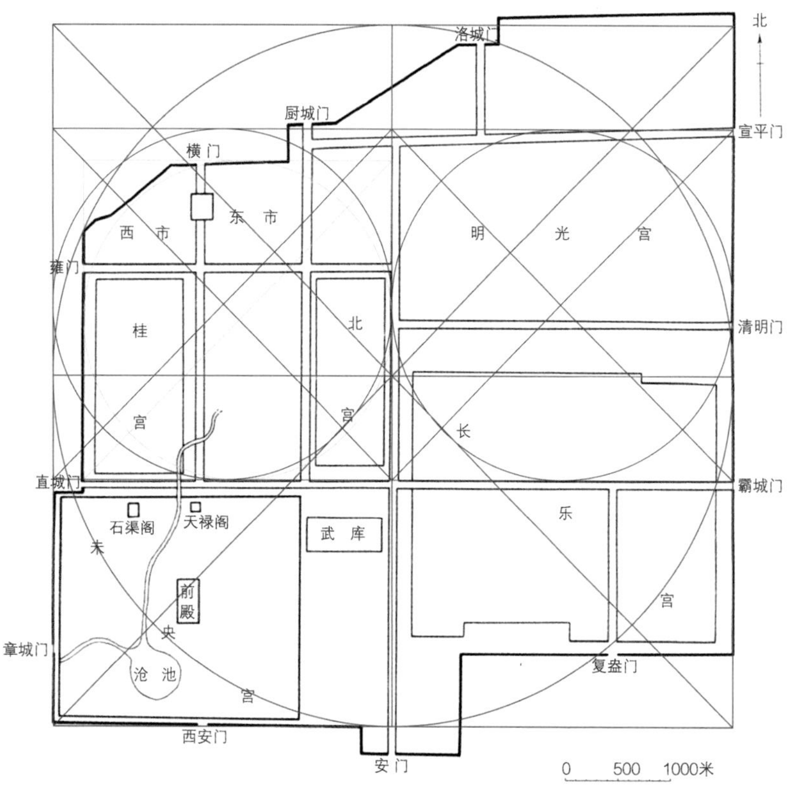

图1-19　汉长安城总平面分析图一
底图来源：《汉长安城未央宫：1980～1989年考古发掘报告（上）》（1996）

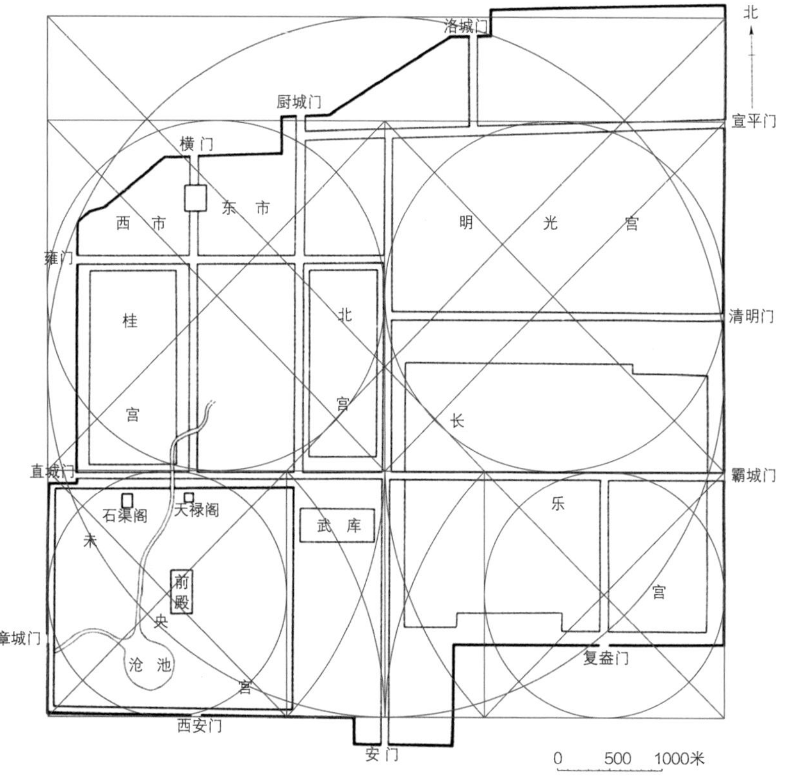

图1-20　汉长安城总平面分析图二
底图来源：《汉长安城未央宫：1980～1989年考古发掘报告（上）》（1996）

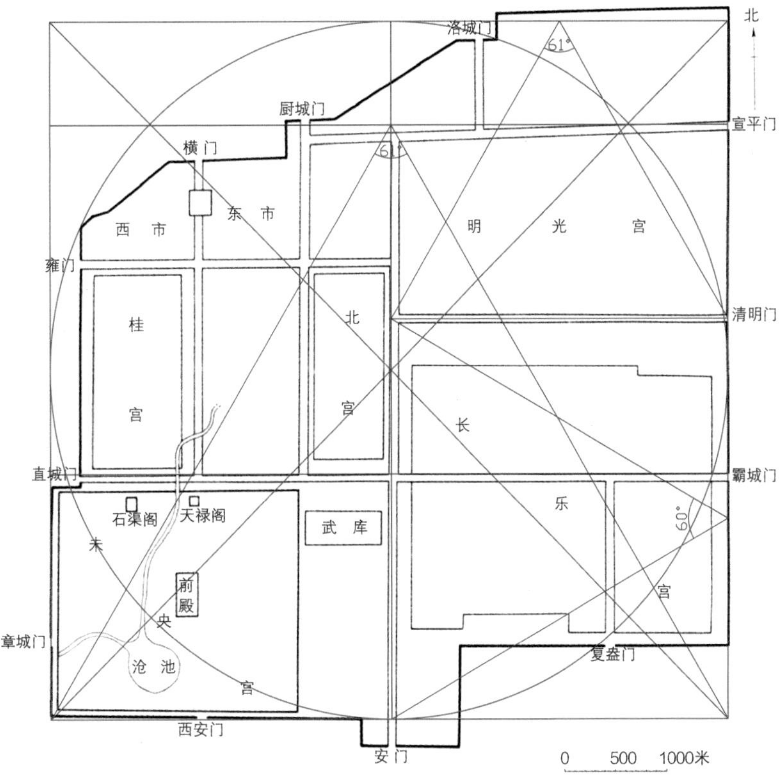

图1-21　汉长安城总平面分析图三
底图来源：《汉长安城未央宫：1980～1989年考古发掘报告（上）》（1996）

图1-22　汉长安城规划构图示意

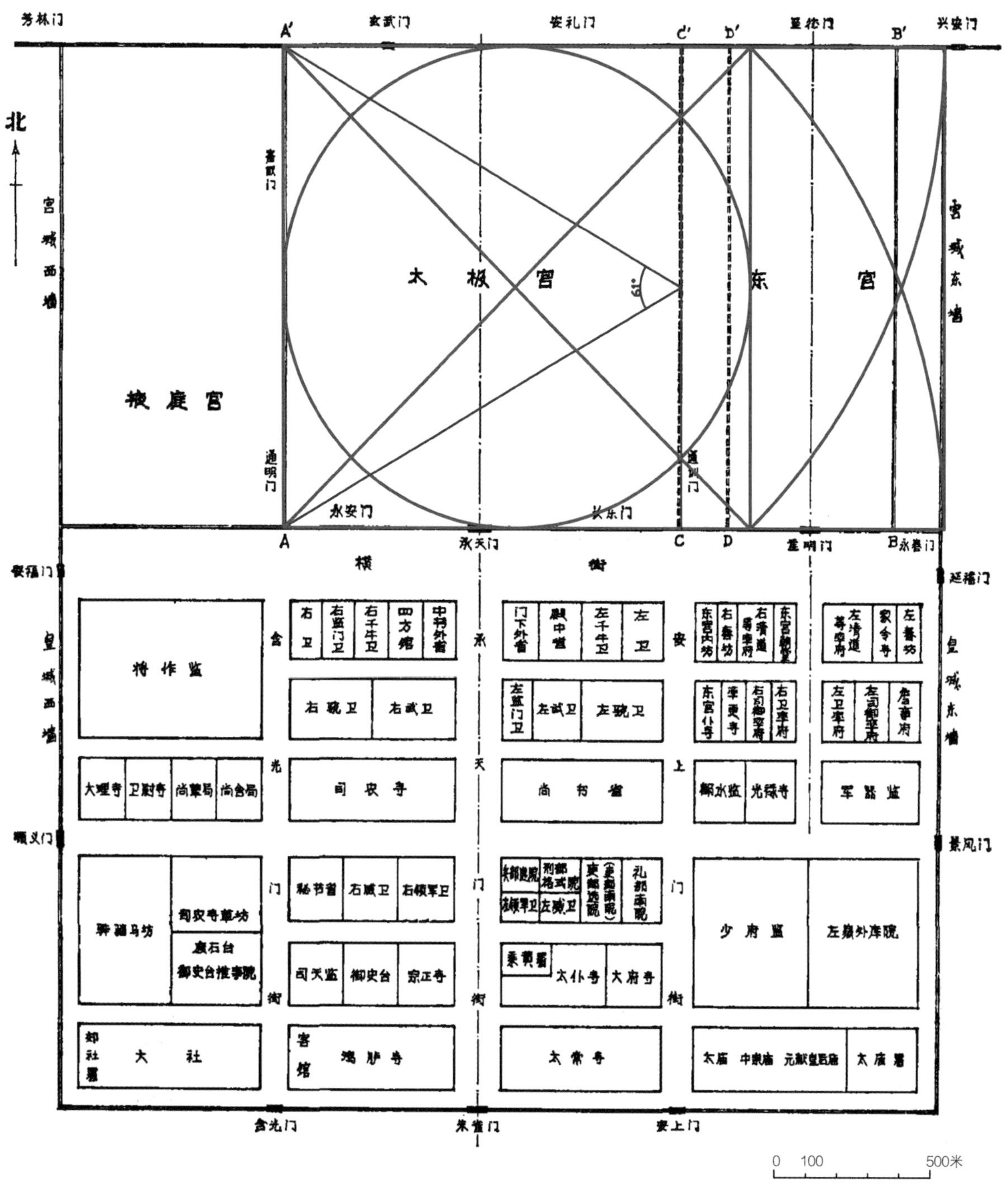

图1-23　隋大兴宫—唐太极宫总平面分析图

底图来源：马得志、杨鸿勋．关于唐长安东宫范围问题的研讨［M］．考古，1978（1）。

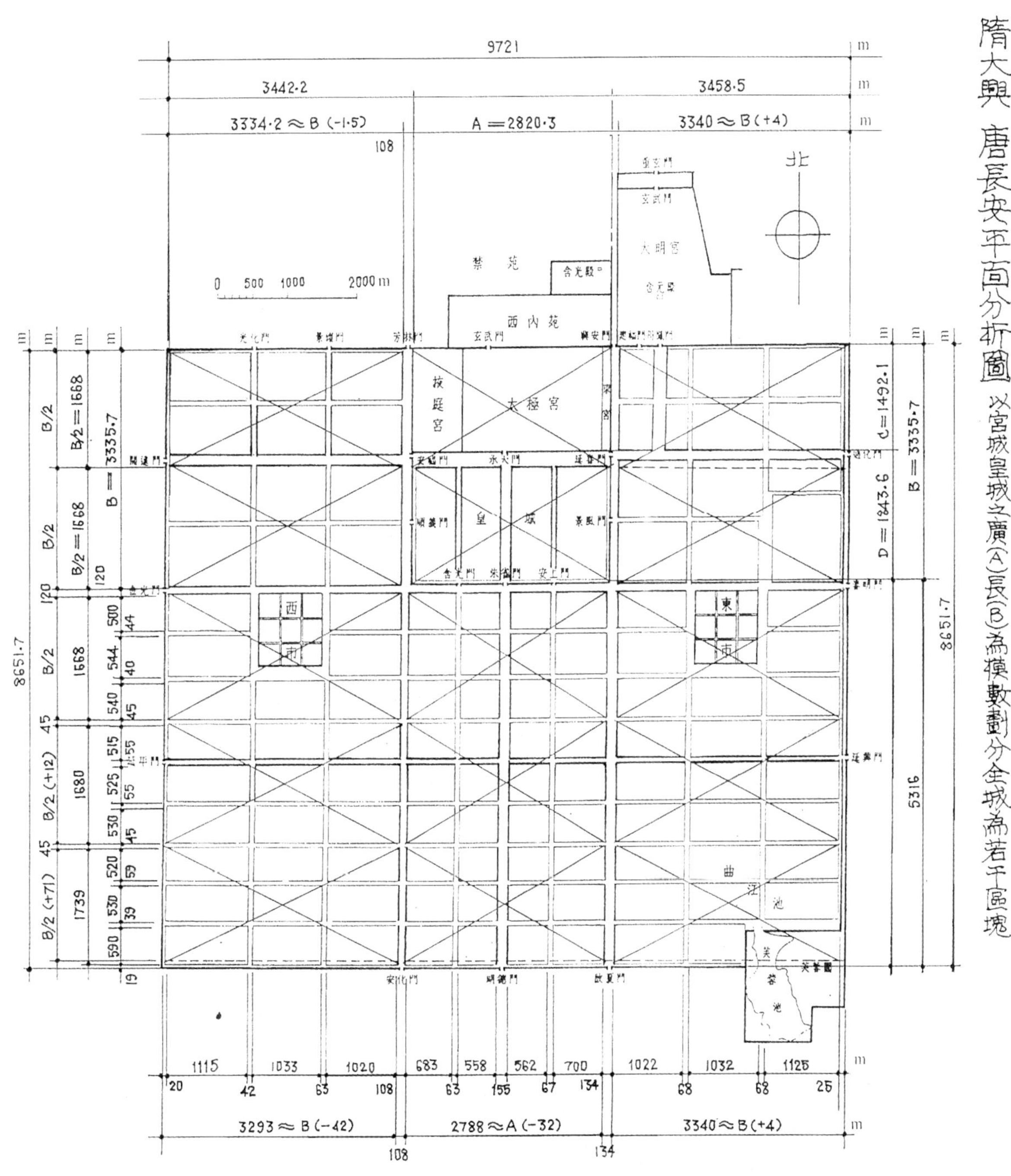

图1-24 隋大兴—唐长安分析图

来源：《中国古代城市规划、建筑群布局及建筑设计方法研究》（2001）

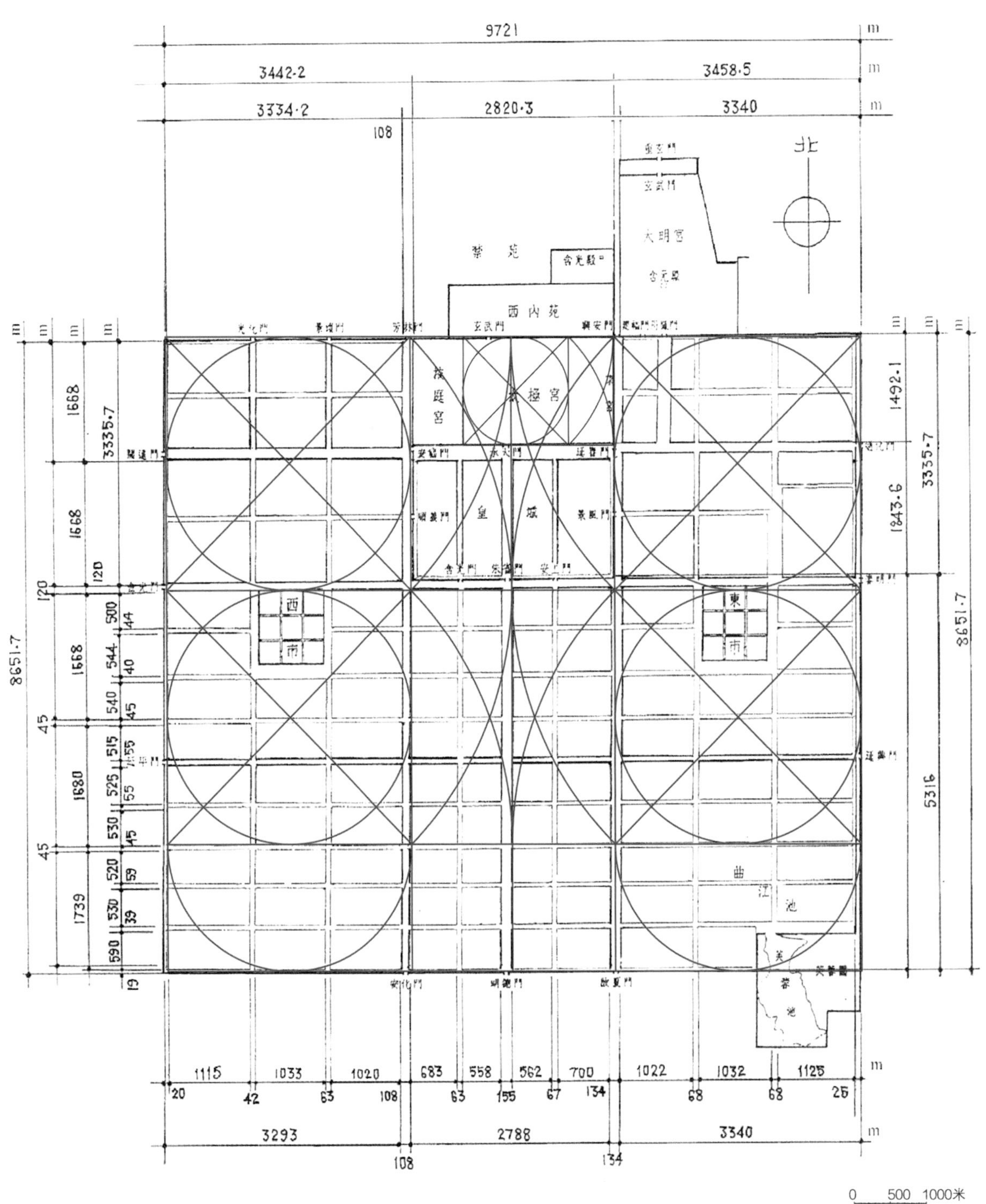

图1-25 隋大兴—唐长安总平面分析图一
底图来源:《中国古代城市规划、建筑群布局及建筑设计方法研究》(2001)

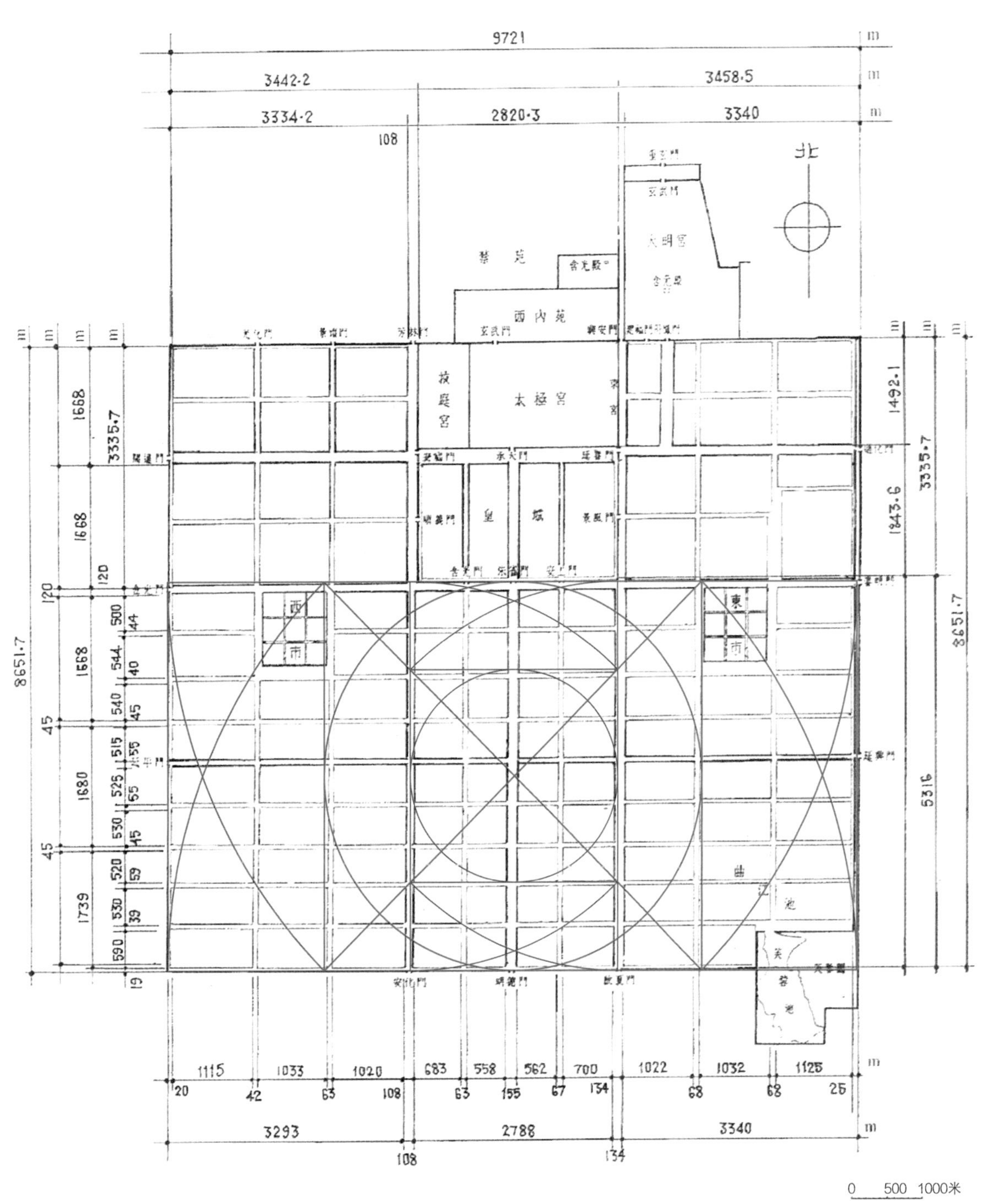

图1-26　隋大兴—唐长安总平面分析图二
底图来源：《中国古代城市规划、建筑群布局及建筑设计方法研究》(2001)

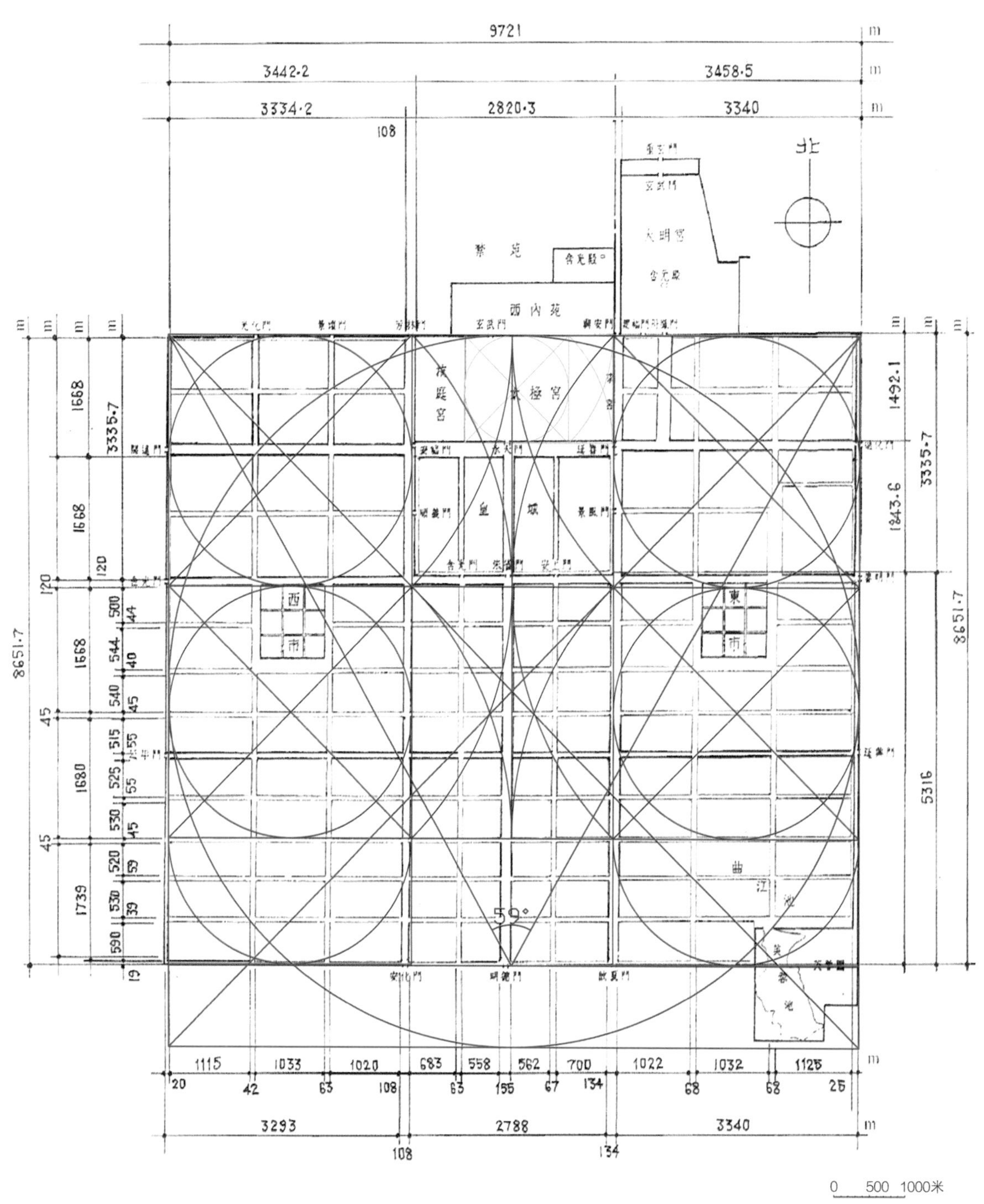

图1-27　隋大兴—唐长安总平面分析图三

底图来源：《中国古代城市规划、建筑群布局及建筑设计方法研究》(2001)

图1-28　隋大兴—唐长安规划构图示意

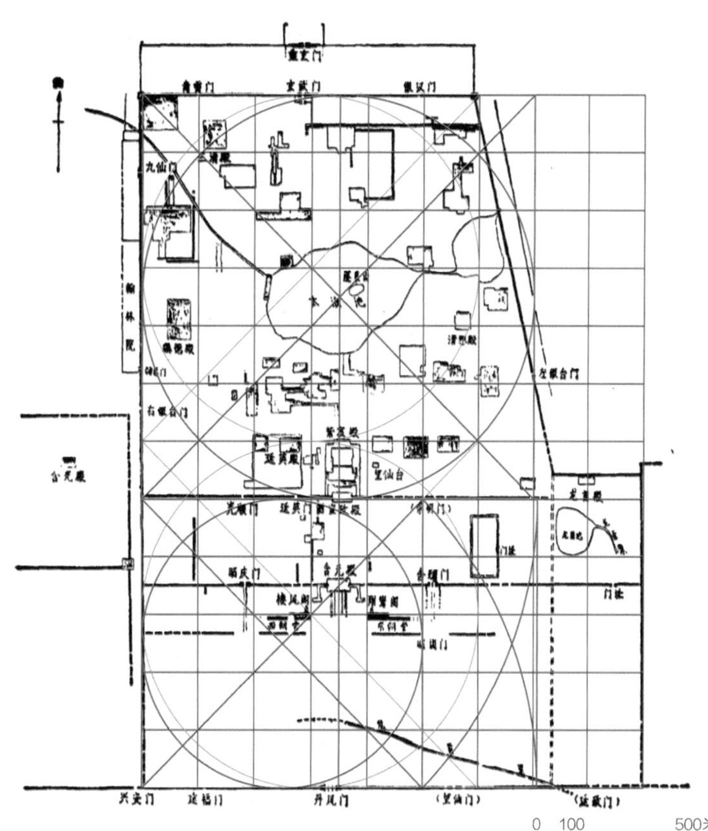

图1-29　唐大明宫总平面分析图
底图来源：《陕西唐大明宫含耀门遗址发掘记》(《考古》1988年第11期)

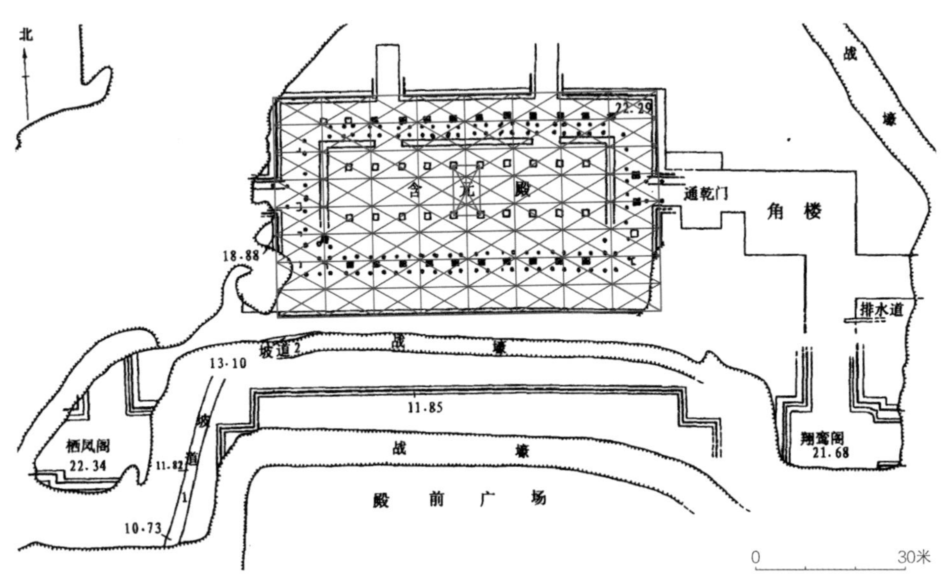

图1-30 唐大明宫含元殿平面分析图
底图来源：《唐大明宫含元殿遗址1995～1996年发掘报告》(《考古学报》1997年第3期)

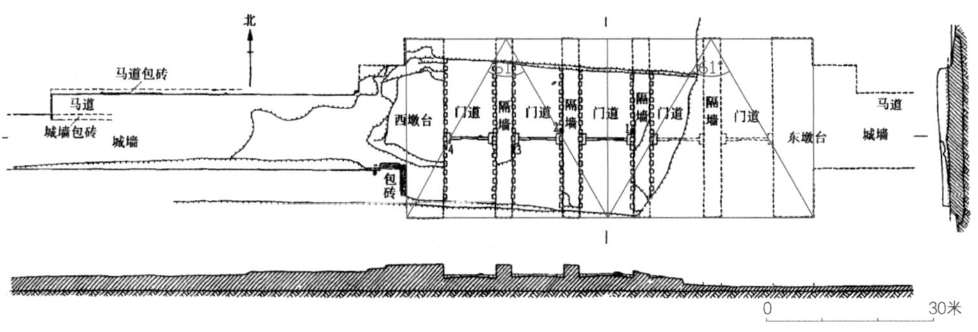

图1-31 唐大明宫丹凤门平面分析图
底图来源：《西安市唐长安城大明宫丹凤门遗址的发掘》(载于《考古》2006年第7期)

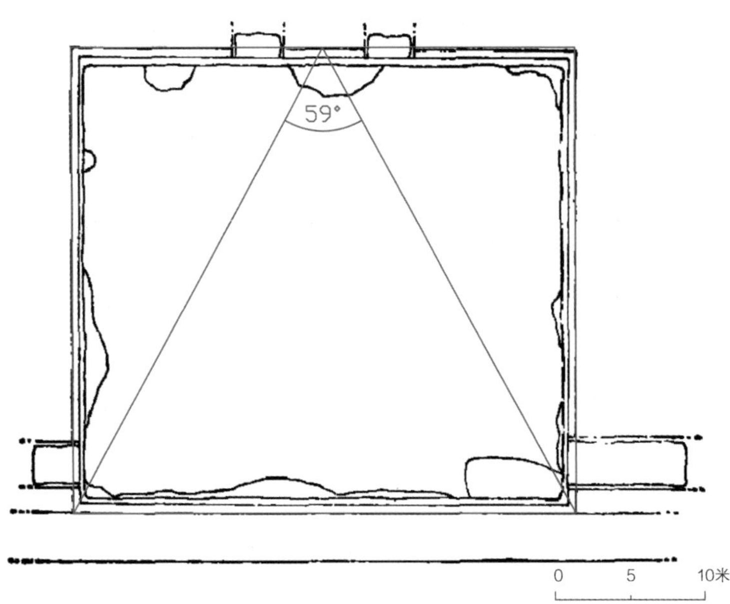

图1-32 大明宫清思殿平面分析图
底图来源：《唐长安城发掘新收获》(《考古》1987年第4期)

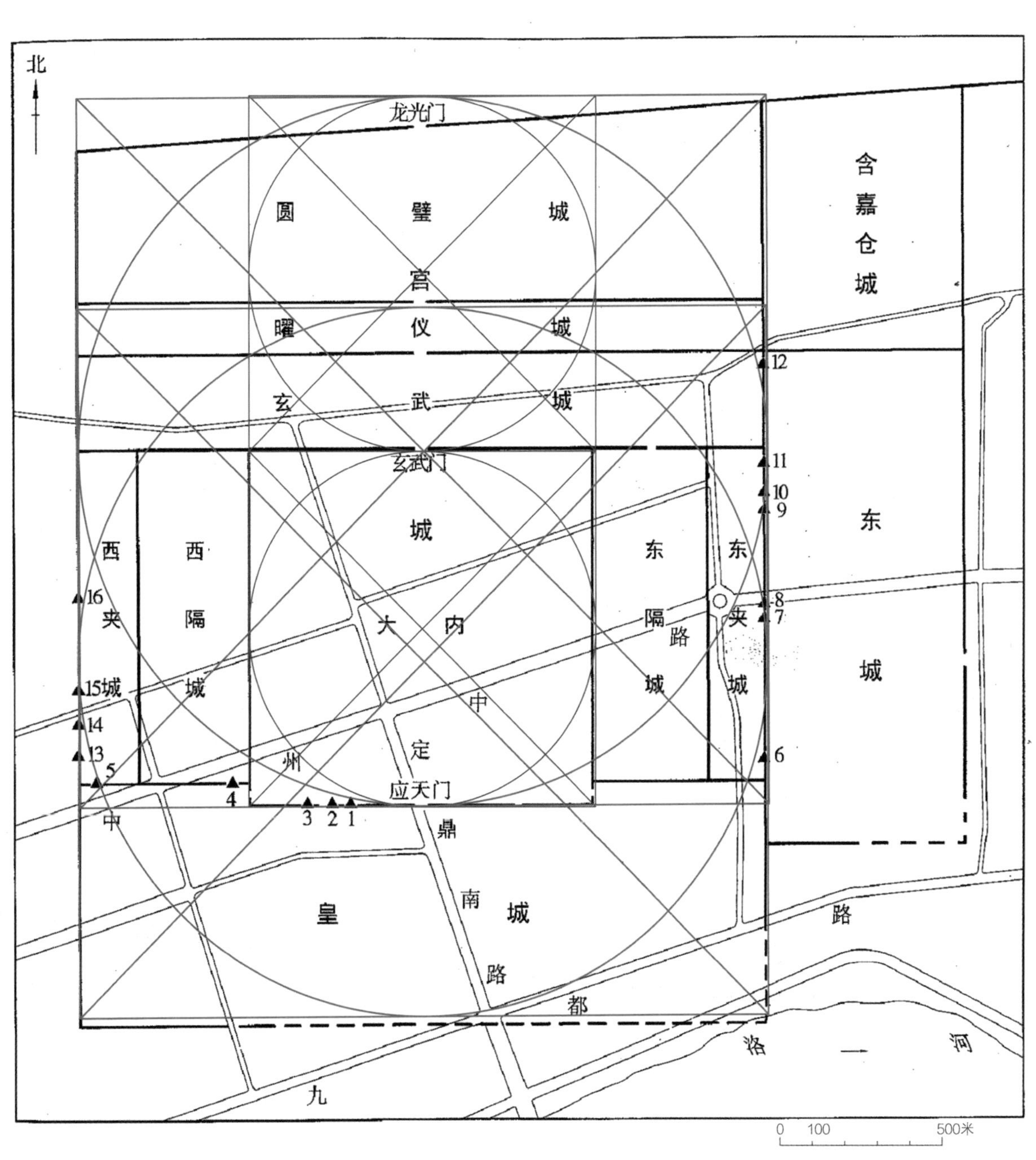

图1-33　隋唐洛阳大内、宫城、皇城总平面分析图
底图来源：《隋唐洛阳城：1959~2001年考古发掘报告》（2014）

图1-34　隋唐洛阳总平面分析图一
底图来源：《隋唐洛阳城：1959~2001年考古发掘报告》（2014，1965年隋唐洛阳城实测图）

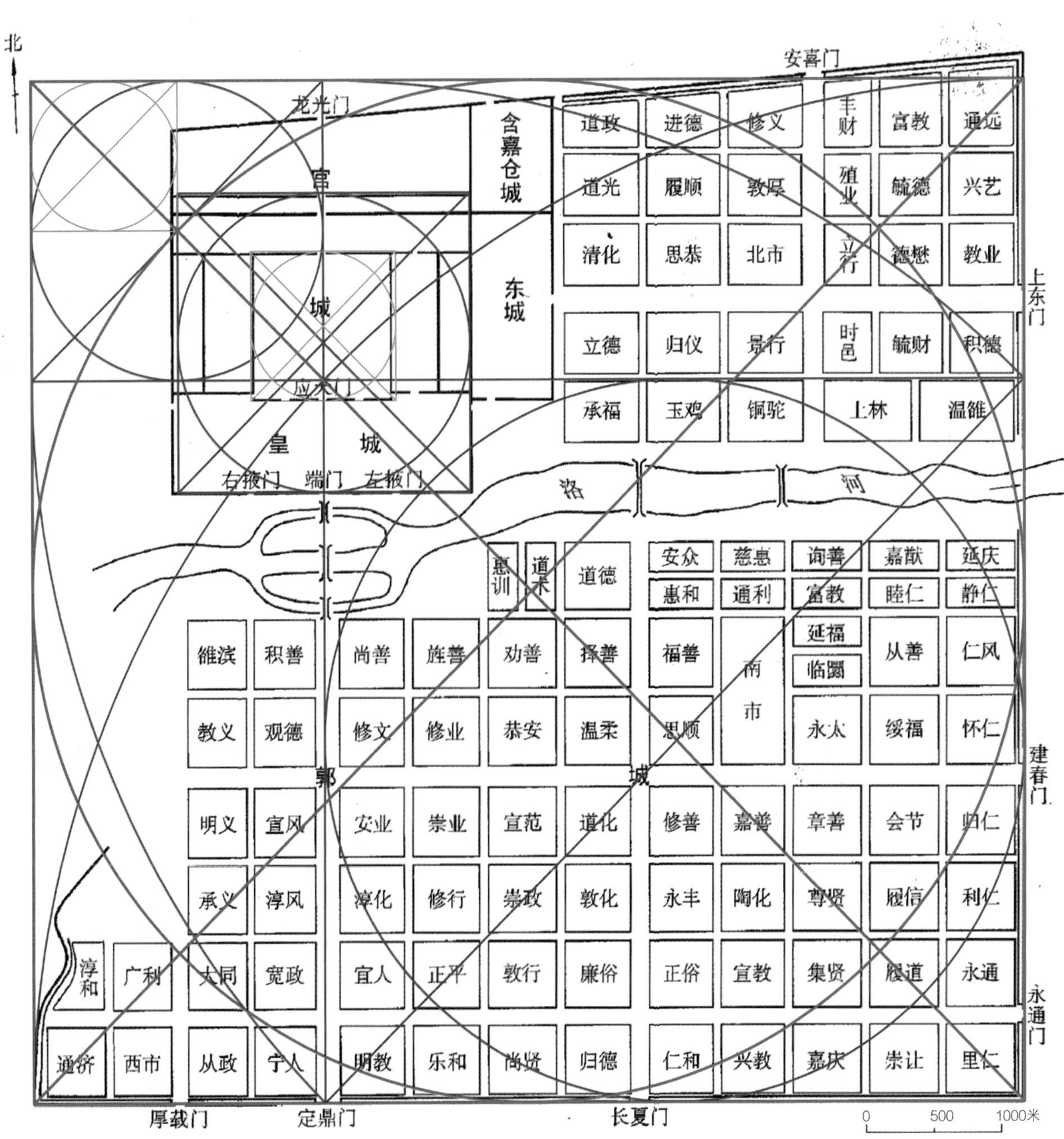

图1-35　隋唐洛阳总平面分析图二

底图来源：《隋唐洛阳城：1959~2001年考古发掘报告》(2014，郭城里坊复原图)

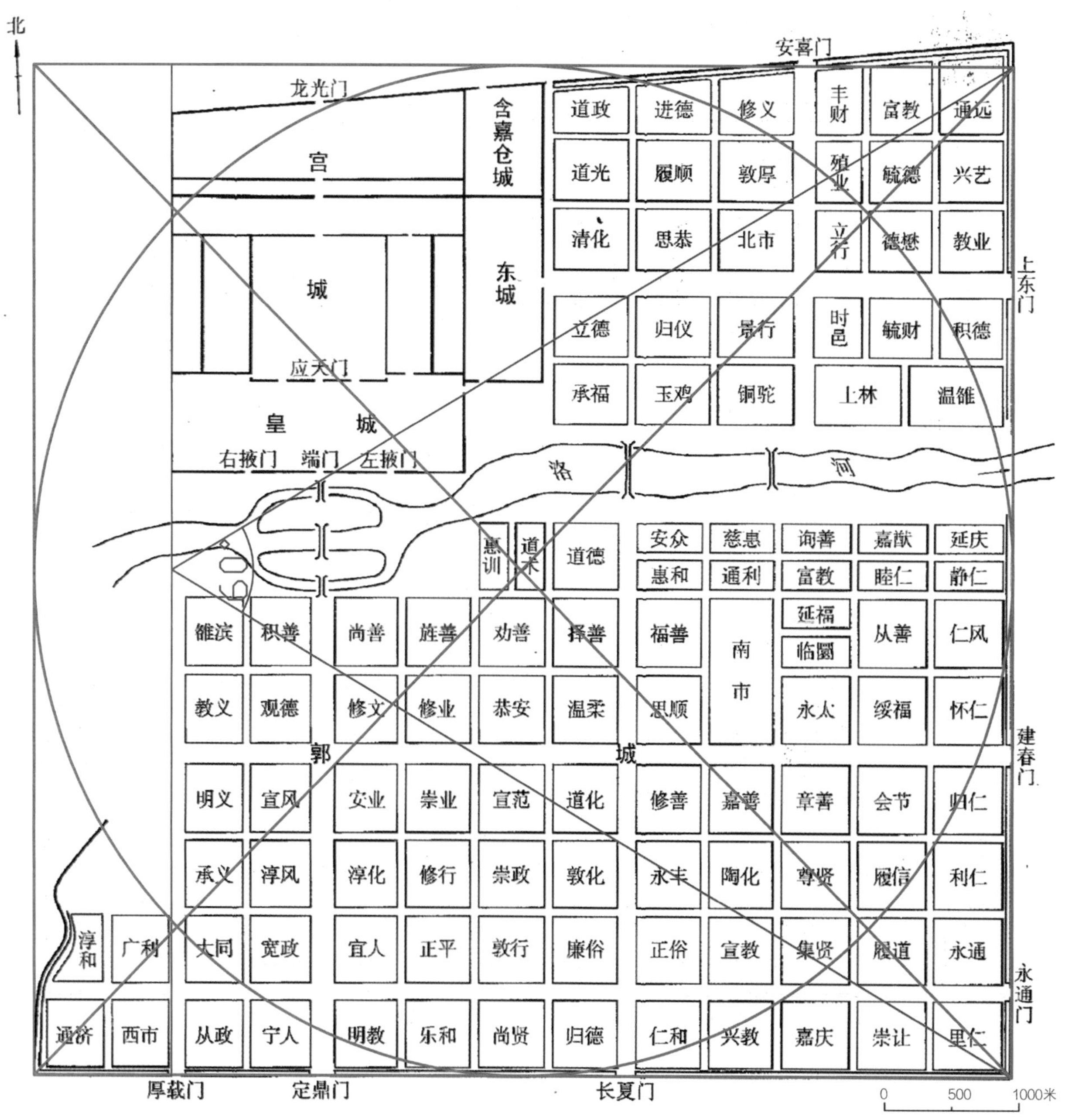

图1-36　隋唐洛阳总平面分析图三

底图来源：《隋唐洛阳城：1959~2001年考古发掘报告》（2014，郭城里坊复原图）

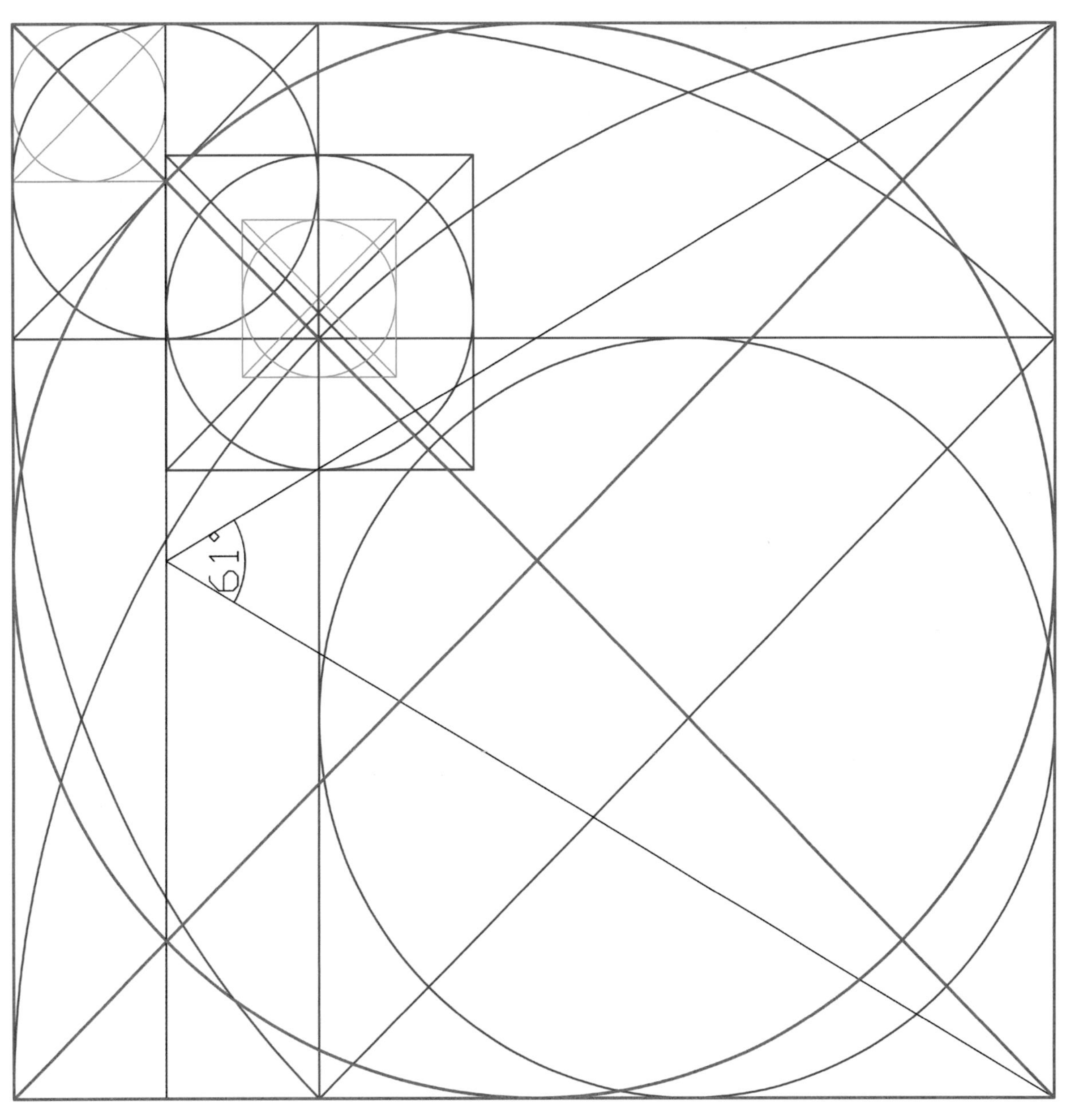

图1-37 隋唐洛阳规划构图示意

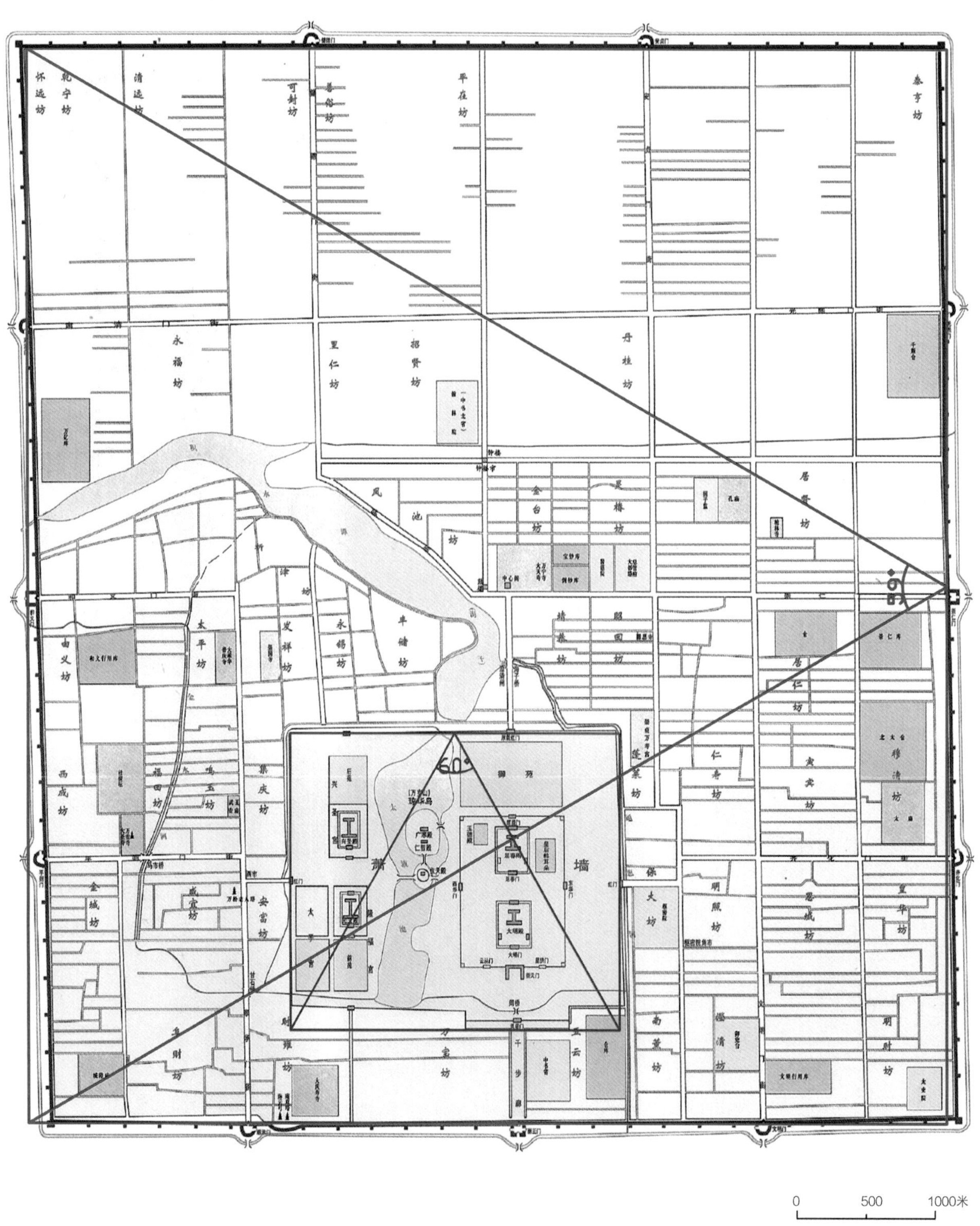

图1-38 元大都总平面分析图一
底图来源：元大都复原图（北京市测绘研究院）

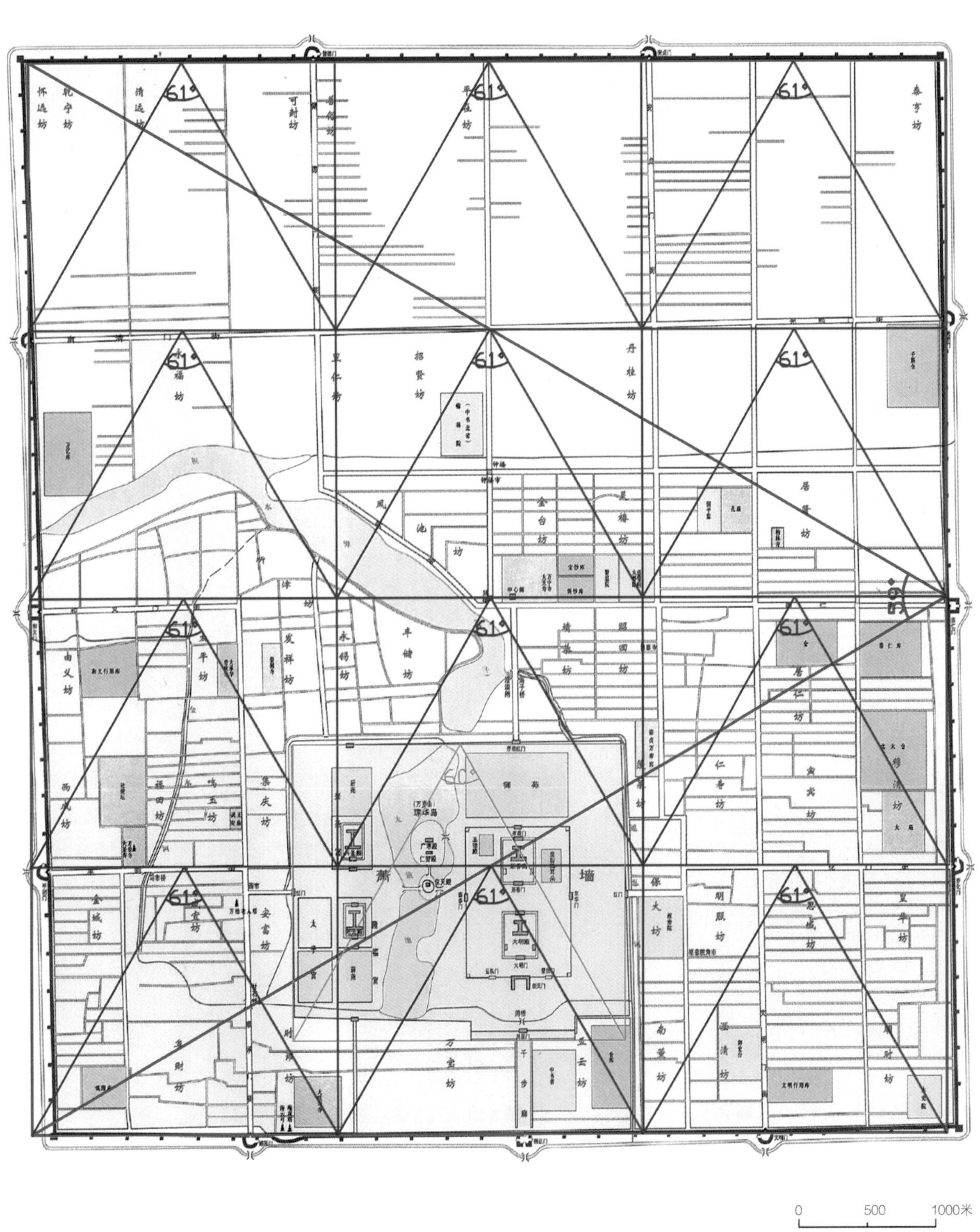

图1-39 元大都总平面分析图二
底图来源：元大都复原图（北京市测绘研究院）

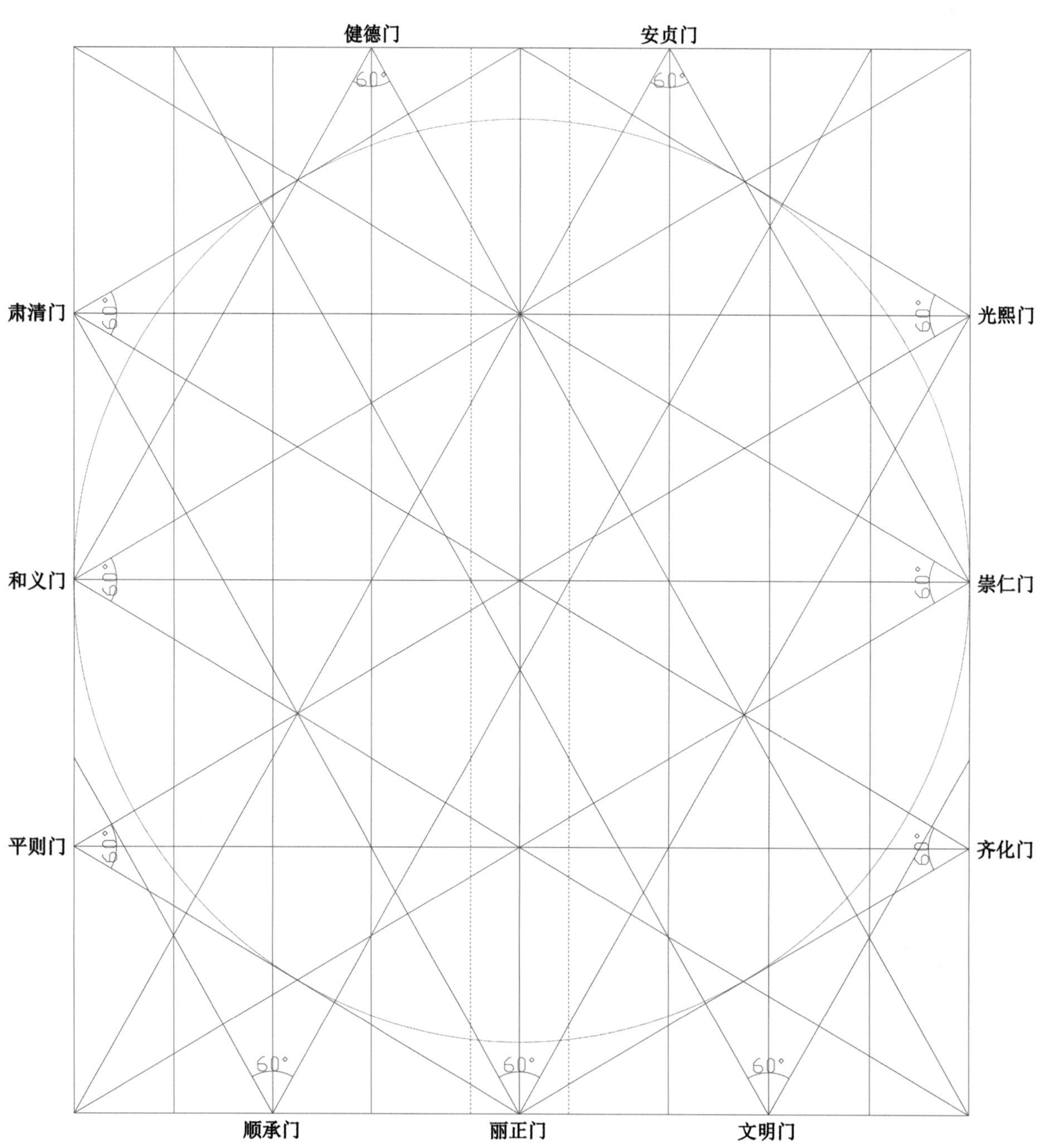

图1-40　元大都规划构图示意

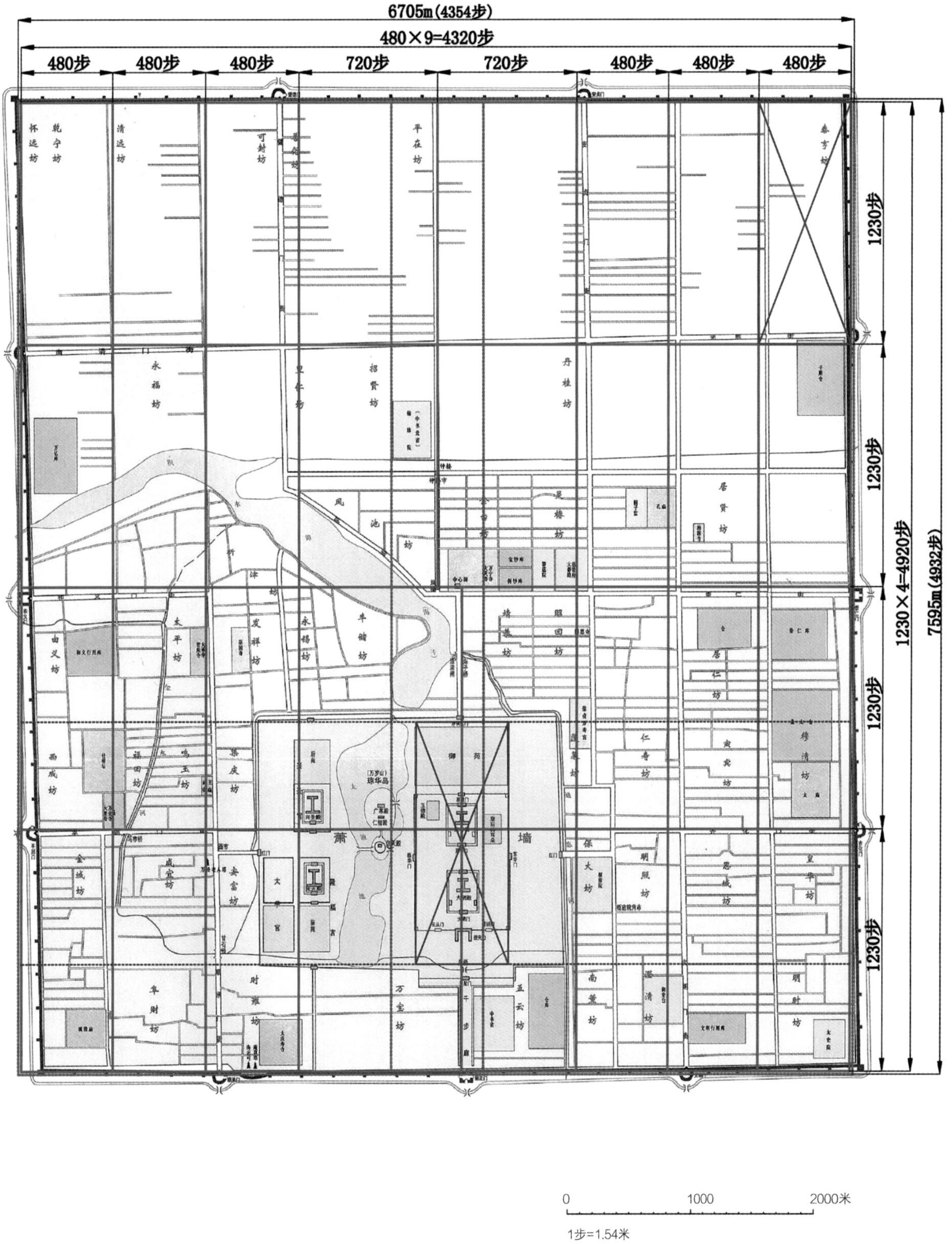

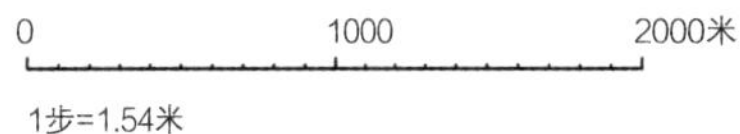

图1-41　元大都总平面分析图三
底图来源：元大都复原图（北京市测绘研究院）

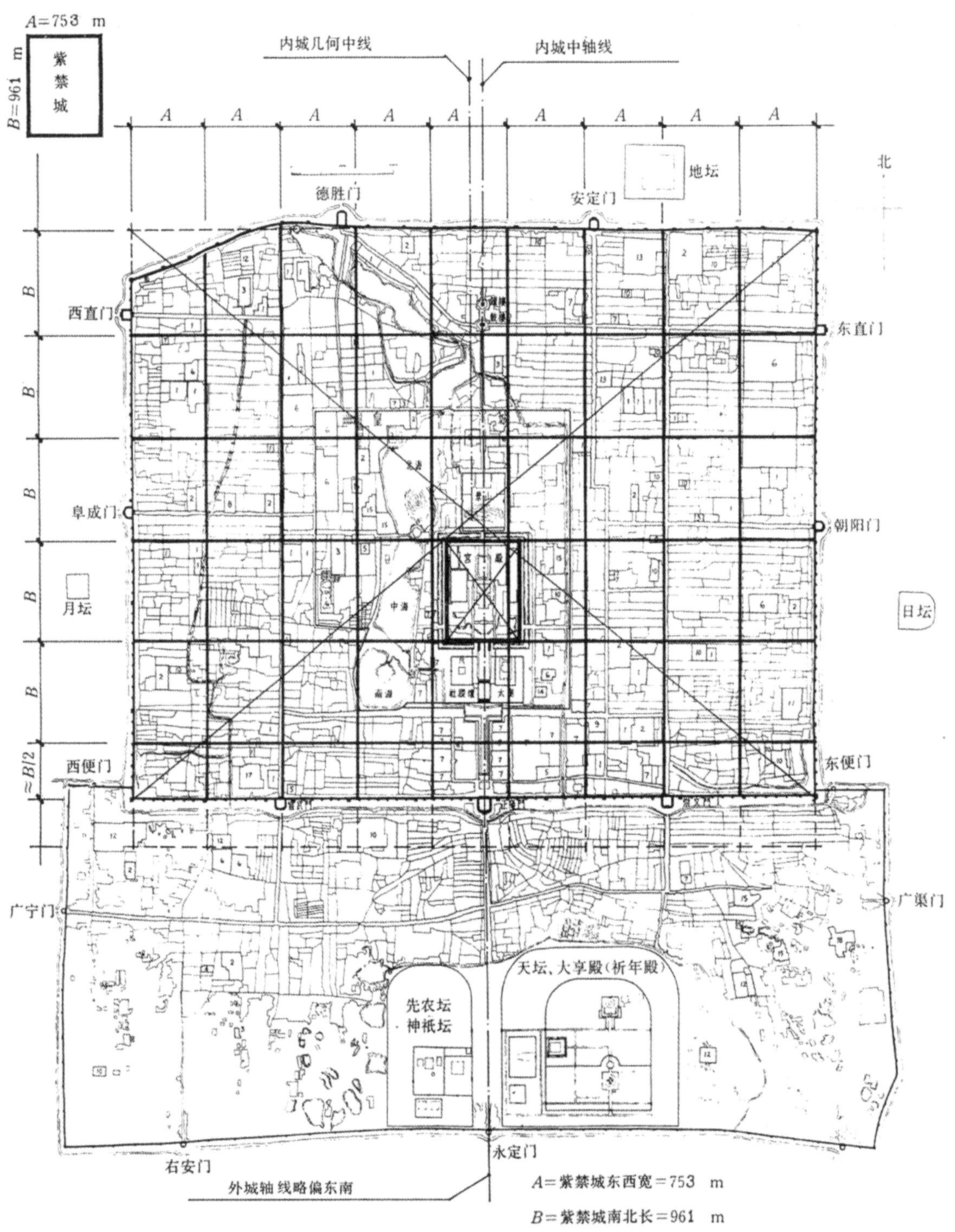

图1-42 紫禁城与明北京城的规划设计模数关系示意图
来源:《傅熹年建筑史论文集》

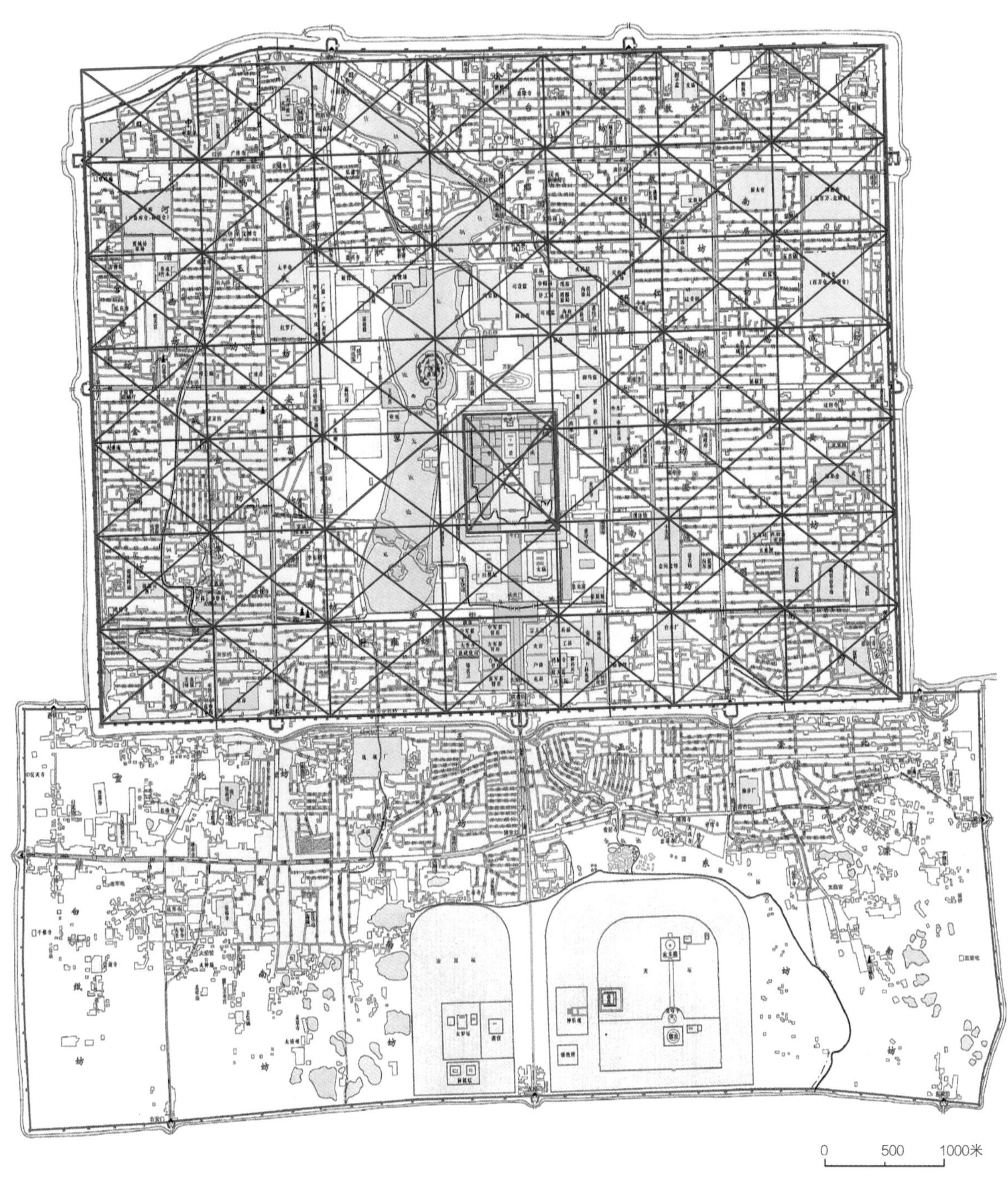

图1-43　明北京总平面分析图一
底图来源：明北京复原图（北京市测绘研究院）

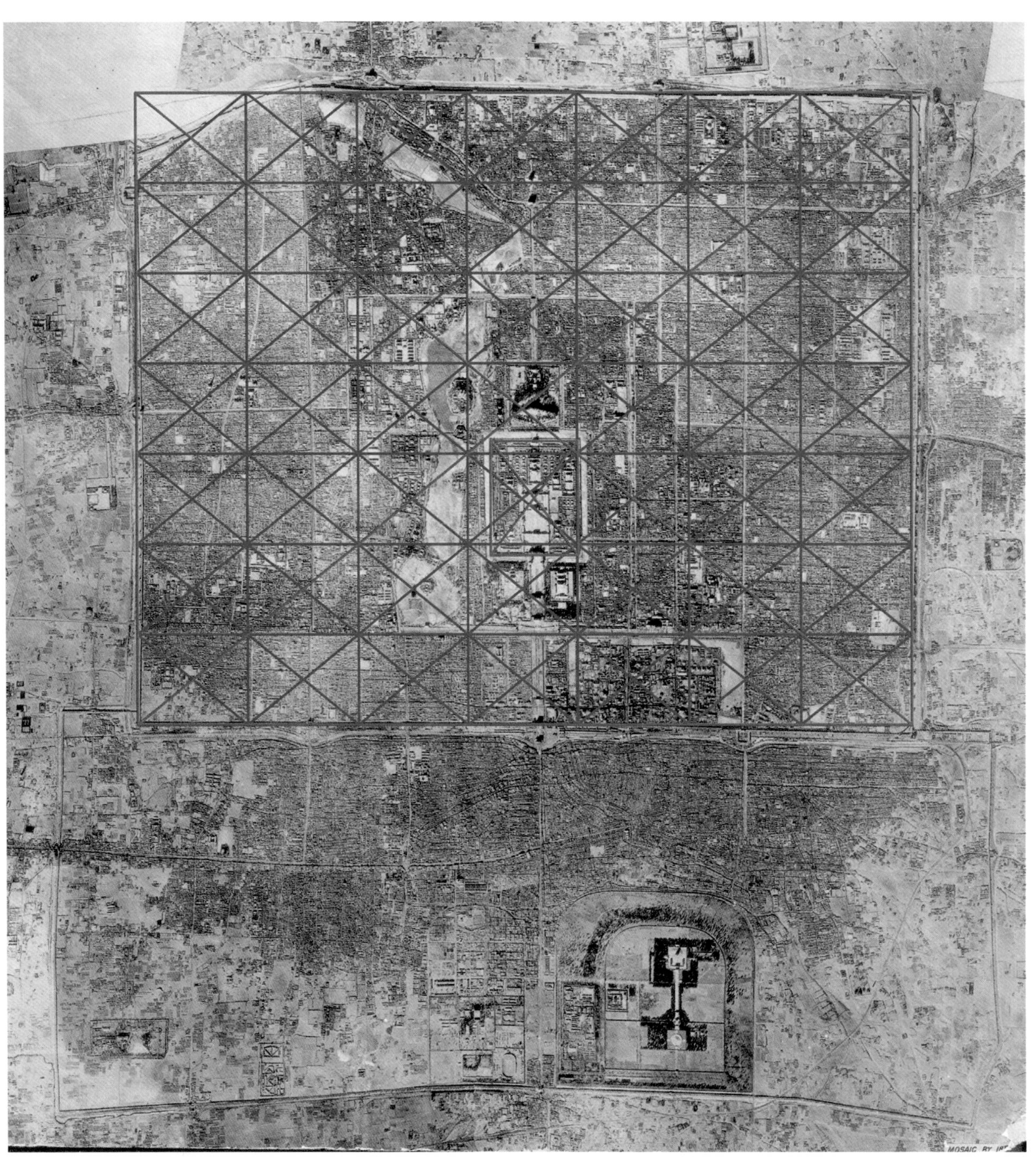

图1-44 明北京总平面分析图二
底图来源：1944年北平航拍图

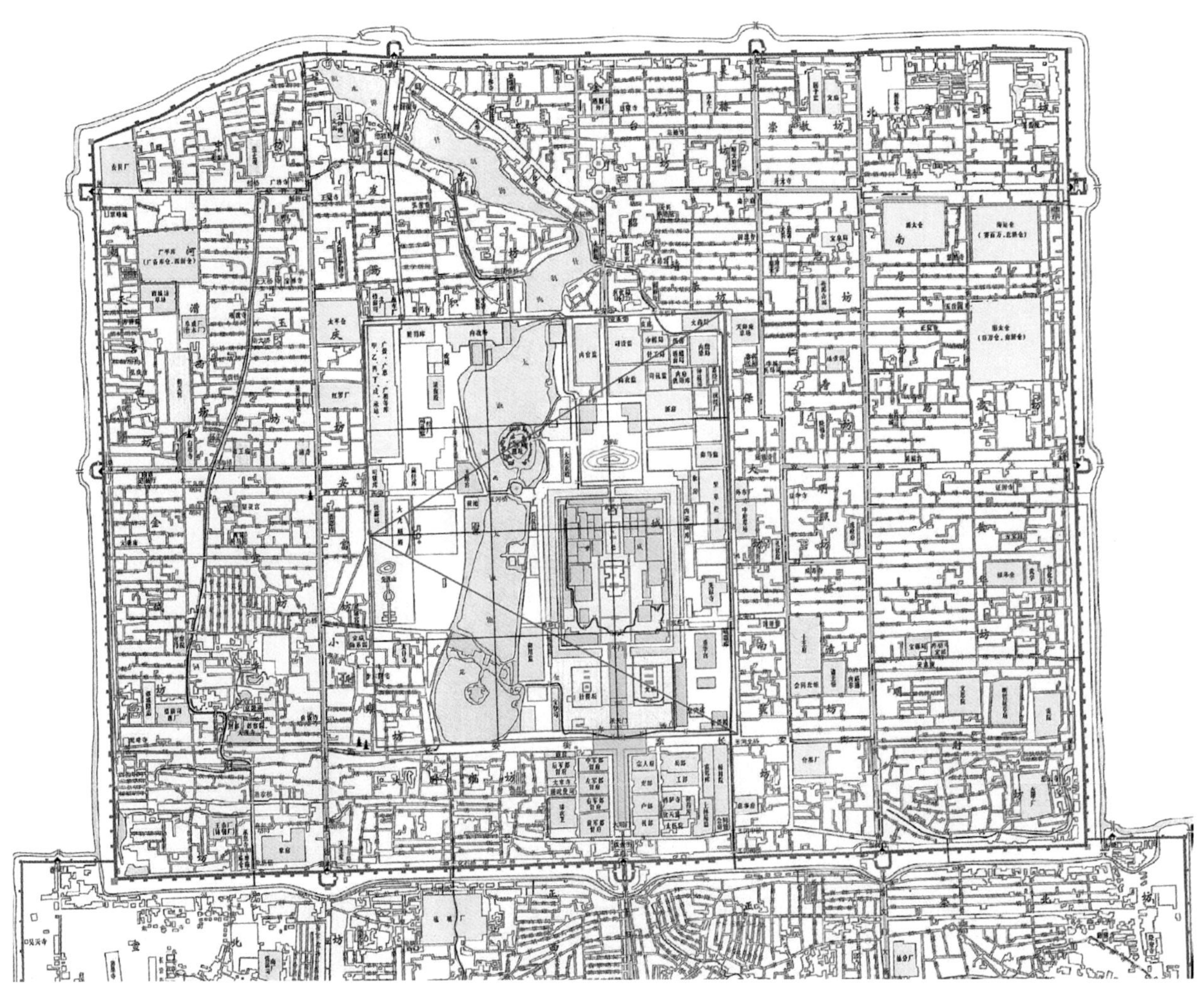

图1-45　明北京皇城总平面分析图
底图来源：明北京复原图（北京市测绘研究院）

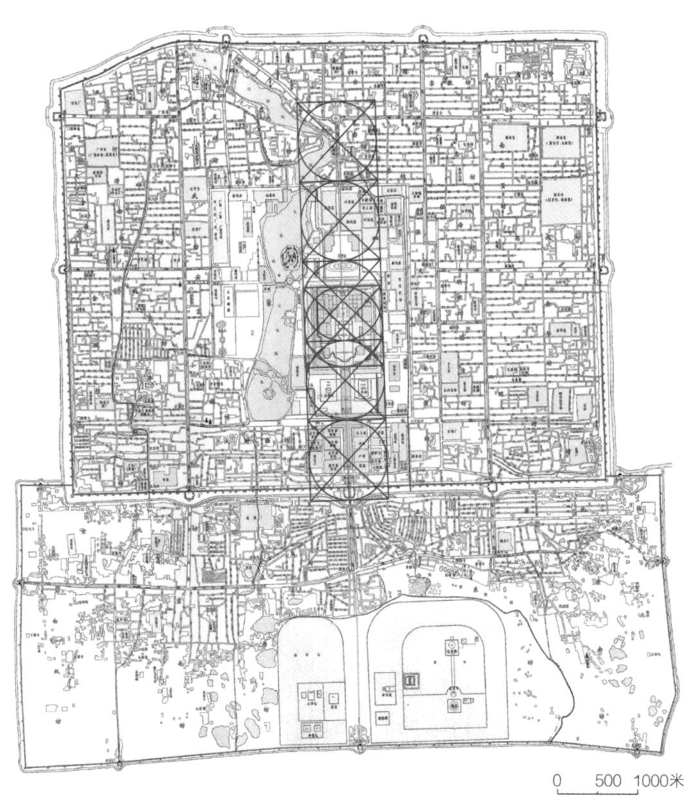

图1-46　明北京内城中轴线分析图一（内城中轴线为紫禁城进深之5倍）
底图来源：明北京复原图（北京市测绘研究院）

图1-47　明北京内城中轴线分析图二（内城中轴线为紫禁城进深之5倍）
底图来源：1944年北平航拍图

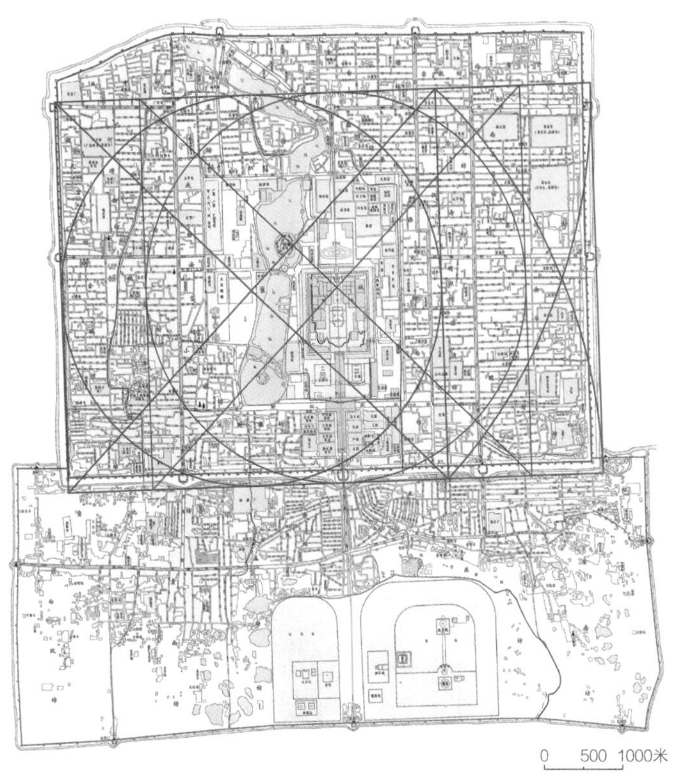

图1-48　明北京内城中轴线分析图三（内城中轴线与内城面阔呈方五斜七之比例）
底图来源：明北京复原图（北京市测绘研究院）

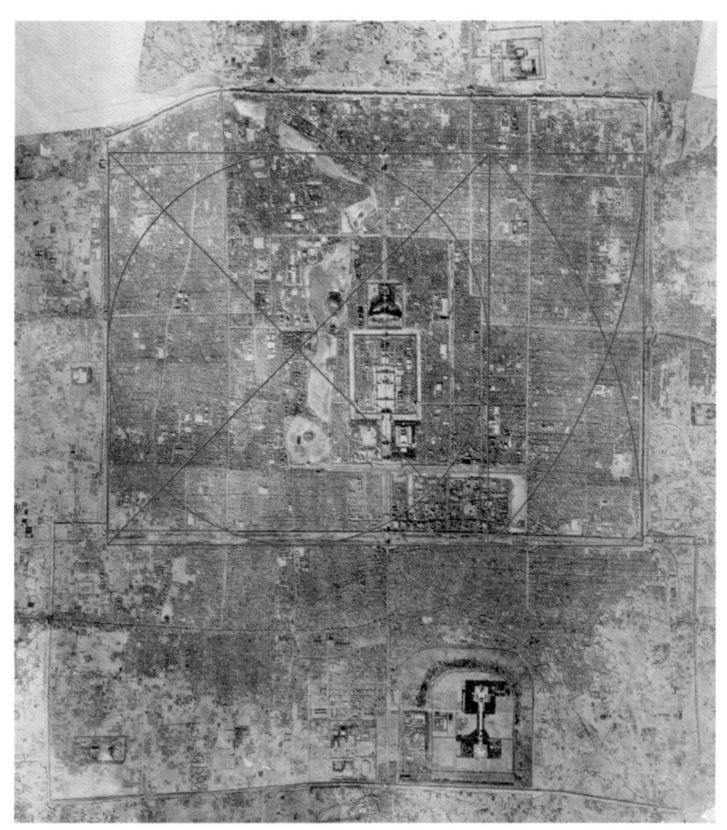

图1-49　明北京内城中轴线分析图四（内城中轴线与内城面阔呈方五斜七之比例）
底图来源：1944年北平航拍图

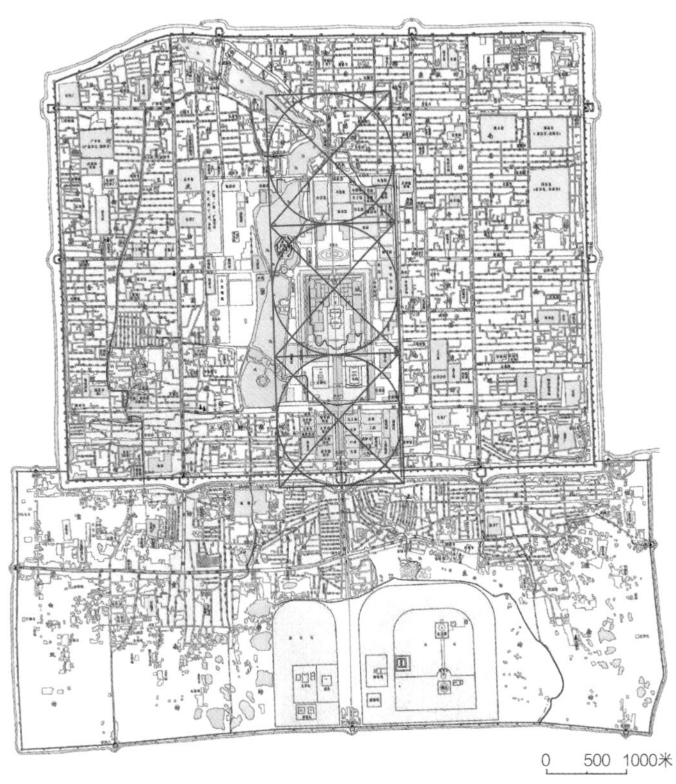

图1-50 明北京内城中轴线分析图五（内城中轴线被平均分为三段）
底图来源：明北京复原图（北京市测绘研究院）

图1-51 明北京内城中轴线分析图六（内城中轴线被平均分为三段）
底图来源：1944年北平航拍图

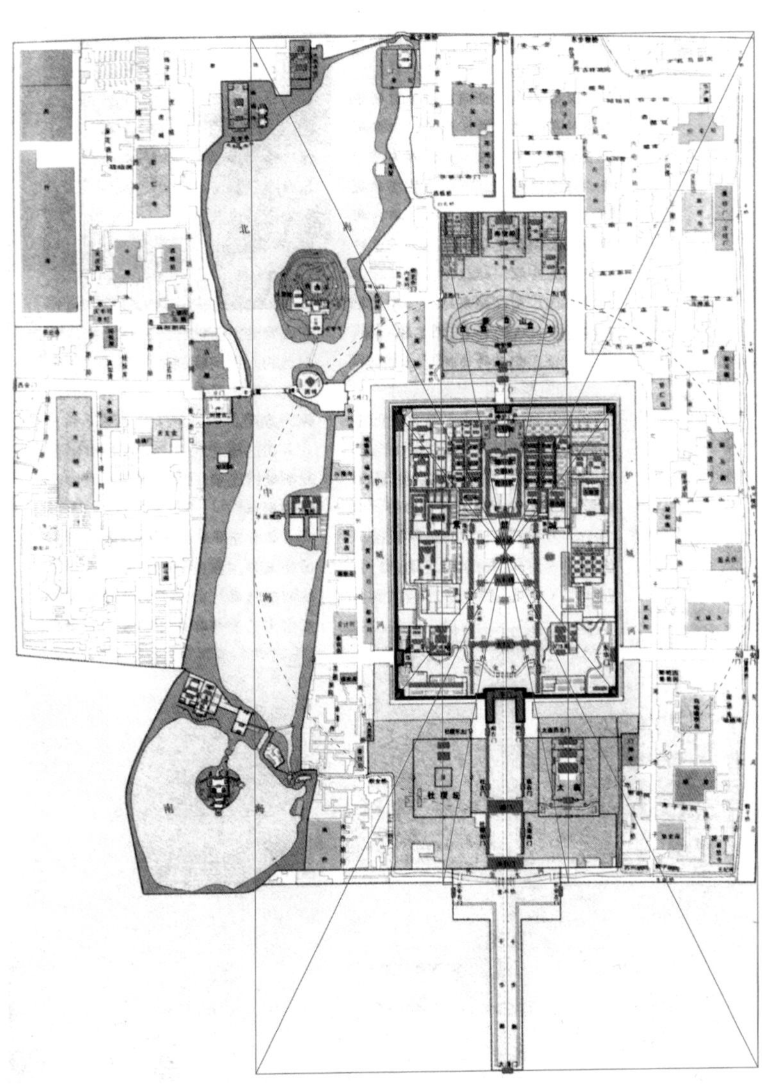

图1-52　明北京皇城中心分析图一
底图来源：北京皇城复原图（《北京历史地图集》）

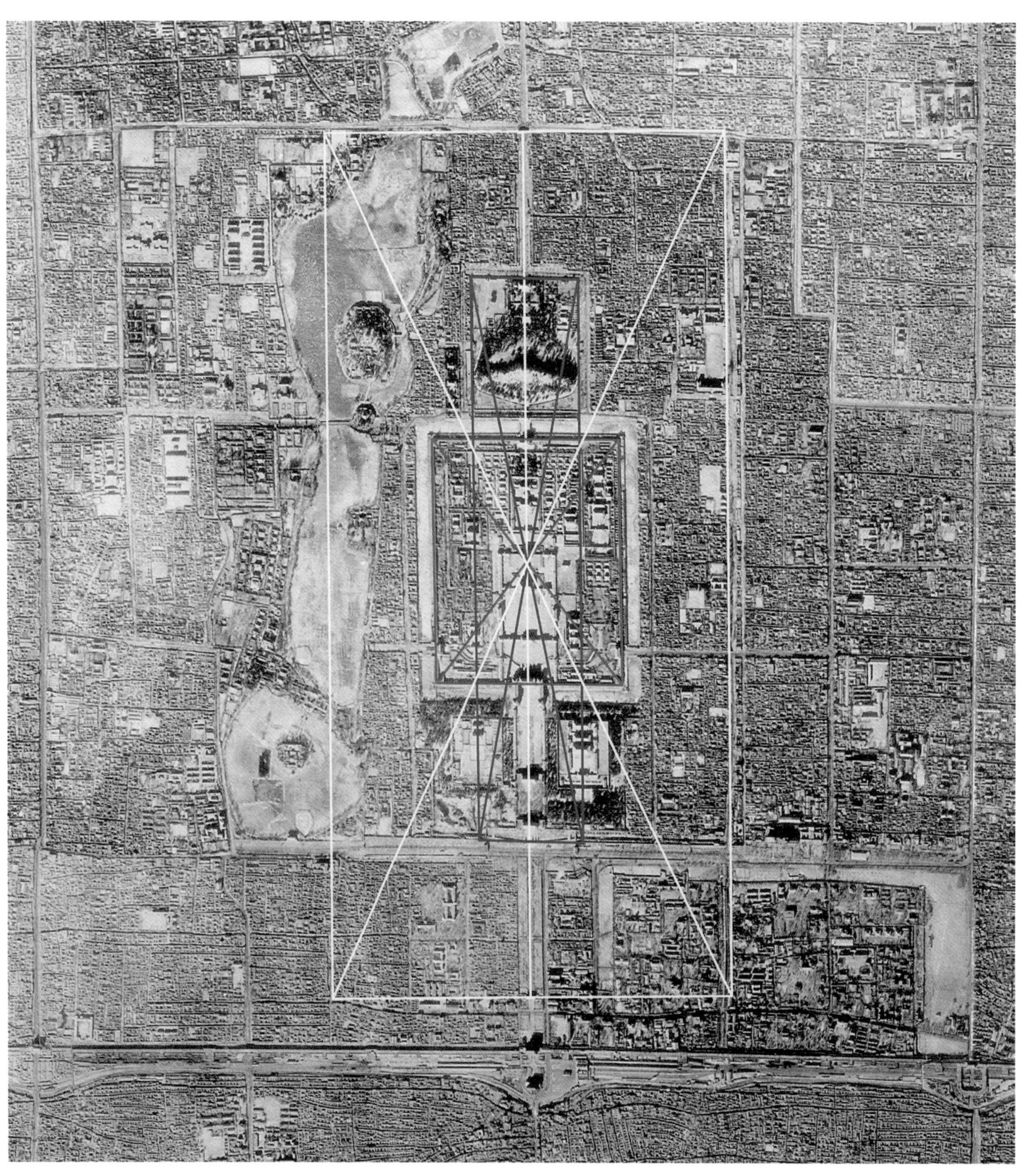

图1-53 明北京皇城中心分析图二
底图来源：1944年北平航拍图

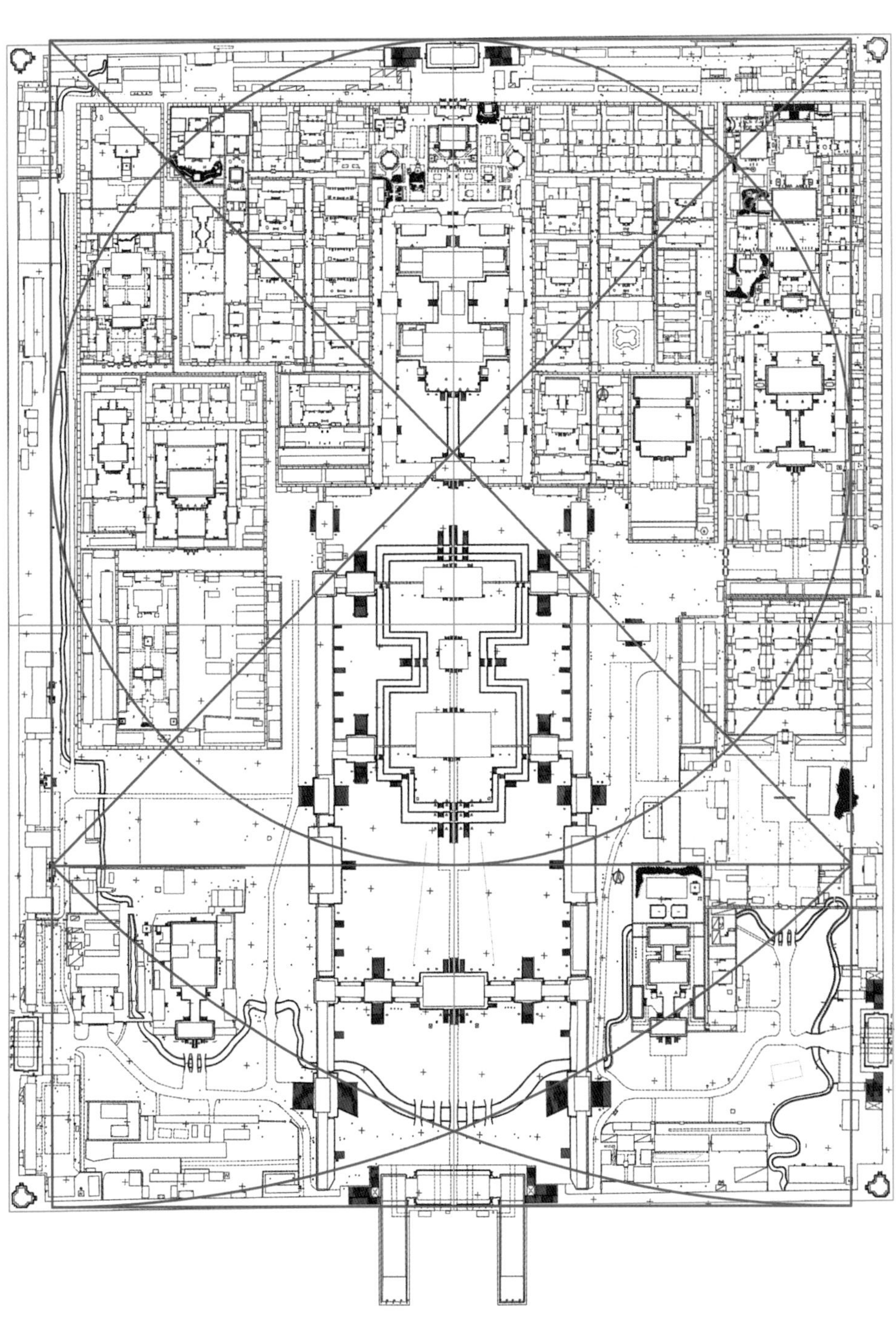

图1-54　紫禁城总平面分析图一
底图来源：紫禁城总平面实测图

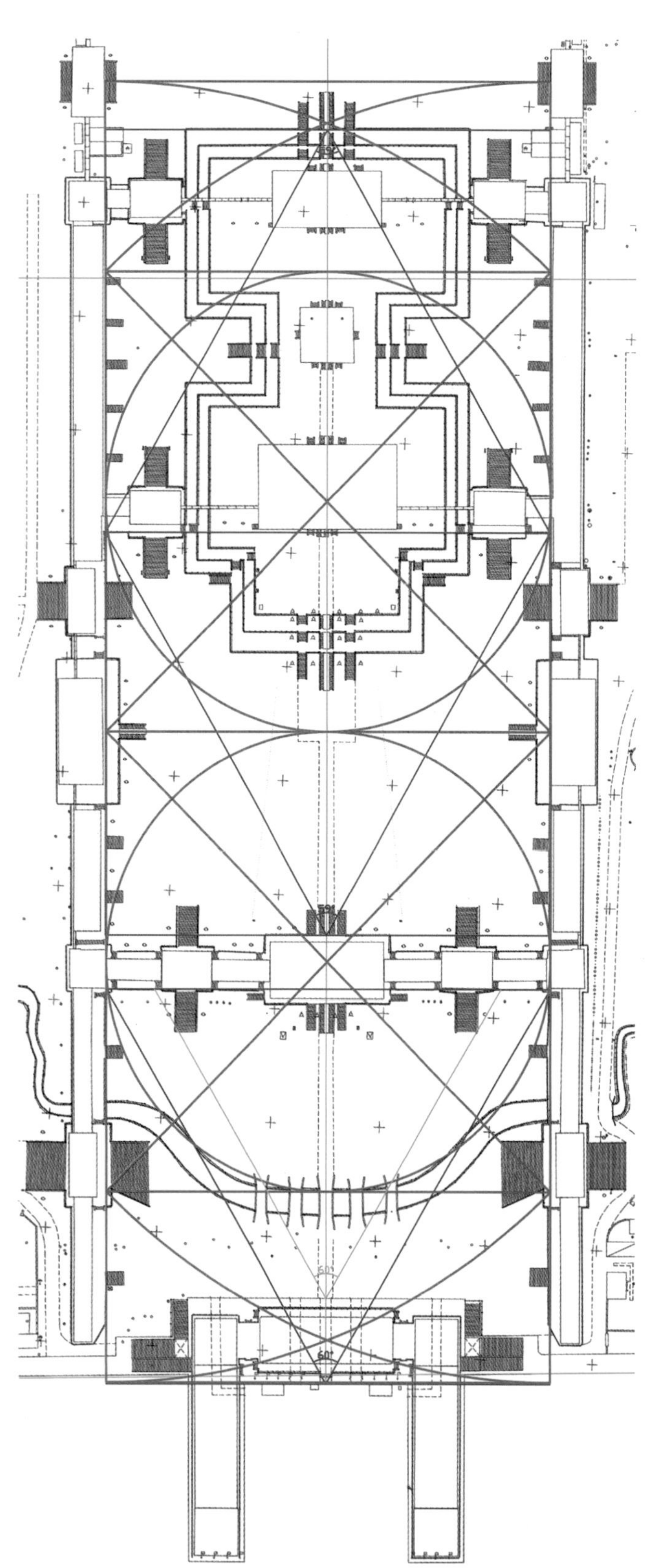

图1-55　紫禁城前朝中路建筑群分析图
底图来源：紫禁城总平面实测图

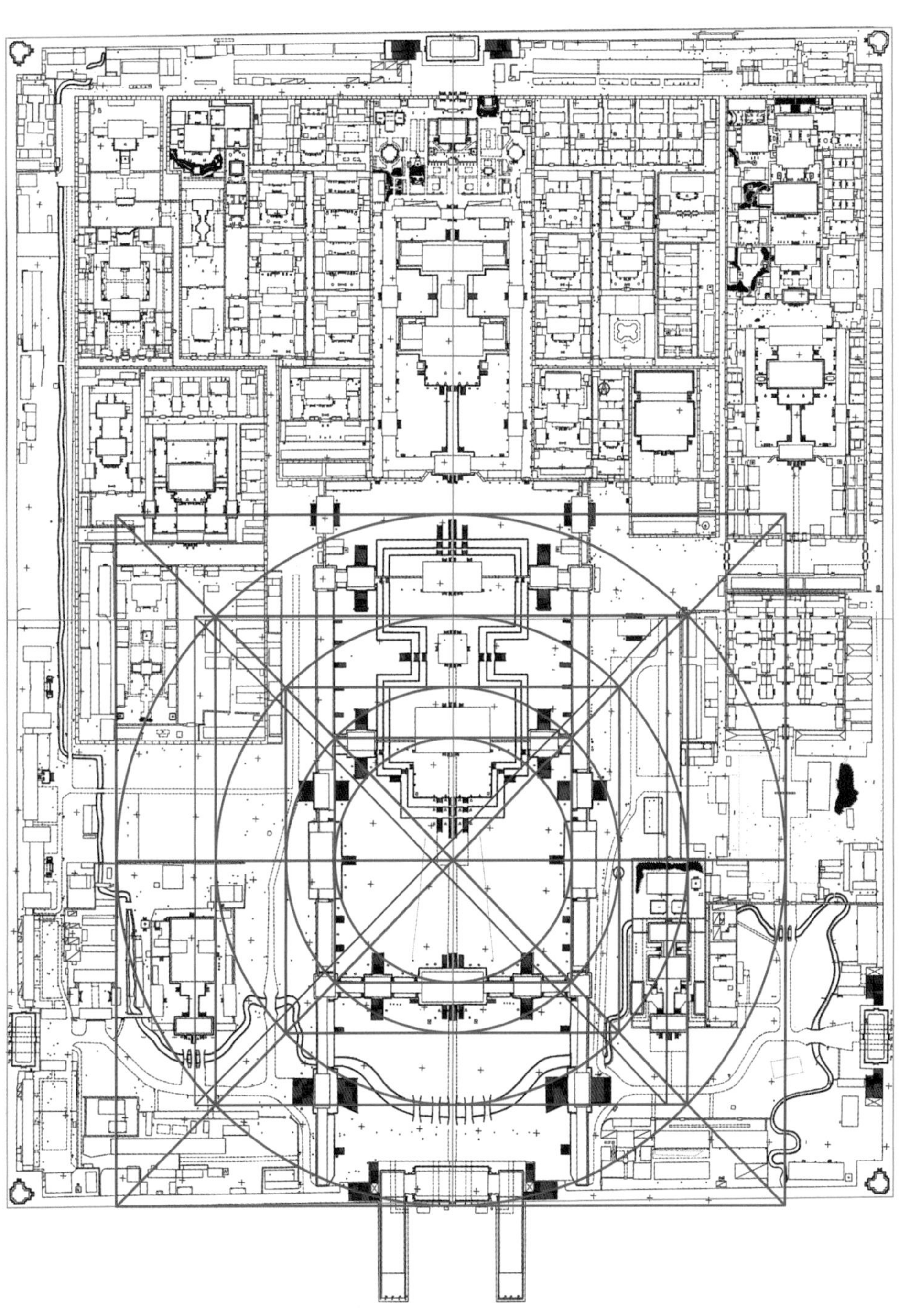

图1-56　紫禁城总平面分析图二
底图来源：紫禁城总平面实测图

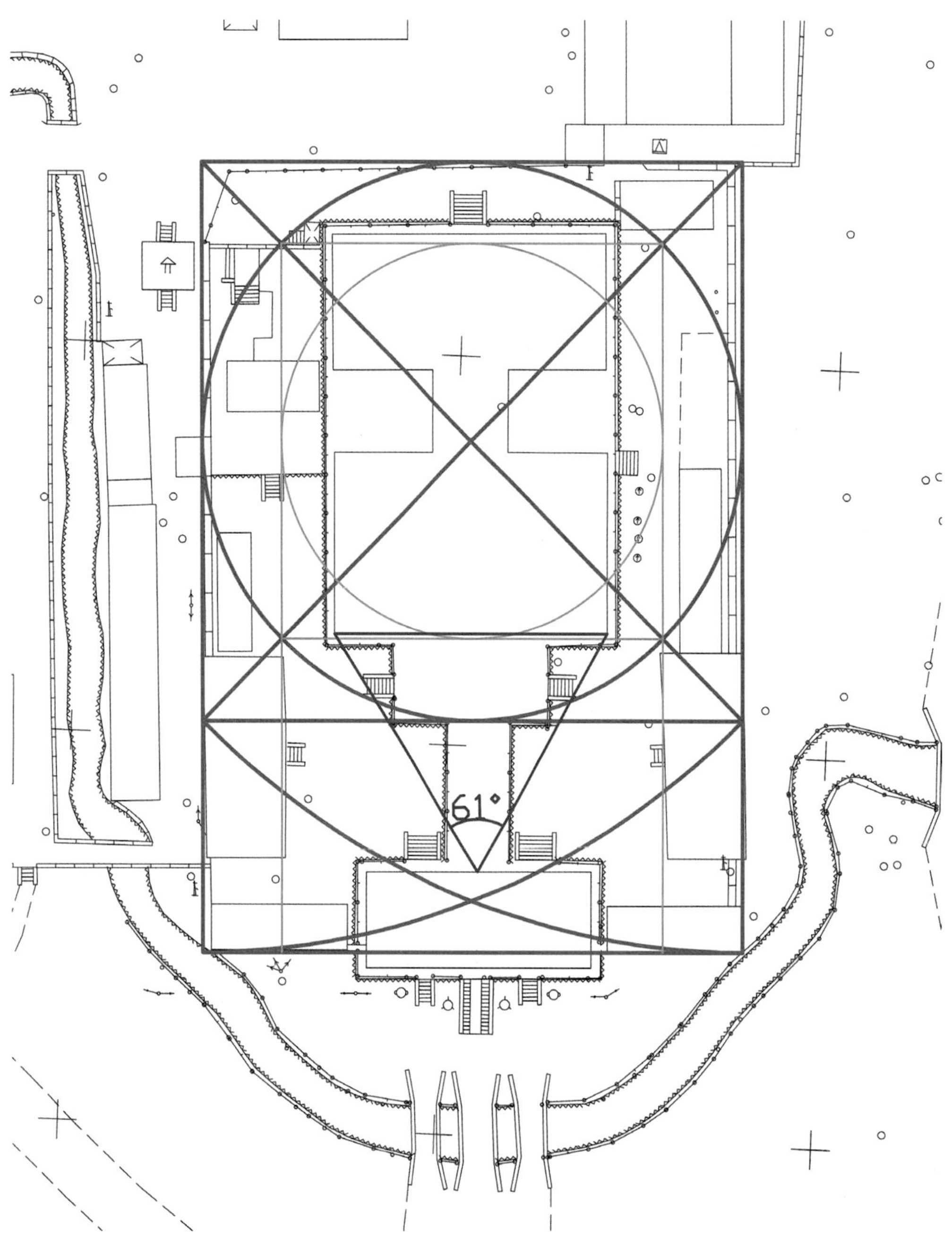

图1-57 紫禁城武英殿建筑群总平面分析图
底图来源：紫禁城总平面实测图

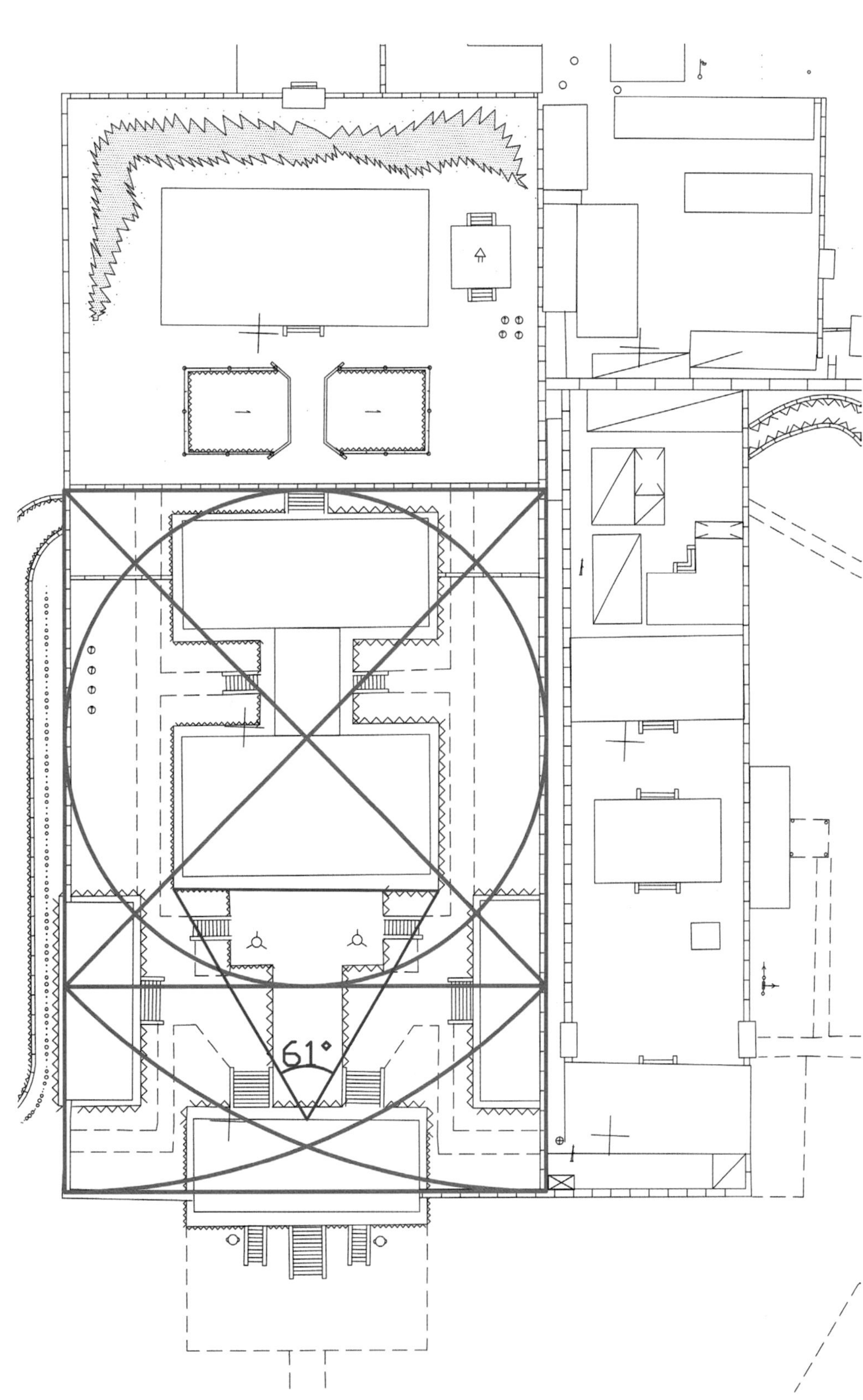

图1-58　紫禁城文华殿建筑群总平面分析图
底图来源：紫禁城总平面实测图

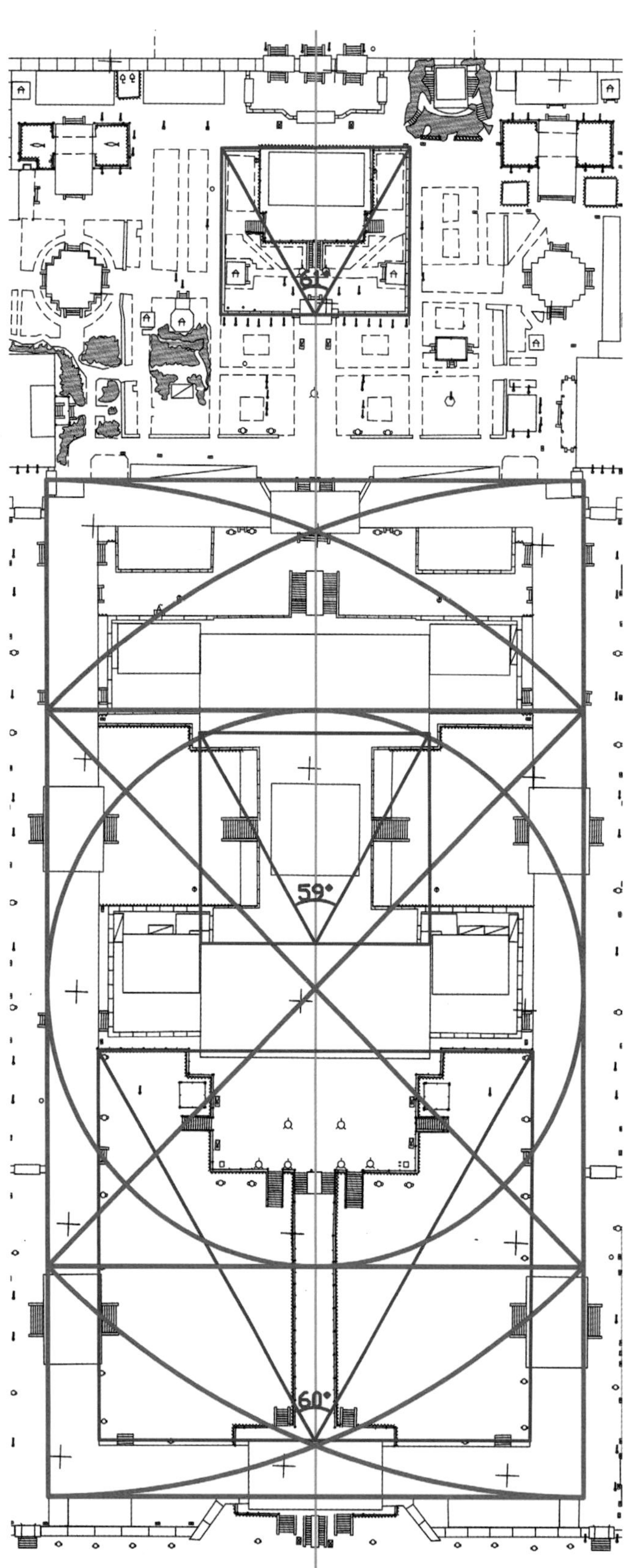

图1-59 紫禁城后寝中路建筑群分析图
底图来源：紫禁城总平面实测图

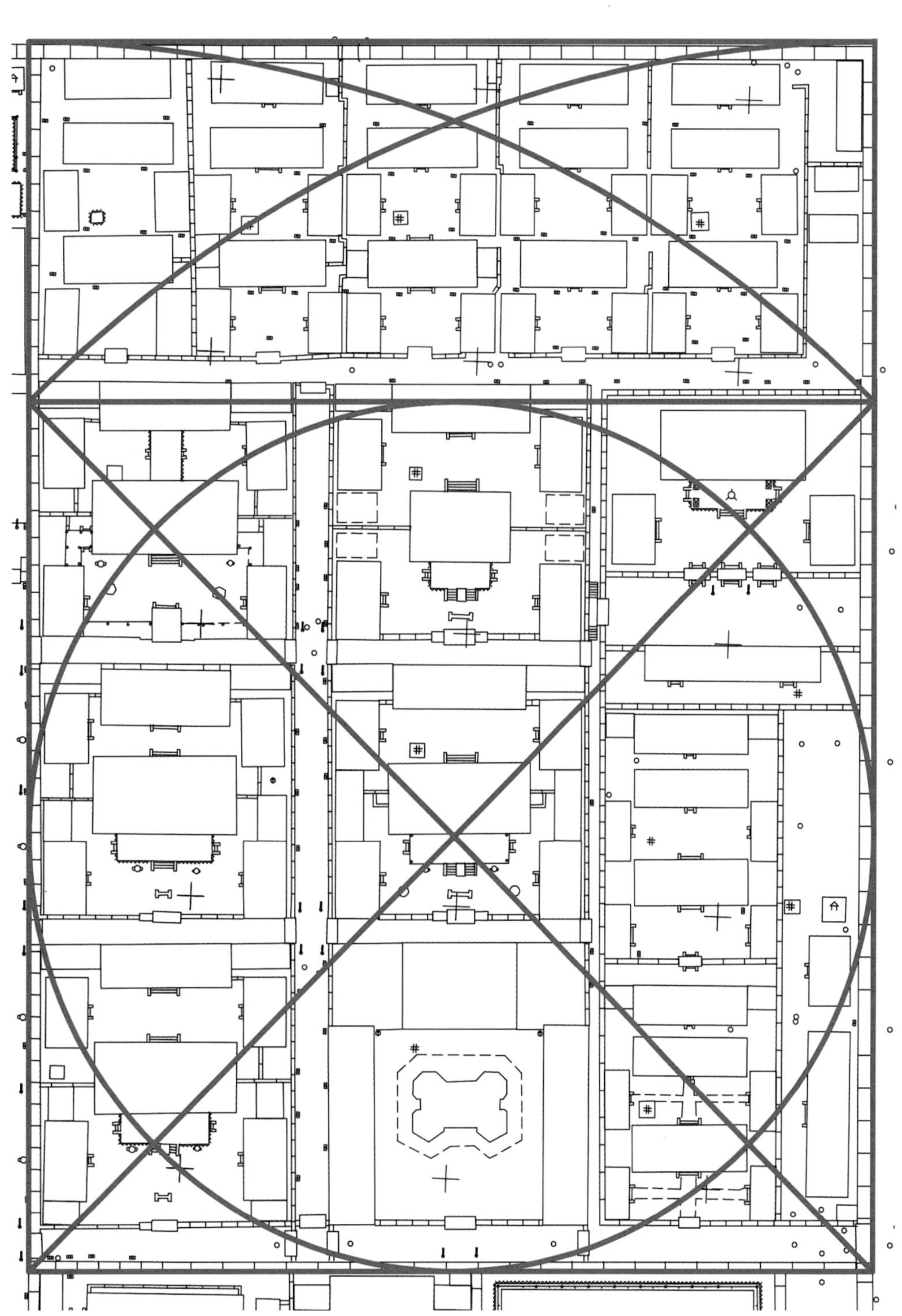

图1-60 紫禁城东六宫及乾东五所建筑群分析图
底图来源：紫禁城总平面实测图

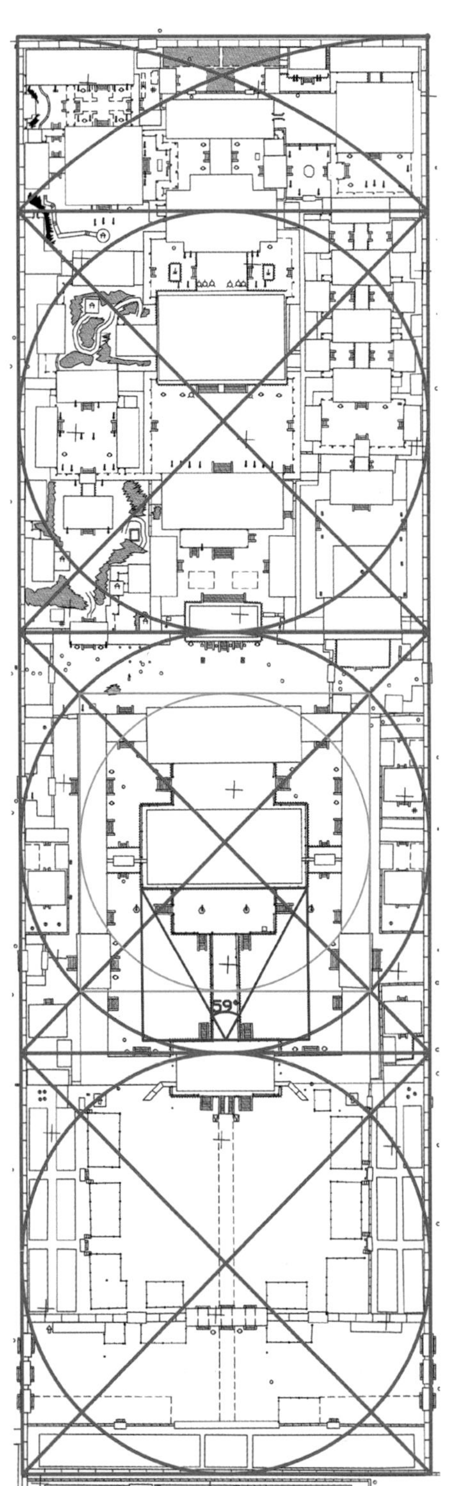

图1-61　紫禁城宁寿宫总平面分析图
底图来源：紫禁城总平面实测图

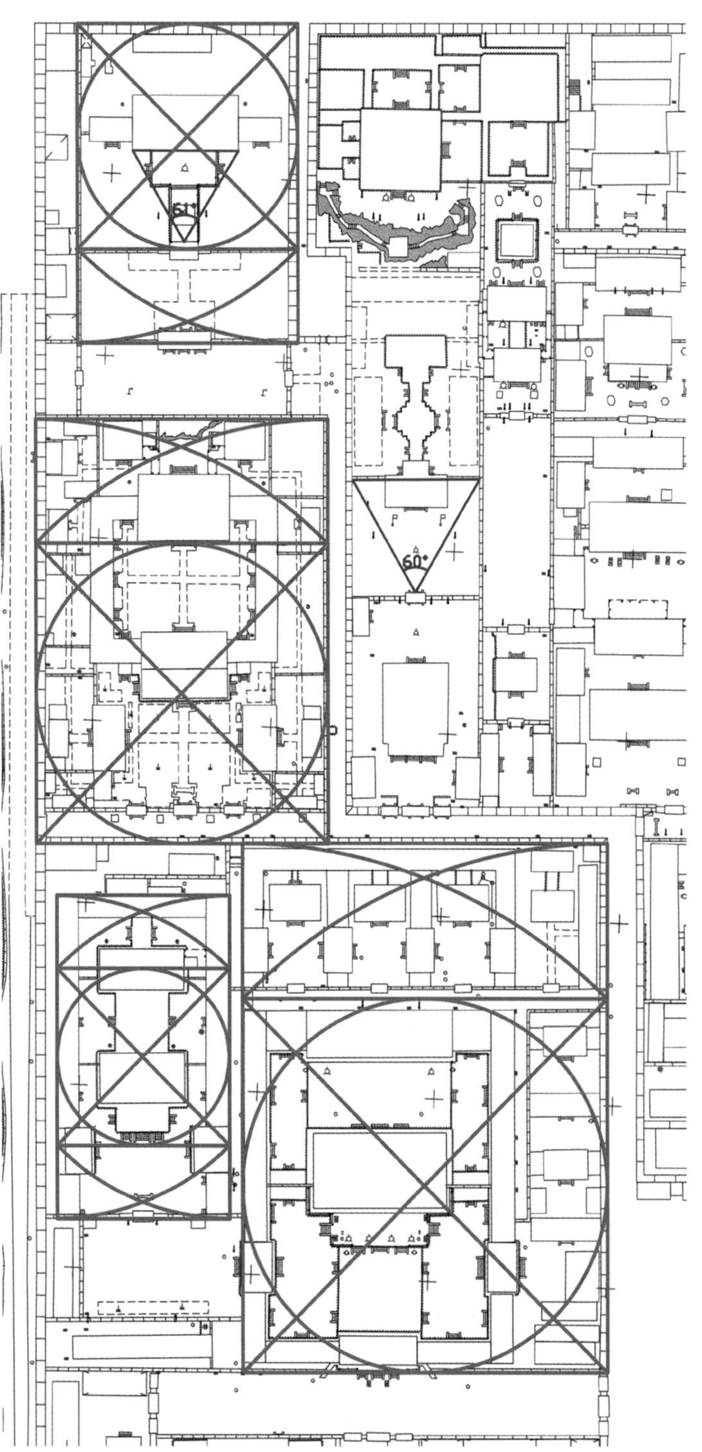

图1-62　紫禁城慈宁宫、寿康宫、寿安宫、英华殿、中正殿建筑群总平面分析图
底图来源：紫禁城总平面实测图

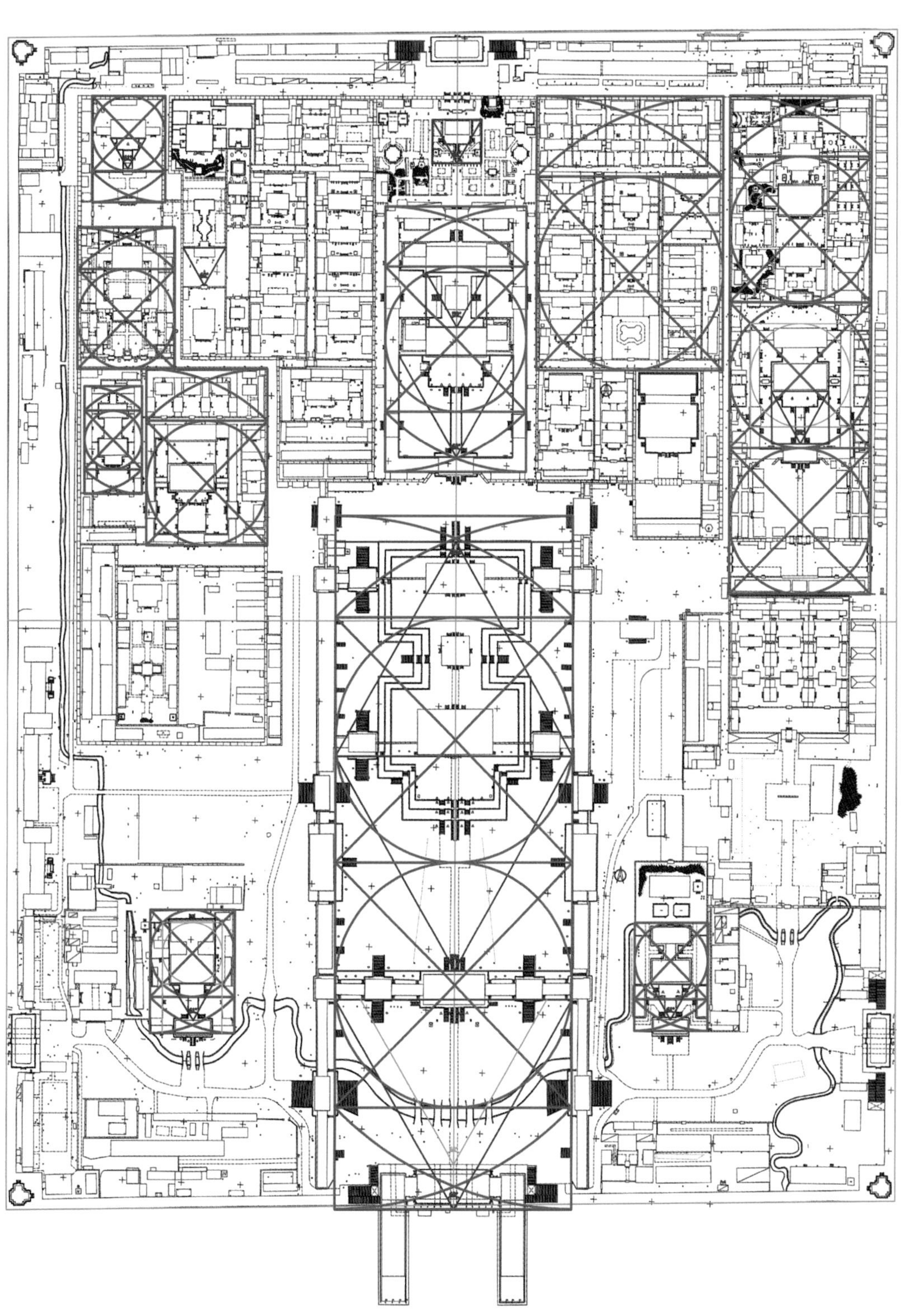

图1-63　紫禁城总平面分析图三
底图来源：紫禁城总平面实测图

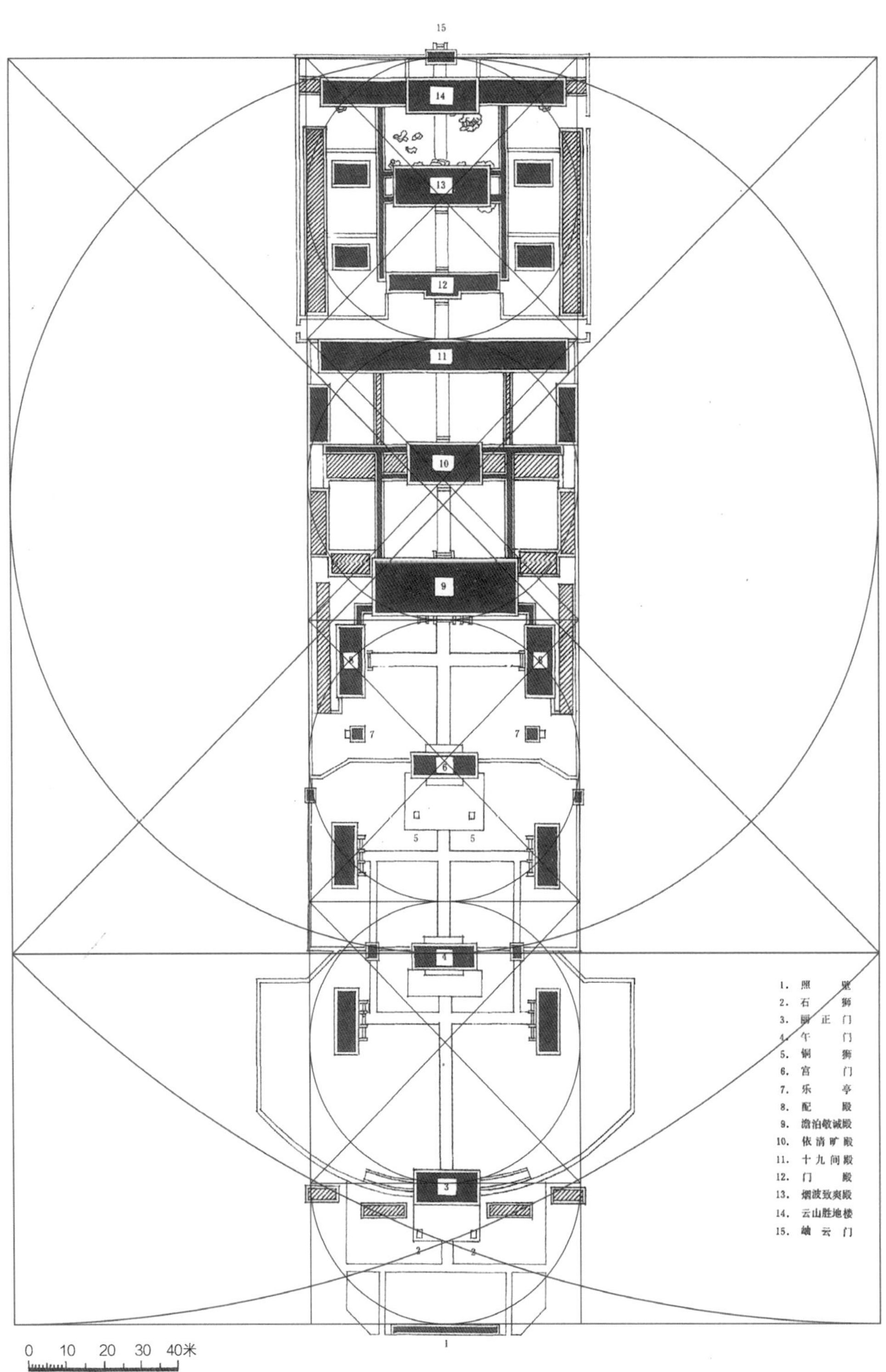

图1-64　承德避暑山庄正宫总平面分析图
底图来源：《承德古建筑——避暑山庄和外八庙》(1982)

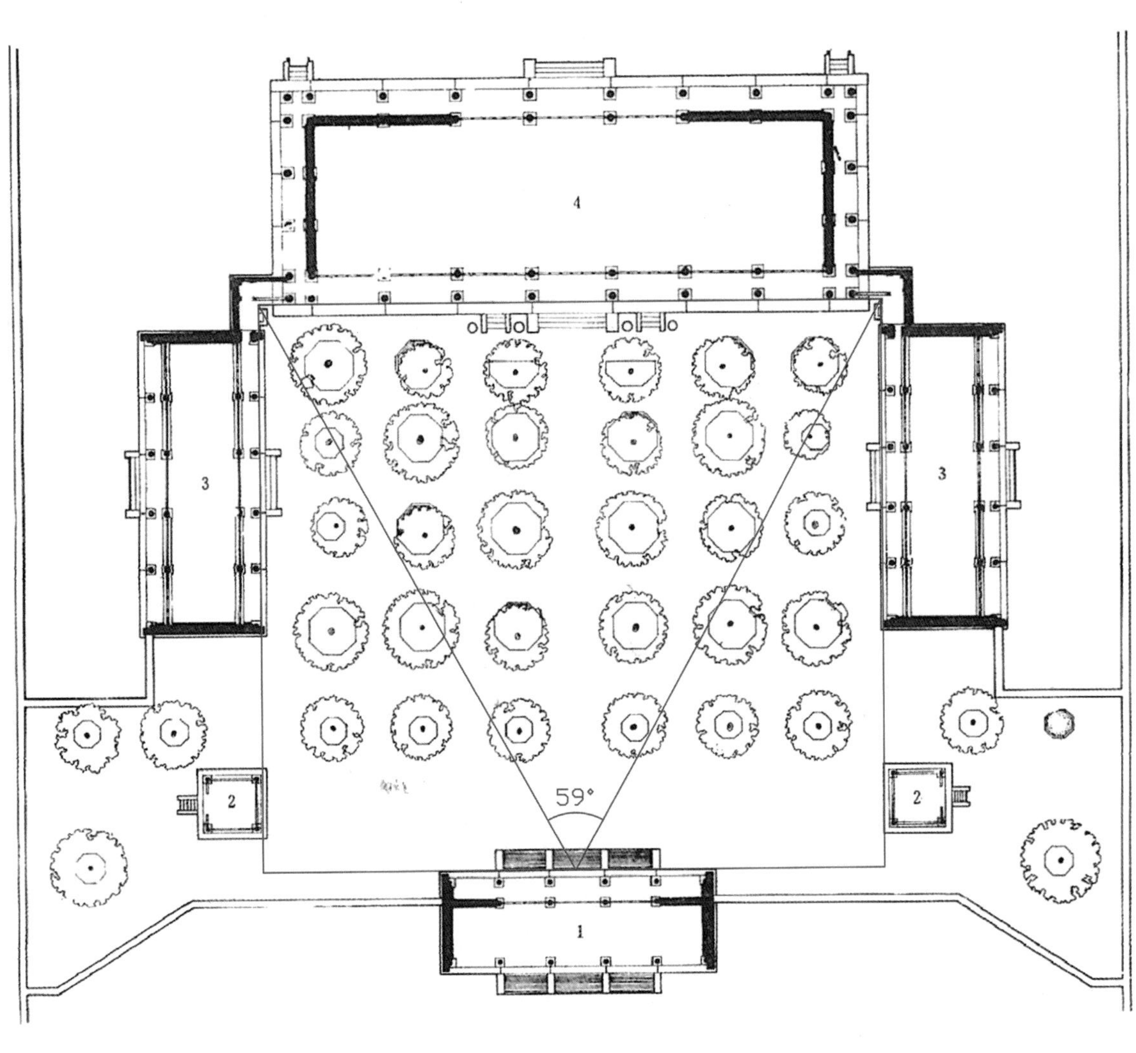

1. 宫门
2. 乐亭
3. 配殿
4. 澹泊敬诚殿

图1-65 承德避暑山庄澹泊敬诚殿院落总平面分析图
底图来源：《中国古典园林建筑图录·北方园林》（2015）

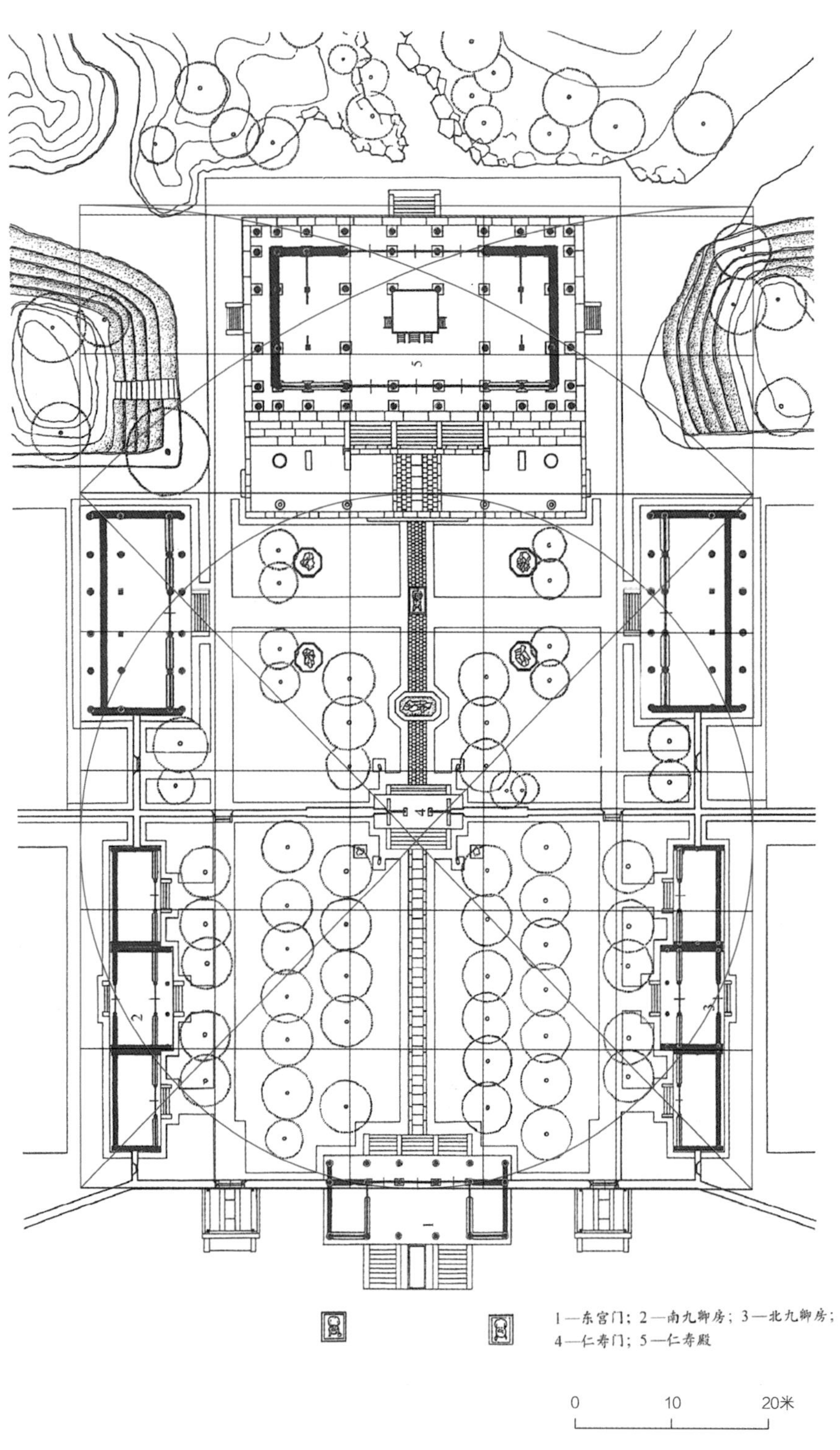

图1-66　颐和园东宫门—仁寿殿建筑群总平面分析图
底图来源：《颐和园》（2000）

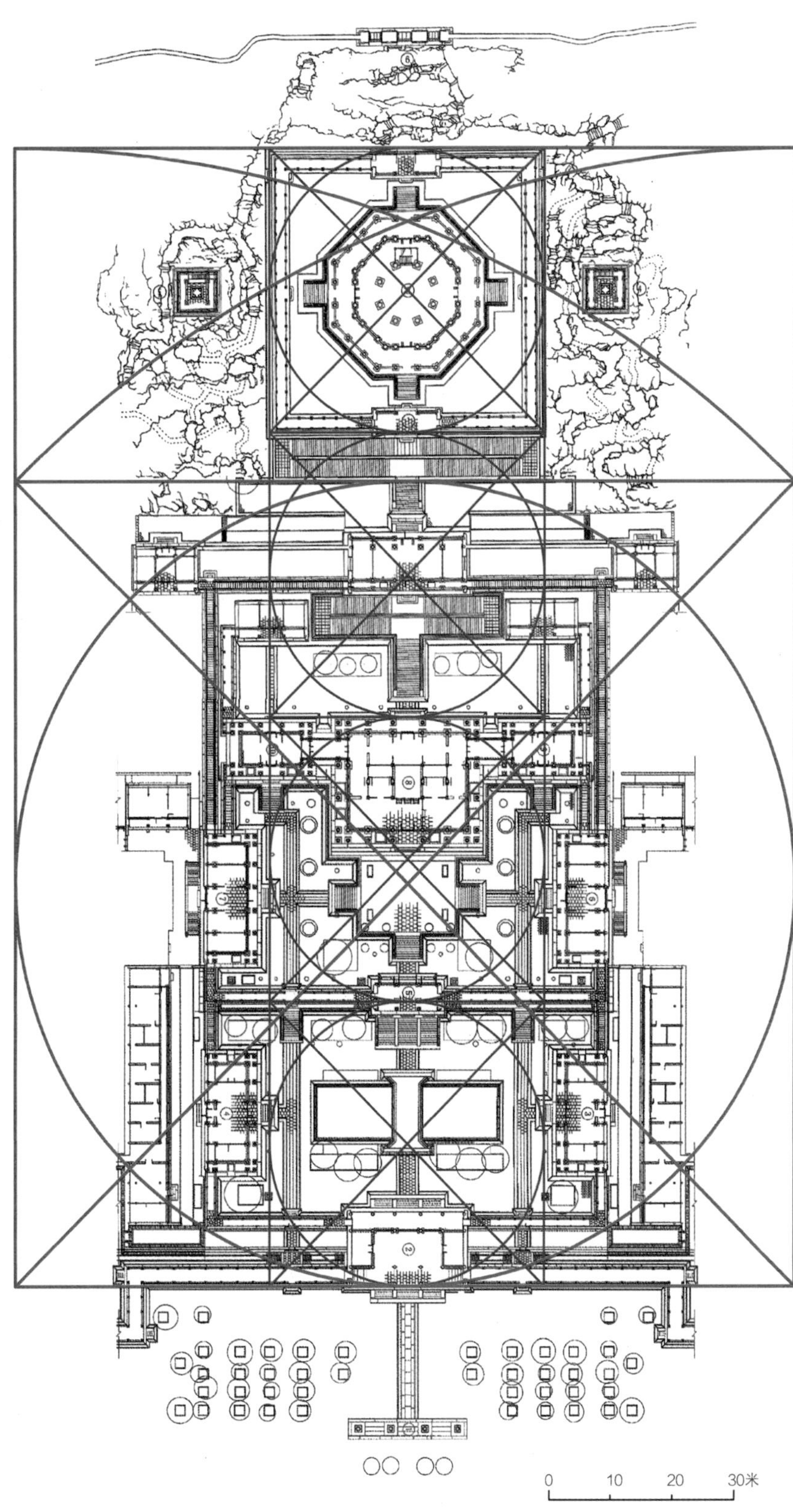

图1-67 北京颐和园排云殿—佛香阁建筑群总平面分析图
底图来源：《中国古建筑测绘大系·园林建筑：颐和园》（2015）

第二章　祭祀建筑

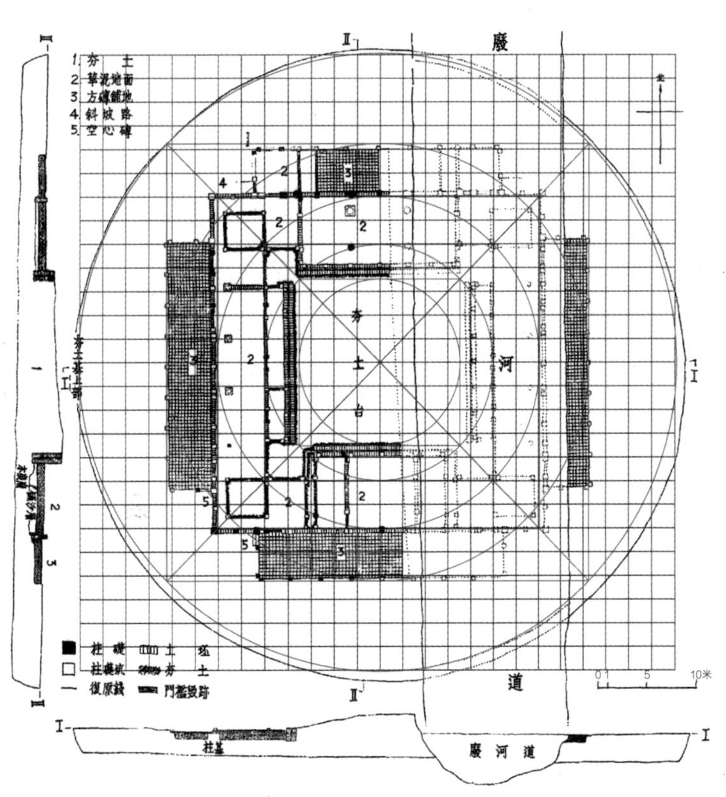

1. 夯土
2. 草泥地面
3. 方砖铺地
4. 斜坡路
5. 空心砖
廢
河
道
夯
土
台
柱礎
土坯
柱礎坑
夯土
復原綫
門檻毁跡
0 1 5 10米
廢河道
柱基

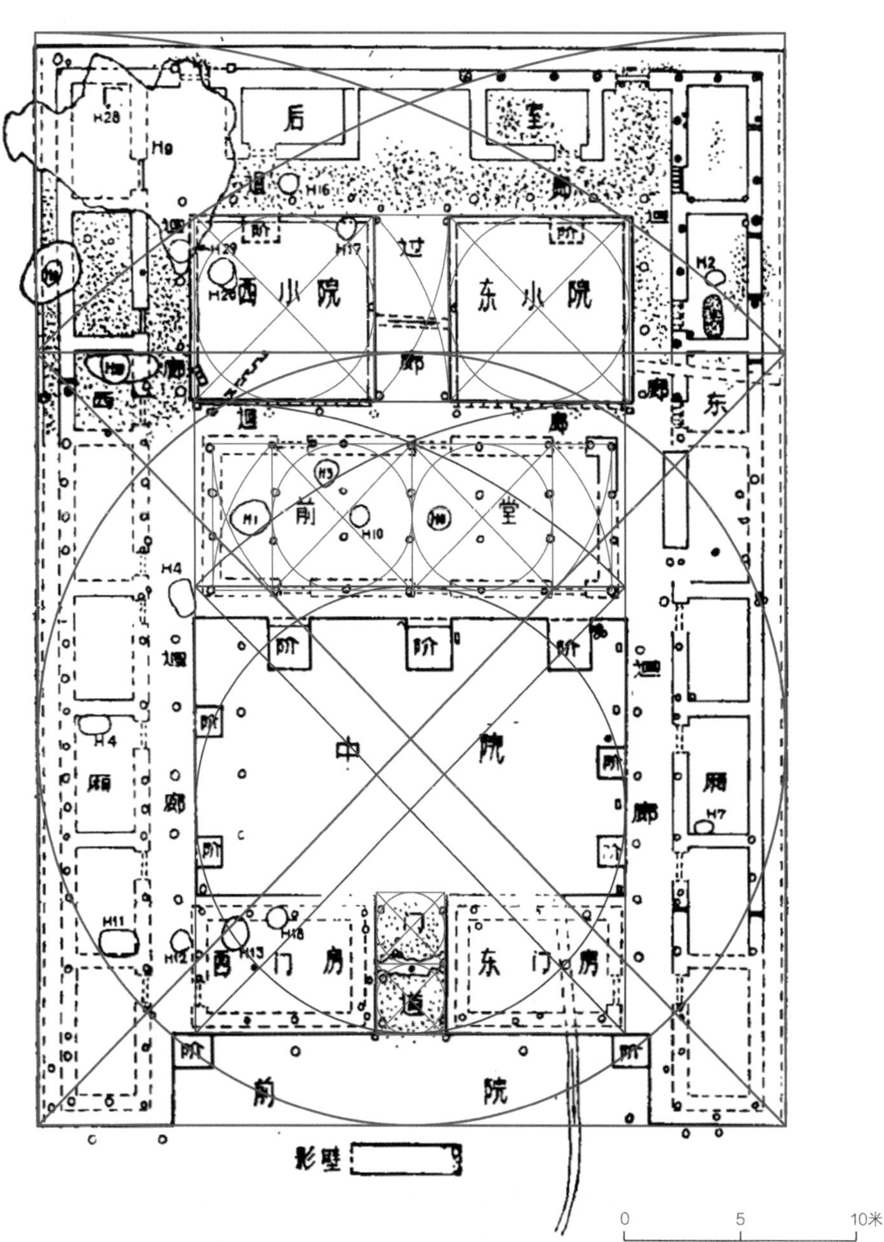

图2-1　陕西岐山凤雏村西周宗庙总平面分析图一
底图来源：《陕西岐山凤雏村西周建筑基址发掘简报》(《文物》1979年第10期)

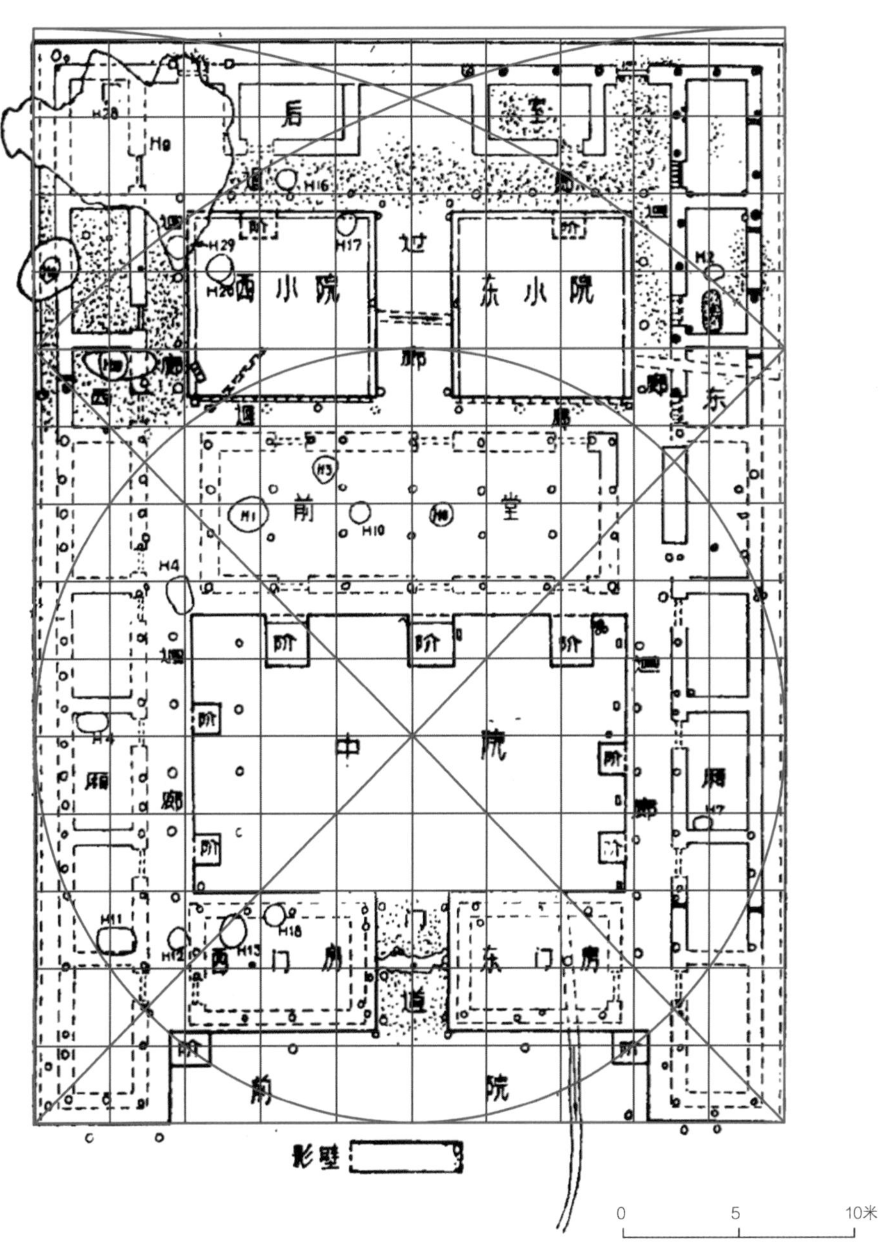

图2-2　陕西岐山凤雏村西周宗庙总平面分析图二
底图来源：《陕西岐山凤雏村西周建筑基址发掘简报》(《文物》1979年第10期)

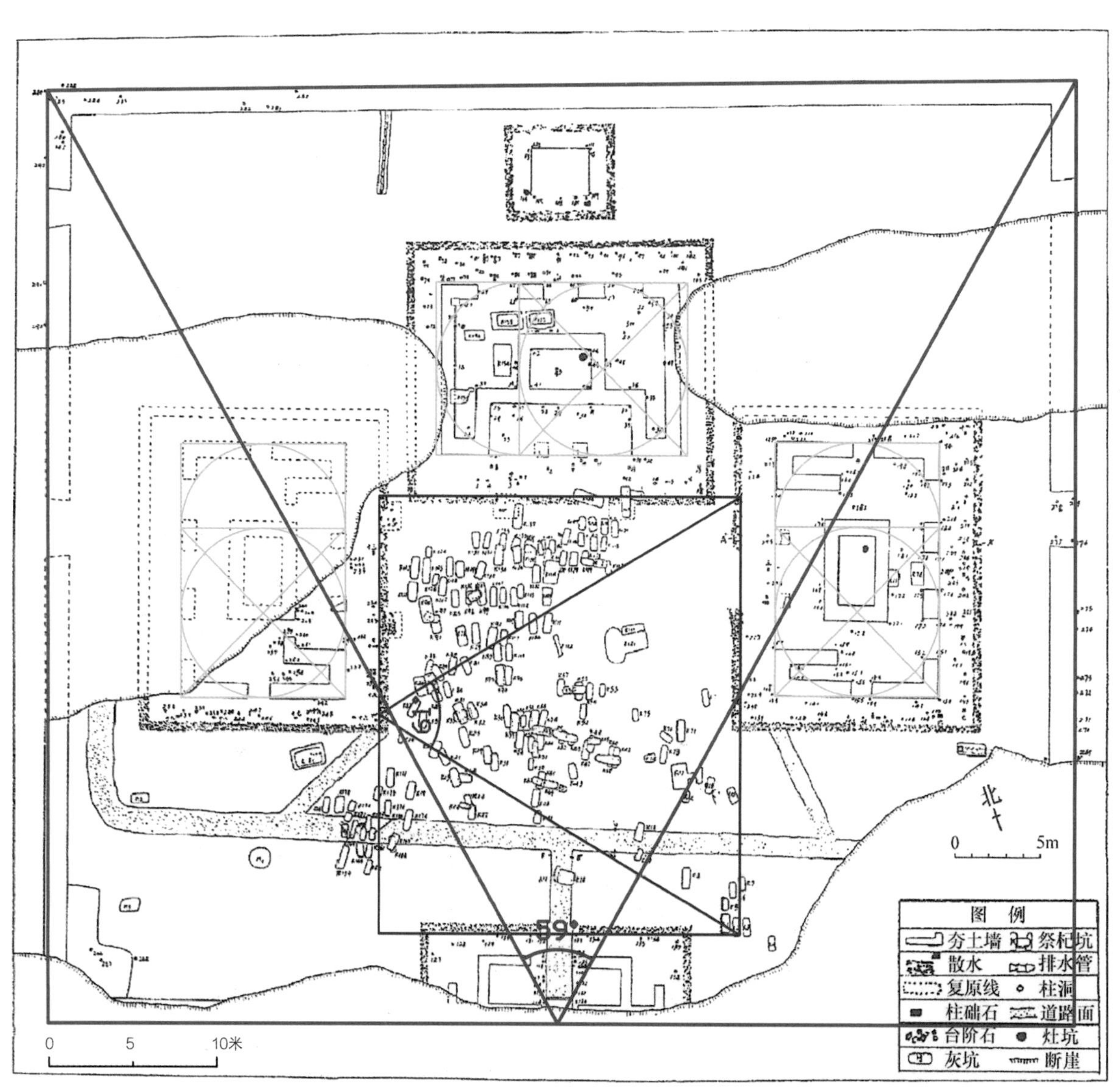

图2-3　陕西凤翔马家庄第一号建筑总平面分析图
底图来源：《凤翔马家庄一号建筑群遗址发掘简报》(《文物》1985年第2期)

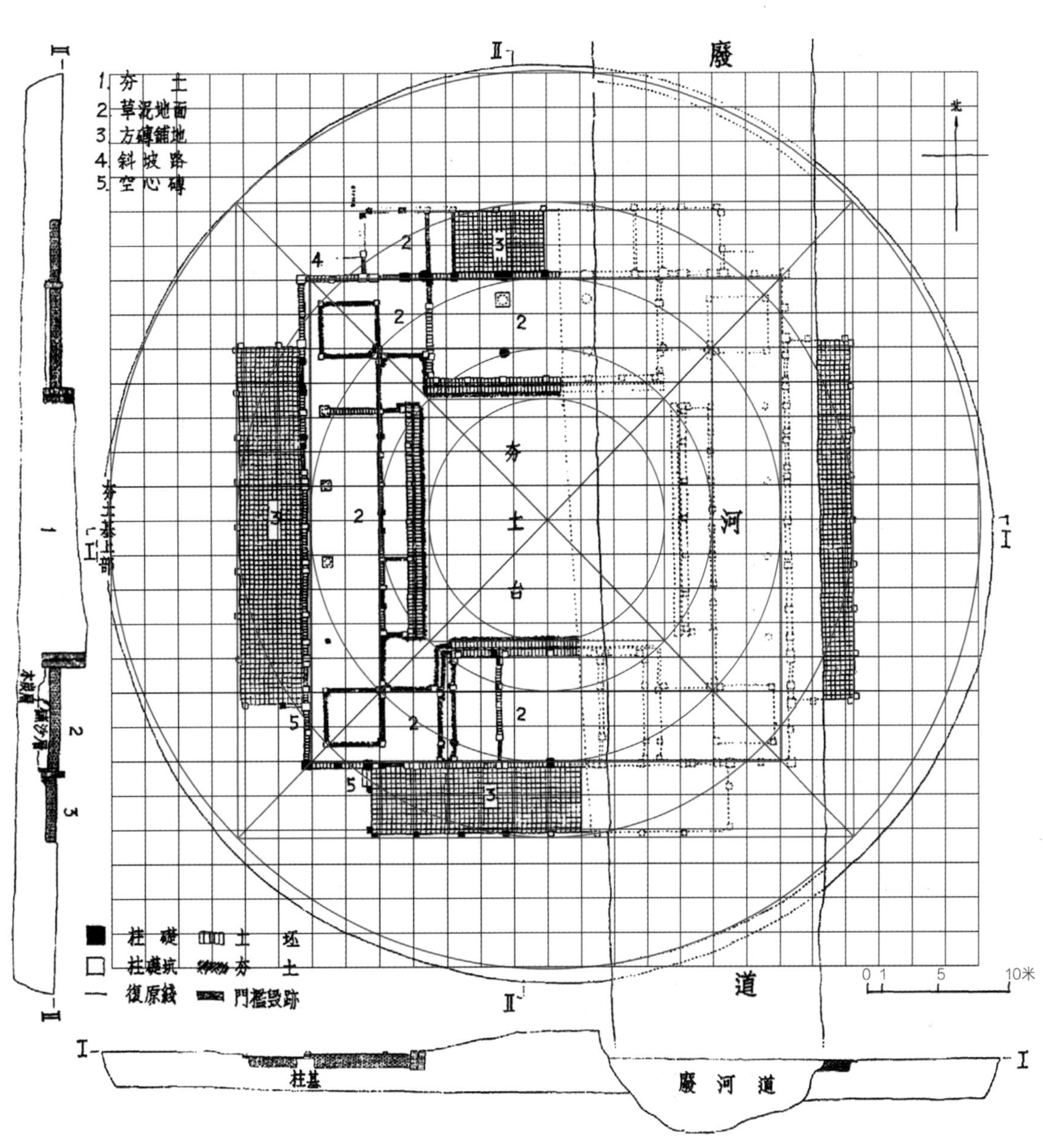

图2-4　汉长安辟雍总平面分析图
底图来源:《西汉礼制建筑遗址》(2003)

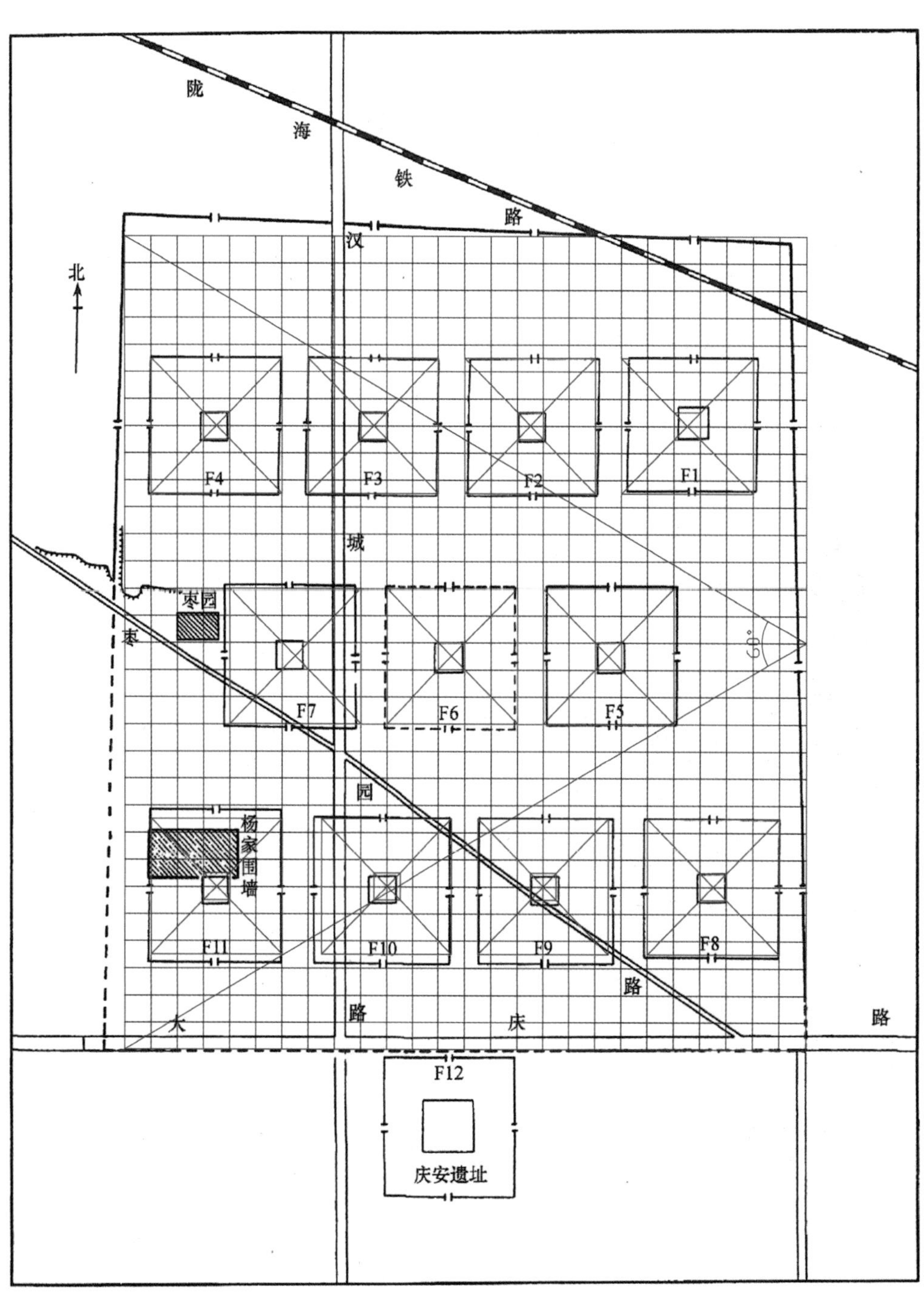

图2-5 汉长安王莽九庙总平面分析图
底图来源:《西汉礼制建筑遗址》(2003)

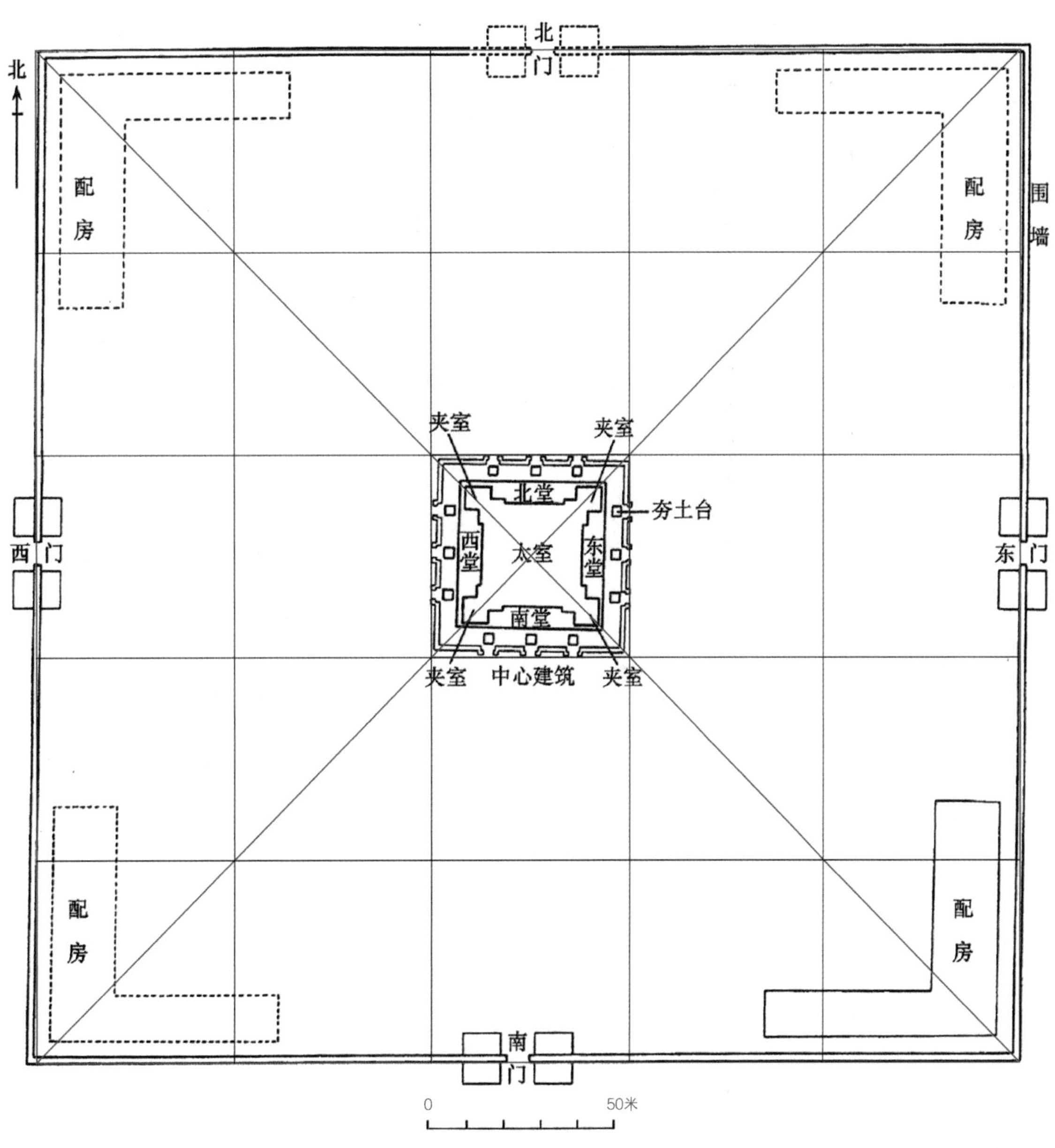

图2-6　汉长安王莽九庙第3号遗址总平面分析图
底图来源：《西汉礼制建筑遗址》（2003）

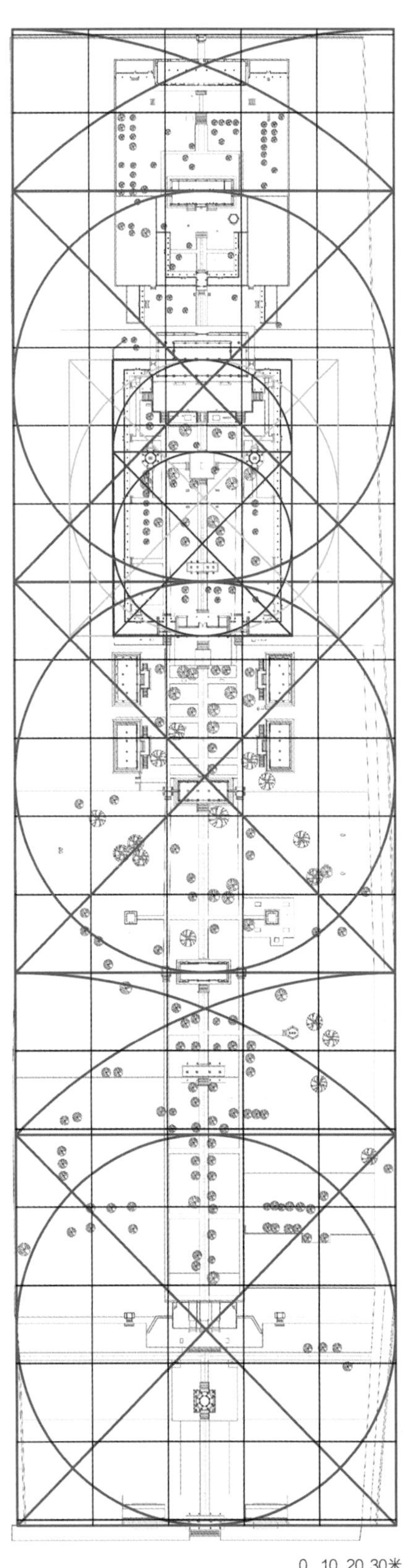

0 10 20 30米

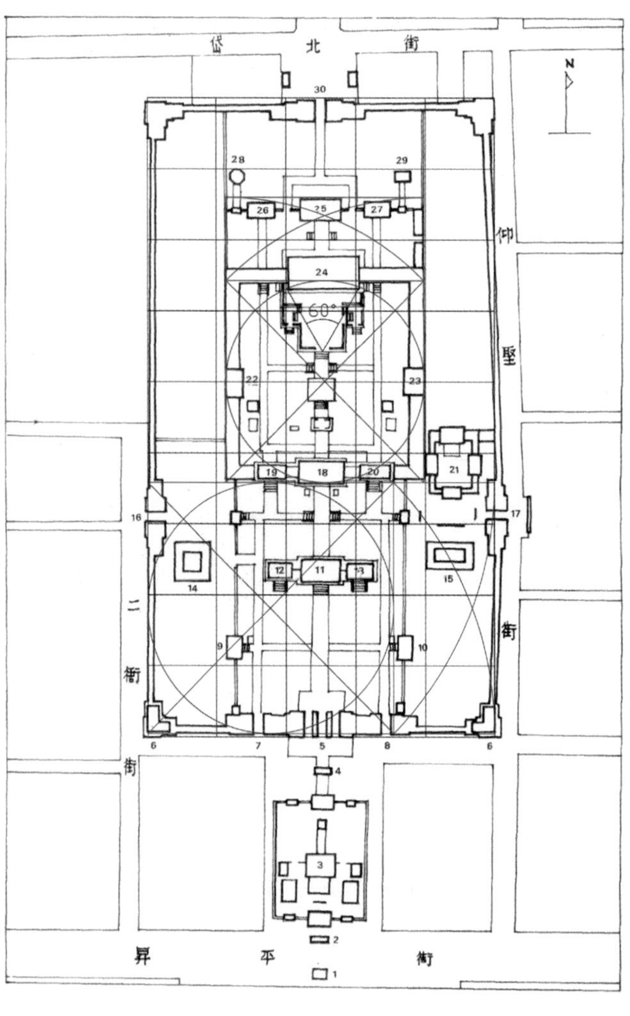

①双龙池
②遥参坊
③元君殿
④岱庙坊
⑤正阳门
⑥角楼
⑦仰高门
⑧见大门
⑨延禧门
⑩炳灵门
⑪配天门
⑫太尉
⑬灵侯
⑭文物库
⑮汉柏院
⑯西华门
⑰东华门
⑱仁安门
⑲神门
⑳神门
㉑东御座
㉒鼓楼
㉓钟楼
㉔天贶殿
㉕正寝宫
㉖西寝宫
㉗东寝宫
㉘铁塔
㉙金阙
㉚厚载门

图2-8　山东泰安岱庙总平面分析图
底图来源：《岱庙》(2005)

图2-7　河南登封中岳庙总平面分析图
底图来源：《中国古建筑测绘十年：2000~2010清华大学建筑学院测绘图集》(上册，2011)

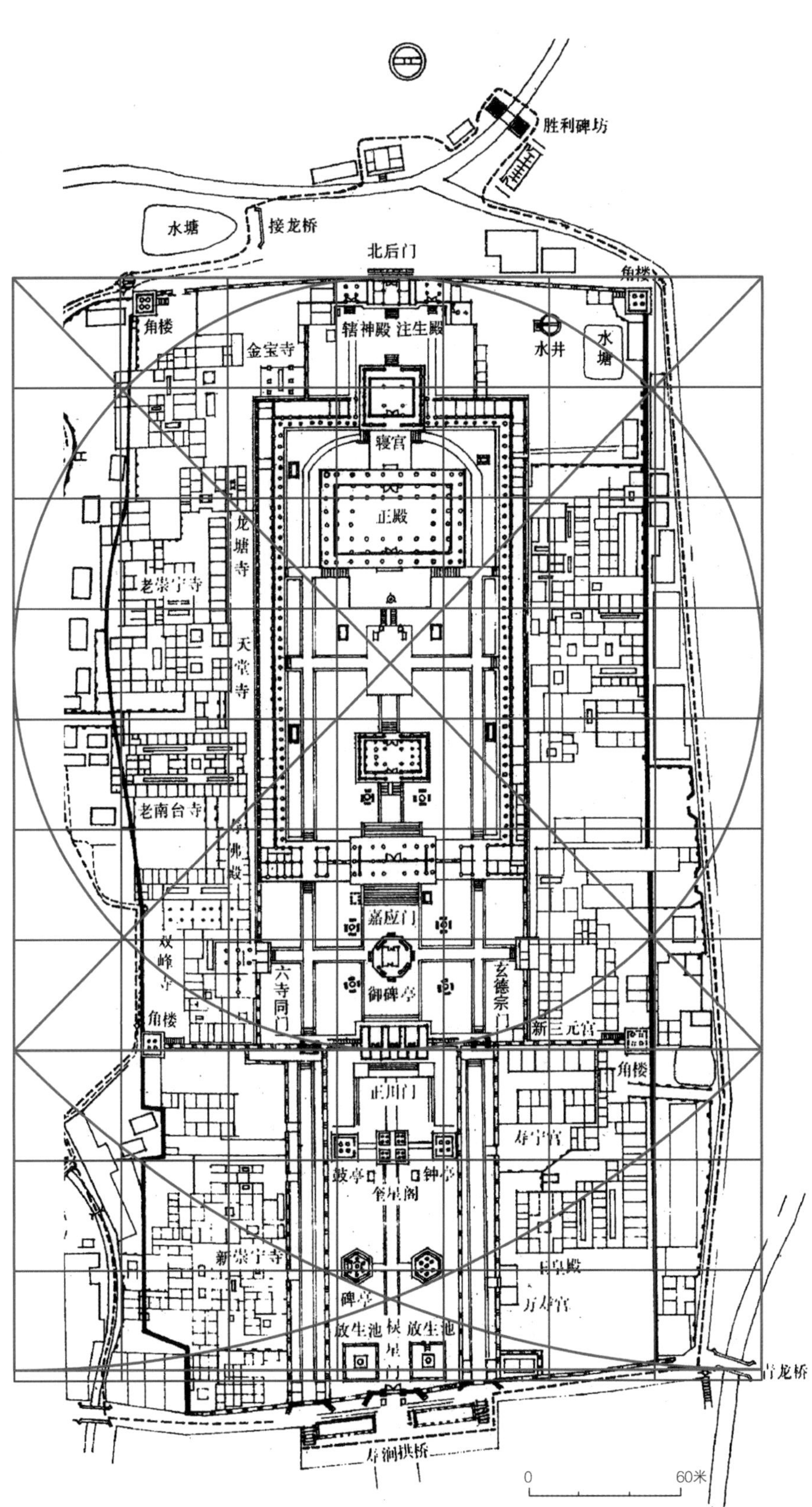

图2-9　湖南衡山南岳庙总平面分析图一
底图来源:《湖南传统建筑》(1993)

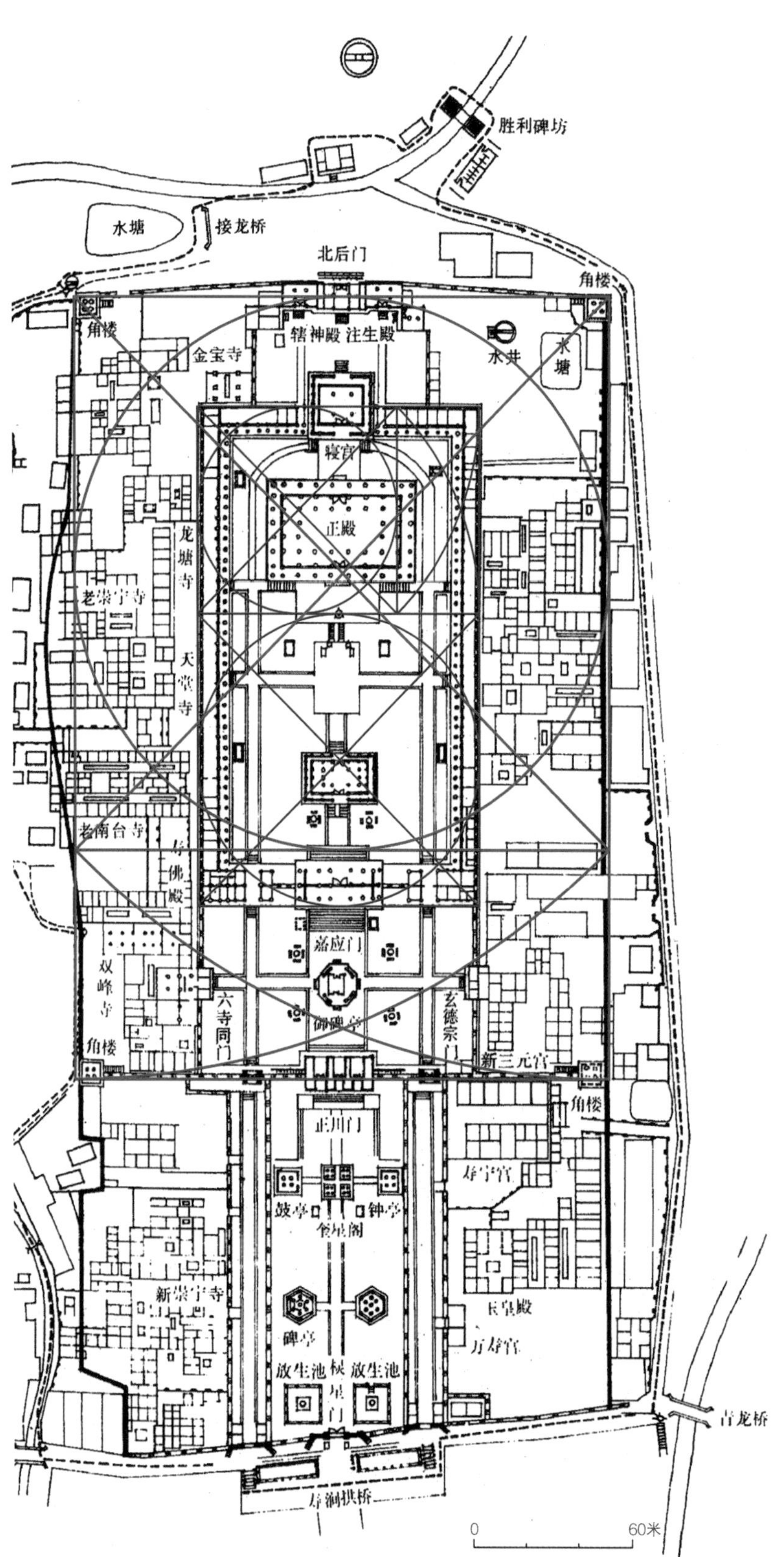

图2-10　湖南衡山南岳庙总平面分析图二
底图来源：《湖南传统建筑》（1993）

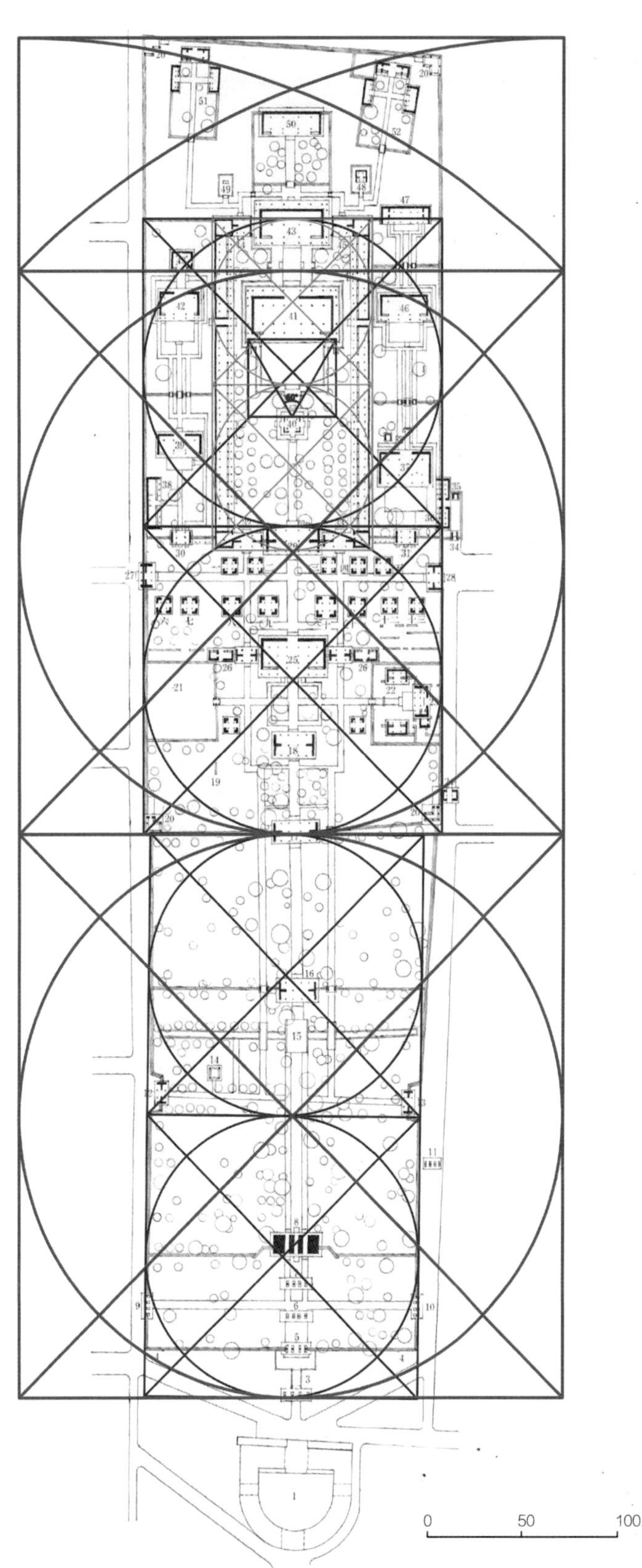

图2-11　山东曲阜孔庙总平面分析图
底图来源：《曲阜孔庙建筑》（1987）

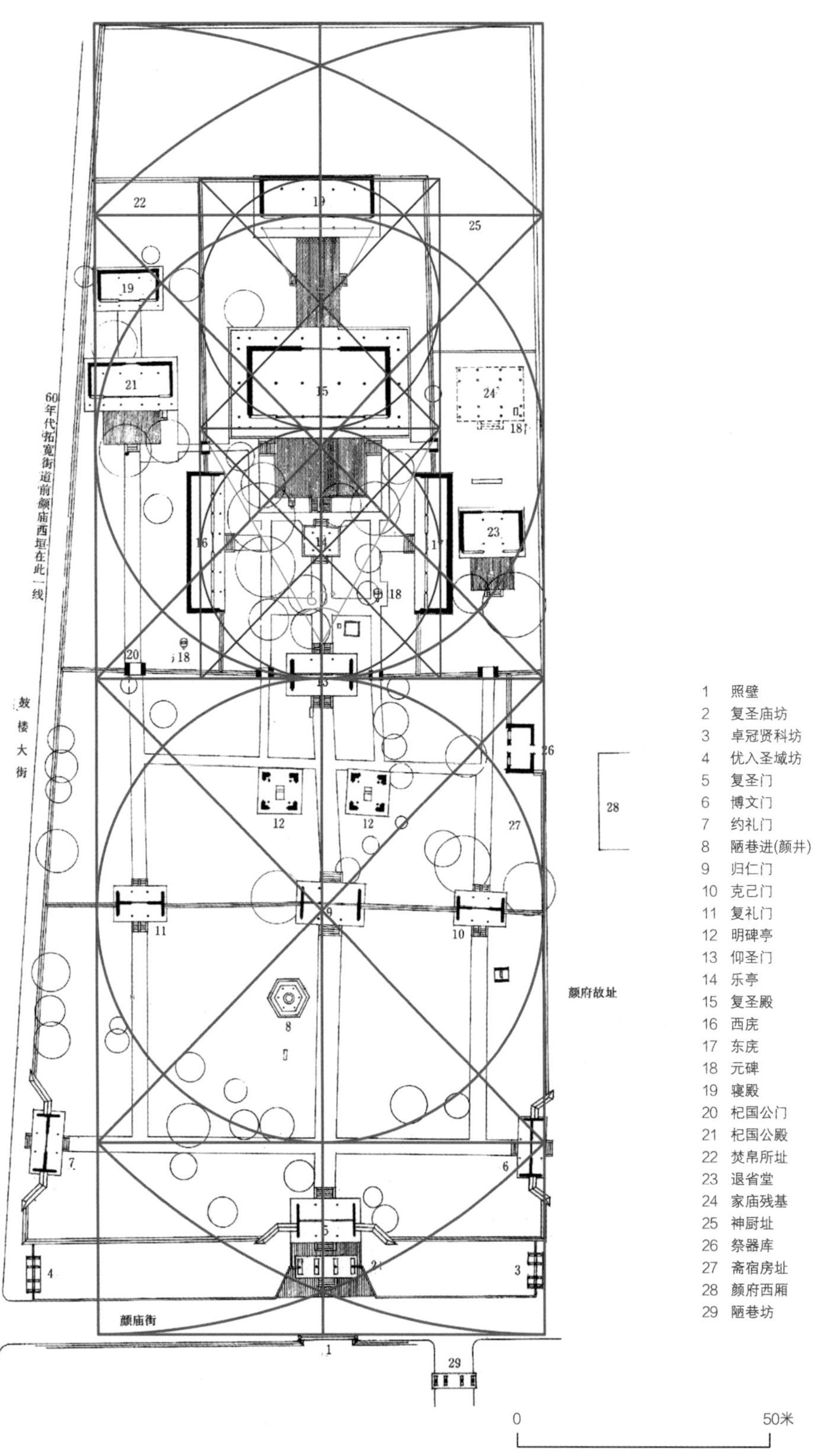

图2-12 山东曲阜颜庙总平面分析图
底图来源:《曲阜孔庙建筑》(1987)

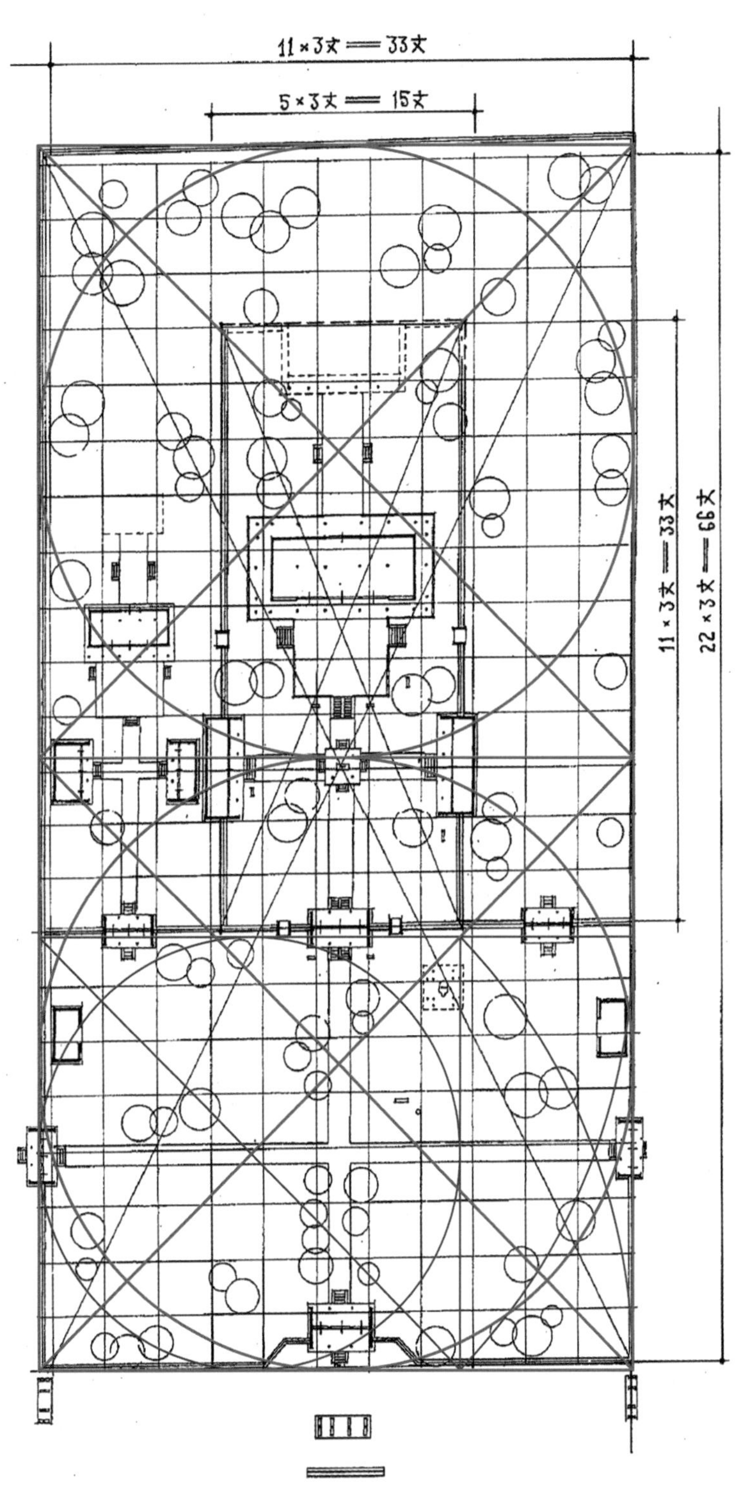

图2-13　山东嘉祥曾庙总平面分析图
底图来源：《中国古代城市规划、建筑群布局及建筑设计方法研究》(下册，2001)

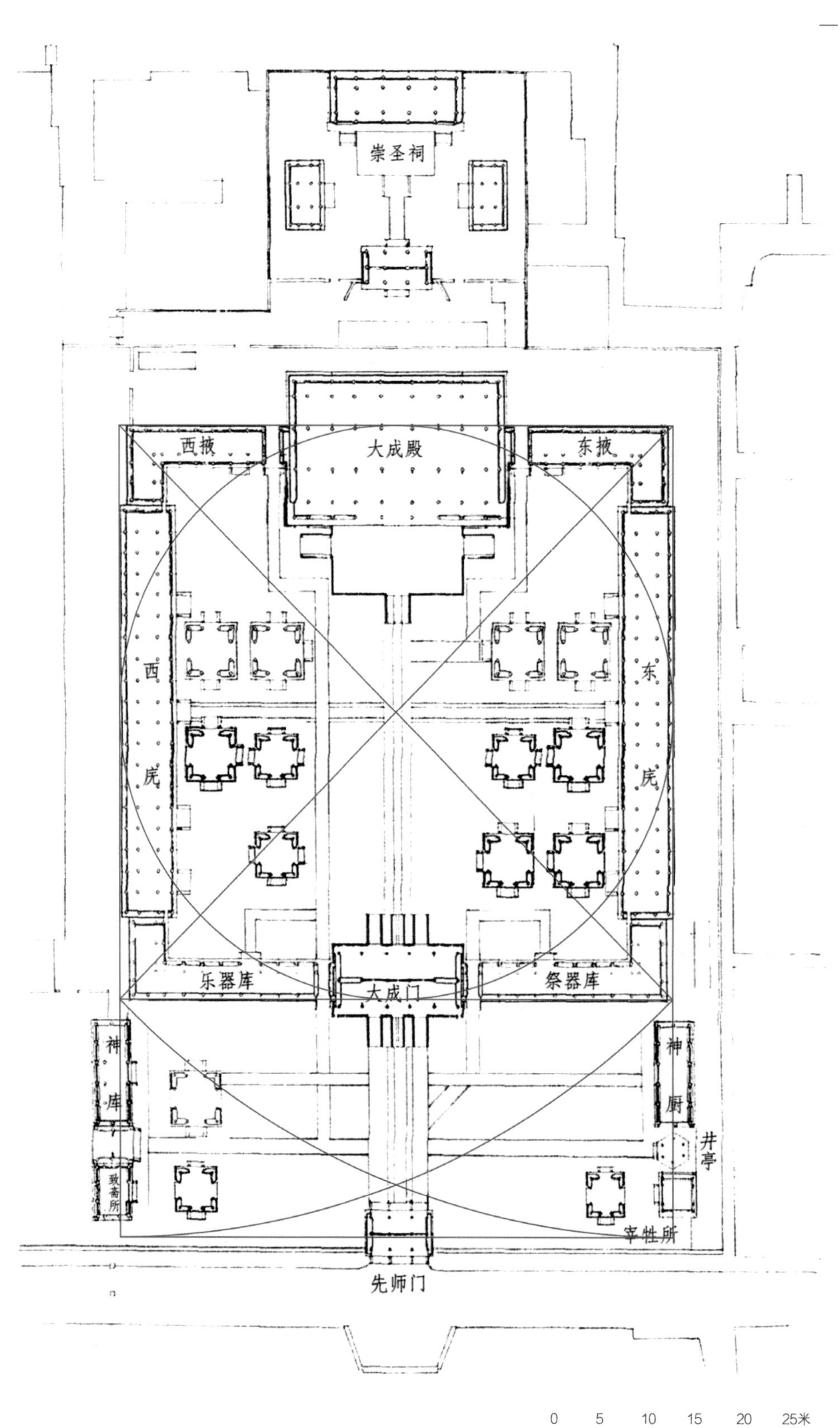

图2-14　北京孔庙总平面分析图
底图来源：《东华图志：北京东城史迹录》（2005）

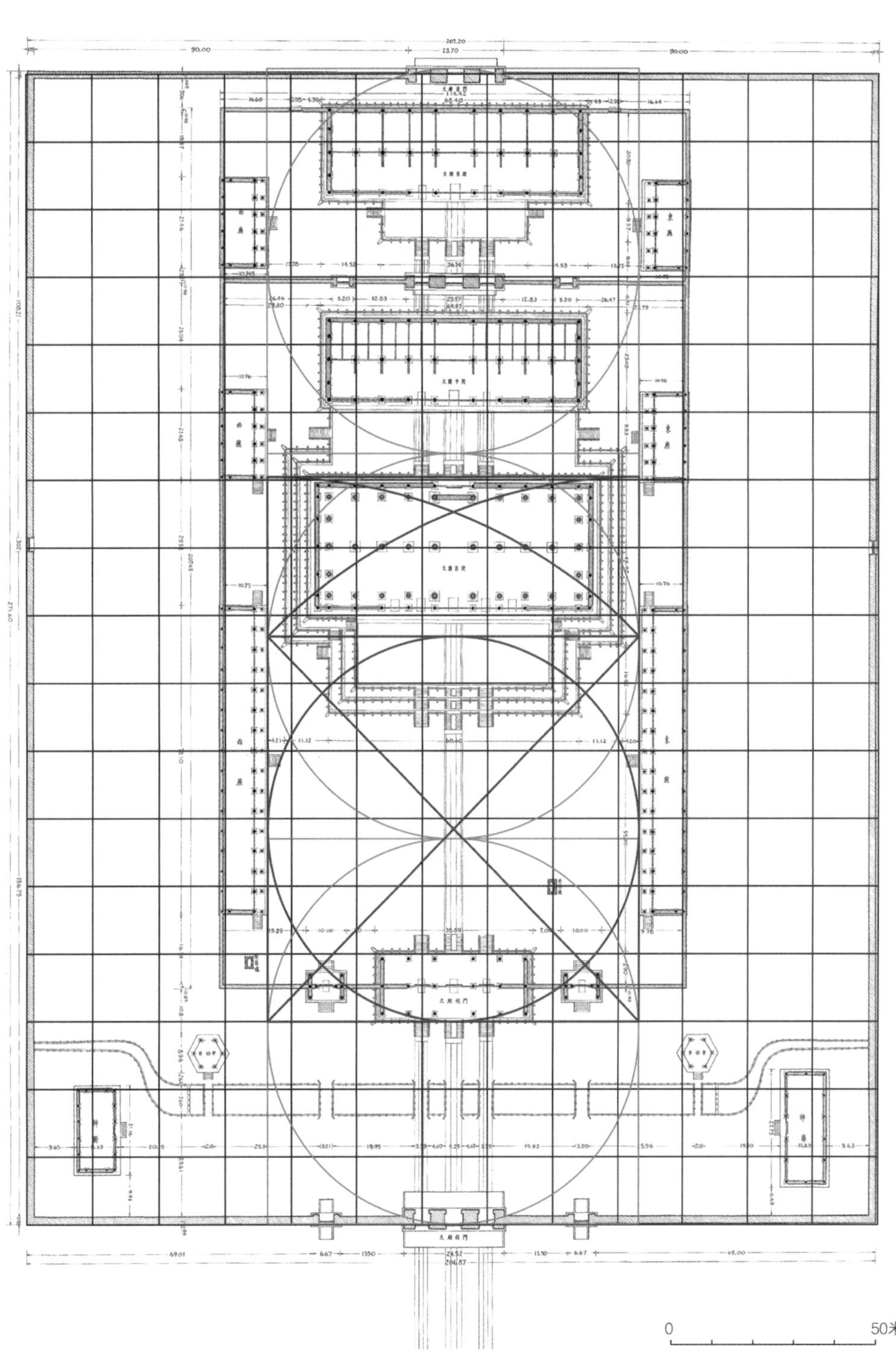

图2-15　太庙总平面分析图一
底图来源：《北京城中轴线古建筑实测图集》(2017)

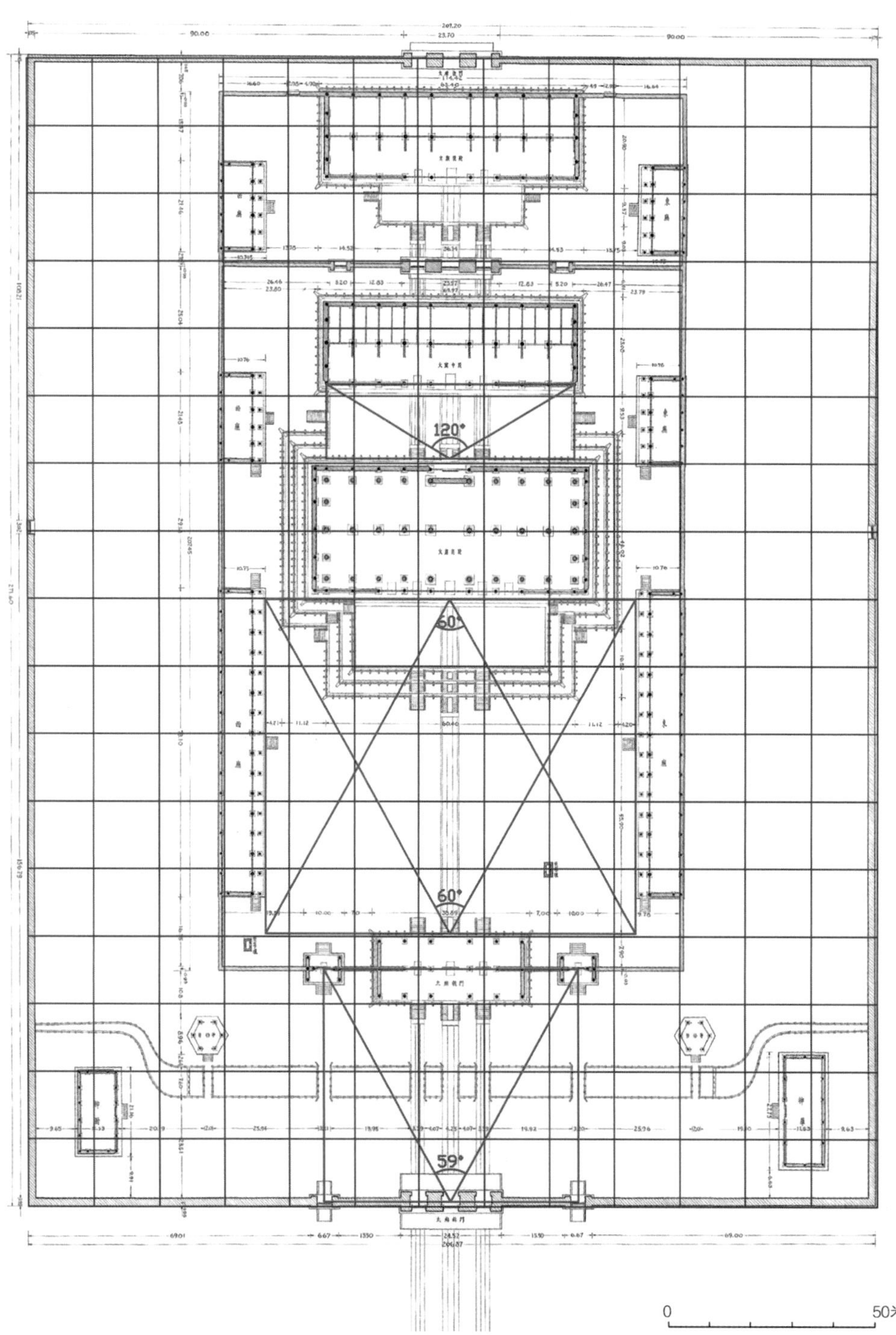

图2-16　太庙总平面分析图二
底图来源：《北京城中轴线古建筑实测图集》(2017)

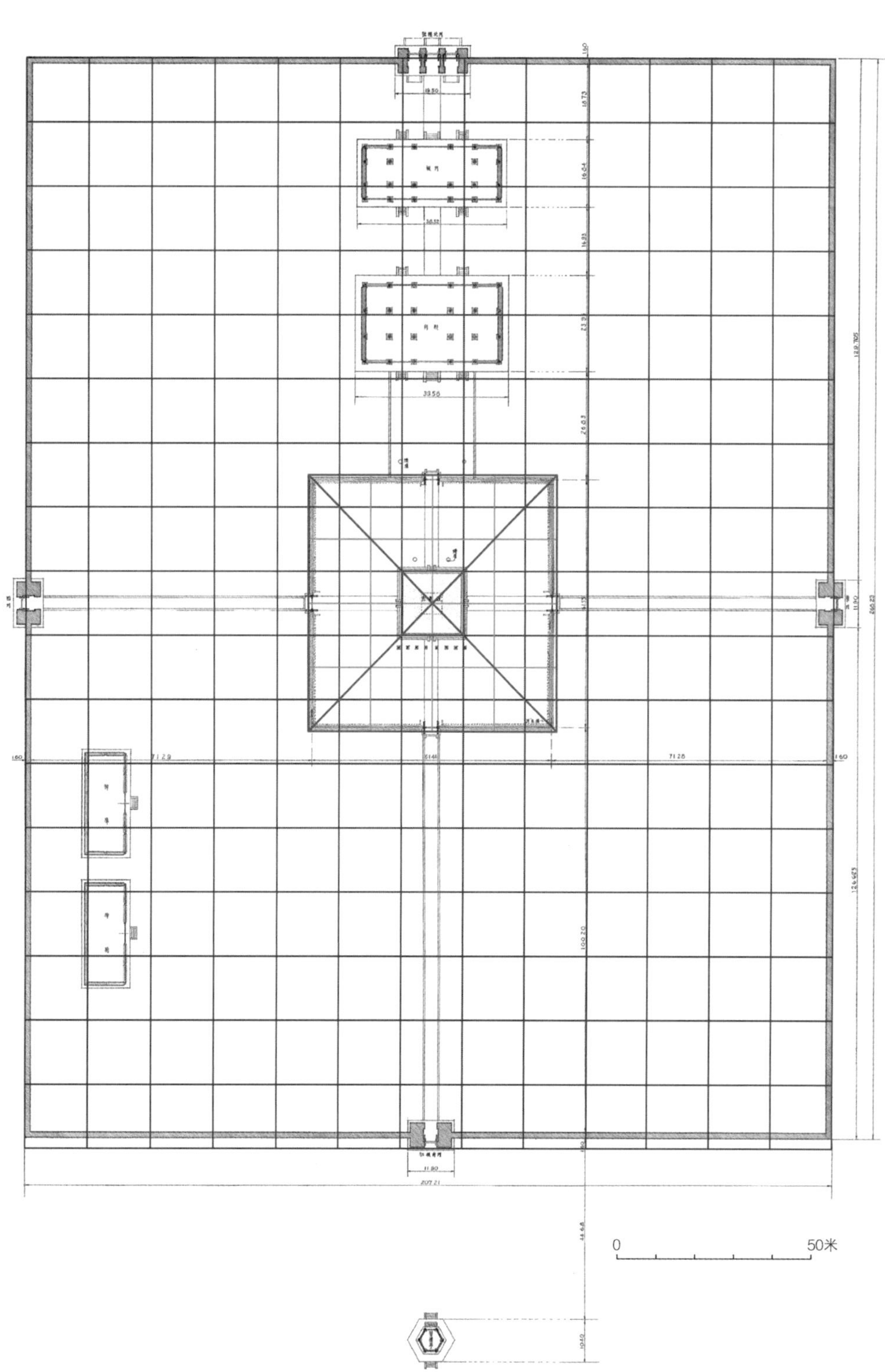

图2-17　社稷坛总平面分析图一
底图来源：《北京城中轴线古建筑实测图集》(2017)

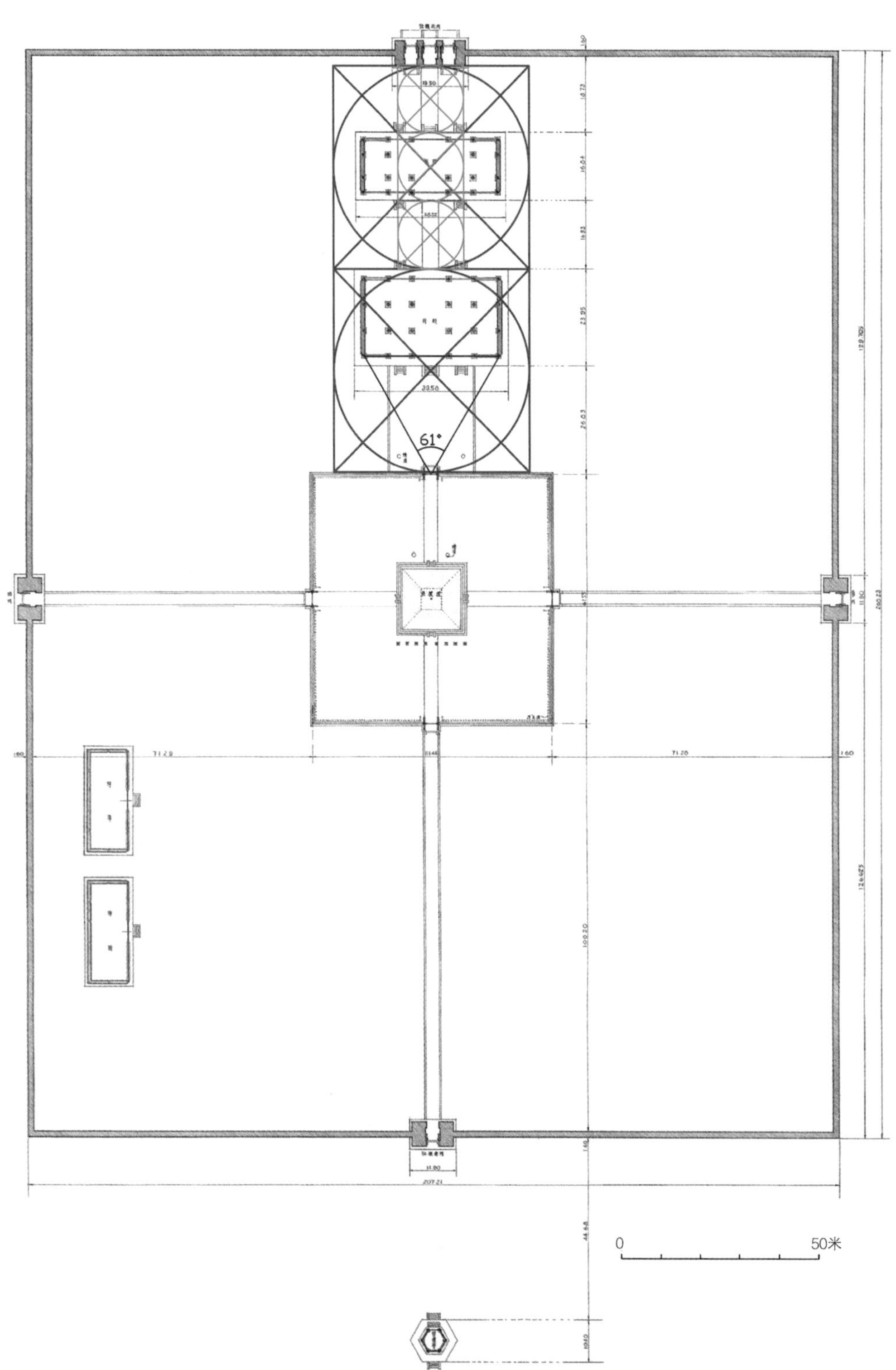

图2-18 社稷坛总平面分析图二
底图来源：《北京城中轴线古建筑实测图集》(2017)

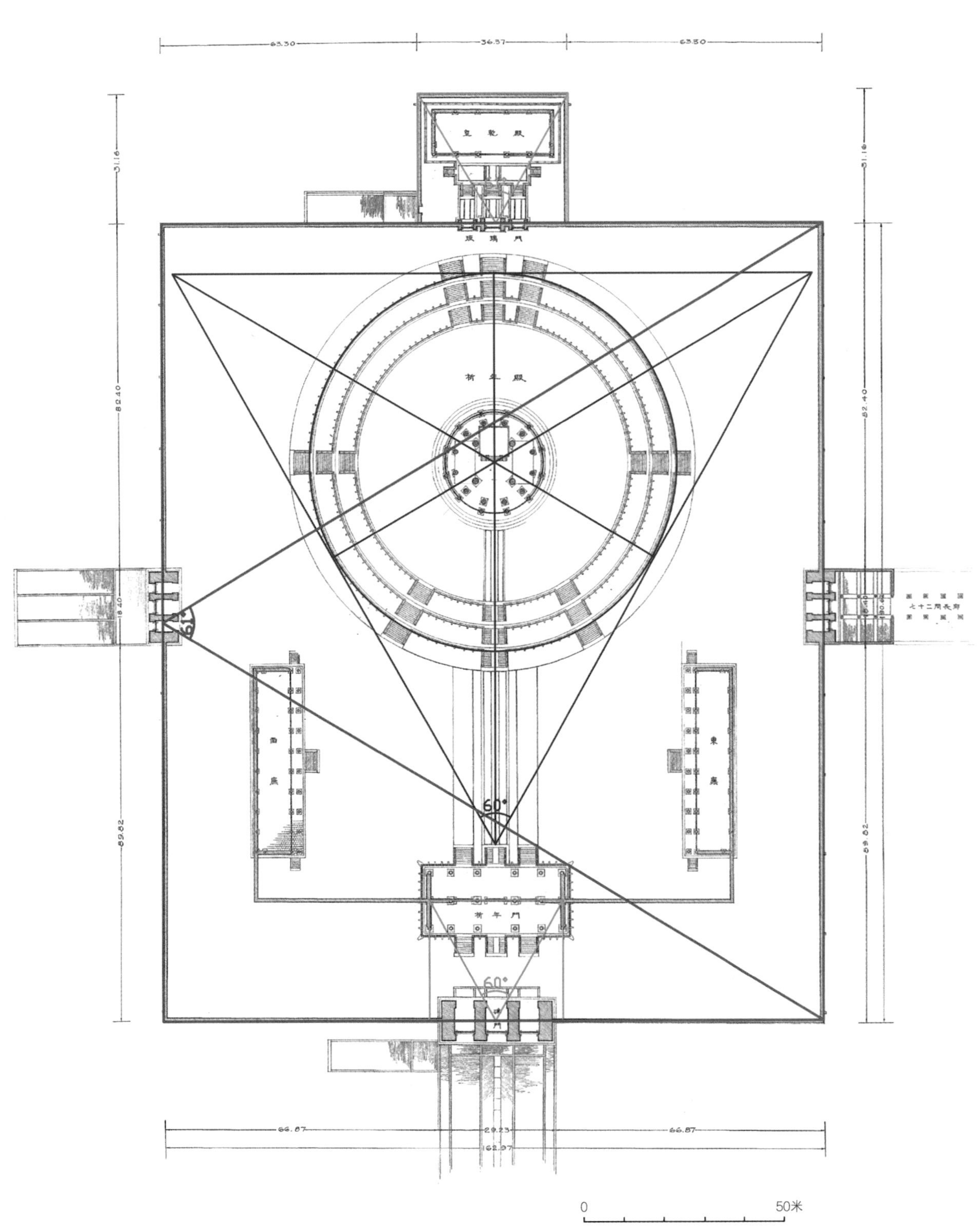

图2-19 天坛祈年殿建筑群总平面分析图一
底图来源：《北京城中轴线古建筑实测图集》（2017）

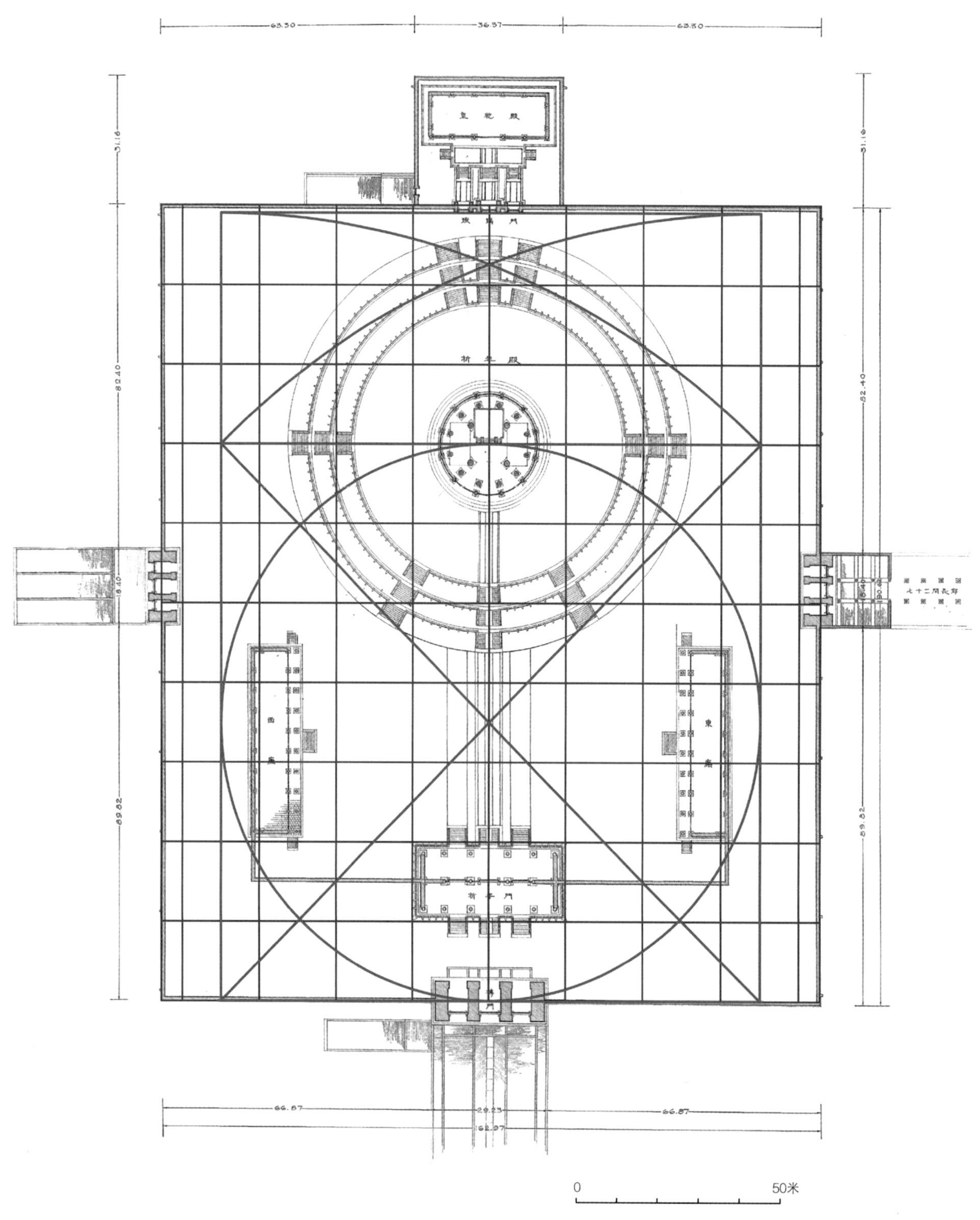

图2-20 天坛祈年殿建筑群总平面分析图二
底图来源：《北京城中轴线古建筑实测图集》（2017）

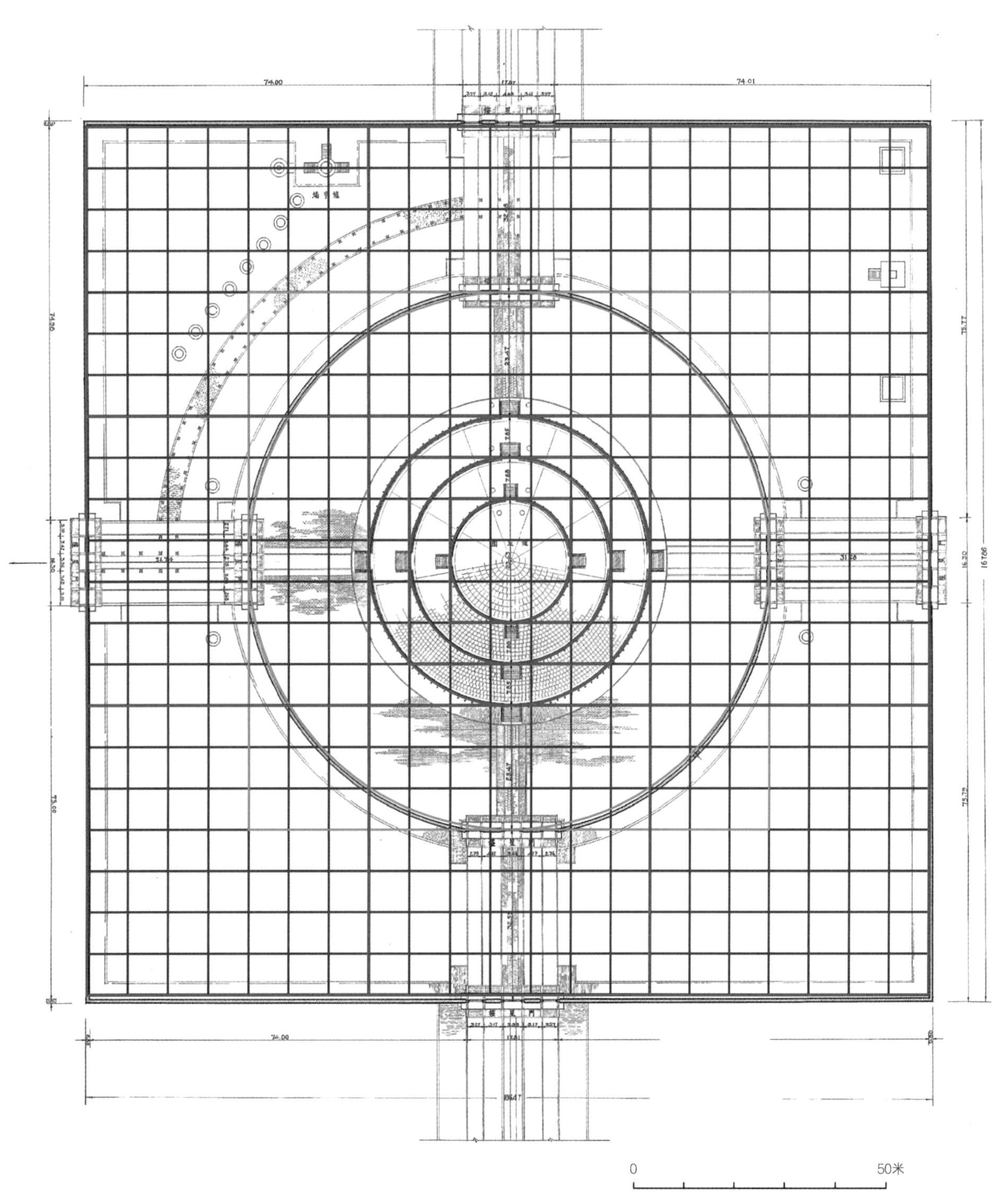

图2-21　天坛圜丘总平面分析图
底图来源：《北京城中轴线古建筑实测图集》（2017）

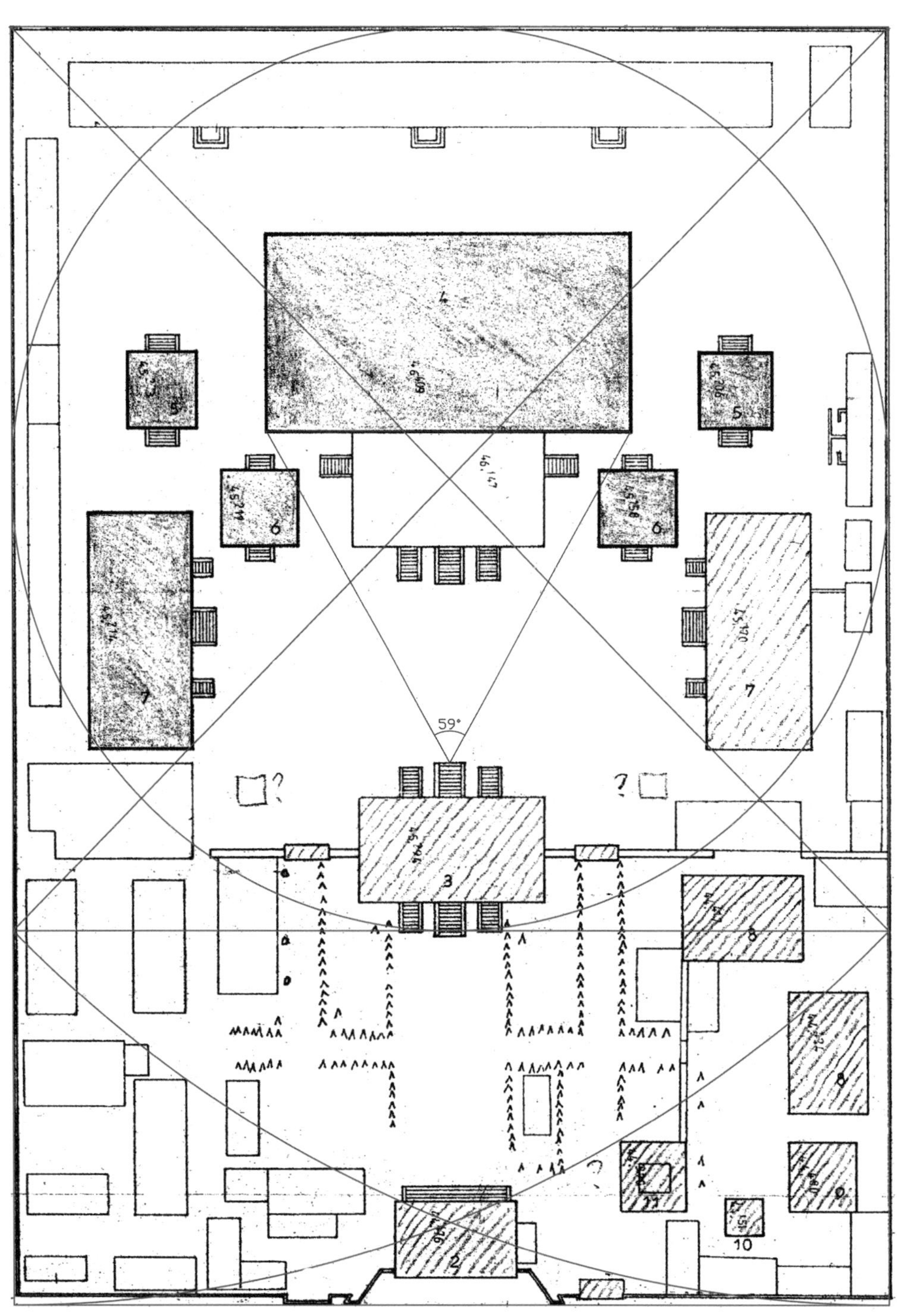

图2-22 北京历代帝王庙总平面分析图
底图来源：北京市古代建筑设计研究所测绘

第三章　陵墓建筑

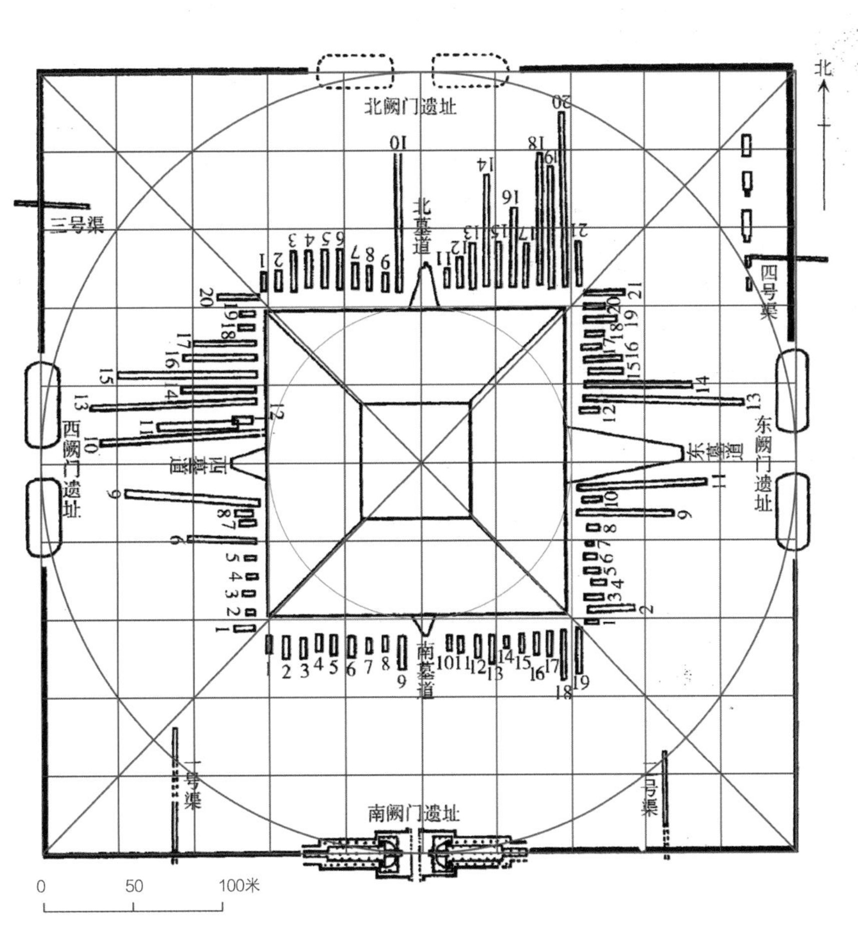

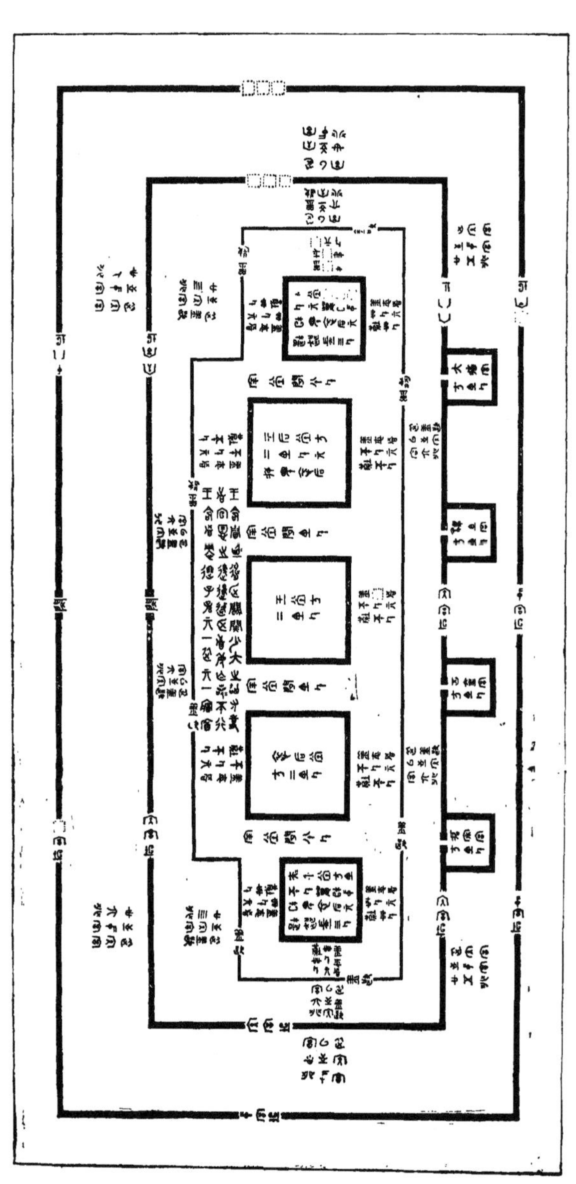

图3-1 河北平山县战国中山王陵“兆域图”铜版摹本
来源：《河北省平山县战国时期中山国墓葬发掘简报》(《文物》1979年第1期)

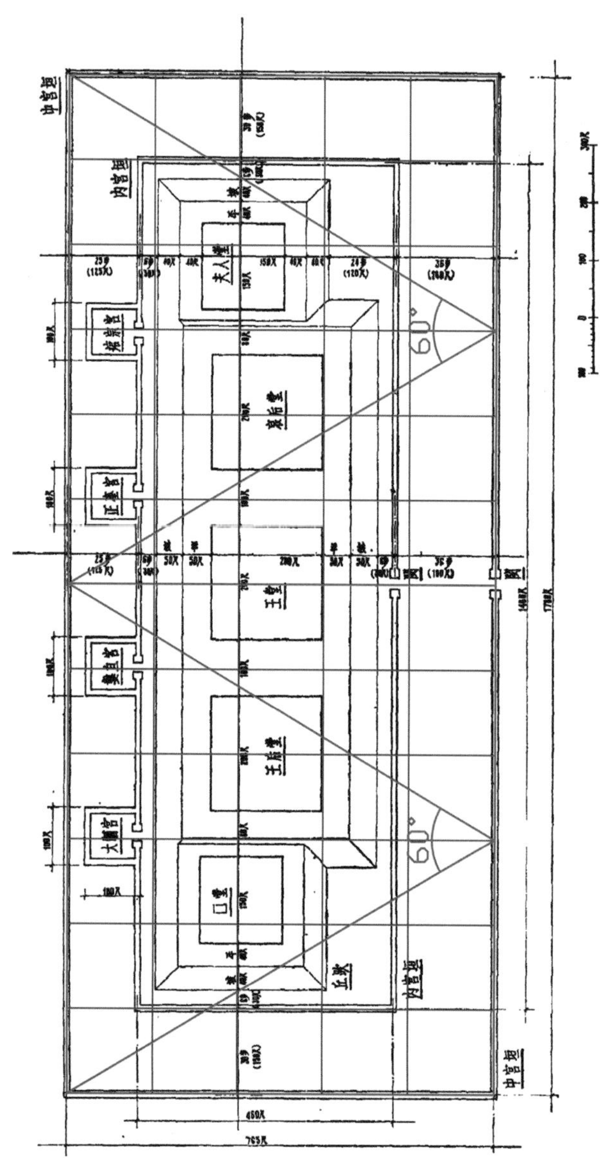

图3-2 河北平山县战国中山王陵“兆域图”分析图
底图来源：傅熹年. 战国中山王墓出土的《兆域图》及其陵园规制的研究[J]. 考古学报，1980(1).

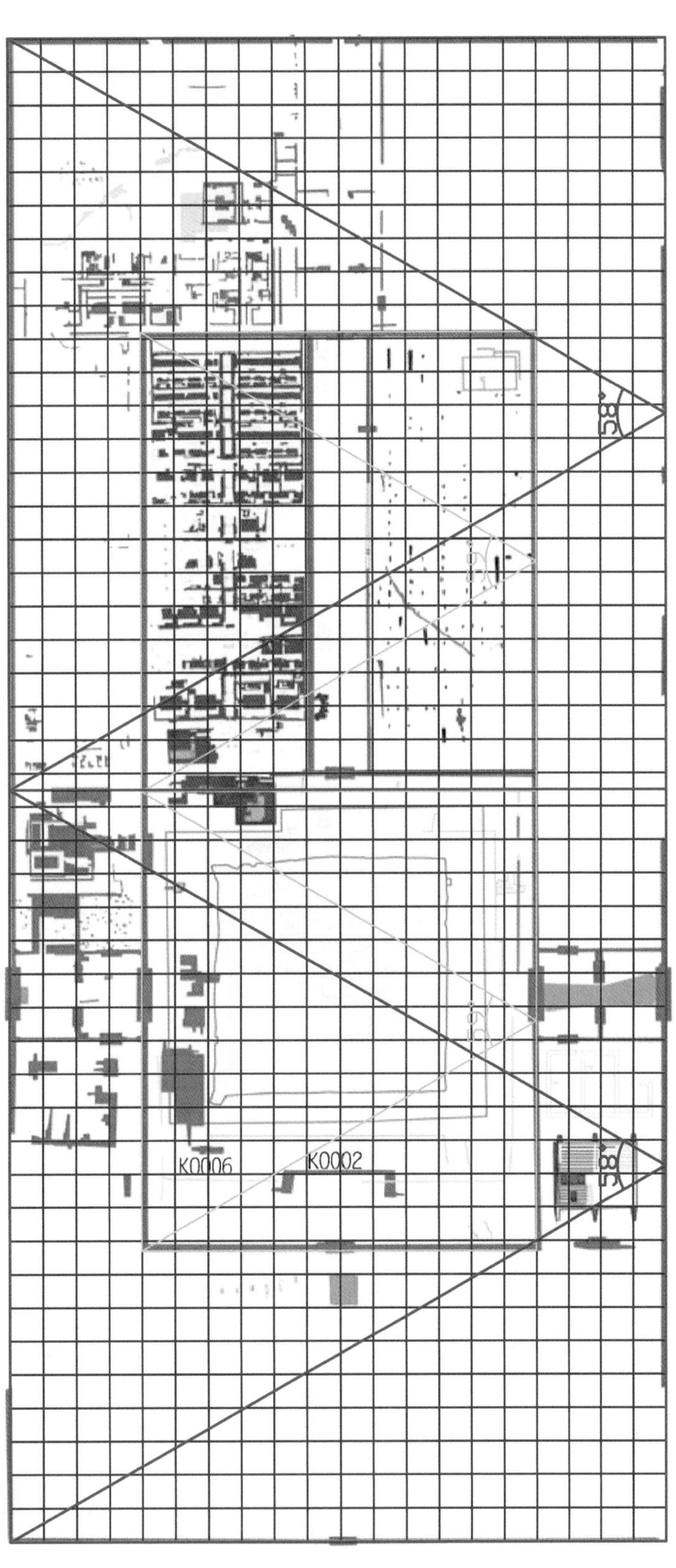

图3-3　西安秦始皇陵总平面分析图
底图来源:《秦始皇帝陵博物院2014院刊》

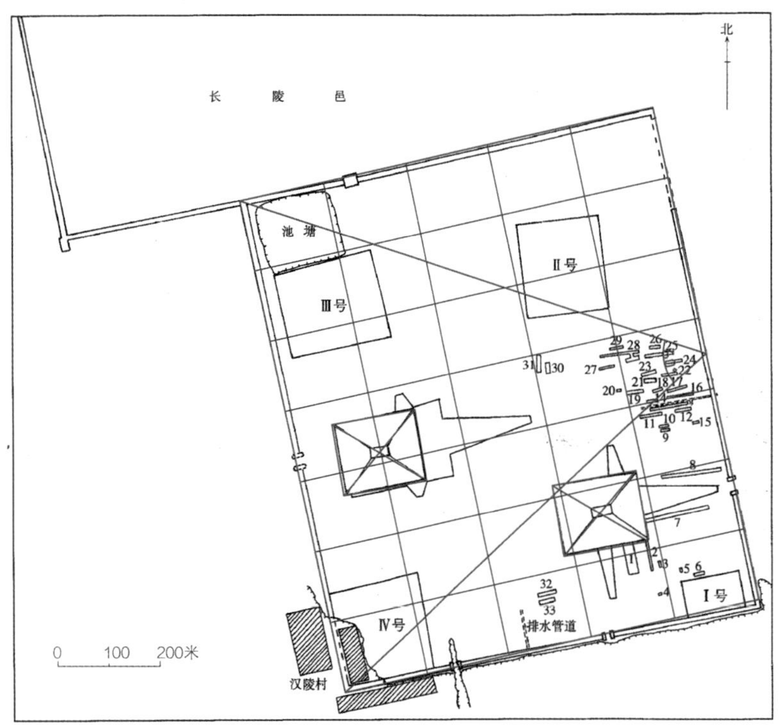

图3-4　汉高祖长陵总平面分析图
底图来源：《西汉帝陵钻探调查报告》(2010)

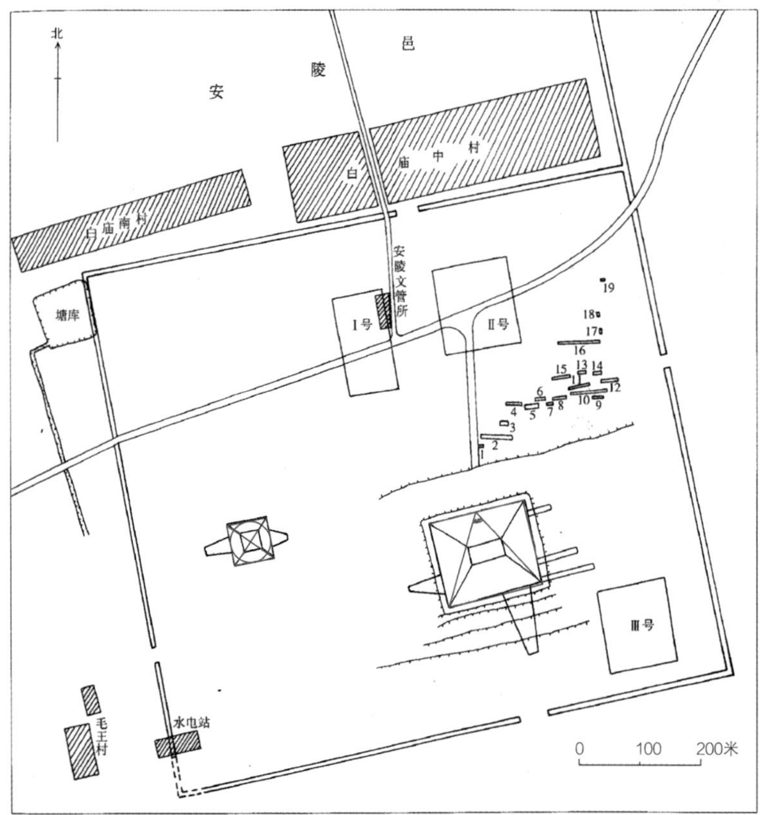

图3-5　汉惠帝安陵总平面分析图
底图来源：《西汉帝陵钻探调查报告》(2010)

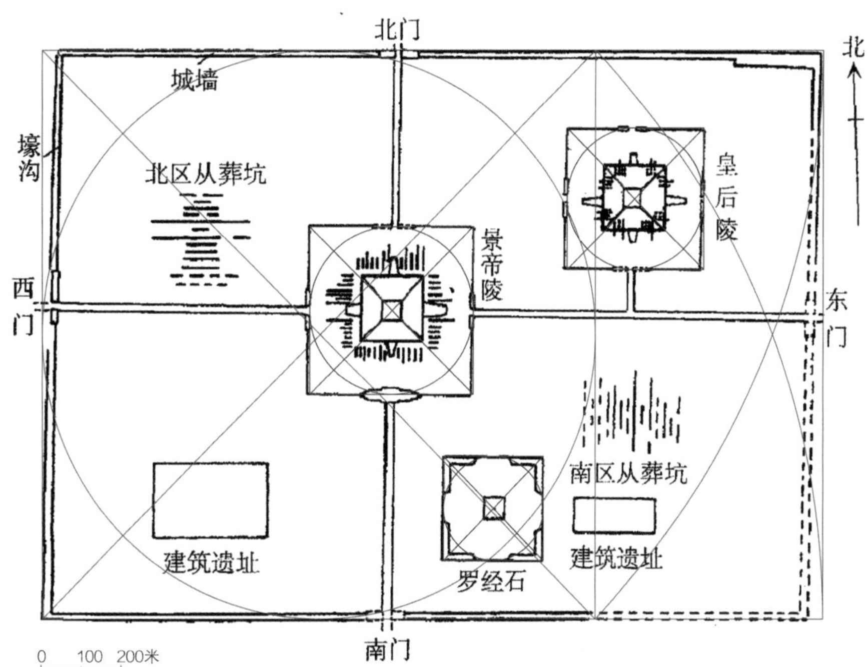

图3-6　汉景帝阳陵陵园总平面分析图
底图来源:《西汉帝陵钻探调查报告》(2010)

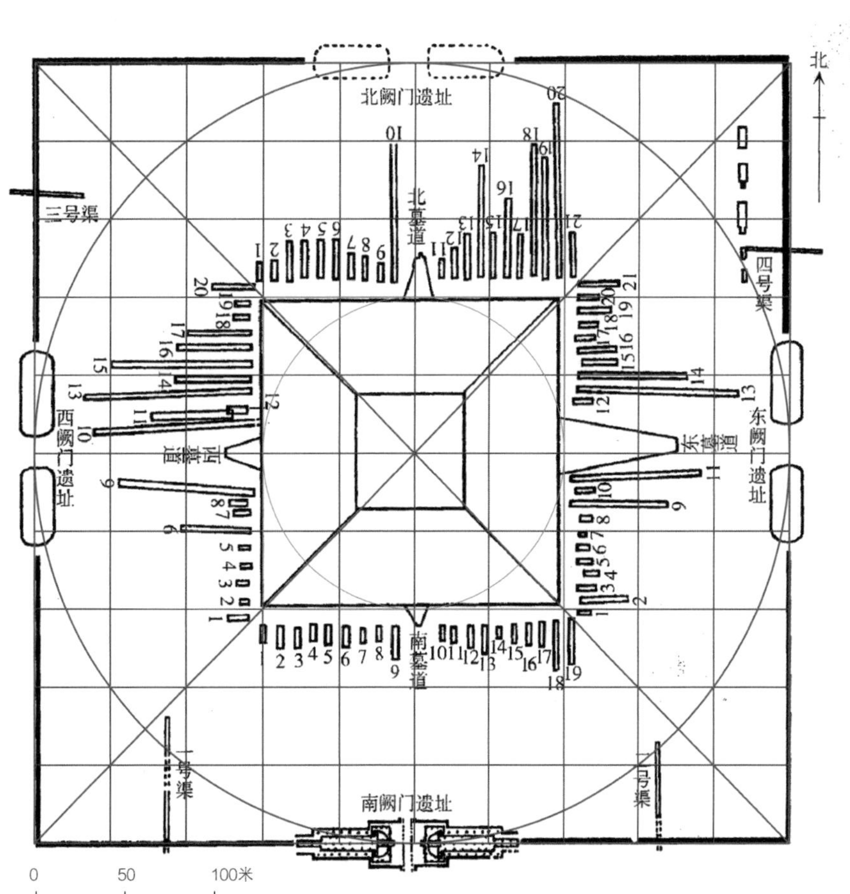

图3-7　汉景帝阳陵总平面分析图
底图来源:《西汉帝陵钻探调查报告》(2010)

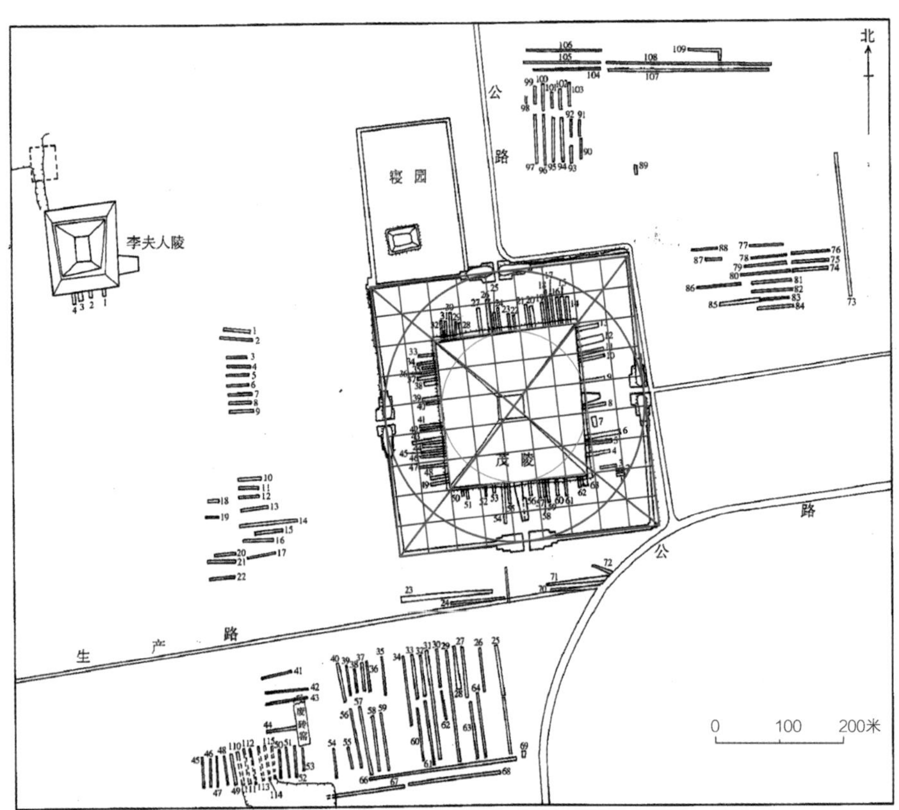

图3-8　汉武帝茂陵总平面分析图
底图来源:《西汉帝陵钻探调查报告》(2010)

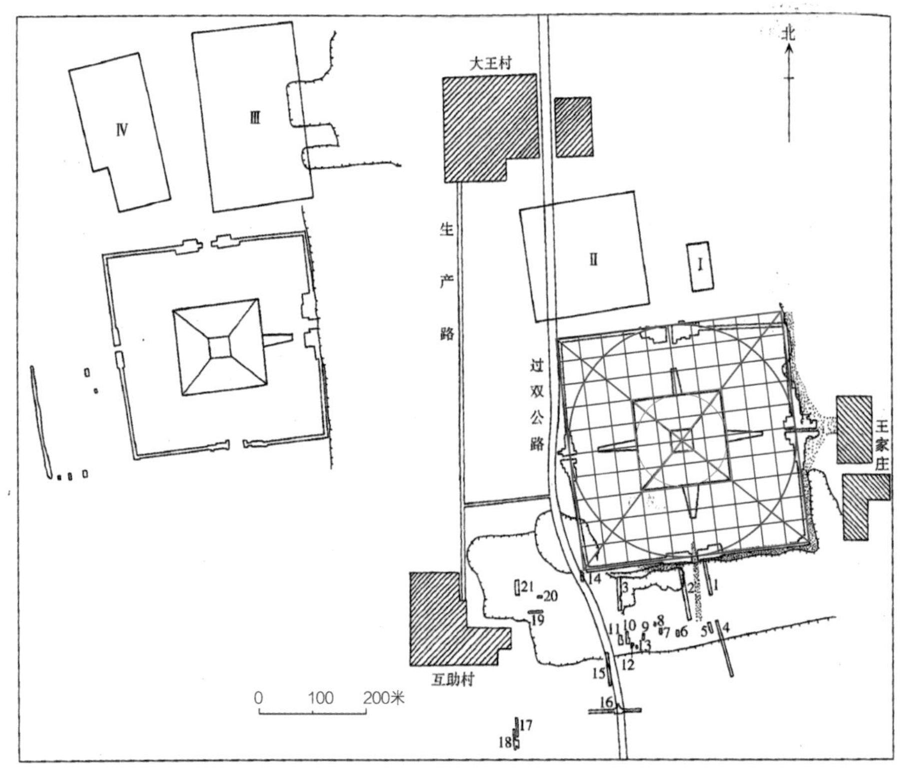

图3-9　汉昭帝平陵总平面分析图
底图来源:《西汉帝陵钻探调查报告》(2010)

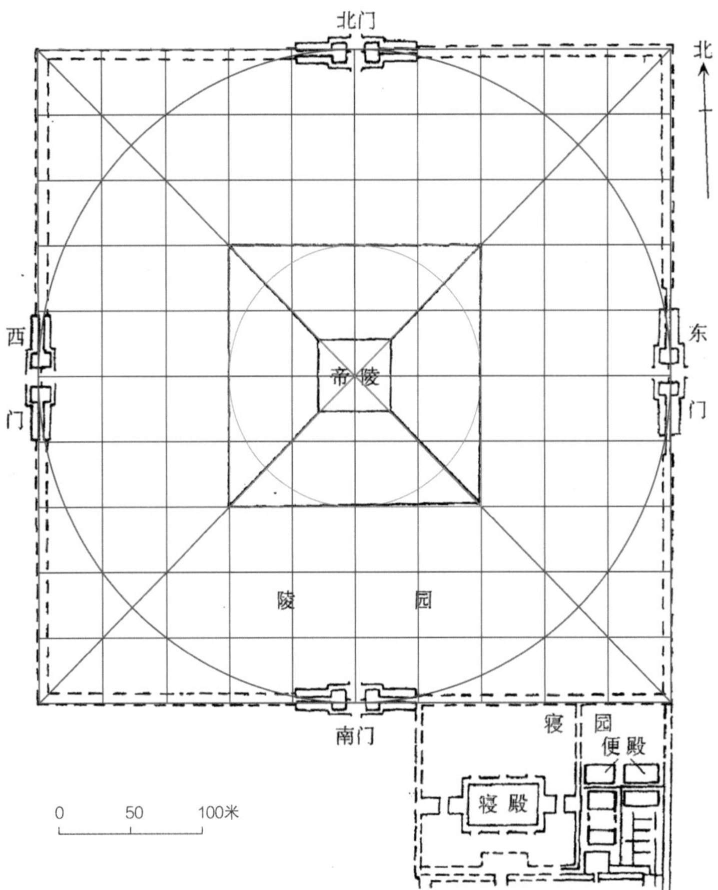

图3-10　汉宣帝杜陵总平面分析图
底图来源：《西汉帝陵钻探调查报告》（2010）

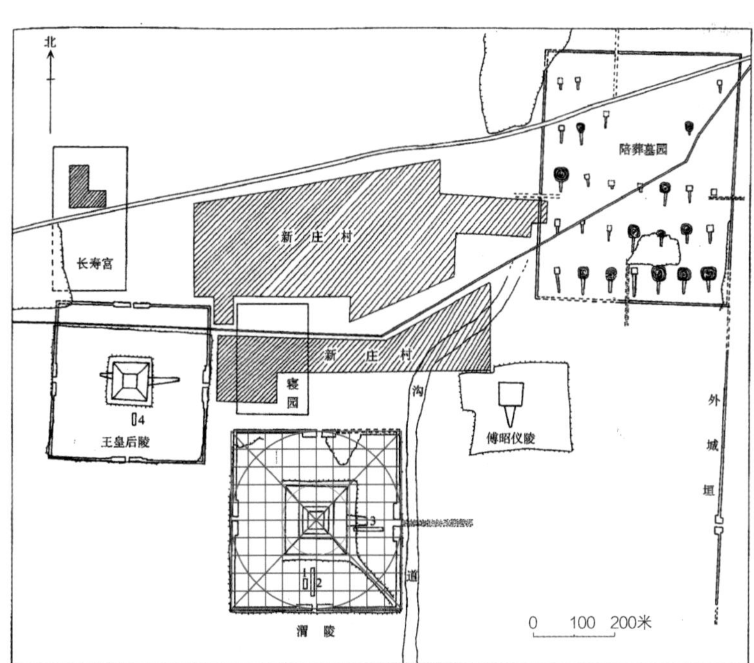

图3-11　汉元帝渭陵总平面分析图
底图来源：《西汉帝陵钻探调查报告》（2010）

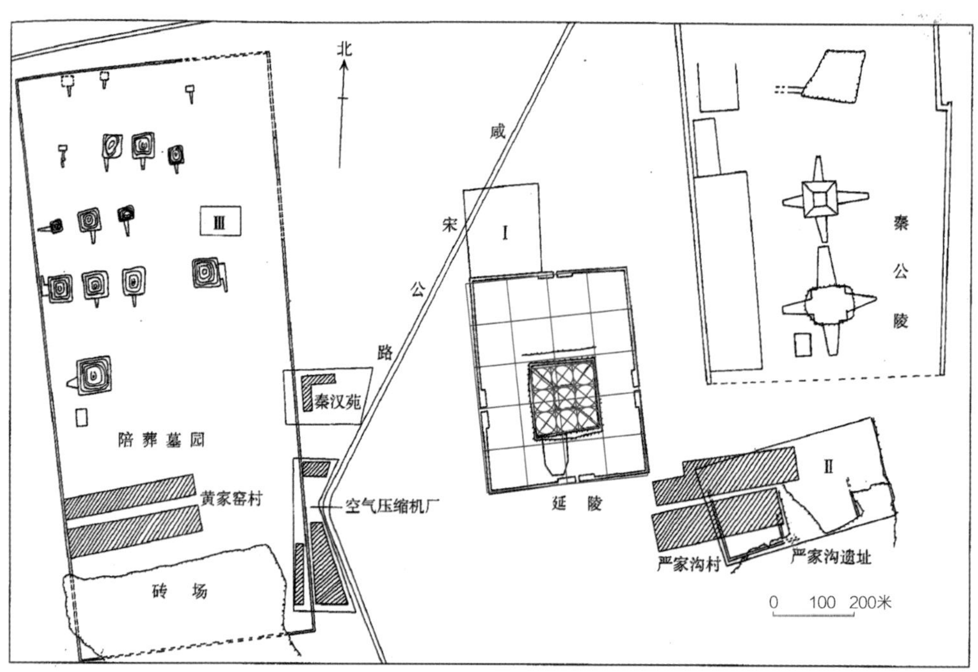

图3-12 汉成帝延陵总平面分析图
底图来源：《西汉帝陵钻探调查报告》（2010）

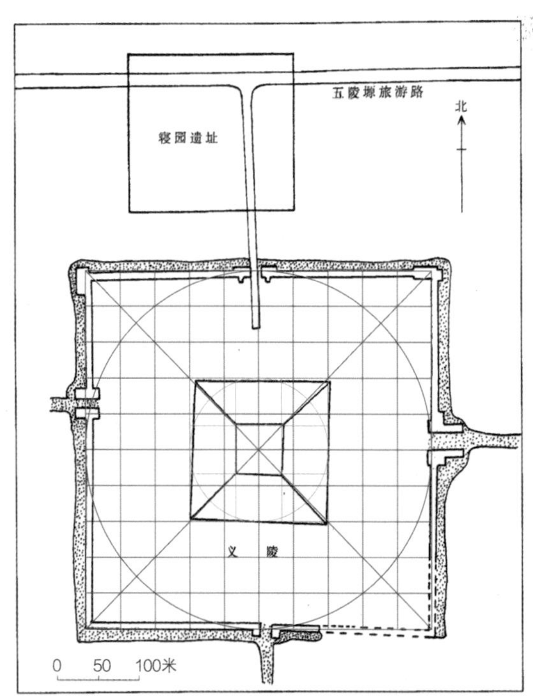

图3-13 汉哀帝义陵总平面分析图
底图来源：《西汉帝陵钻探调查报告》（2010）

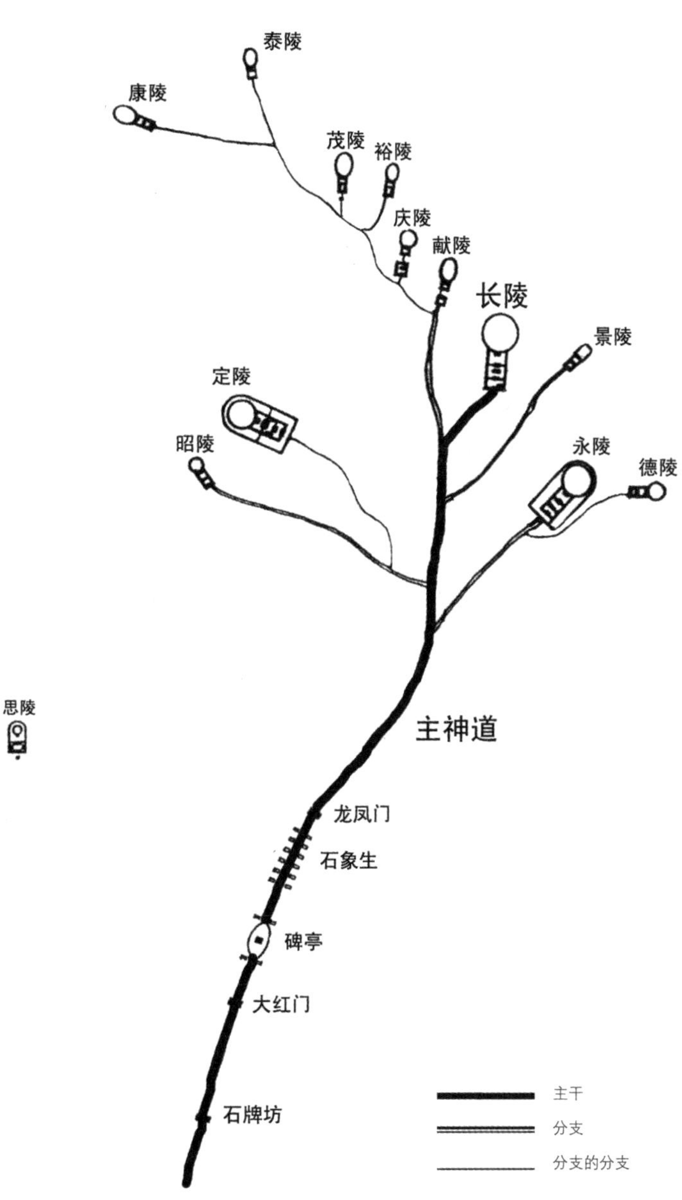

图3-14　十三陵总体布局的“树状结构”示意图
来源：王南绘

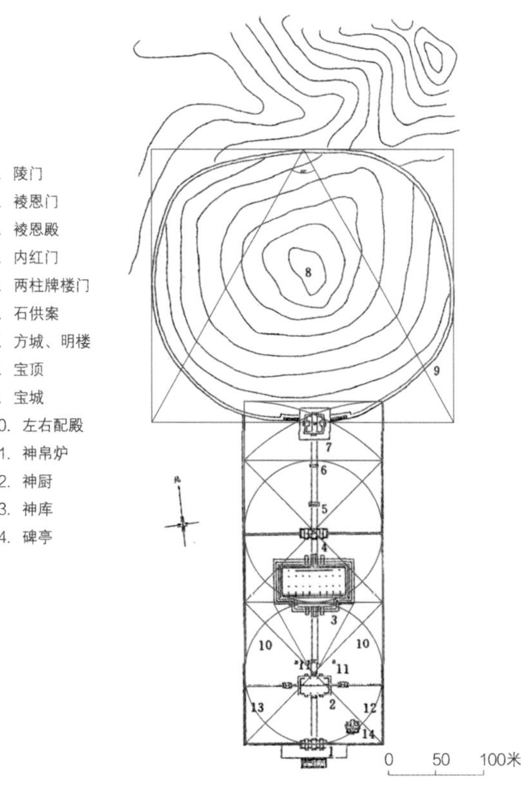

图3-15　明长陵总平面分析图
底图来源：《明十三陵》(1998)

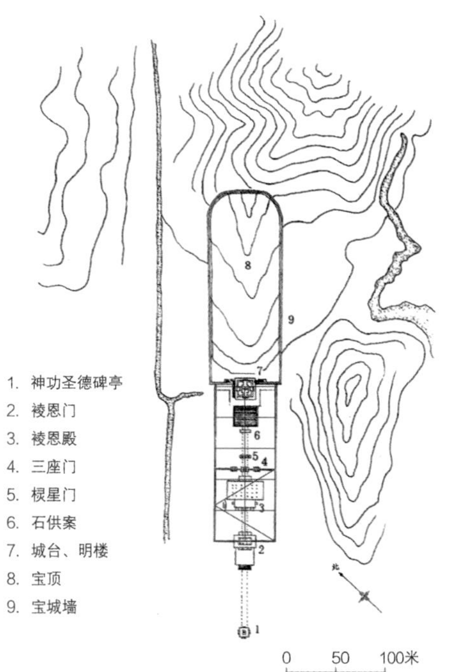

图3-16　明景陵总平面分析图
底图来源：《明十三陵》(1998)

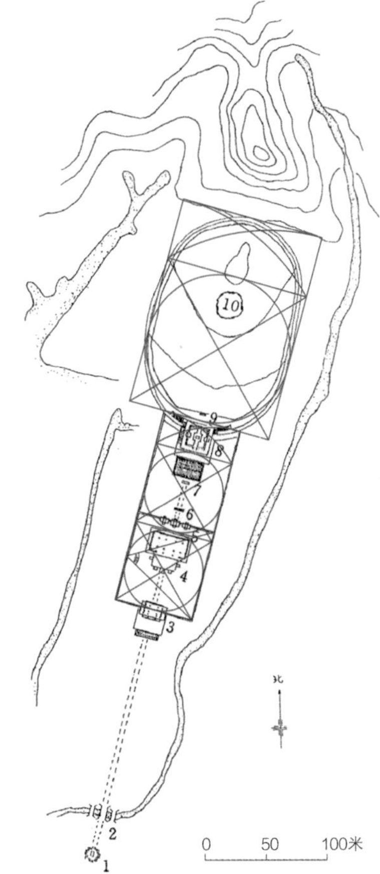

1. 神功圣德碑亭
2. 石桥
3. 祾恩门
4. 祾恩殿
5. 三座门
6. 两柱牌楼门
7. 石供案
8. 城台、明楼
9. 琉璃照壁
10. 宝顶

图3-17　明裕陵总平面分析图
底图来源:《明十三陵》(1998)

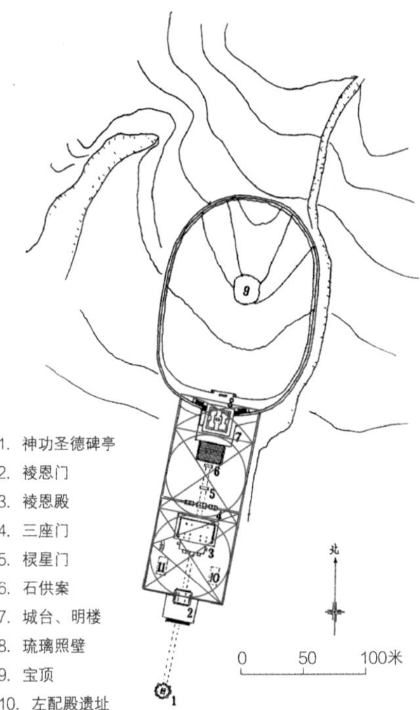

1. 神功圣德碑亭
2. 祾恩门
3. 祾恩殿
4. 三座门
5. 棂星门
6. 石供案
7. 城台、明楼
8. 琉璃照壁
9. 宝顶
10. 左配殿遗址
11. 右配殿遗址

图3-18　明茂陵总平面分析图
底图来源:《明十三陵》(1998)

1. 神功圣德碑亭
2. 祾恩门
3. 祾恩殿
4. 三座门
5. 棂星门
6. 石供案
7. 城台、明楼
8. 琉璃照壁
9. 宝顶
10. 宝城墙
11. 左配殿
12. 右配殿
13. 14. 神帛炉

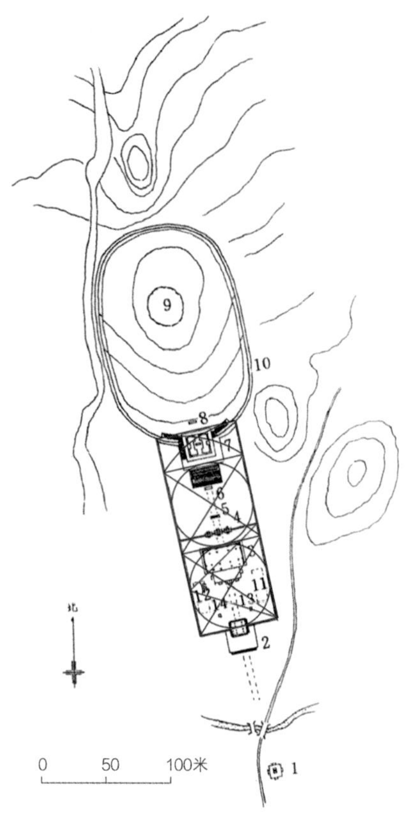

图3-19 明泰陵总平面分析图
底图来源：《明十三陵》(1998)

1. 神功圣德碑亭
2. 祾恩门
3. 祾恩殿
4. 三座门
5. 棂星门
6. 石供案
7. 方城、明楼
8. 琉璃照壁
9. 宝顶
10. 宝城墙
11. 左配殿
12. 右配殿

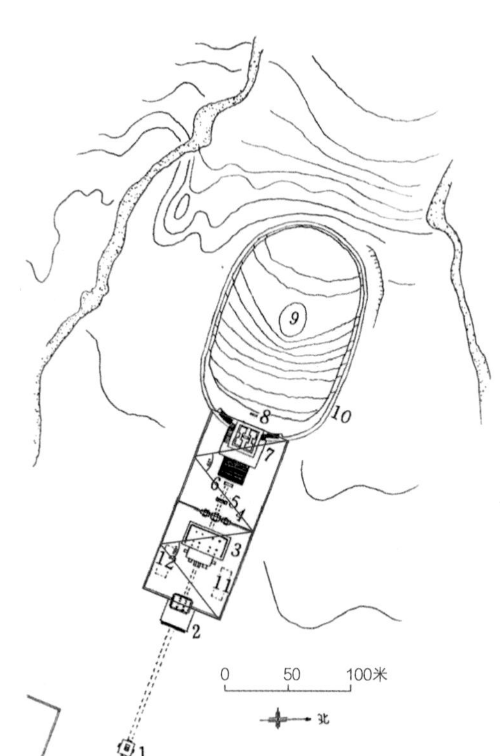

图3-20 明康陵总平面分析图
底图来源：《明十三陵》(1998)

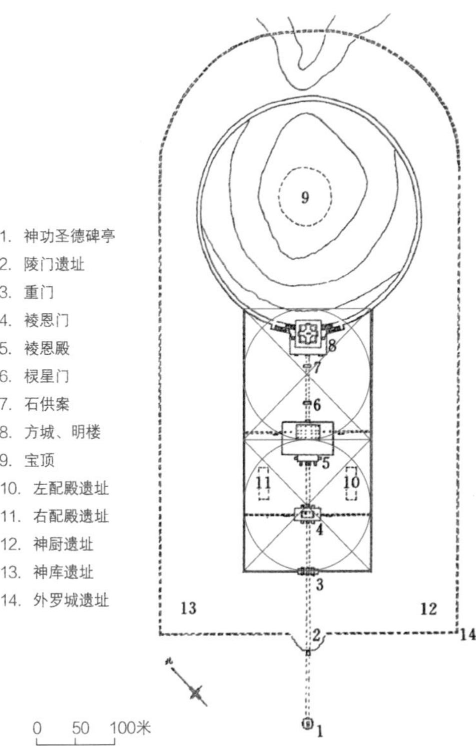
1. 神功圣德碑亭
2. 陵门遗址
3. 重门
4. 祾恩门
5. 祾恩殿
6. 棂星门
7. 石供案
8. 方城、明楼
9. 宝顶
10. 左配殿遗址
11. 右配殿遗址
12. 神厨遗址
13. 神库遗址
14. 外罗城遗址
0 50 100米

图3-21　明永陵总平面分析图
底图来源：《明十三陵》(1998)

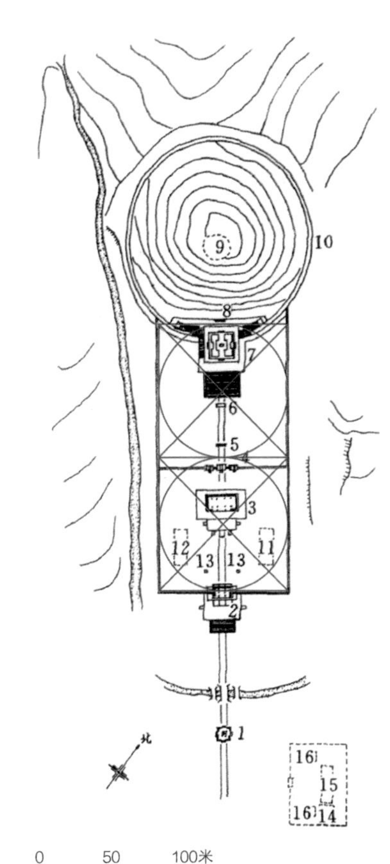
1. 神功圣德碑亭
2. 祾恩门
3. 祾恩殿
4. 三座门
5. 棂星门
6. 石供案
7. 方城、明楼
8. 琉璃影壁
9. 宝顶
10. 宝城墙
11. 左配殿
12. 右配殿
13. 神帛炉
14. 宰牲亭
15. 神厨
16. 神库
0 50 100米

图3-22　明昭陵总平面分析图
底图来源：《明十三陵》(1998)

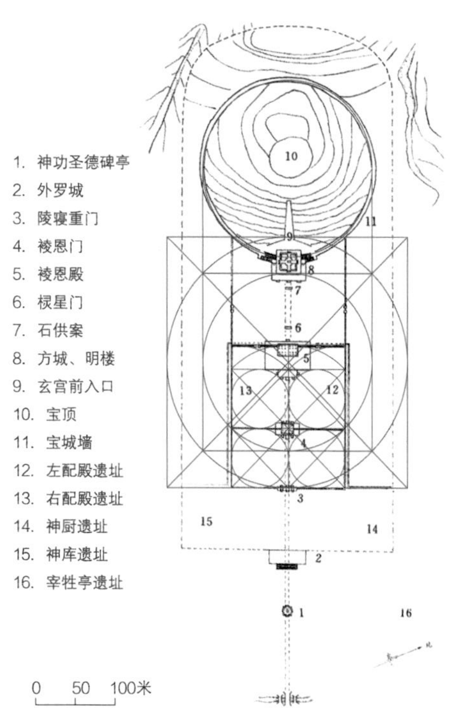

图3-23 明定陵总平面分析图
底图来源:《明十三陵》(1998)

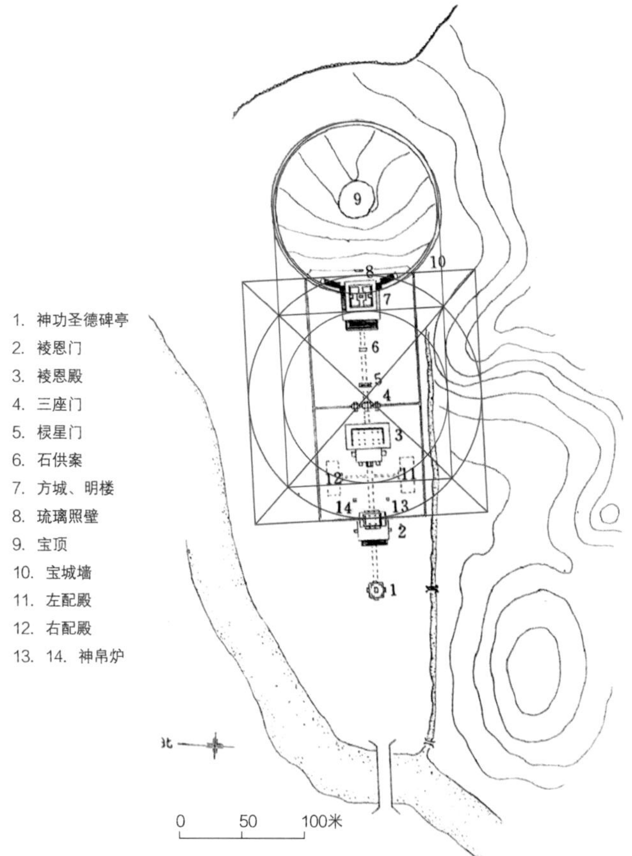

图3-24 明德陵总平面分析图
底图来源:《明十三陵》(1998)

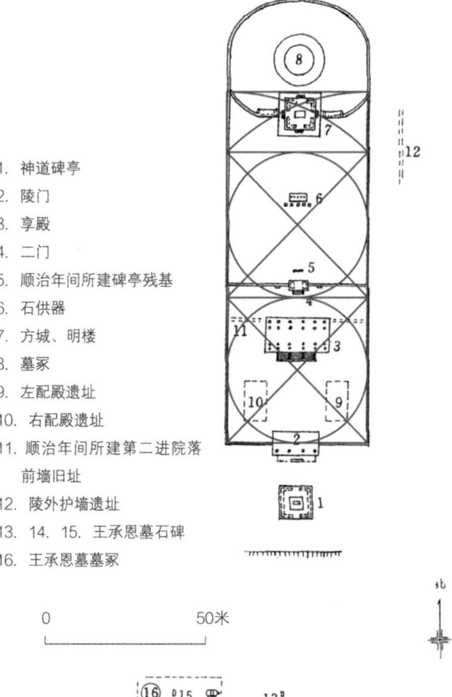

图3-25　明思陵总平面分析图
底图来源:《明十三陵》(1998)

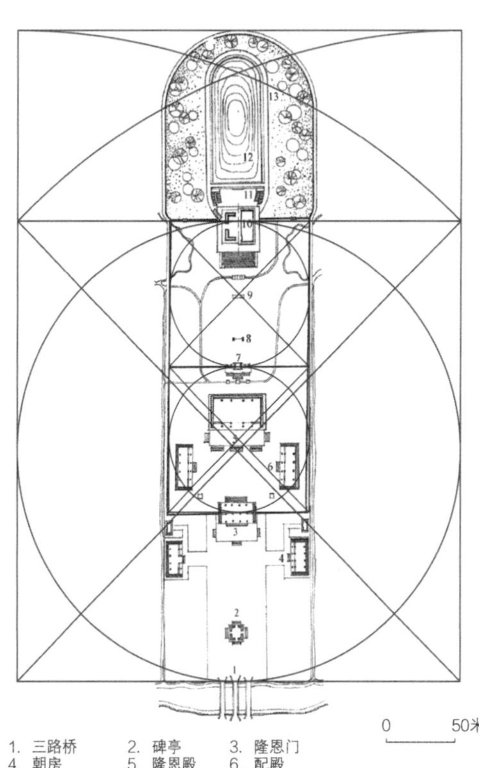

图3-26　河北遵化清东陵孝陵总平面分析图
底图来源:《中国古代建筑史》(第五卷:清代建筑，2009年第2版)

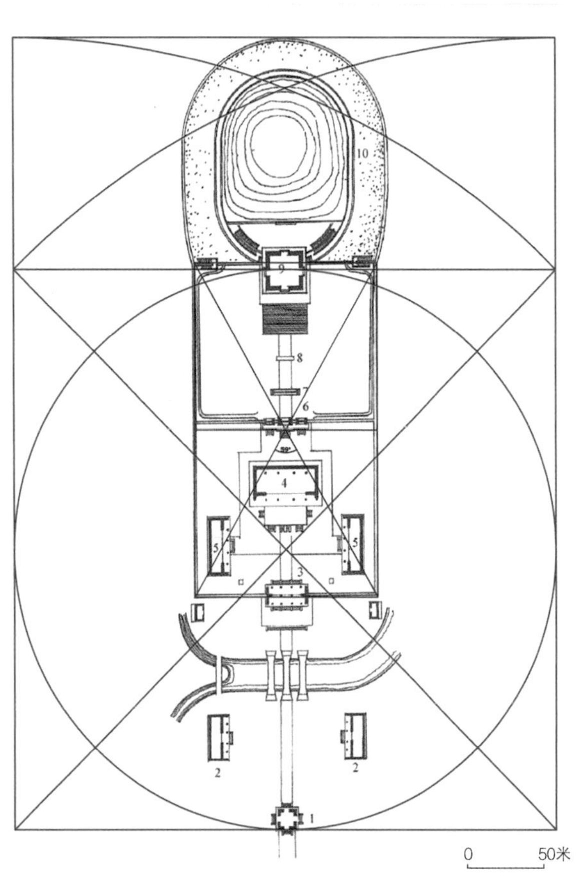

图3-27　河北遵化清东陵景陵总平面分析图
底图来源：《中国古代建筑史》（第五卷：清代建筑，2009年第2版）

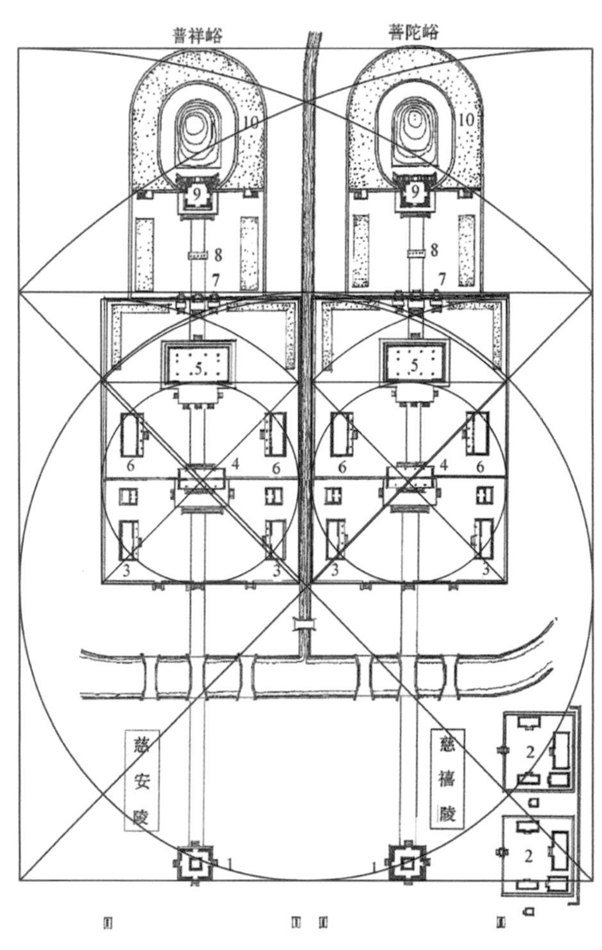

图3-28　河北遵化清东陵定东陵总平面分析图
底图来源：《中国古代建筑史》（第五卷：清代建筑，2009年第2版）

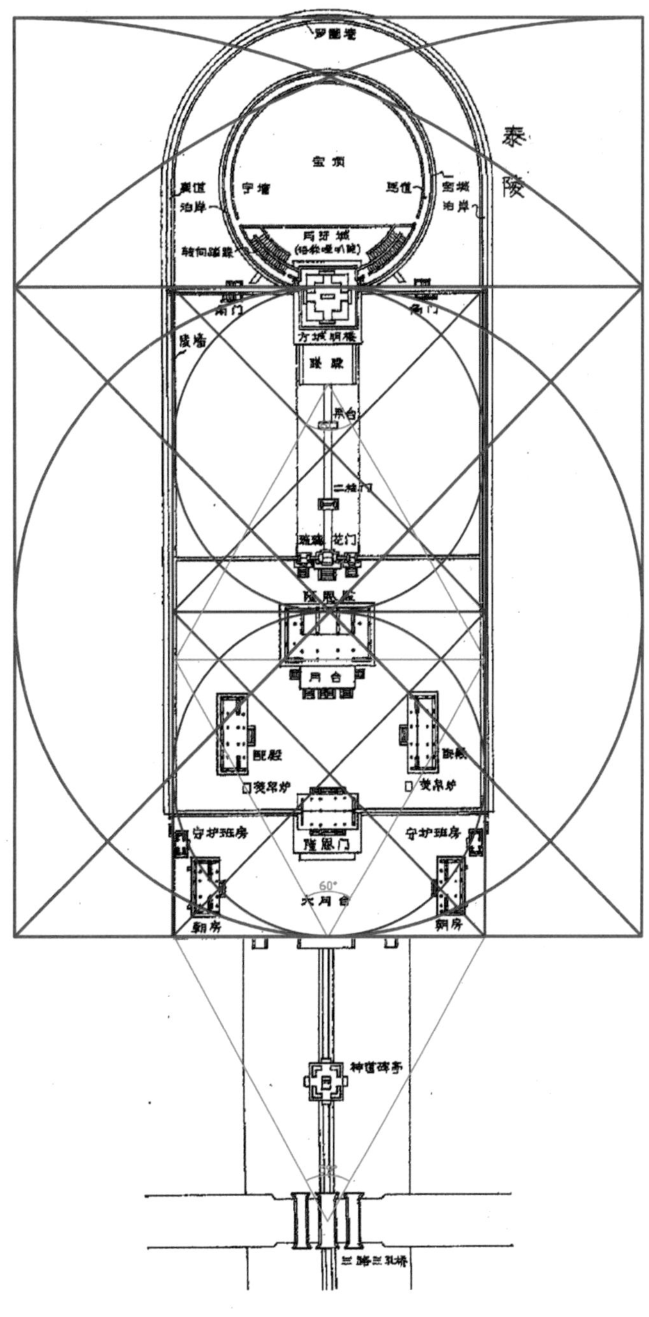

图3-29　河北易县清西陵泰陵总平面分析图
底图来源：刘敦桢《易县清西陵》(《中国营造学社汇刊》第五卷第三期，1935)

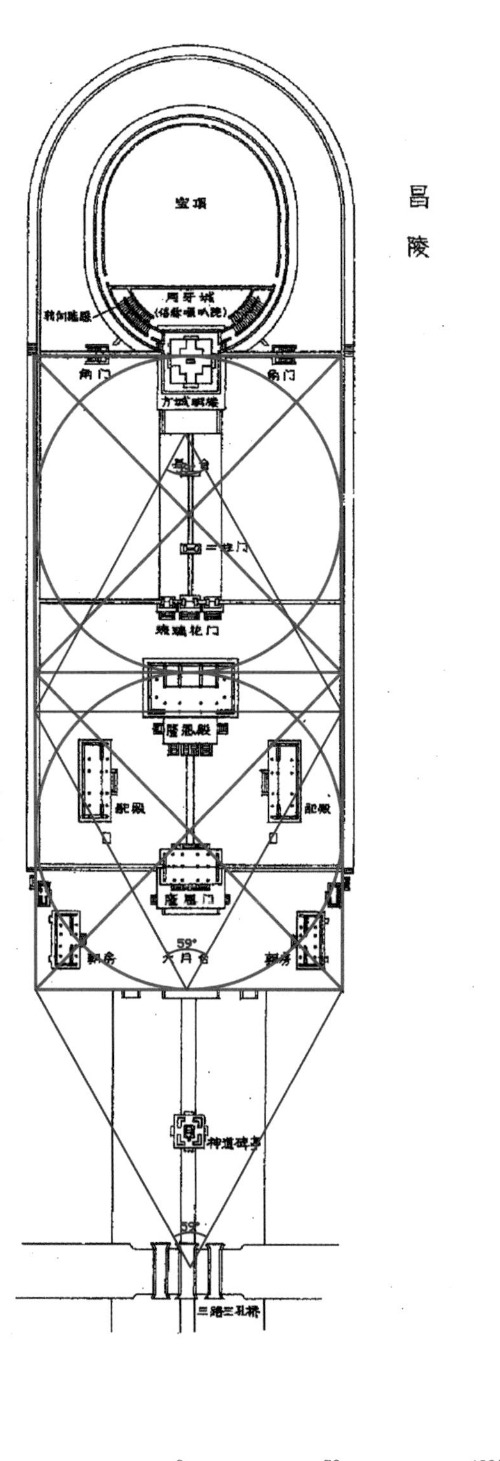

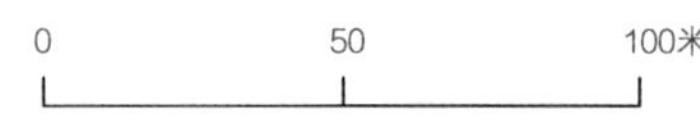

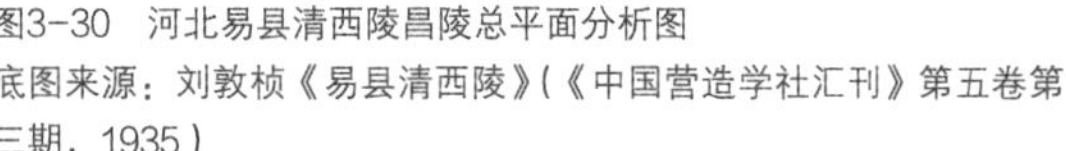
图3-30　河北易县清西陵昌陵总平面分析图
底图来源：刘敦桢《易县清西陵》（《中国营造学社汇刊》第五卷第三期，1935）

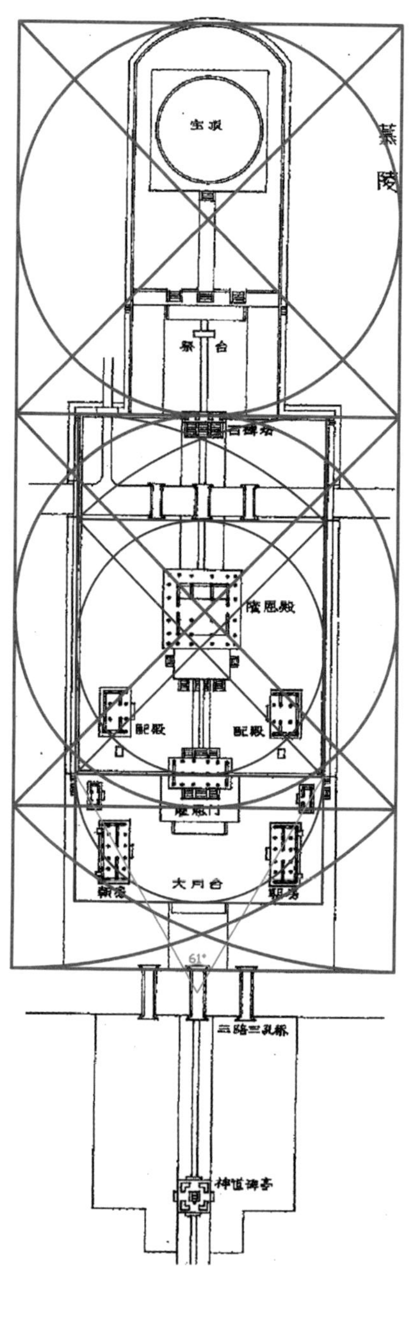

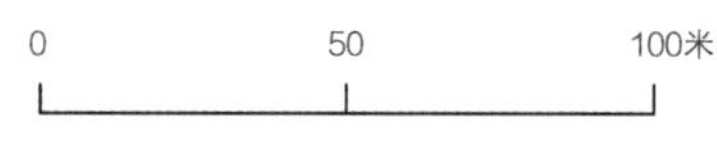

图3-31　河北易县清西陵慕陵总平面分析图
底图来源：刘敦桢《易县清西陵》（《中国营造学社汇刊》第五卷第三期，1935）

第四章　宗教建筑

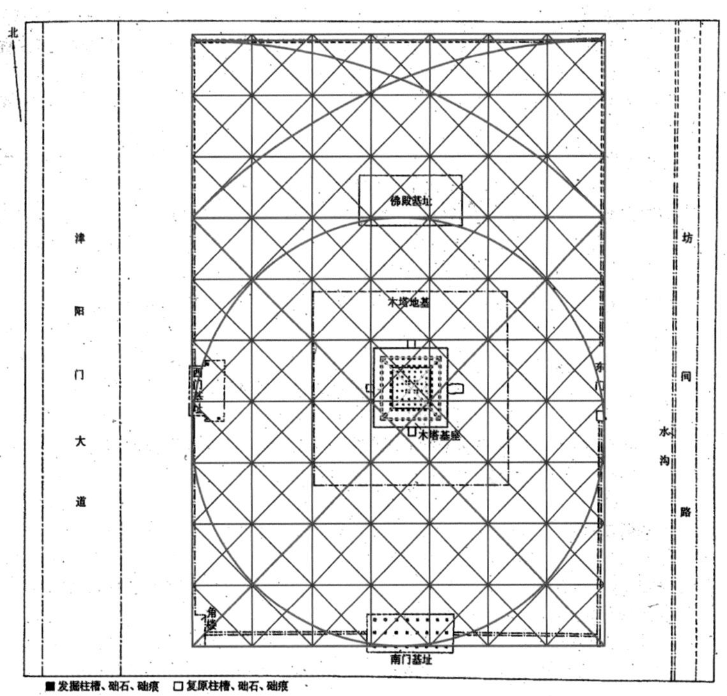

北
津阳门大道
佛殿基址
木塔地基
木塔基座
角楼
南门基址
坊间路
水沟
■发掘柱槽、础石、础痕　□复原柱槽、础石、础痕
0
50
100米

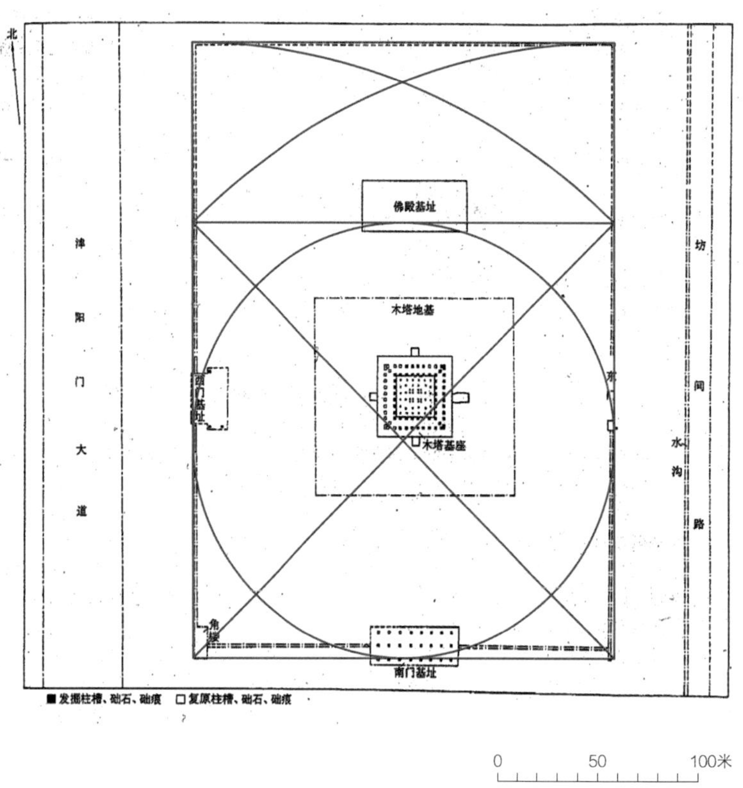

图4-1 北魏洛阳永宁寺总平面分析图一
底图来源：《北魏洛阳永宁寺1979～1994年考古发掘报告》（1996）

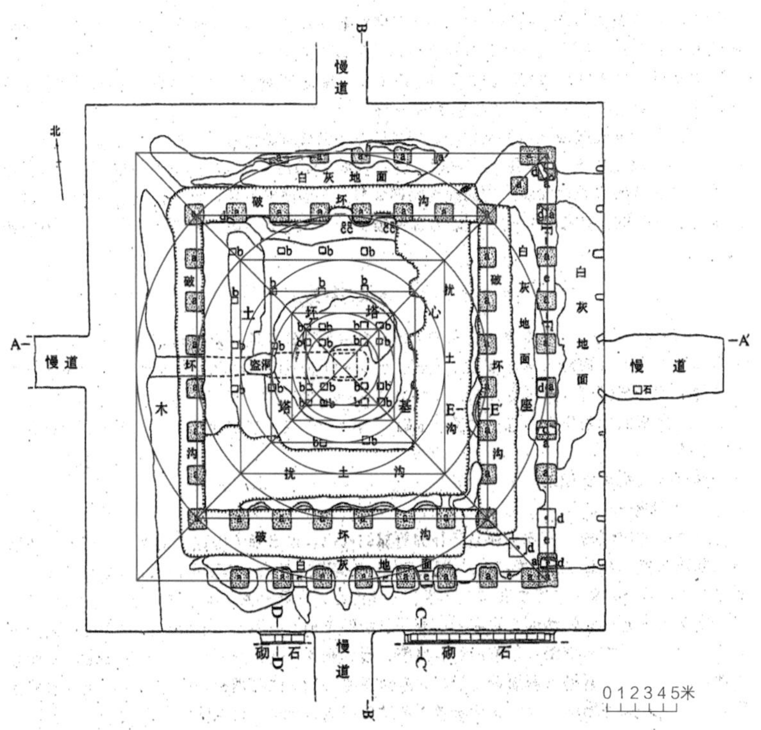

图4-2 北魏洛阳永宁寺塔平面分析图一
底图来源：《北魏洛阳永宁寺1979～1994年考古发掘报告》（1996）

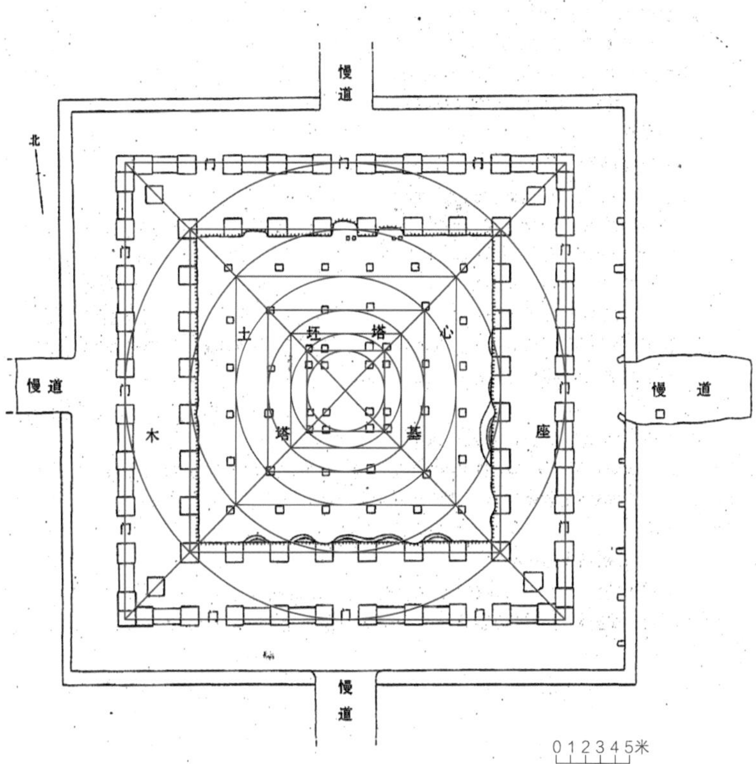

图4-3　北魏洛阳永宁寺塔平面分析图二
底图来源：《北魏洛阳永宁寺1979～1994年考古发掘报告》（1996）

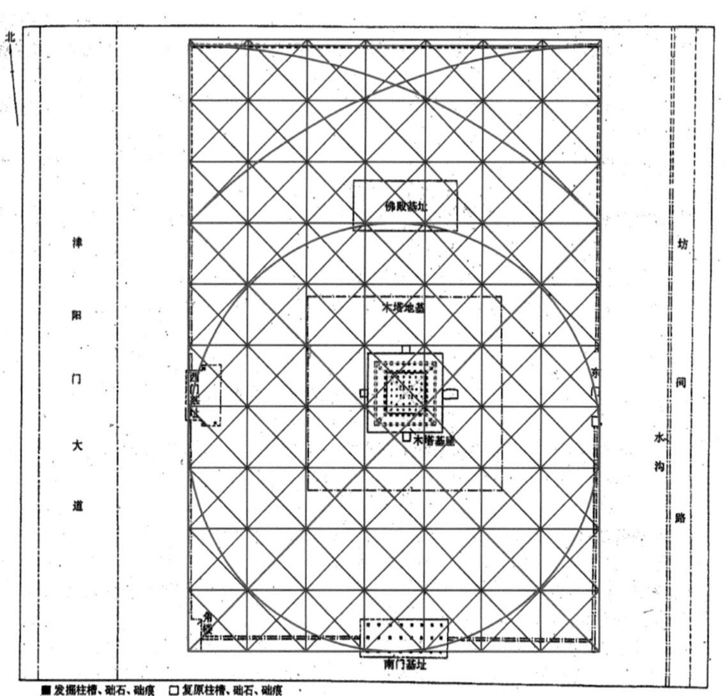

图4-4　北魏洛阳永宁寺总平面分析图二
底图来源：《北魏洛阳永宁寺1979～1994年考古发掘报告》（1996）

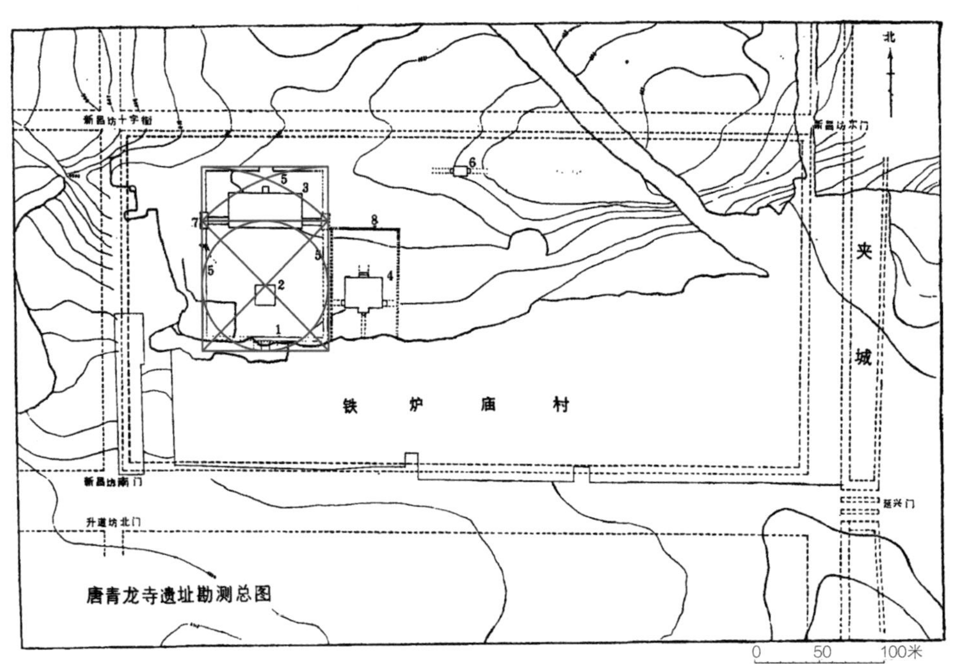

图4-5 唐长安青龙寺西塔院总平面分析图
底图来源:《唐长安城发掘新收获》(《考古》1987年第4期)

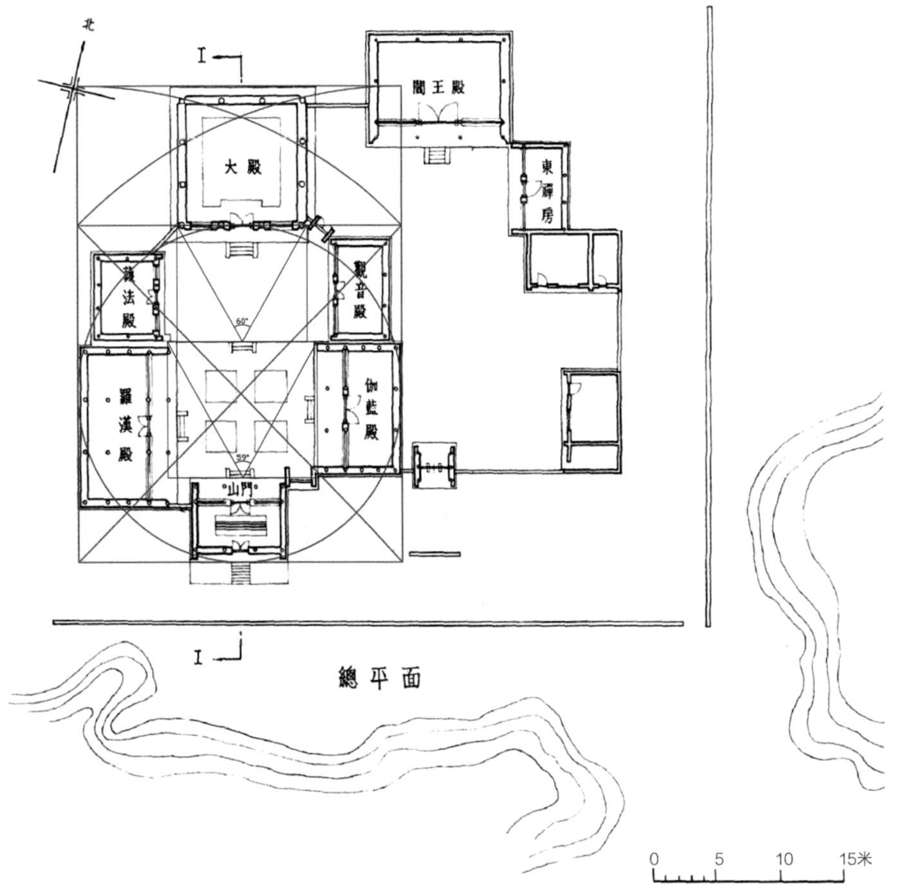

图4-6 山西五台山南禅寺总平面分析图
底图来源:《中国古代建筑史》(1984年第二版)

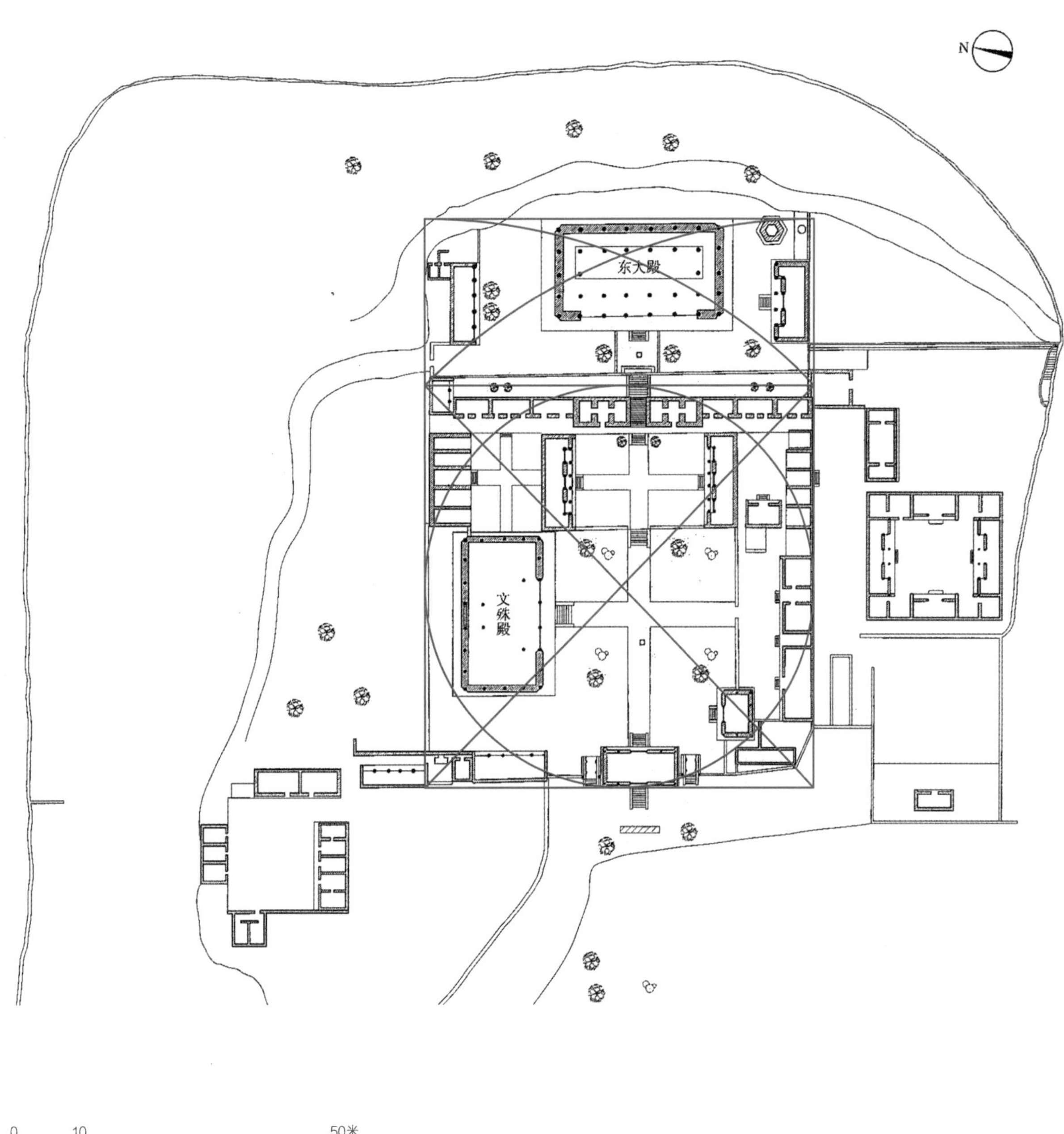

图4-7　山西五台山佛光寺总平面分析图
底图来源：《佛光寺东大殿建筑勘察研究报告》(2011)

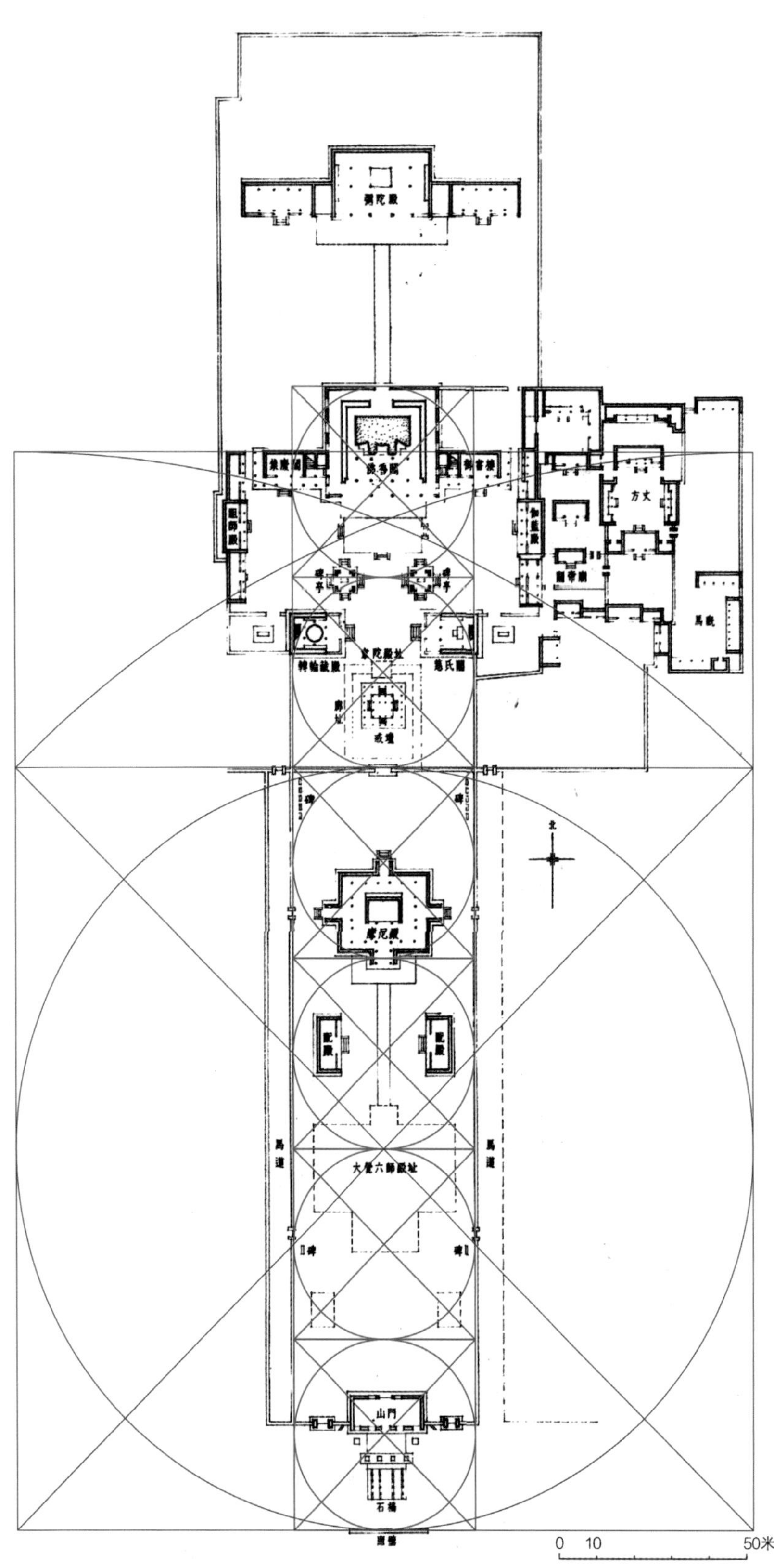

图4-8　正定隆兴寺总平面分析图
底图来源：《中国古代建筑史》（1984年第二版）

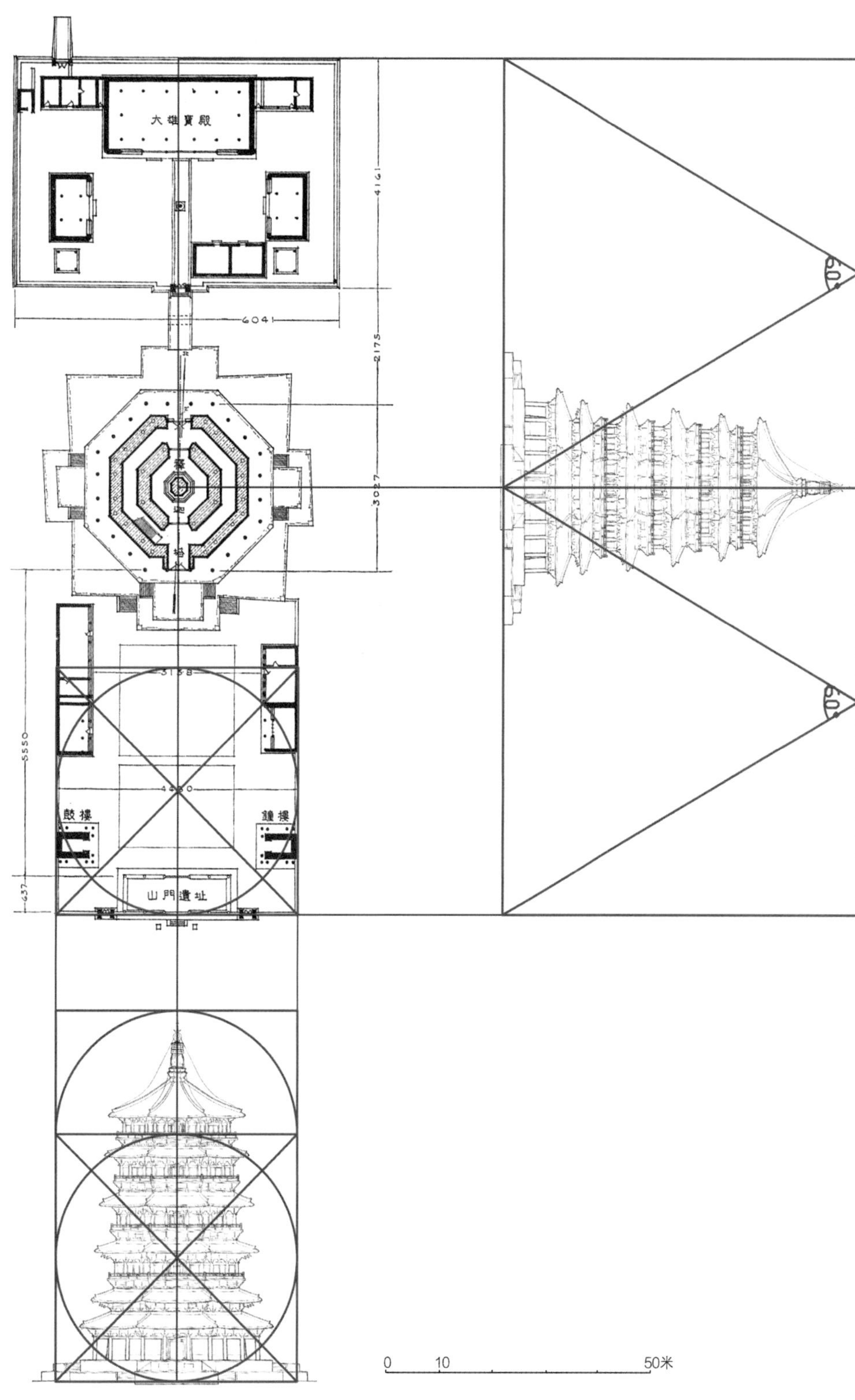

图4-9　应县佛宫寺总立面比例分析图
底图来源：《应县木塔》（2001）

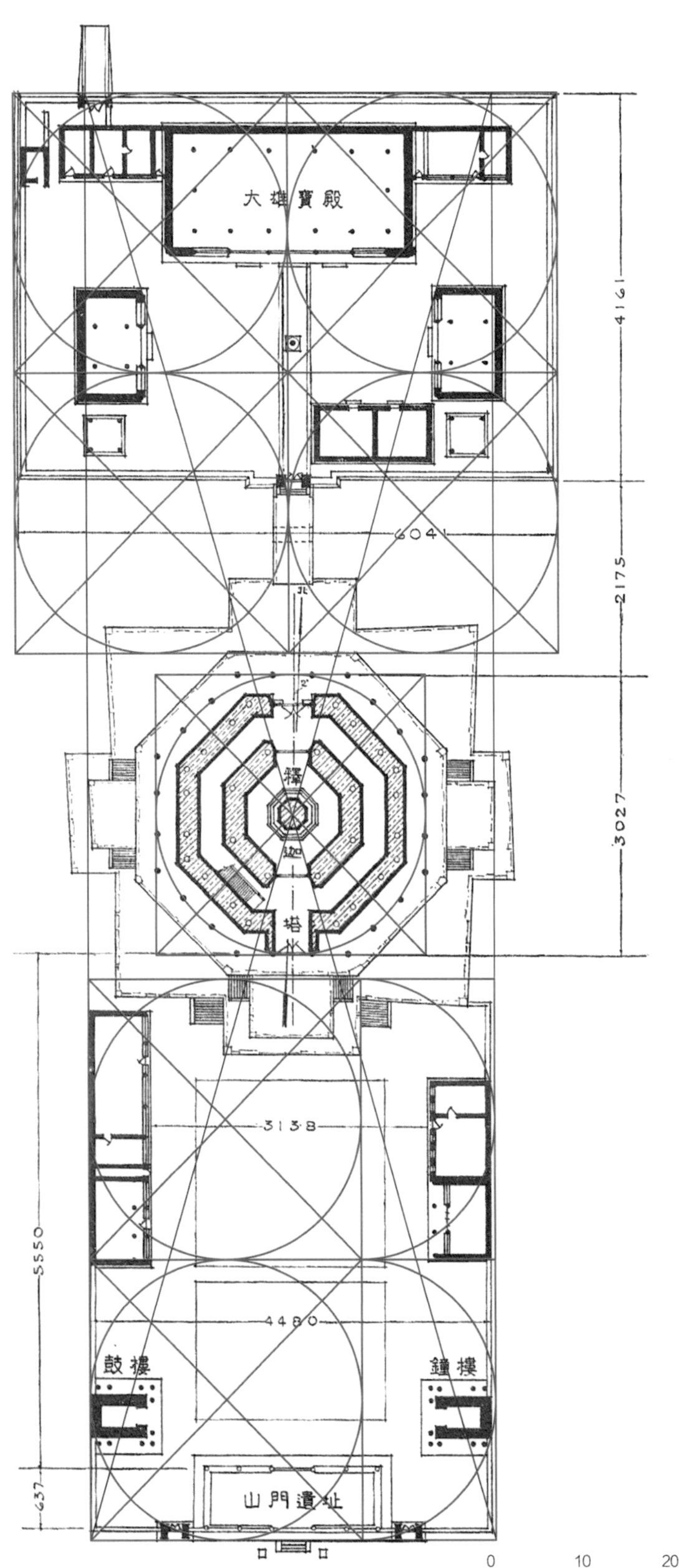

图4-10　应县佛宫寺总平面分析图一
底图来源：《应县木塔》(2001)

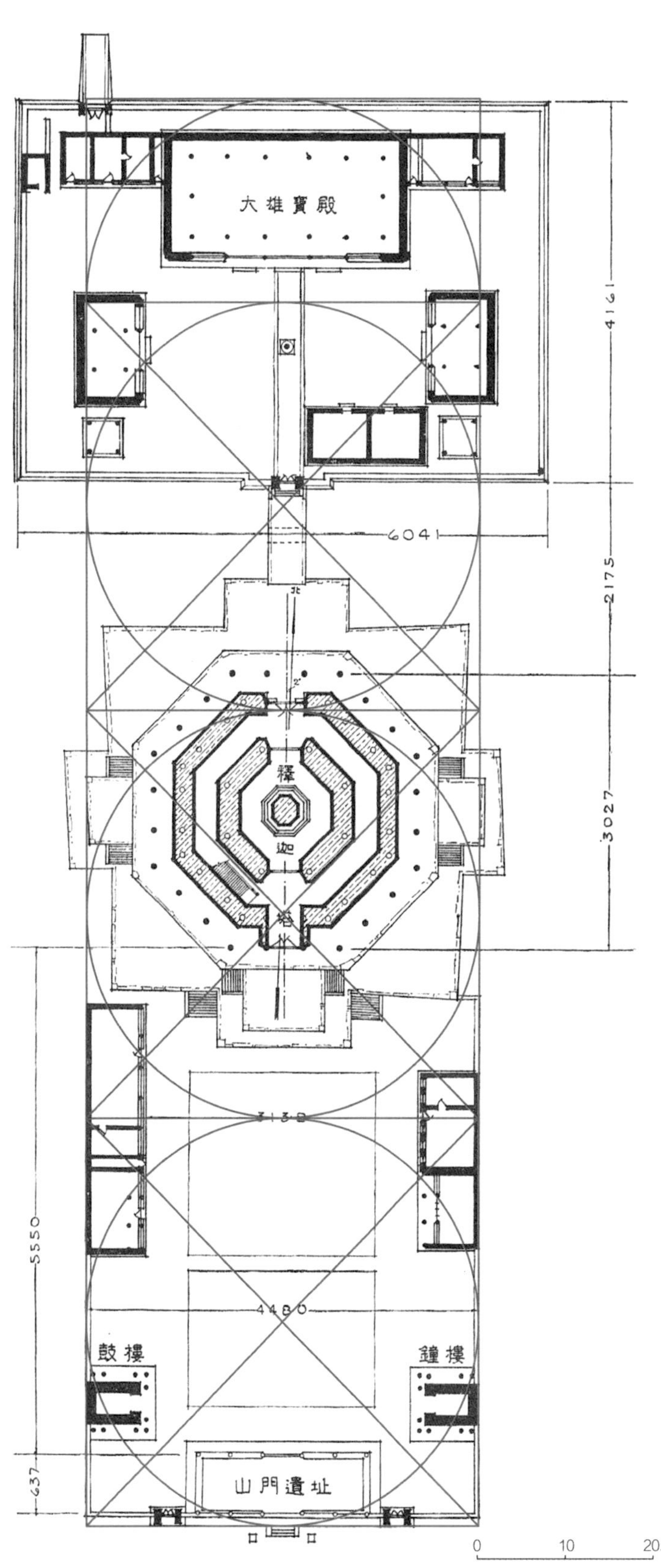

图4-11　应县佛宫寺总平面分析图二
底图来源：《应县木塔》（2001）

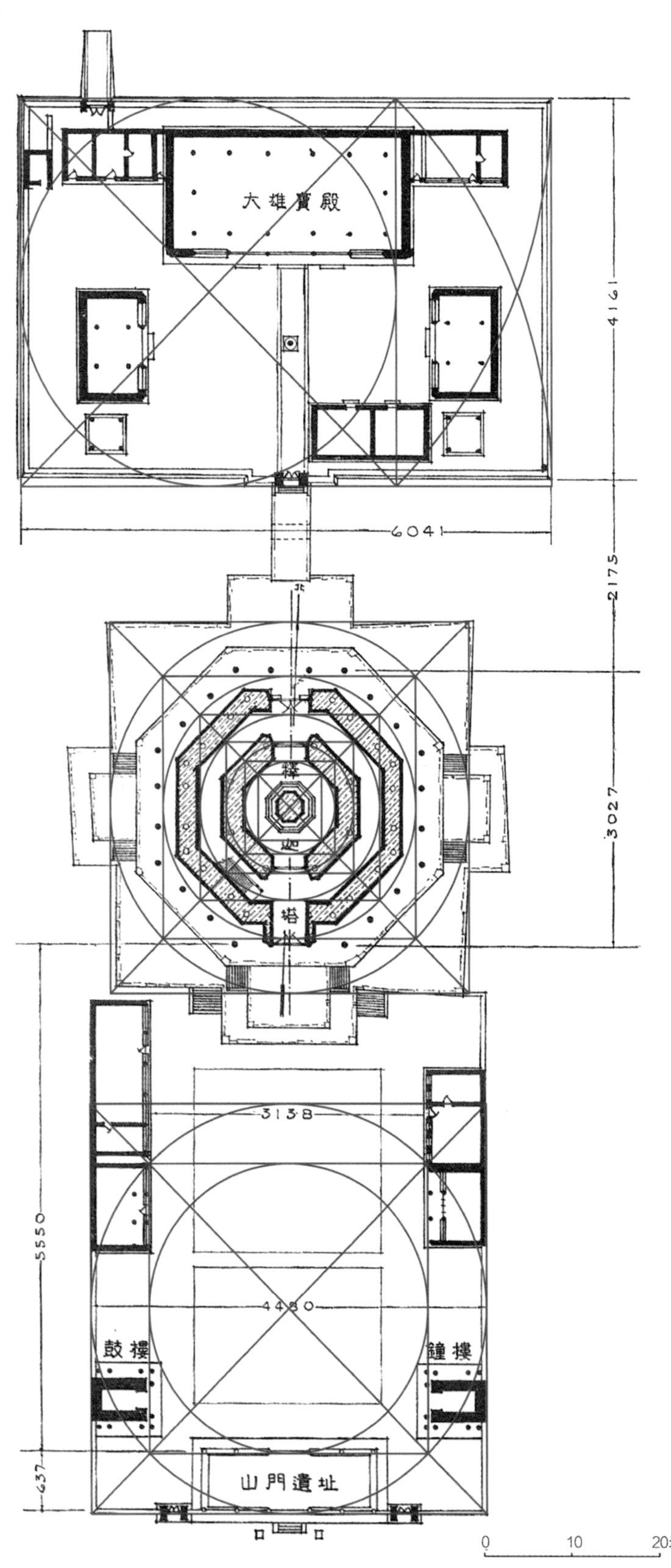

图4-12 应县佛宫寺总平面分析图三
底图来源：《应县木塔》(2001)

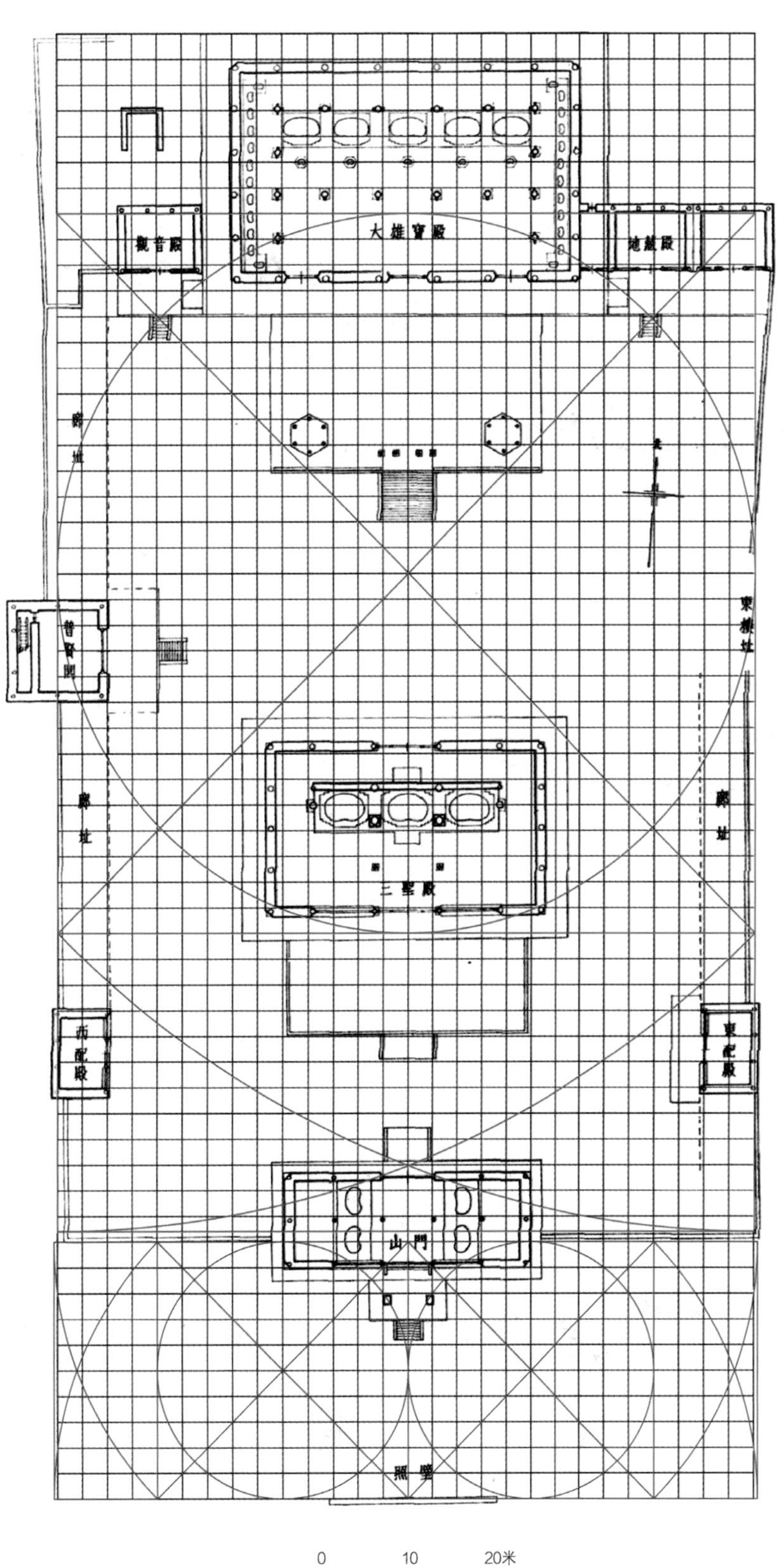

图4-13 山西大同善化寺平面分析图一
底图来源:《中国古代建筑史》(1984年第二版)

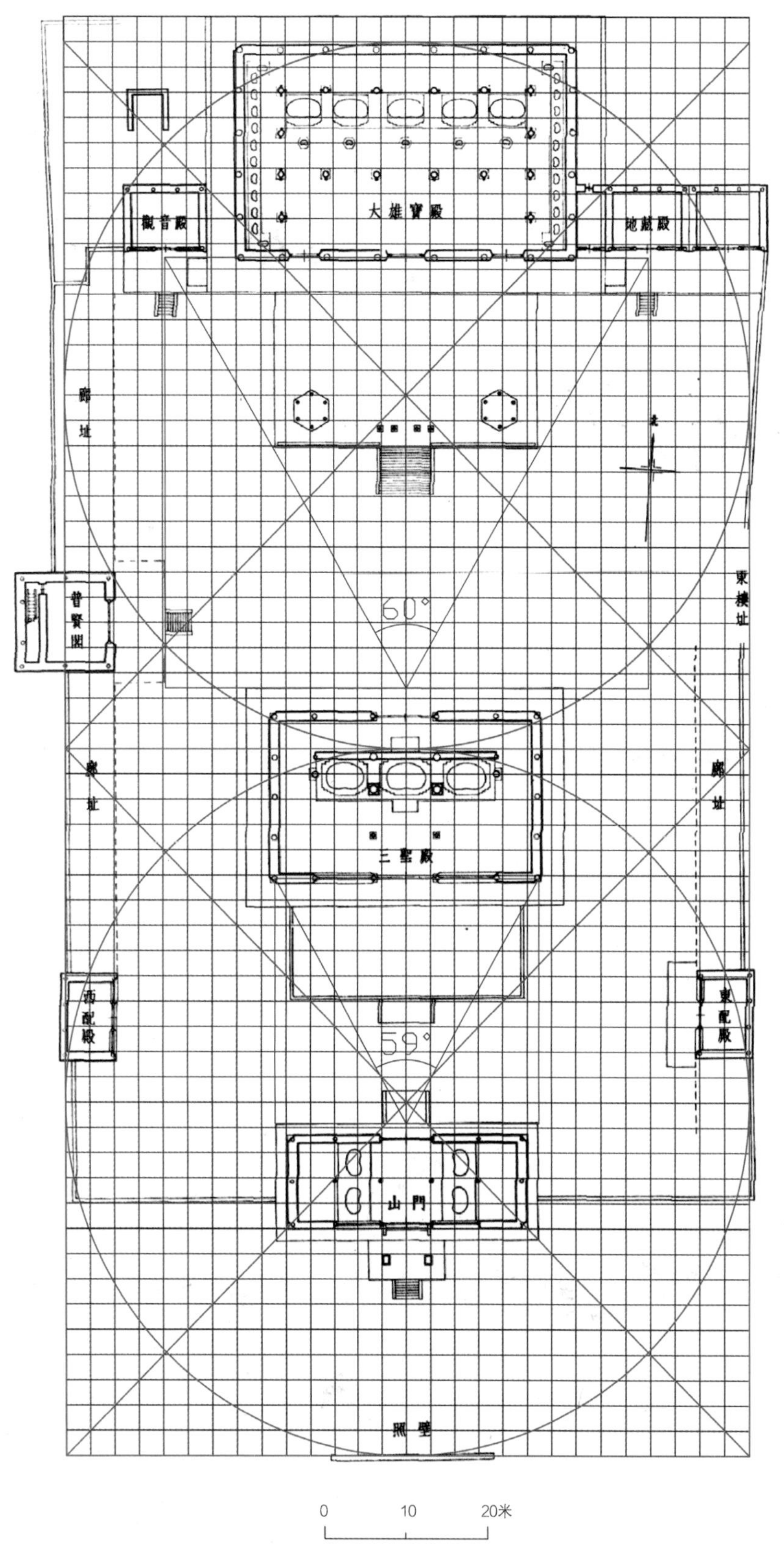

图4-14　山西大同善化寺平面分析图二
底图来源：《中国古代建筑史》（1984年第二版）

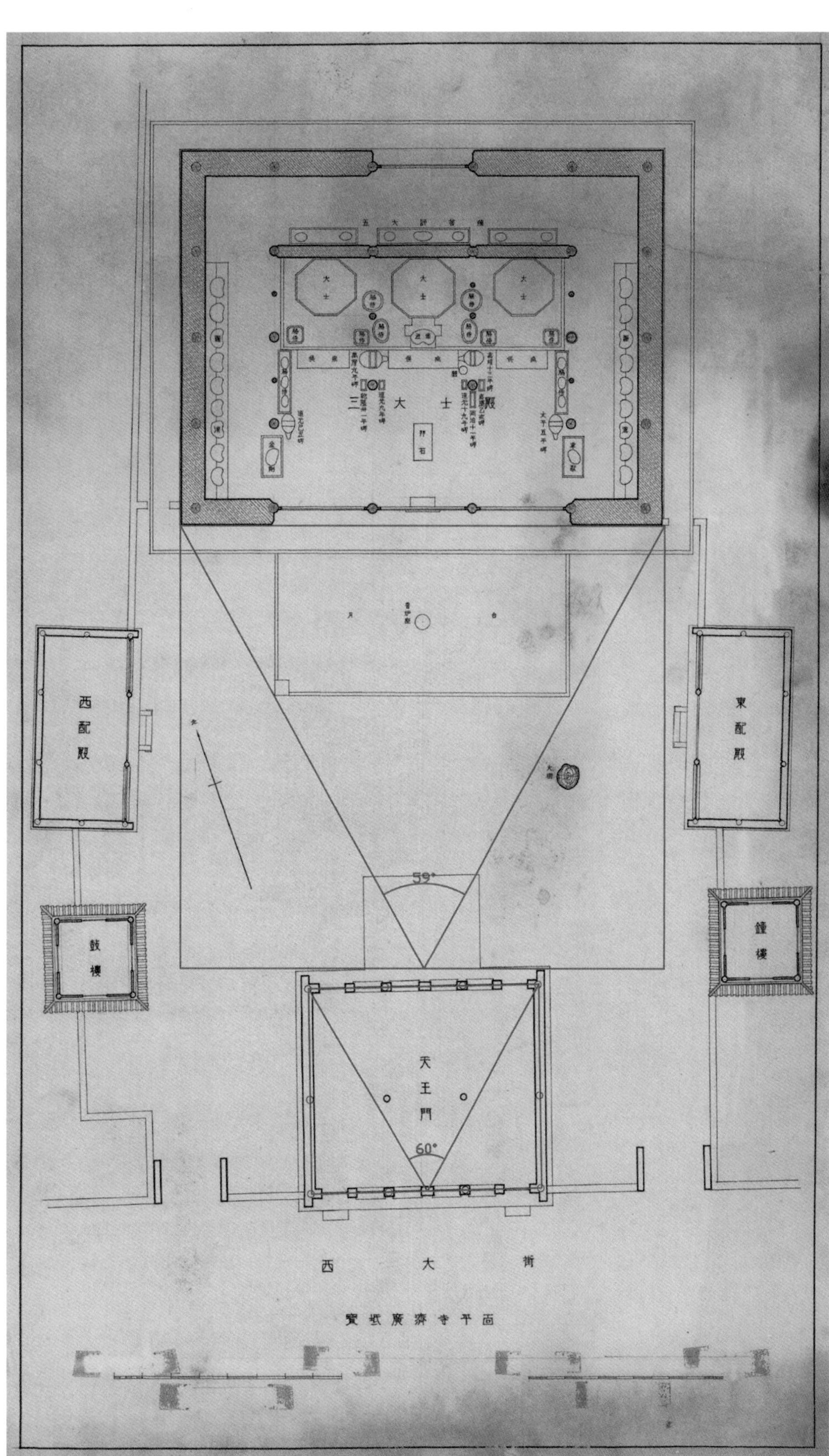

图4-15　天津宝坻广济寺总平面分析图
底图来源：清华大学建筑学院中国营造学社纪念馆藏

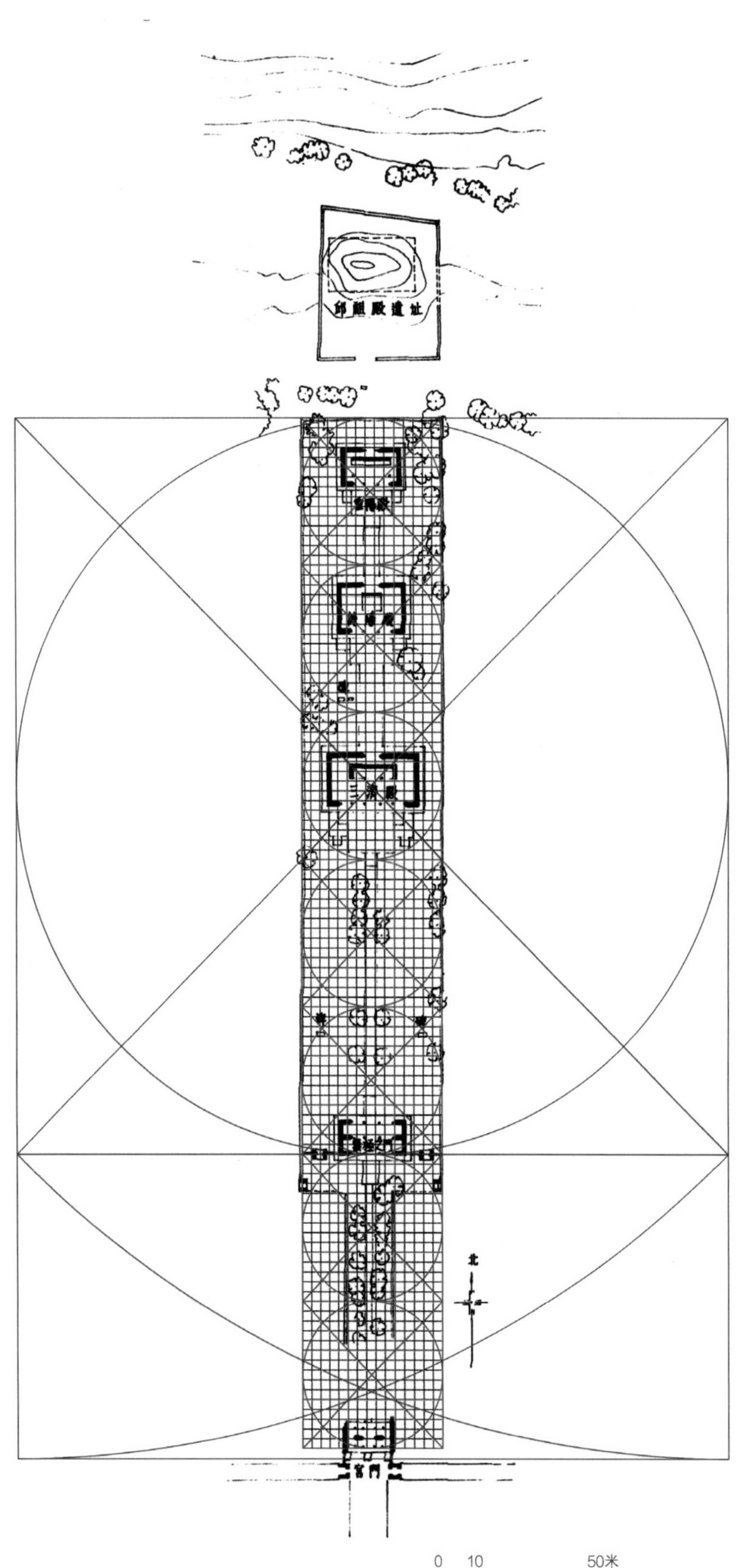

图4-16　山西芮城永乐宫总平面分析图
底图来源：《中国古代建筑史》（1984年第二版）

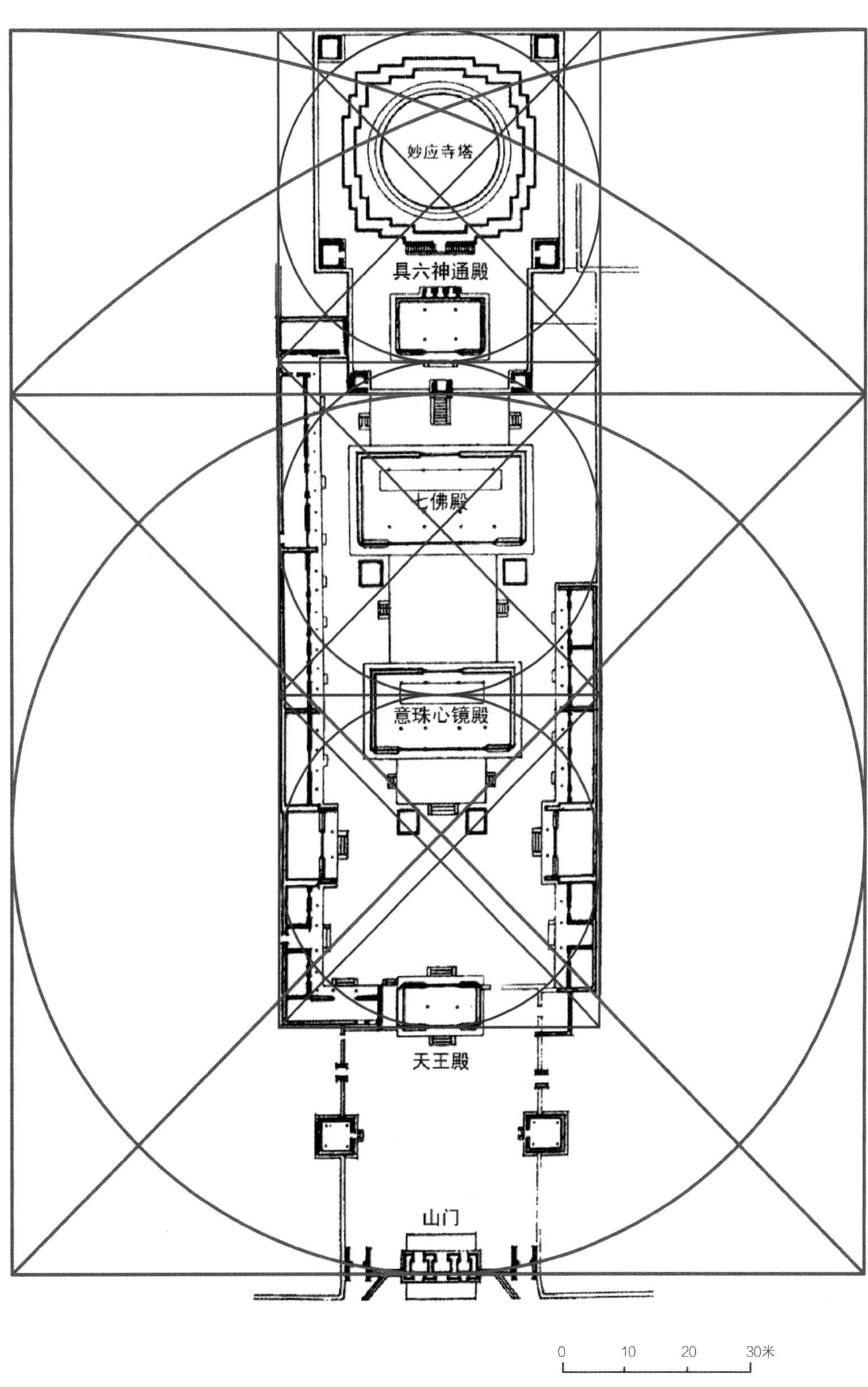

图4-17　北京妙应寺（白塔寺）总平面分析图
底图来源：《傅熹年建筑史论文集》（1998）

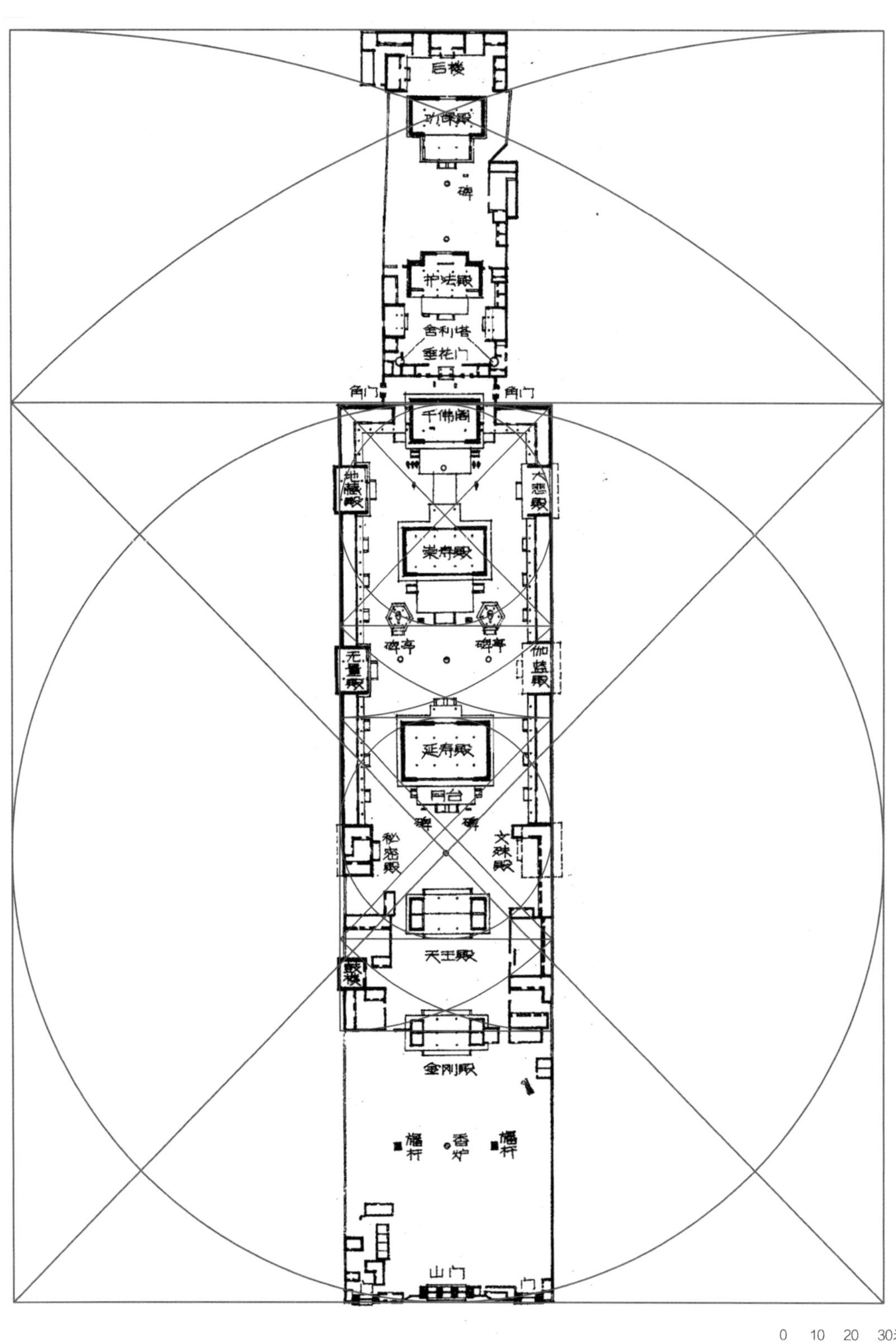

图4-18 北京护国寺总平面分析图

底图来源：刘敦桢《北平护国寺残迹》(《中国营造学社汇刊》第六卷第二期，1935)

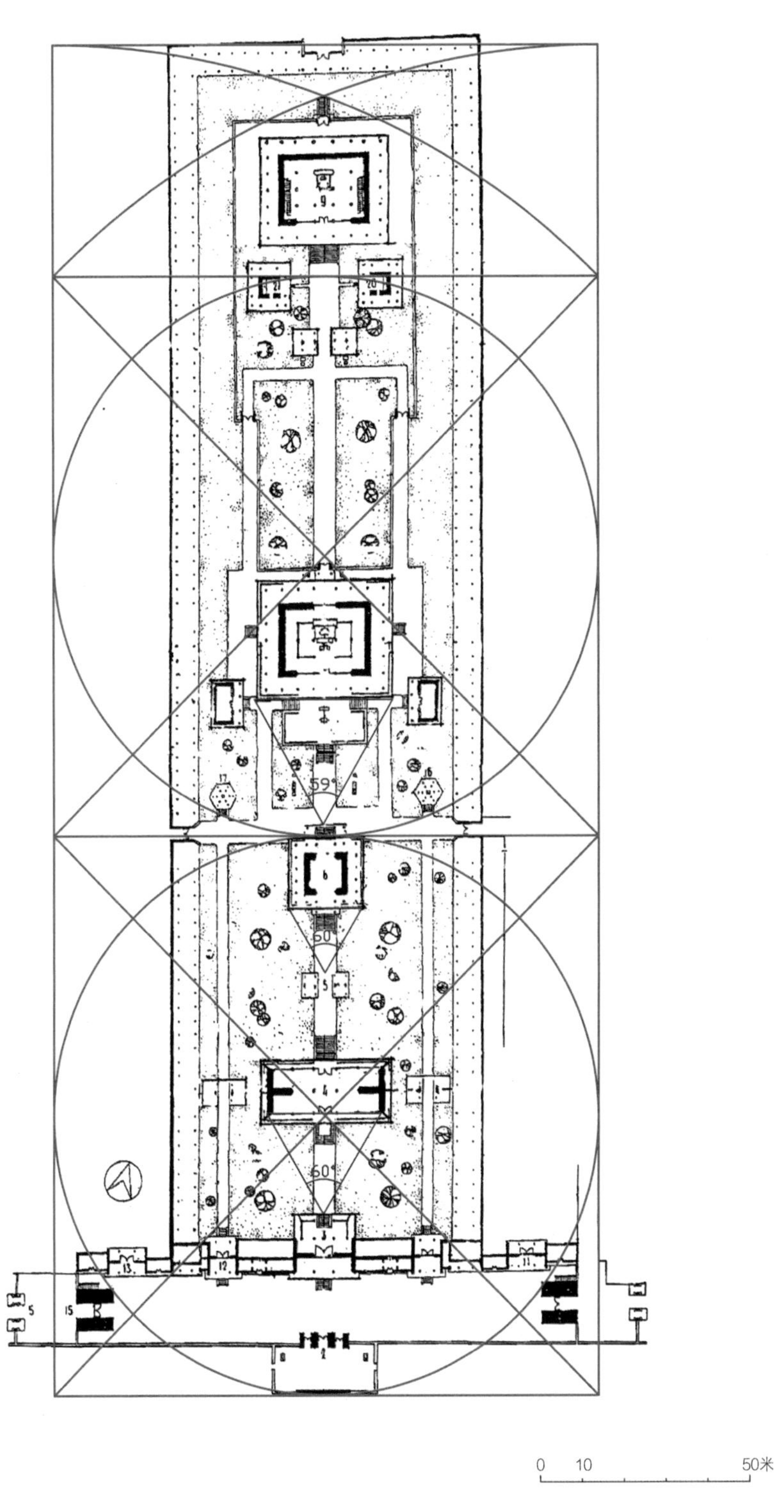

图4-19 山西解州关帝庙总平面分析图
底图来源：《中国古代城市规划、建筑群布局及建筑设计方法研究》（下册，2001）

图4-20 西安化觉巷清真寺总平面分析图
底图来源：《中国古代建筑史》（1984年第二版）

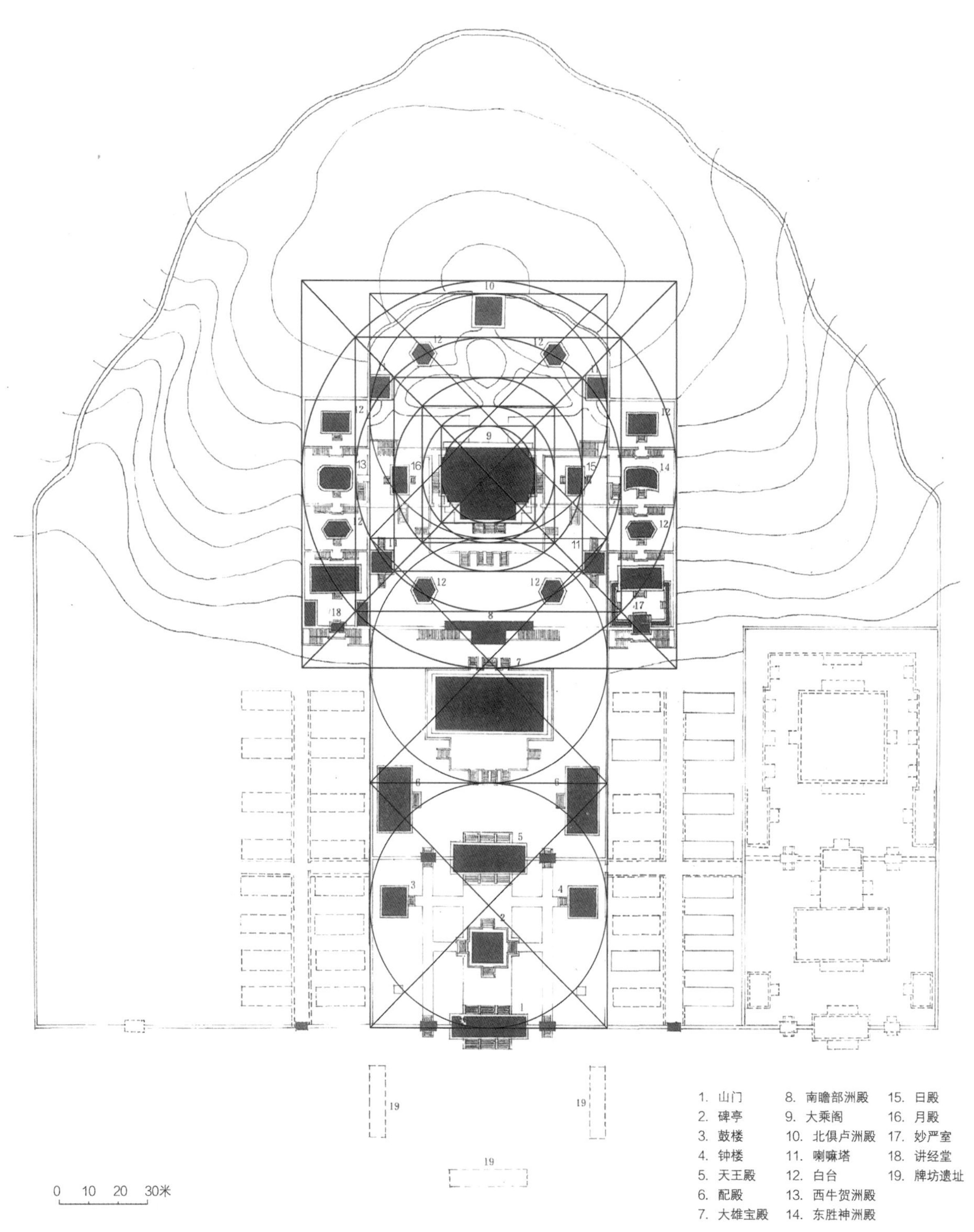

图4-21　承德普宁寺总平面分析图一
底图来源:《承德古建筑——避暑山庄和外八庙》(1982)

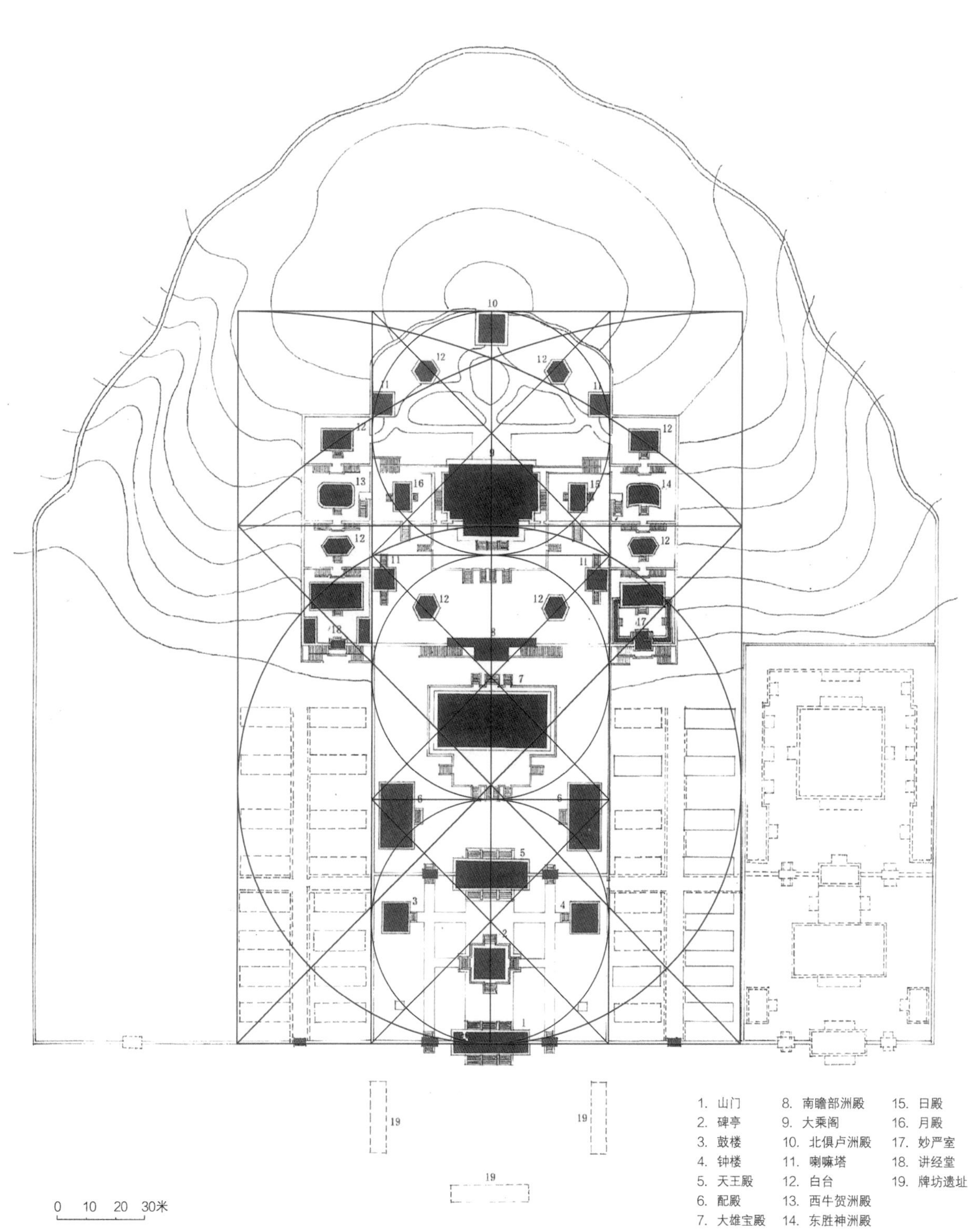

图4-22 承德普宁寺总平面分析图二
底图来源:《承德古建筑——避暑山庄和外八庙》(1982)

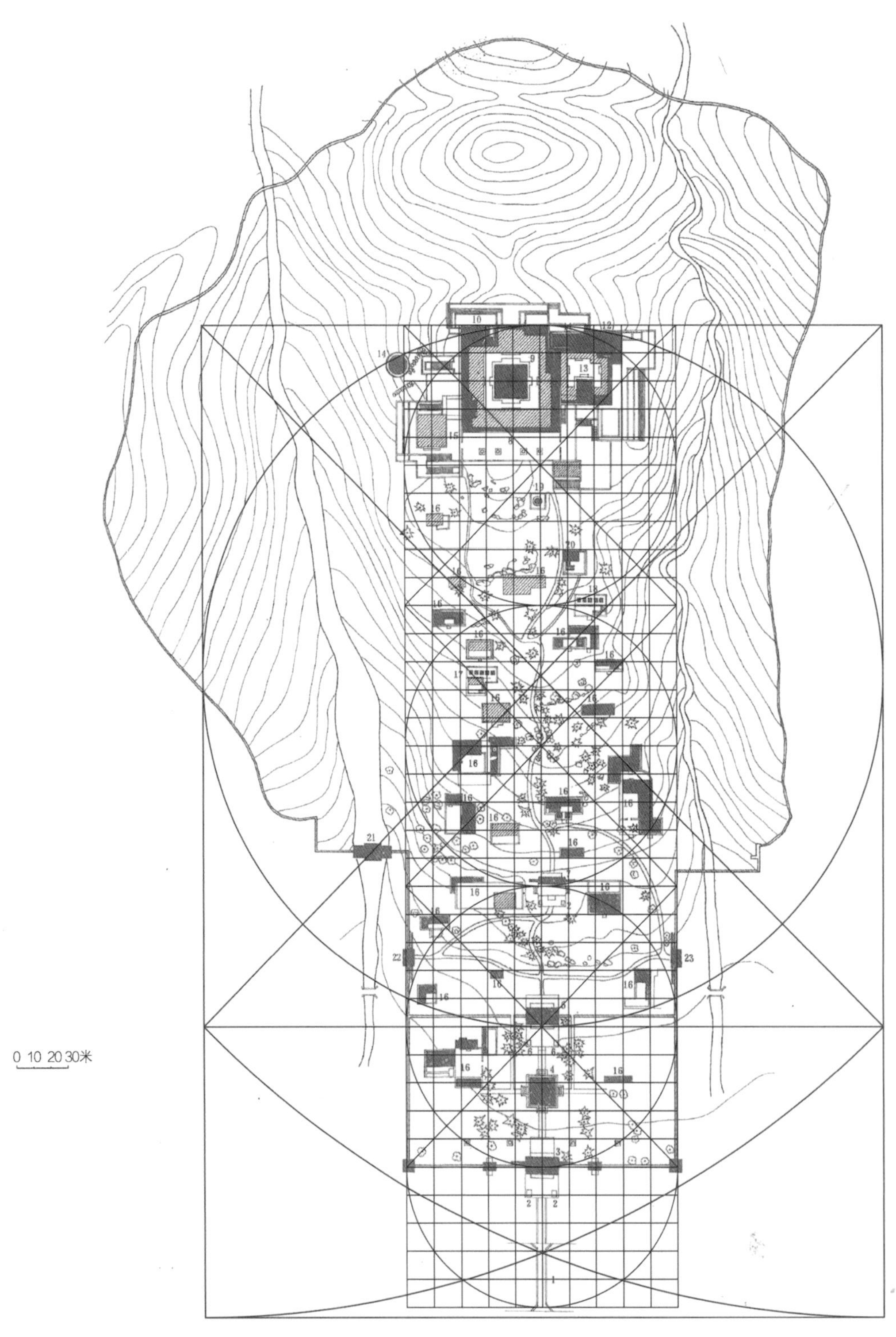

1. 石桥
2. 石狮
3. 山门
4. 碑亭
5. 五塔门
6. 石象
7. 琉璃牌坊
8. 大红台
9. 万法归一殿
10. 慈航普渡
11. 洛伽胜境殿
12. 权衡三界
13. 戏台
14. 圆台
15. 千佛阁
16. 白台
17. 西五塔白台
18. 东五塔白台
19. 单塔白台
20. 白台钟楼
21. 三塔水口门
22. 西门
23. 东门

图4-23　承德普陀宗乘之庙总平面分析图
底图来源:《承德古建筑——避暑山庄和外八庙》(1982)

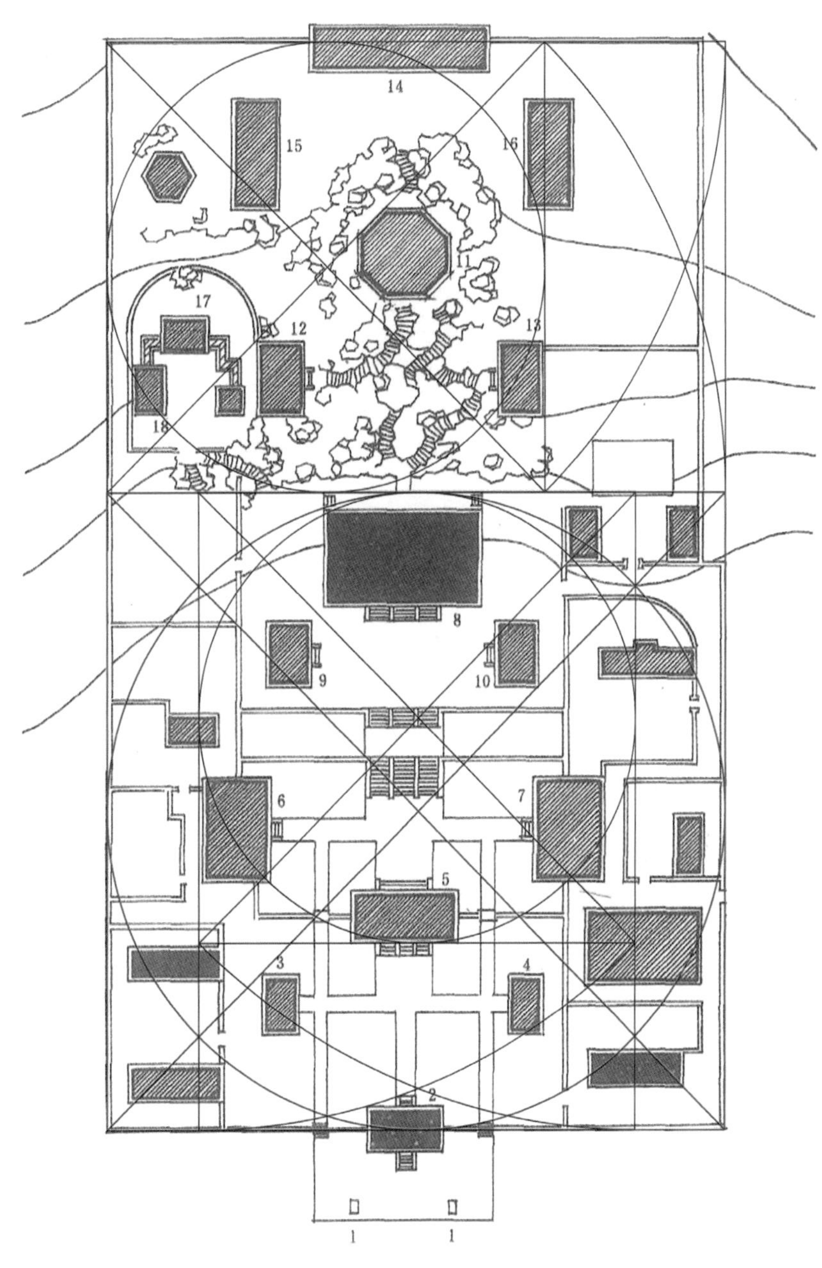

1. 石狮
2. 山门
3. 鼓楼
4. 钟楼
5. 天王殿
6. 演梵堂
7. 馔香堂
8. 会乘殿
9. 面月殿
10. 指峰殿
11. 宝相阁
12. 雪静殿
13. 云来殿
14. 清凉楼
15. 慧喜殿
16. 吉晖殿
17. 香林室
18. 倚云楼

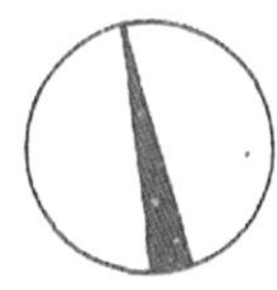

0 10 20 30米

图4-24 承德殊像寺总平面分析图
底图来源:《承德古建筑——避暑山庄和外八庙》(1982)

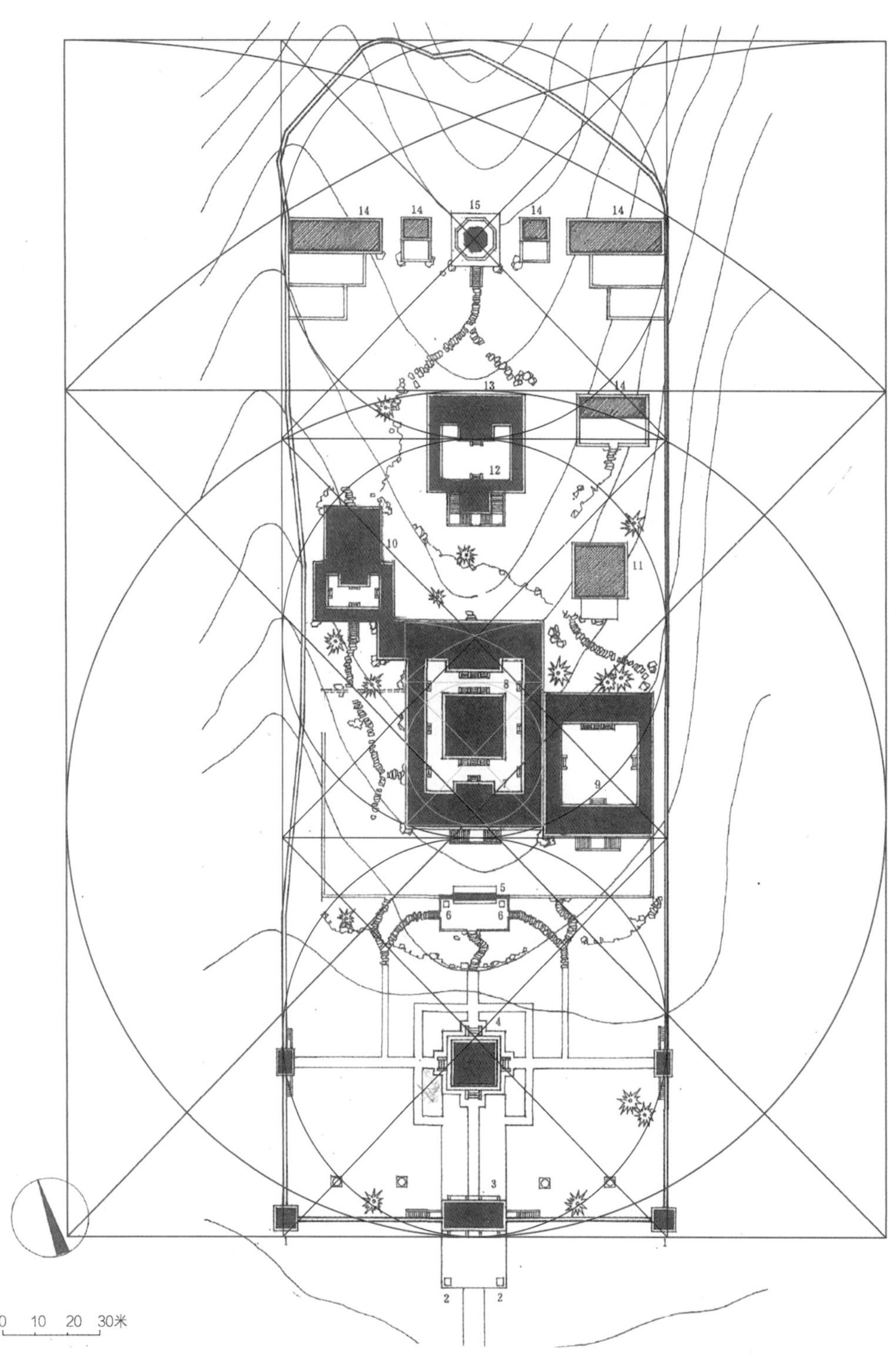

1. 角楼
2. 石狮
3. 山门
4. 碑亭
5. 琉璃牌坊
6. 石象
7. 大红台
8. 妙高庄严殿
9. 东红台
10. 吉祥法喜殿
11. 生欢喜心殿
12. 金贺堂
13. 万法宗源殿
14. 白台
15. 琉璃宝塔

图4-25 须弥福寿之庙总平面分析图
底图来源：《承德古建筑——避暑山庄和外八庙》（1982）

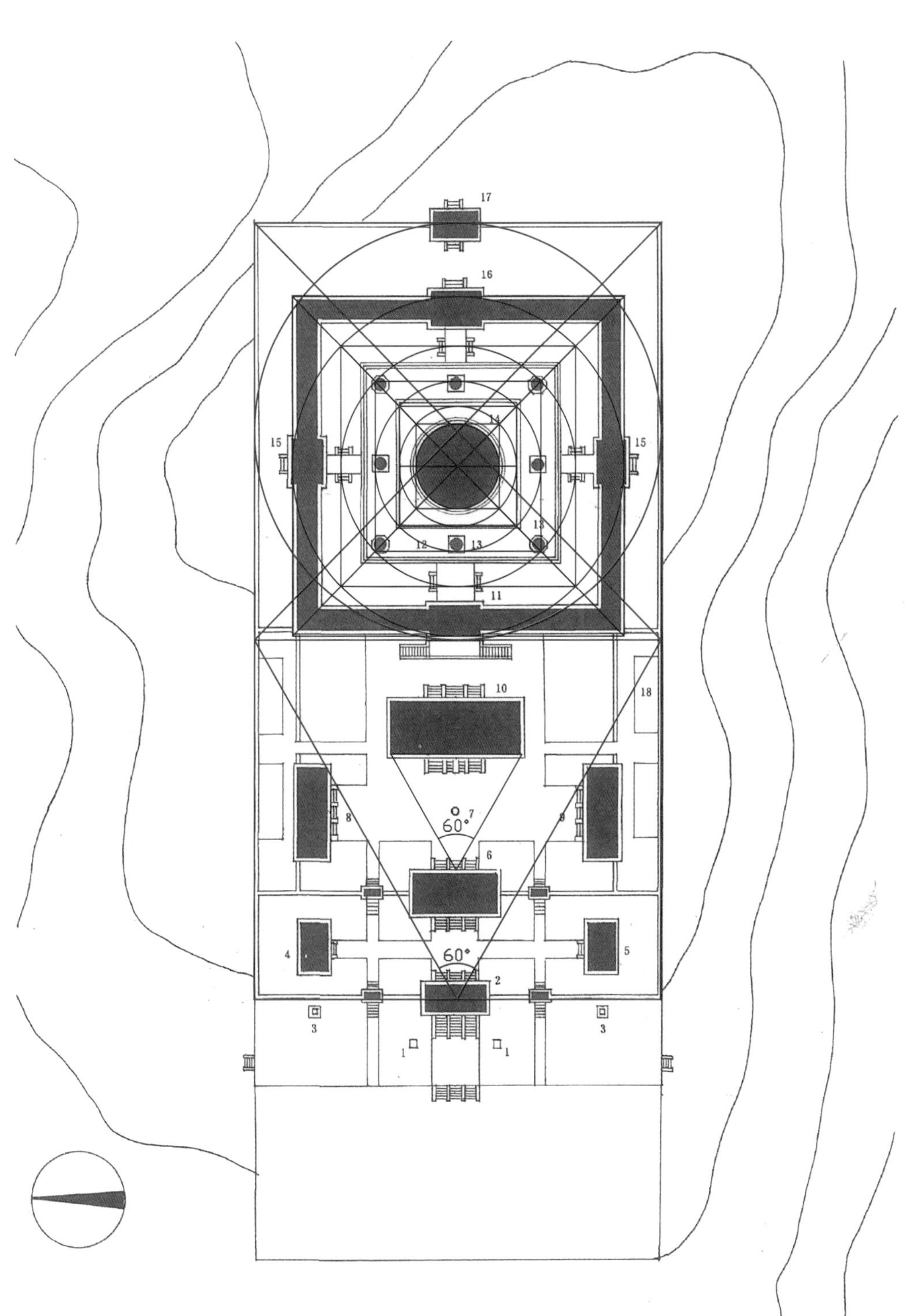

1. 石狮
2. 山门
3. 幢竿支石
4. 鼓楼
5. 钟楼
6. 天王殿
7. 铁香炉
8. 胜因殿
9. 慧心殿
10. 宗印殿
11. 前门
12. 阇城
13. 塔
14. 旭光阁
15. 侧门
16. 后门
17. 通梵门
18. 房

0　10　20　30米

图4-26　承德普乐寺总平面分析图
底图来源：《承德古建筑——避暑山庄和外八庙》（1982）

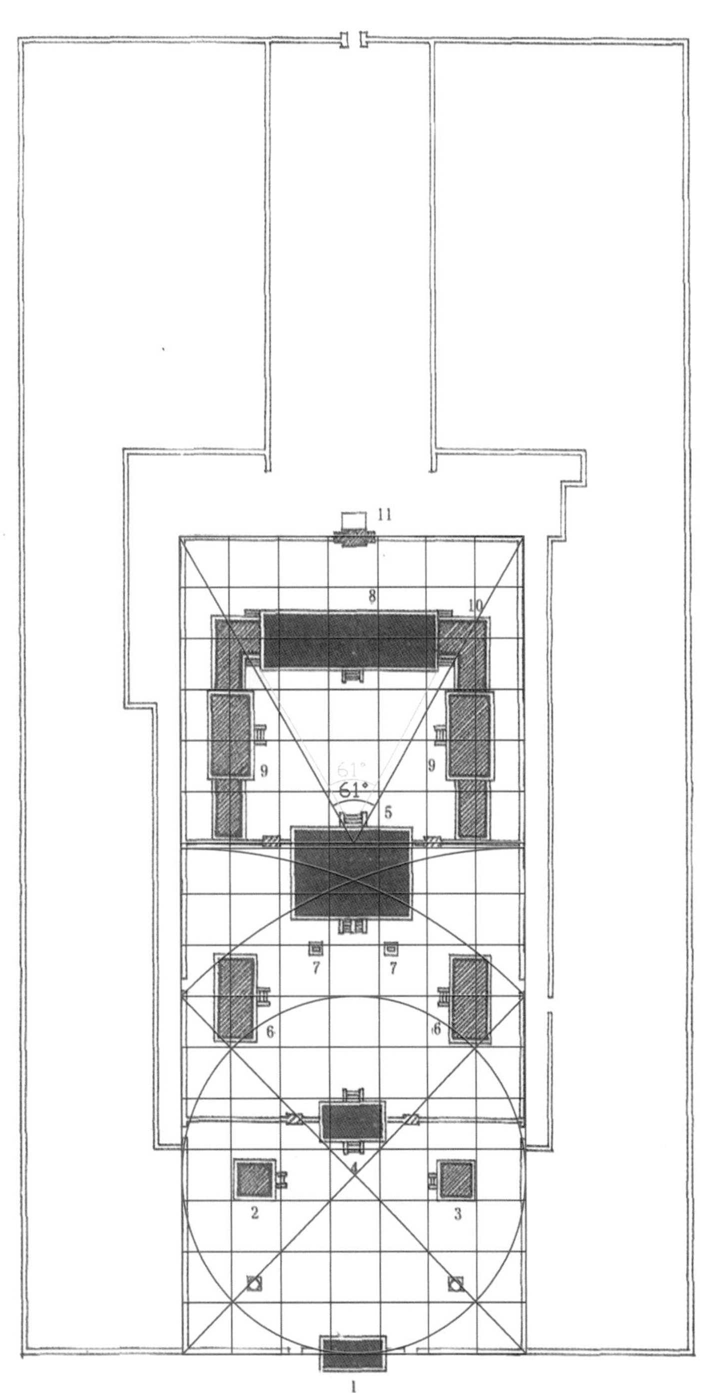

0　10　20　30米

1. 山门
2. 鼓楼
3. 钟楼
4. 天王殿
5. 慈云普荫殿
6. 配殿
7. 石碑
8. 宝相长新殿
9. 配殿
10. 群房
11. 后门

图4-27　承德溥仁寺总平面分析图
底图来源:《承德古建筑——避暑山庄和外八庙》(1982)

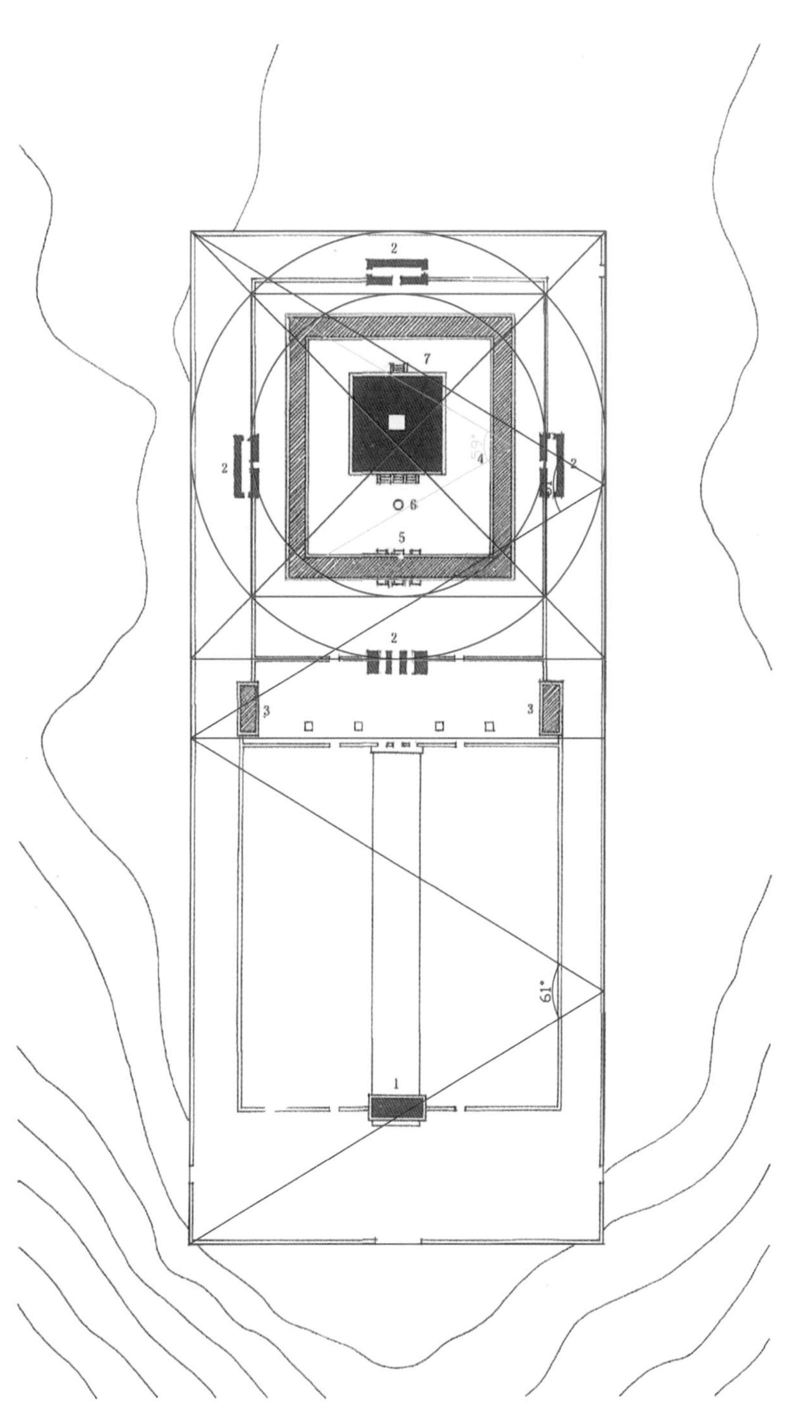

图4-28 承德安远庙总平面分析图
底图来源:《承德古建筑——避暑山庄和外八庙》(1982)

第五章　民居祠堂

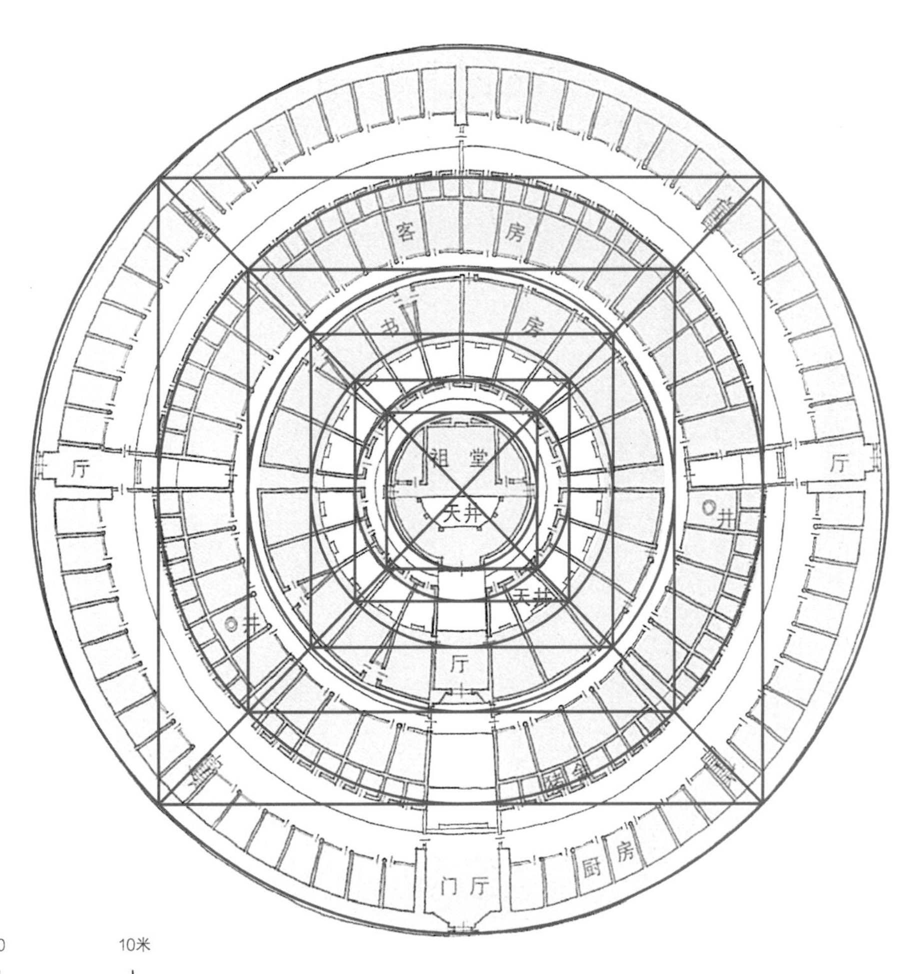

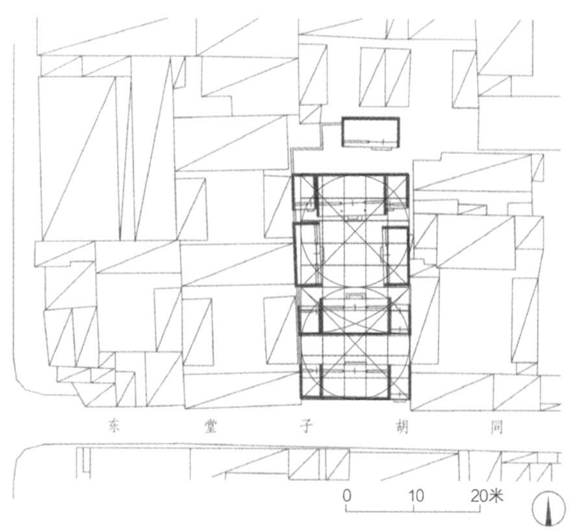

图5-1 北京蔡元培故居总平面分析图
底图来源：《东华图志：北京东城史迹录》（2005）

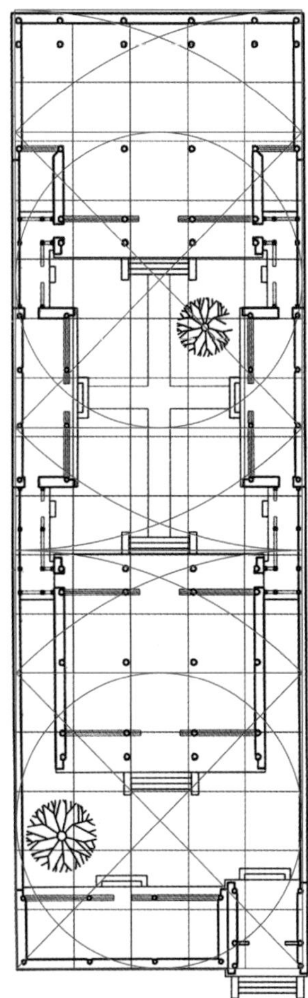

图5-2 北京纪晓岚故居总平面分析图
底图来源：《北京四合院》（2009）

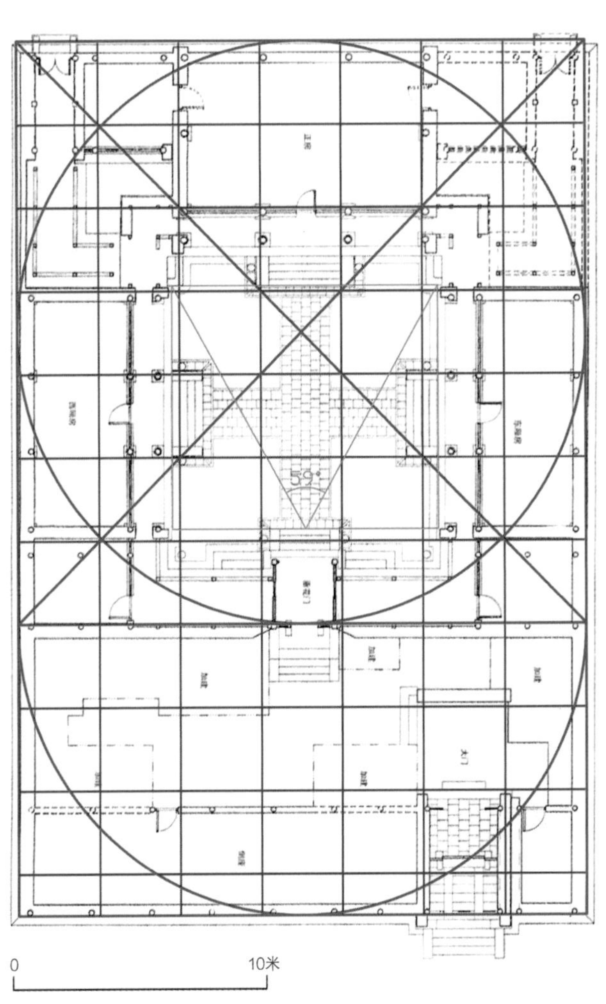

图5-3　北京板厂胡同27号总平面分析图
底图来源：《东华图志：北京东城史迹录》（2005）

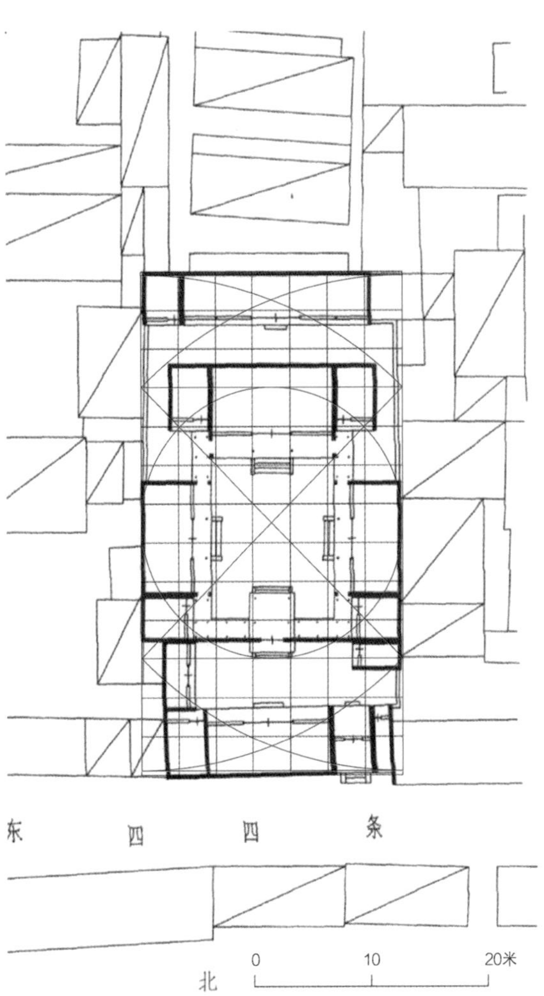

图5-4　北京绵宜宅总平面分析图
底图来源：《东华图志：北京东城史迹录》（2005）

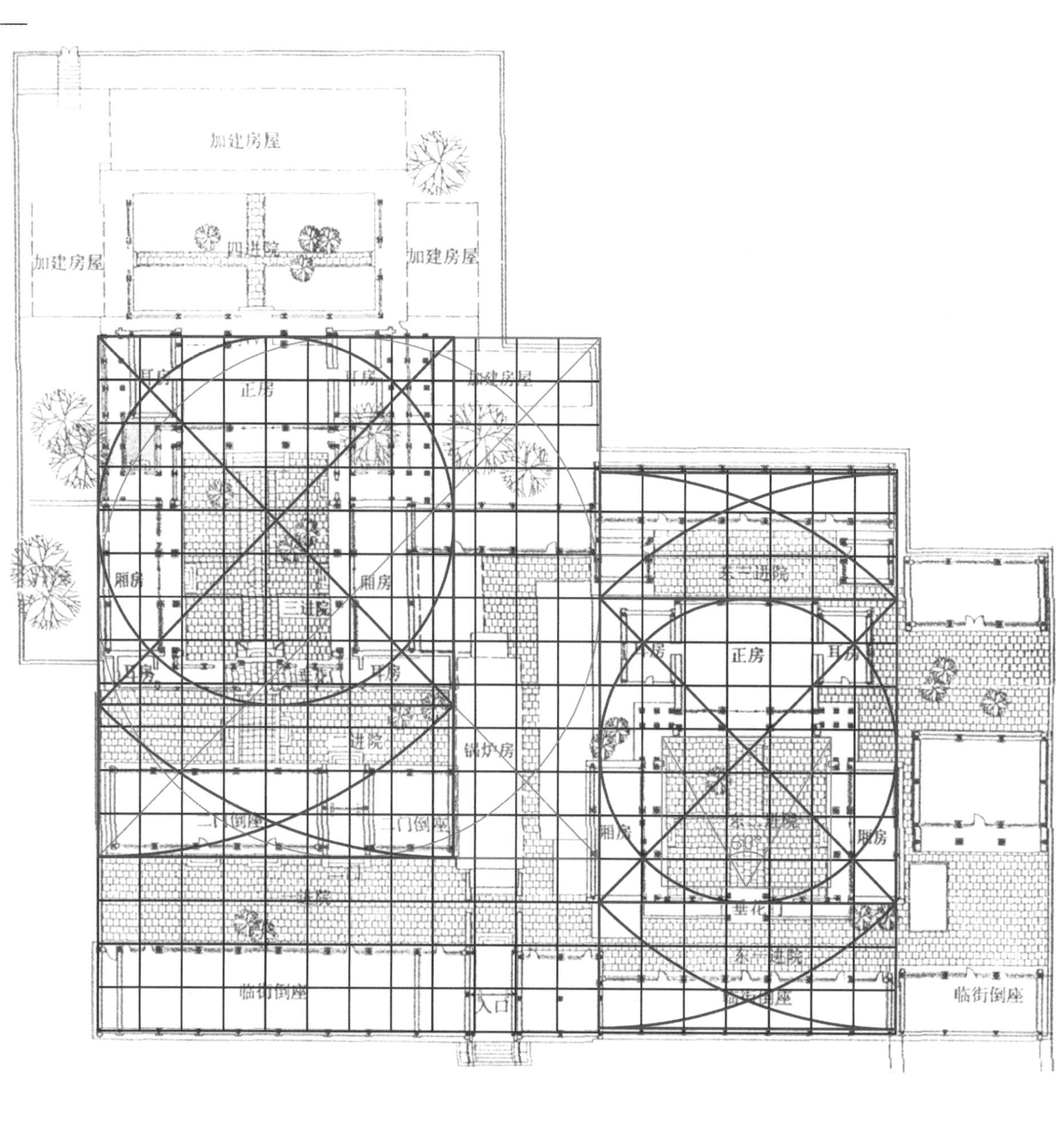

0 10 20米

图5-5 北京奎俊宅总平面分析图
底图来源：《东华图志：北京东城史迹录》(2005)

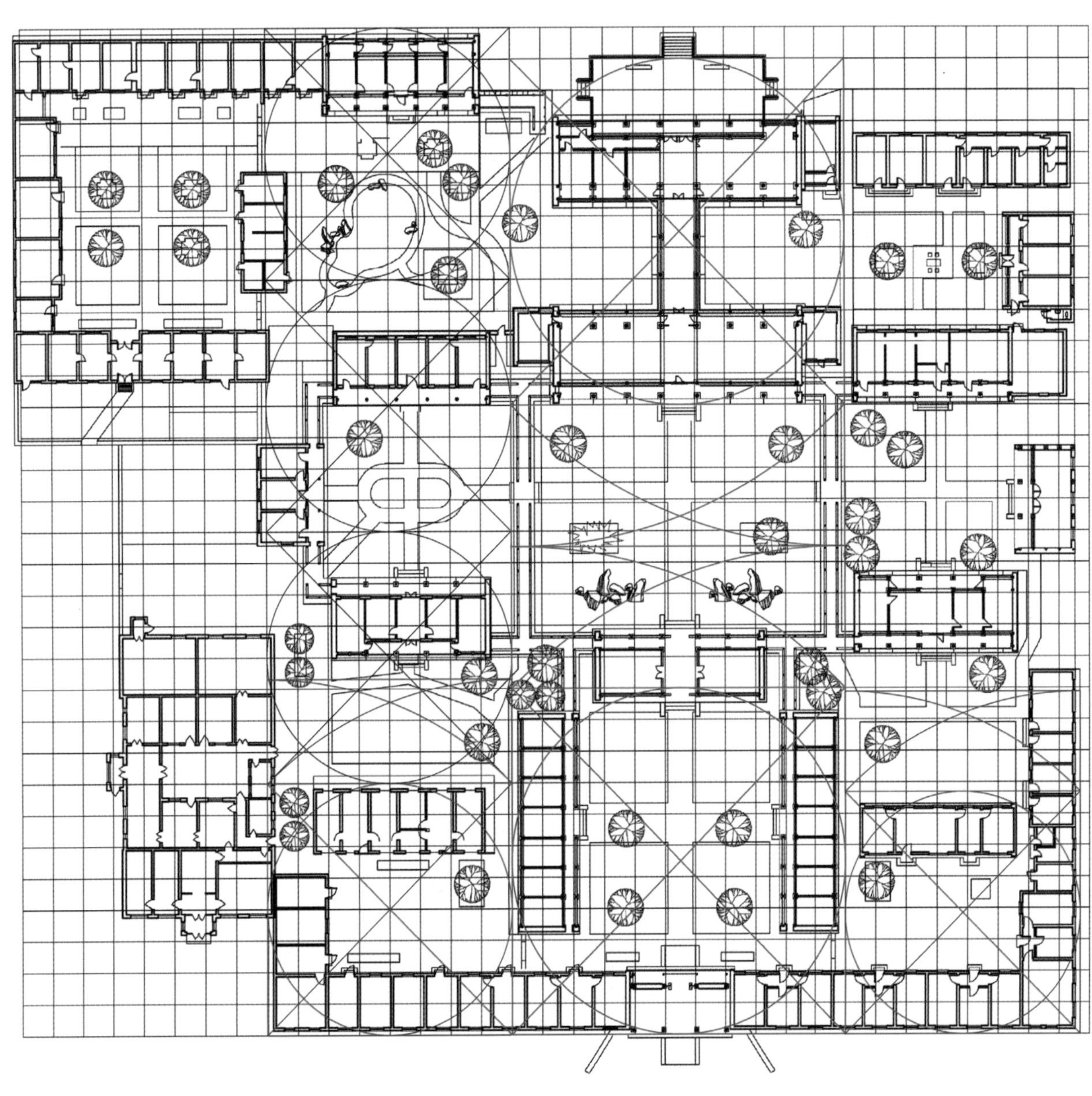

图5-6　北京清华园工字厅总平面分析图
底图来源：《中国古建筑测绘十年：2000~2010清华大学建筑学院测绘图集》（上册，2011）

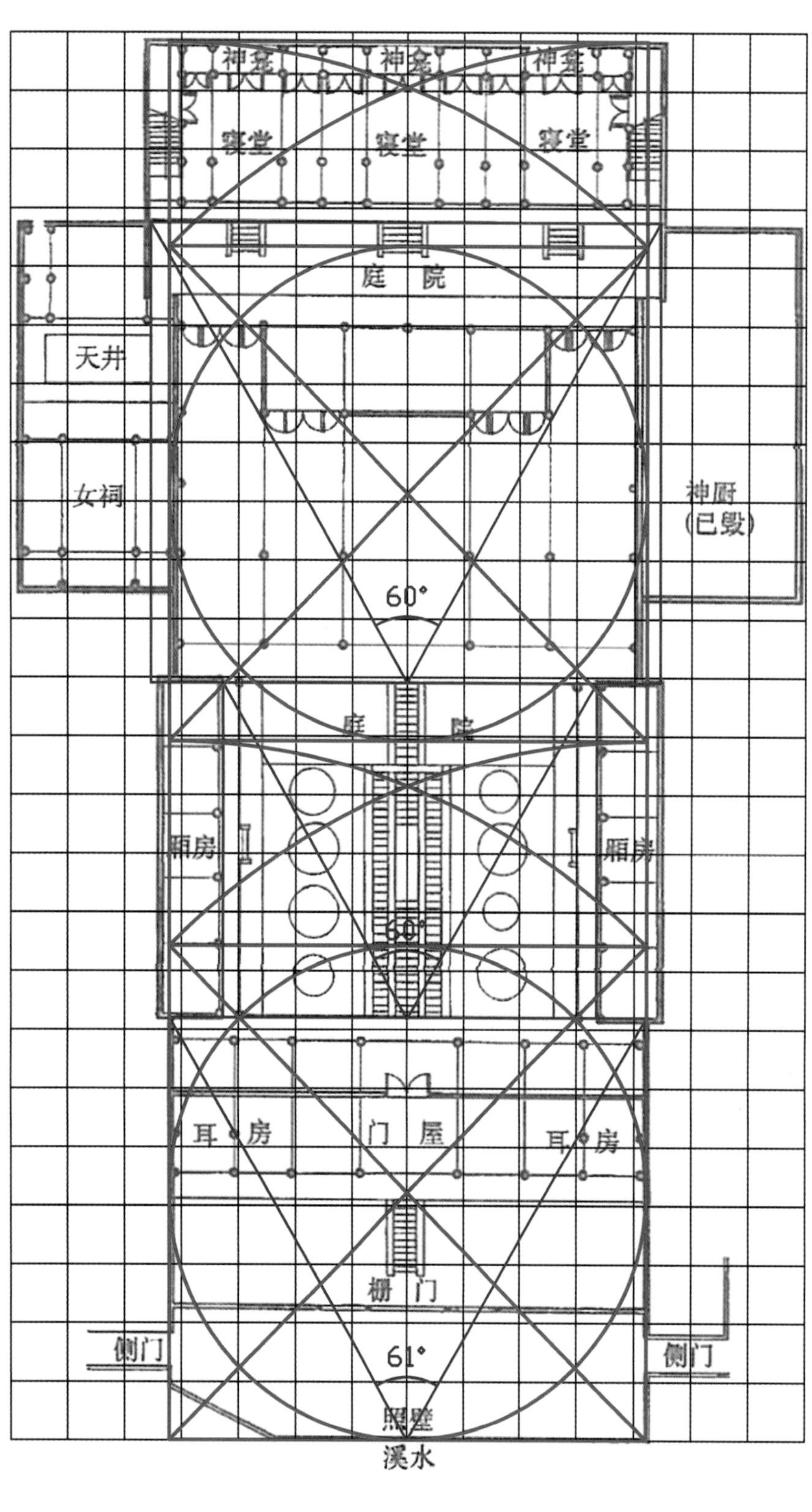

图5-7 安徽黄山呈坎罗东舒祠总平面分析图
底图来源：《中国古代建筑史》(第四卷：元、明建筑，2009)

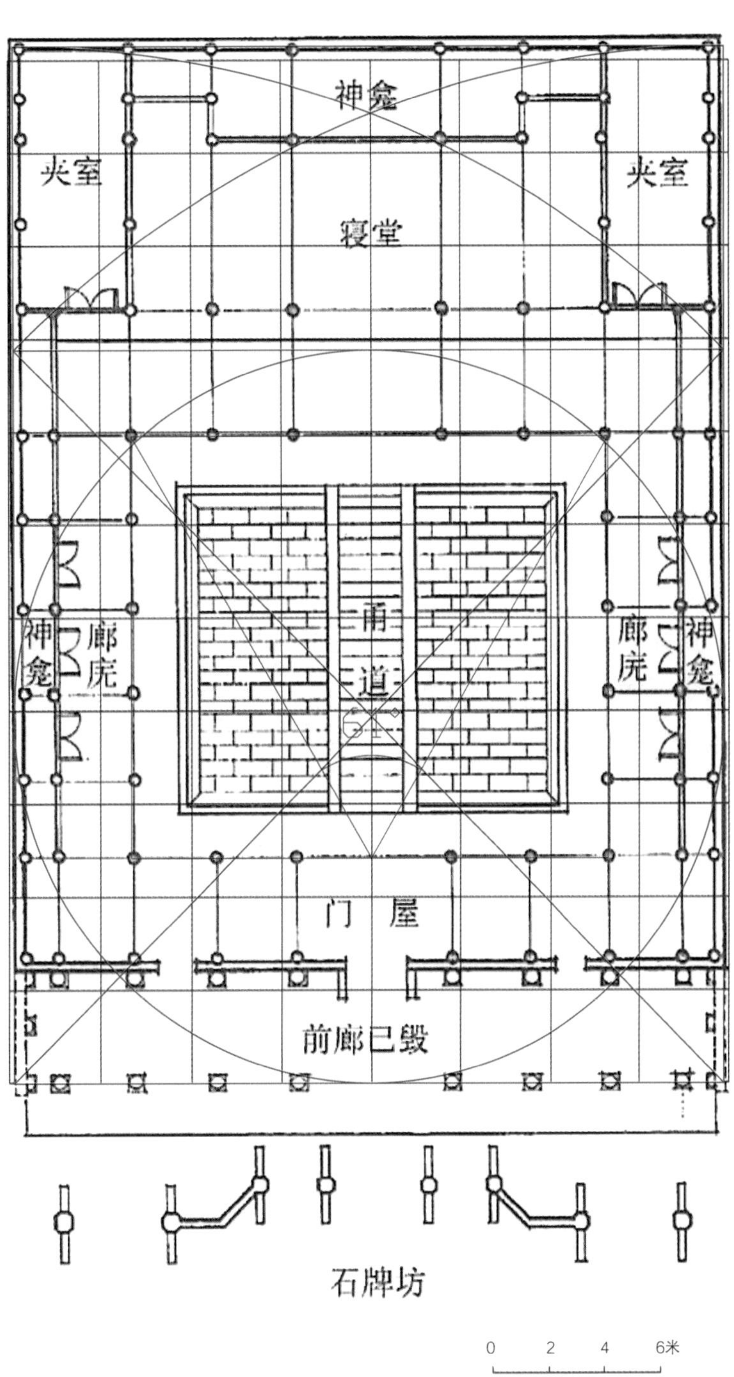

图5-8 安徽歙县郑氏宗祠总平面分析图
底图来源：《中国古代建筑史》（第四卷：元、明建筑，2009）

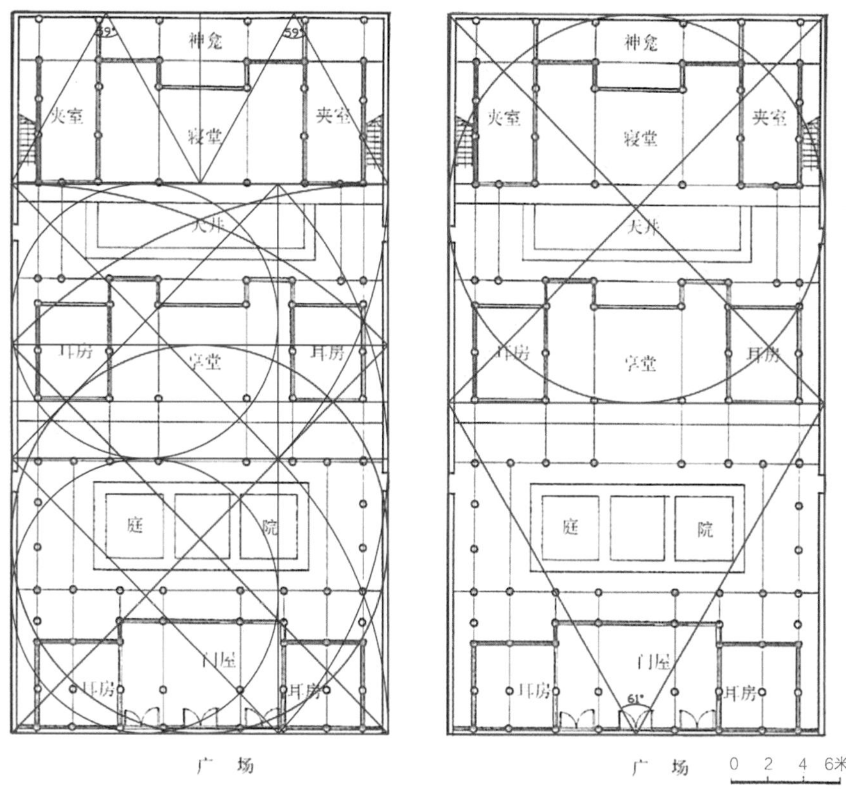

图5-9　安徽黟县韩氏宗祠总平面分析图
底图来源：《中国古代建筑史》（第四卷：元、明建筑，2009）

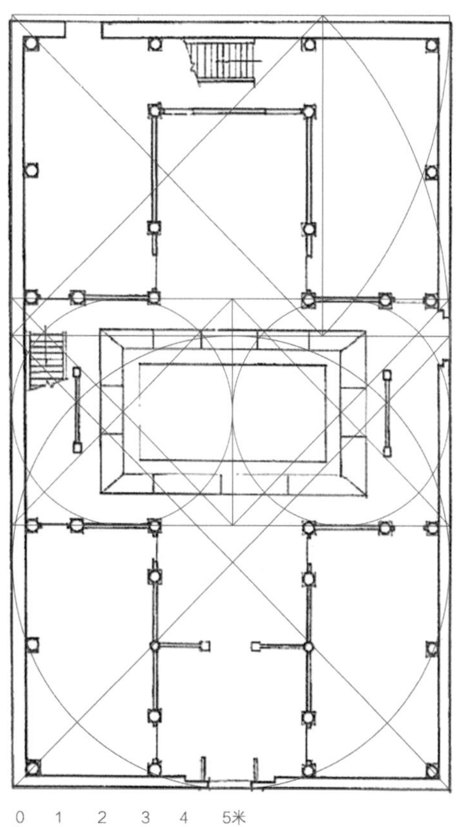

图5-10　安徽潜口方文泰宅总平面分析图
底图来源：《中国古代建筑史》（第四卷：元、明建筑，2009）

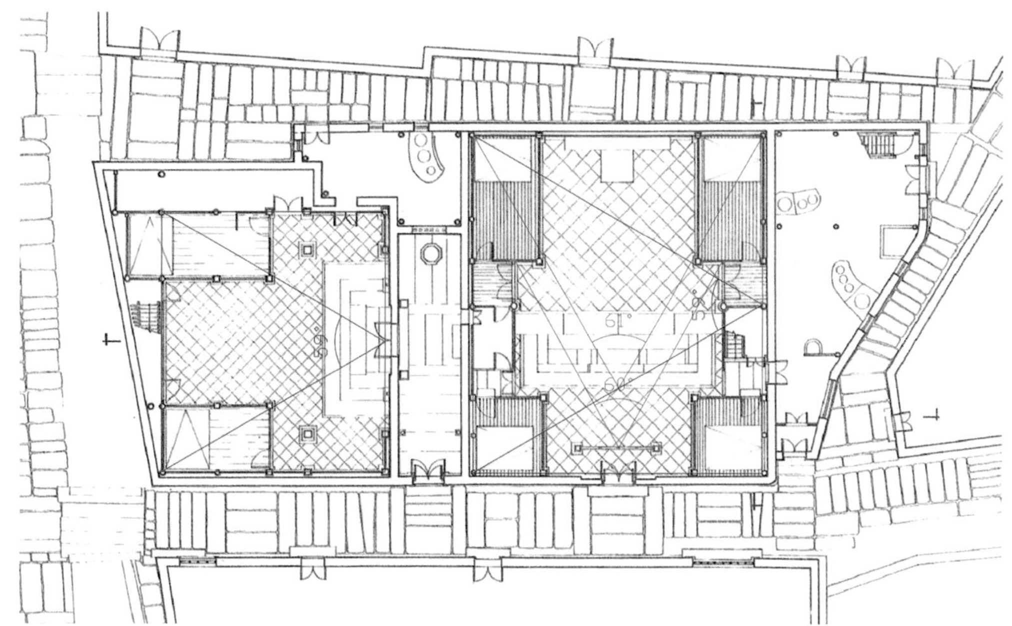

图5-11　安徽黟县西递大夫第总平面分析图
底图来源：《世界文化遗产西递古村落空间解析》（2006）

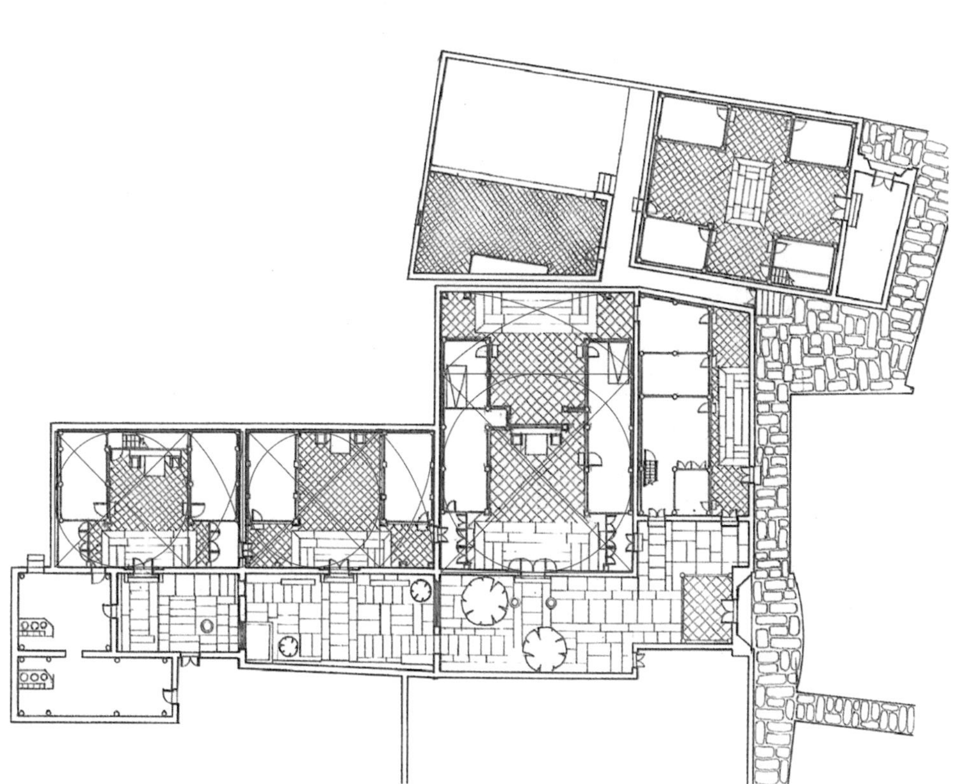

图5-12　安徽黟县西递西园总平面分析图
底图来源：《世界文化遗产西递古村落空间解析》（2006）

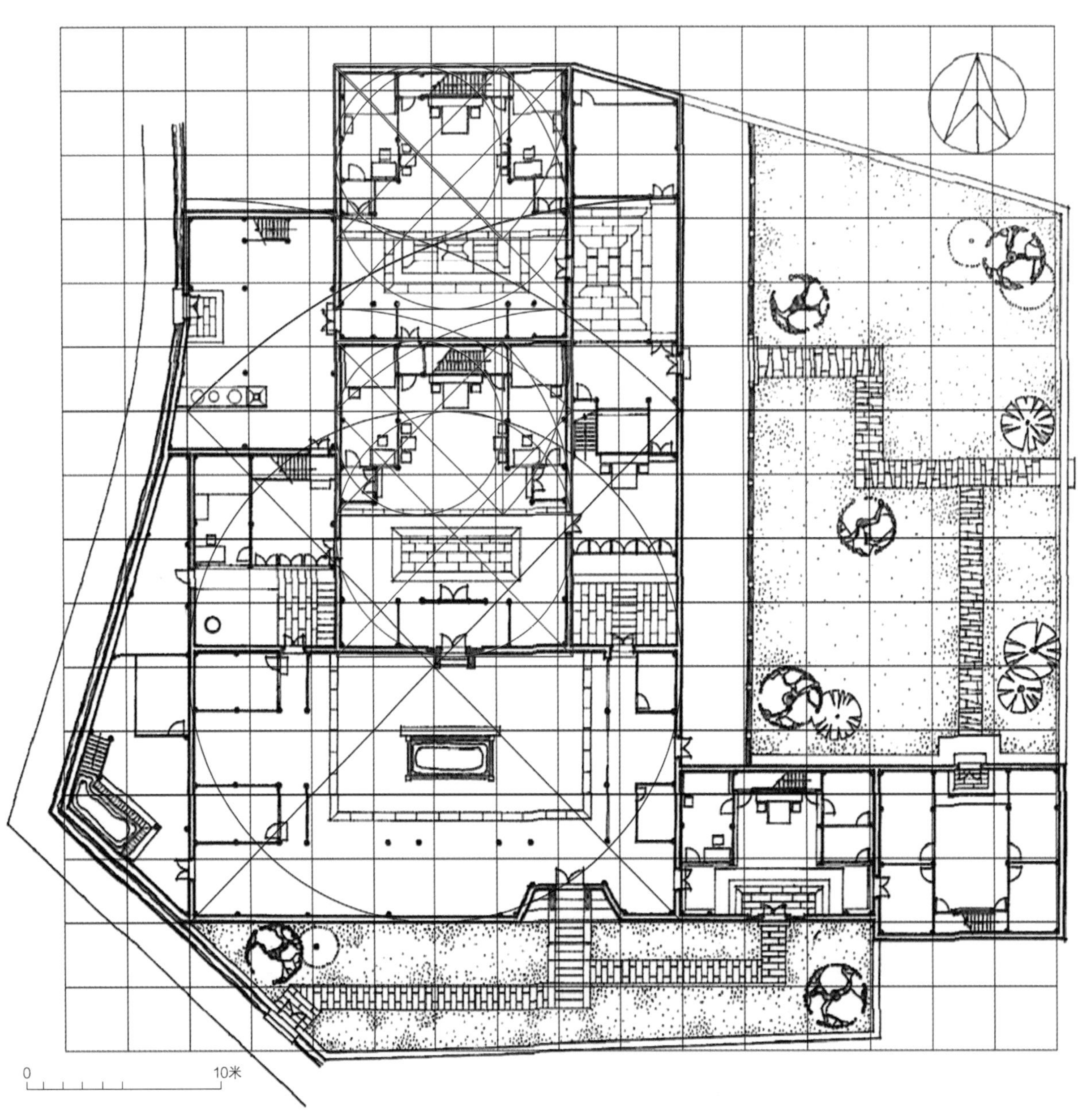

图5-13 安徽黟县宏村承志堂总平面分析图
底图来源：《中国古代建筑史》(第五卷：清代建筑，2009)

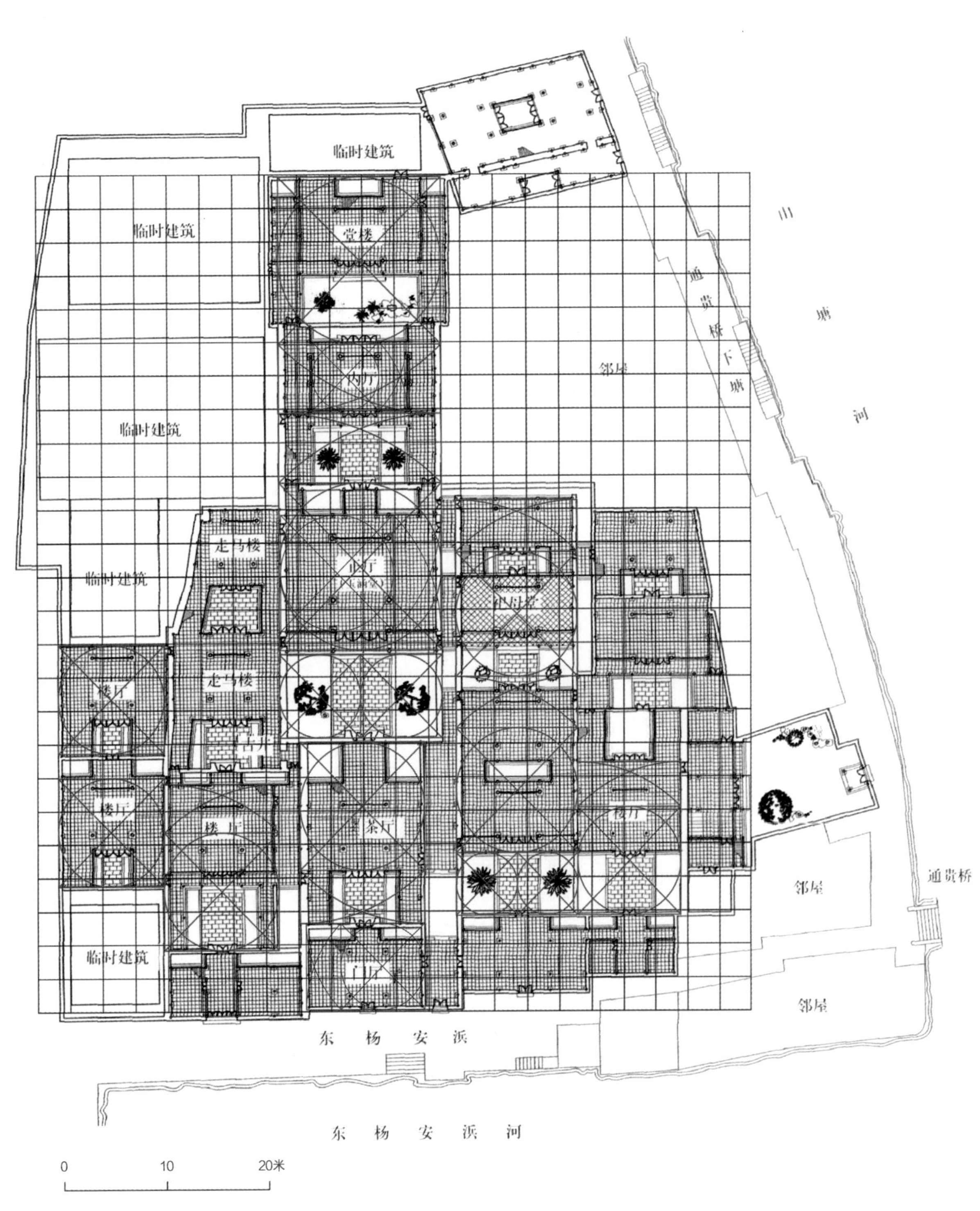

图5-14　苏州东杨安浜吴宅（阁老厅）总平面分析图
底图来源：《苏州古民居》（2004）

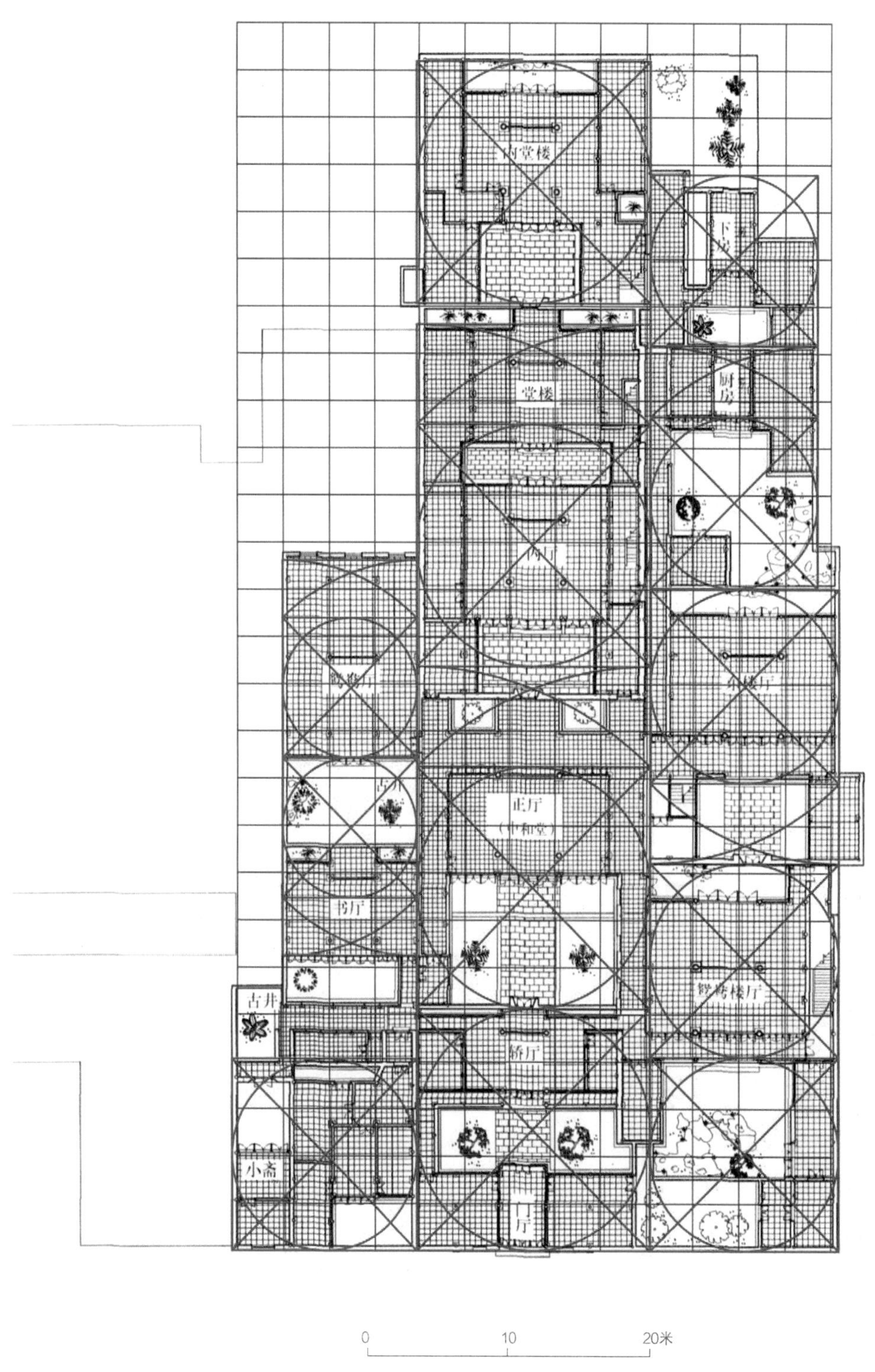

图5-15　苏州东花桥巷汪宅总平面分析图
底图来源：《苏州古民居》（2004）

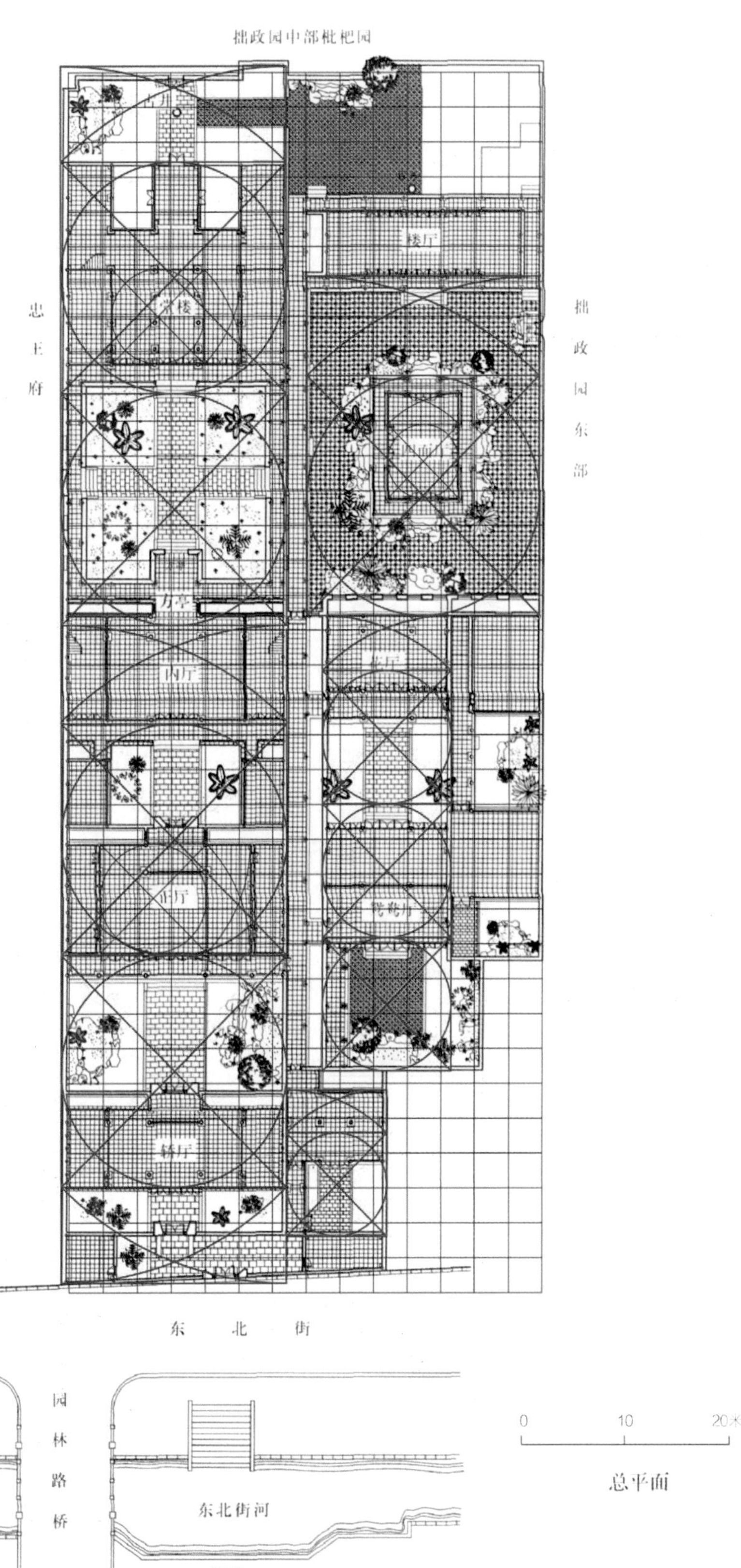

图5-16　苏州东北街李宅总平面分析图
底图来源：《苏州古民居》（2004）

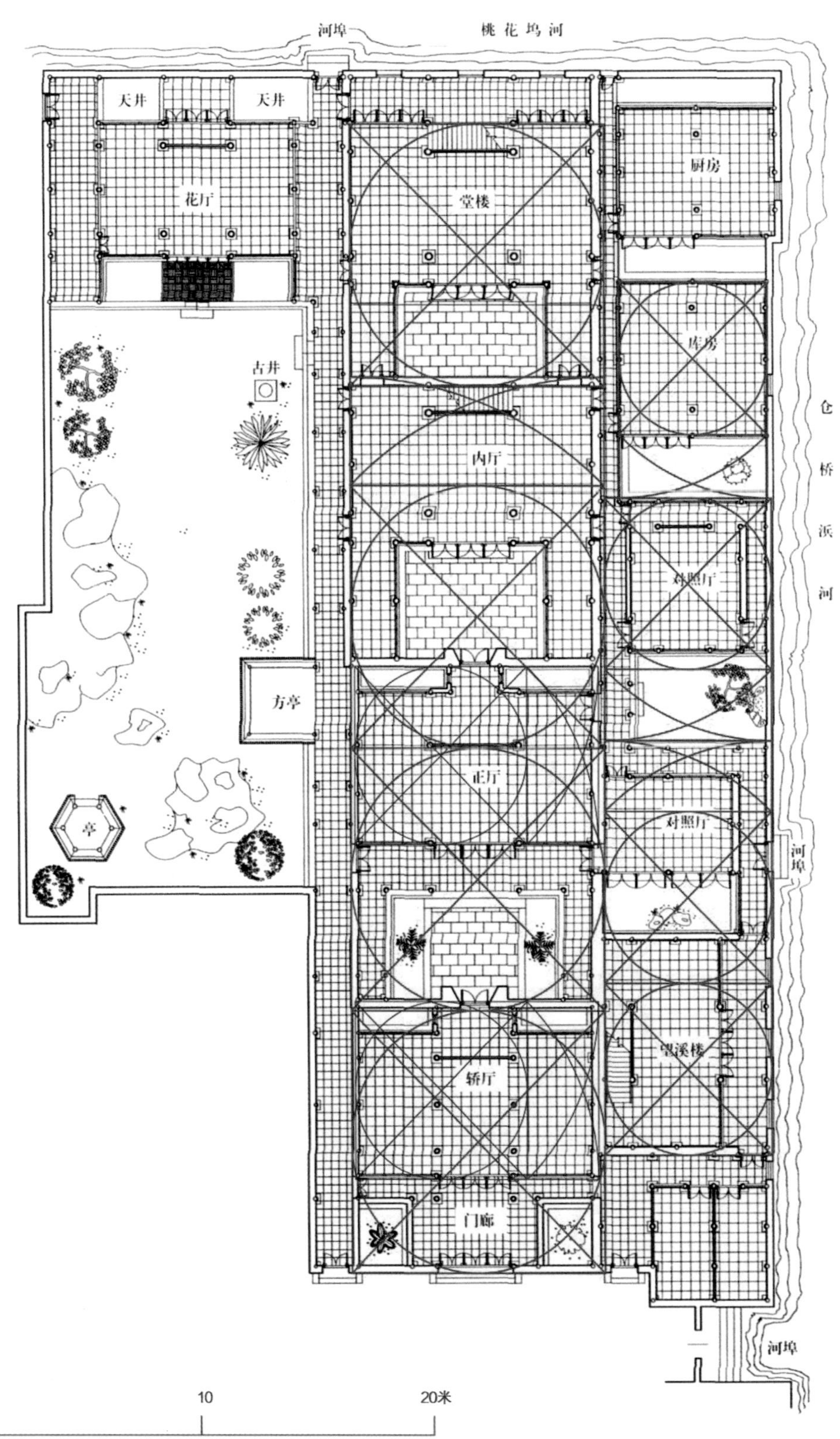

图5-17 苏州仓桥浜邓宅总平面分析图
底图来源：《苏州古民居》（2004）

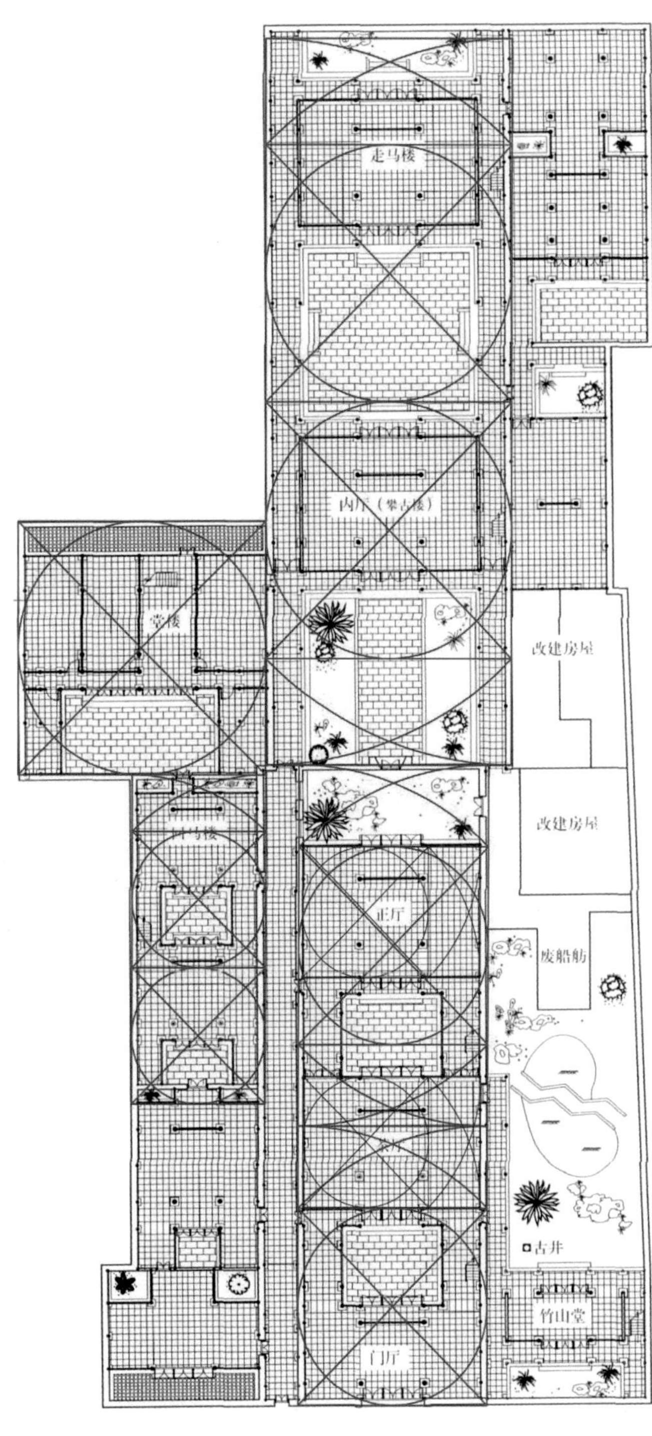

图5-18　苏州南石子街潘宅总平面分析图
底图来源:《苏州古民居》（2004）

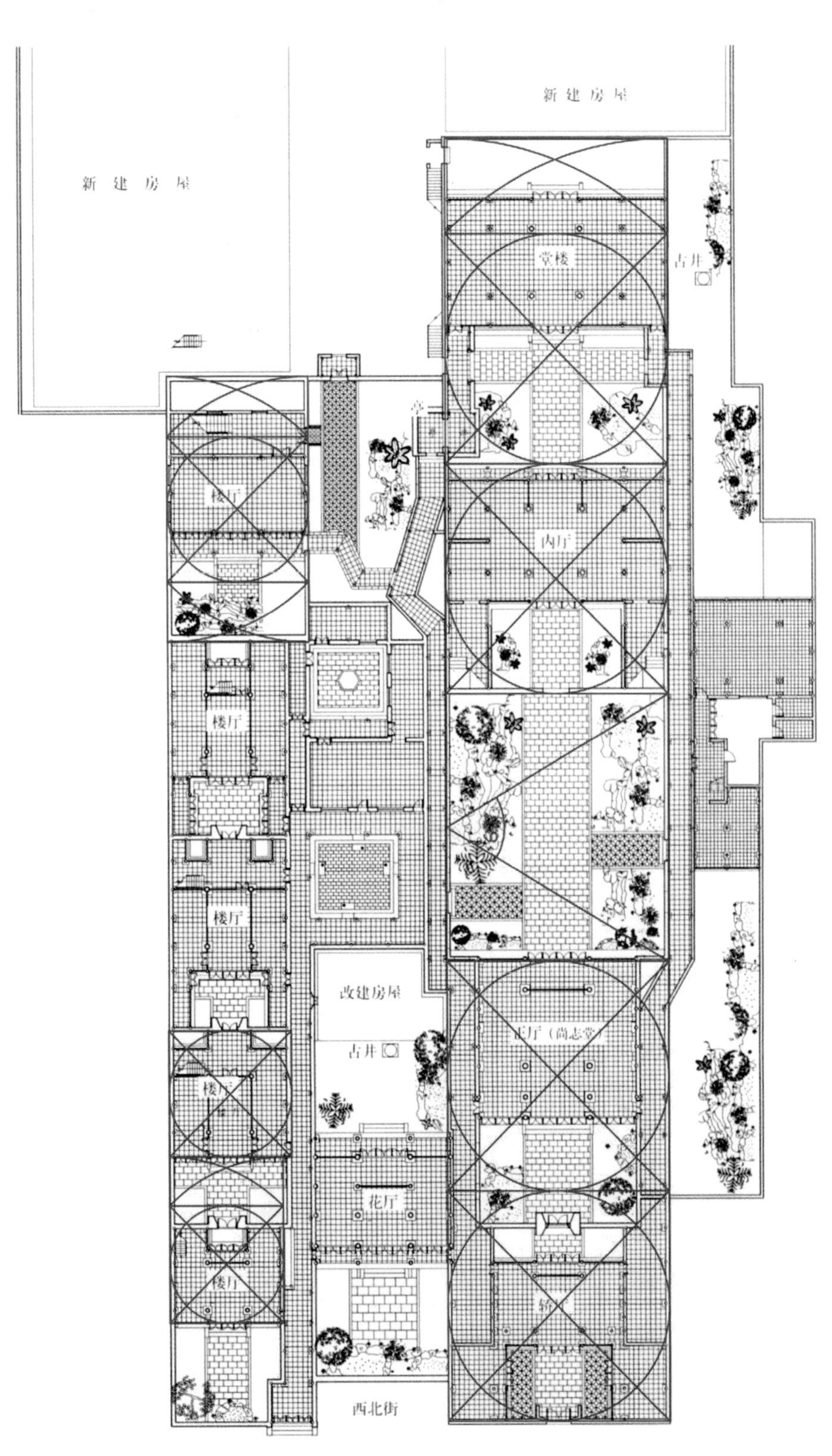

图5-19 苏州西北街吴宅总平面分析图
底图来源：《苏州古民居》（2004）

图5-20 福建永定承启楼总平面分析图
底图来源：《福建土楼：中国传统民居的瑰宝（修订本）》（2009）

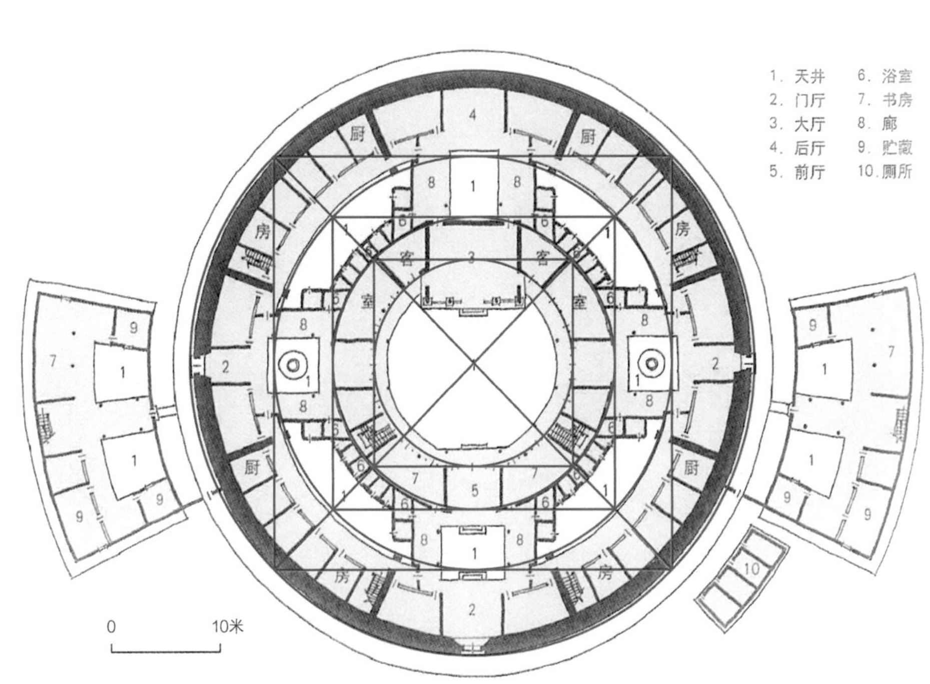

图5-21 福建永定振成楼总平面分析图
底图来源：《福建土楼：中国传统民居的瑰宝（修订本）》（2009）

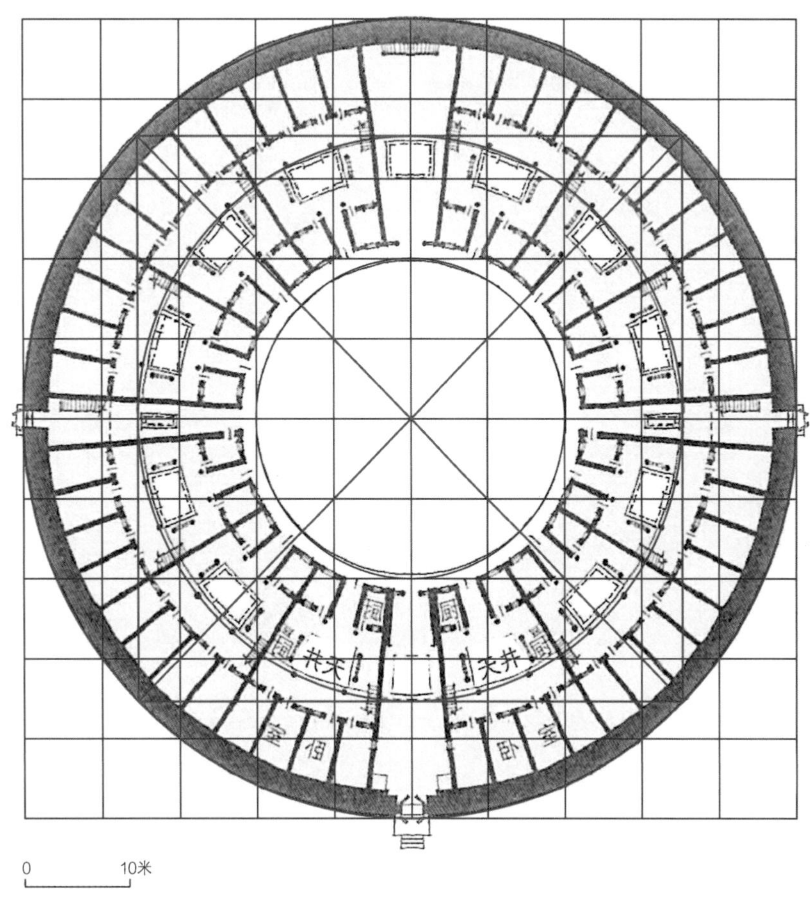

图5-22 福建华安二宜楼总平面分析图
底图来源：《福建土楼：中国传统民居的瑰宝（修订本）》（2009）

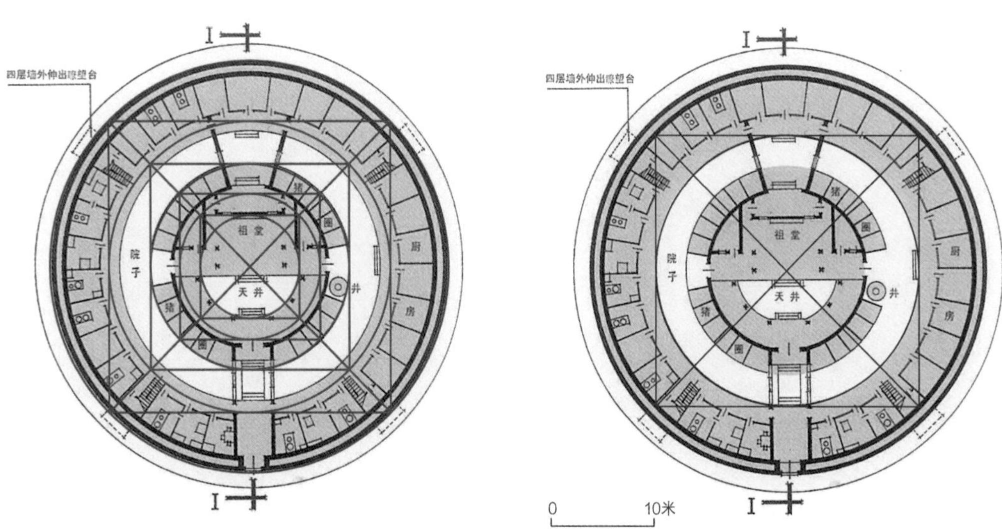

图5-23 福建南靖怀远楼总平面分析图
底图来源：《福建土楼：中国传统民居的瑰宝（修订本）》（2009）

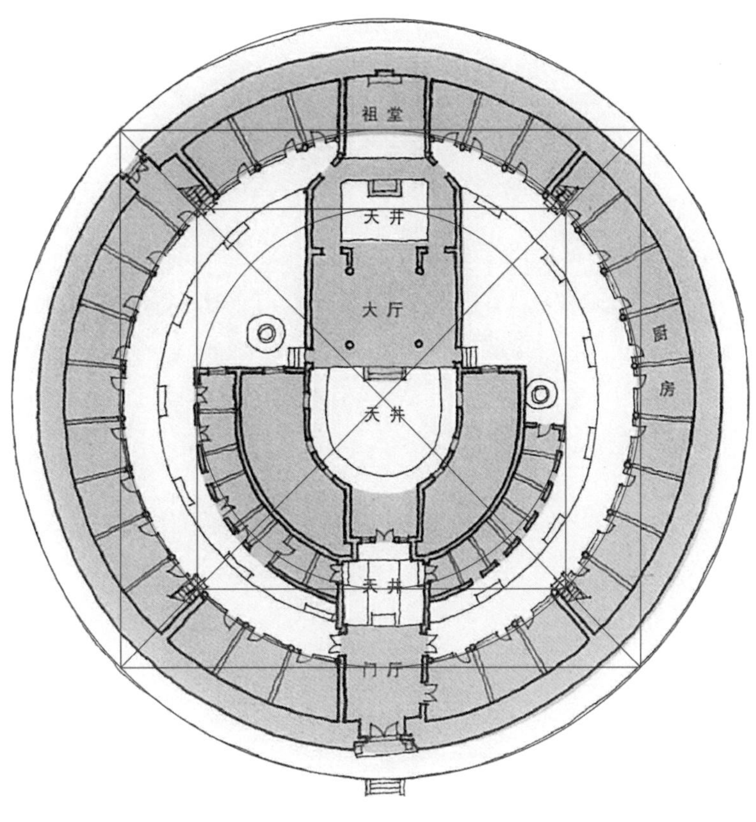

图5-24 福建永定振福楼总平面分析图
底图来源:《福建土楼:中国传统民居的瑰宝(修订本)》(2009)

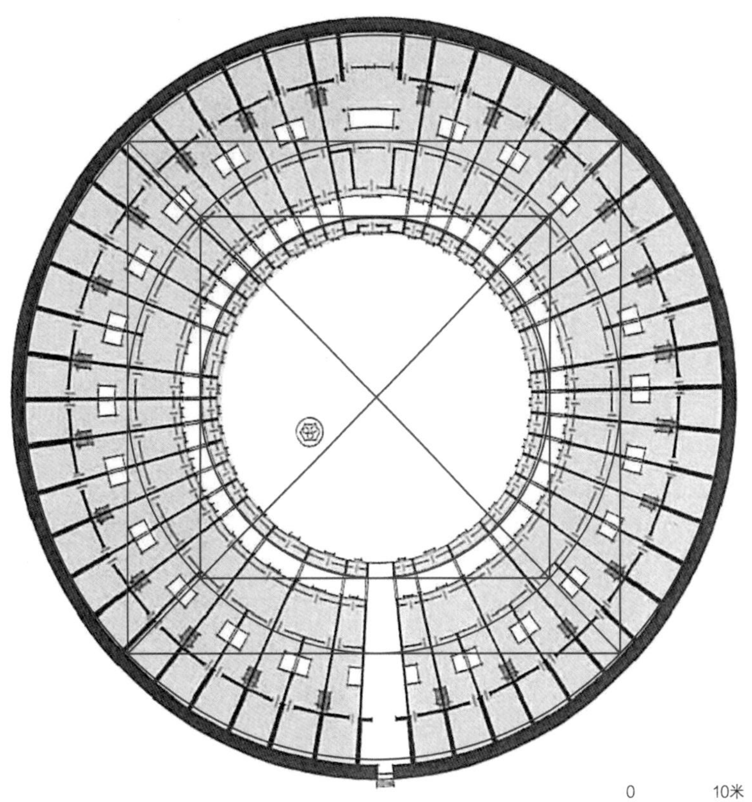

图5-25 福建平和龙见楼总平面分析图
底图来源:《福建土楼:中国传统民居的瑰宝(修订本)》(2009)

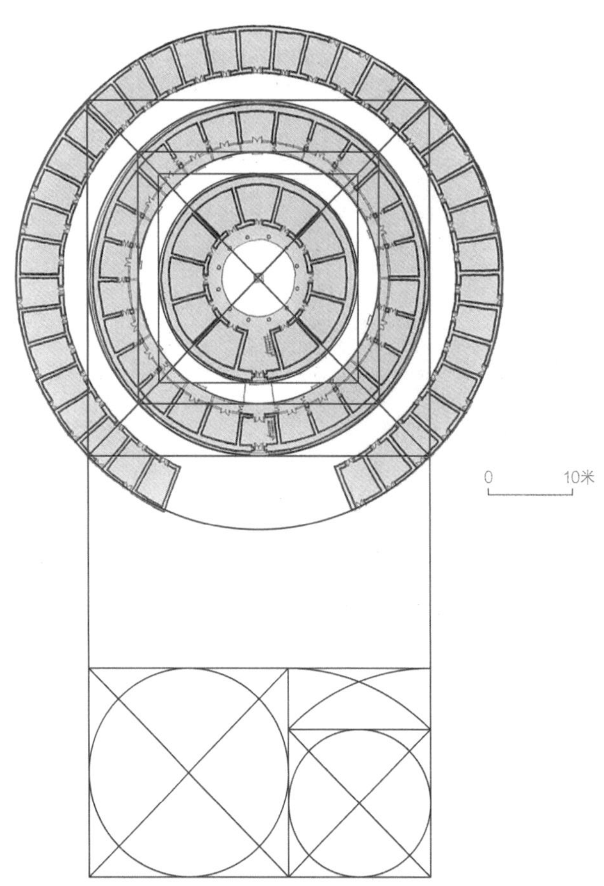

图5-26　福建漳浦锦江楼总平面分析图
底图来源：《福建土楼：中国传统民居的瑰宝（修订本）》（2009）

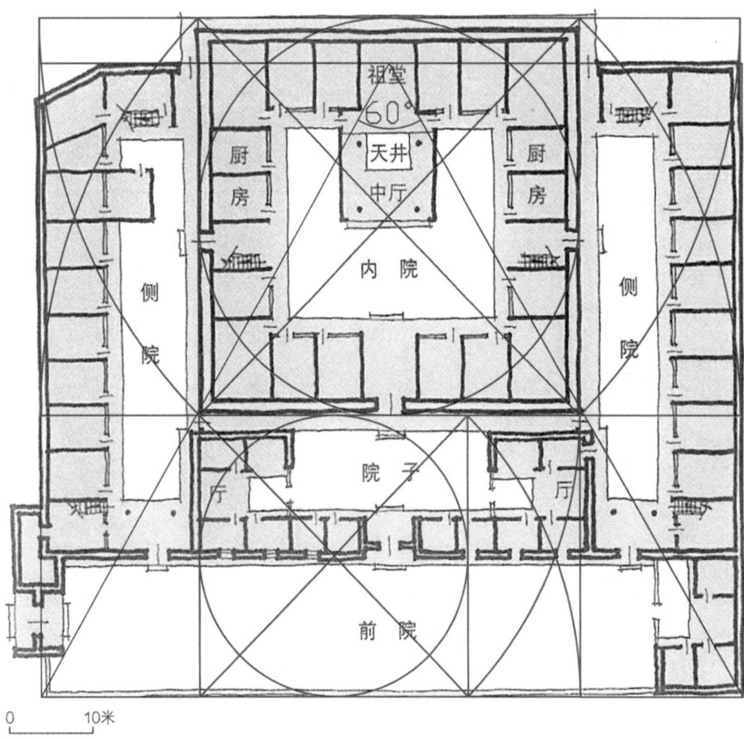

图5-27　福建龙岩善成楼总平面分析图
底图来源：《福建土楼：中国传统民居的瑰宝（修订本）》（2009）

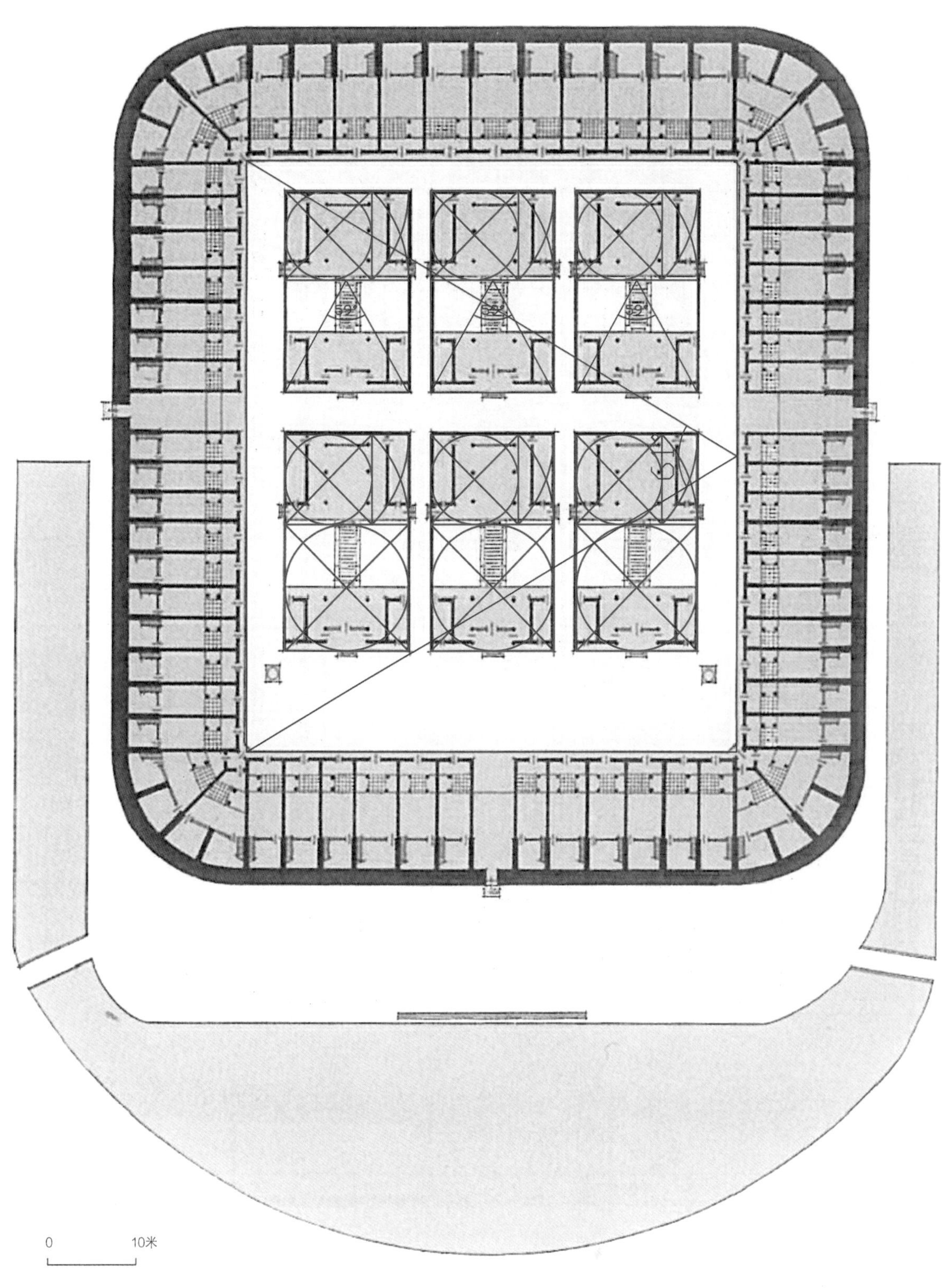

图5-28 福建平和西爽楼总平面分析图
底图来源：《福建土楼：中国传统民居的瑰宝（修订本）》（2009）

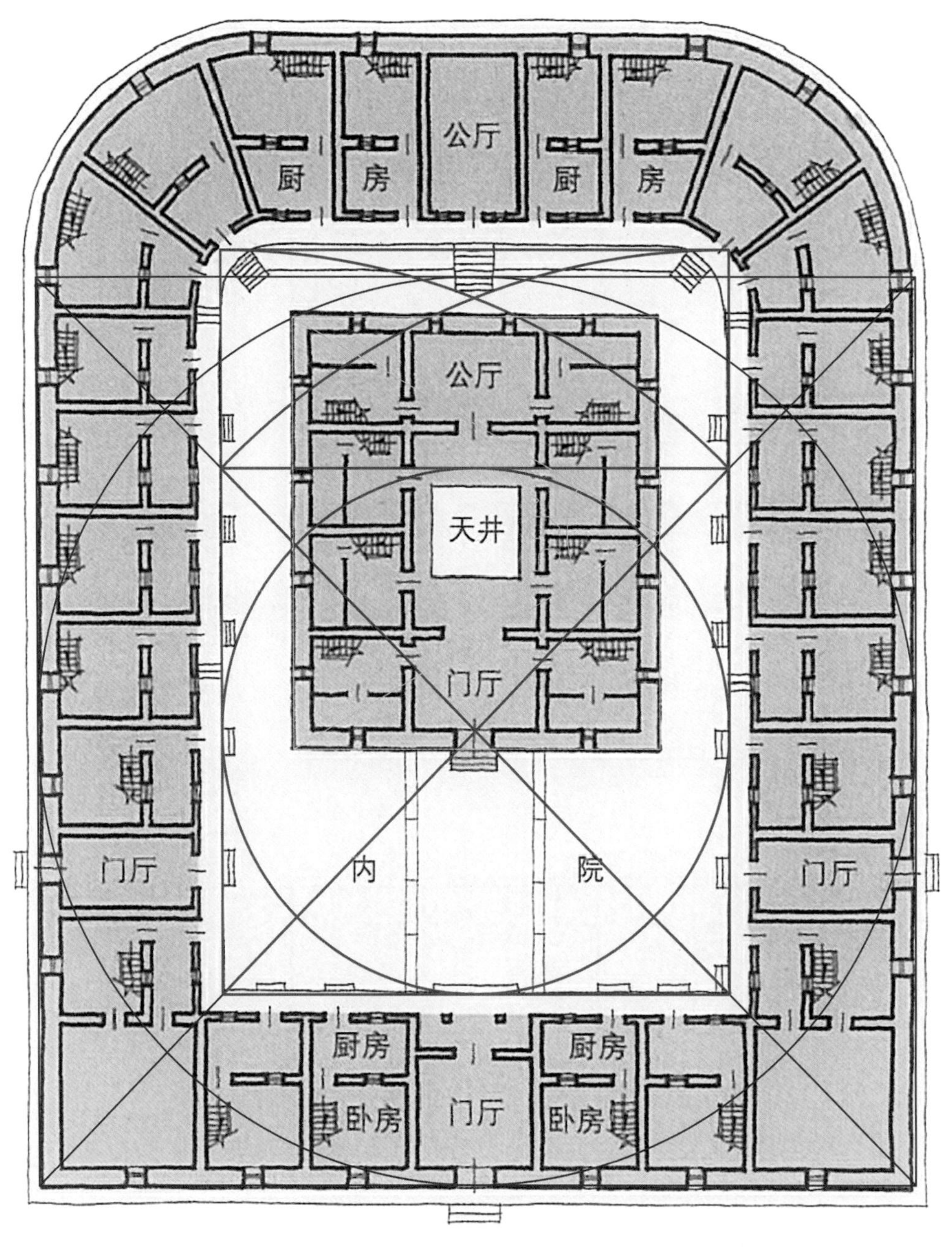

图5-29 福建平和思永楼总平面分析图
底图来源:《福建土楼：中国传统民居的瑰宝（修订本）》(2009)

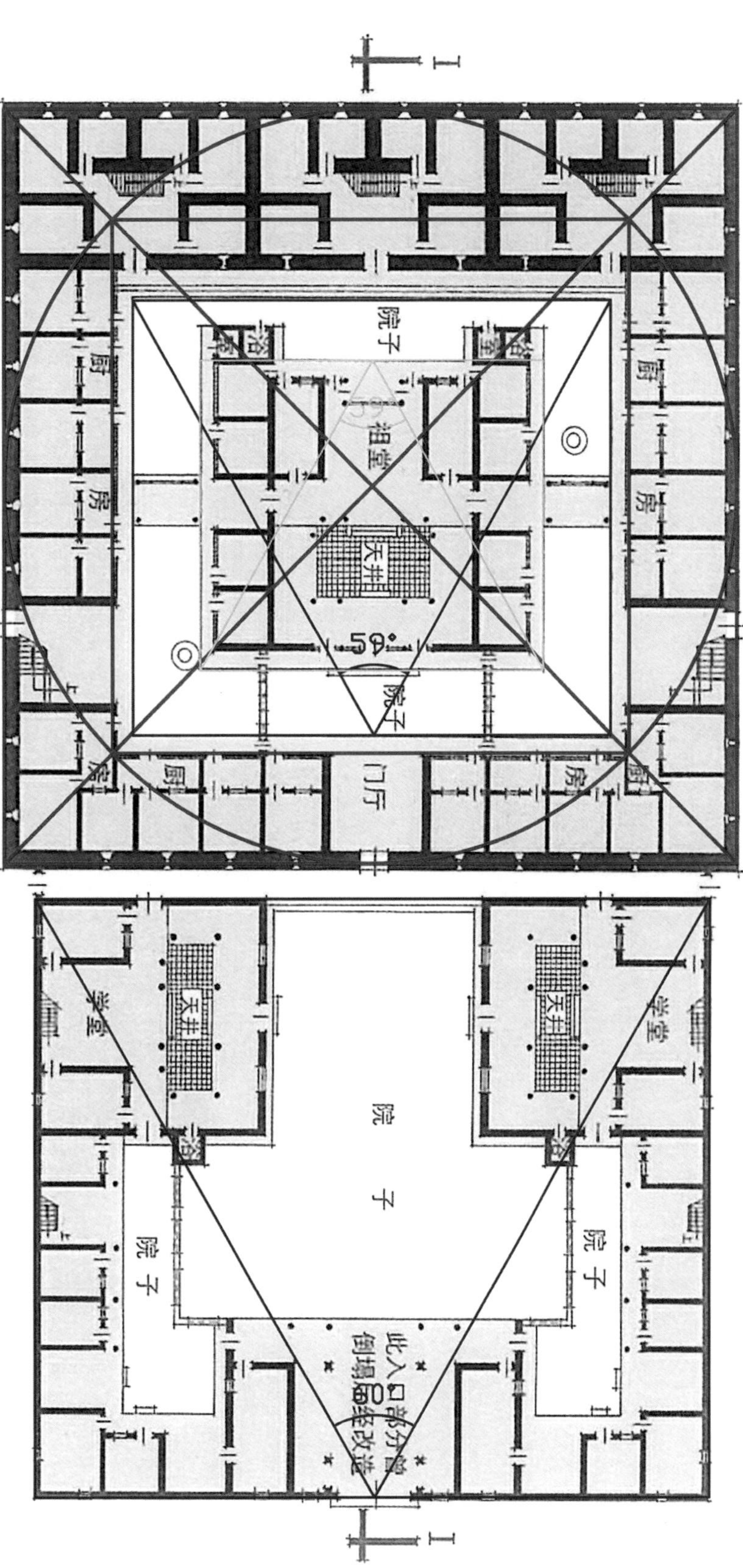

图5-30　福建永定遗经楼总平面分析图
底图来源：《福建土楼：中国传统民居的瑰宝（修订本）》（2009）

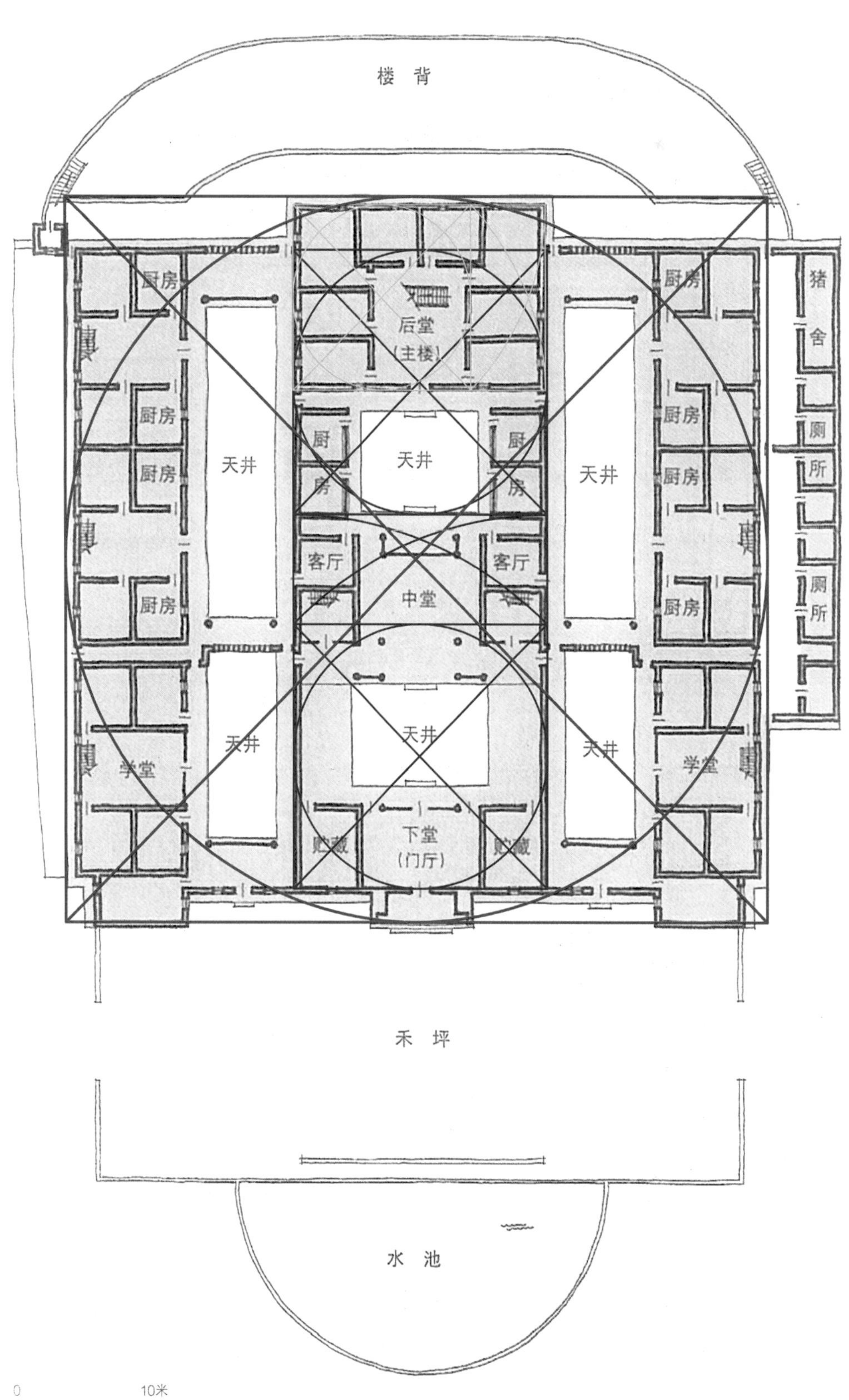

图5-31 福建永定大夫第总平面分析图
底图来源：《福建土楼：中国传统民居的瑰宝(修订本)》(2009)

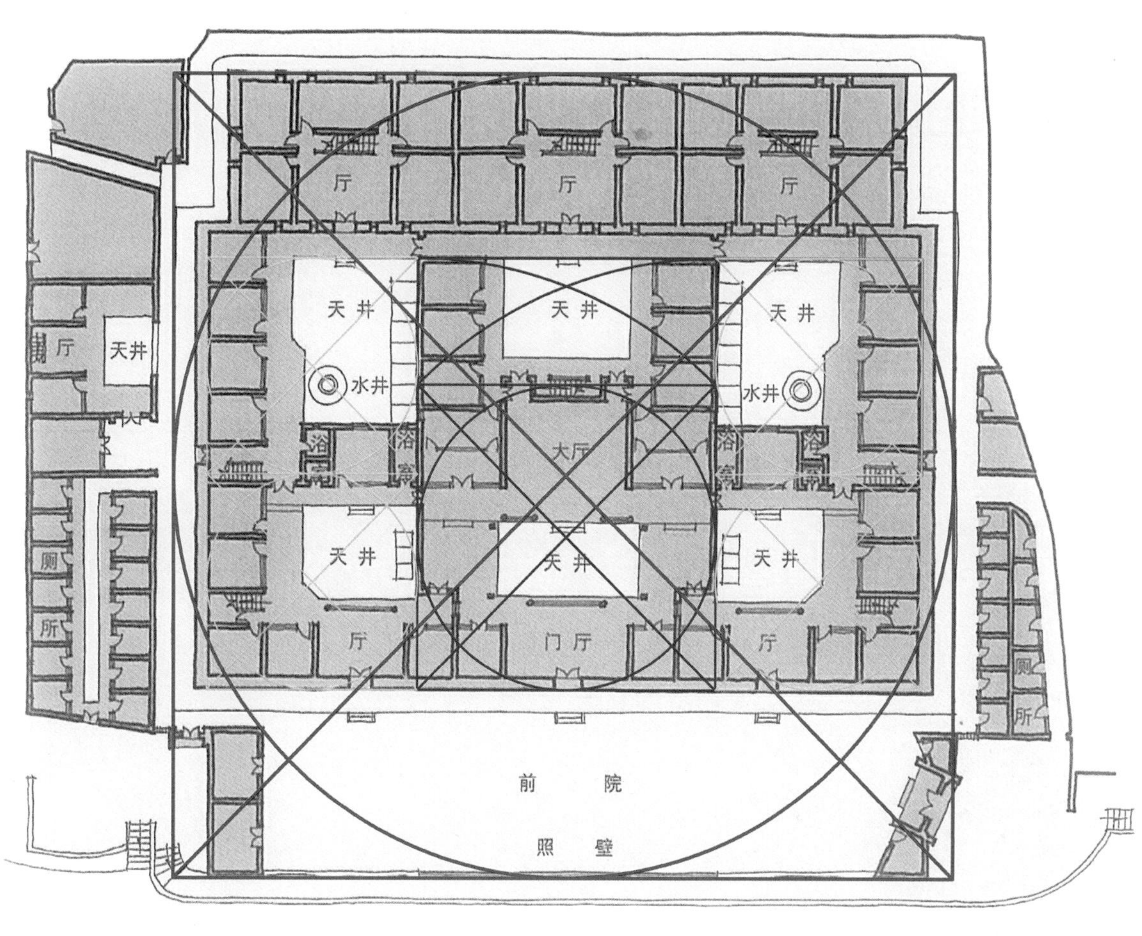

图5-32 福建永定福裕楼总平面分析图
底图来源:《福建土楼:中国传统民居的瑰宝(修订本)》(2009)

第六章　苑囿园林

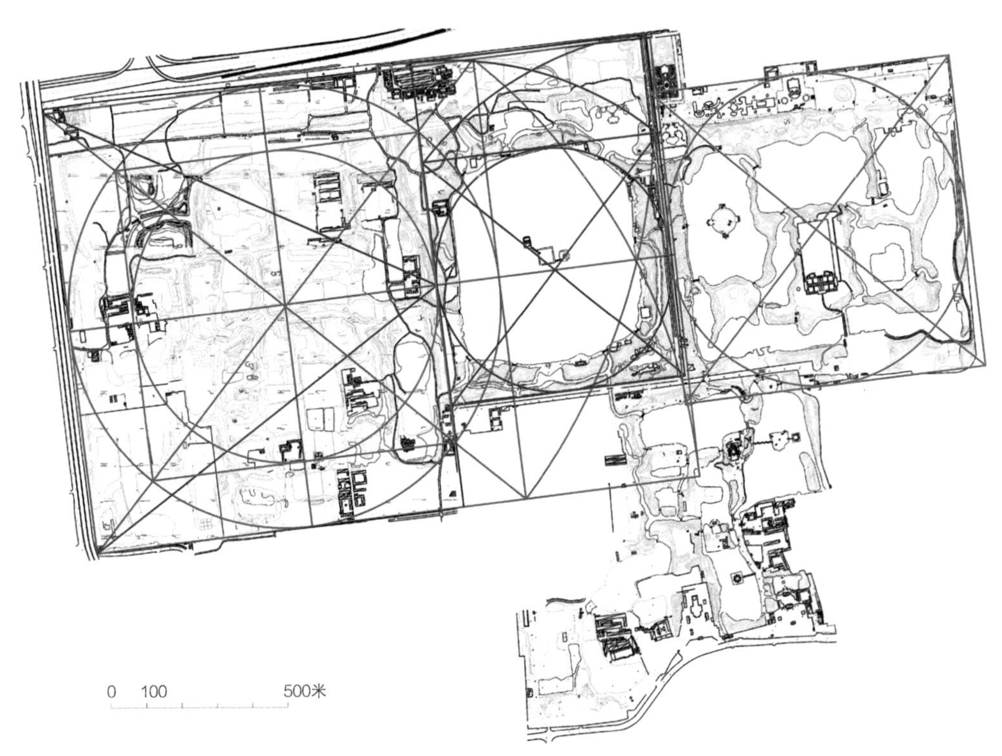

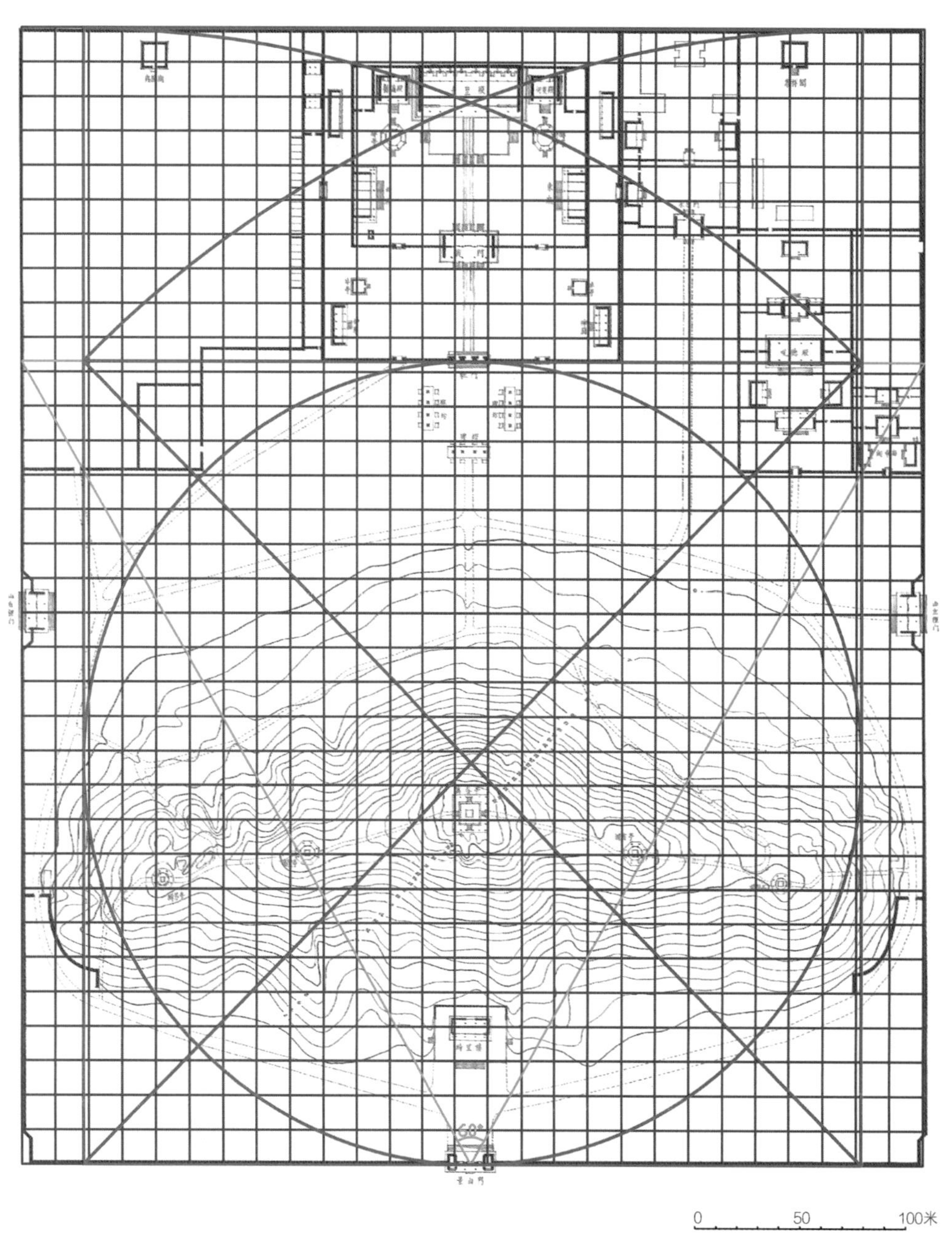

图6-1　北京景山总平面分析图
底图来源：《北京城中轴线古建筑实测图集》(2017)

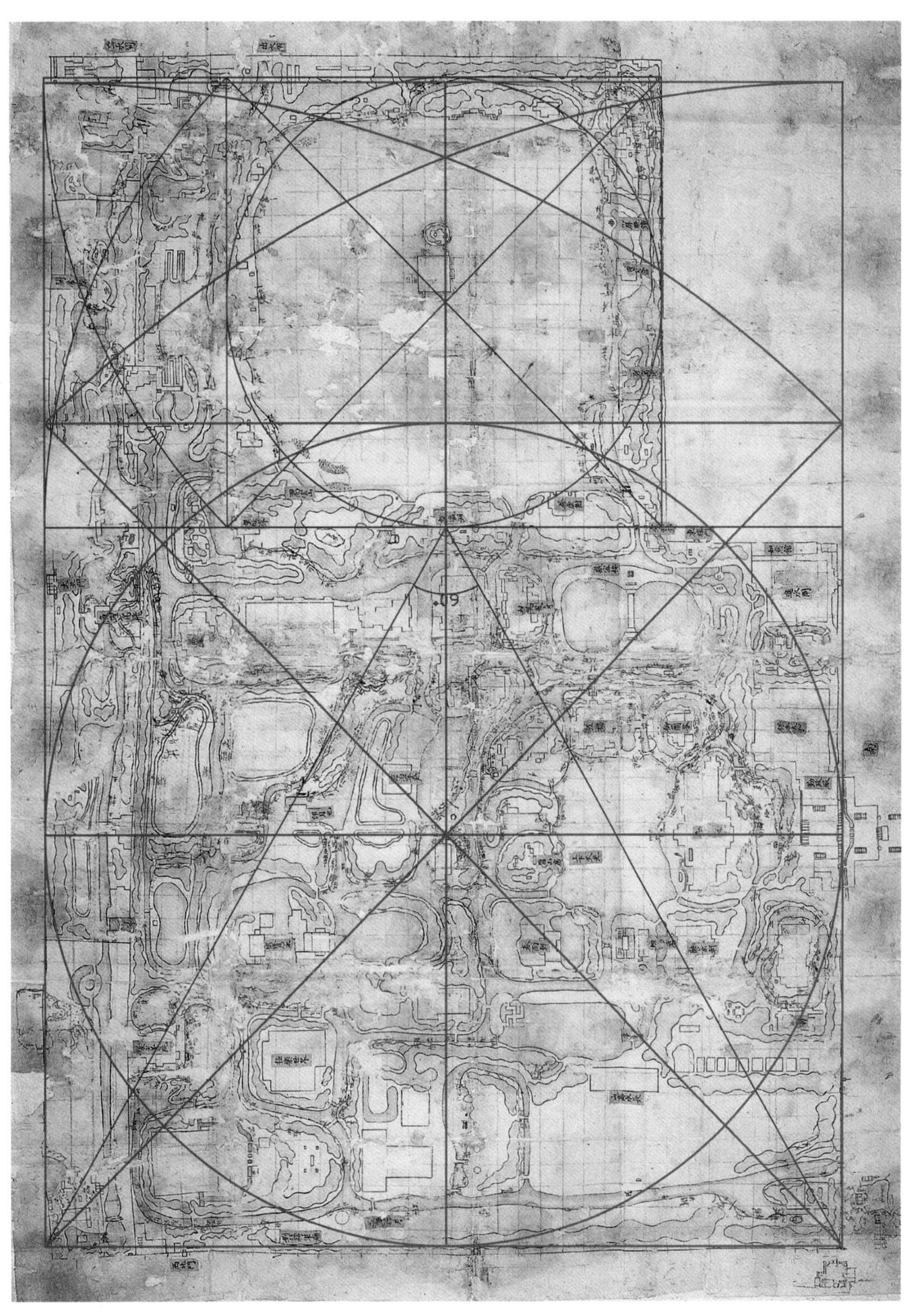

图6-2　圆明园样式雷总平面图分析
底图来源：《圆明园河道泊岸总平面图》（中国国家图书馆善本部藏，样式雷排架043-1号；引自《圆明园的“记忆遗产”——样式房图档》，2010）

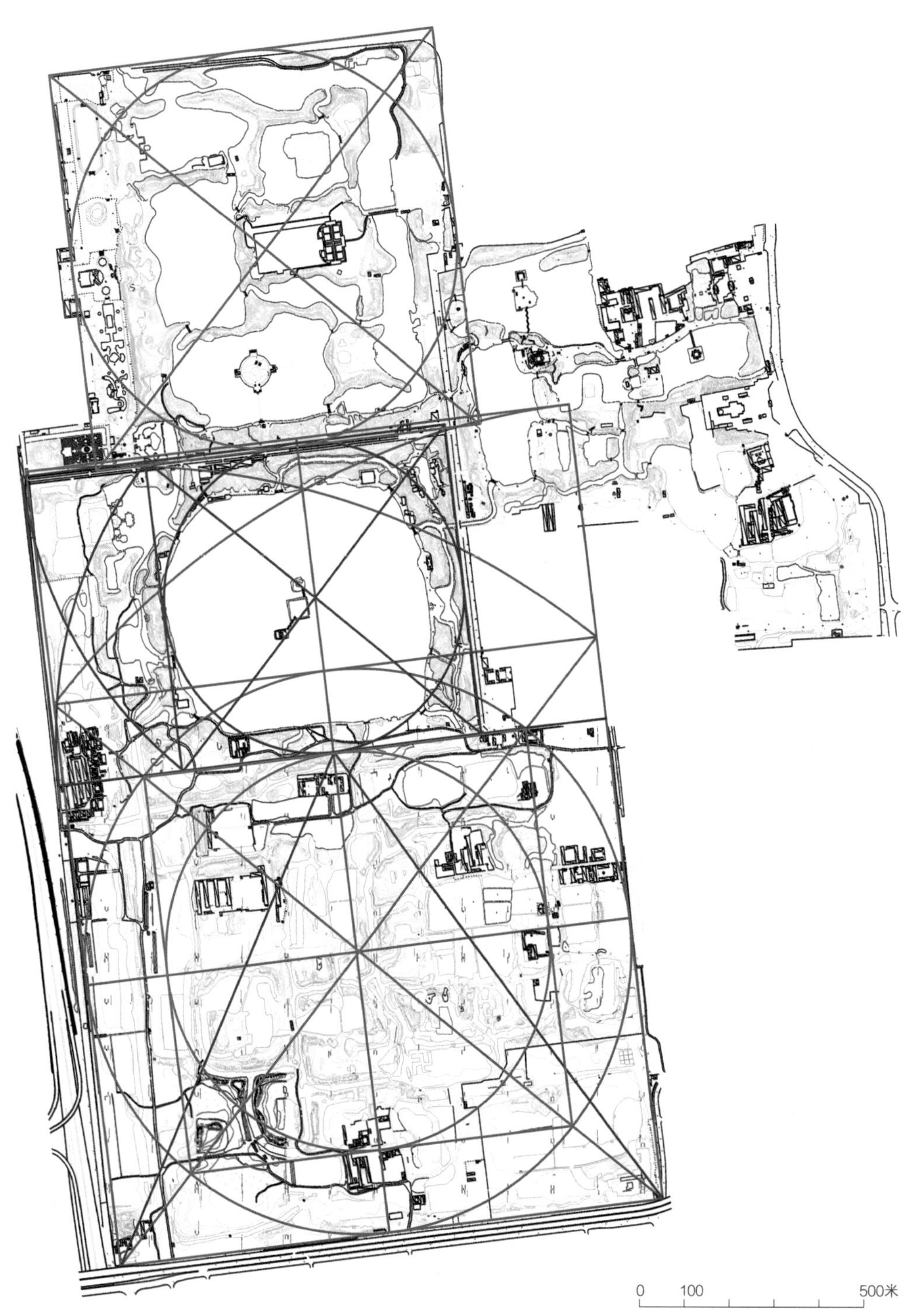

图6-3　圆明园现状总平面分析图
底图来源：2002年圆明总平面实测图（CAD文件）

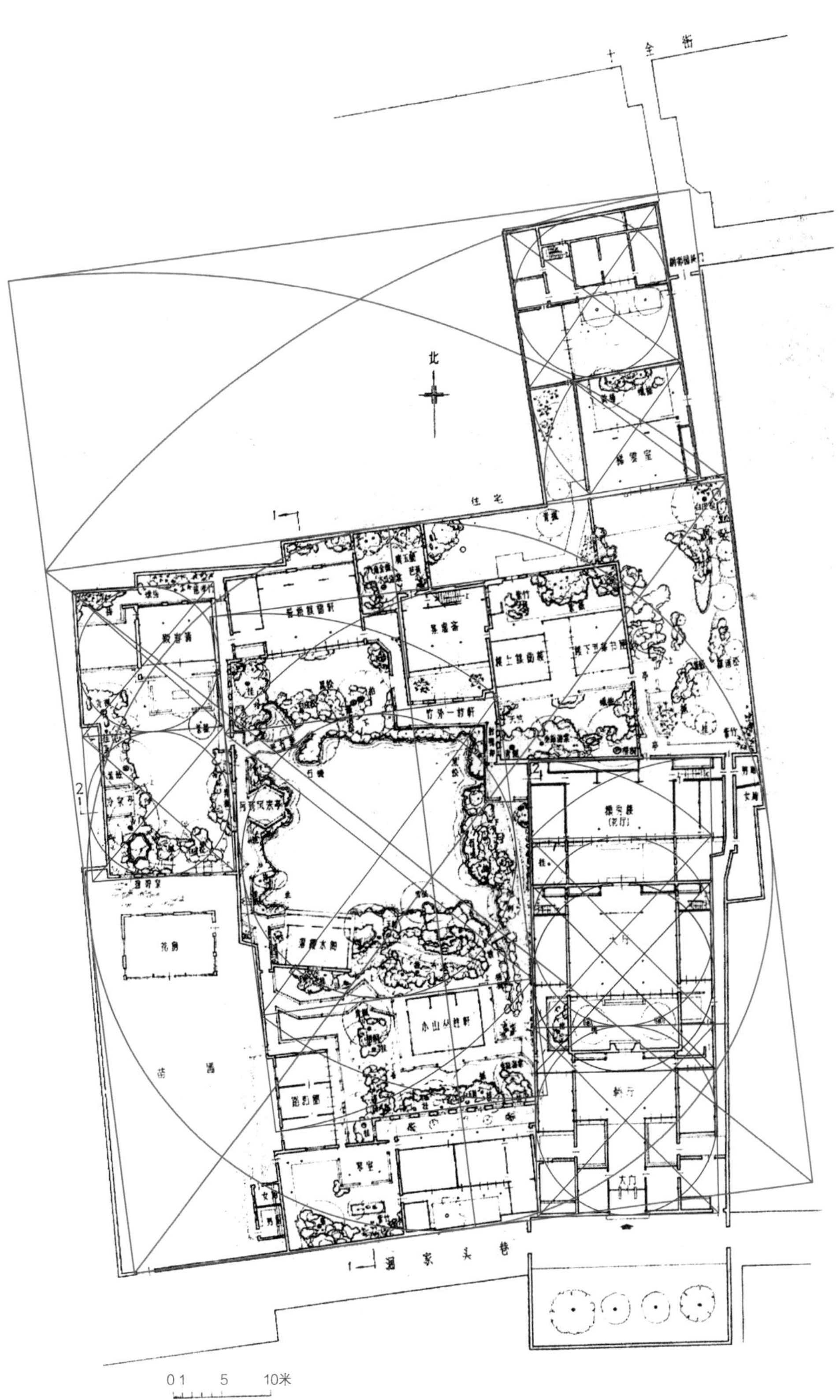

图6-4 苏州网师园总平面分析图
底图来源:《苏州古典园林》(1979)

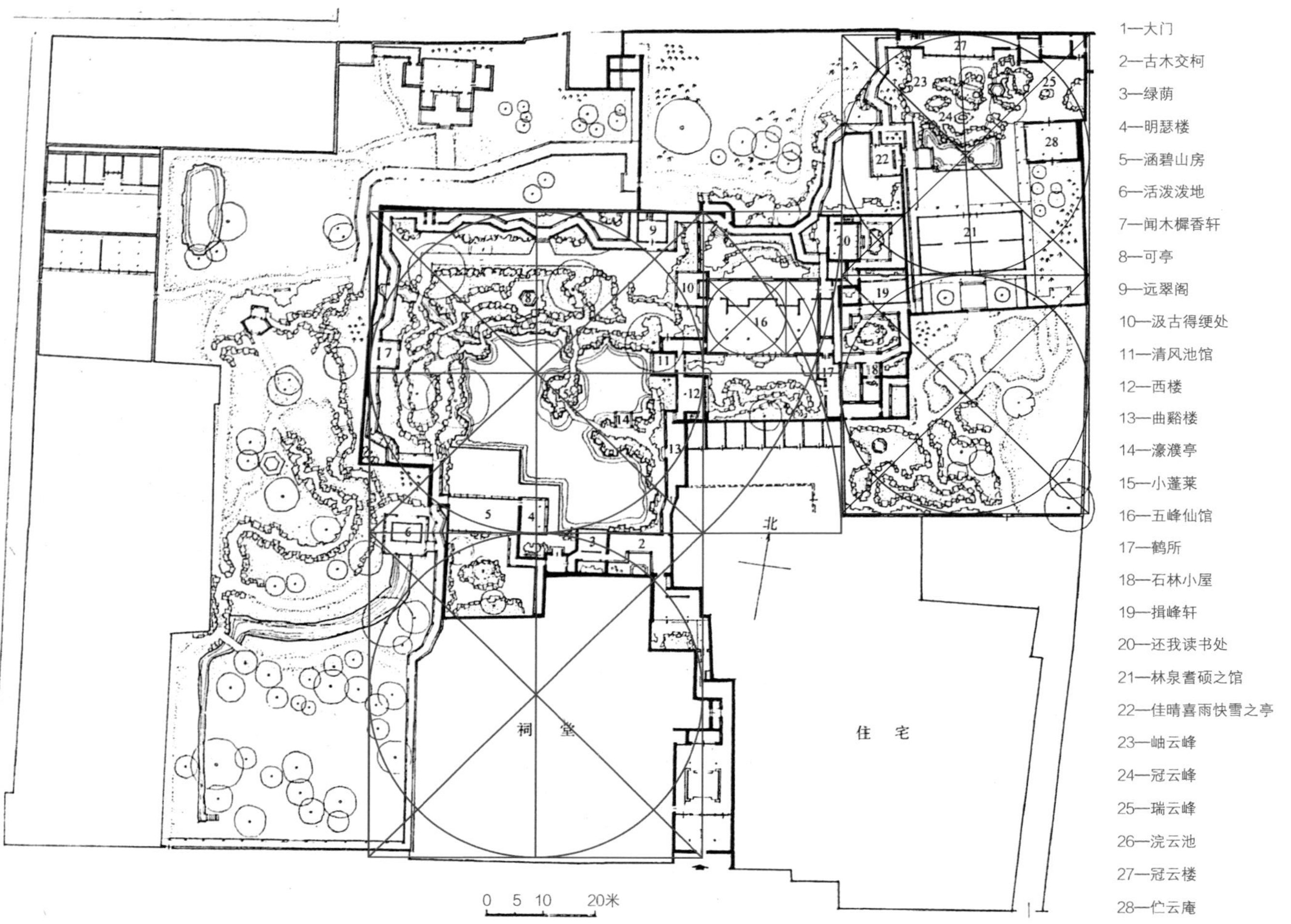

图6-5 苏州留园总平面分析图
底图来源:《中国古典园林史》(1999年第2版)

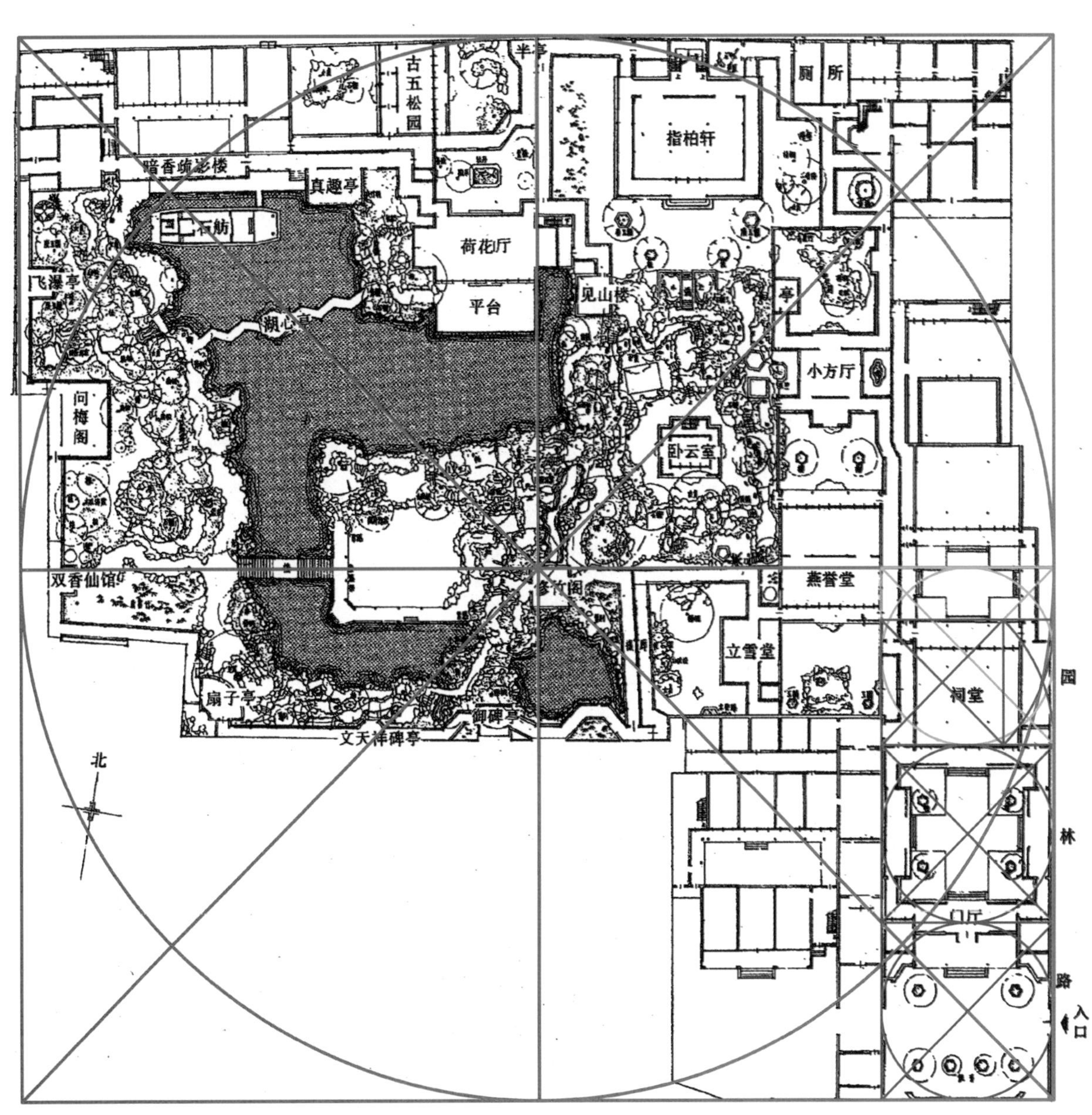

图6-6 苏州狮子林总平面分析图
底图来源：《苏州古典园林》（1979）

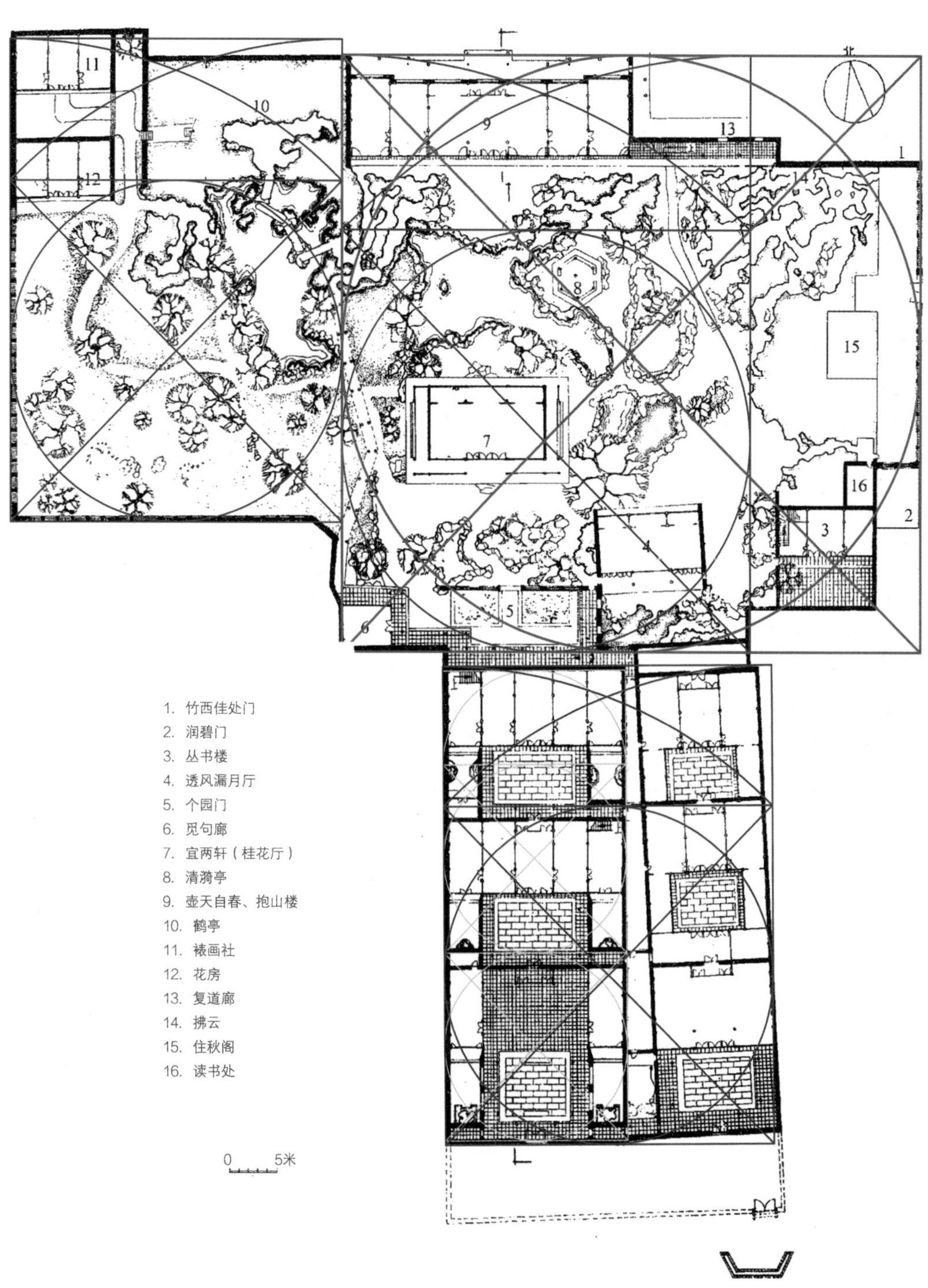

图6-7　扬州个园总平面分析图
底图来源：《扬州园林》（2007）

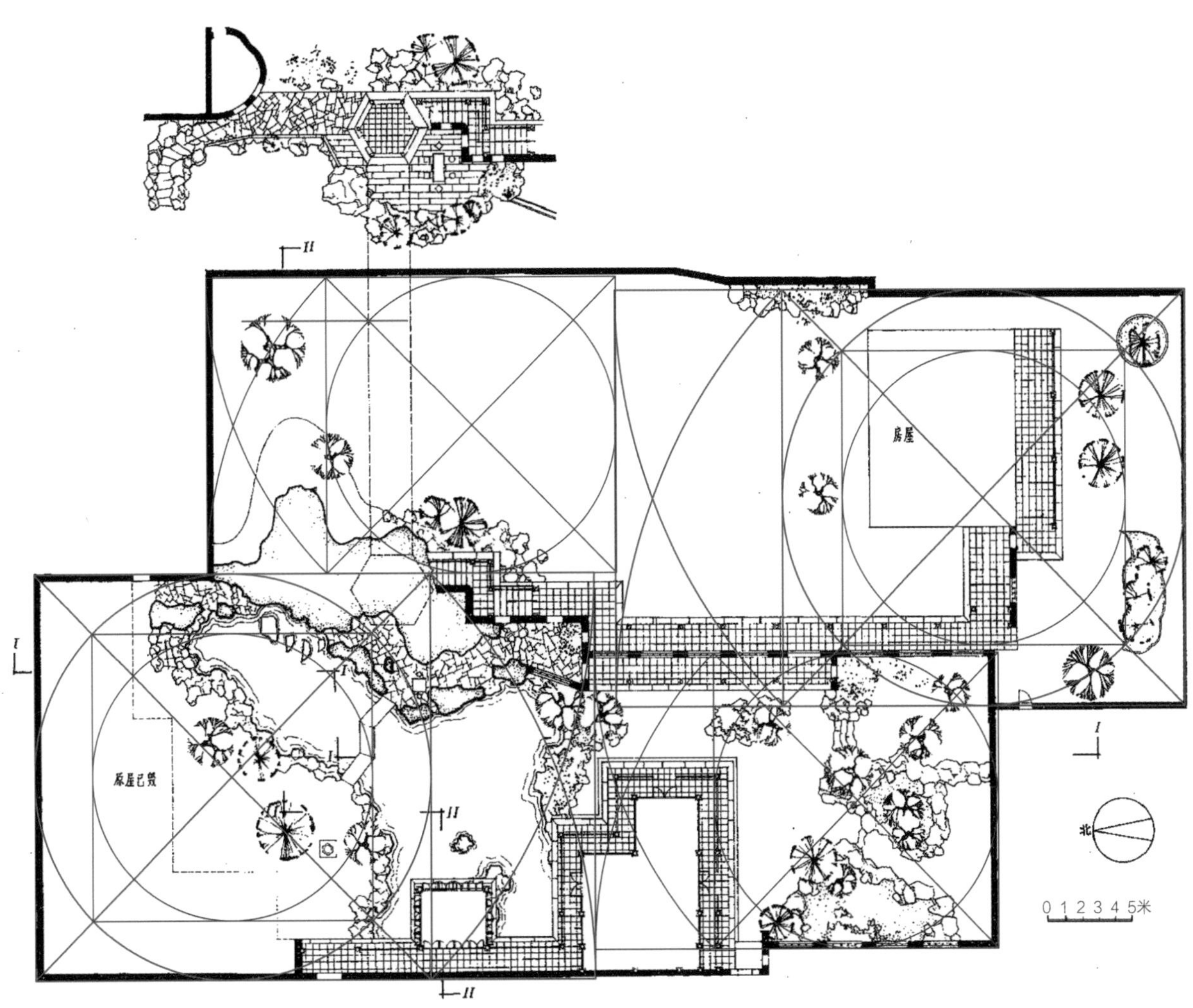

图6-8　扬州小盘谷总平面分析图
底图来源：《扬州园林》(2007)

下篇　建筑单体设计

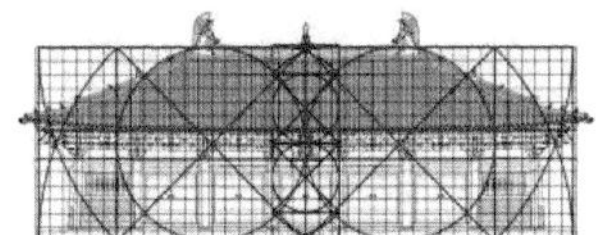

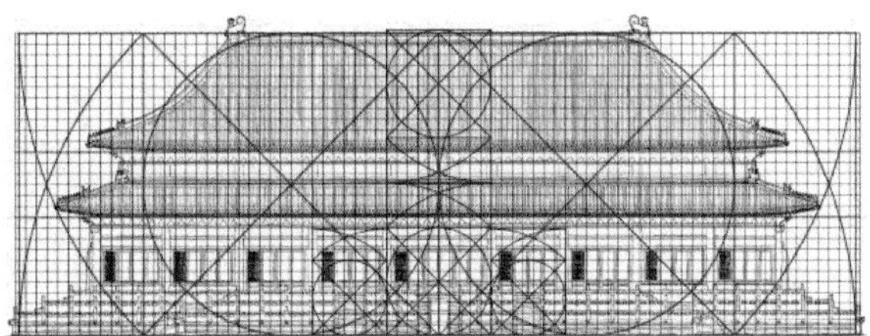

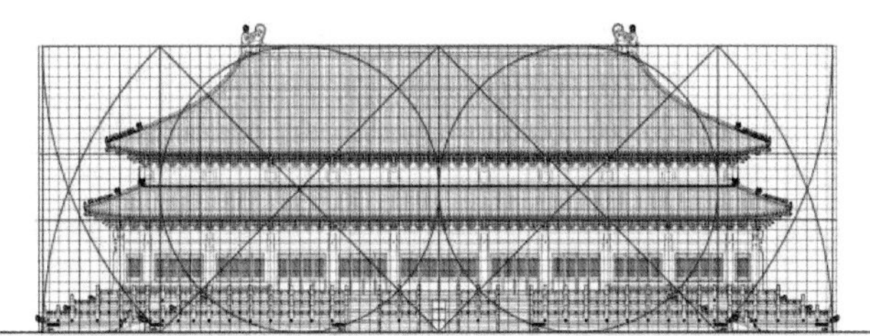

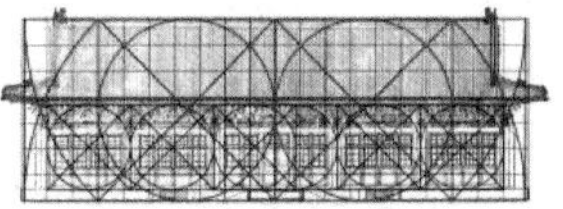

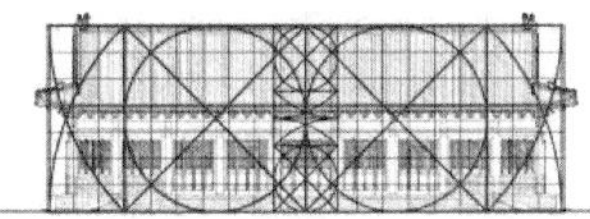

0 5 10米

第七章　木结构单层建筑

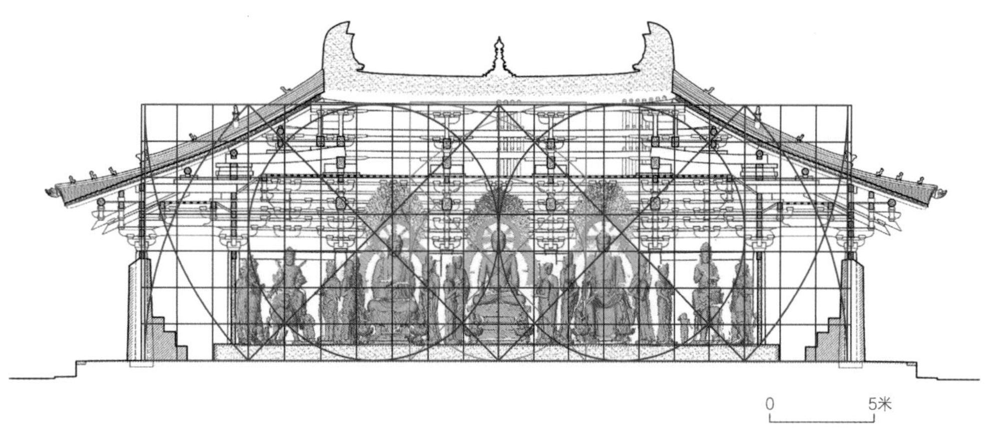

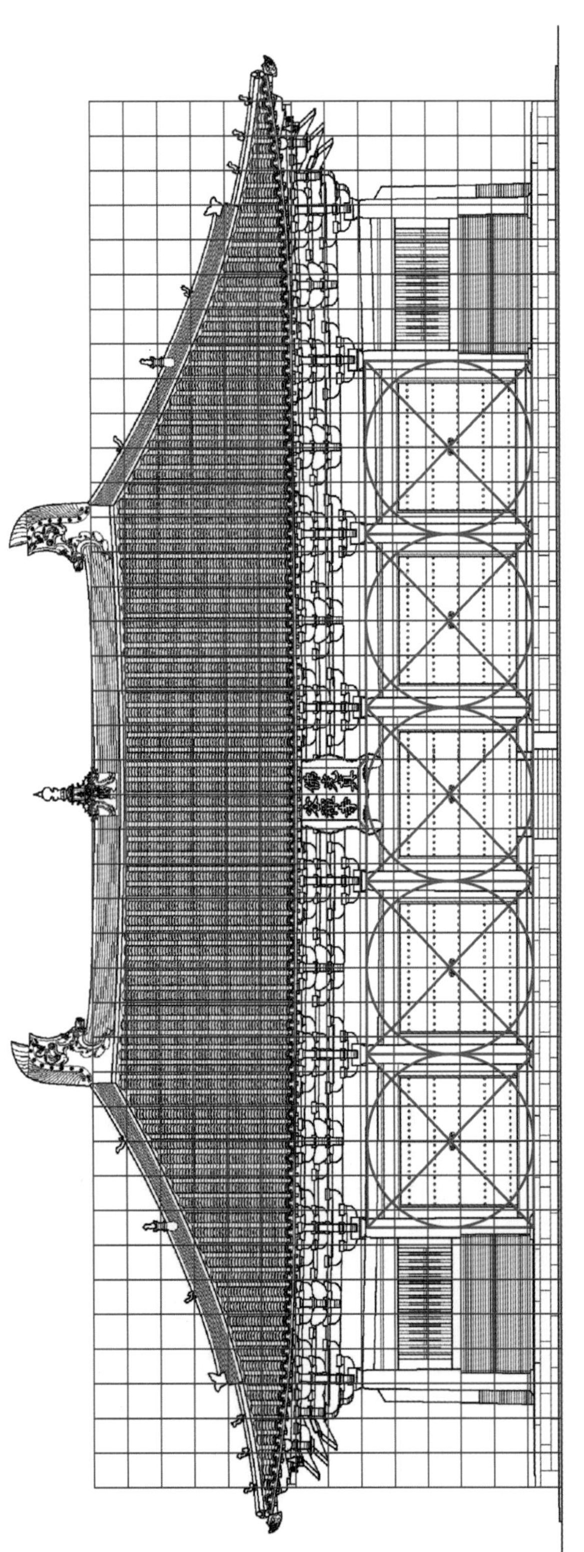

图7-1　五台山佛光寺东大殿正立面分析图一
底图来源：《佛光寺东大殿建筑勘察研究报告》(2011)

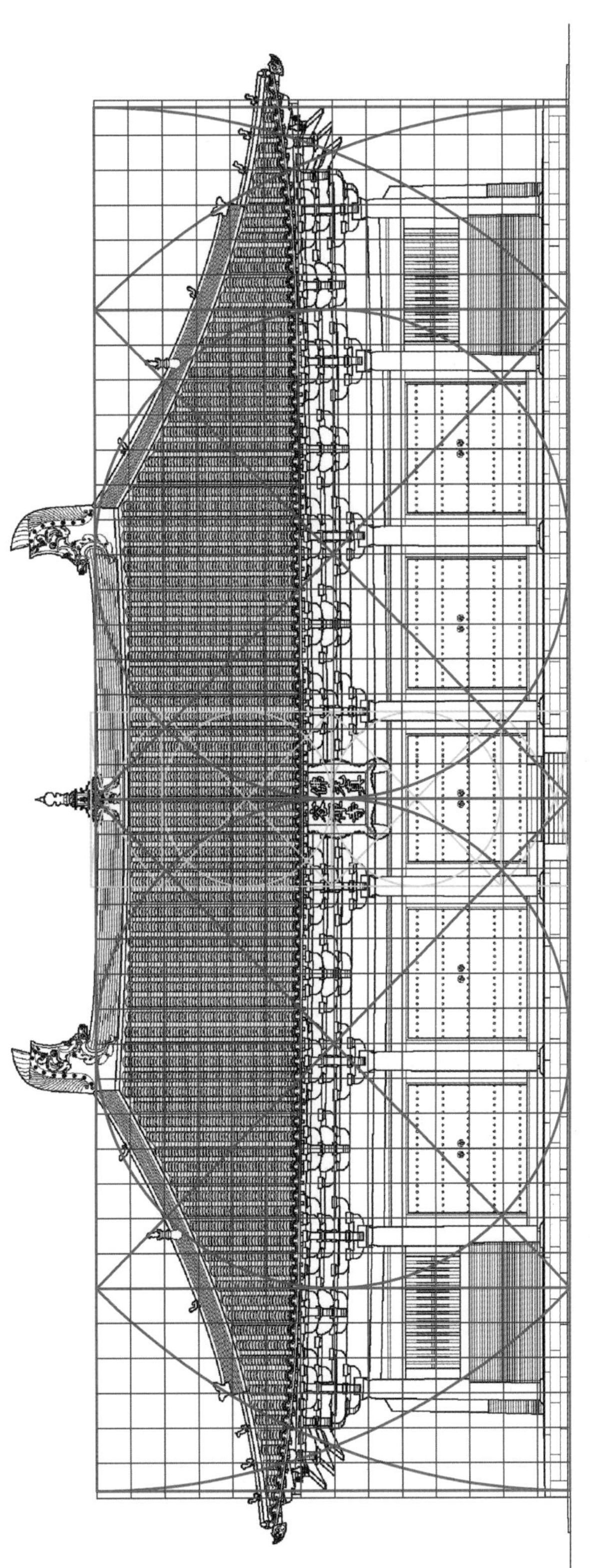

图7-2　五台山佛光寺东大殿正立面分析图二
底图来源：《佛光寺东大殿建筑勘察研究报告》(2011)

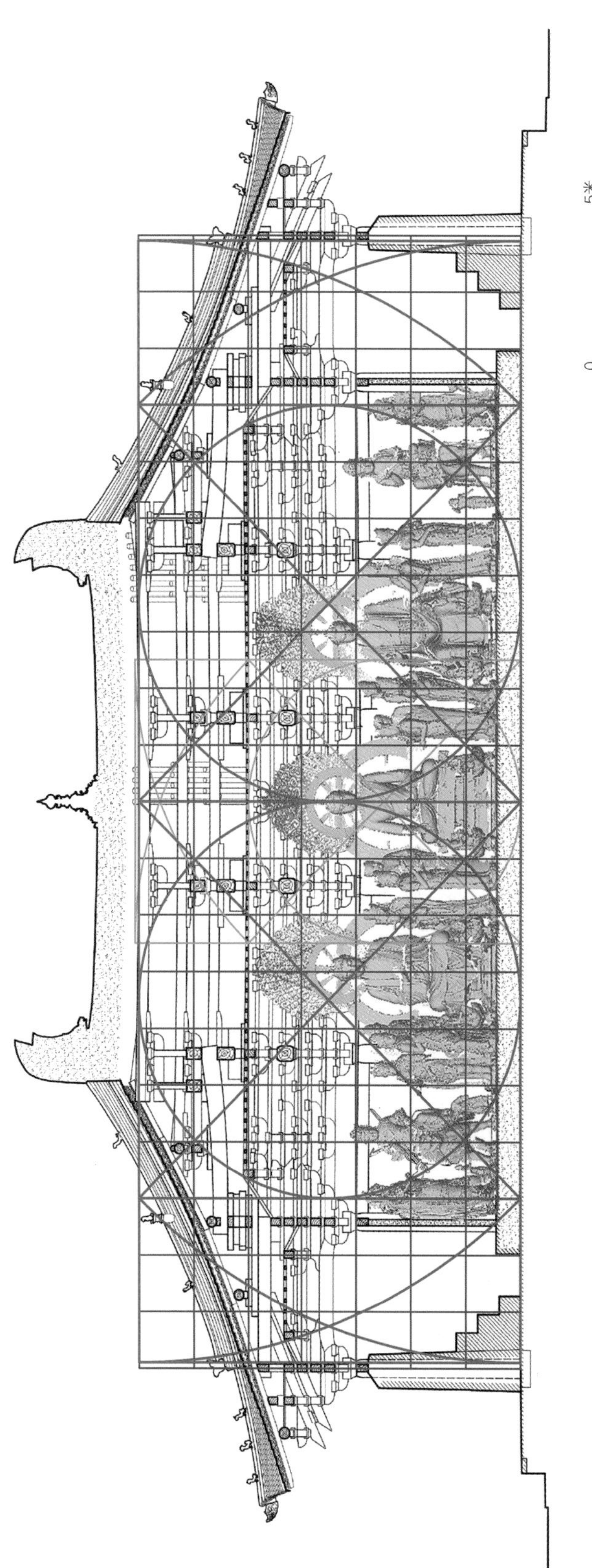

图7-3　五台山佛光寺东大殿纵剖面分析图
底图来源：据《佛光寺东大殿建筑勘察研究报告》（2011）东大殿实测图及天津大学建筑学院东大殿塑像三维扫描点云图改绘

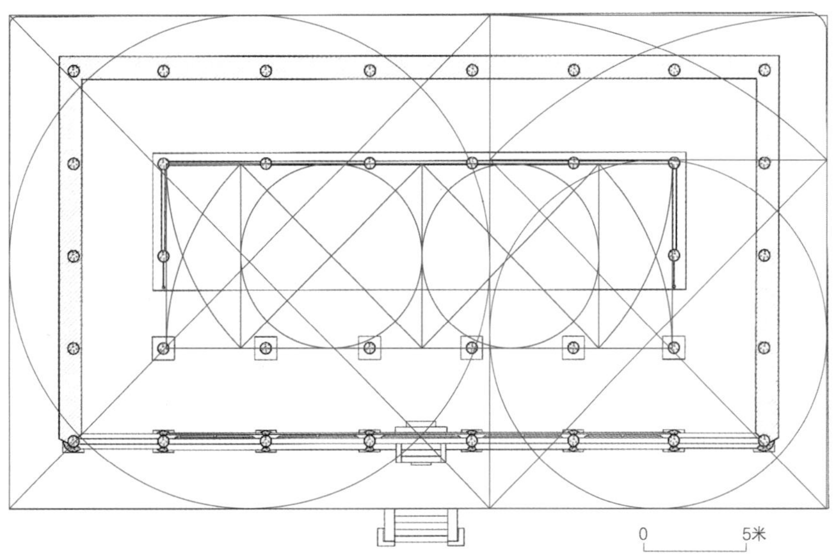

图7-4　五台山佛光寺东大殿平面分析图一
底图来源：《佛光寺东大殿建筑勘察研究报告》（2011）

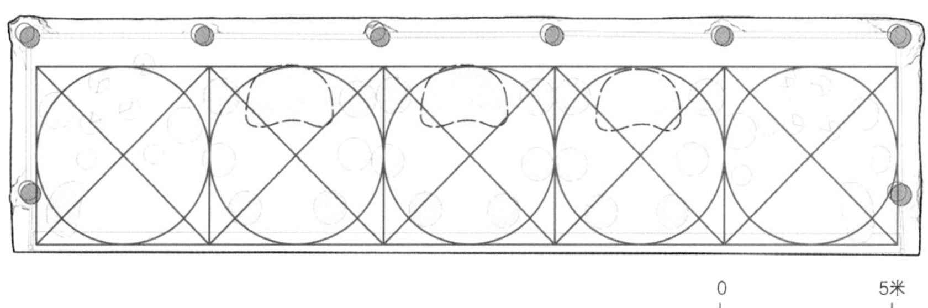

图7-5　五台山佛光寺东大殿塑像构图分析
底图来源：任思捷据天津大学建筑学院东大殿塑像三维扫描点云图改绘

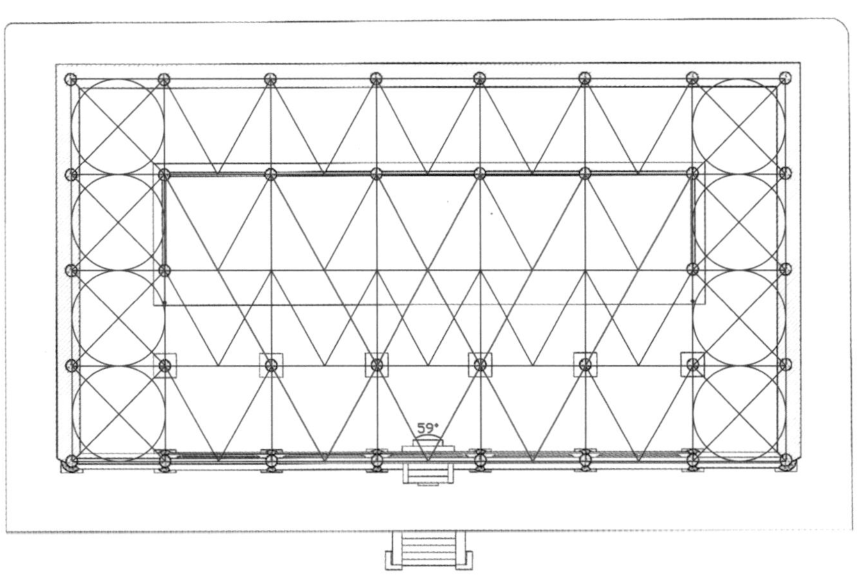

图7-6 五台山佛光寺东大殿平面分析图二
底图来源：《佛光寺东大殿建筑勘察研究报告》(2011)

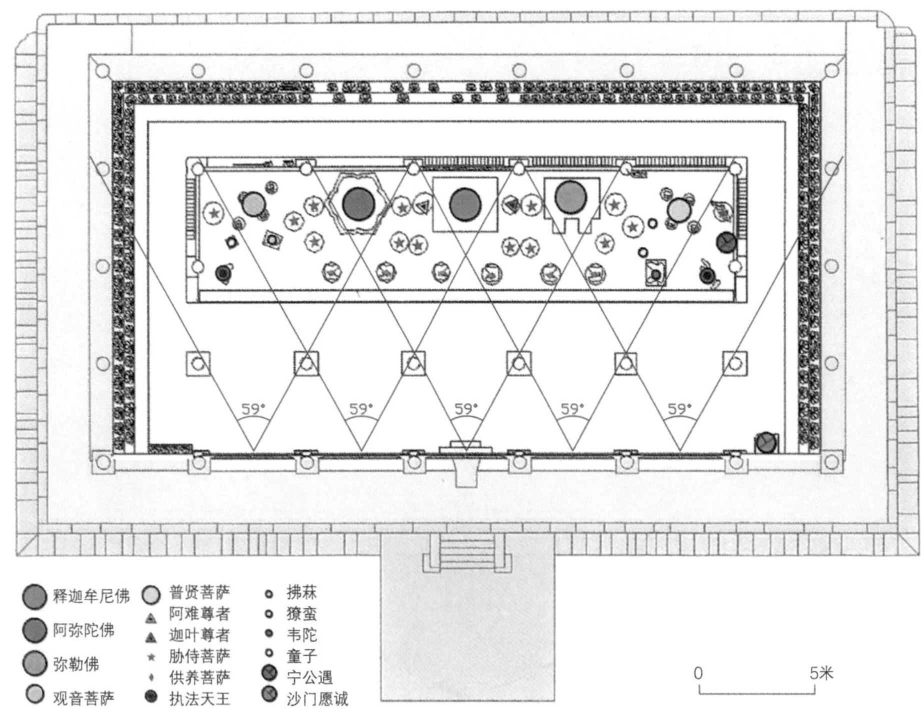

图7-7 五台山佛光寺东大殿礼佛视线分析图
底图来源：《佛光寺东大殿建筑勘察研究报告》(2011)

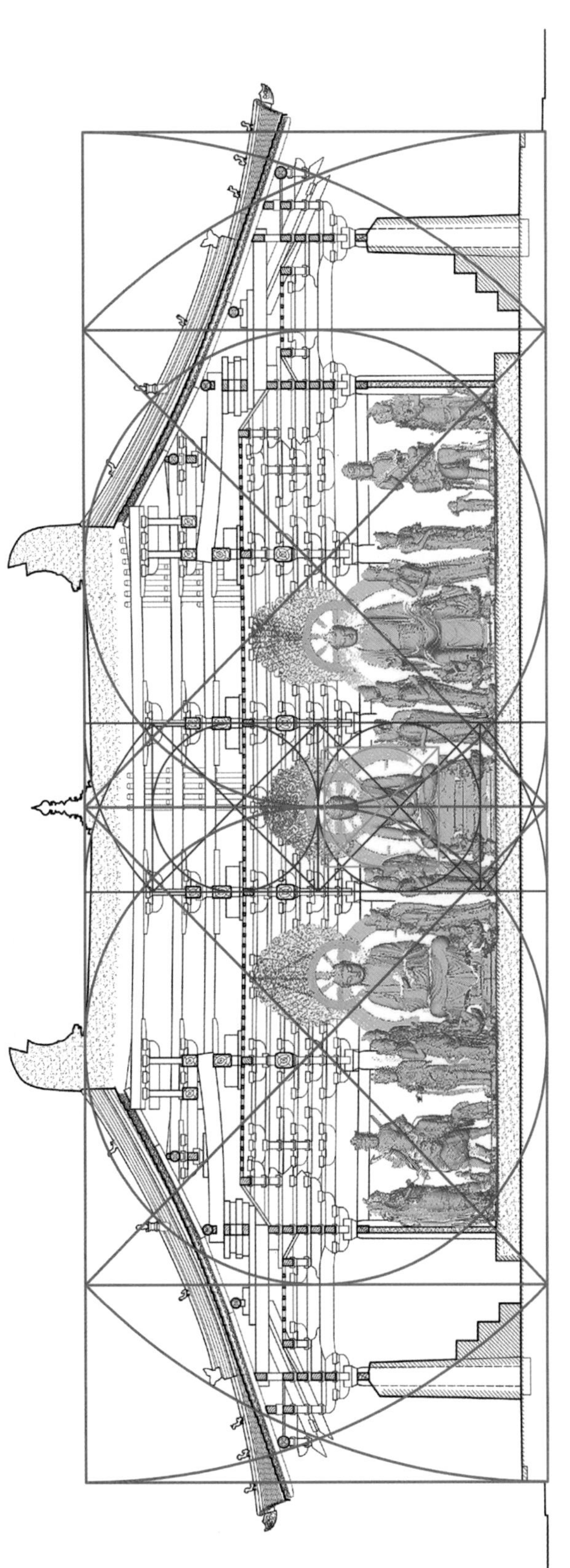

图7-8　五台山佛光寺东大殿设计理念
底图来源：据《佛光寺东大殿建筑勘察研究报告》（2011）东大殿实测图及天津大学建筑学院东大殿塑像三维扫描点云图改绘

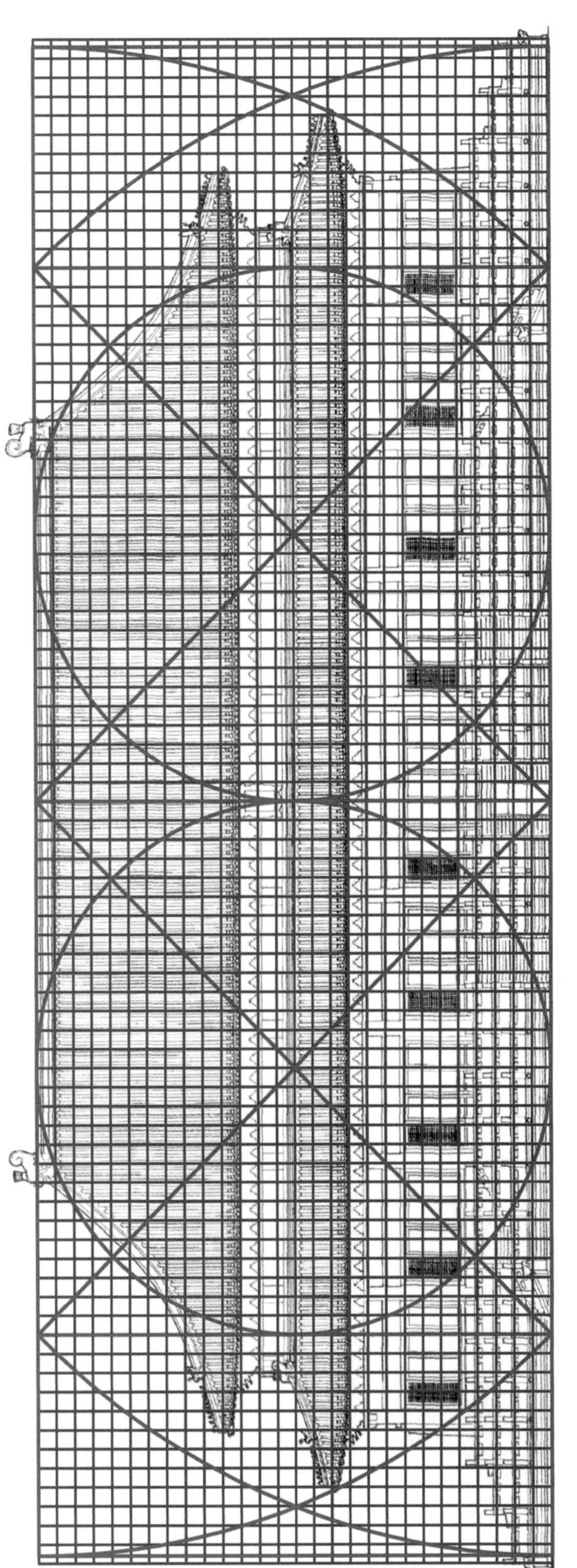

图7-9　北京明长陵祾恩殿正立面分析图一
底图来源：《中国古代建筑史》（第四卷：元、明建筑，2009）

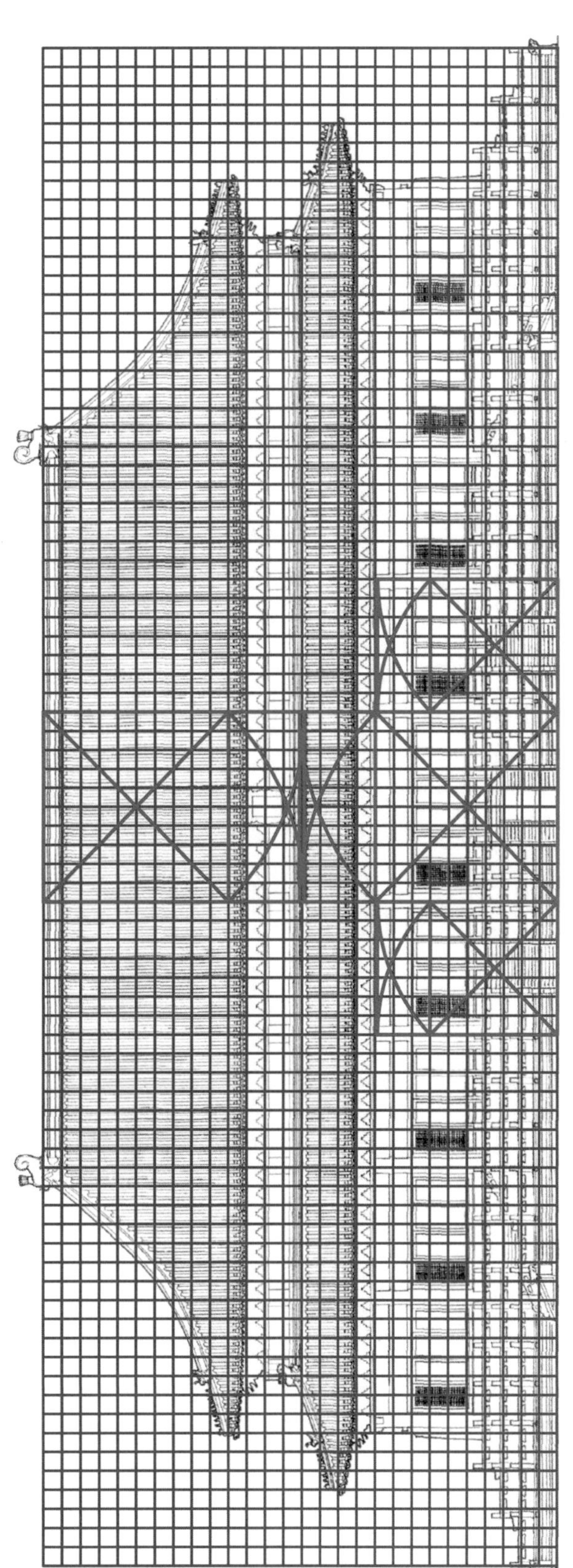

图7-10 北京明长陵祾恩殿正立面分析图二
底图来源：《中国古代建筑史》（第四卷：元、明建筑，2009）

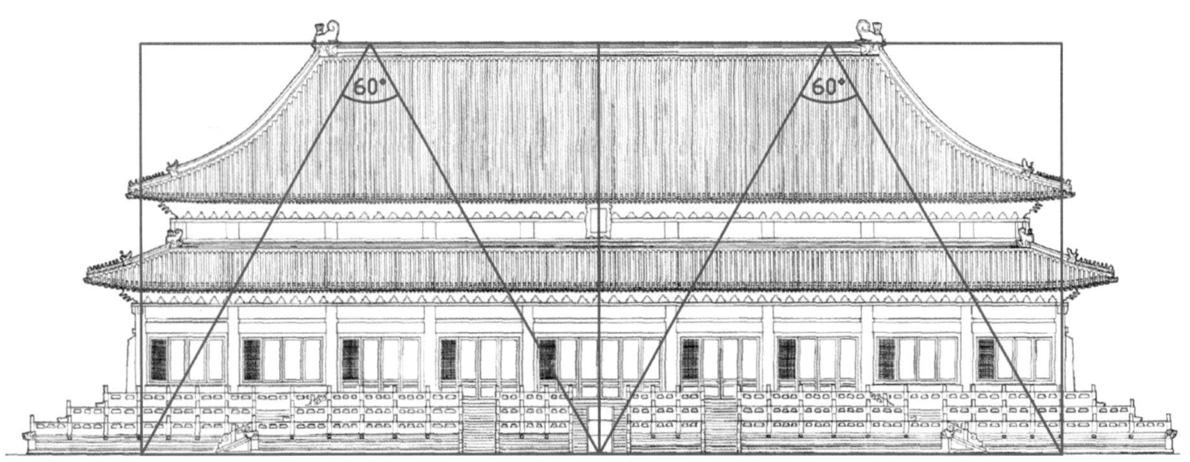

图7-11 北京明长陵祾恩殿正立面分析图三
底图来源:《中国古代建筑史》(第四卷:元、明建筑,2009)

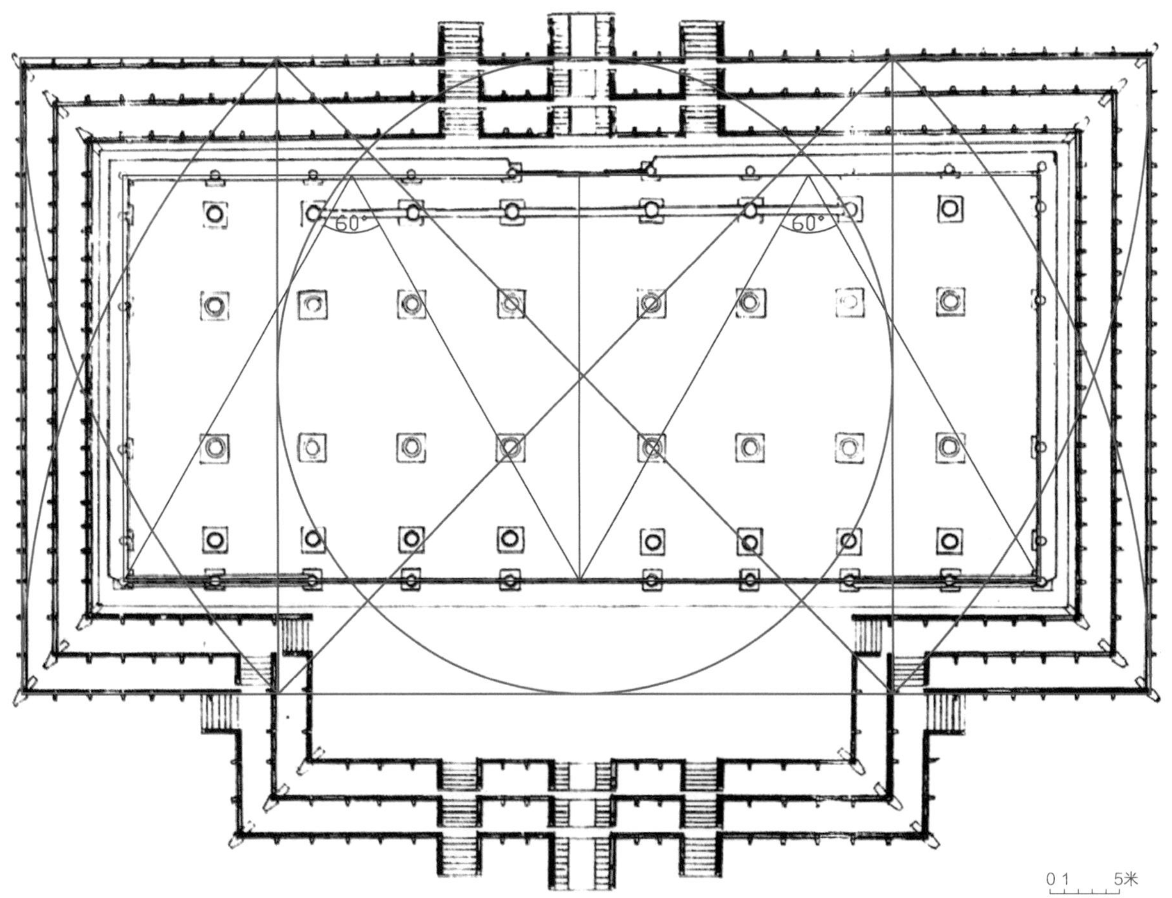

图7-12 北京明长陵祾恩殿平面分析图
底图来源:《明十三陵》(1998)

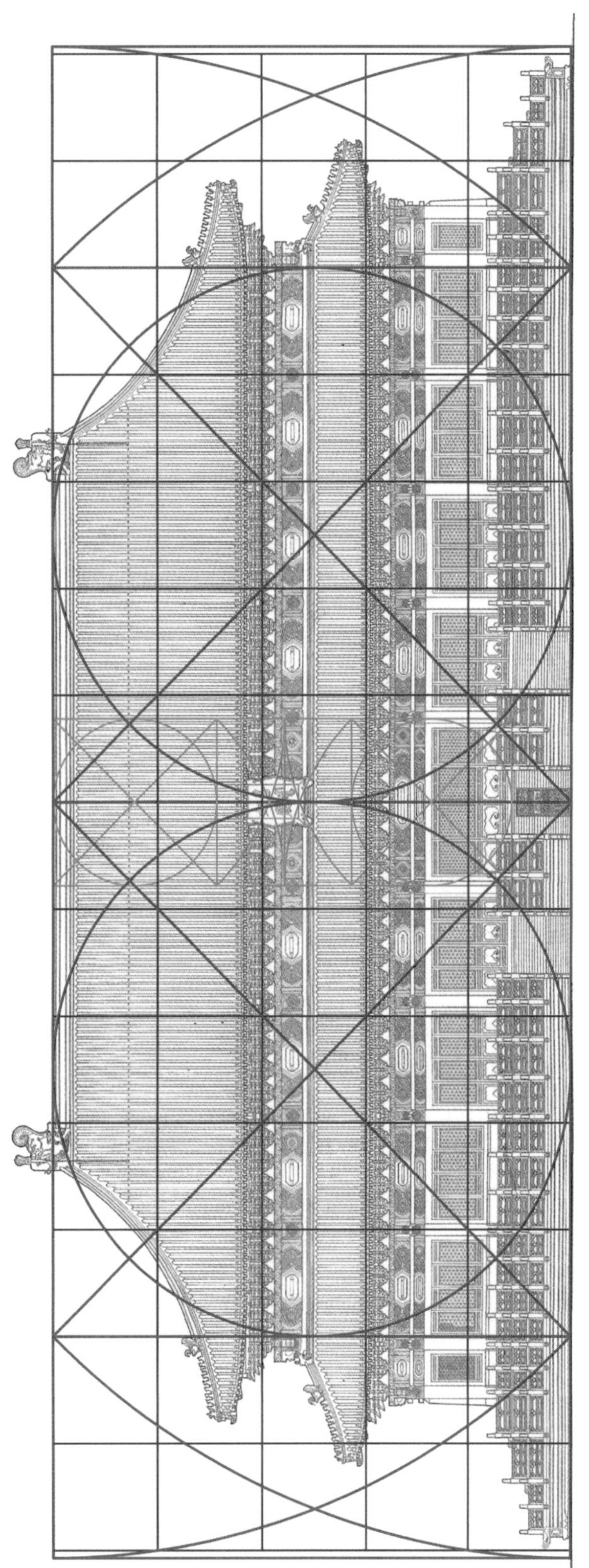

图7-13　北京太庙享殿正立面分析图一
底图来源：《北京城中轴线古建筑实测图集》(2017)

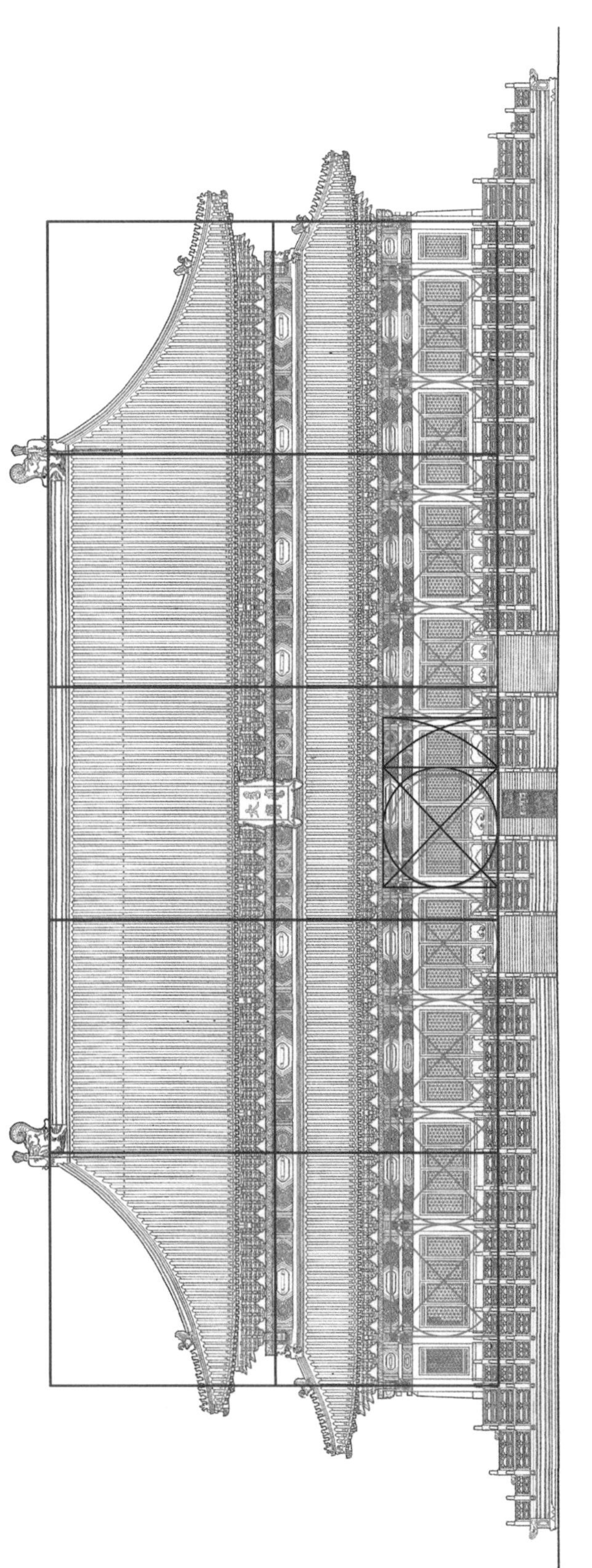

图7-14　北京太庙享殿正立面分析图二
底图来源：《北京城中轴线古建筑实测图集》(2017)

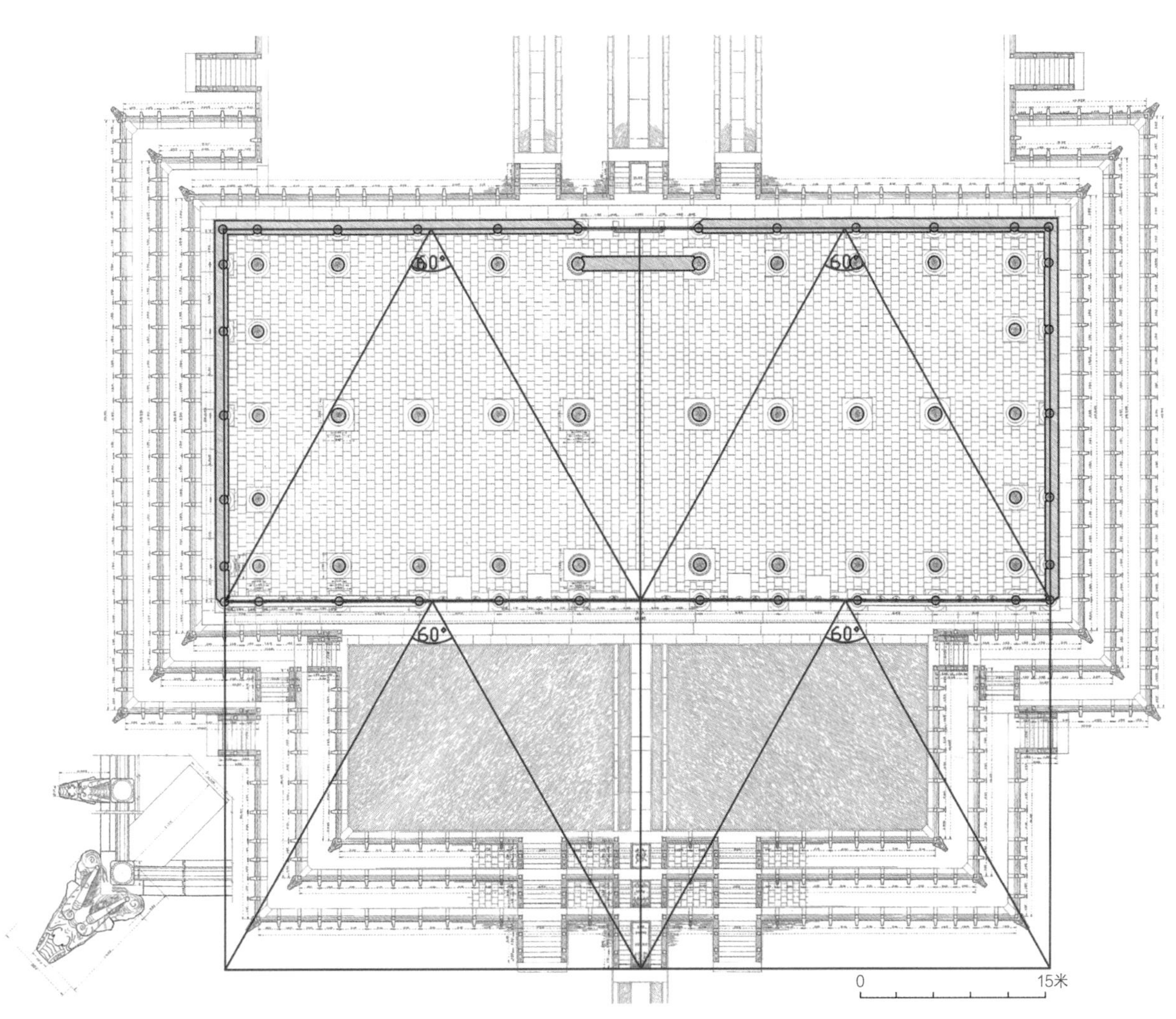

图7-15　北京太庙享殿平面分析图
底图来源：《北京城中轴线古建筑实测图集》(2017)

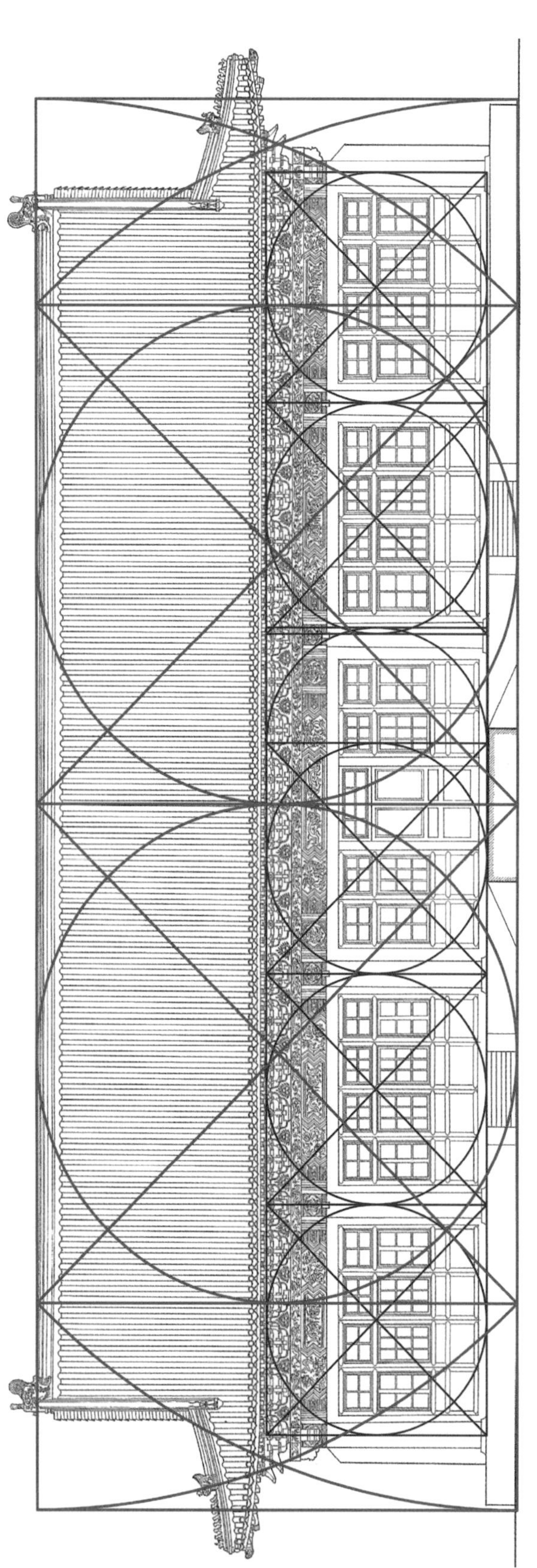

图7-16　北京社稷坛后殿正立面分析图
底图来源：《北京城中轴线古建筑实测图集》（2017）

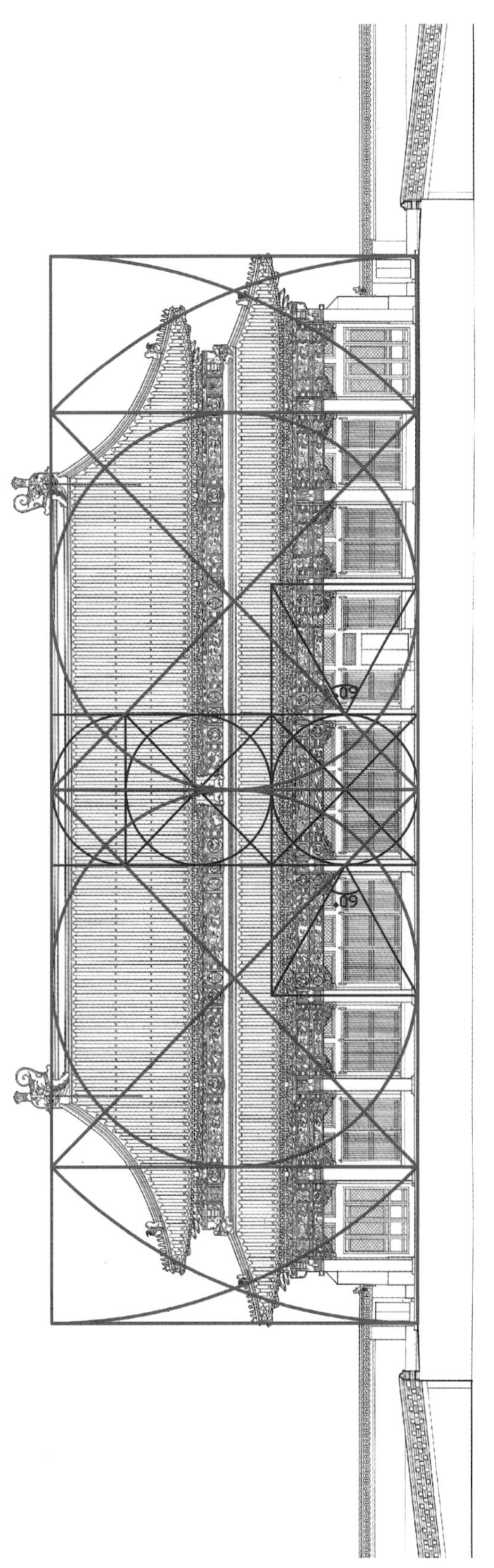

图7-17 北京紫禁城坤宁宫正立面分析图
底图来源：《北京城中轴线古建筑实测图集》(2017)

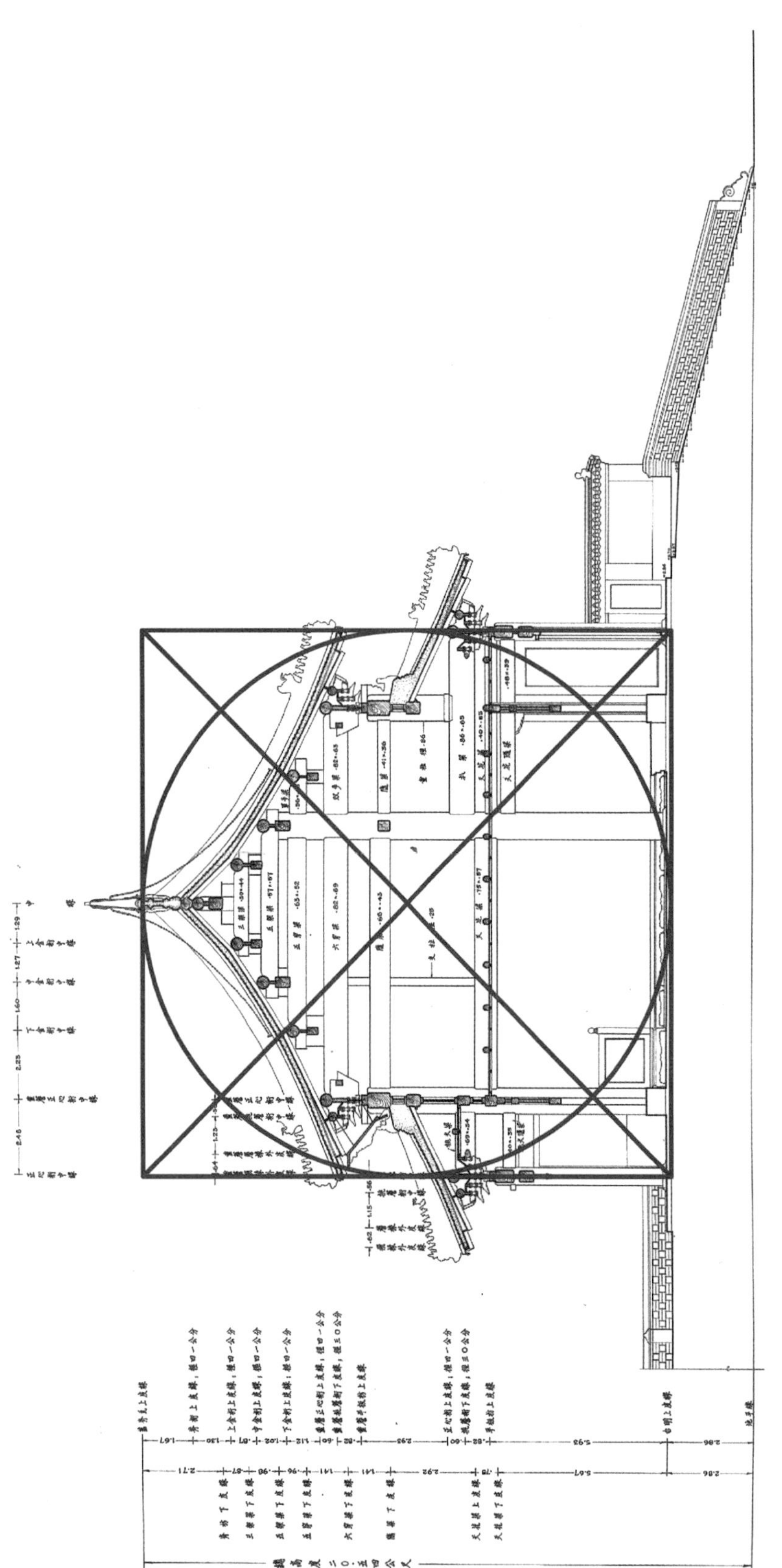

图7-18　北京紫禁城坤宁宫横剖面分析图
底图来源：《北京城中轴线古建筑实测图集》(2017)

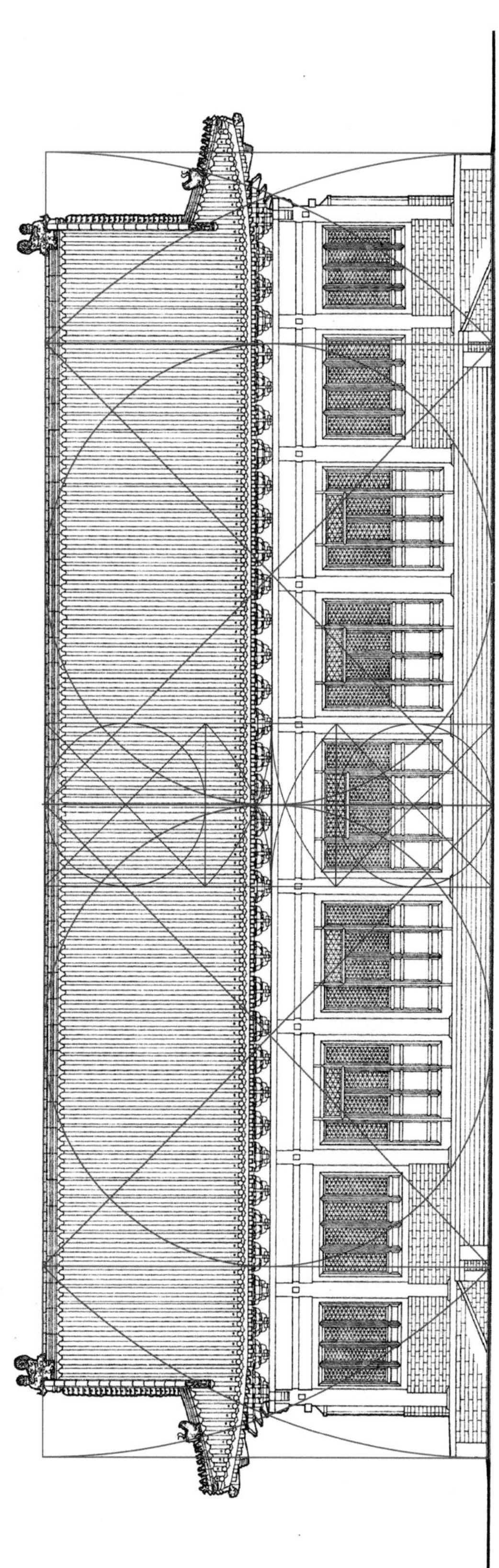

图7-19 北京报国寺大殿正立面分析图
底图来源:《宣南鸿雪图志》(1997)

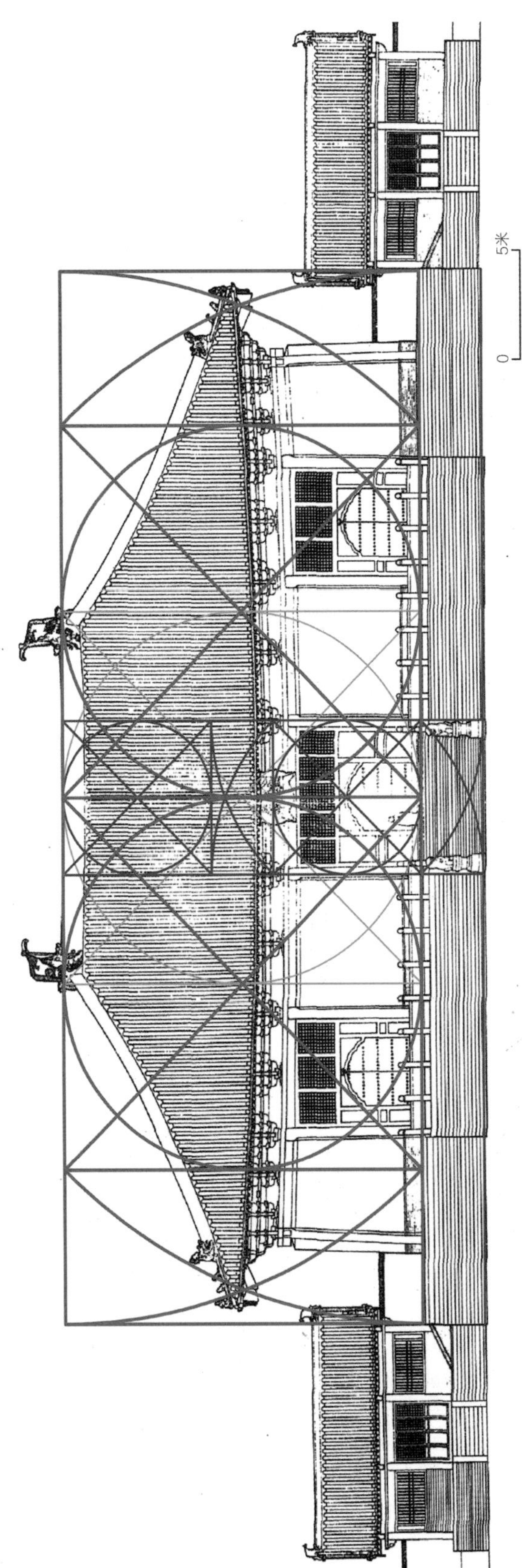

图7-20　大同善化寺大雄宝殿正立面分析图一
底图来源：梁思成、刘敦桢《大同古建筑调查报告》(《中国营造学社汇刊》第四卷第三期，1934)

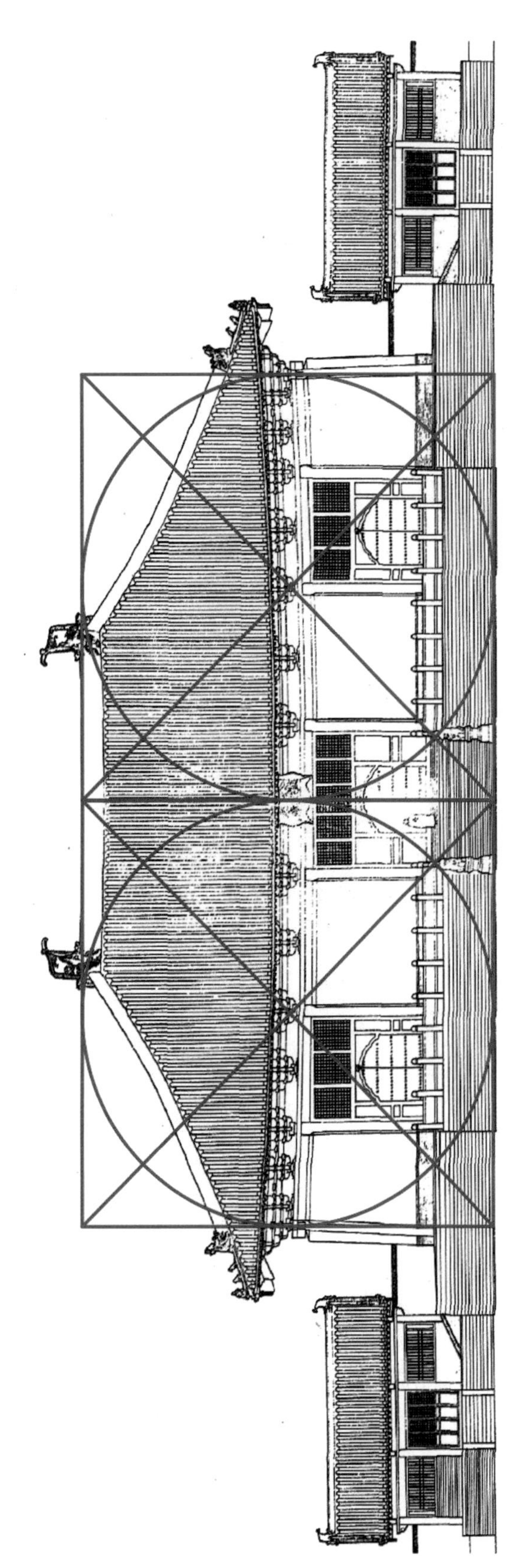

图7-21　大同善化寺大雄宝殿正立面分析图二

底图来源：梁思成、刘敦桢《大同古建筑调查报告》(《中国营造学社汇刊》第四卷第三期，1934)

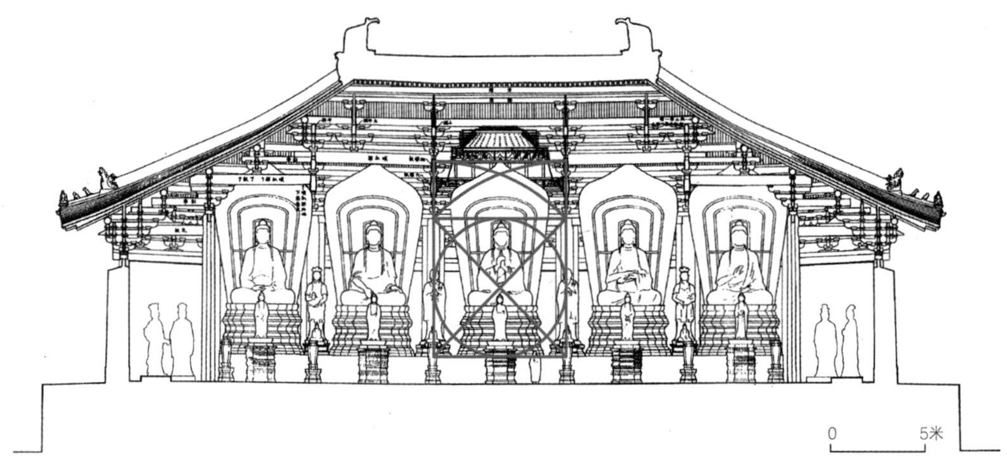

图7-22 大同善化寺大雄宝殿纵剖面分析图
底图来源：梁思成、刘敦桢《大同古建筑调查报告》(《中国营造学社汇刊》第四卷第三期，1934)

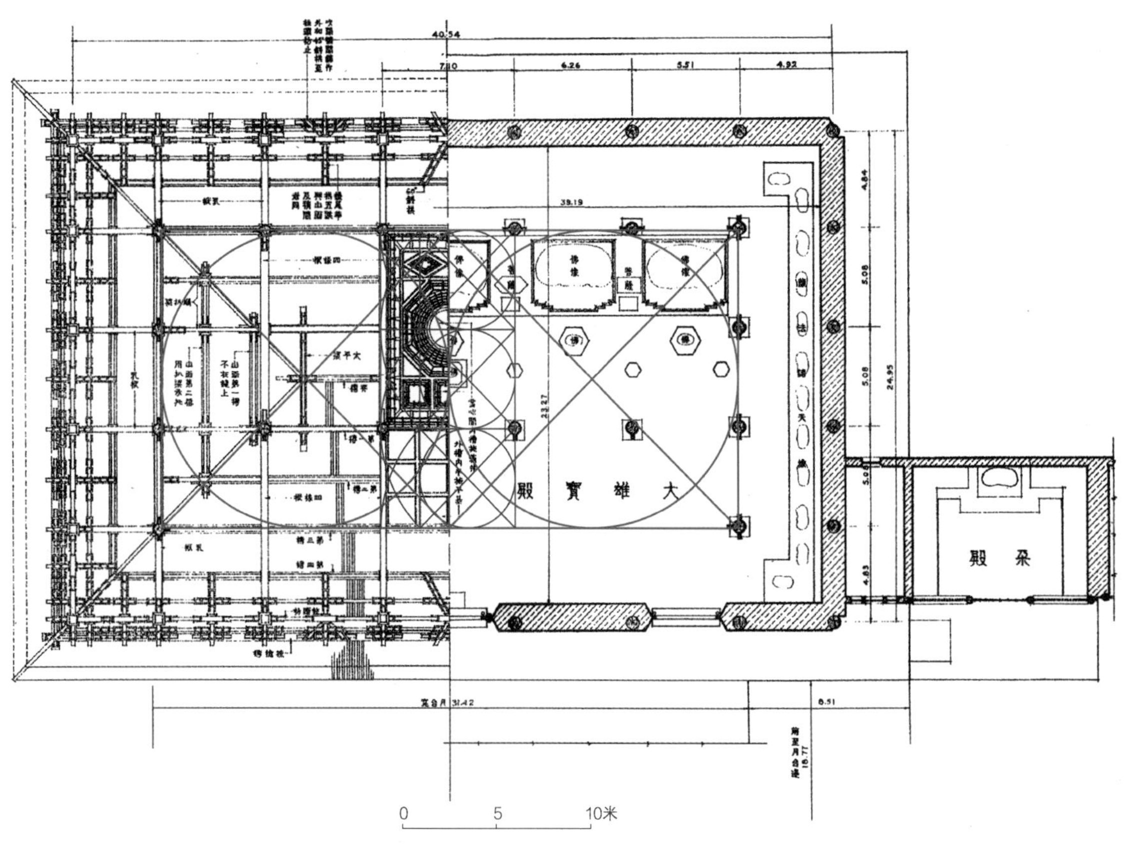

图7-23 大同善化寺大雄宝殿平面分析图
底图来源：梁思成、刘敦桢《大同古建筑调查报告》(《中国营造学社汇刊》第四卷第三期，1934)

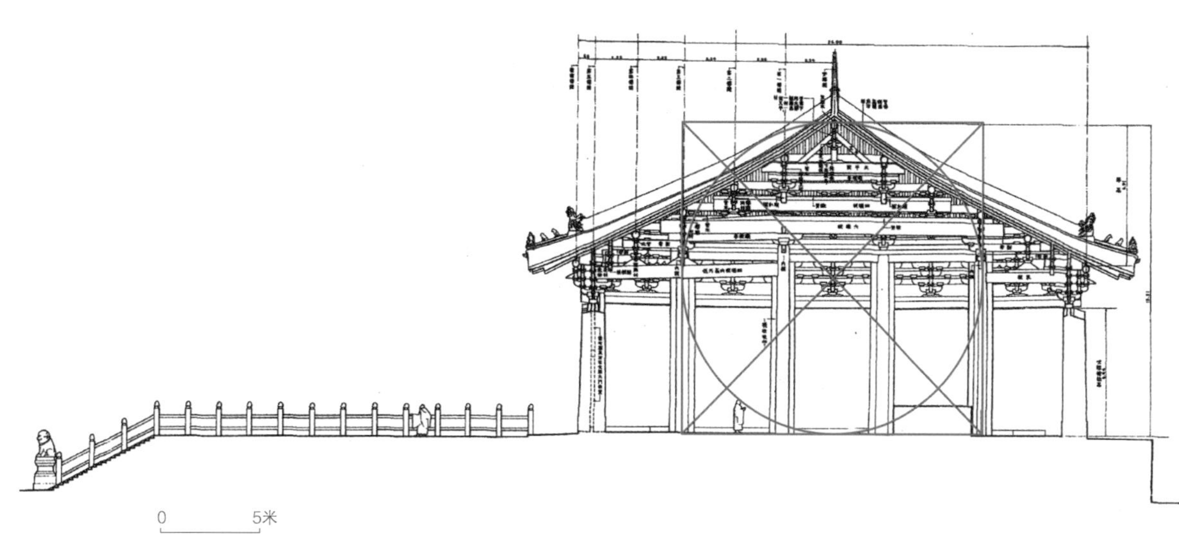

图7-24　大同善化寺大雄宝殿横剖面分析图
底图来源：梁思成、刘敦桢《大同古建筑调查报告》(《中国营造学社汇刊》第四卷第三期，1934)

图7-25　大同下华严寺海会殿正立面分析图
底图来源：梁思成、刘敦桢《大同古建筑调查报告》(《中国营造学社汇刊》第四卷第三期，1934)

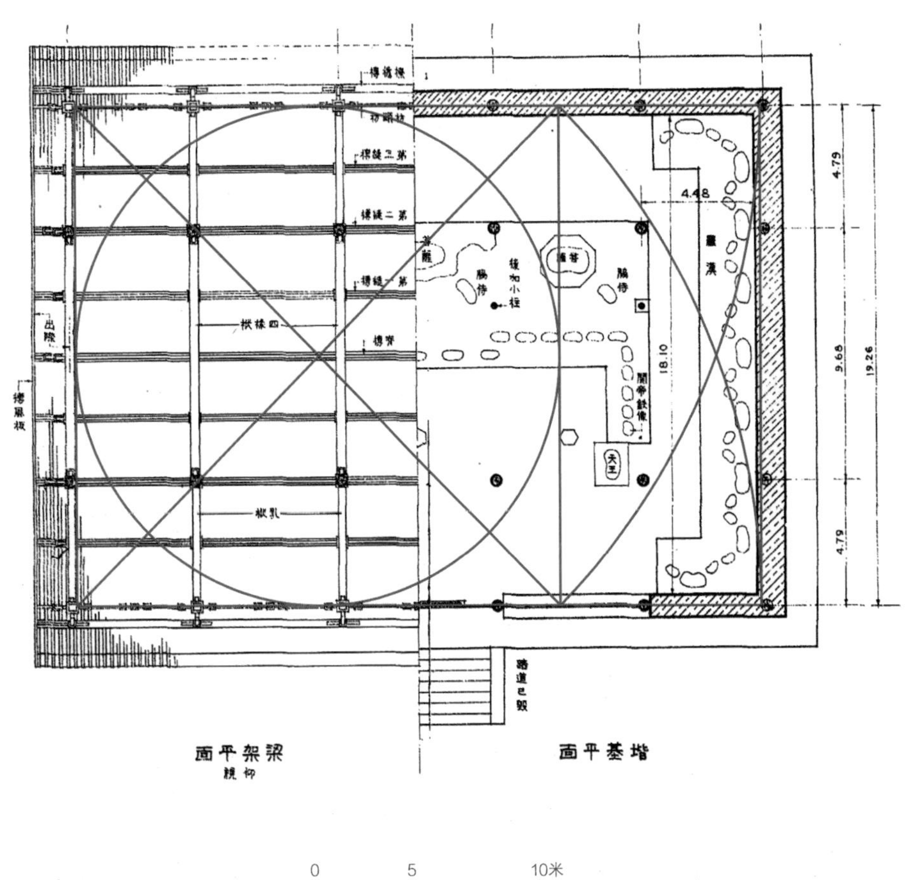

图7-26 大同下华严寺海会殿平面分析图
底图来源：梁思成、刘敦桢《大同古建筑调查报告》(《中国营造学社汇刊》第四卷第三期，1934）

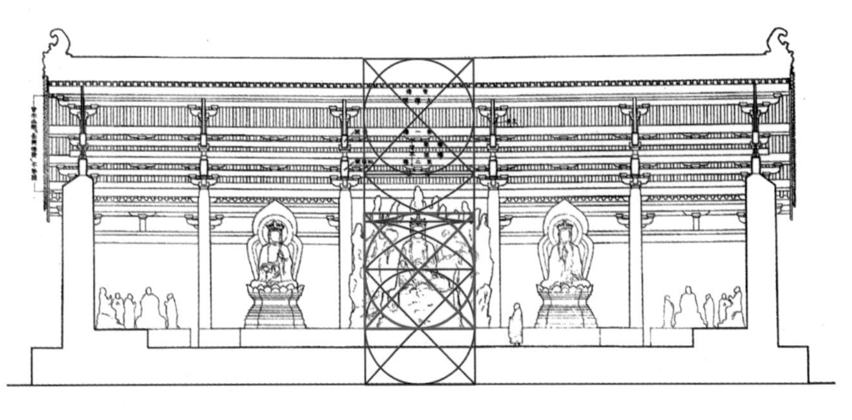

图7-27 大同下华严寺海会殿纵剖面及塑像分析图
底图来源：梁思成、刘敦桢《大同古建筑调查报告》(《中国营造学社汇刊》第四卷第三期，1934）

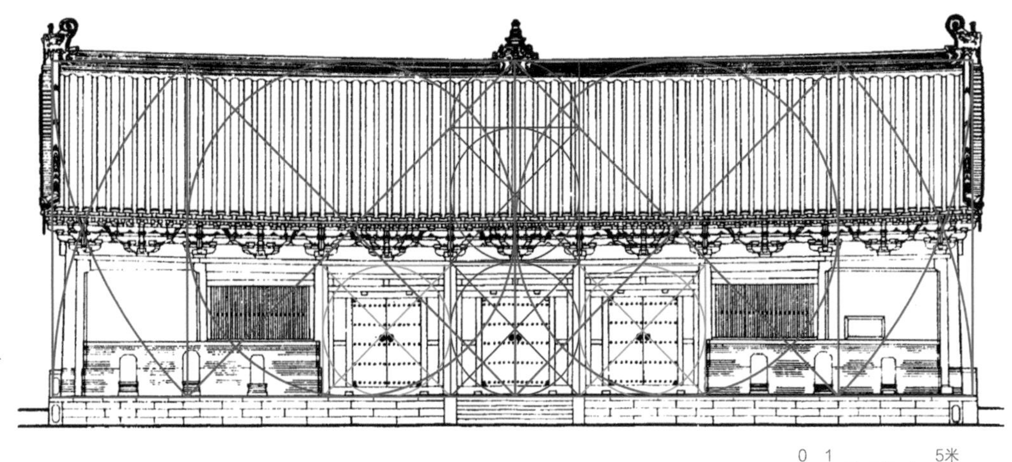

图7-28 山西五台山佛光寺文殊殿正立面分析图
底图来源:《佛光寺文殊殿的现状及修缮设计》(1995)

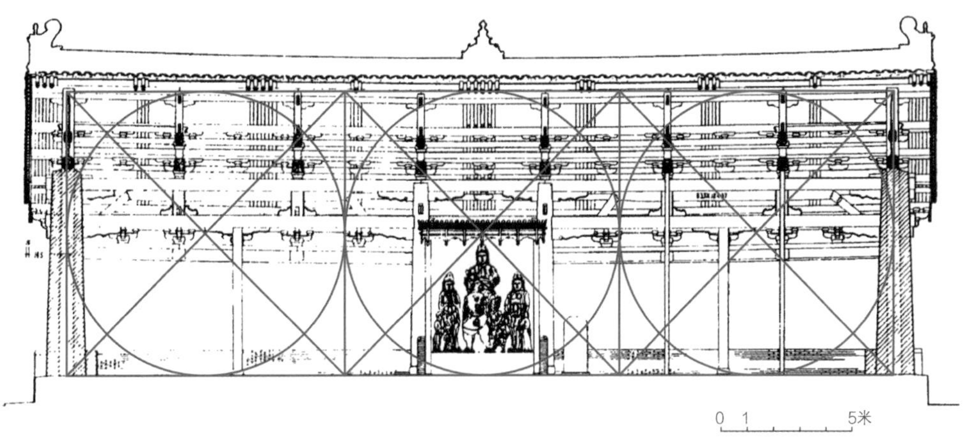

图7-29 山西五台山佛光寺文殊殿纵剖面分析图
底图来源:《佛光寺文殊殿的现状及修缮设计》(1995)

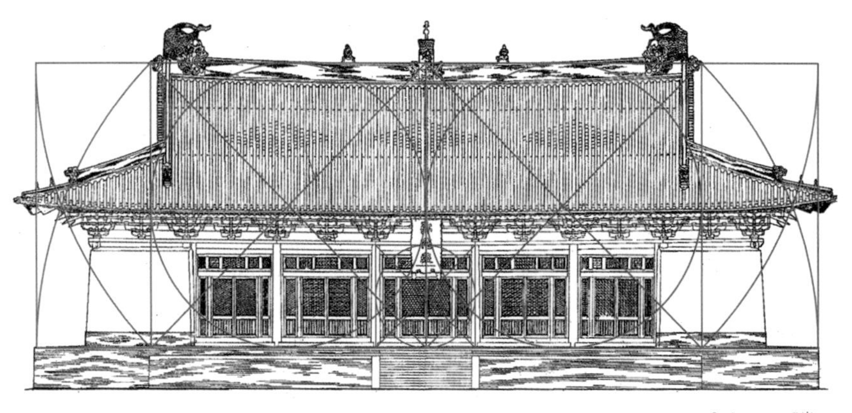

图7-30 朔州崇福寺弥陀殿正立面分析图
底图来源：《朔州崇福寺弥陀殿修缮工程报告》（1993）

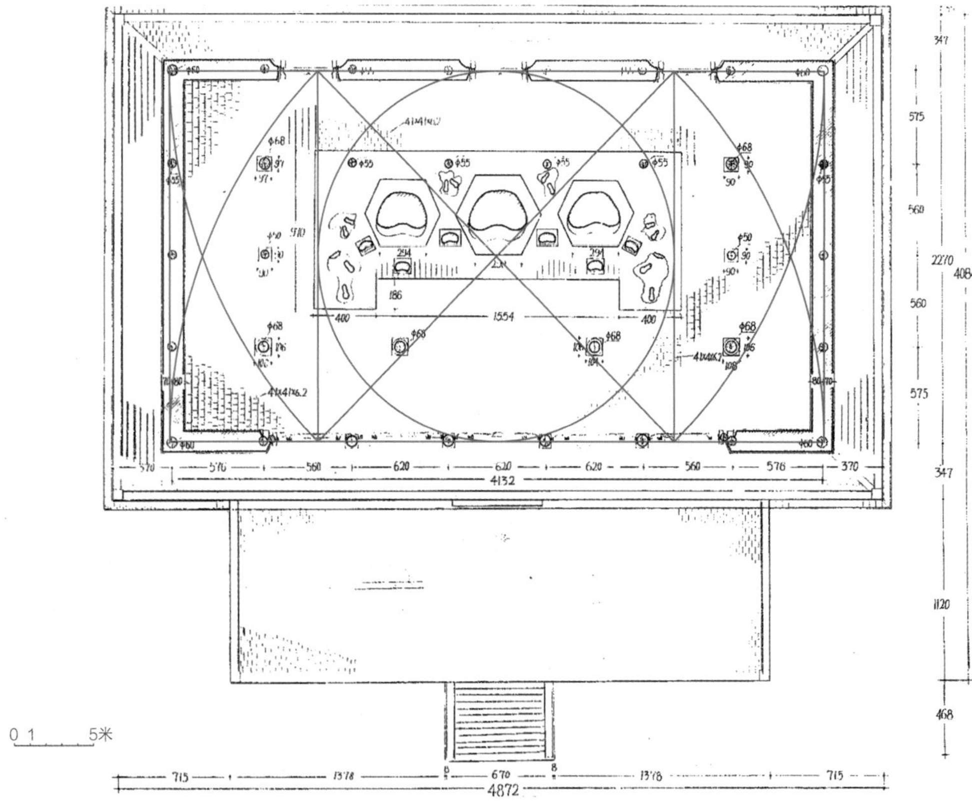

图7-31 朔州崇福寺弥陀殿平面分析图
底图来源：《朔州崇福寺弥陀殿修缮工程报告》（1993）

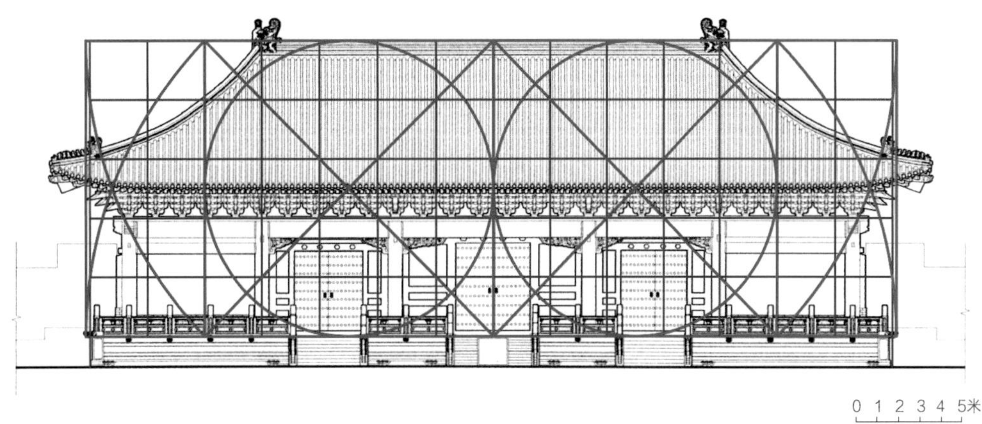

图7-32　北京太庙戟门正立面分析图一
底图来源：《东华图志：北京东城史迹录》(2005)

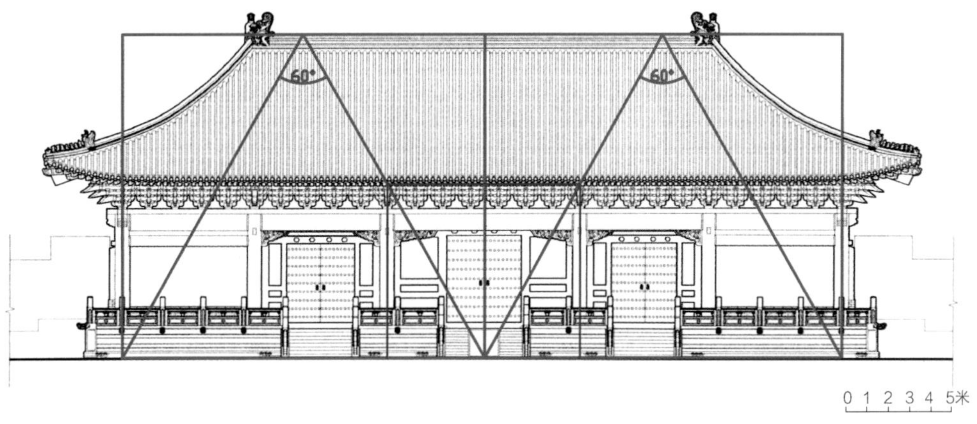

图7-33　北京太庙戟门正立面分析图二
底图来源：《东华图志：北京东城史迹录》(2005)

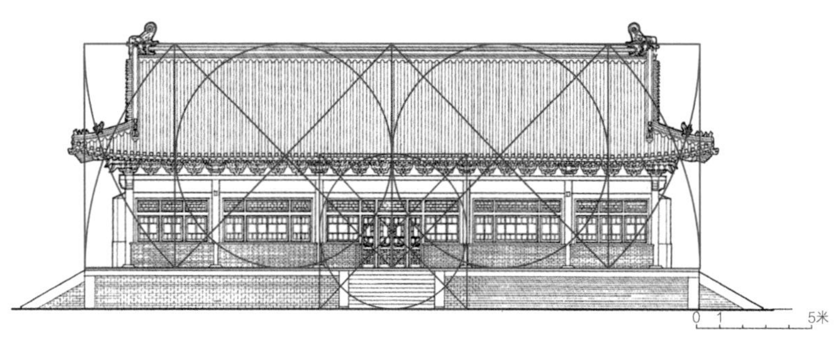

图7-34 北京先农坛俱服殿正立面分析图
底图来源:《宣南鸿雪图志》(1997)

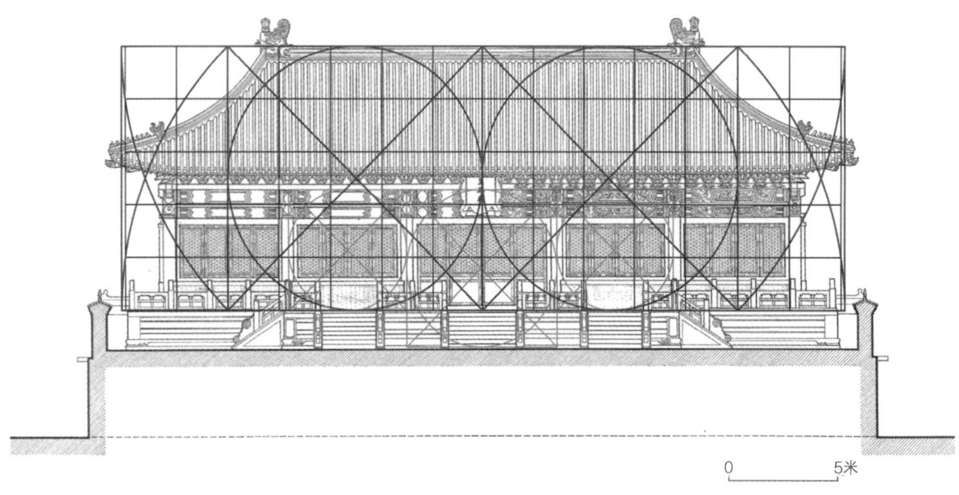

图7-35 北京天坛皇乾殿正立面分析图
底图来源:《北京城中轴线古建筑实测图集》(2017)

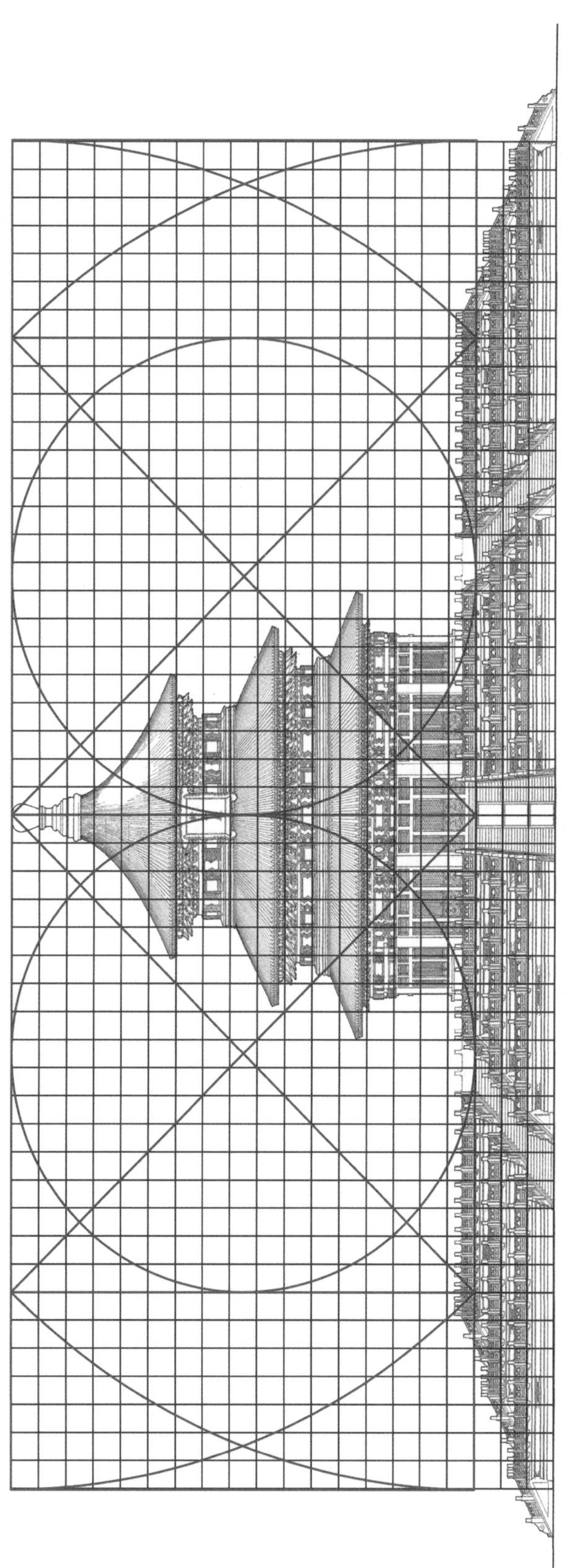

图7-36 北京天坛祈年殿正立面分析图一
底图来源：《北京城中轴线古建筑实测图集》(2017)

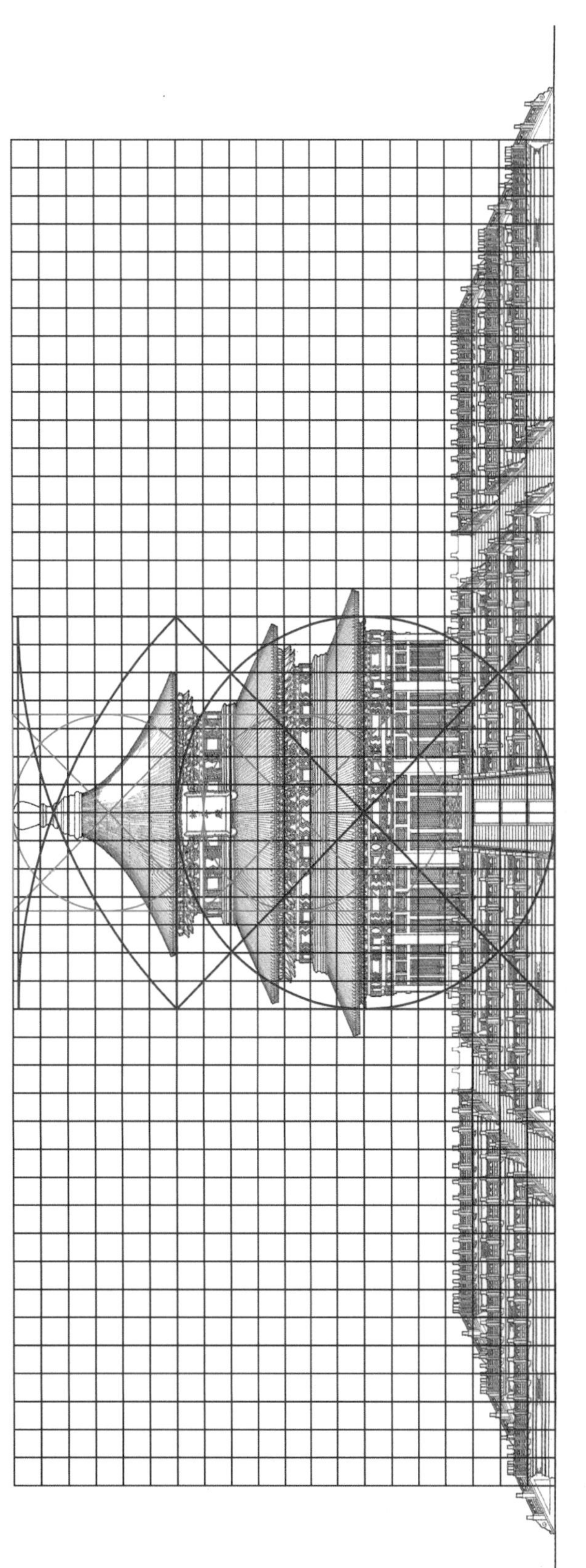

图7-37　北京天坛祈年殿正立面分析图二
底图来源：《北京城中轴线古建筑实测图集》(2017)

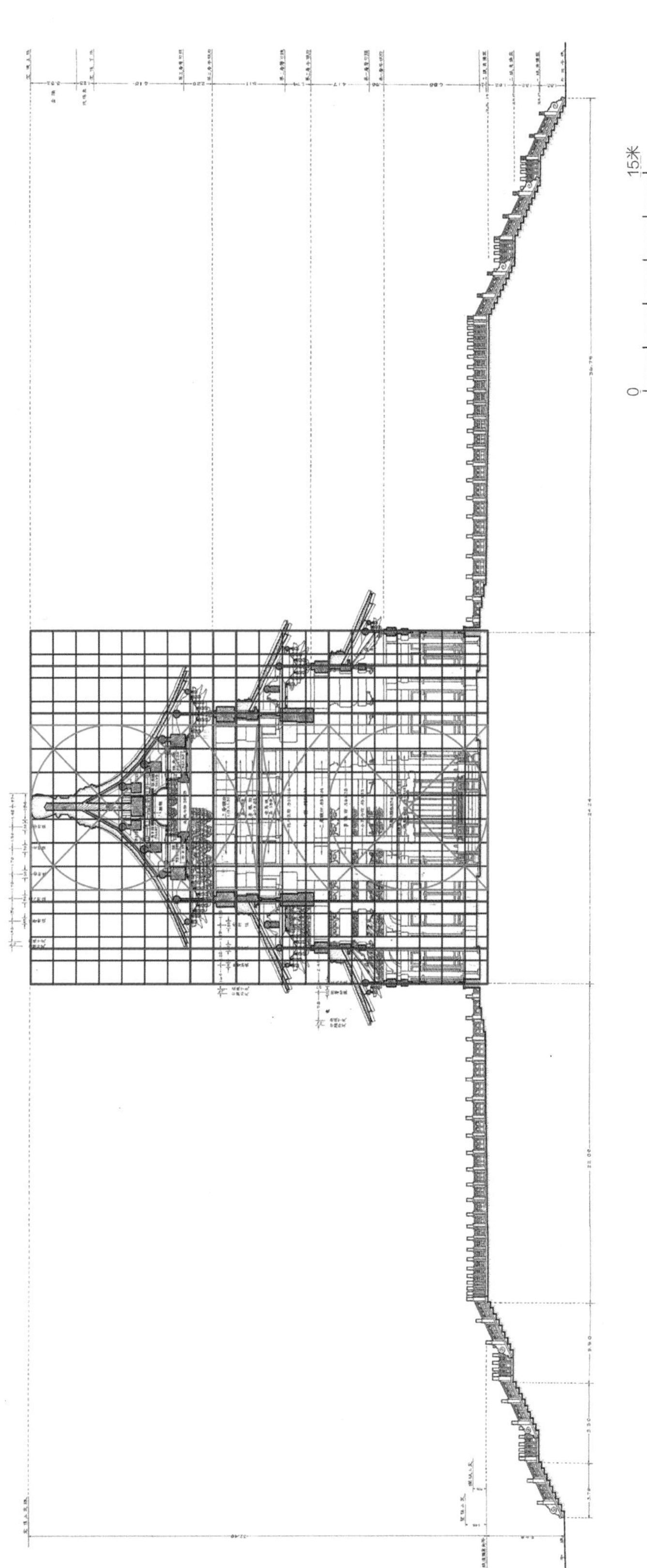

图7-38　北京天坛祈年殿剖面分析图
底图来源：《北京城中轴线古建筑实测图集》（2017）

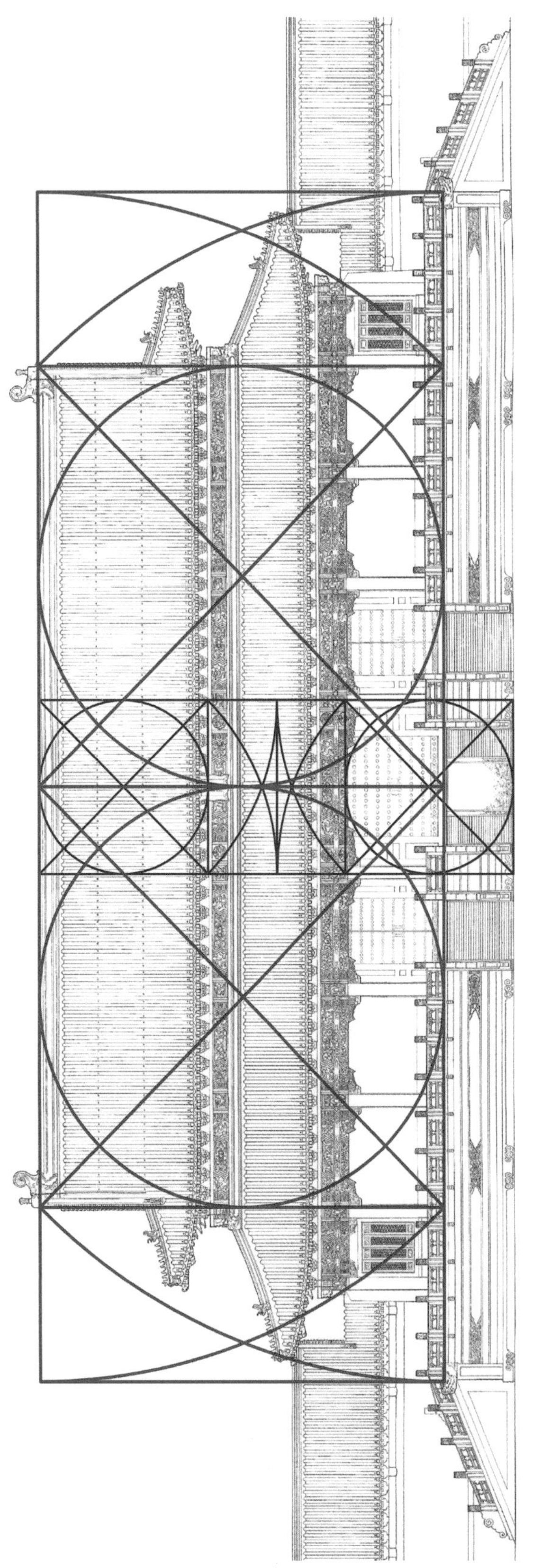

图7-39　北京紫禁城太和门正立面分析图一
底图来源：《北京城中轴线古建筑实测图集》(2017)

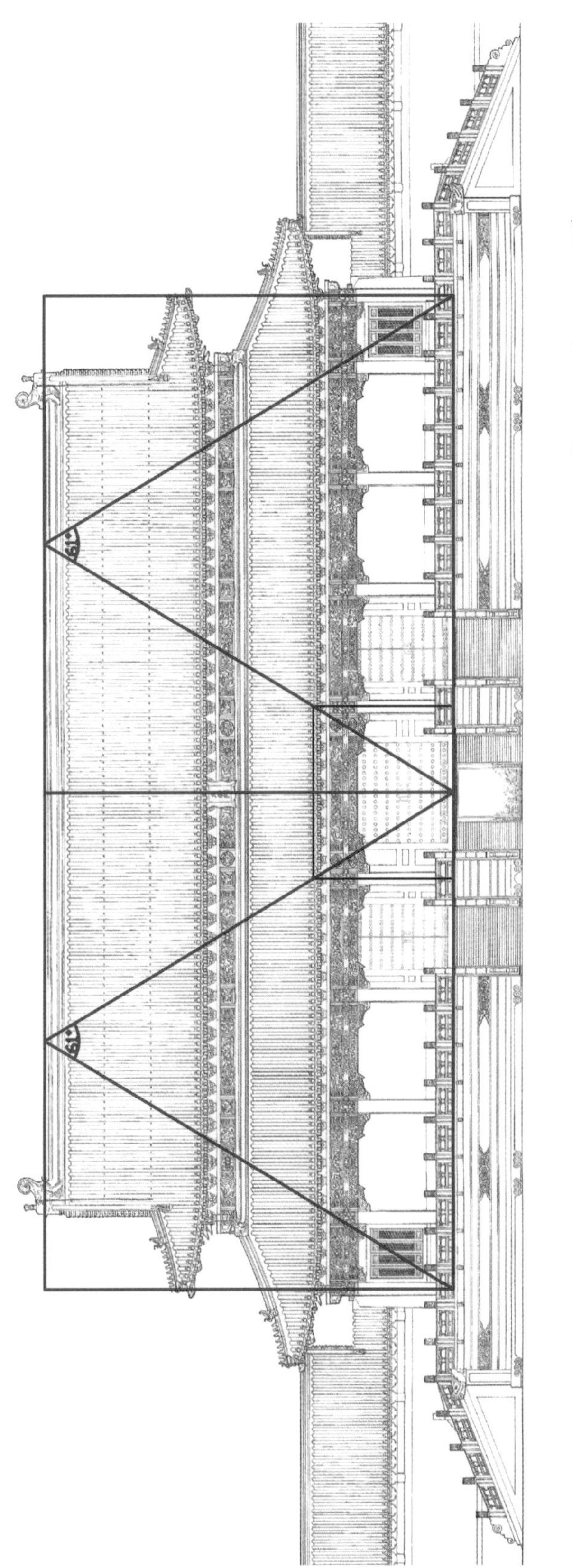

图7-40 北京紫禁城太和门正立面分析图二
底图来源：《北京城中轴线古建筑实测图集》(2017)

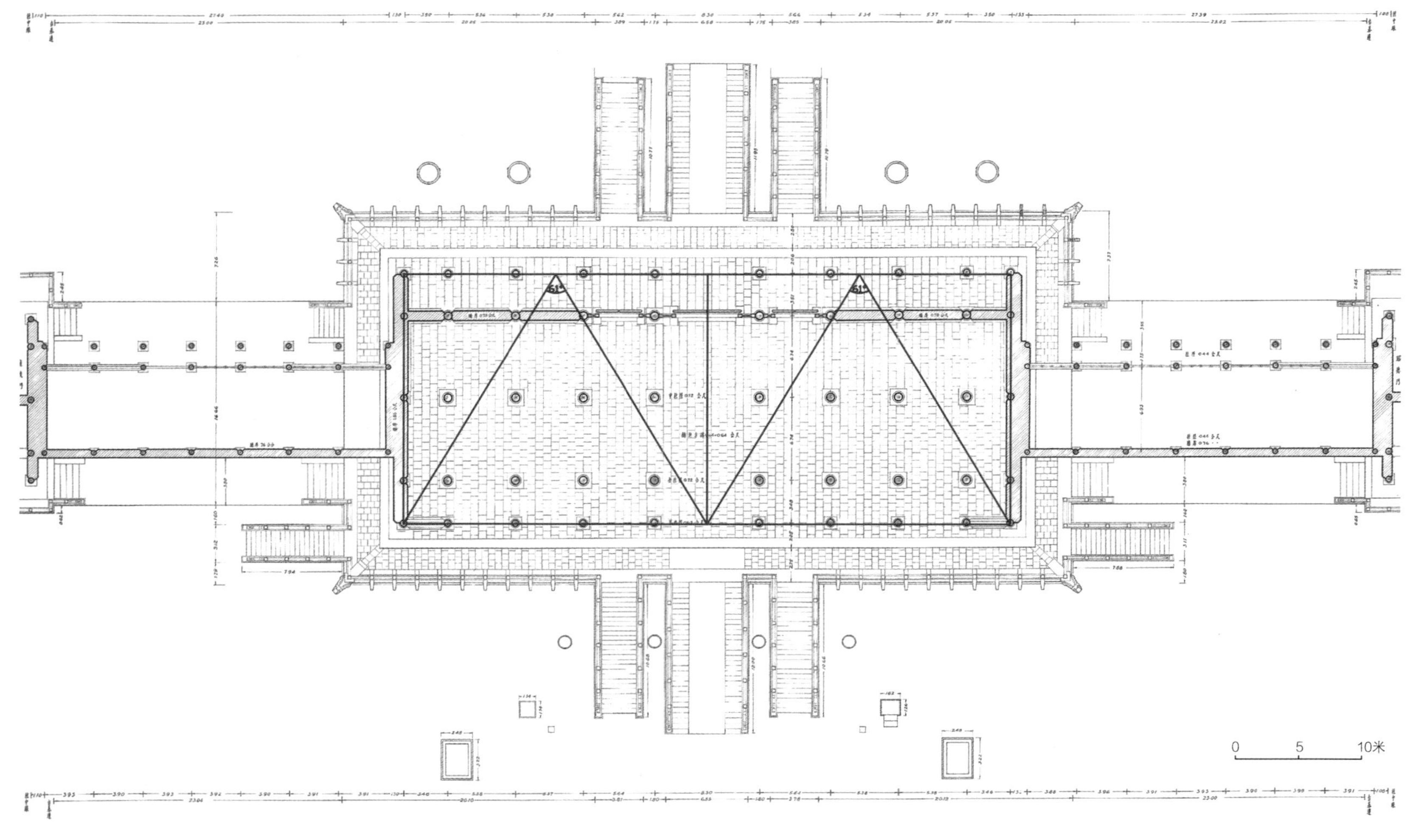

图7-41　北京紫禁城太和门平面分析图
底图来源：《北京城中轴线古建筑实测图集》(2017)

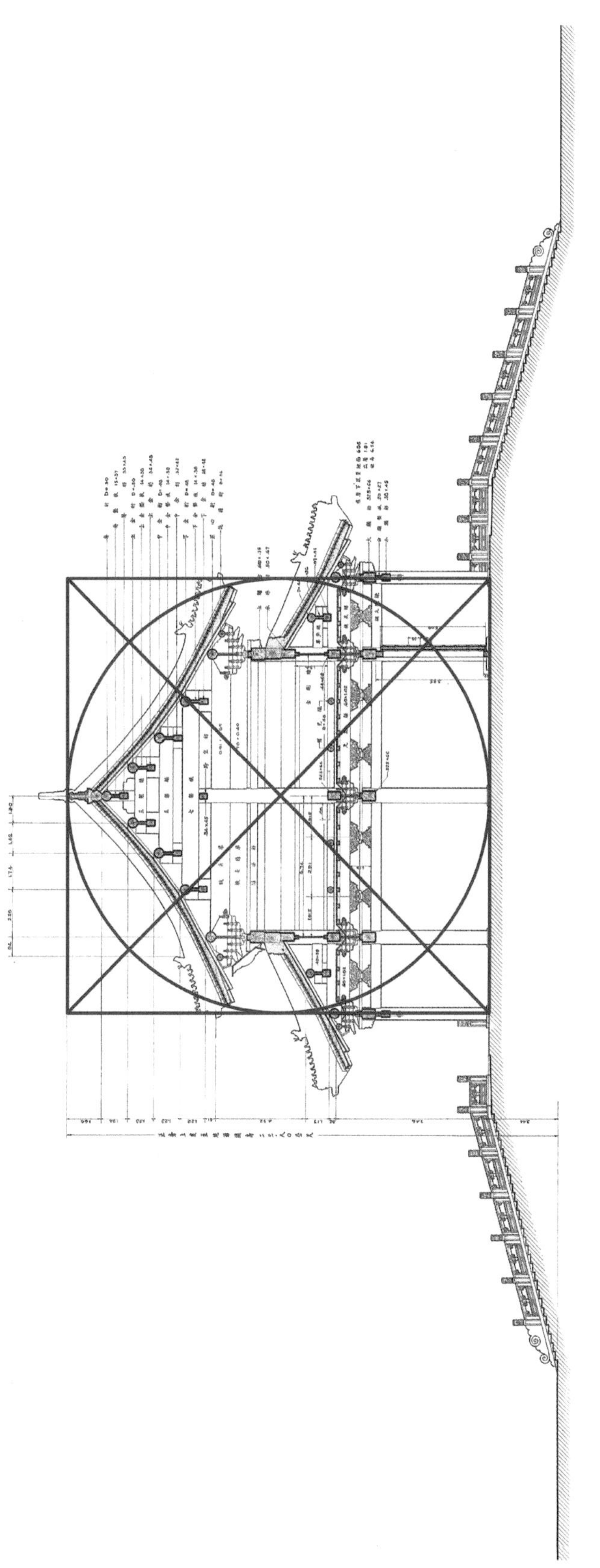

图7-42　北京紫禁城太和门横剖面分析图
底图来源：《北京城中轴线古建筑实测图集》（2017）

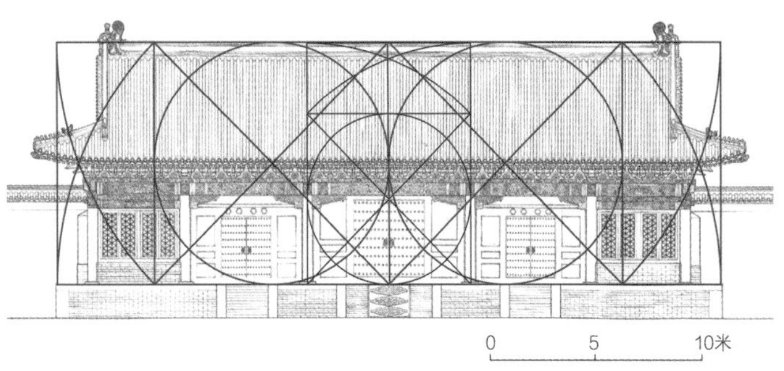

图7-43　北京紫禁城文华门正立面分析图
底图来源：《北京城中轴线古建筑实测图集》（2017）

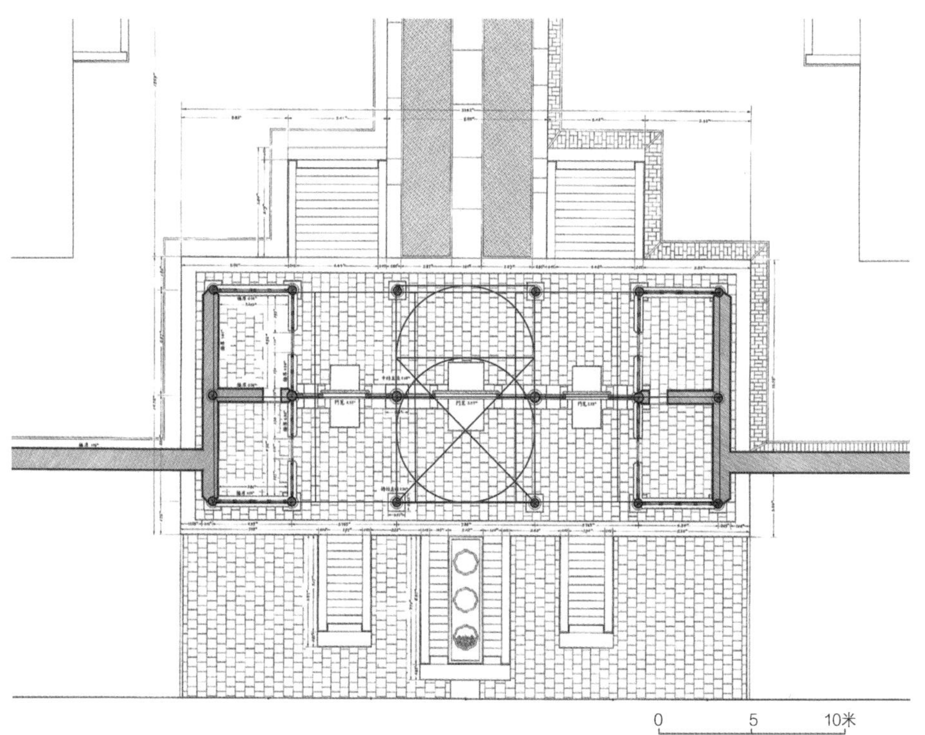

图7-44　北京紫禁城文华门平面分析图
底图来源：《北京城中轴线古建筑实测图集》（2017）

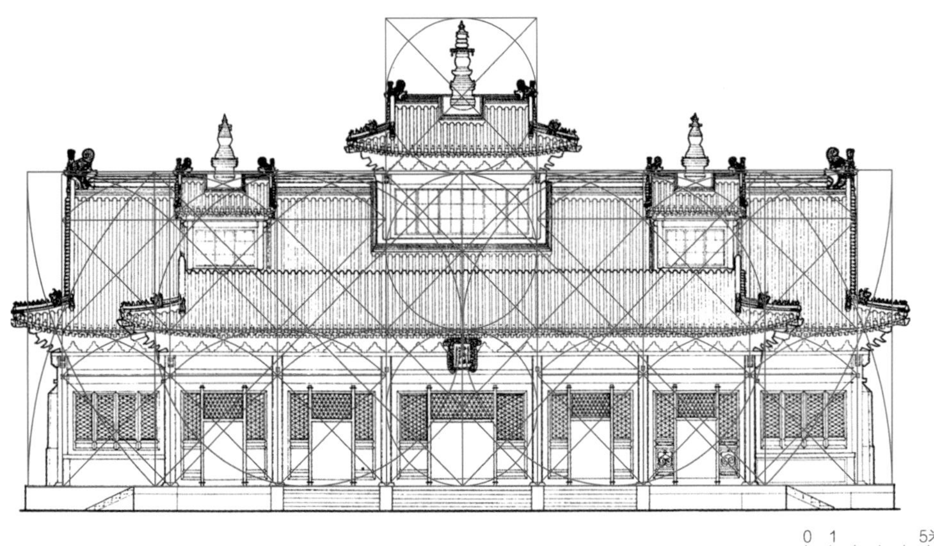

图7-45　北京雍和宫法轮殿正立面分析图一
底图来源：《东华图志：北京东城史迹录》（2005）

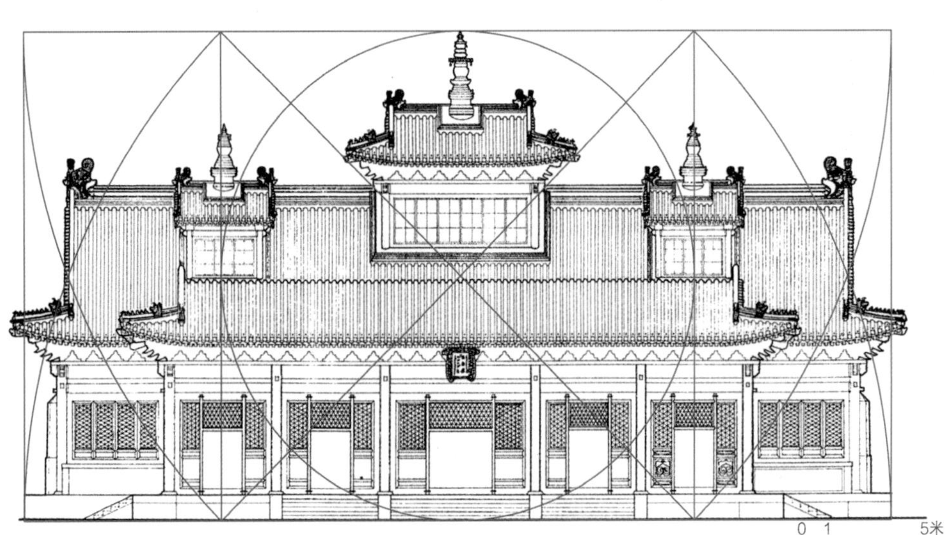

图7-46　北京雍和宫法轮殿正立面分析图二
底图来源：《东华图志：北京东城史迹录》（2005）

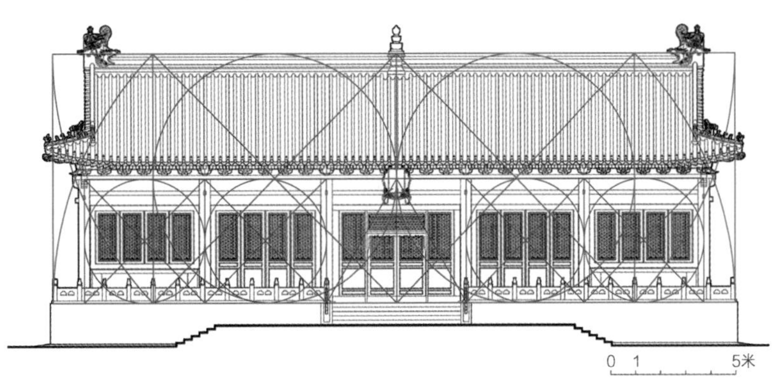

图7-47　山西五台山塔院寺延寿殿正立面分析图
底图来源：《中国古建筑测绘十年：2000~2010清华大学建筑学院测绘图集》（上册，2011）

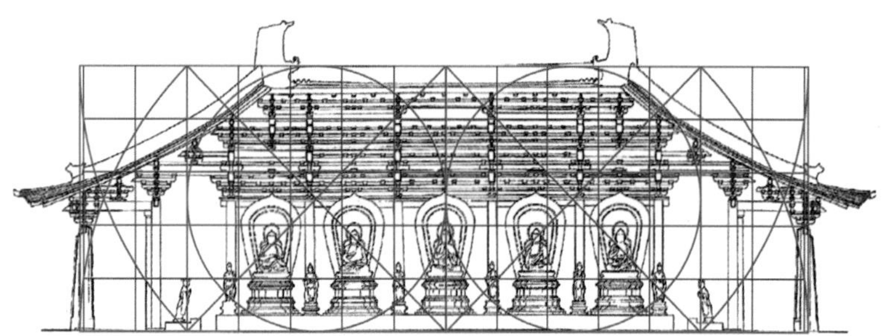

图7-48　大同上华严寺大雄宝殿纵剖面分析图
底图来源：《中国古代建筑史》（第三卷：宋、辽、金、西夏建筑，第二版，2009）

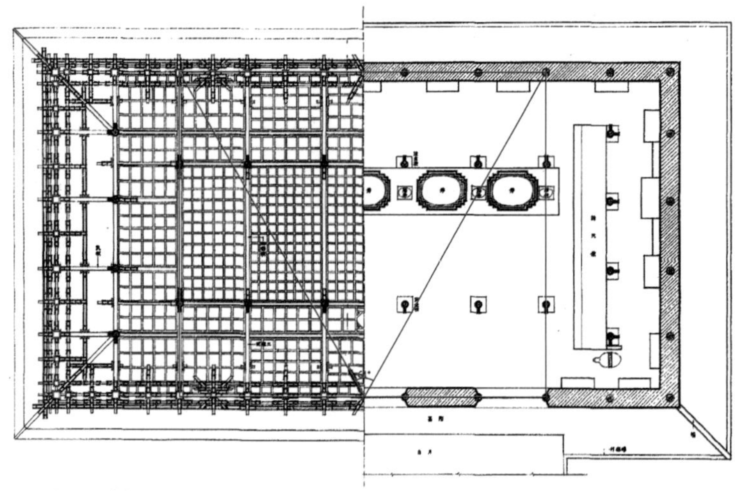

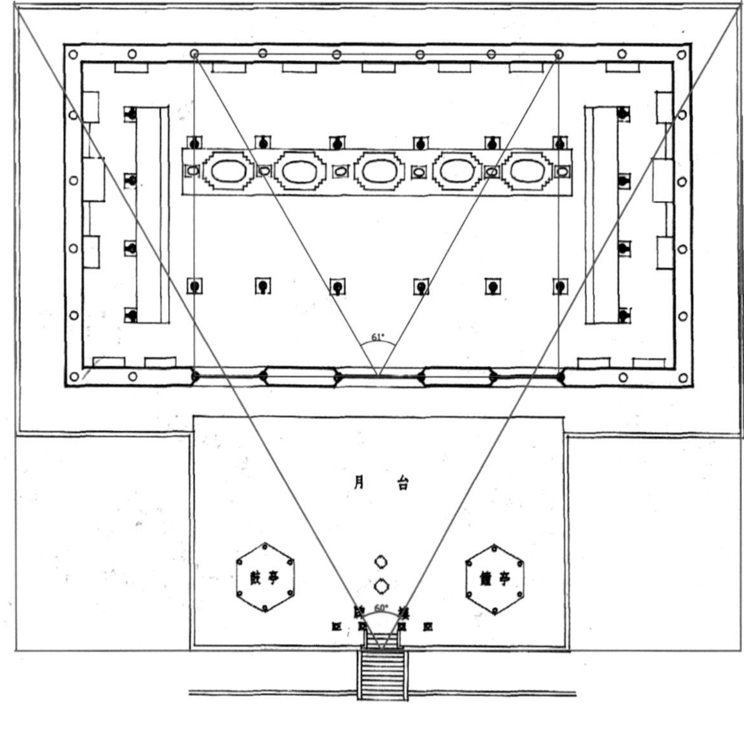

图7-49　大同上华严寺大雄宝殿平面分析图
底图来源：上：梁思成、刘敦桢《大同古建筑调查报告》（《中国营造学社汇刊》第四卷第三期，1934）；下：《中国古代建筑史》（第二版，1984）

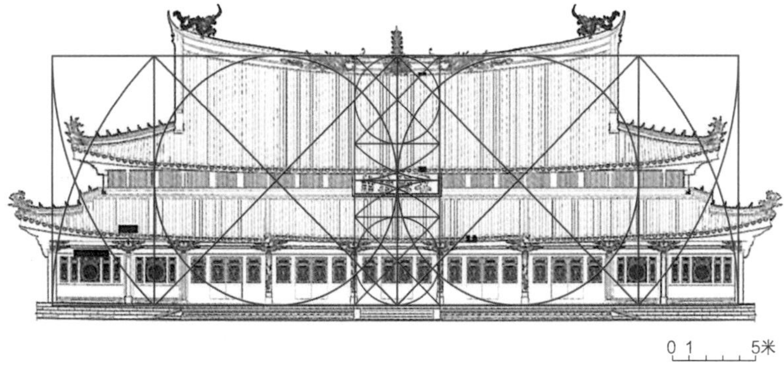

图7-50 福建泉州开元寺大殿正立面分析图一
底图来源：《福建古建筑》（2015）

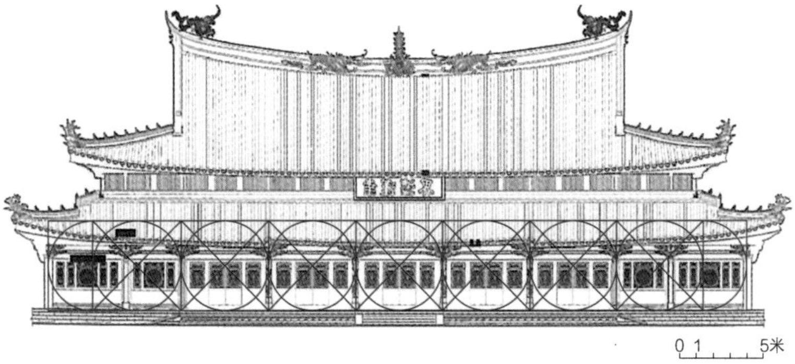

图7-51 福建泉州开元寺大殿正立面分析图二
底图来源：《福建古建筑》（2015）

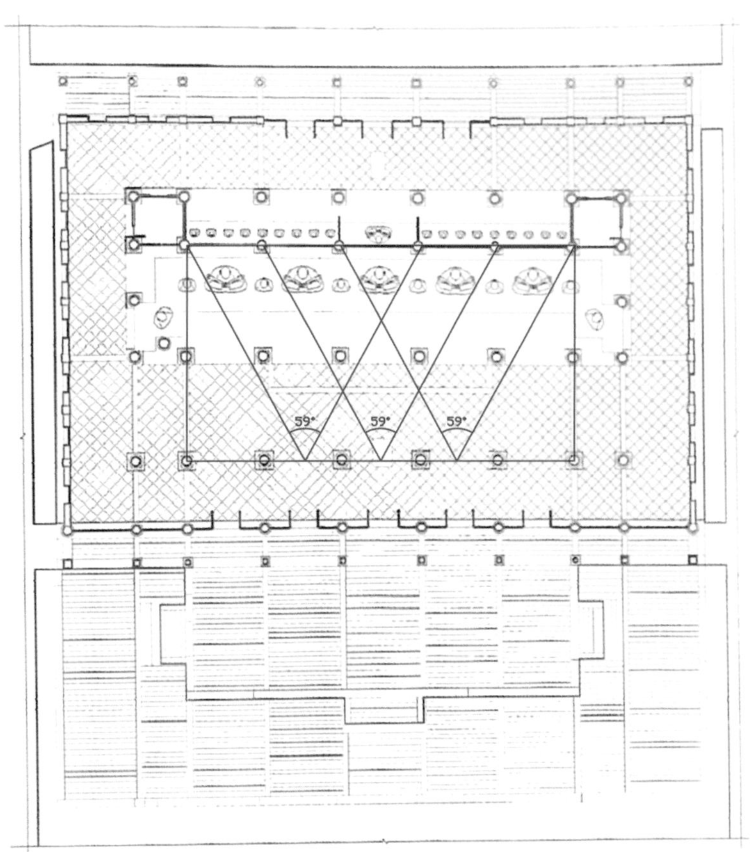

图7-52 福建泉州开元寺大殿平面分析图
底图来源：《福建古建筑》（2015）

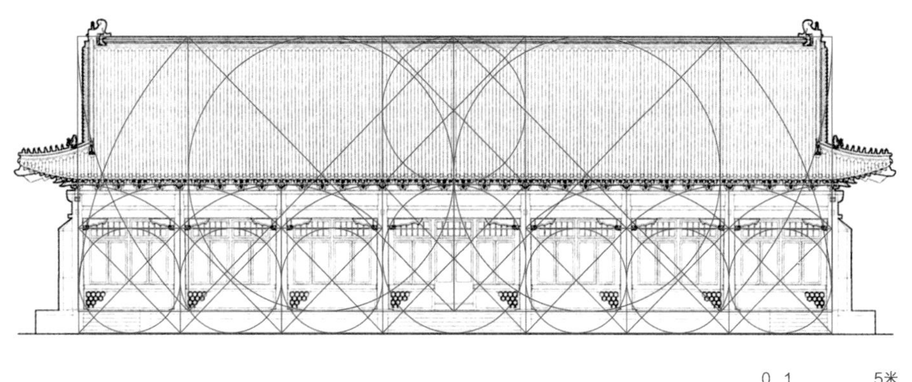

图7-53 北京孚王府寝殿正立面分析图
底图来源：《东华图志：北京东城史迹录》（2005）

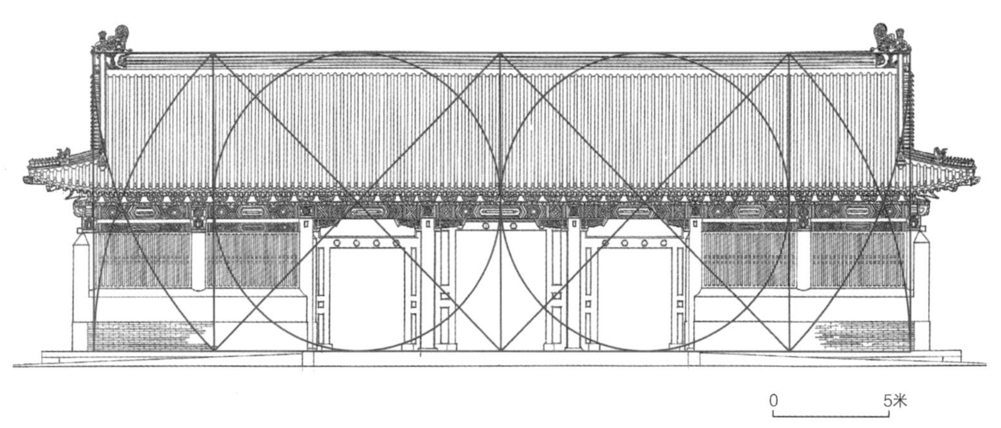

图7-54 北京地安门正立面分析图
底图来源：《北京城中轴线古建筑实测图集》（2017）

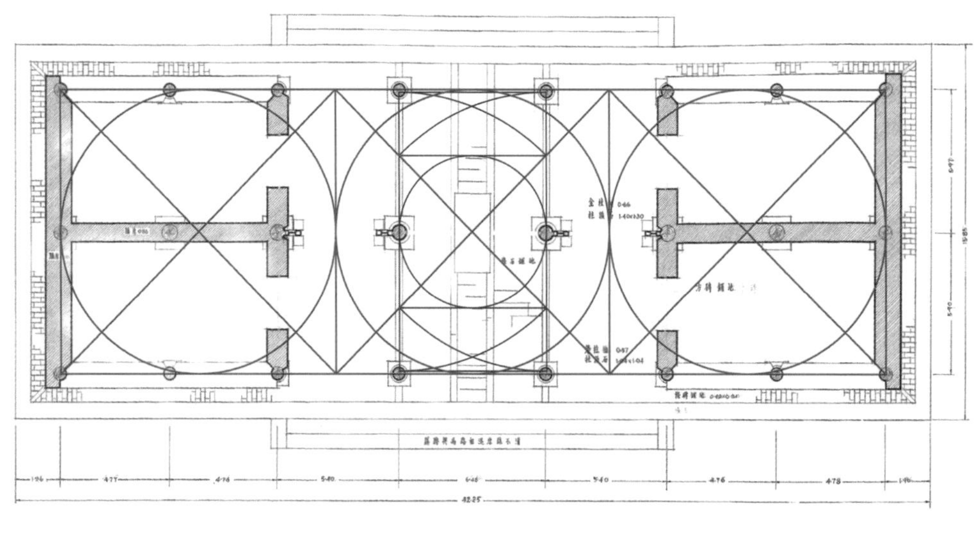

图7-55 北京地安门平面分析图
底图来源：《北京城中轴线古建筑实测图集》（2017）

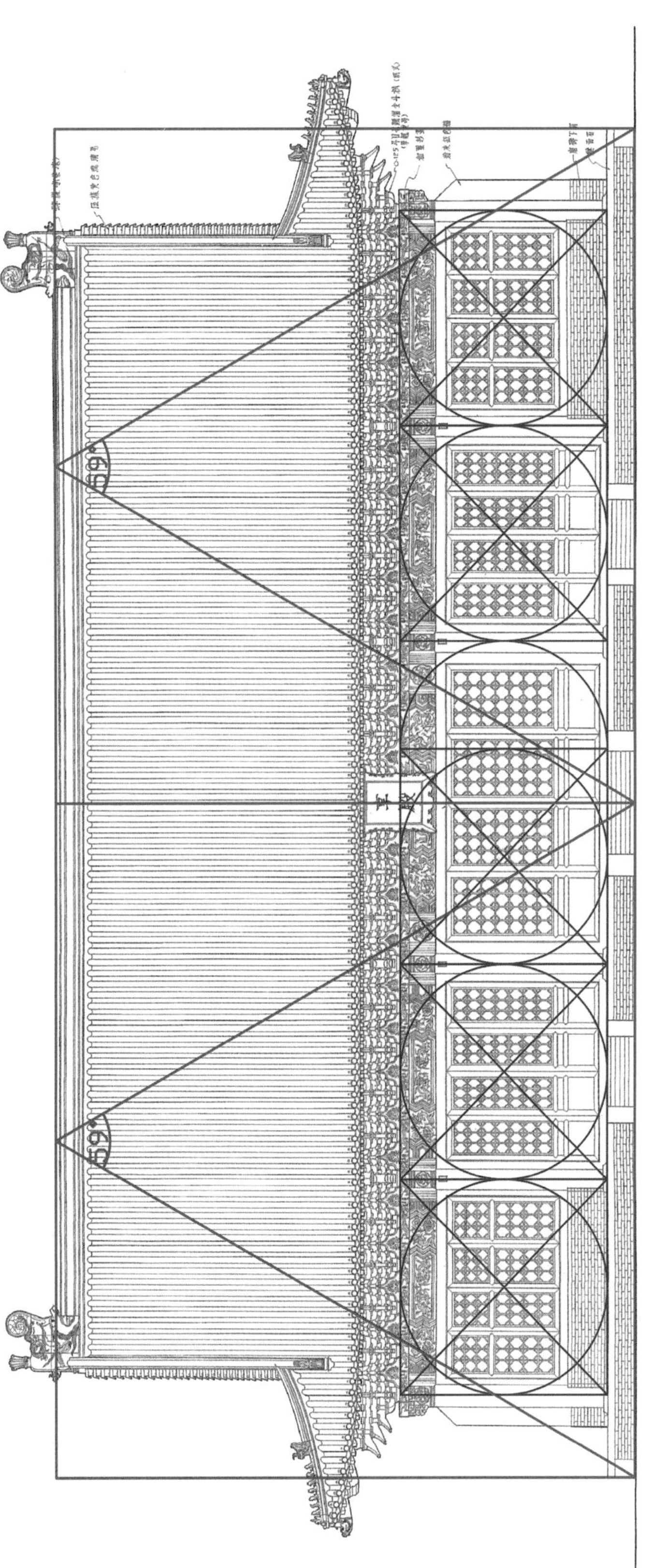

图7-56 北京社稷坛享殿正立面分析图
底图来源：《北京城中轴线古建筑实测图集》(2017)

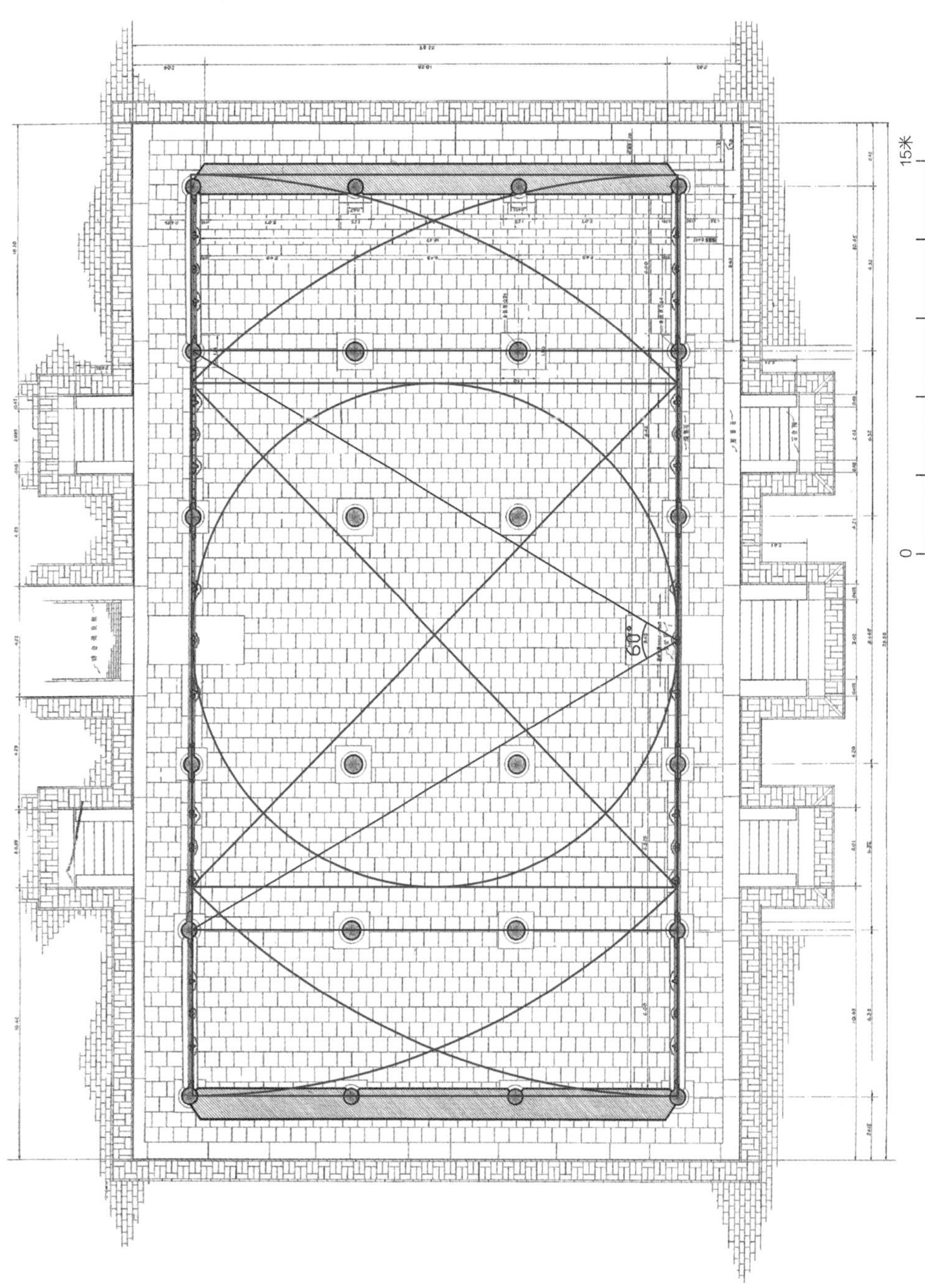

图7-57　北京社稷坛享殿平面分析图
底图来源：《北京城中轴线古建筑实测图集》(2017)

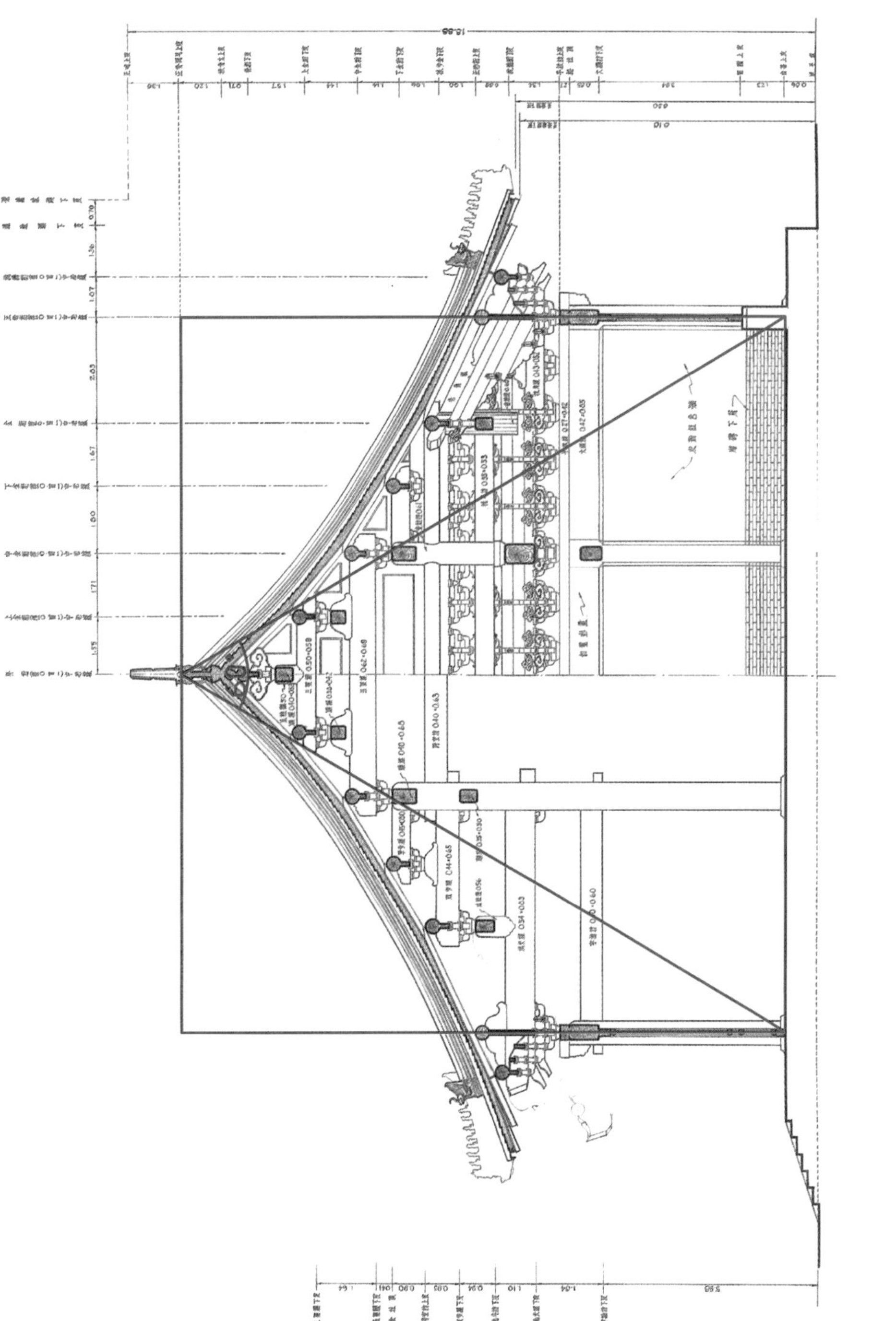

图7-58 北京社稷坛享殿横剖面分析图
底图来源：《北京城中轴线古建筑实测图集》(2017)

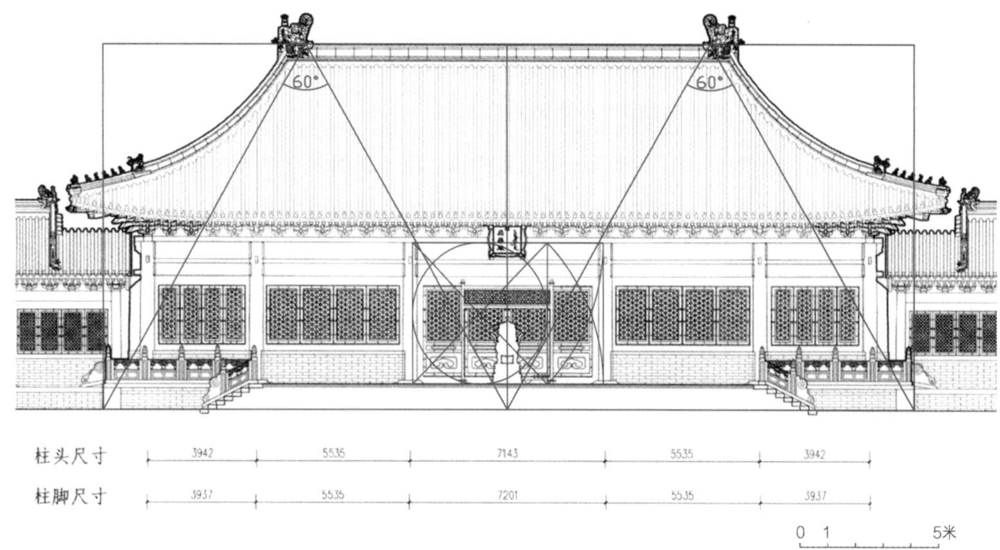

图7-59　北京紫禁城英华殿正立面分析图一
底图来源：《北京紫禁城》(2009)

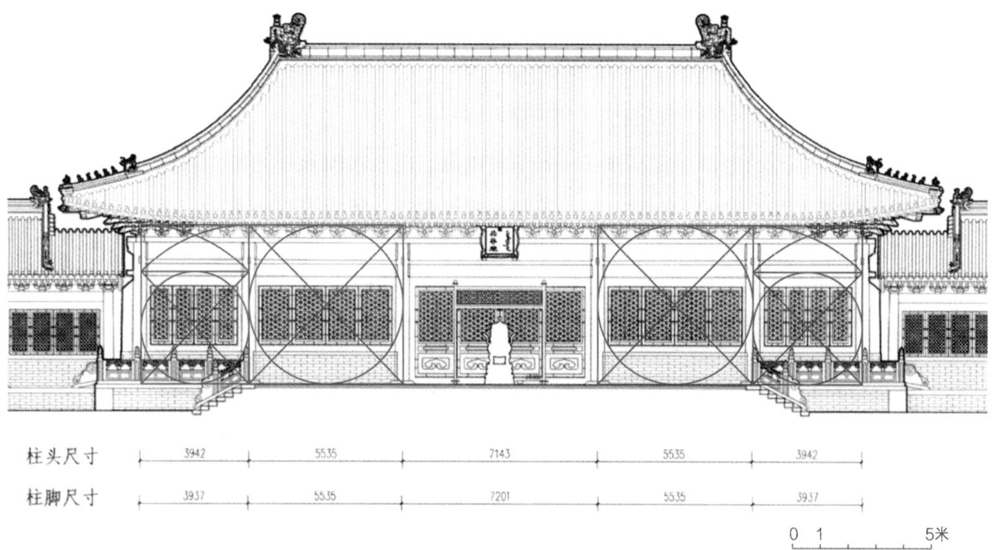

图7-60　北京紫禁城英华殿正立面分析图二
底图来源：《北京紫禁城》(2009)

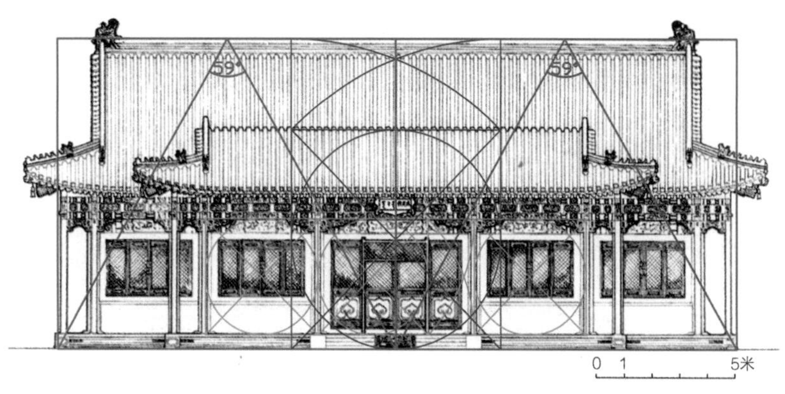

图7-61　北京紫禁城慈宁宫花园咸若馆正立面分析图
底图来源：《中国皇家园林》(2013)

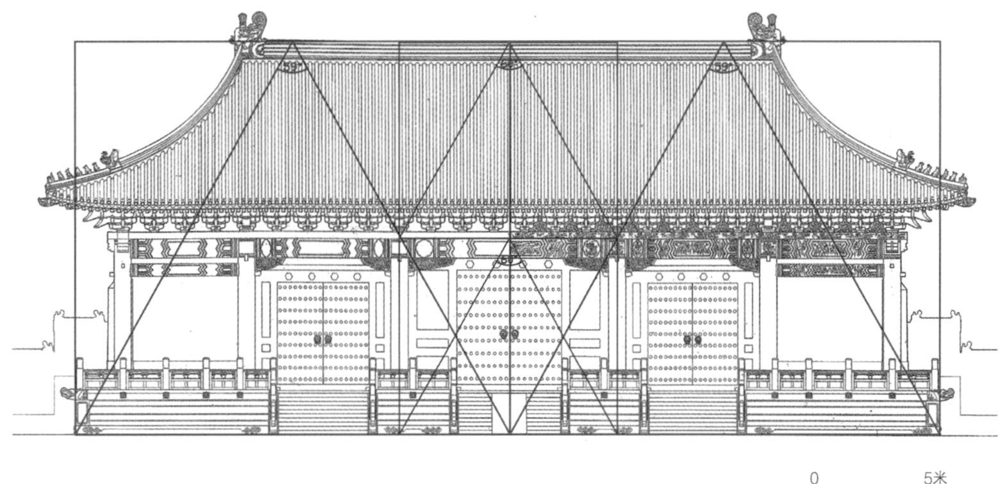

图7-62　北京天坛祈年门正立面分析图一
底图来源：《北京城中轴线古建筑实测图集》（2017）

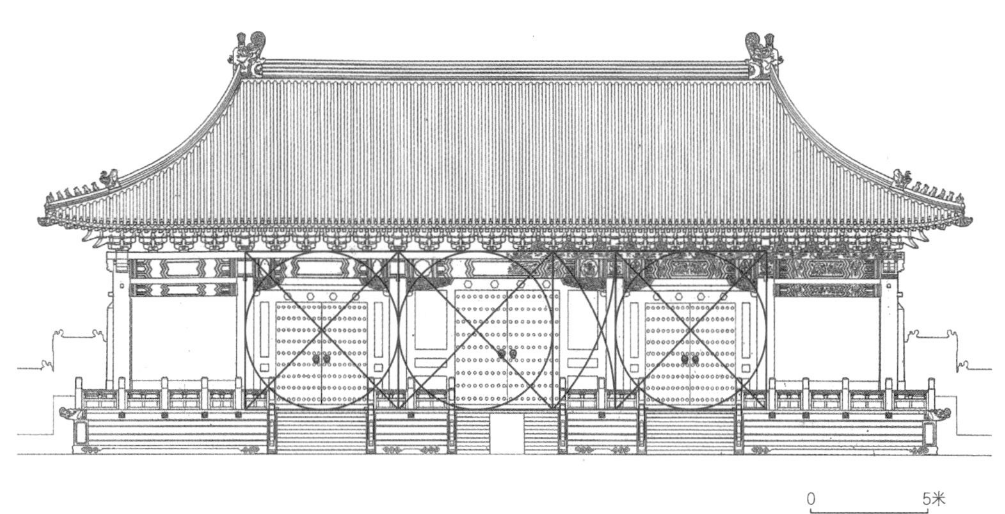

图7-63　北京天坛祈年门正立面分析图二
底图来源：《北京城中轴线古建筑实测图集》（2017）

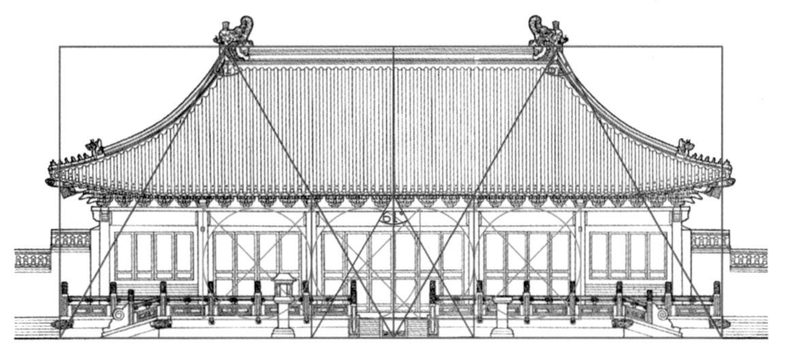

图7-64　北京先农坛庆成宫大殿正立面分析图
底图来源：《宣南鸿雪图志》（1997）

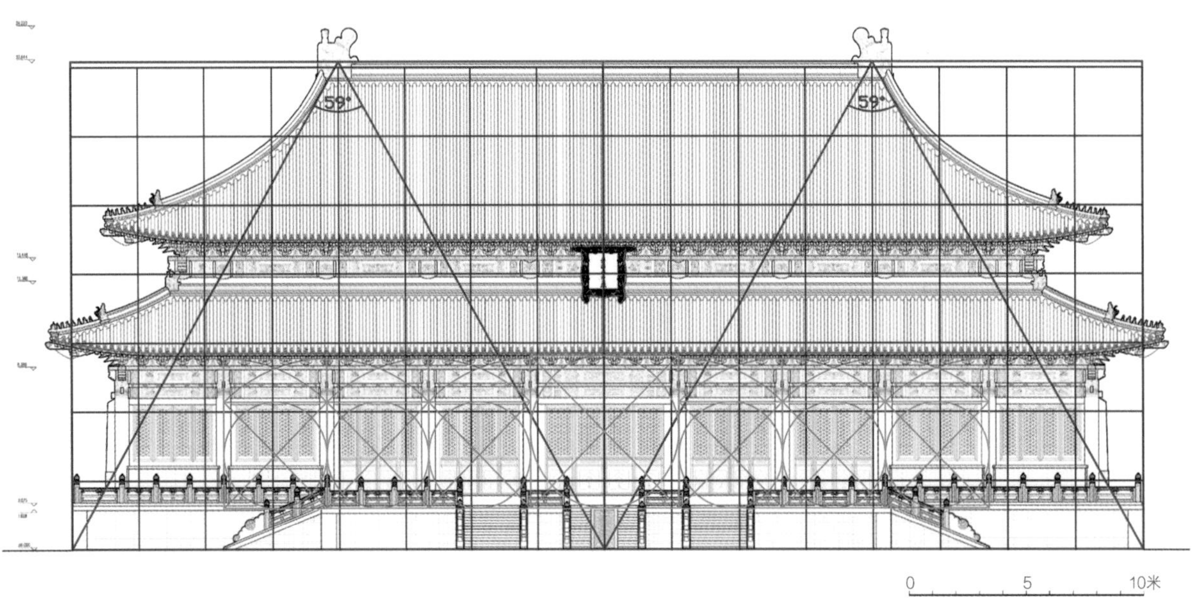

图7-65 北京历代帝王庙正立面分析图
底图来源：王南、王军、唐恒鲁、李沁园、李诗卉2015年实测，唐恒鲁绘图

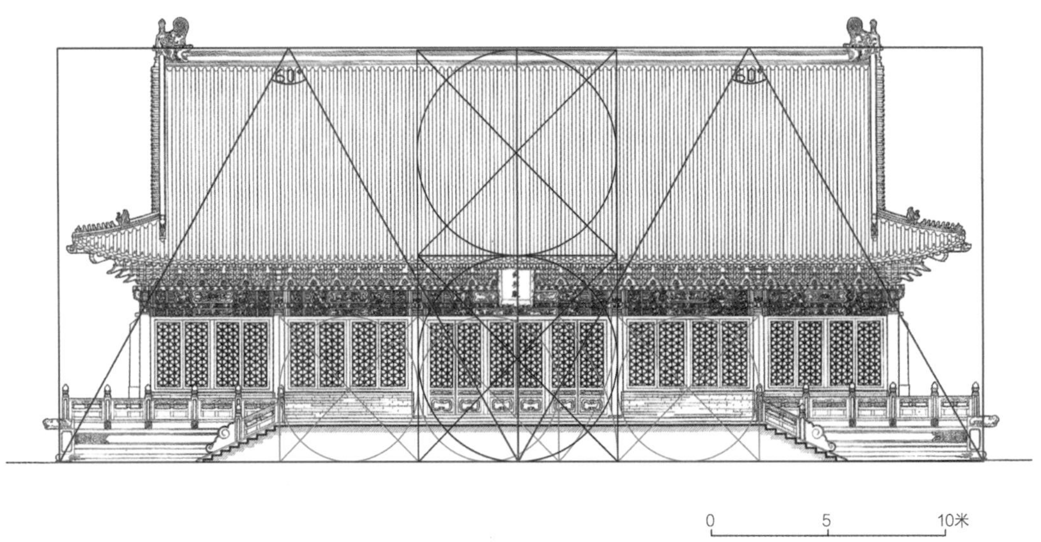

图7-66 北京紫禁城武英殿正立面分析图
底图来源：《北京城中轴线古建筑实测图集》(2017)

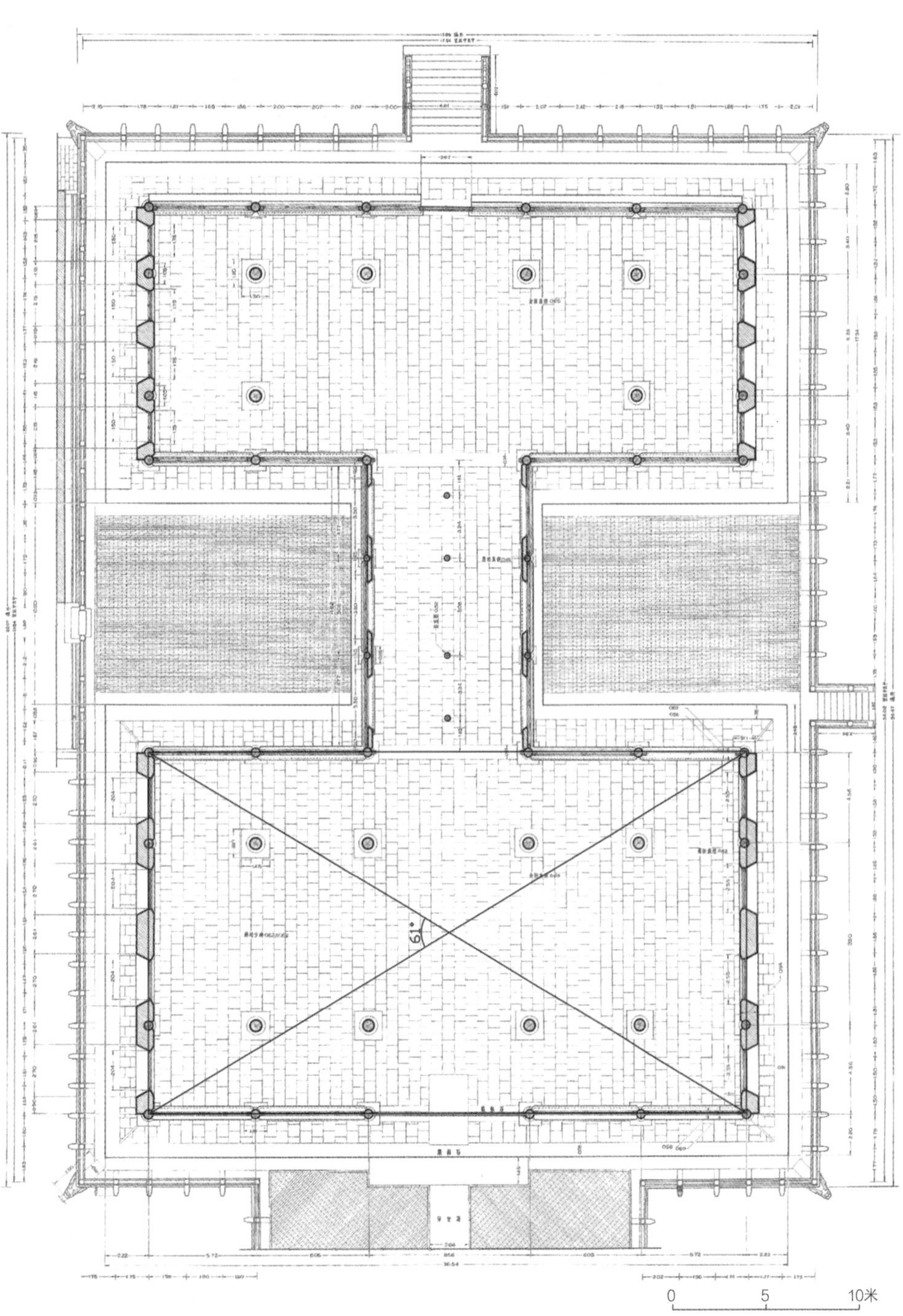

图7-67　北京紫禁城武英殿平面分析图
底图来源：《北京城中轴线古建筑实测图集》(2017)

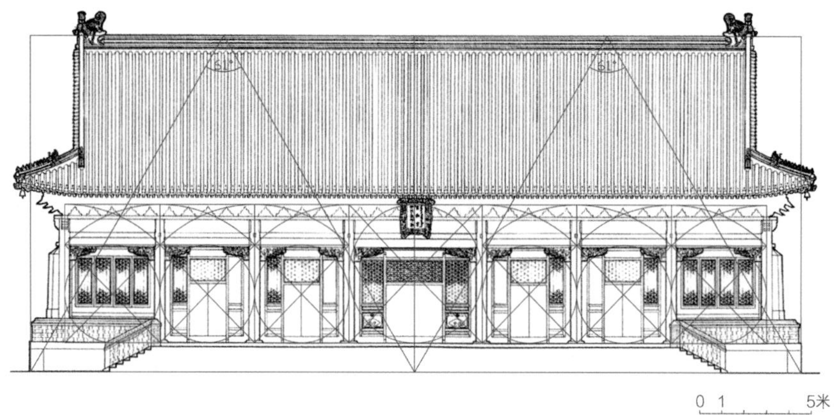

图7-68　北京雍和宫雍和宫殿正立面分析图
底图来源：《东华图志：北京东城史迹录》（2005）

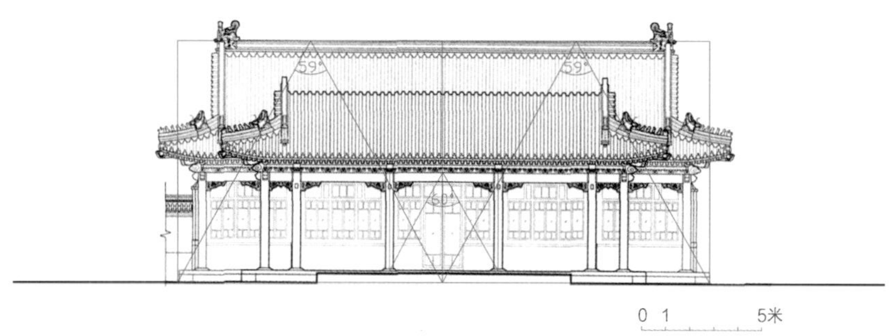

图7-69　北京吉安所大殿正立面分析图
底图来源：《东华图志：北京东城史迹录》（2005）

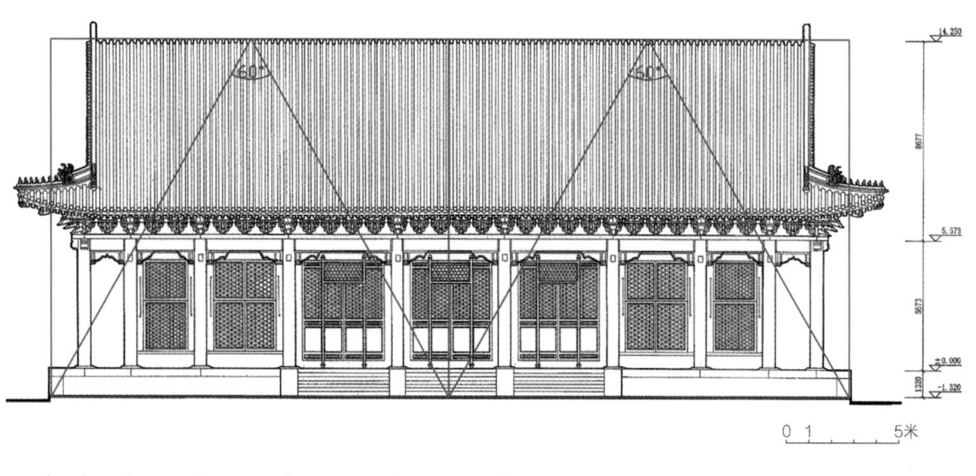

图7-70　北京颐和园仁寿殿正立面分析图
底图来源：《中国古建筑测绘大系·园林建筑：颐和园》（2015）

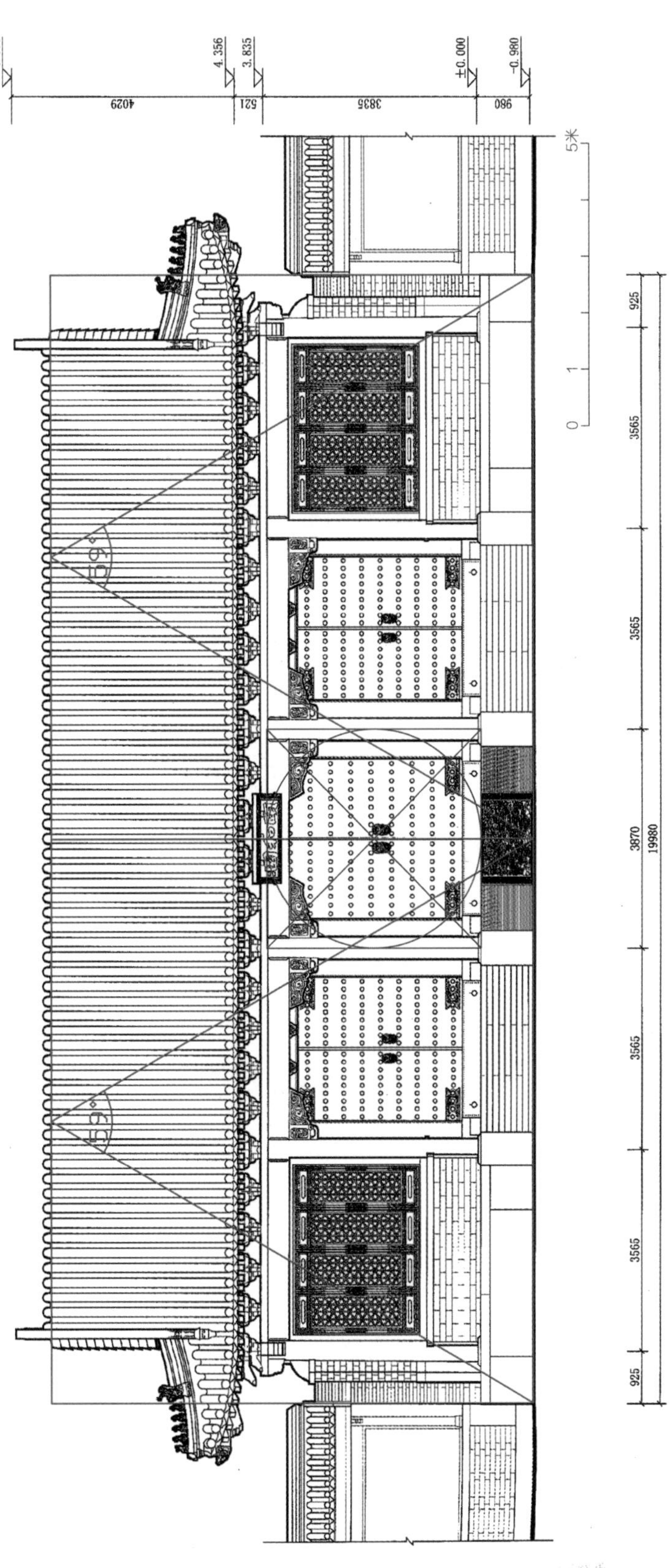

图7-71 颐和园东宫门正立面分析图
底图来源：《中国古建筑测绘大系·园林建筑：颐和园》(2015)

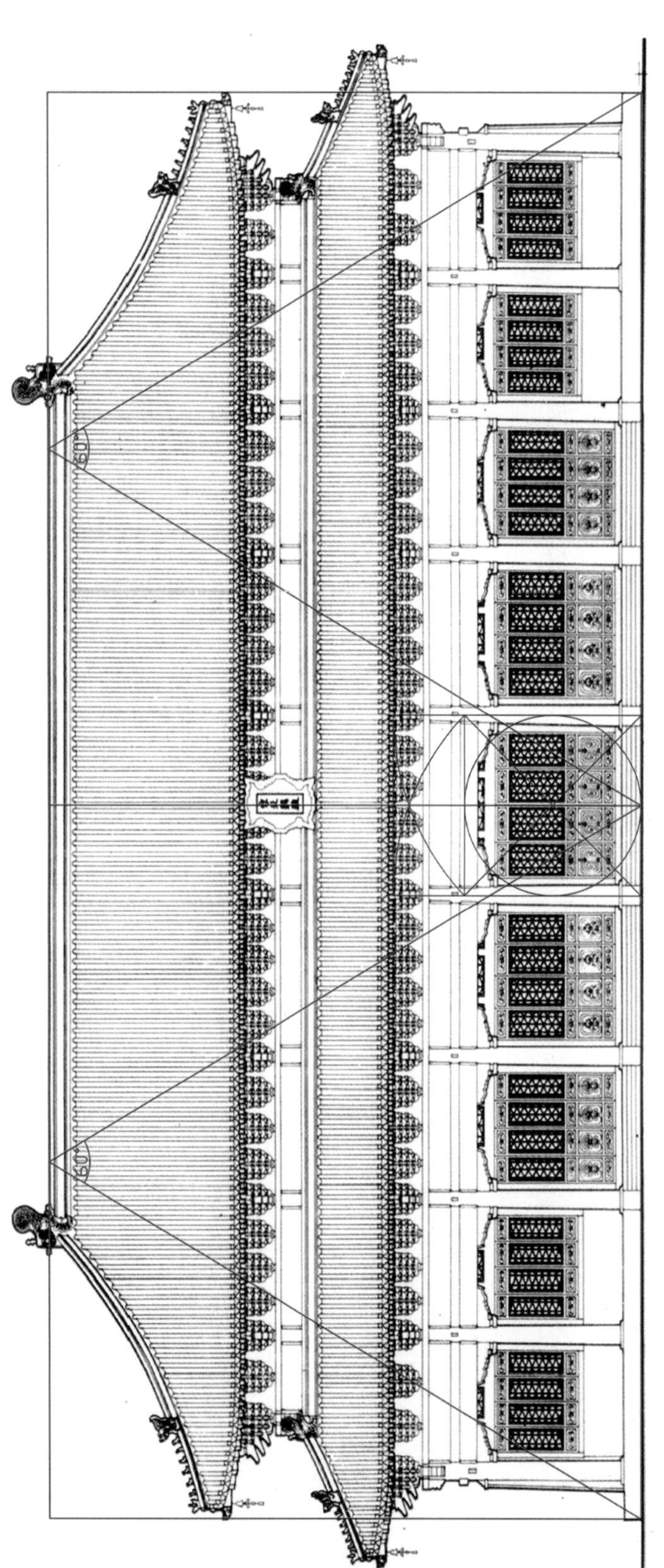

图7-72 山东泰山岱庙天贶殿正立面分析图
底图来源:《岱庙》(2005)

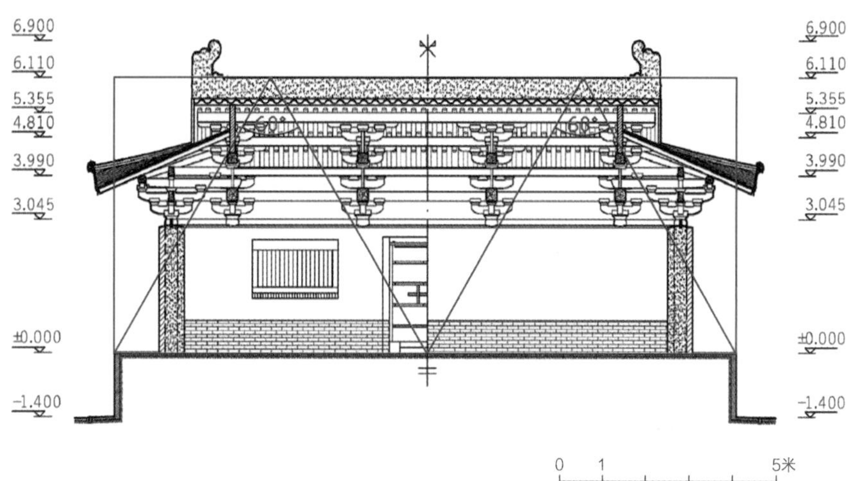

图7-73 山西芮城广仁王庙大殿纵剖面分析图
底图来源：《山西芮城广仁王庙唐代木构大殿》（《文物》2014年第8期）

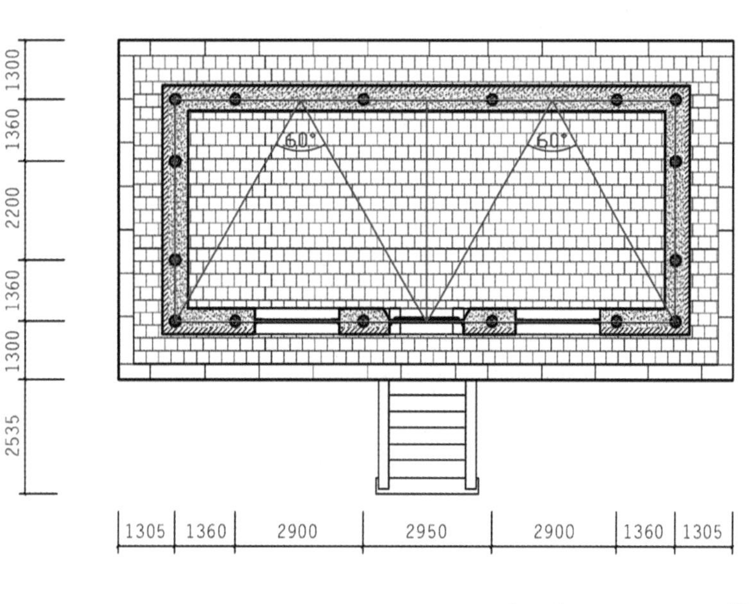

图7-74 山西芮城广仁王庙大殿平面分析图
底图来源：《山西芮城广仁王庙唐代木构大殿》（《文物》2014年第8期）

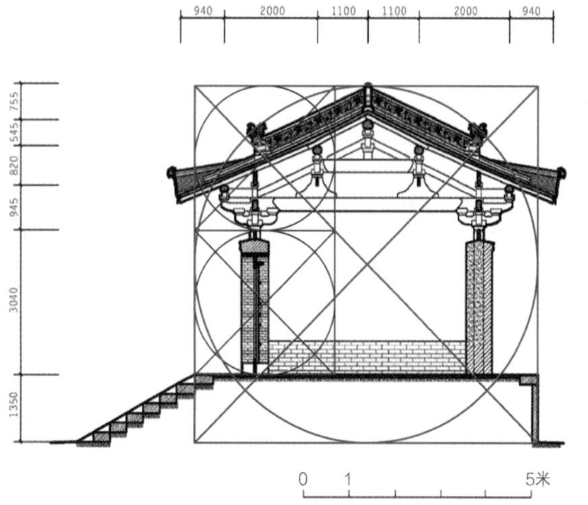

图7-75 山西芮城广仁王庙大殿横剖面分析图
底图来源：《山西芮城广仁王庙唐代木构大殿》（《文物》2014年第8期）

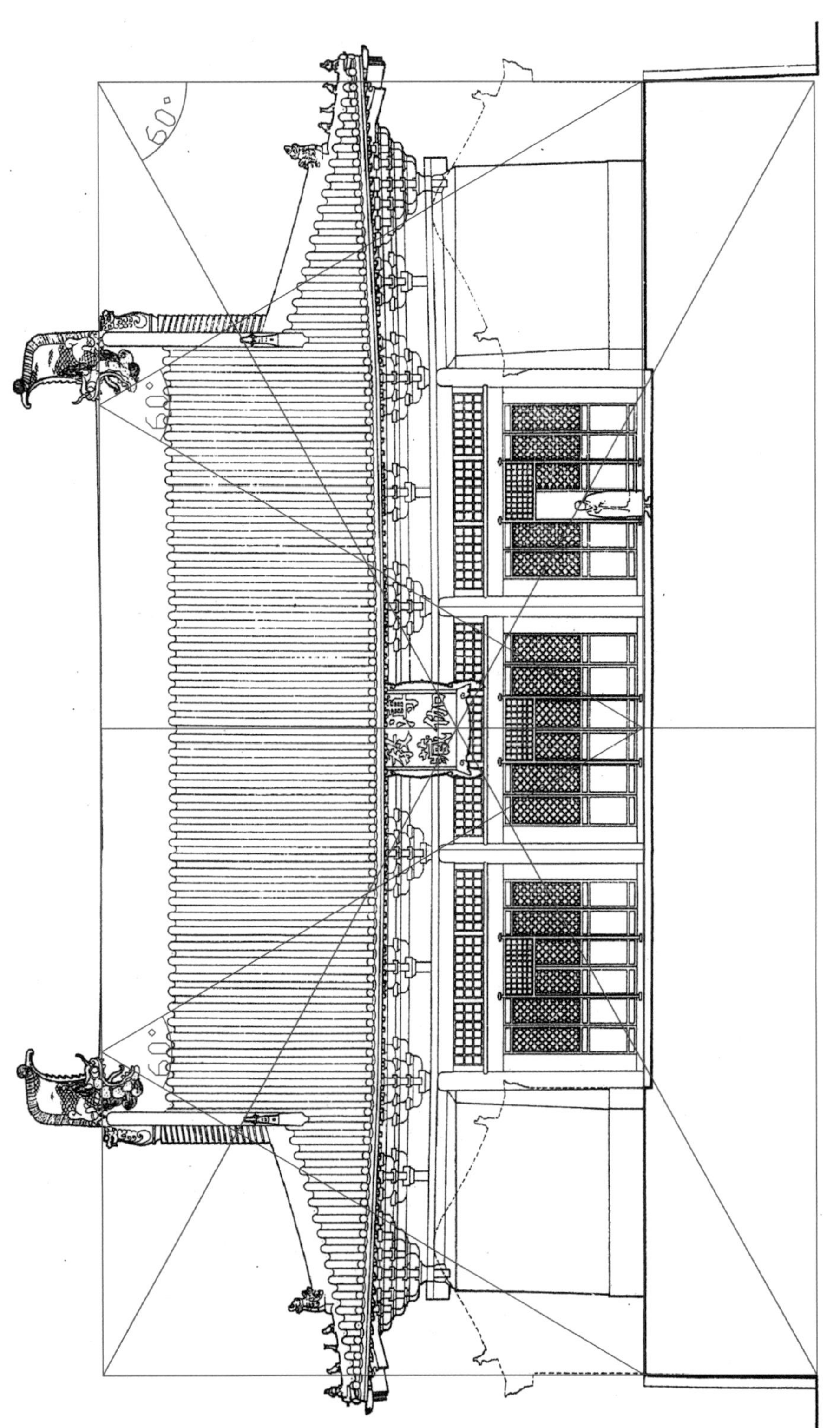

图7-76　大同下华严寺薄伽教藏殿正立面分析图
底图来源：梁思成、刘敦桢《大同古建筑调查报告》（《中国营造学社汇刊》第四卷第三期，1934）

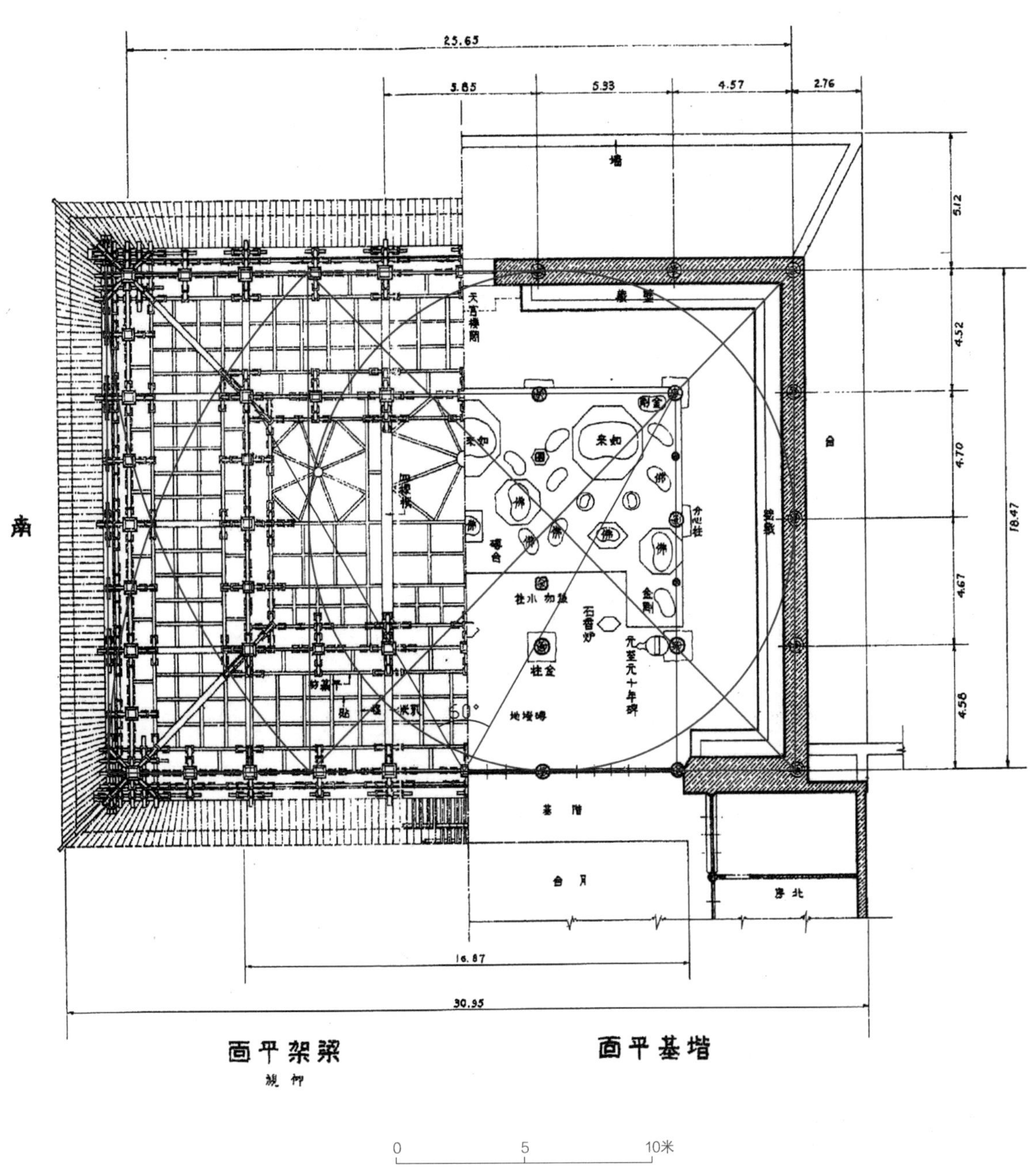

图7-77　大同下华严寺薄伽教藏殿平面分析图
底图来源：梁思成、刘敦桢《大同古建筑调查报告》(《中国营造学社汇刊》第四卷第三期，1934)

图7-78 大同下华严寺薄伽教藏殿纵剖面及塑像分析图
底图来源：梁思成、刘敦桢《大同古建筑调查报告》(《中国营造学社汇刊》第四卷第三期，1934)

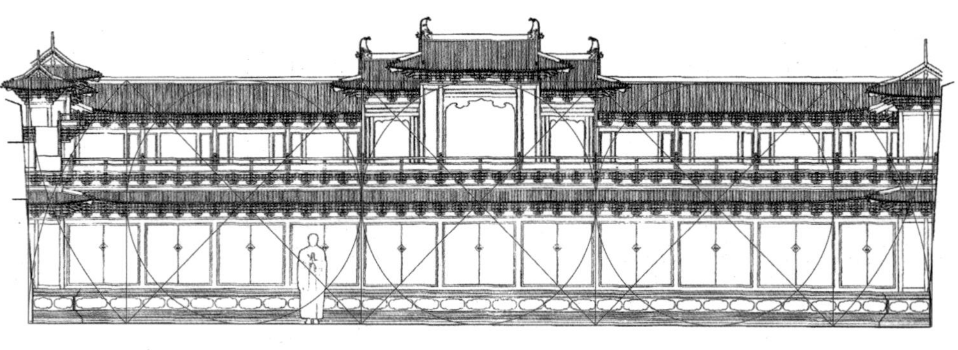

图7-79 大同下华严寺薄伽教藏殿教藏立面分析图
底图来源：梁思成、刘敦桢《大同古建筑调查报告》(《中国营造学社汇刊》第四卷第三期，1934)

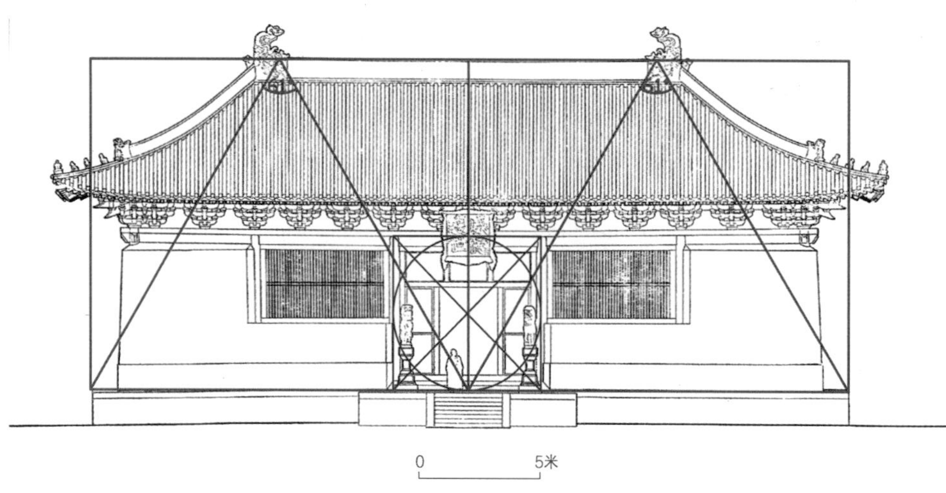

图7-80 大同善化寺山门正立面分析图
底图来源：梁思成、刘敦桢《大同古建筑调查报告》(《中国营造学社汇刊》第四卷第三期，1934)

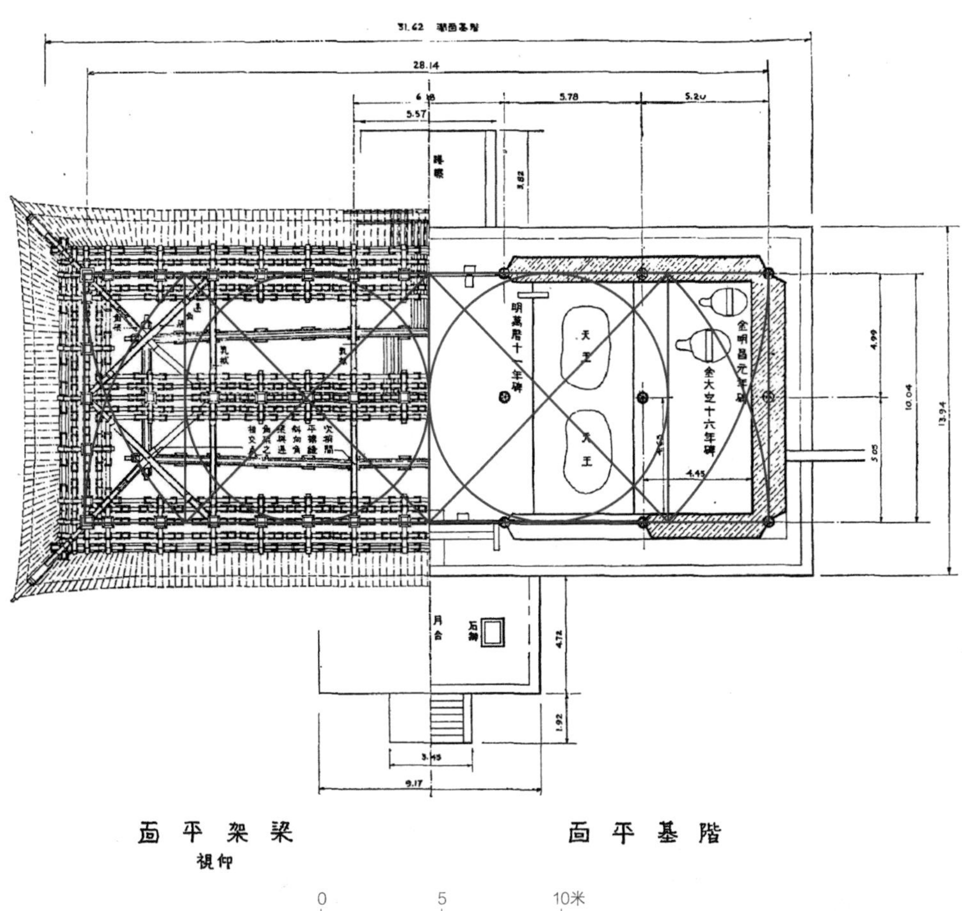

图7-81　大同善化寺山门平面分析图
底图来源：梁思成、刘敦桢《大同古建筑调查报告》(《中国营造学社汇刊》第四卷第三期，1934)

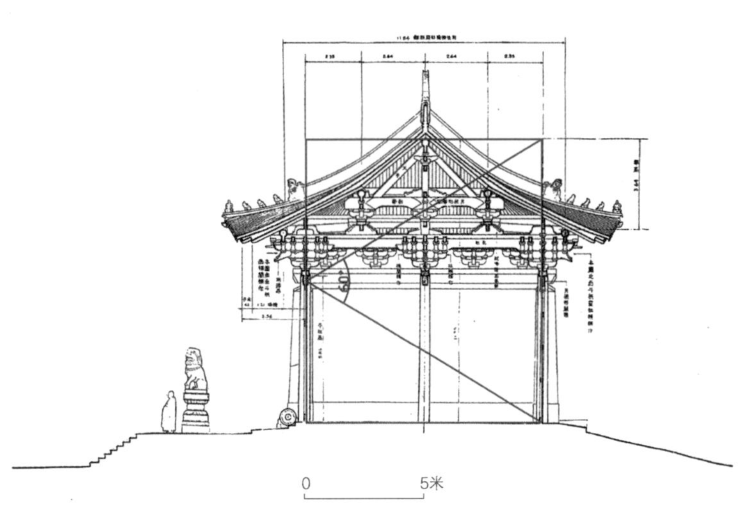

图7-82　大同善化寺山门横剖面分析图
底图来源：梁思成、刘敦桢《大同古建筑调查报告》(《中国营造学社汇刊》第四卷第三期，1934)

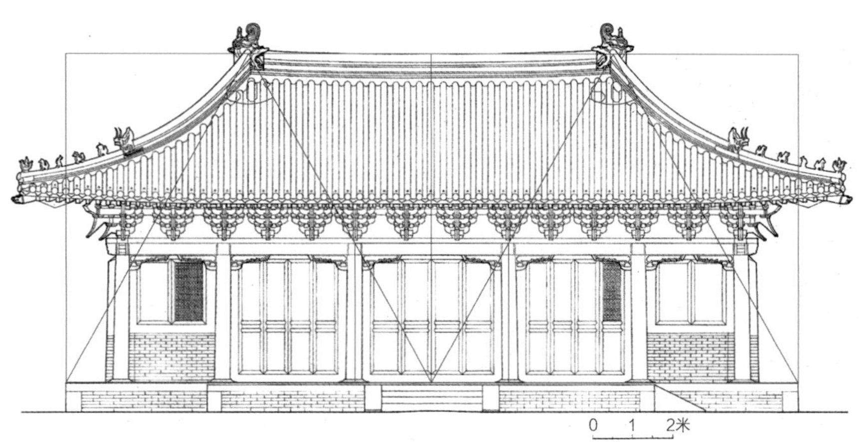

图7-83　曲阜颜庙杞国公殿正立面分析图
底图来源：《曲阜孔庙建筑》（1987）

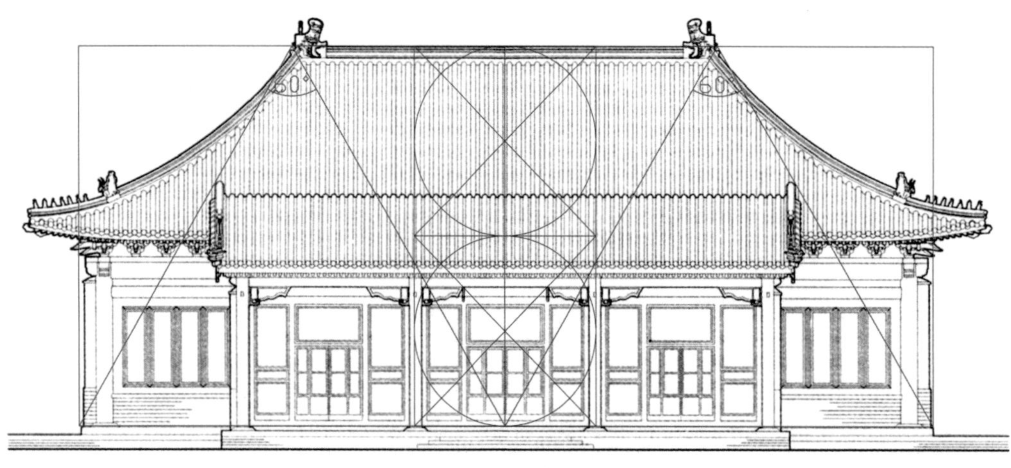

图7-84　北京东四清真寺大殿正立面分析图
底图来源：《东华图志：北京东城史迹录》（2005）

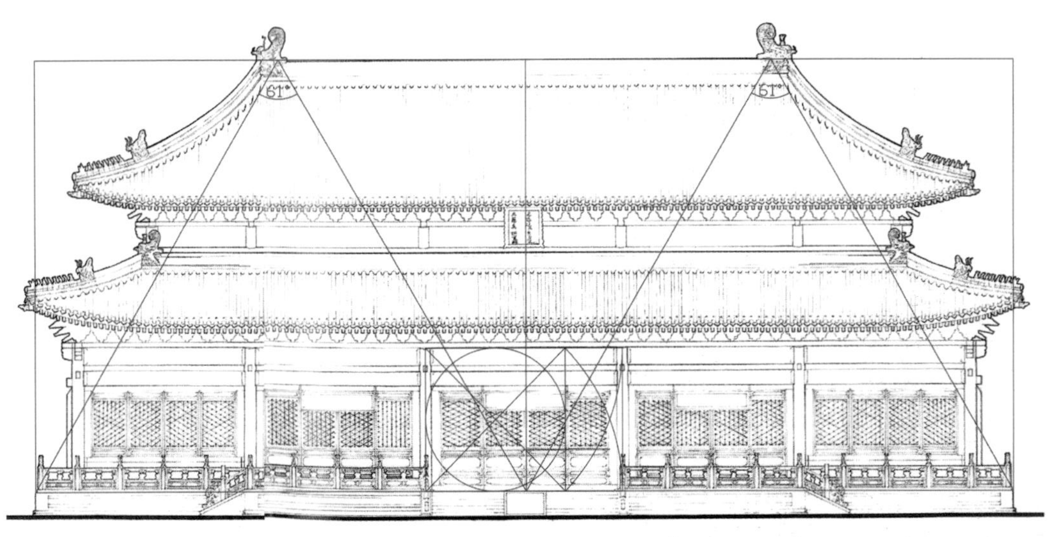

图7-85　北京北海大西天大慈真如殿正立面分析图
底图来源：《中国古典园林建筑图录・北方园林》（2015）

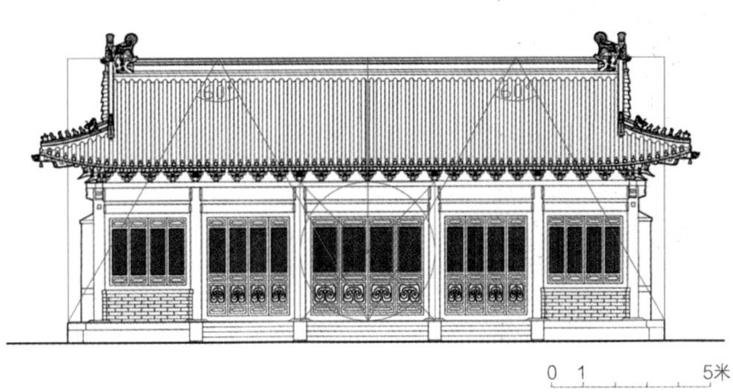

图7-86　北京凝和庙寝殿正立面分析图
底图来源：《东华图志：北京东城史迹录》（2005）

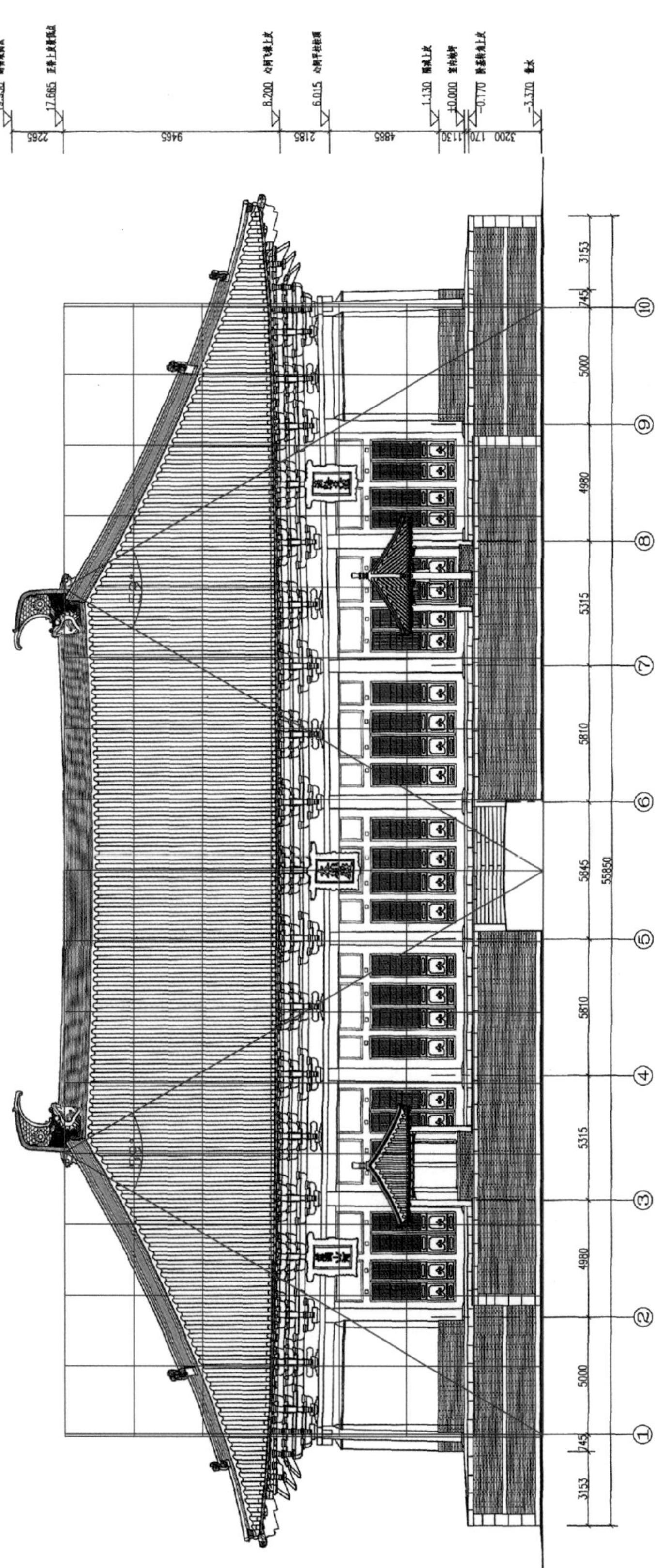

图7-87 义县奉国寺大殿正立面分析图
底图来源：《义县奉国寺》（2005）

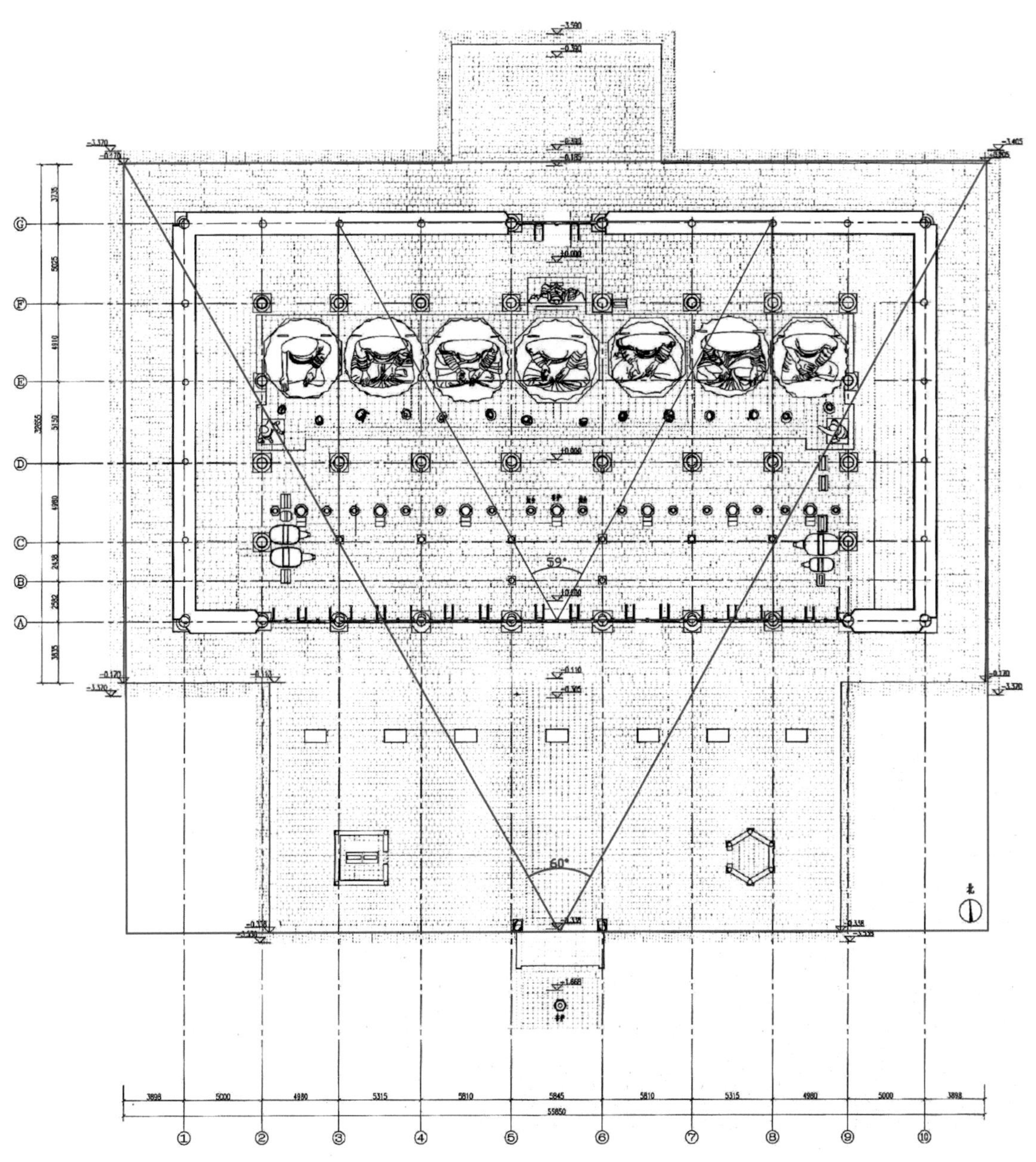

图7-88　义县奉国寺大殿平面分析图
底图来源：《义县奉国寺》（2005）

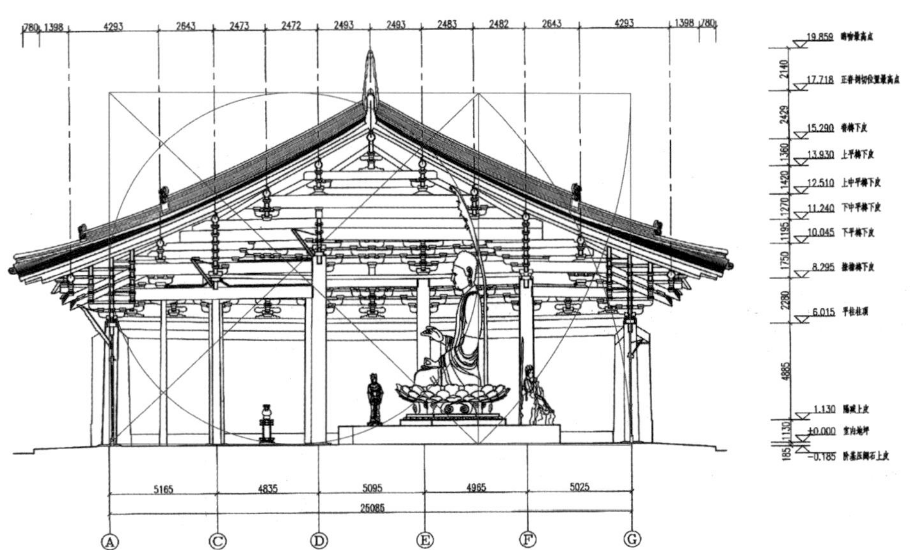

图7-89 义县奉国寺大殿横剖面分析图
底图来源：《义县奉国寺》(2005)

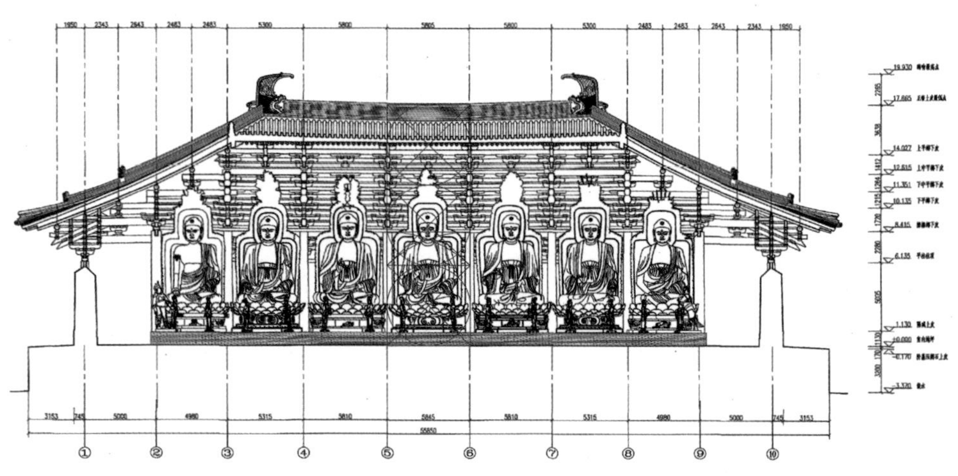

图7-90 义县奉国寺大殿纵剖面分析图
底图来源：《义县奉国寺》(2005)

0 1 2 3 4 5米

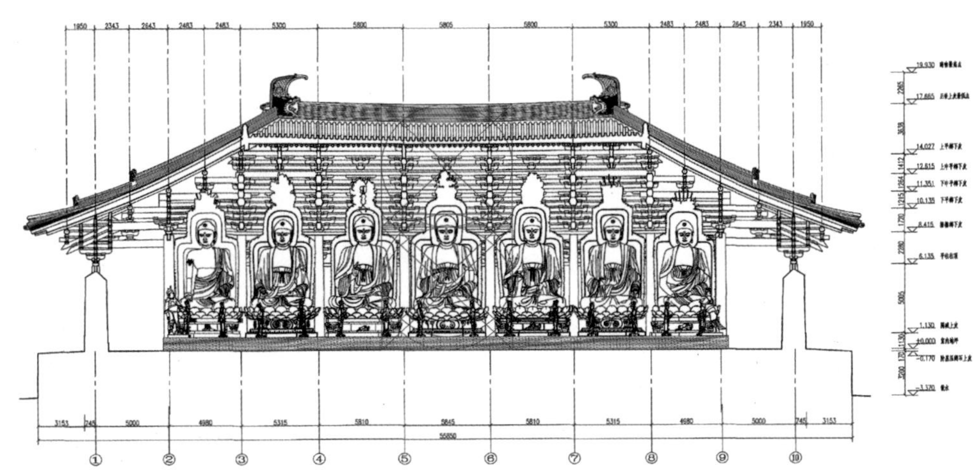

图7-91　义县奉国寺大殿塑像分析图一
底图来源:《义县奉国寺》（2005）

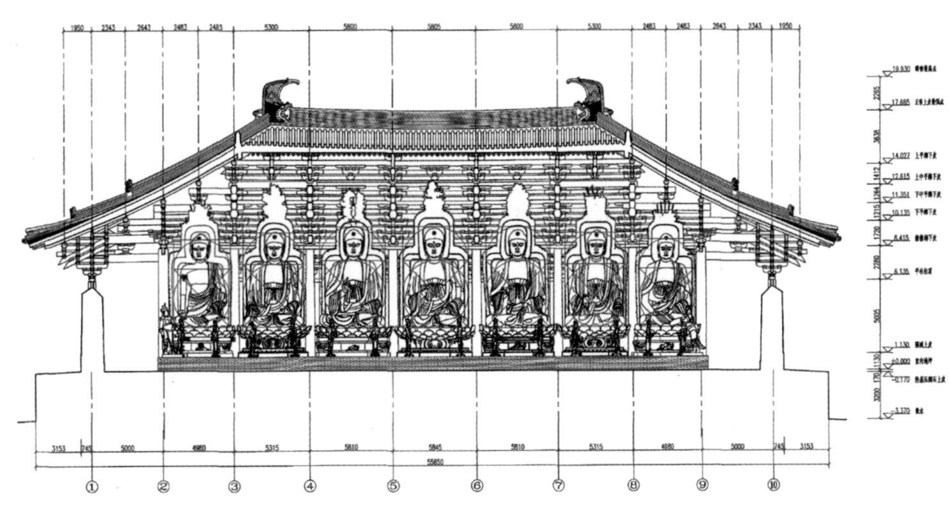

图7-92　义县奉国寺大殿塑像分析图二
底图来源:《义县奉国寺》（2005）

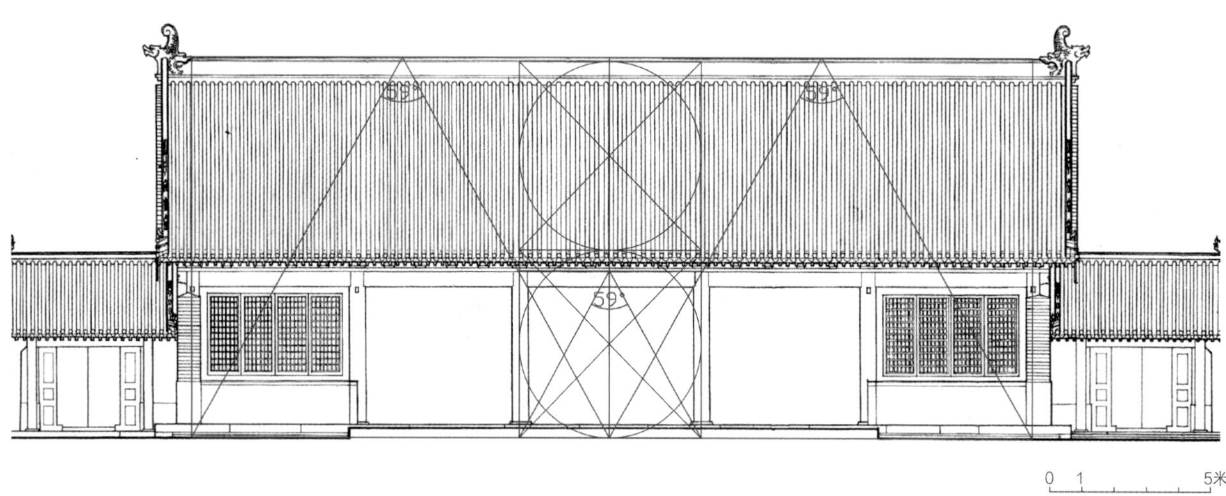

图7-93 曲阜孔府大堂正立面分析图
底图来源：《曲阜孔庙建筑》(1987)

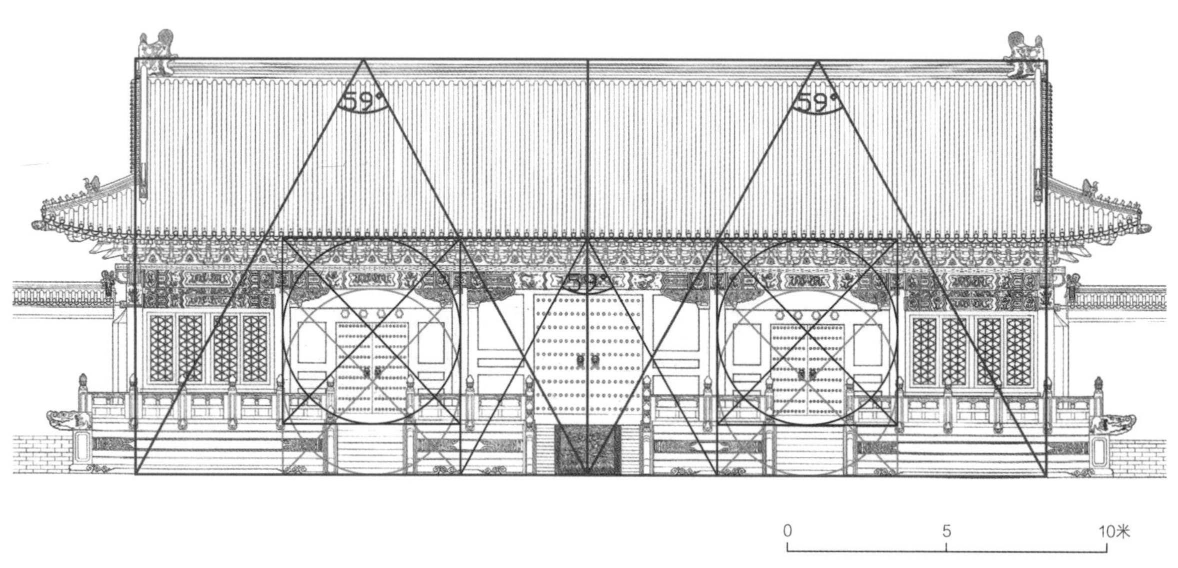

图7-94 北京紫禁城武英门正立面分析图
底图来源：《北京城中轴线古建筑实测图集》(2017)

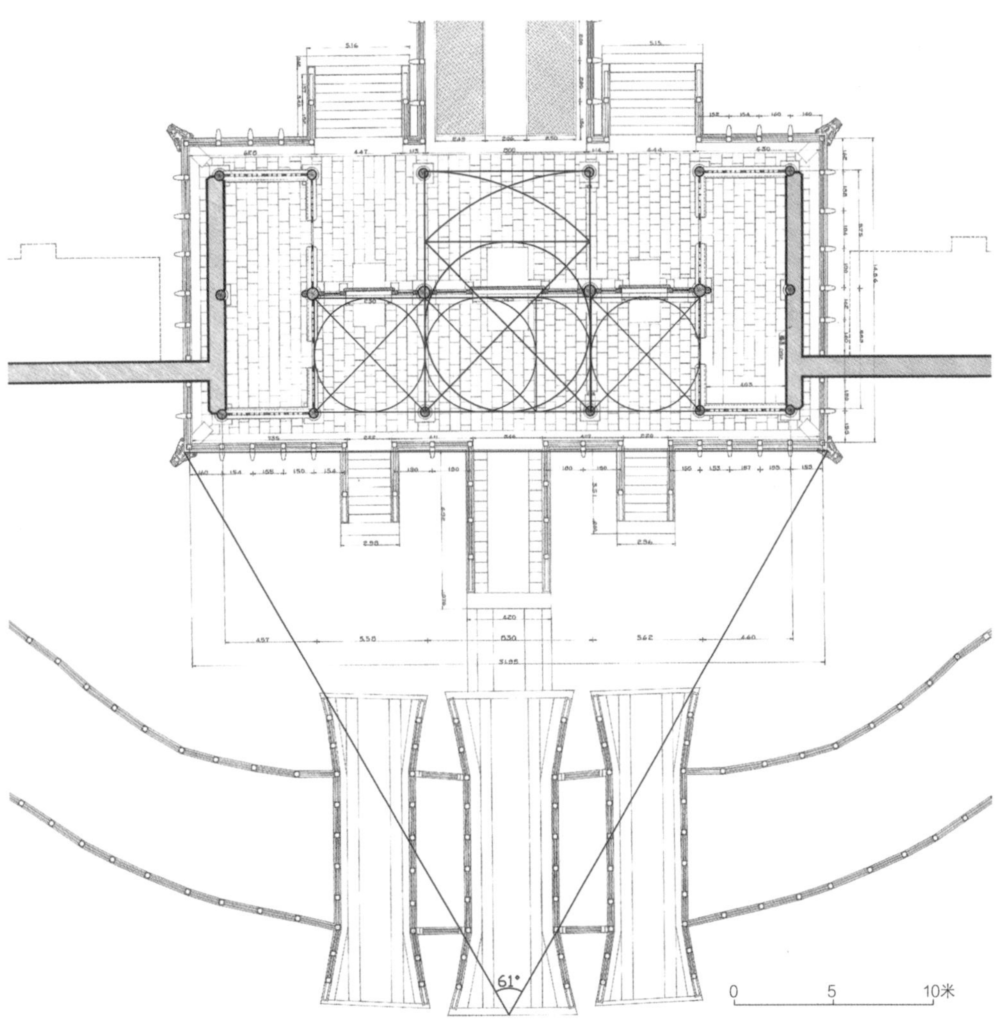

图7-95 北京紫禁城武英门平面分析图
底图来源：《北京城中轴线古建筑实测图集》（2017）

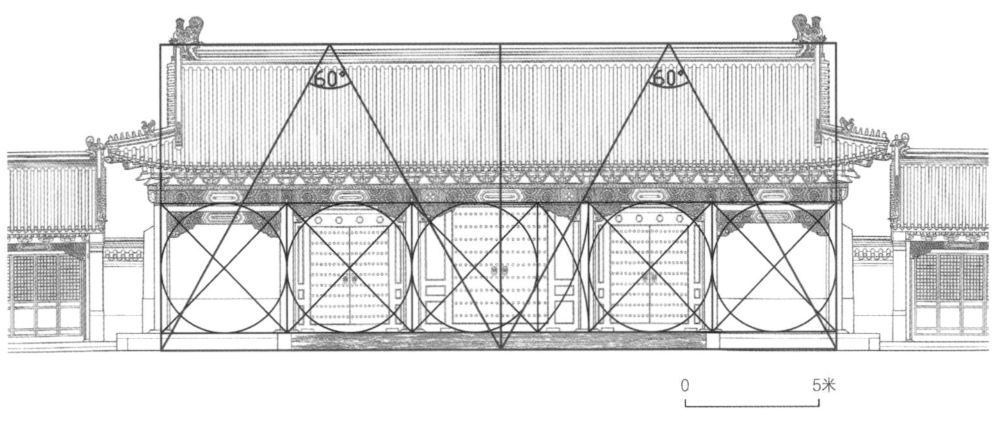

图7-96 北京社稷街门正立面分析图
底图来源：《北京城中轴线古建筑实测图集》（2017）

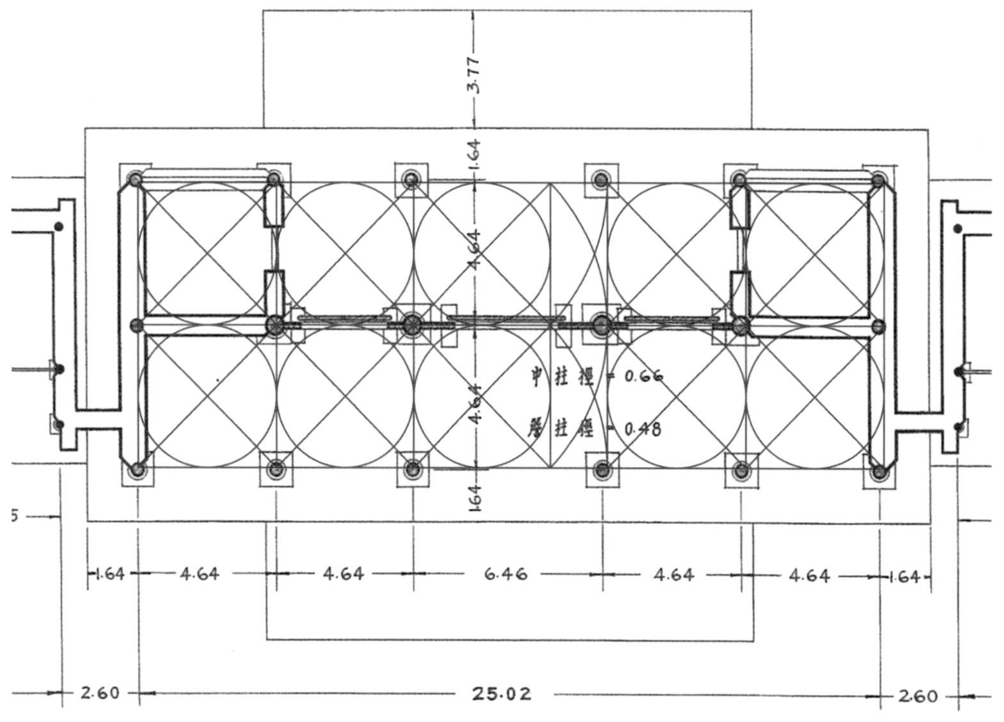

图7-97 北京社稷街门平面分析图
底图来源：《北京城中轴线古建筑实测图集》（2017）

0 5米

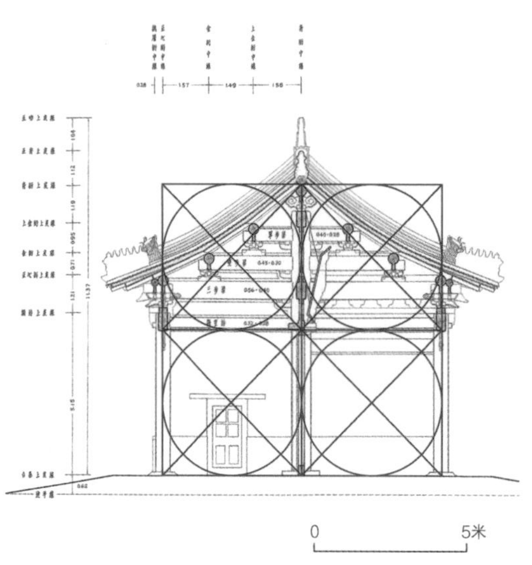

图7-98 北京社稷街门横剖面分析图
底图来源：《北京城中轴线古建筑实测图集》（2017）

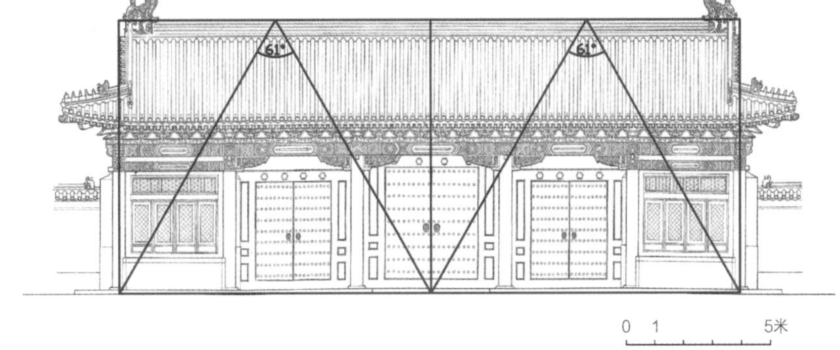

图7-99　北京景山门正立面分析图
底图来源：《北京城中轴线古建筑实测图集》（2017）

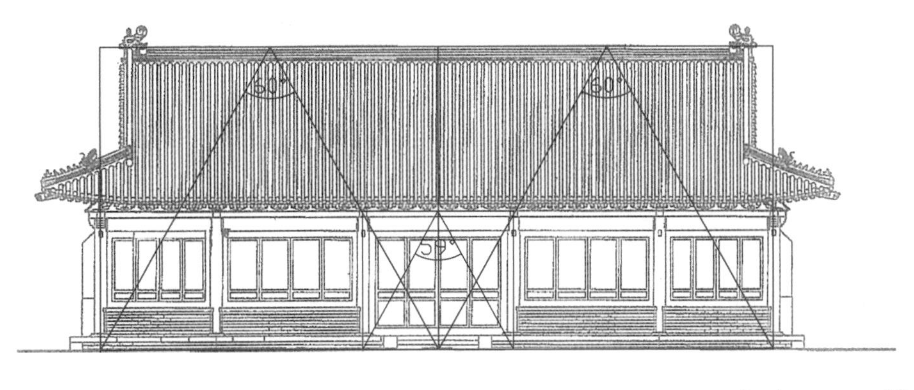

图7-100　北京地坛皇祇室正立面分析图
底图来源：《坛庙建筑》（2014）

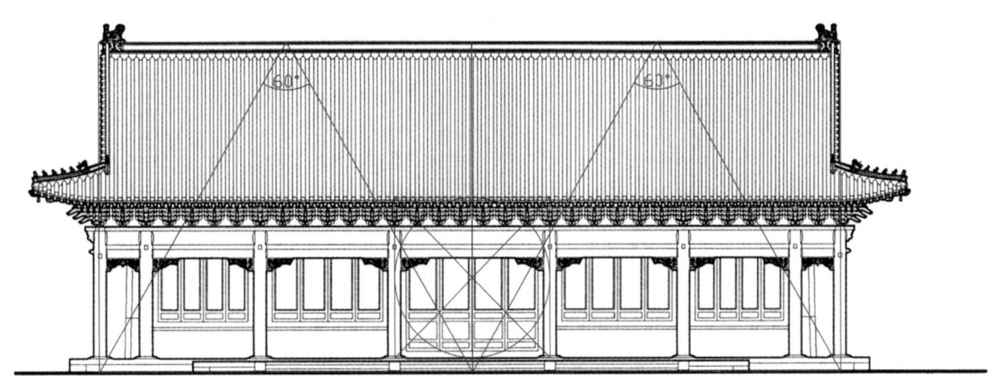

图7-101　北京宁郡王府正殿正立面分析图
底图来源：《东华图志：北京东城史迹录》（2005）

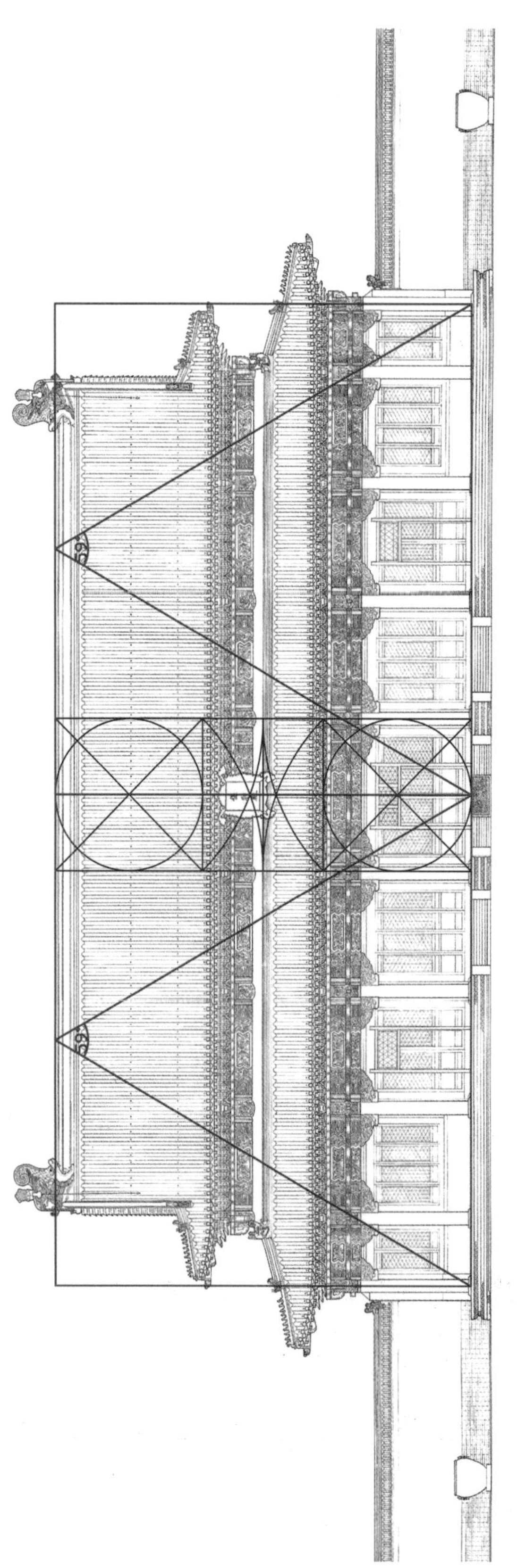

图7-102　北京紫禁城保和殿正立面分析图
底图来源：《北京城中轴线古建筑实测图集》（2017）

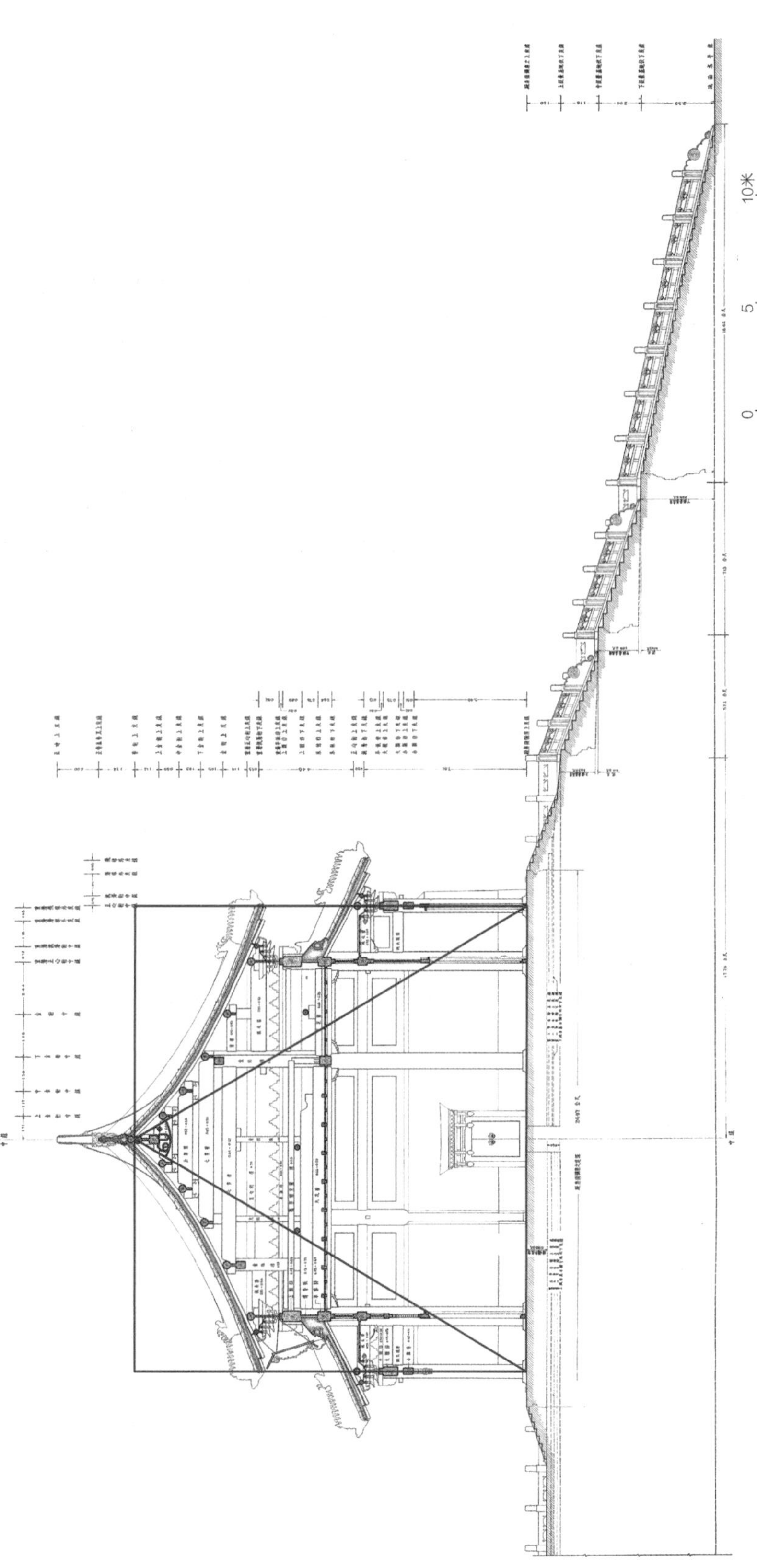

图7-103　北京紫禁城保和殿横剖面分析图
底图来源：《北京城中轴线古建筑实测图集》(2017)

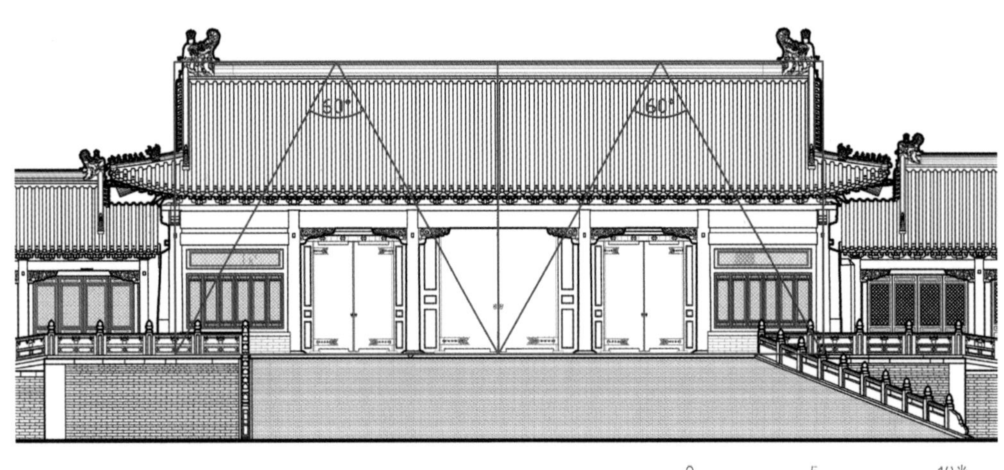

图7-104 北京紫禁城协和门正立面分析图
底图来源：《中国古建筑测绘十年：2000~2010清华大学建筑学院测绘图集》（上册，2011）

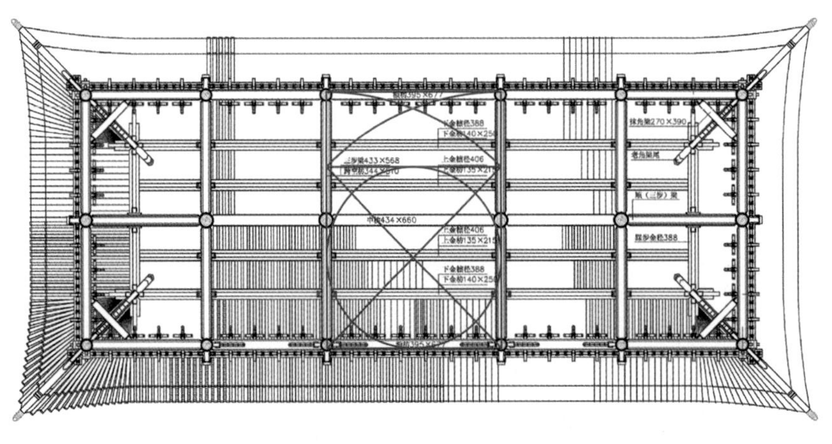

图7-105 北京紫禁城协和门平面分析图
底图来源：《中国古建筑测绘十年：2000~2010清华大学建筑学院测绘图集》（上册，2011）

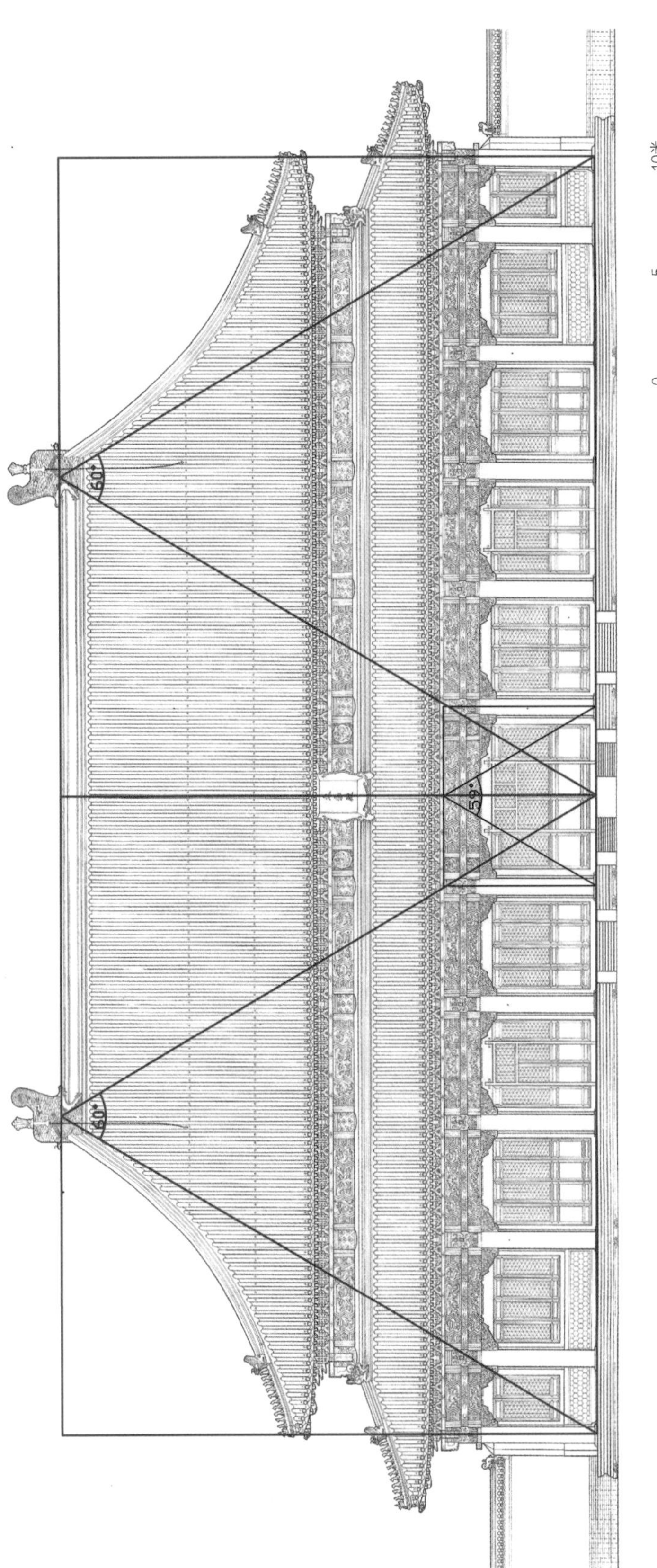

图7-106　北京紫禁城太和殿正立面分析图一
底图来源：《北京城中轴线古建筑实测图集》(2017)

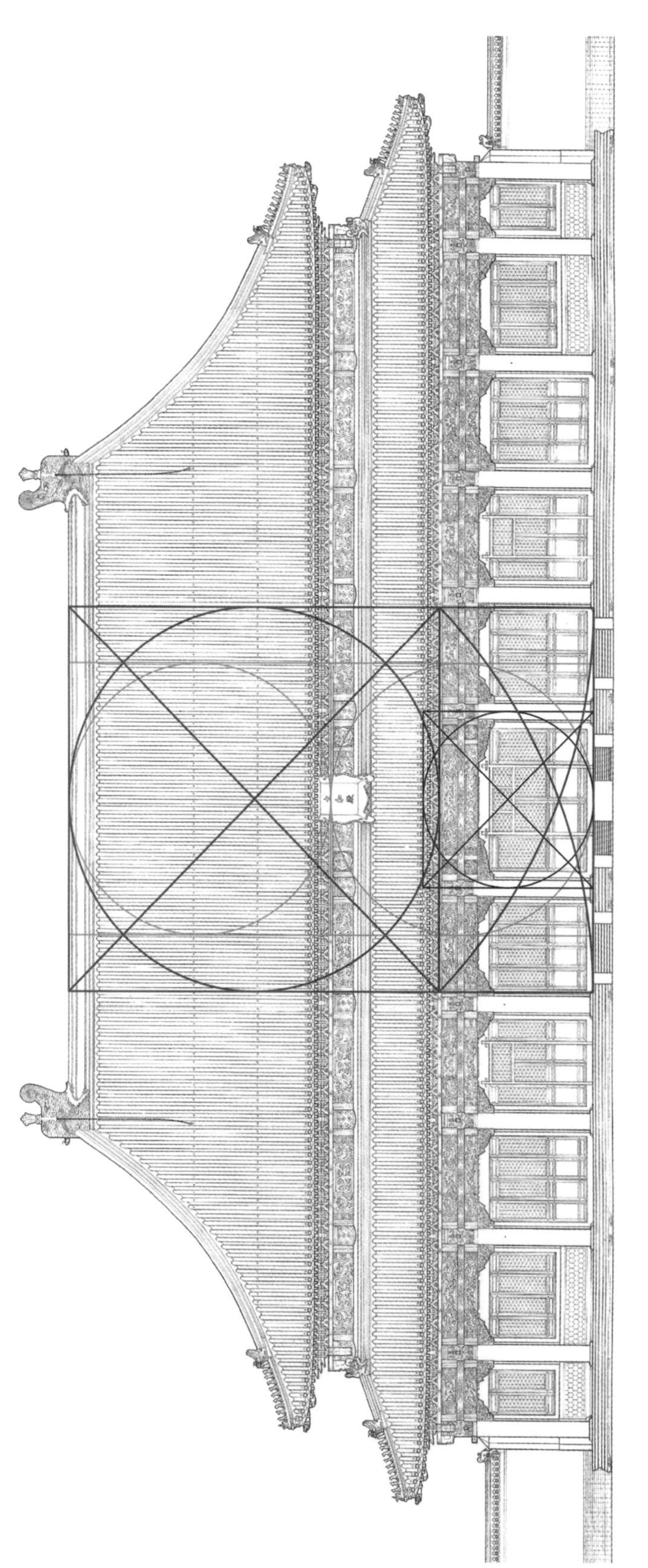

图7–107　北京紫禁城太和殿正立面分析图二
底图来源:《北京城中轴线古建筑实测图集》(2017)

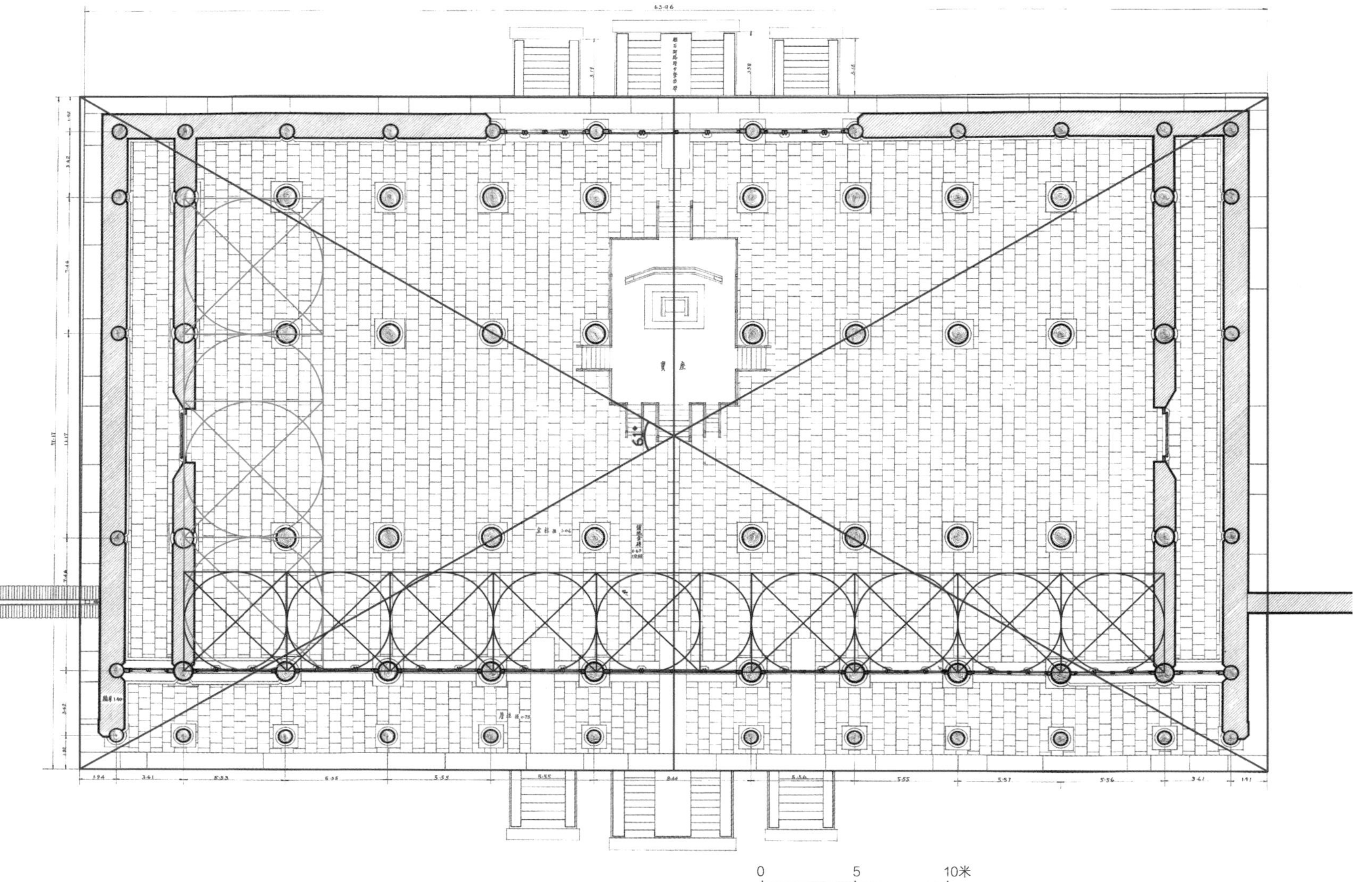

图7-108 北京紫禁城太和殿平面分析图
底图来源:《北京城中轴线古建筑实测图集》(2017)

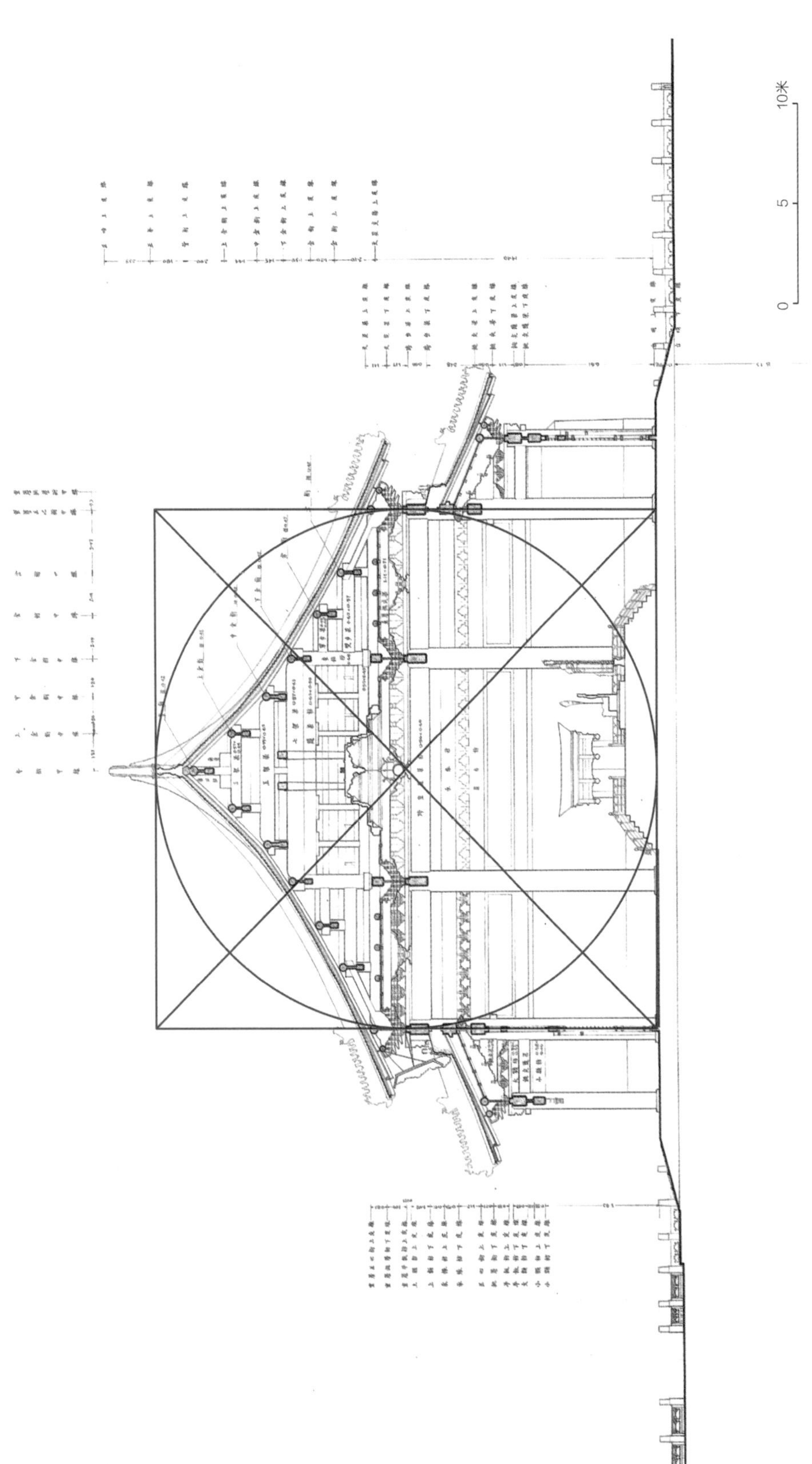

图7-109　北京紫禁城太和殿横剖面分析图
底图来源：《北京城中轴线古建筑实测图集》(2017)

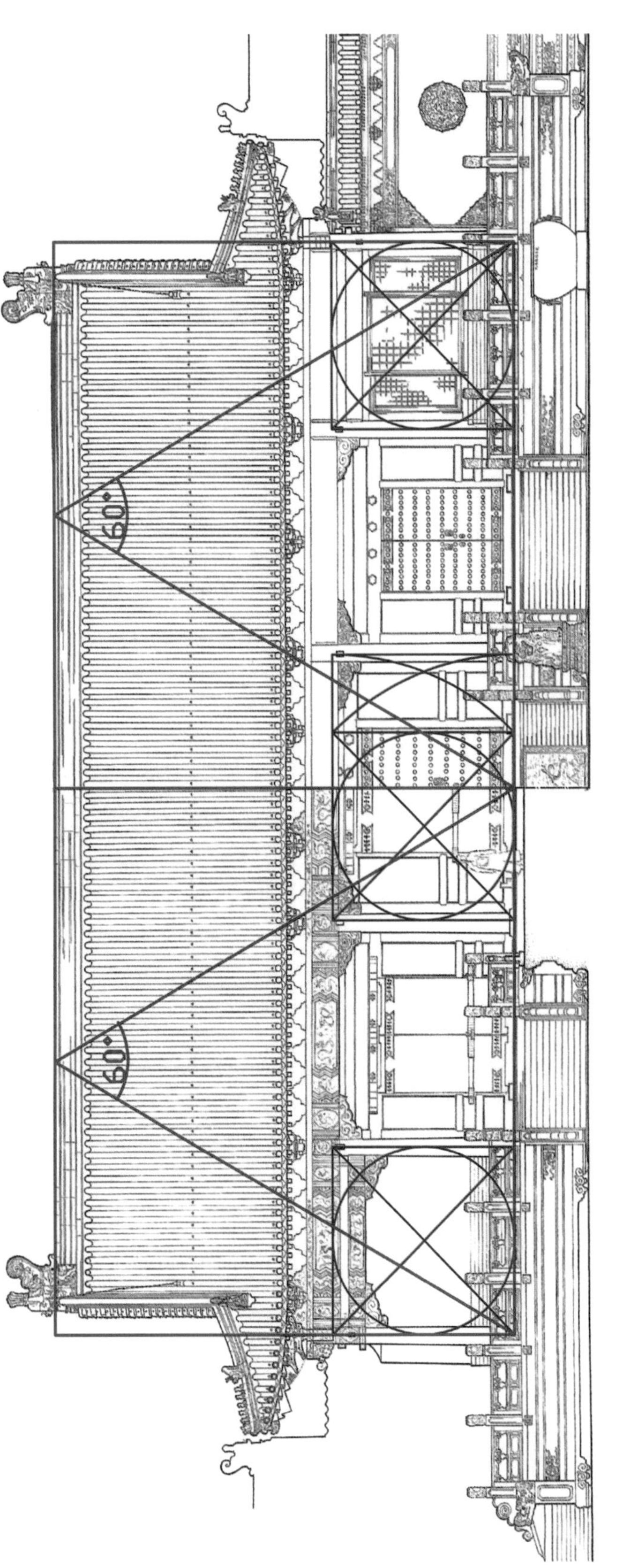

图7-110　北京紫禁城乾清门正立面分析图
底图来源：《北京城中轴线古建筑实测图集》(2017)

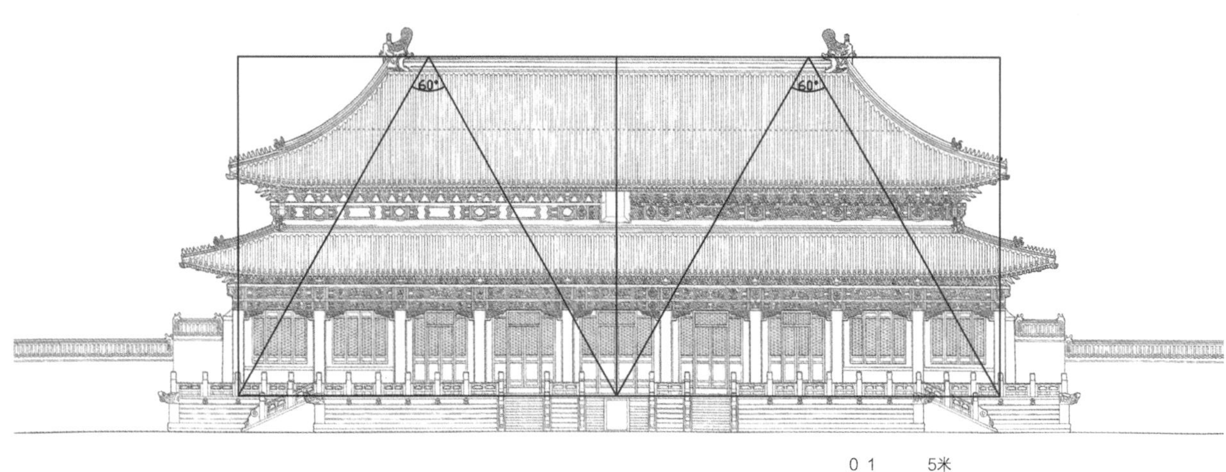

图7-111　北京景山寿皇殿正立面分析图
底图来源：《北京城中轴线古建筑实测图集》（2017）

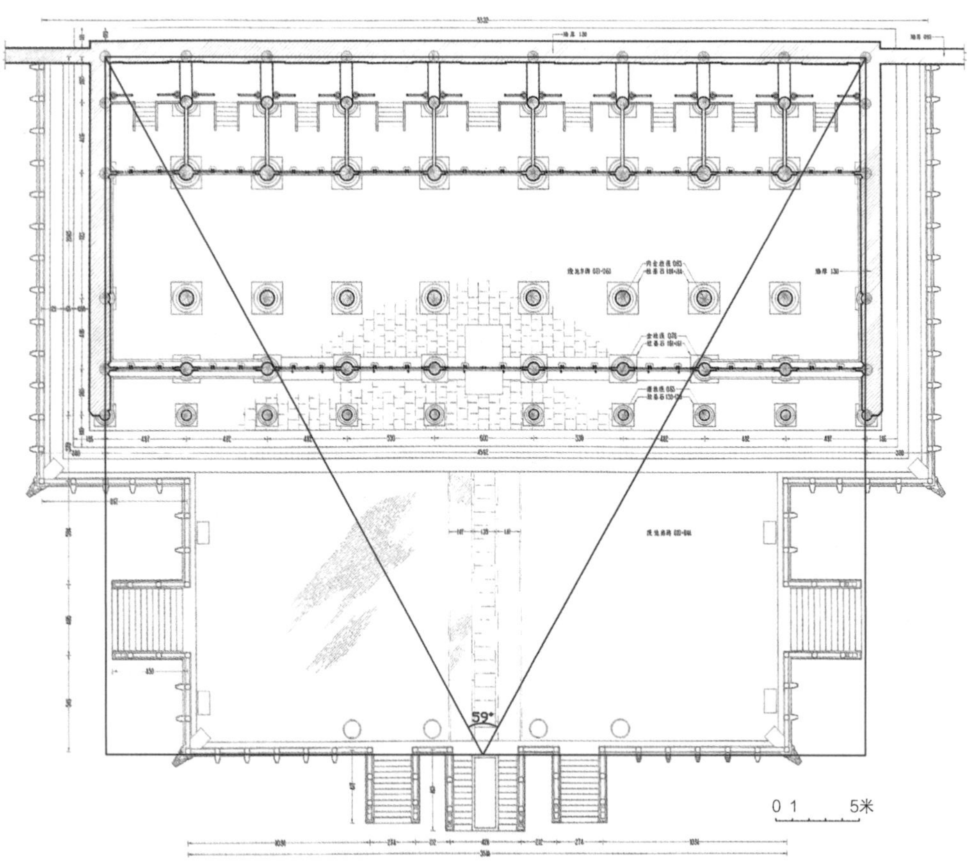

图7-112　北京景山寿皇殿平面分析图
底图来源：《北京城中轴线古建筑实测图集》（2017）

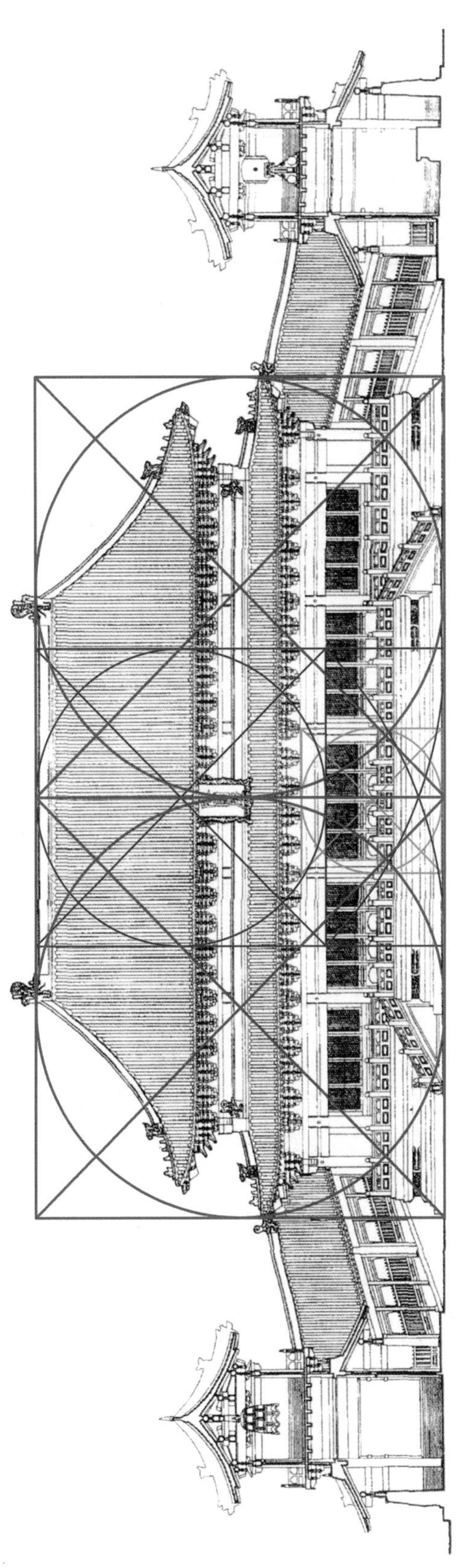

图7-113　青海瞿昙寺隆国殿正立面分析图
底图来源：《中国古代建筑史》(第四卷：元、明建筑，2009)

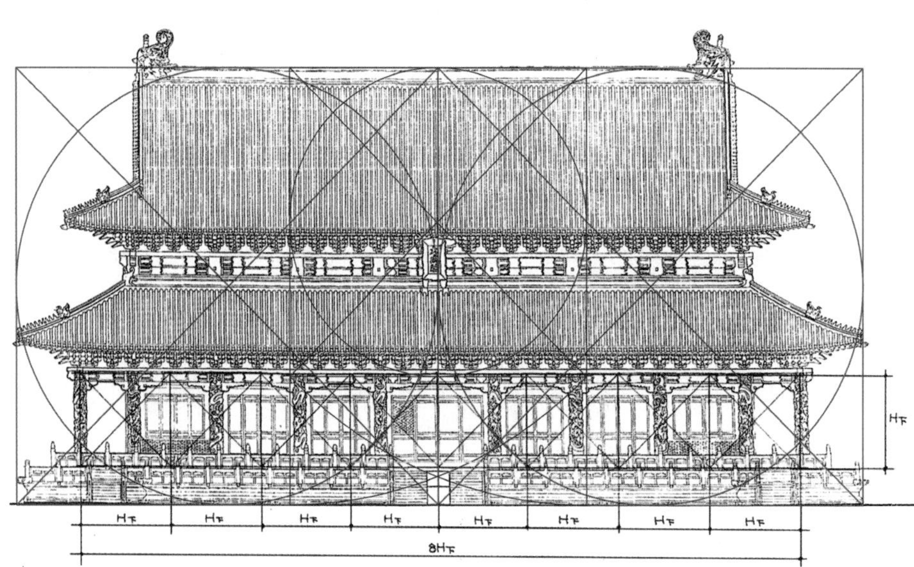

图7-114　曲阜孔庙大成殿正立面分析图一
底图来源：《曲阜孔庙建筑》(1987)

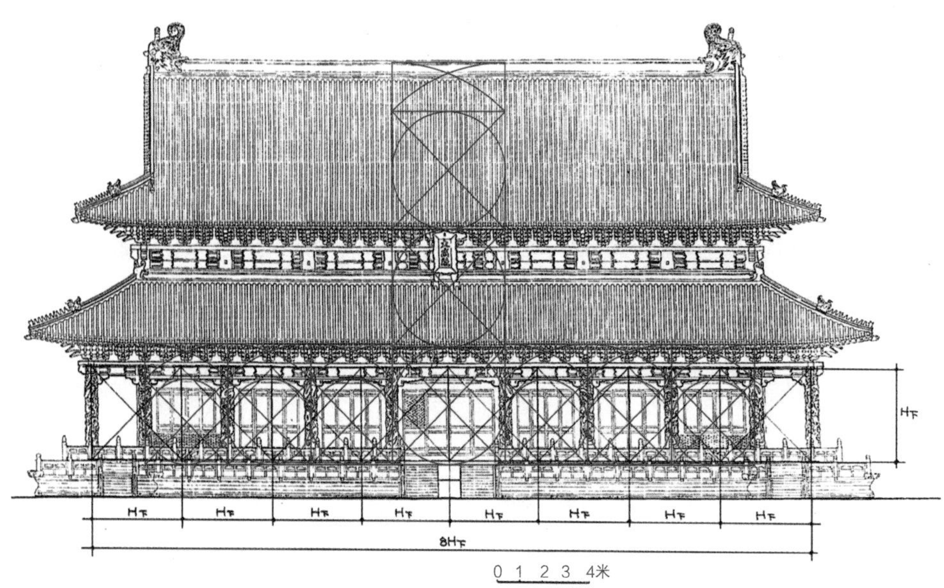

图7-115　曲阜孔庙大成殿正立面分析图二
底图来源：《曲阜孔庙建筑》(1987)

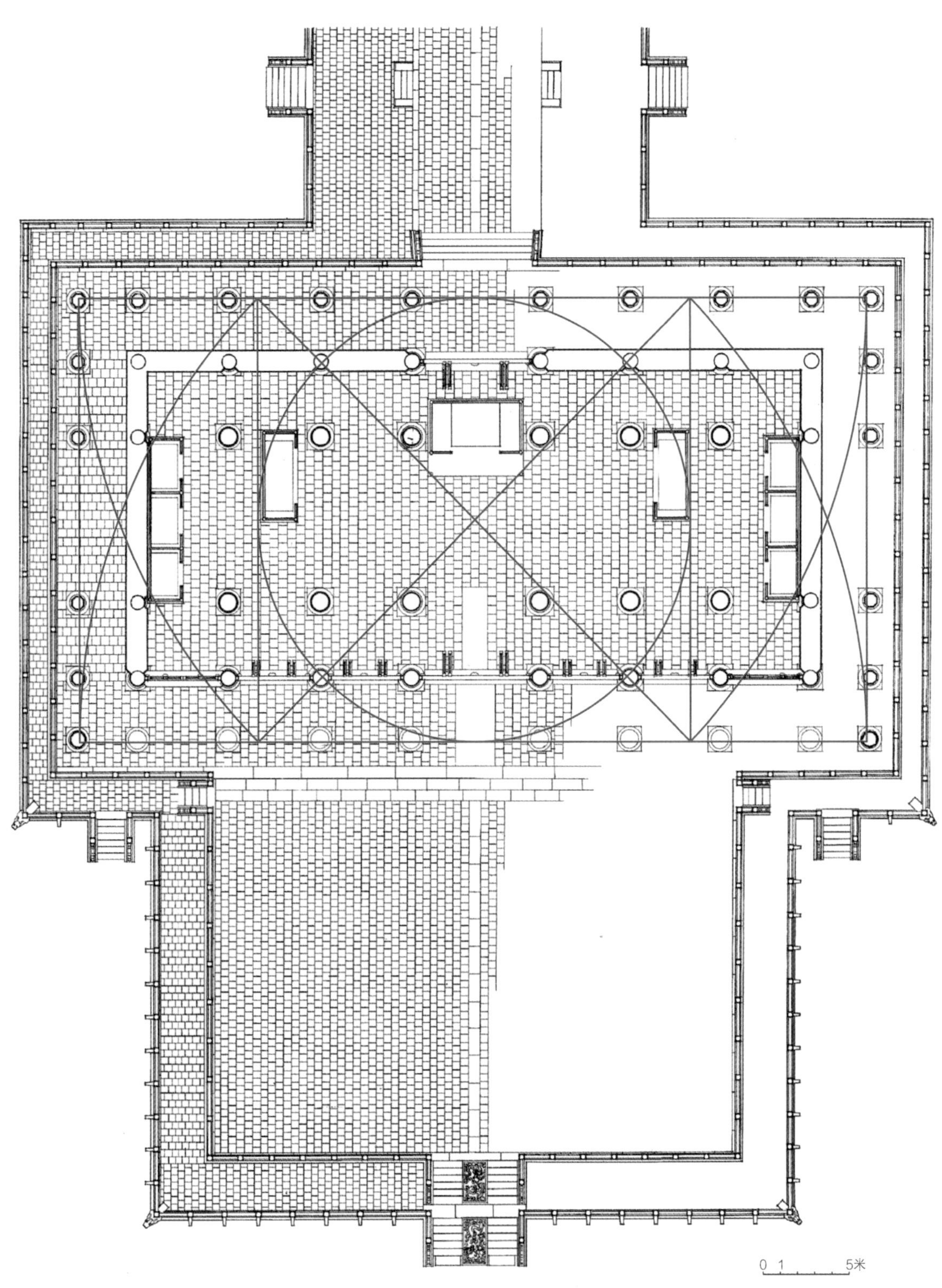

图7-116　曲阜孔庙大成殿平面分析图
底图来源：《曲阜孔庙建筑》（1987）

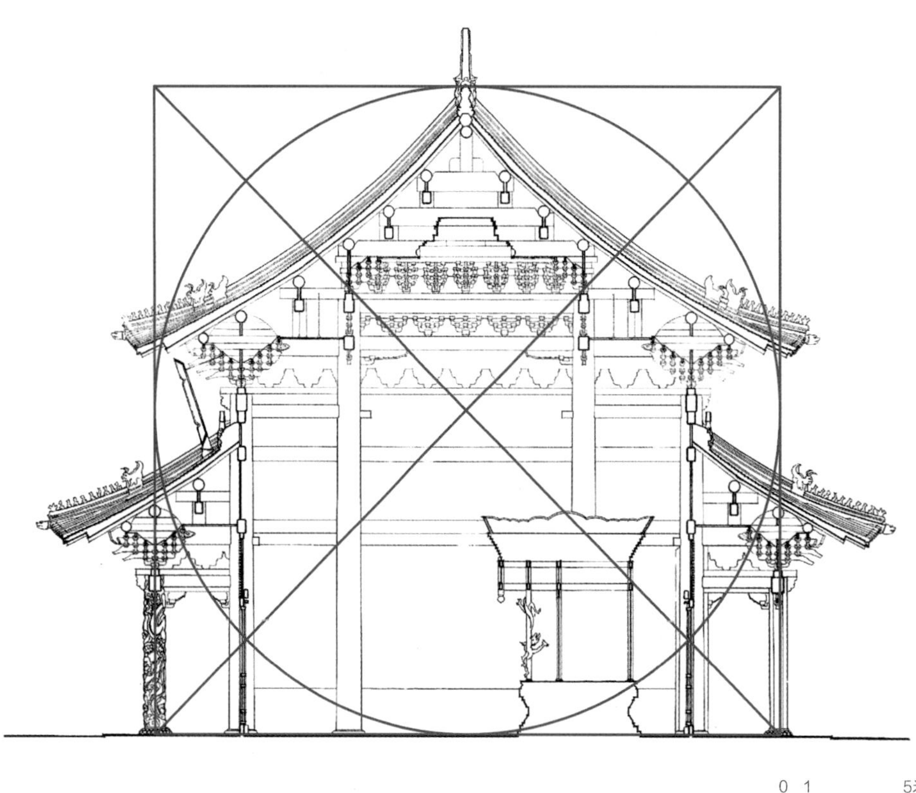

图7-117　曲阜孔庙大成殿横剖面分析图
底图来源：《曲阜孔庙建筑》（1987）

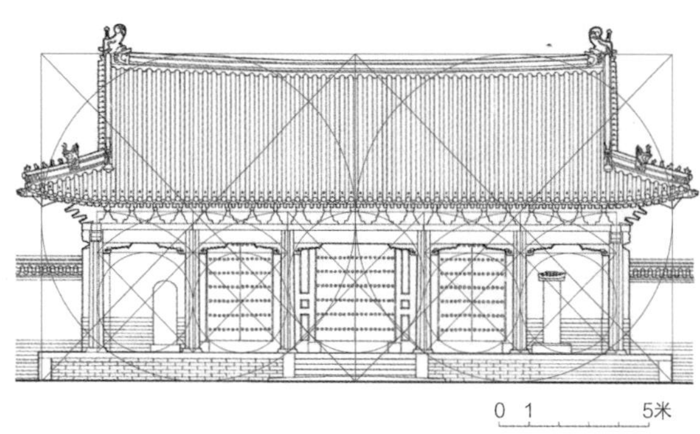

图7-118　曲阜孔庙弘道门正立面分析图
底图来源：《曲阜孔庙建筑》（1987）

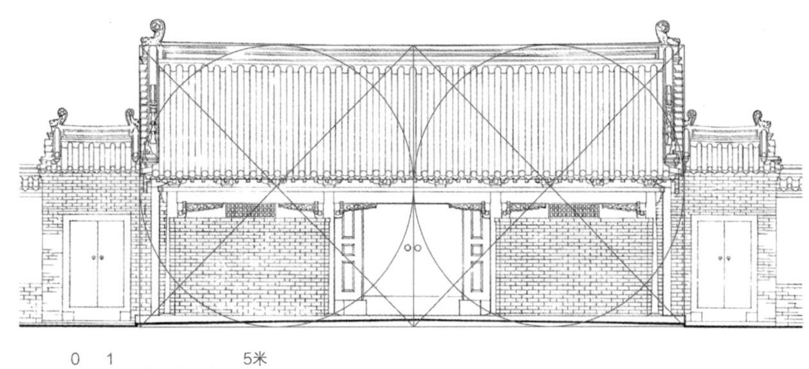

图7-119 曲阜孔府内宅门正立面分析图
底图来源:《曲阜孔庙建筑》(1987)

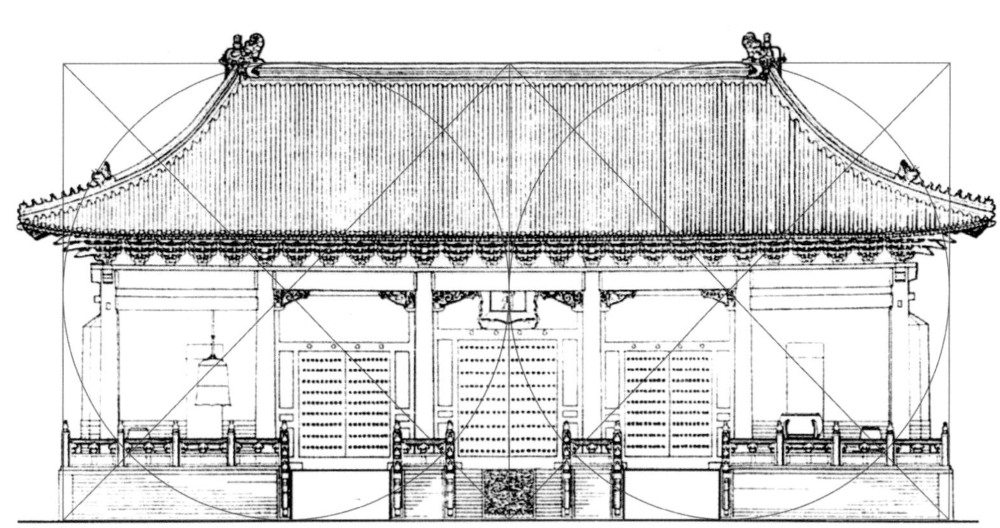

图7-120 北京孔庙大成门正立面分析图
底图来源:《东华图志:北京东城史迹录》(2005)

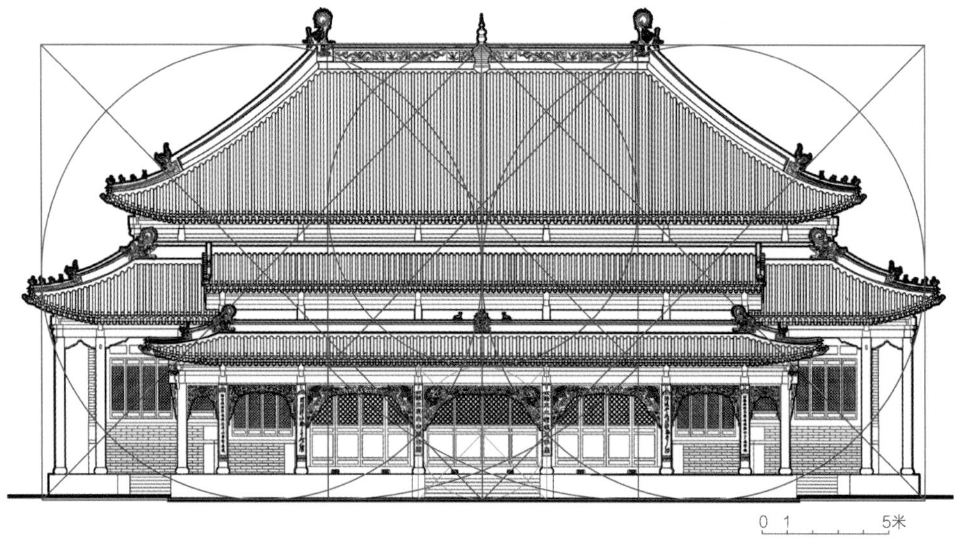

图7-121　山西五台山显通寺大雄宝殿正立面分析图
底图来源：《中国古建筑测绘十年：2000~2010清华大学建筑学院测绘图集》（上册，2011）

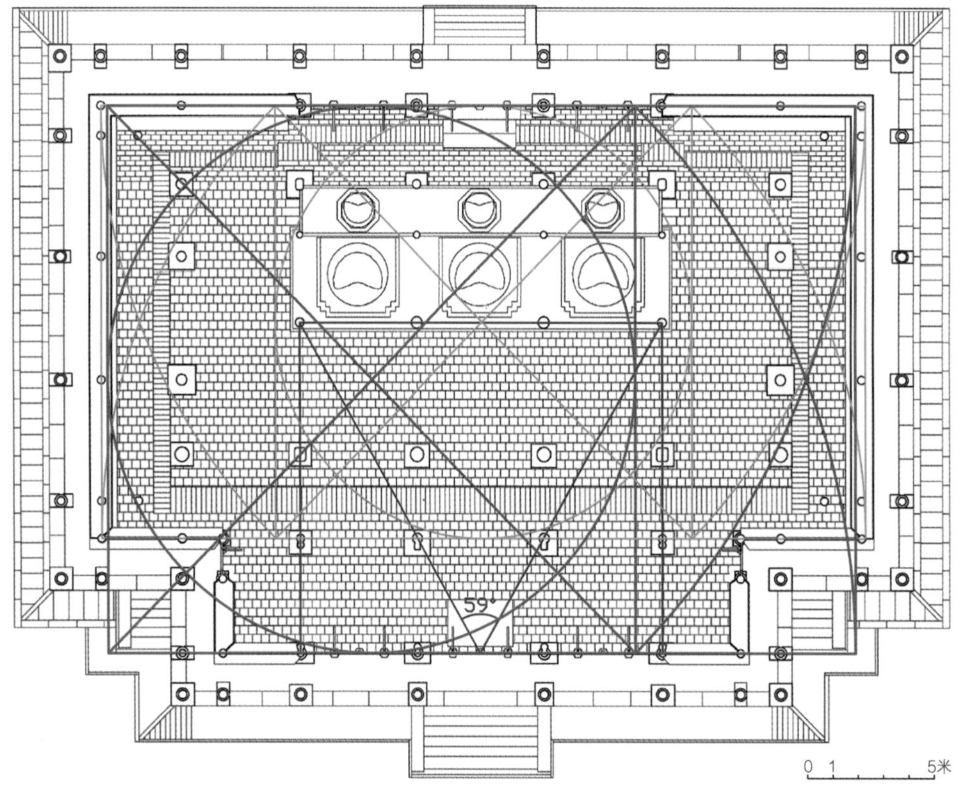

图7-122　山西五台山显通寺大雄宝殿平面分析图
底图来源：《中国古建筑测绘十年：2000~2010清华大学建筑学院测绘图集》（上册，2011）

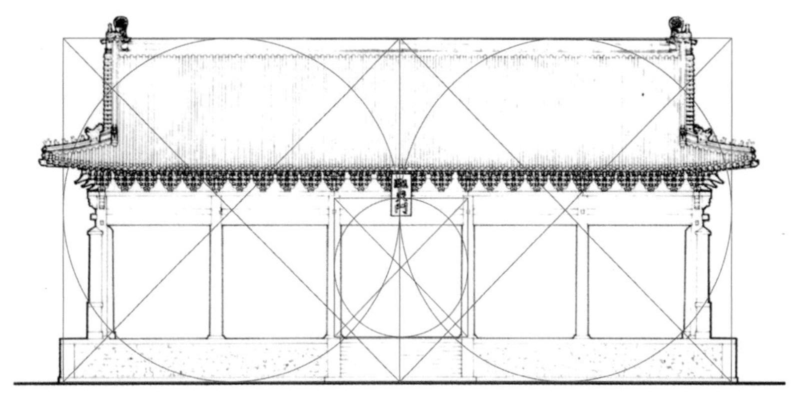

图7-123 山东泰山岱庙配天门正立面分析图
底图来源：《岱庙》（2005）

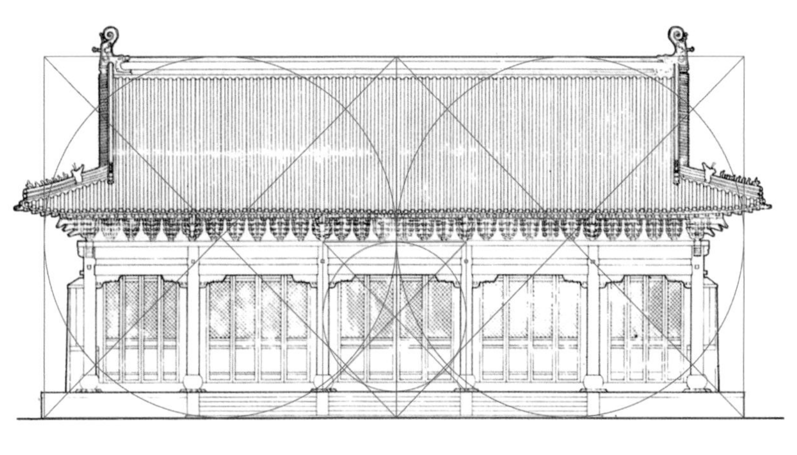

图7-124 山东泰山碧霞祠大殿正立面分析图
底图来源：《岱庙》（2005）

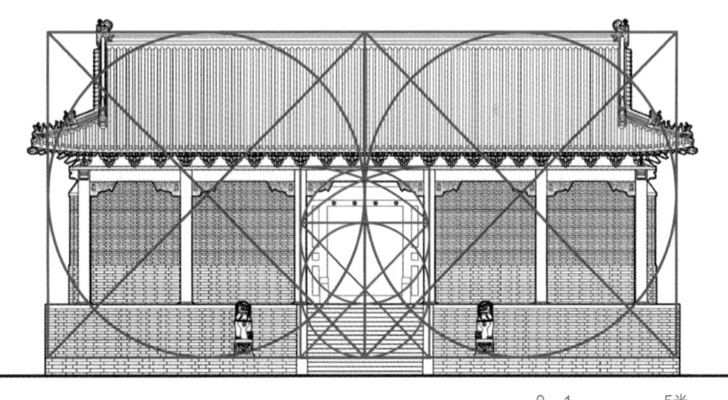

图7-125 河南登封嵩山中岳庙峻极门正立面分析图
底图来源：《中国古建筑测绘十年：2000~2010清华大学建筑学院测绘图集》（下册，2011）

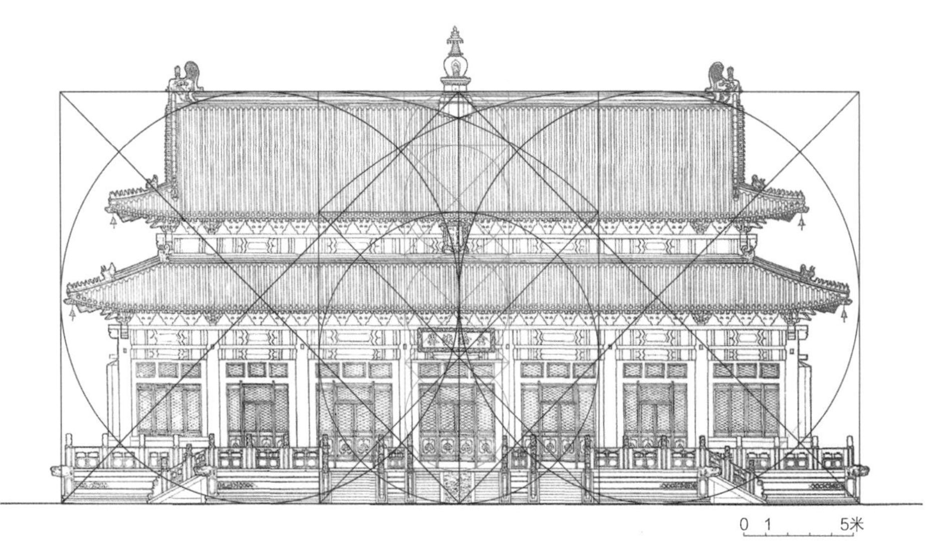

图7-126 承德普宁寺大雄宝殿正立面分析图
底图来源：《承德古建筑——避暑山庄和外八庙》（1982）

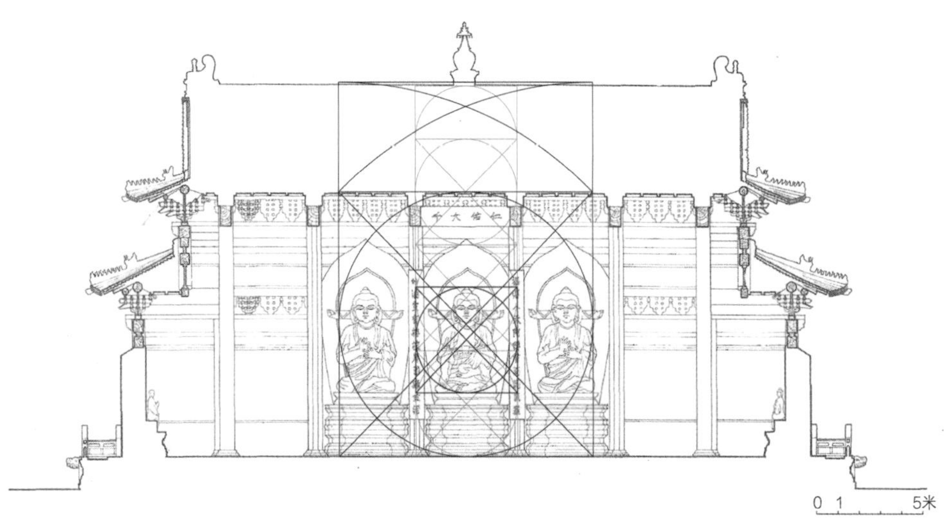

图7-127 承德普宁寺大雄宝殿纵剖面分析图
底图来源：《承德古建筑——避暑山庄和外八庙》（1982）

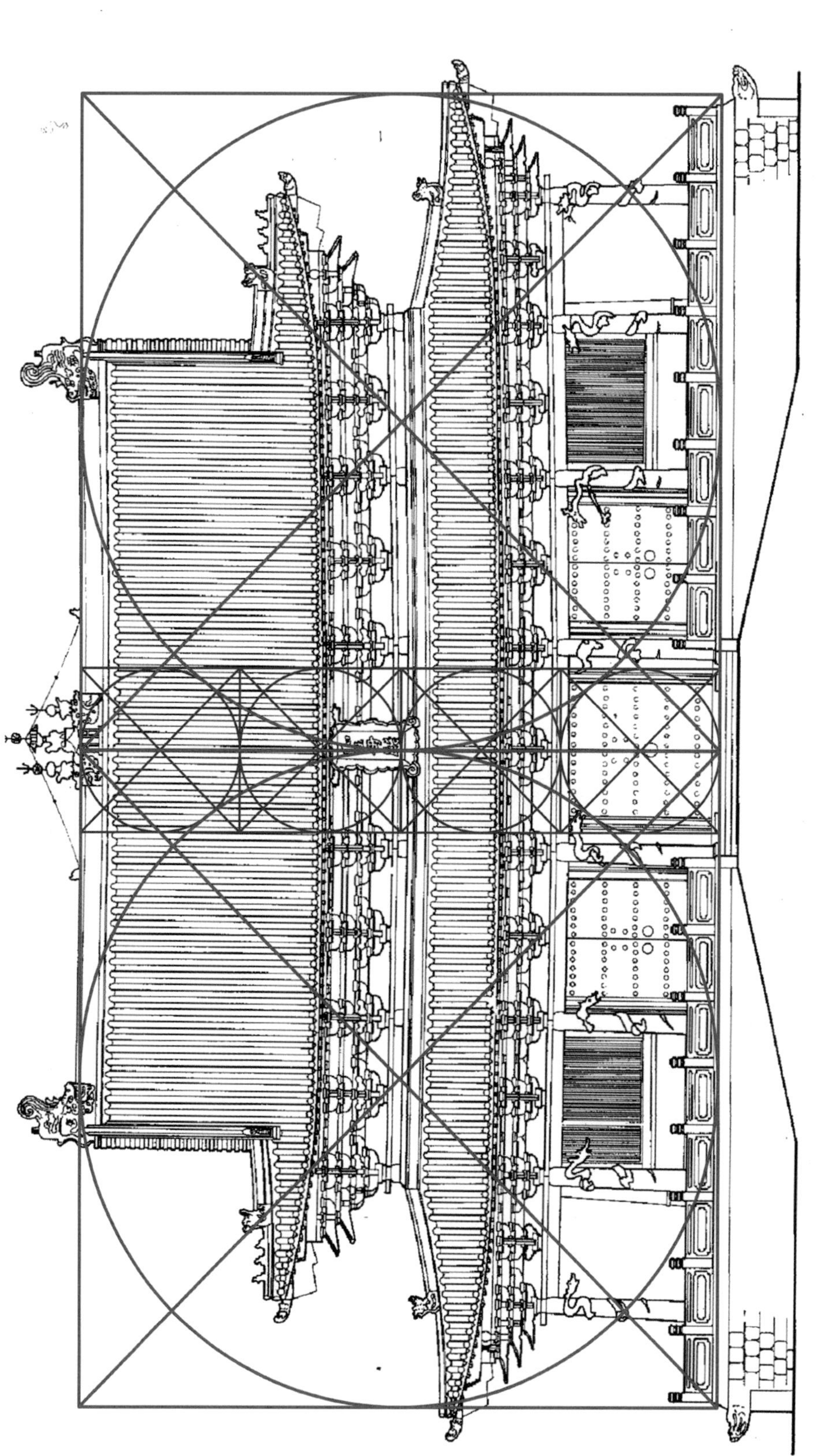

图7-128 太原晋祠圣母殿正立面分析图—
底图来源：《晋祠文物透视——文化的烙印》（1997）

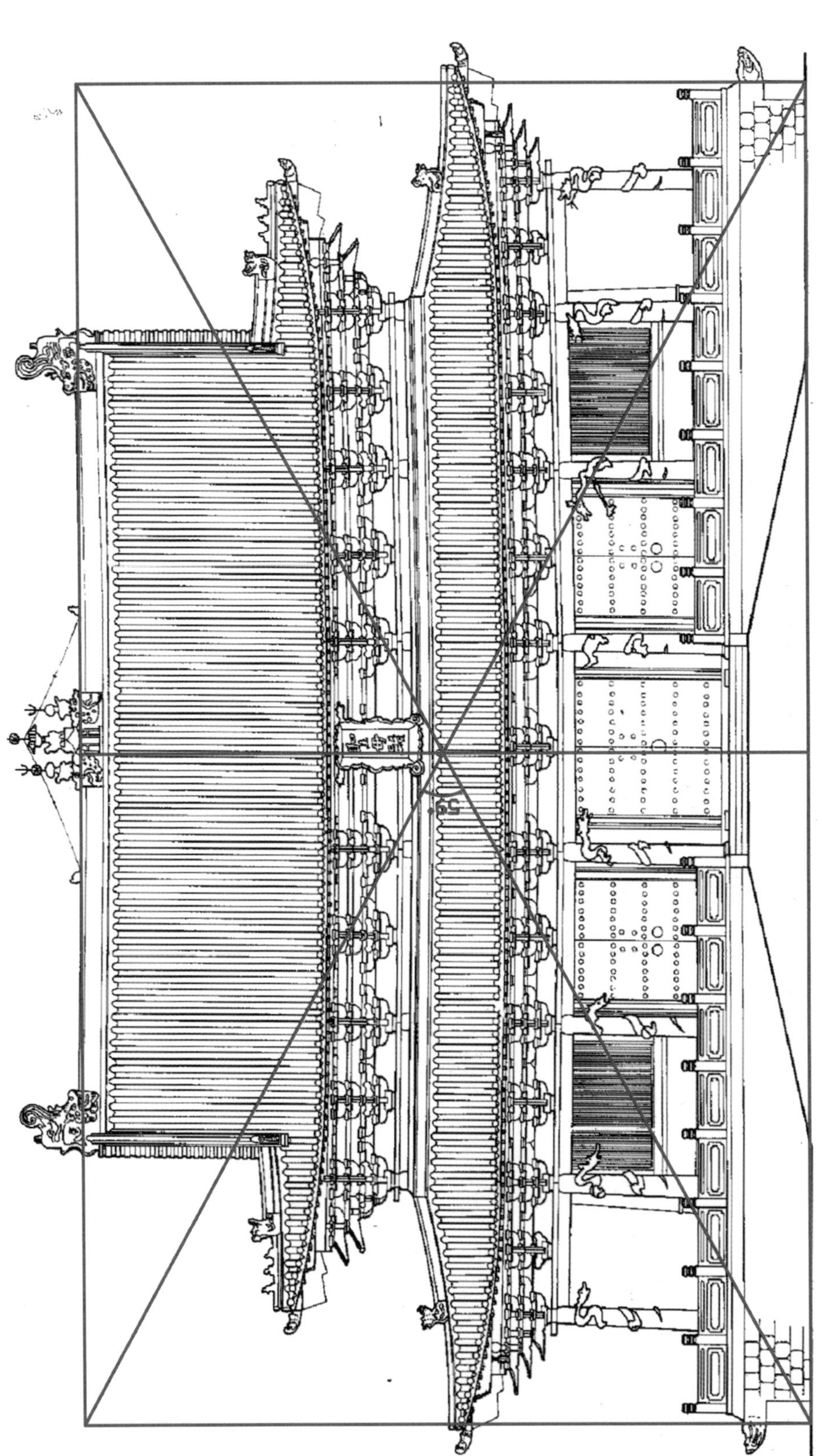

图7-129　太原晋祠圣母殿正立面分析图二
底图来源：《晋祠文物透视——文化的烙印》(1997)

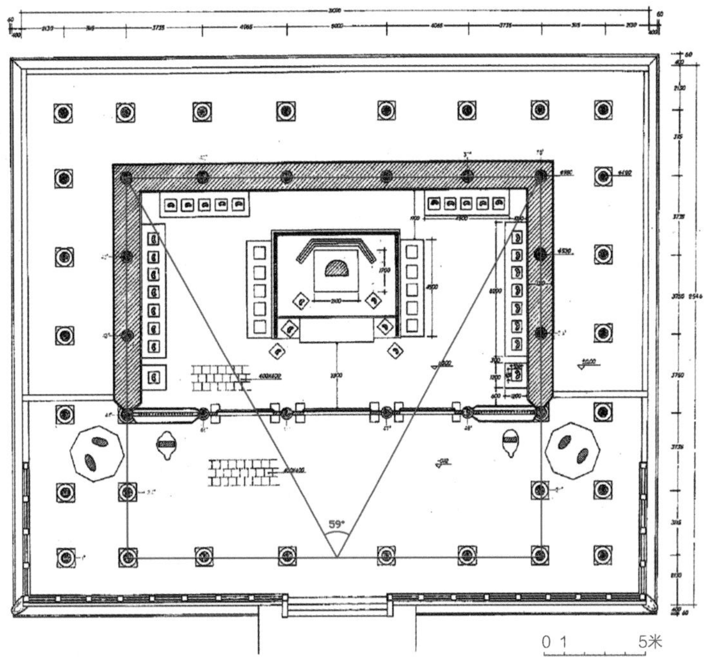

图7-130 太原晋祠圣母殿平面分析图
底图来源：《晋祠文物透视——文化的烙印》（1997）

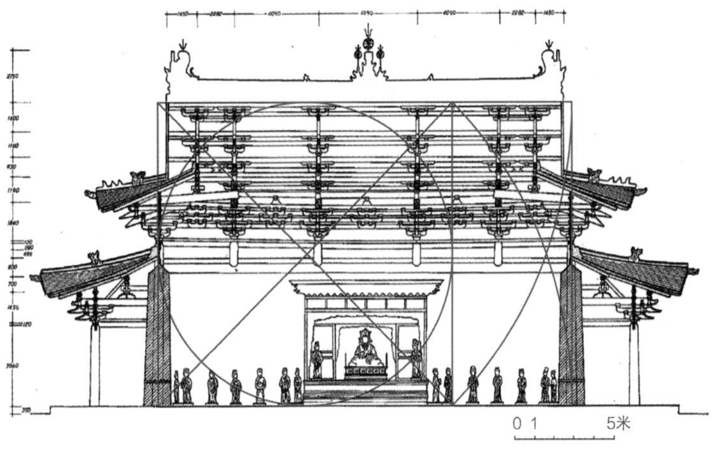

图7-131 太原晋祠圣母殿纵剖面分析图一
底图来源：《晋祠文物透视——文化的烙印》（1997）

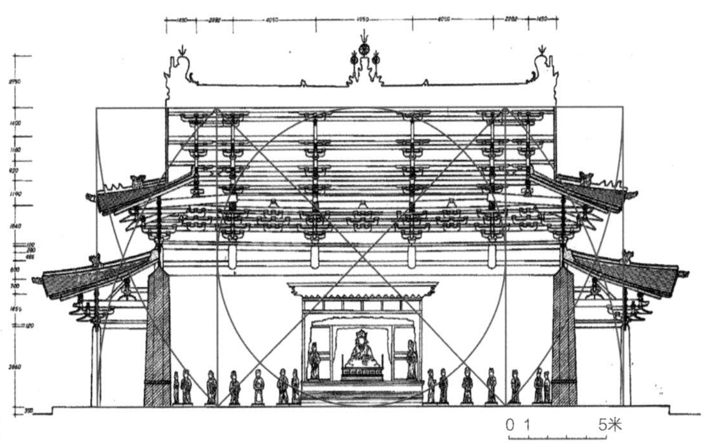

图7-132 太原晋祠圣母殿纵剖面分析图二
底图来源：《晋祠文物透视——文化的烙印》（1997）

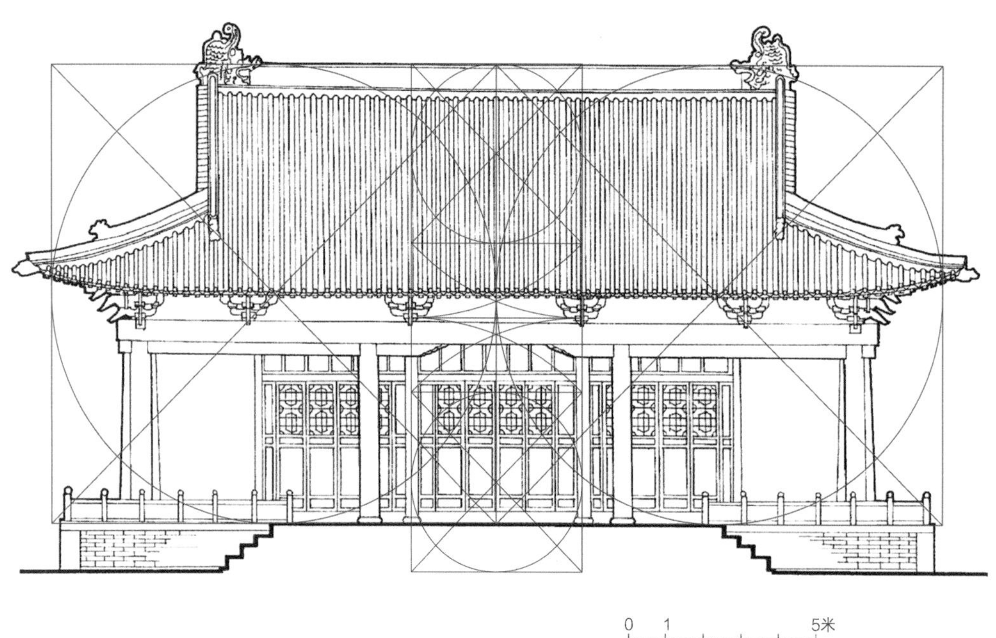

图7-133 陕西韩城文庙大成殿正立面分析图
底图来源:《中国古代建筑史》(第四卷:元、明建筑,2009)

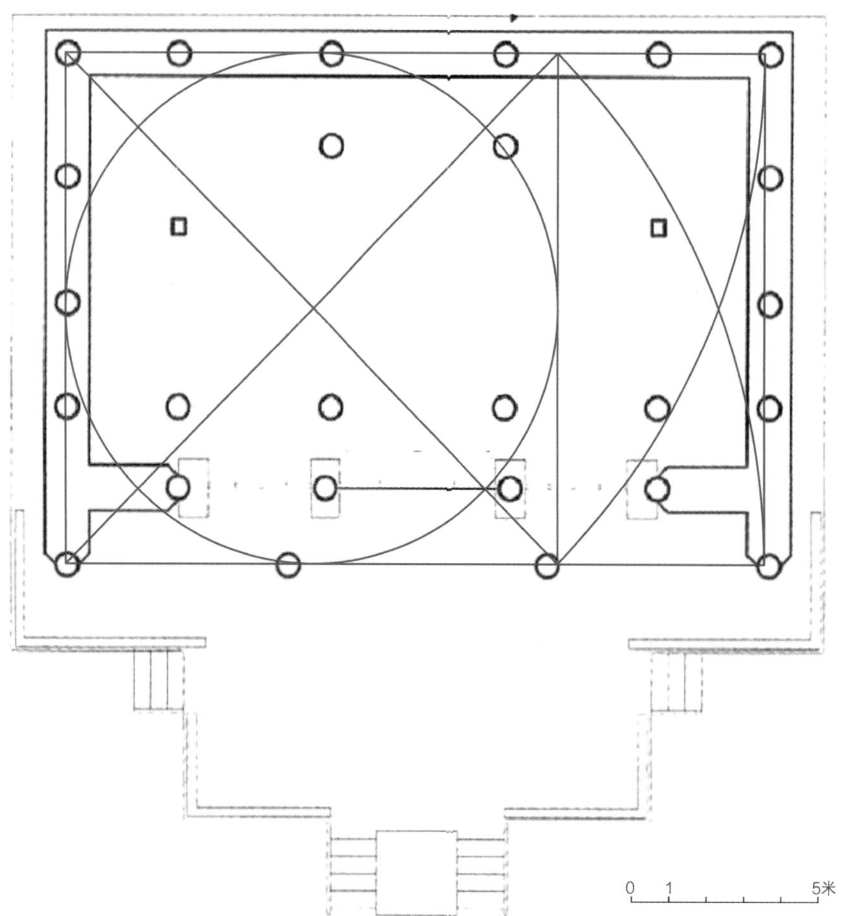

图7-134 陕西韩城文庙大成殿平面分析图
底图来源:《陕西古建筑》(2015)

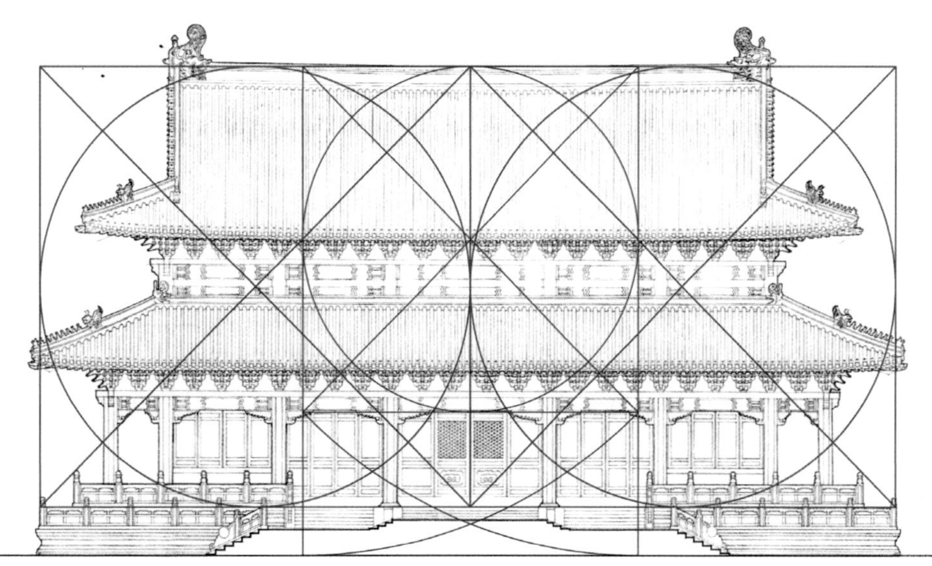

图7-135 曲阜孔庙大成寝殿正立面分析图一
底图来源：《曲阜孔庙建筑》(1987)

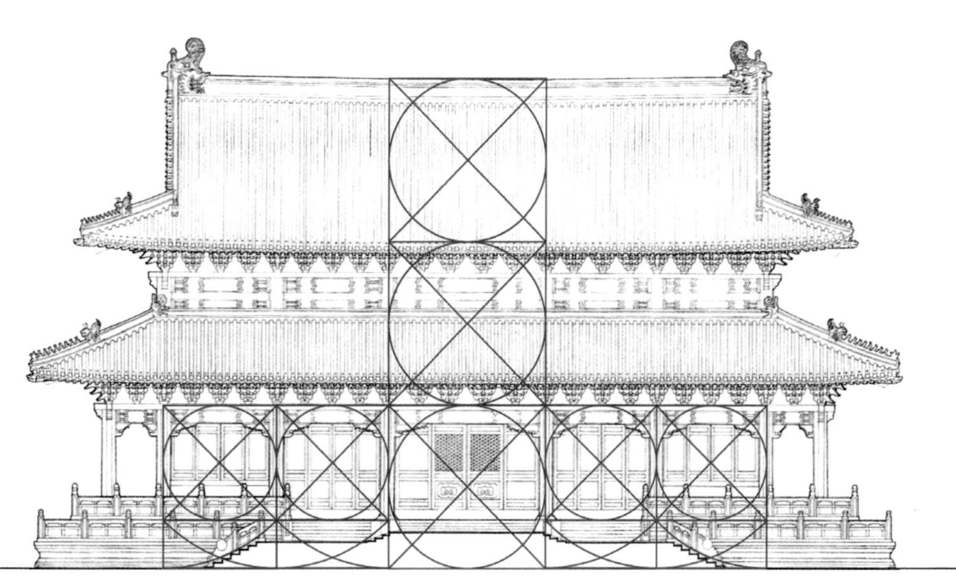

图7-136 曲阜孔庙大成寝殿正立面分析图二
底图来源：《曲阜孔庙建筑》(1987)

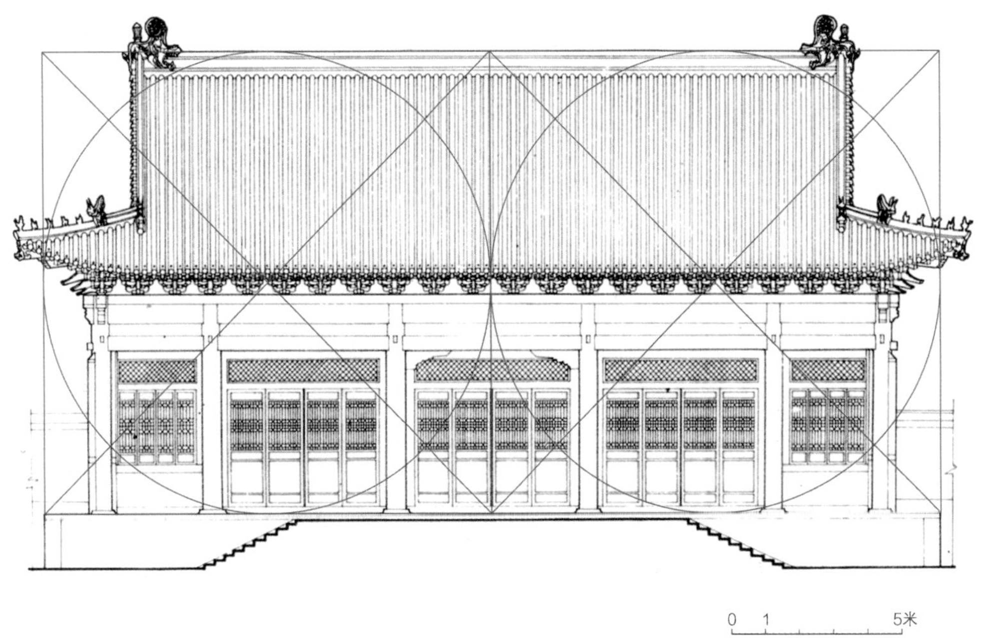

图7-137　山东泰山岱庙寝殿正立面分析图
底图来源：《岱庙》（2005）

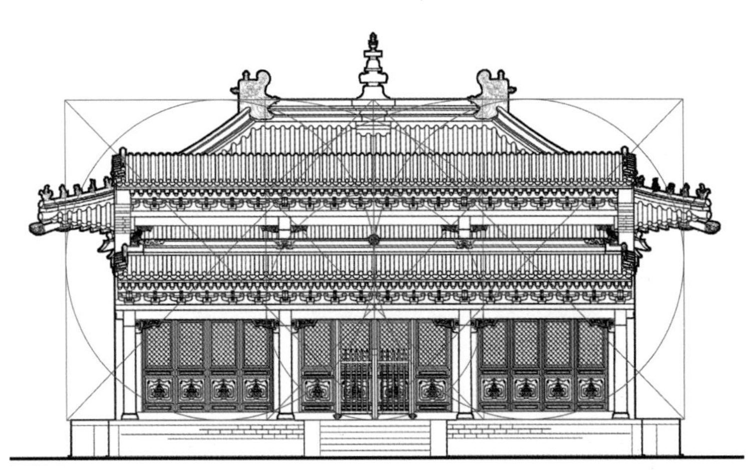

图7-138　山西五台山罗睺寺大雄宝殿正立面分析图
底图来源：《中国古建筑测绘十年：2000~2010 清华大学建筑学院测绘图集》（上册，2011）

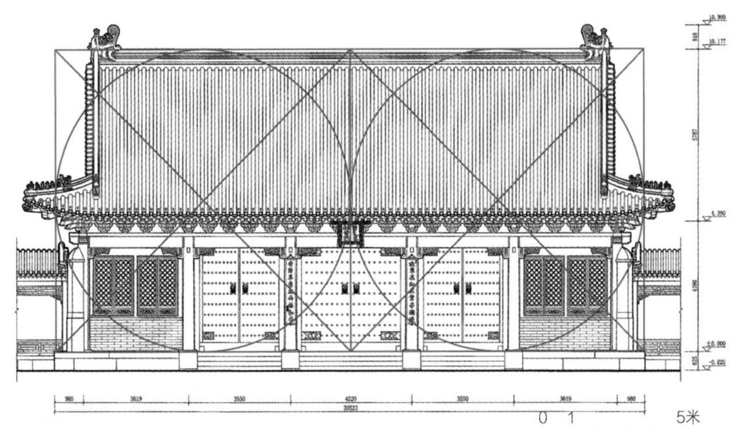

图7-139 北京颐和园排云门正立面分析图
底图来源:《中国古建筑测绘大系·园林建筑:颐和园》(2015)

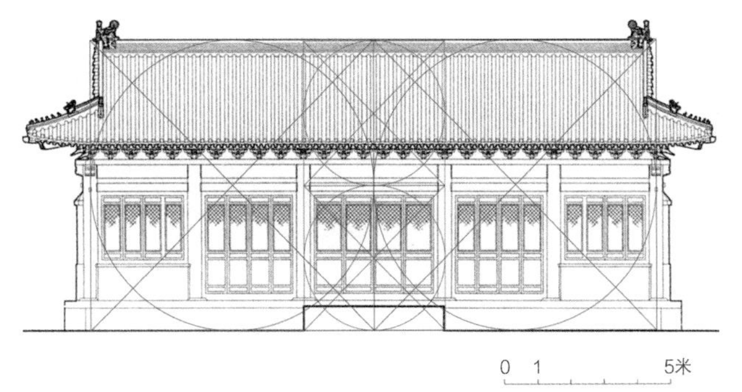

图7-140 北京宣仁庙寝殿正立面分析图
底图来源:《东华图志:北京东城史迹录》(2005)

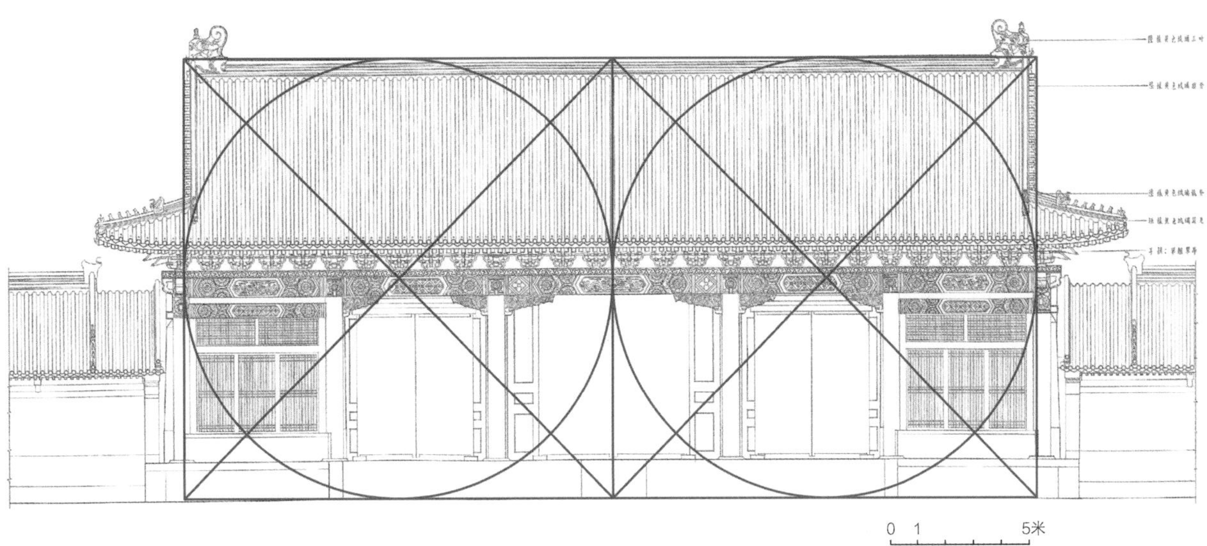

图7-141 北京景山北上门正立面分析图
底图来源:《北京城中轴线古建筑实测图集》(2017)

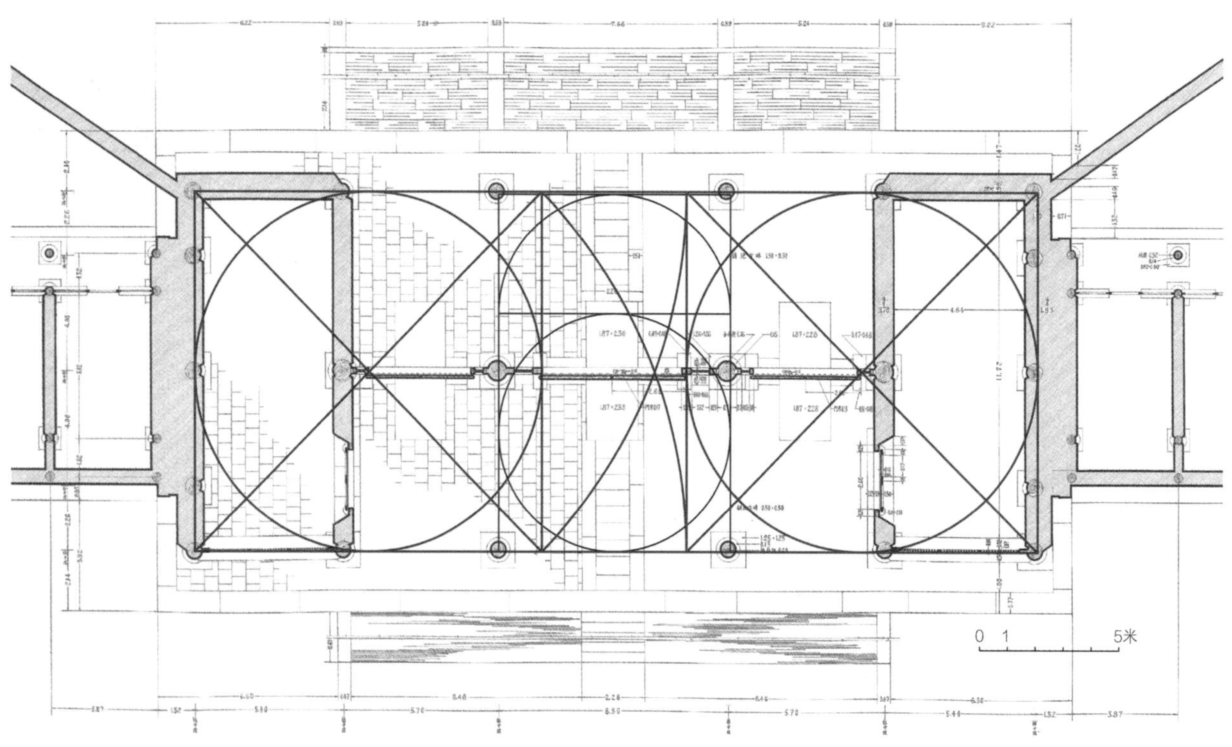

图7-142 北京景山北上门平面分析图
底图来源：《北京城中轴线古建筑实测图集》(2017)

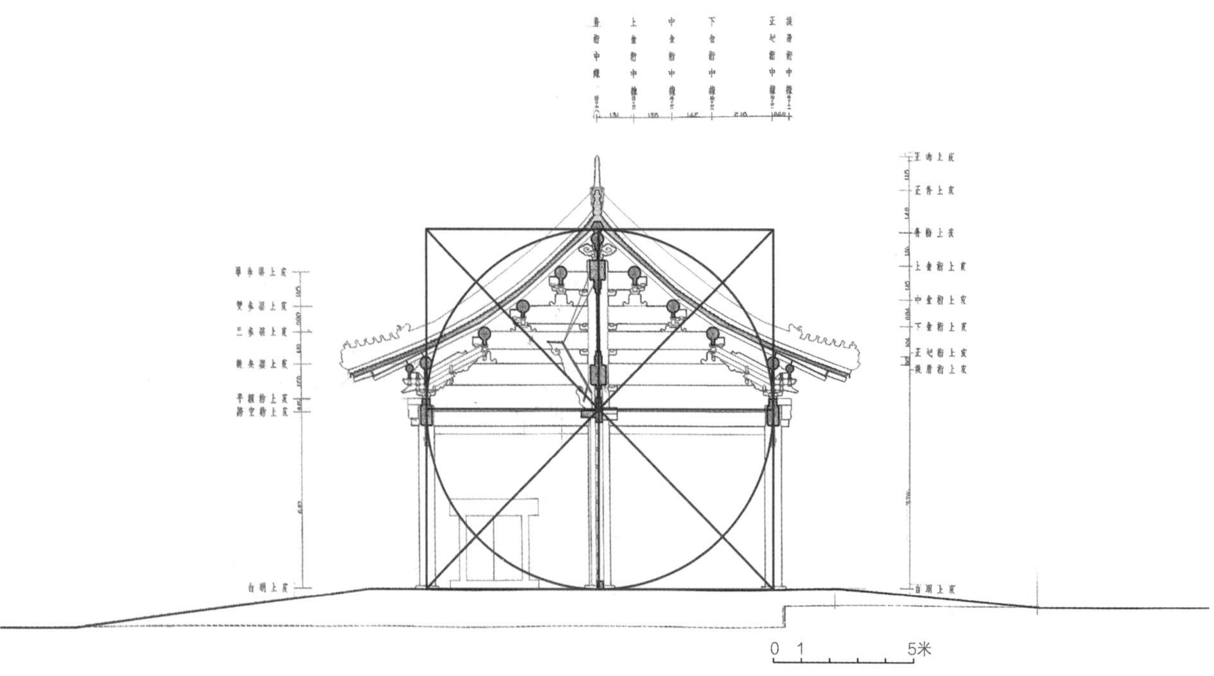

图7-143 北京景山北上门横剖面分析图
底图来源：《北京城中轴线古建筑实测图集》(2017)

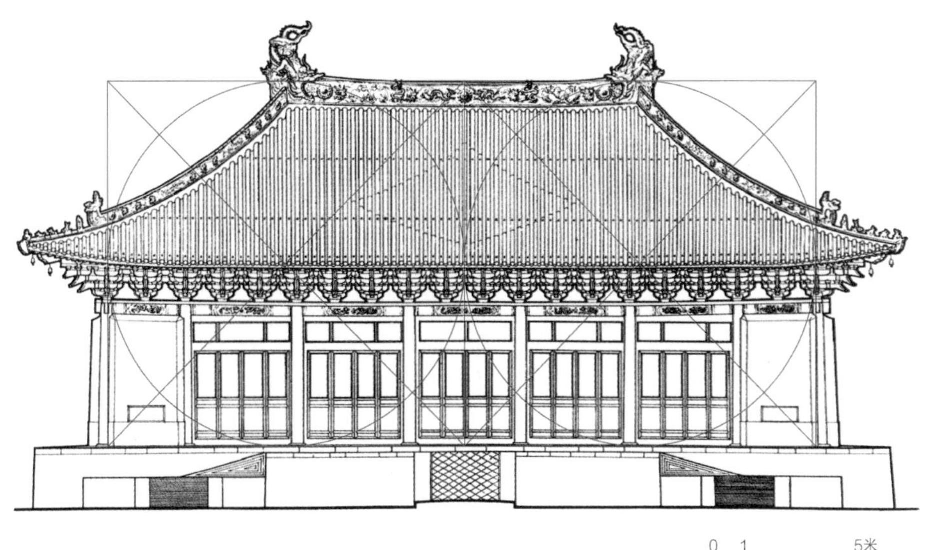

图7-144　山西芮城永乐宫三清殿正立面分析图
底图来源：《中国古代建筑史》（第二版，1984）

图7-145　山西芮城永乐宫无极门正立面分析图
底图来源：杜仙洲《永乐宫的建筑》（《文物》1963年第8期）

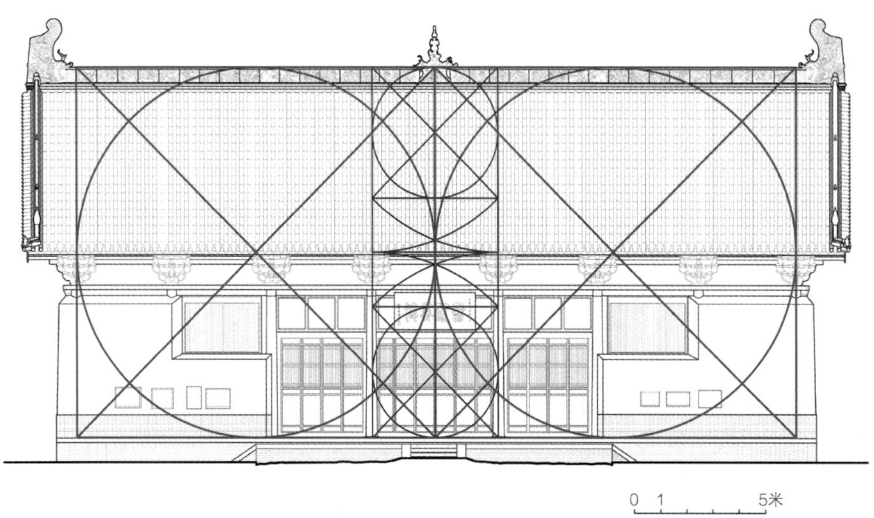

图7-146　山西洪洞广胜寺下寺大殿正立面分析图
底图来源：清华大学建筑学院

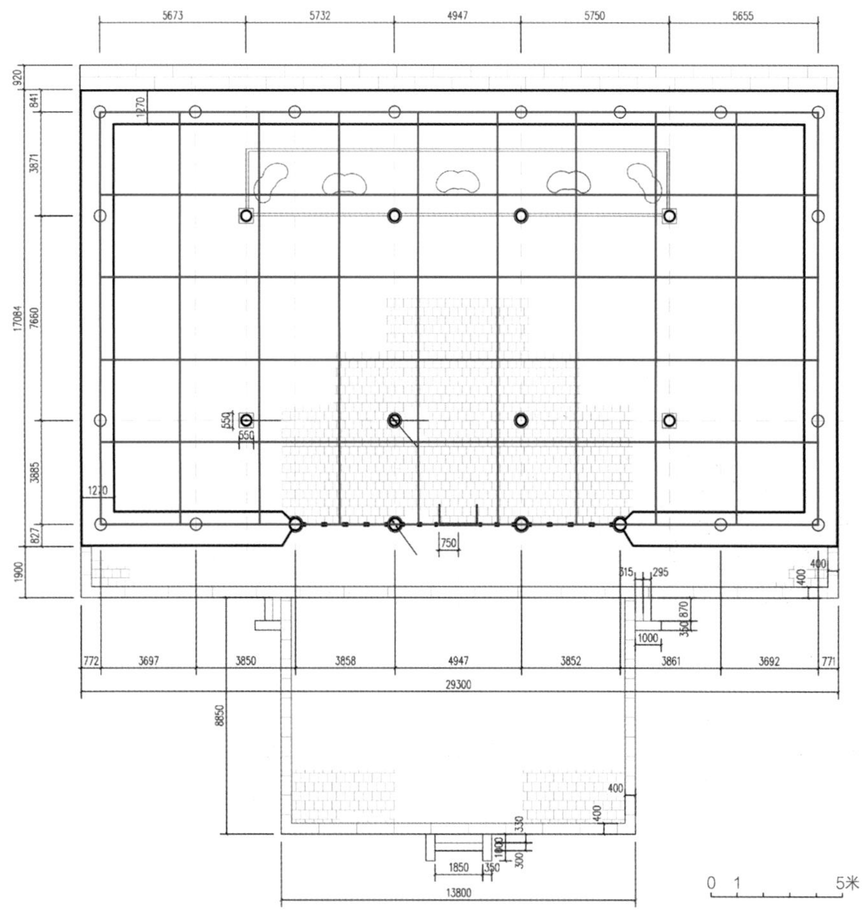

图7-147　山西洪洞广胜寺下寺大殿平面分析图
底图来源：清华大学建筑学院

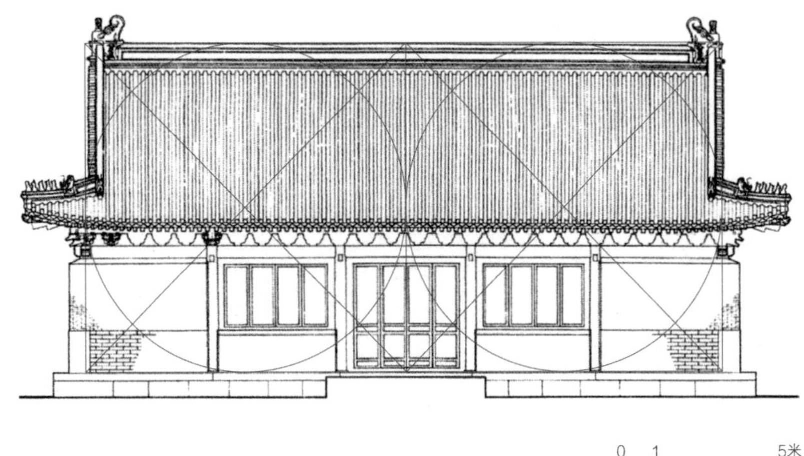

图7-148　北京諴亲王府正殿正立面分析图
底图来源：《东华图志：北京东城史迹录》(2005)

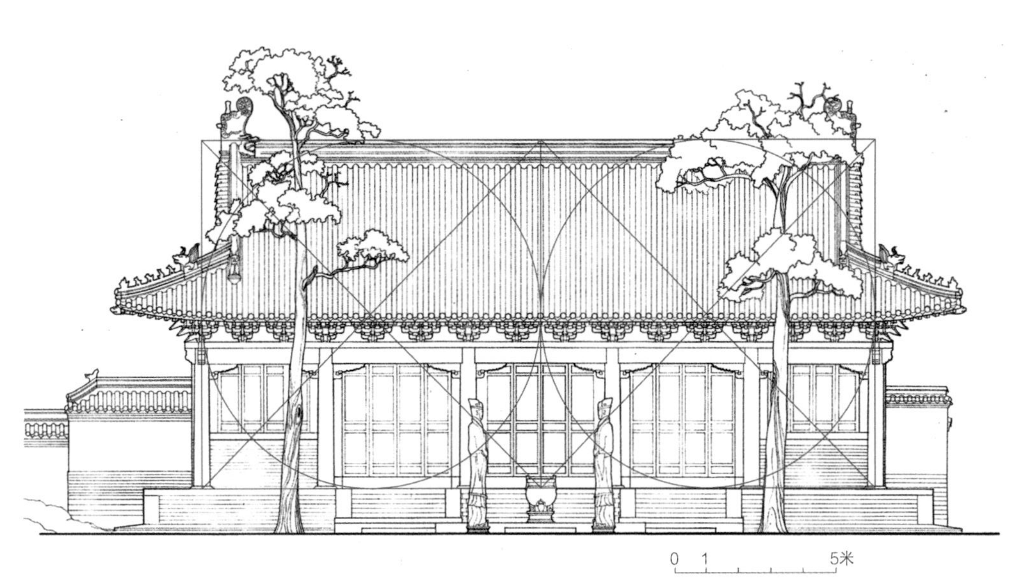

图7-149　曲阜孔林享殿正立面分析图
底图来源：《曲阜孔庙建筑》(1987)

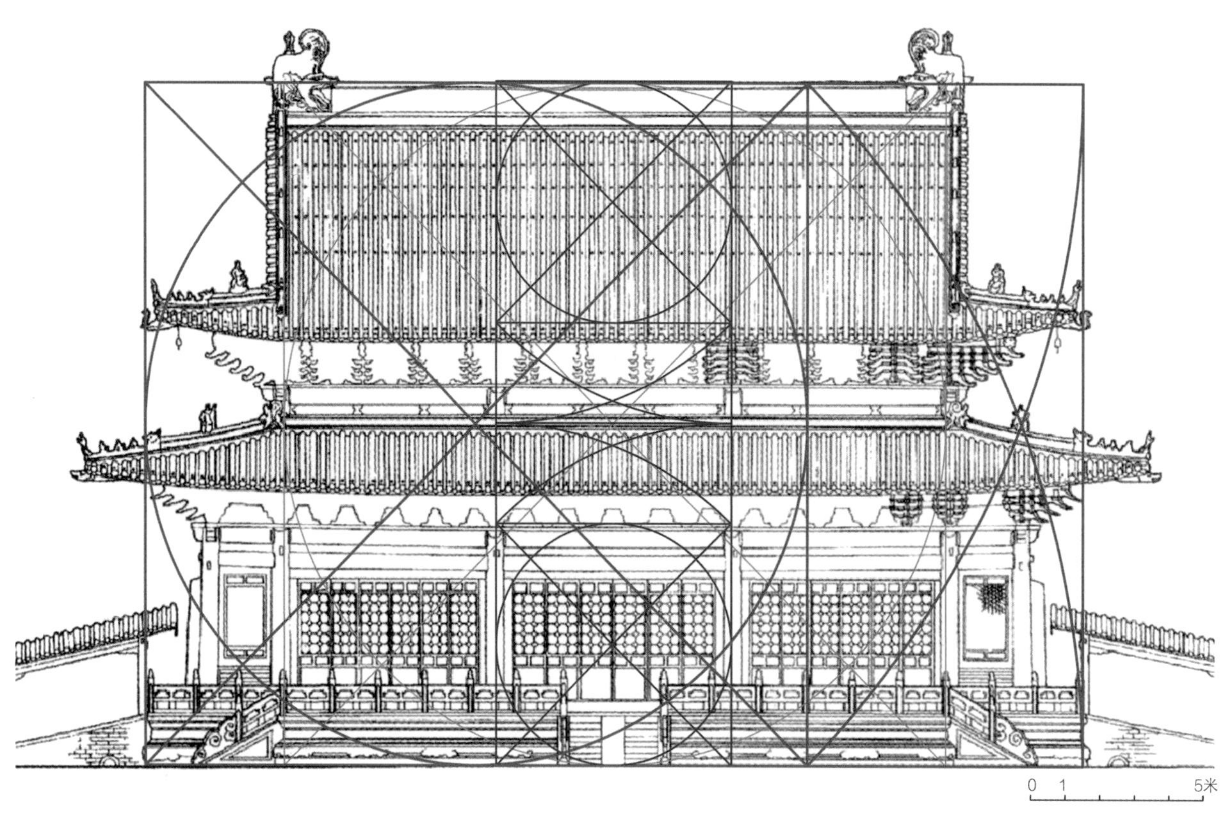

图7-150　四川平武报恩寺大雄宝殿正立面分析图
底图来源：《中国古代建筑史》（第四卷：元、明建筑，2009）

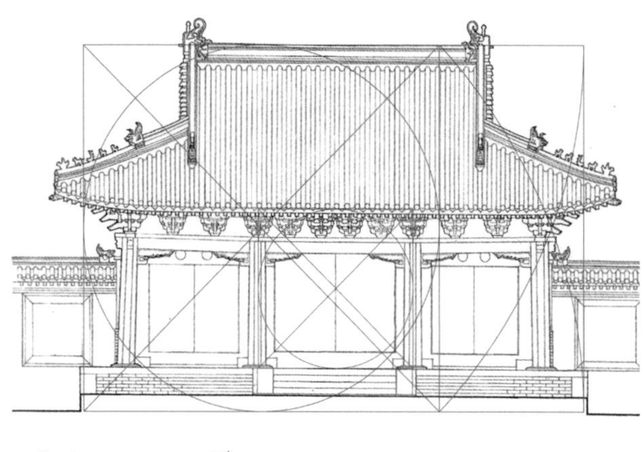

图7-151　曲阜颜庙复圣门正立面分析图
底图来源：《曲阜孔庙建筑》（1987）

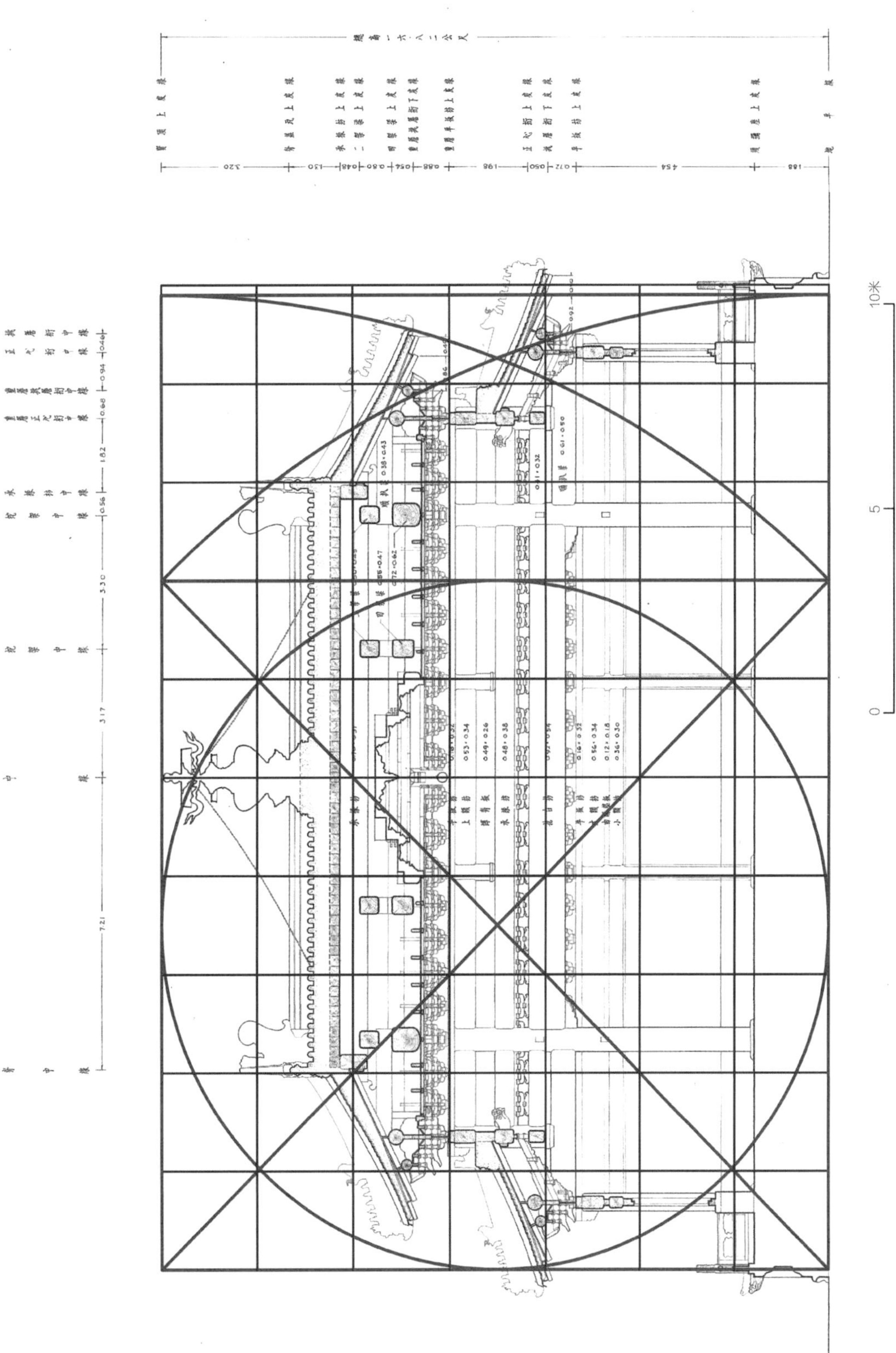

图7-152 北京紫禁城钦安殿纵剖面分析图一
底图来源：《北京城中轴线古建筑实测图集》（2017）

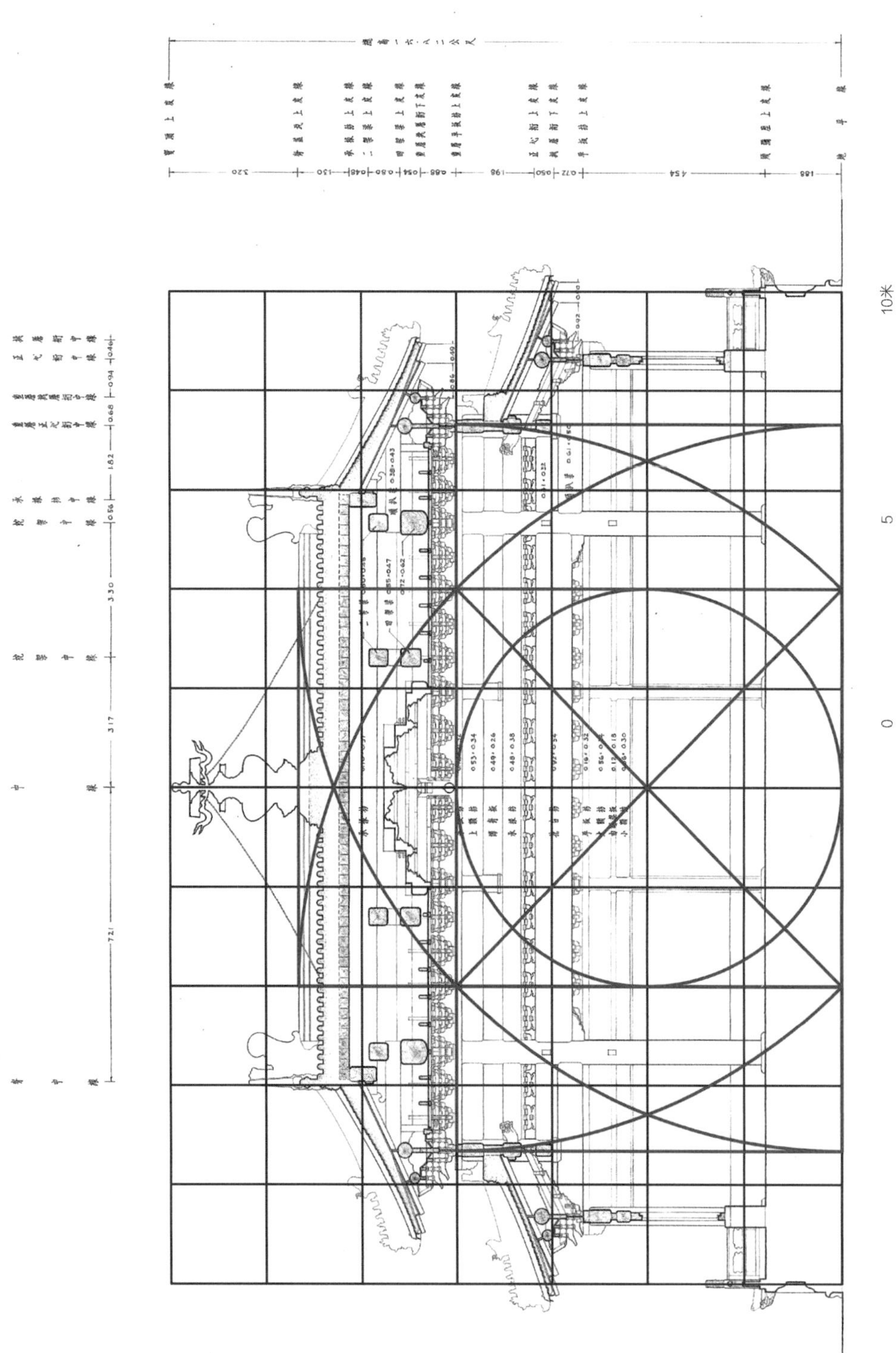

图7-153 北京紫禁城钦安殿纵剖面分析图二
底图来源：《北京城中轴线古建筑实测图集》(2017)

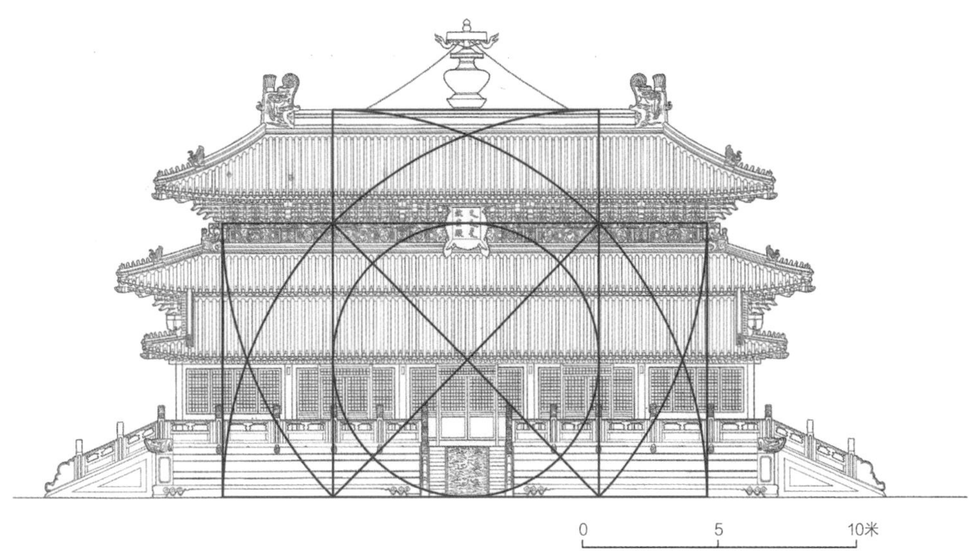

图7-154 北京紫禁城钦安殿正立面分析图
底图来源：《北京城中轴线古建筑实测图集》(2017)

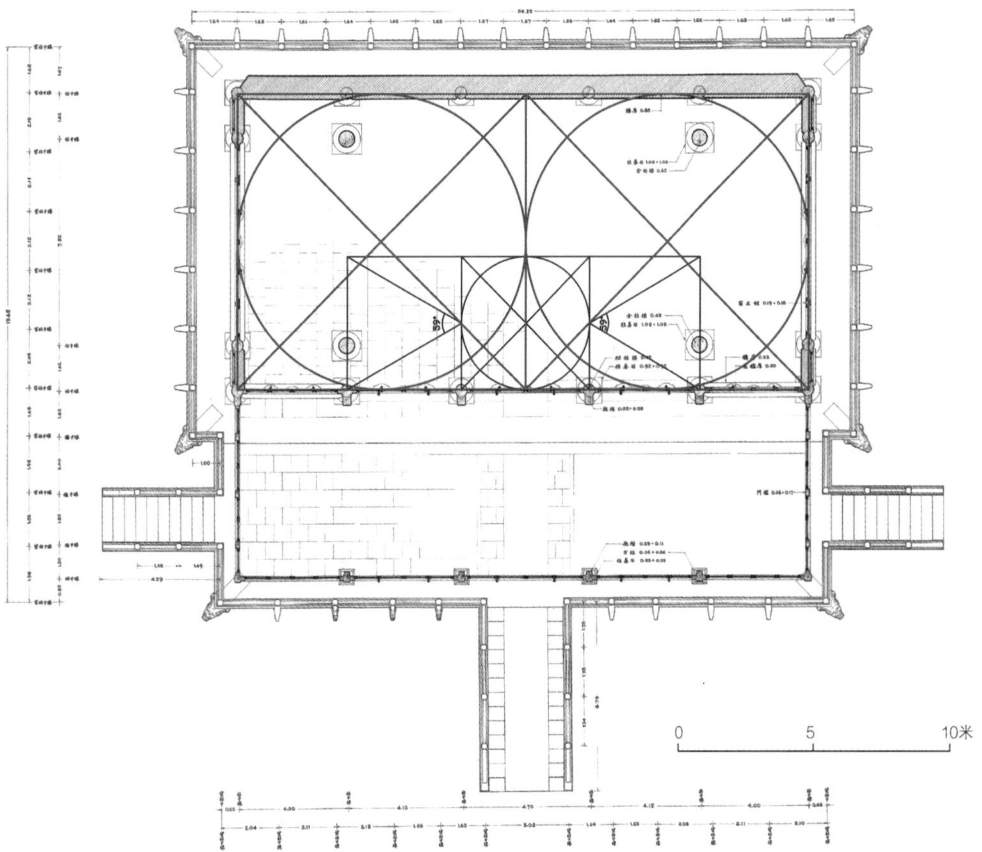

图7-155 北京紫禁城钦安殿平面分析图
底图来源：《北京城中轴线古建筑实测图集》(2017)

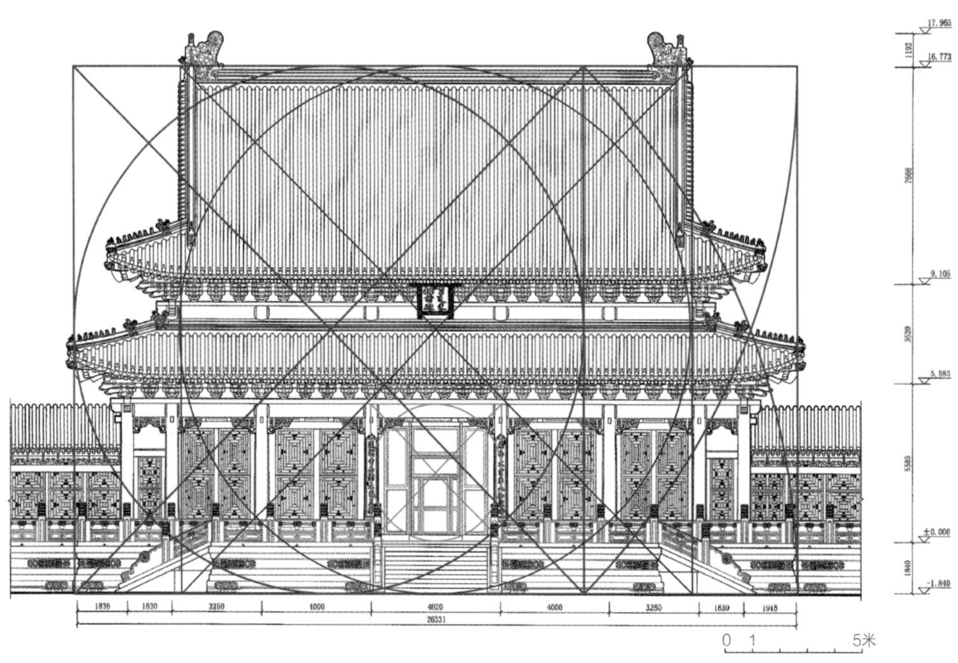

图7-156　北京颐和园排云殿正立面分析图一
底图来源：《中国古建筑测绘大系・园林建筑：颐和园》（2015）

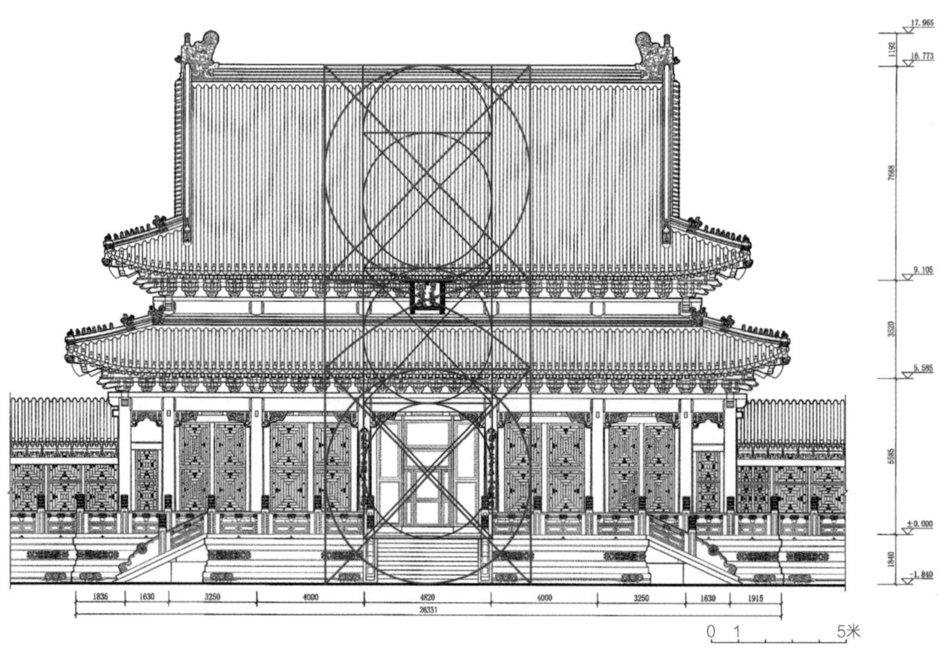

图7-157　北京颐和园排云殿正立面分析图二
底图来源：《中国古建筑测绘大系・园林建筑：颐和园》（2015）

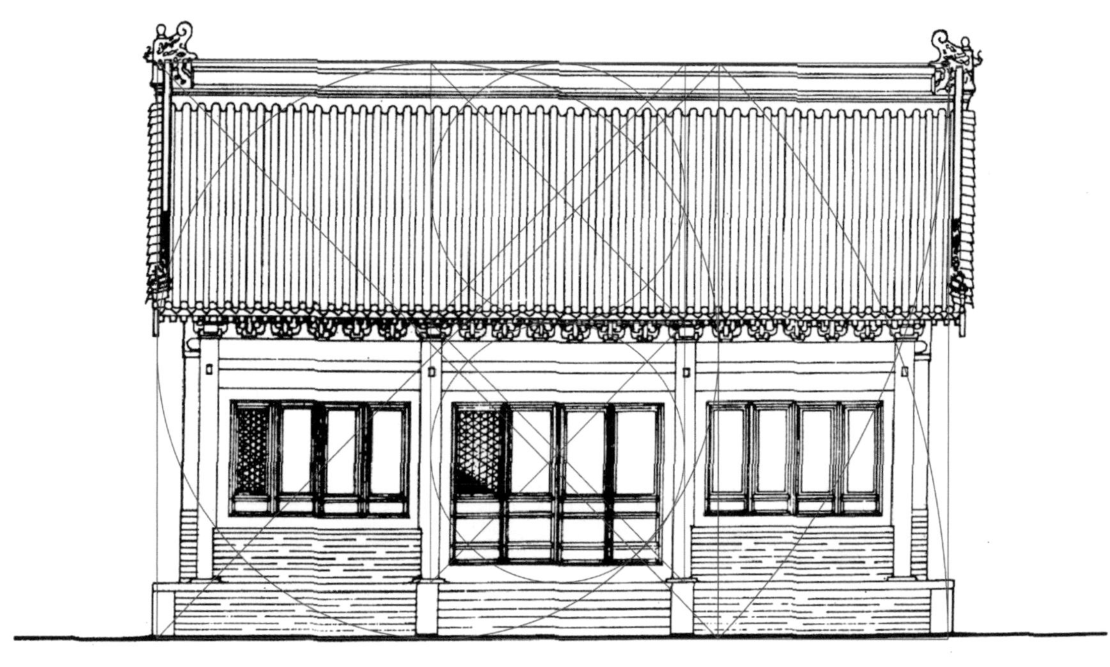

图7-158　北京报国寺天王殿正立面分析图
底图来源：《宣南鸿雪图志》（1997）

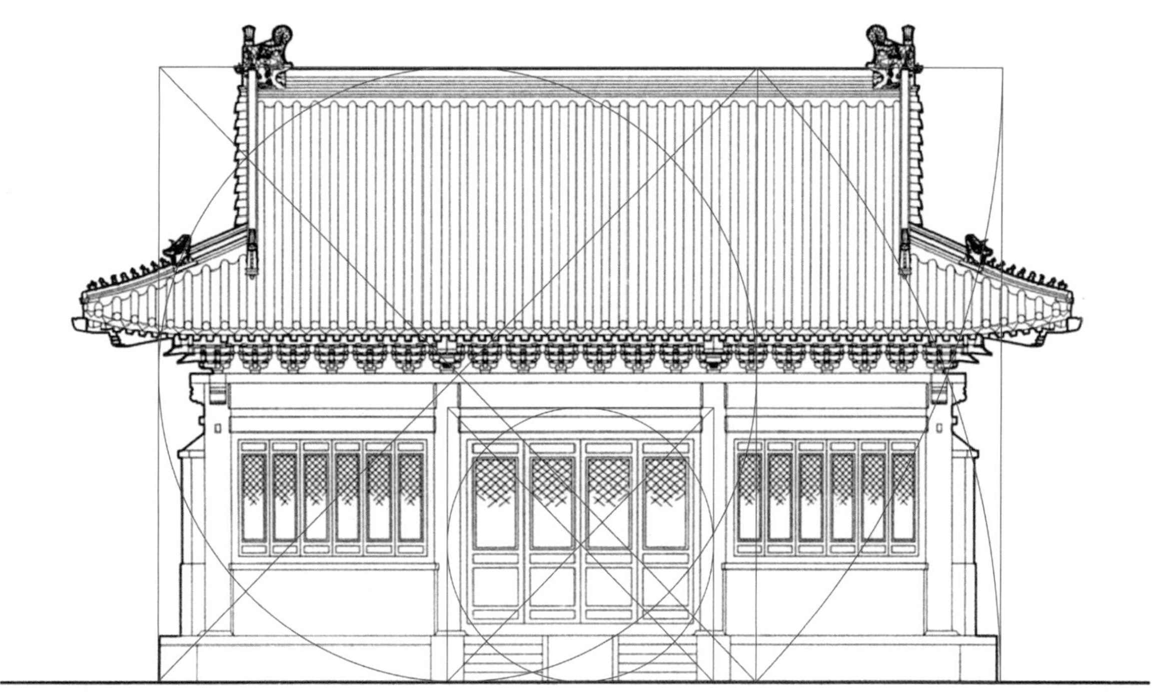

图7-159　北京宣仁庙享殿正立面分析图
底图来源：《东华图志：北京东城史迹录》（2005）

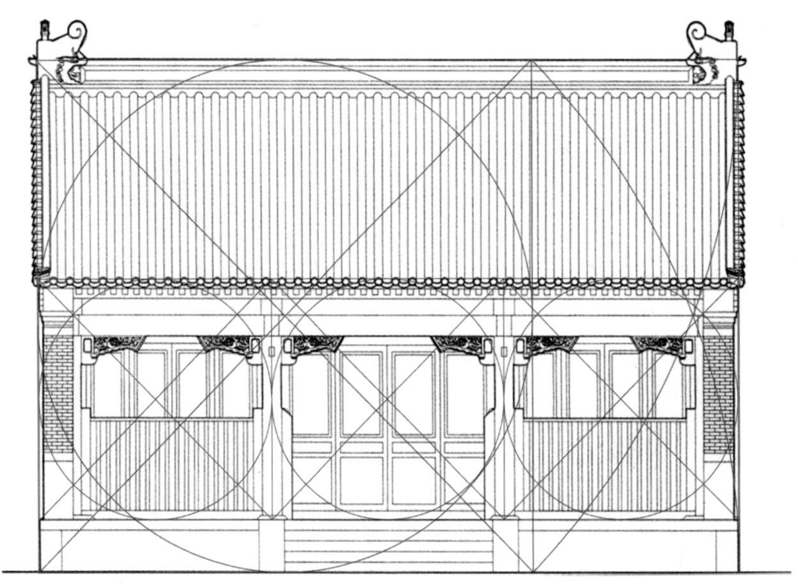

图7-160　北京显忠祠前殿正立面分析图
底图来源：《东华图志：北京东城史迹录》（2005）

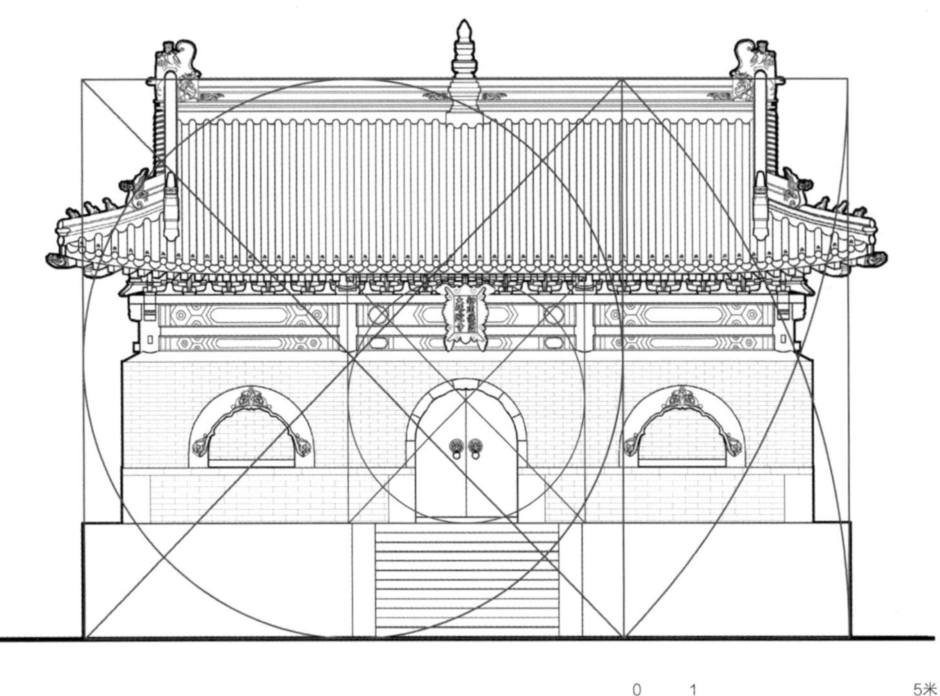

图7-161　山西五台山塔院寺天王殿正立面分析图
底图来源：《中国古建筑测绘十年：2000~2010清华大学建筑学院测绘图集》（上册，2011）

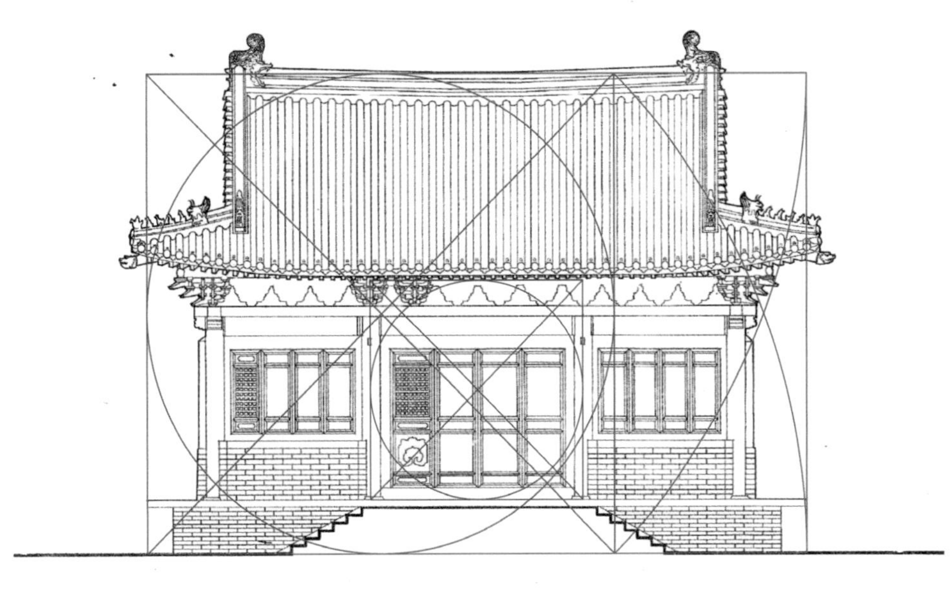

图7-162 曲阜孔庙启圣寝殿正立面分析图
底图来源:《曲阜孔庙建筑》(1987)

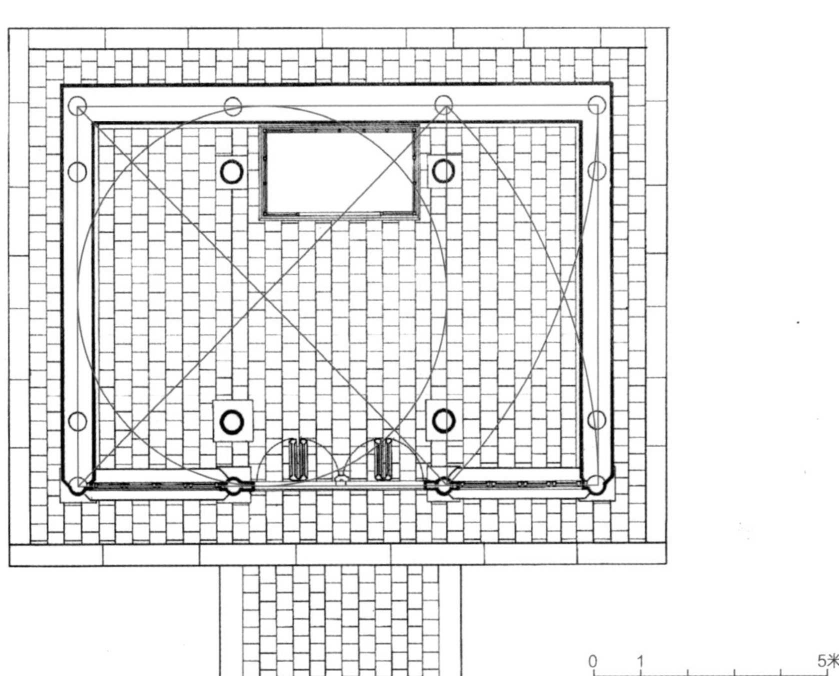

图7-163 曲阜孔庙启圣寝殿平面分析图
底图来源:《曲阜孔庙建筑》(1987)

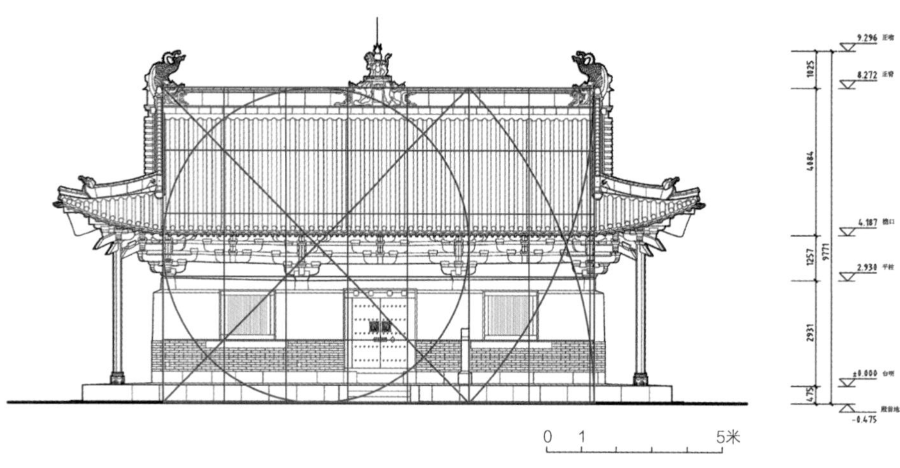

图7-164　山西高平崇明寺大殿正立面分析图一
底图来源：清华大学建筑学院

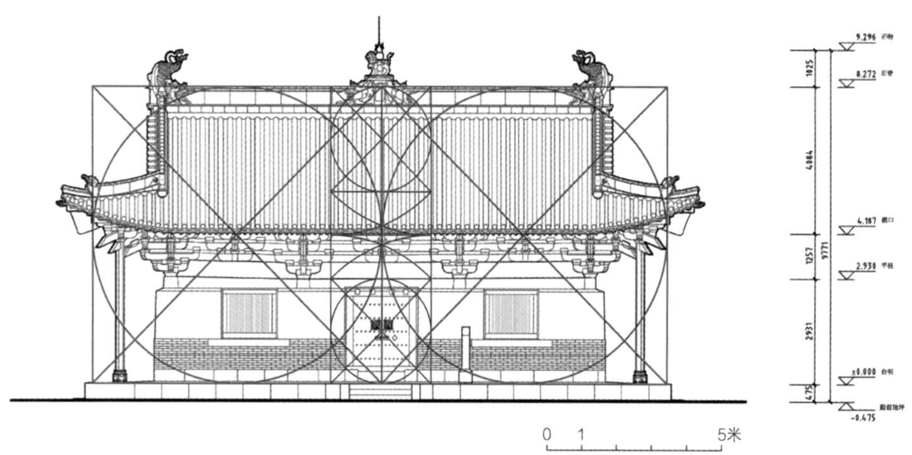

图7-165　山西高平崇明寺大殿正立面分析图二
底图来源：清华大学建筑学院

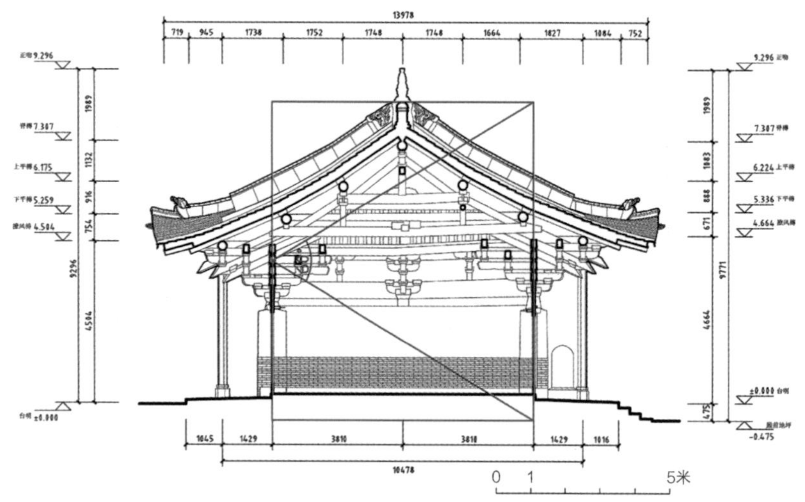

图7-166　山西高平崇明寺大殿横剖面分析图
底图来源：清华大学建筑学院

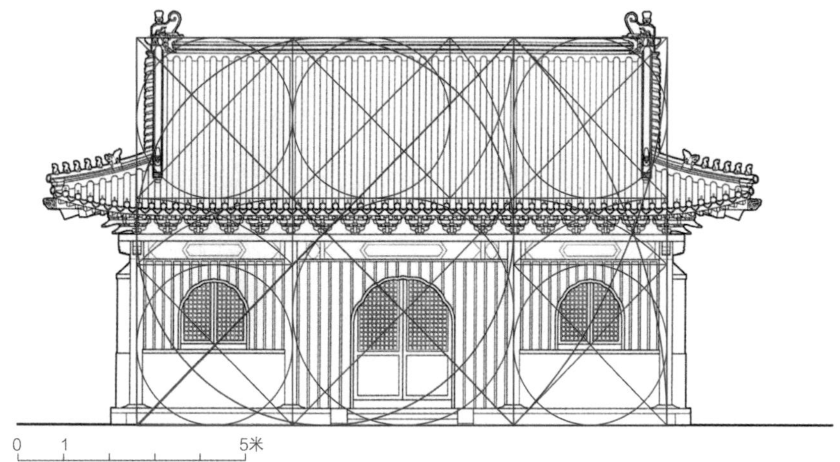

图7-167　北京智化寺智化门正立面分析图
底图来源：《东华图志：北京东城史迹录》（2005）

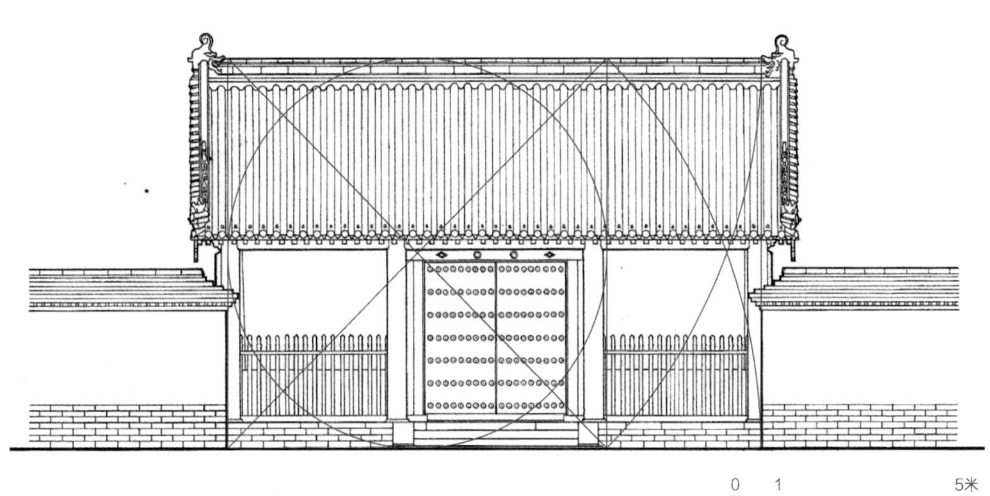

图7-168　曲阜孔庙毓粹门正立面分析图
底图来源：《曲阜孔庙建筑》（1987）

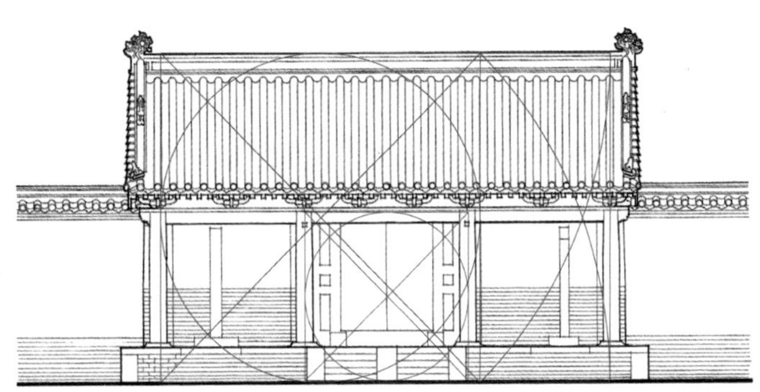

图7-169　曲阜颜庙克己门正立面分析图
底图来源：《曲阜孔庙建筑》（1987）

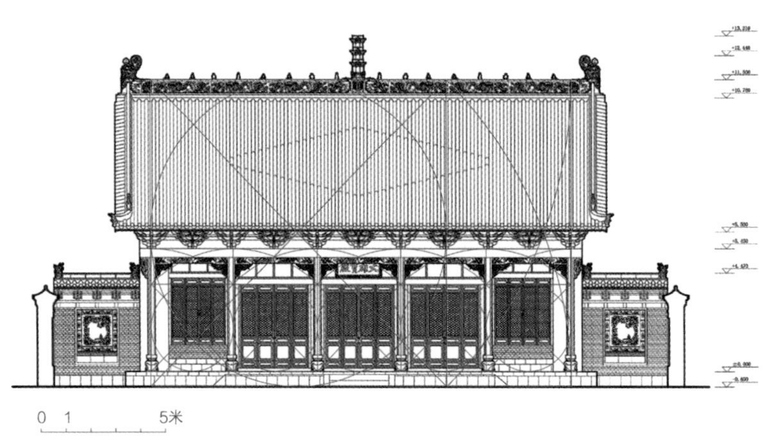

图7-170　山西陵川崇安寺大雄宝殿正立面分析图
底图来源：《中国古建筑测绘十年：2000~2010清华大学建筑学院测绘图集》（下册，2011）

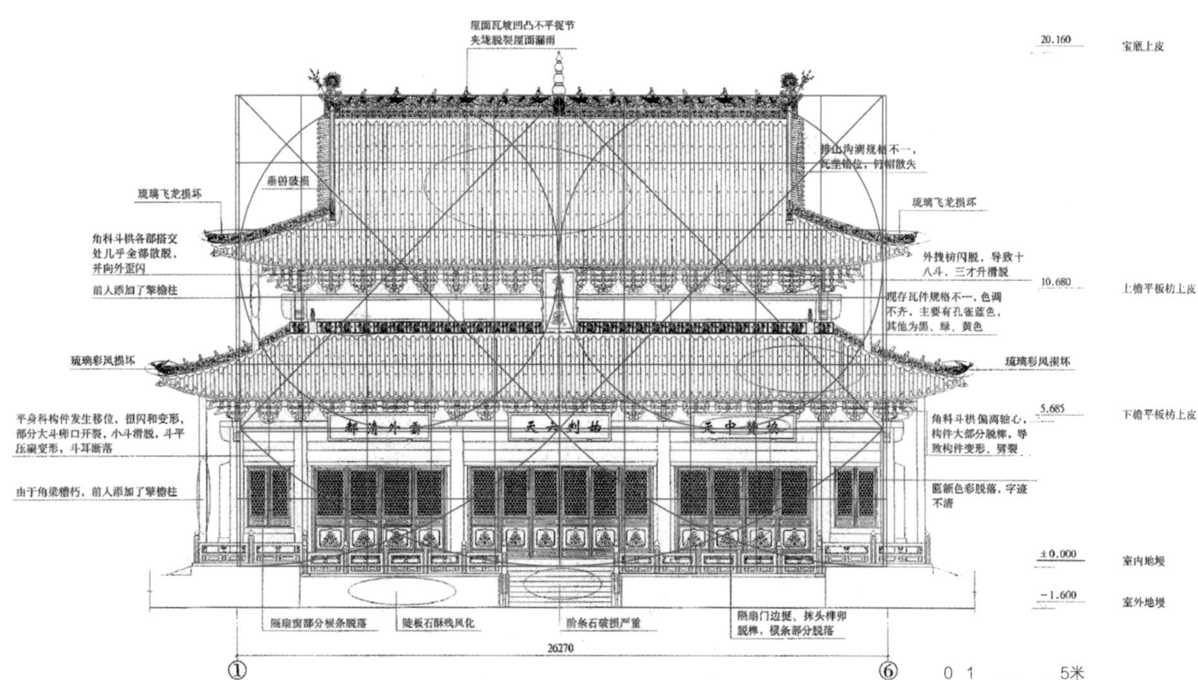

图7-171　湖北武当山紫霄宫正立面分析图
底图来源：《武当山紫霄大殿维修工程与科研报告》（2009）

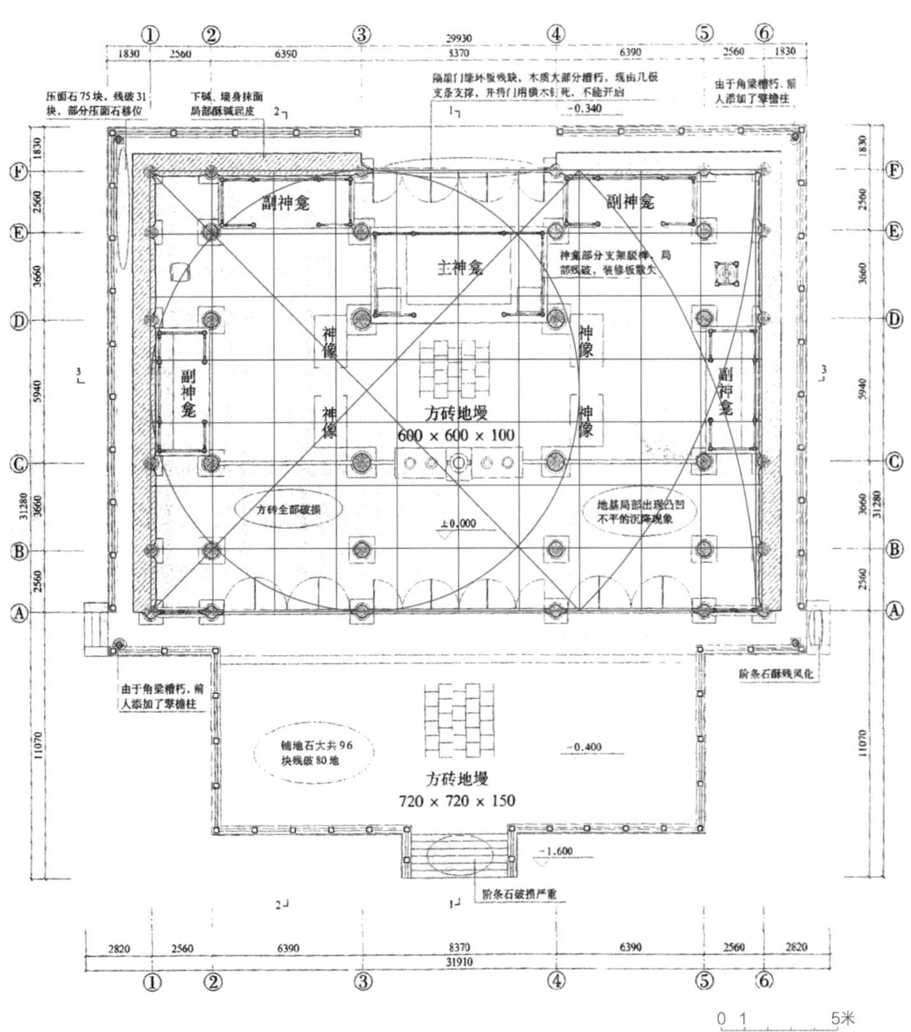

图7-172　湖北武当山紫霄宫平面分析图
底图来源：《武当山紫霄大殿维修工程与科研报告》（2009）

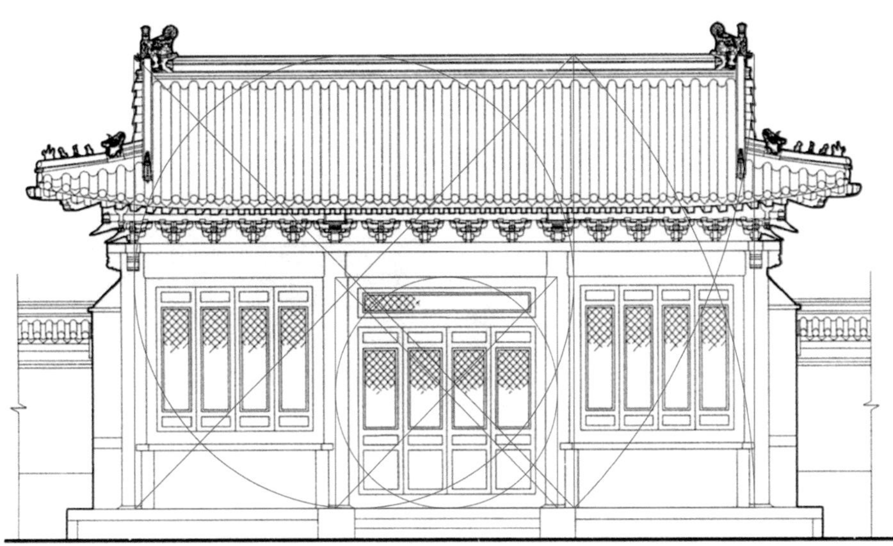

图7-173　北京宣仁庙献殿正立面分析图
底图来源：《东华图志：北京东城史迹录》（2005）

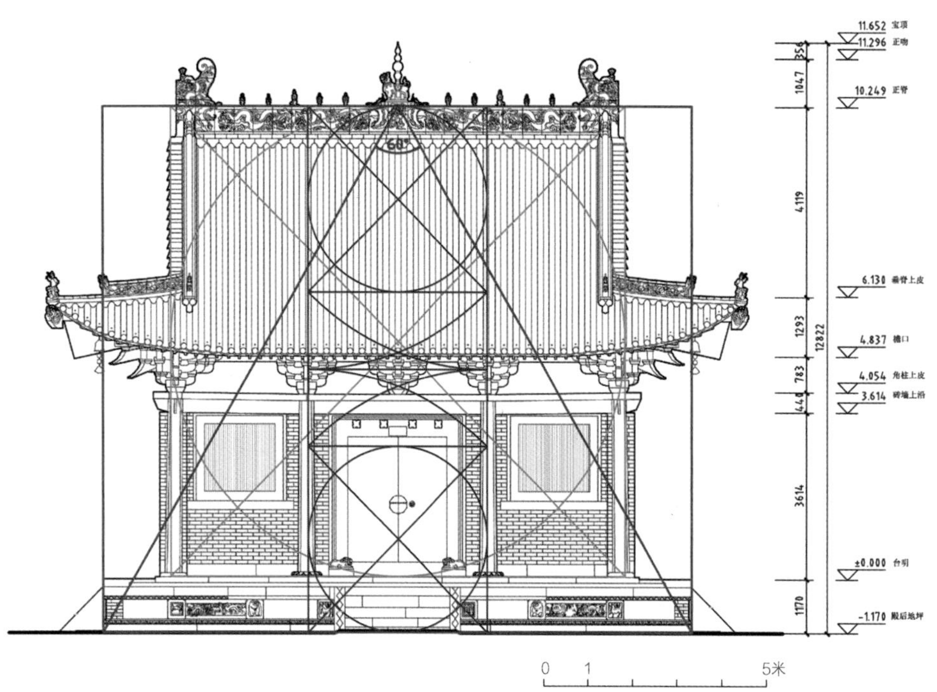

图7-174　山西高平西里门二仙庙大殿正立面分析图
底图来源：清华大学建筑学院

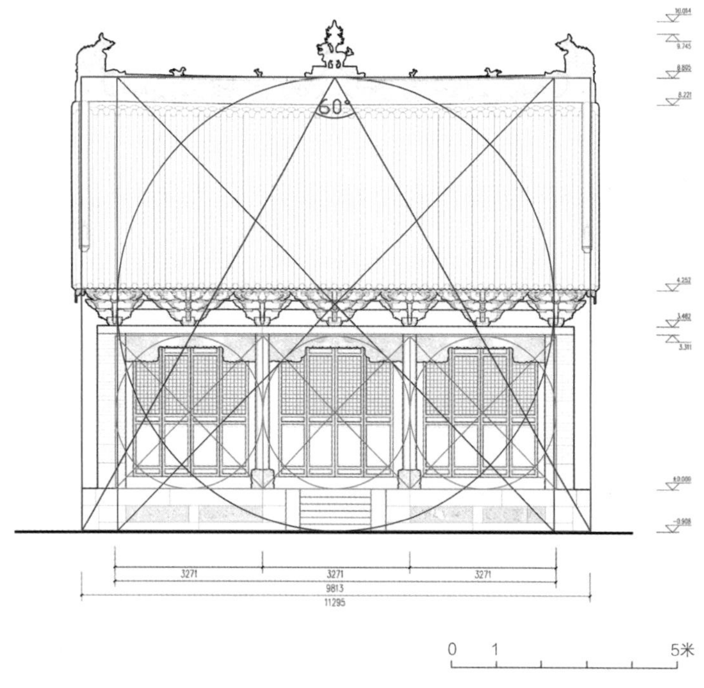

图7-175　山西高平炎帝中庙元祖殿正立面分析图
底图来源：清华大学建筑学院

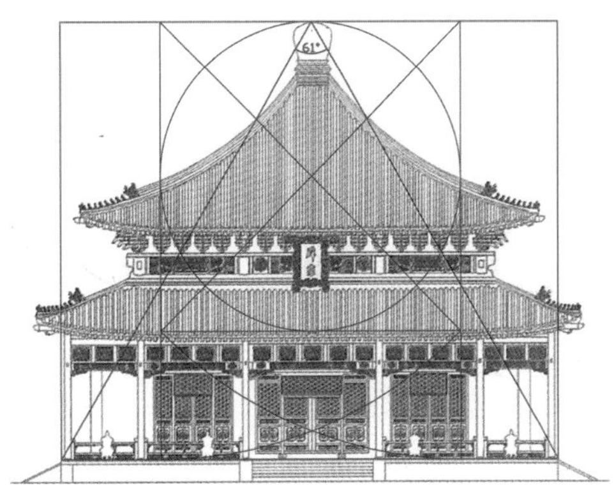

图7-176　北京国子监辟雍正立面分析图
底图来源：《坛庙建筑》（2014）

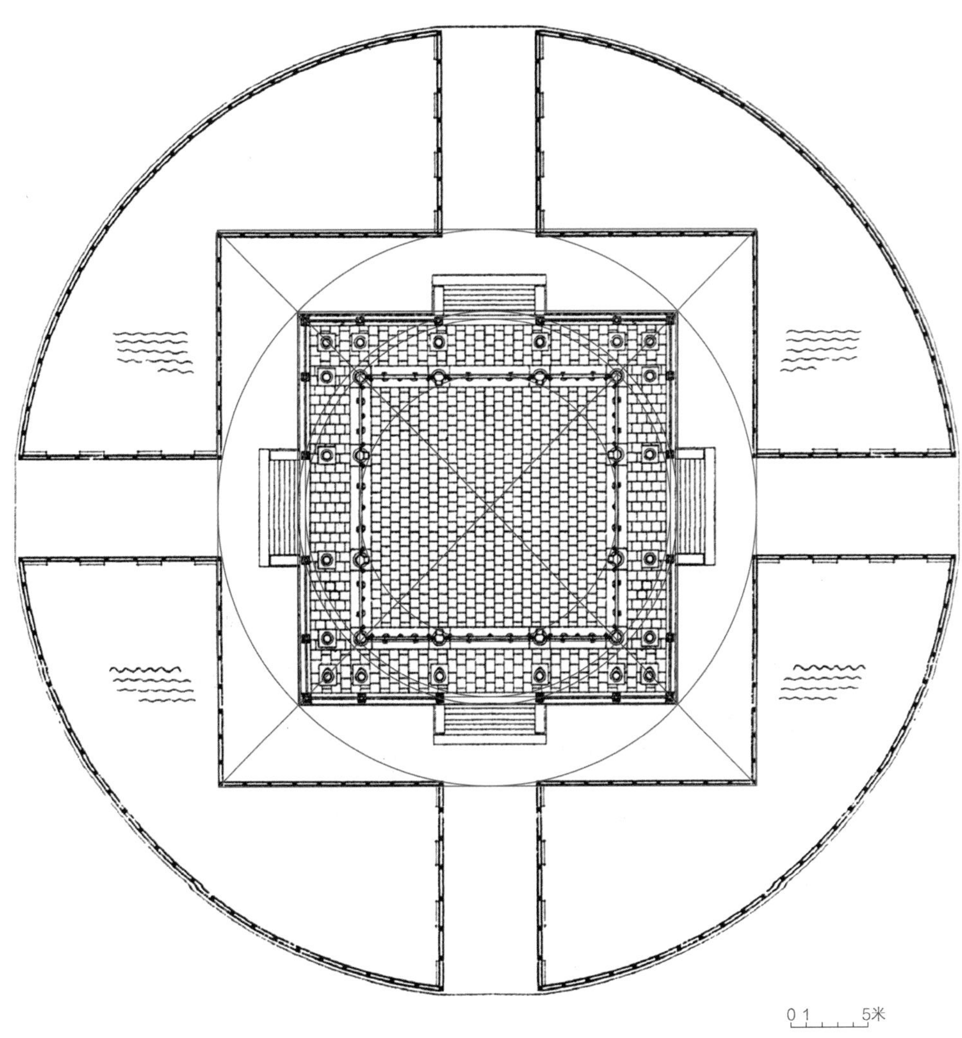

图7-177　北京国子监辟雍平面分析图
底图来源：《东华图志：北京东城史迹录》（2005）

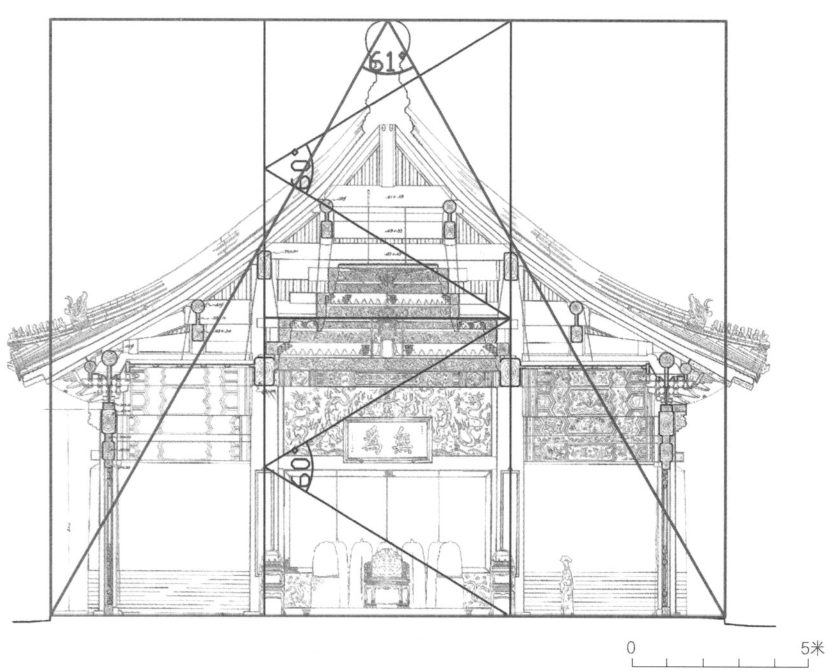

图7-178　北京紫禁城交泰殿正立面分析图
底图来源：《北京城中轴线古建筑实测图集》(2017)

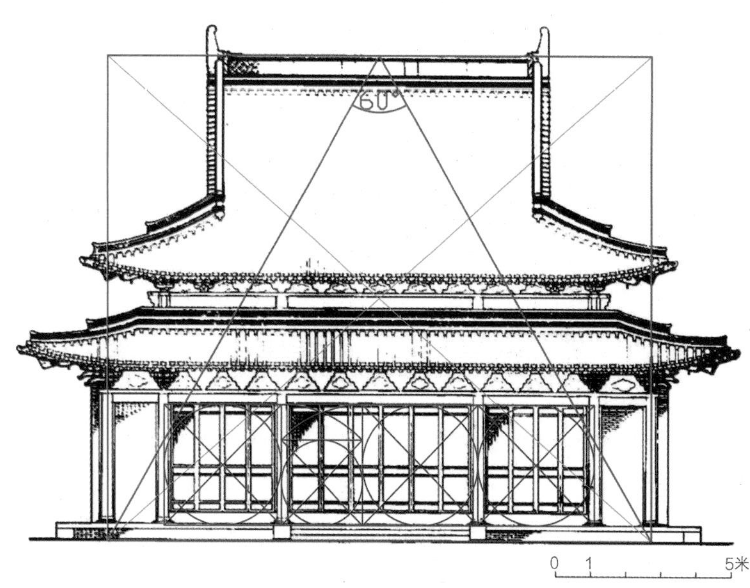

图7-179　扬州西方寺大殿正立面分析图
底图来源：孙世同、潘德华. 扬州西方寺明代大殿的地方做法[J]. 古建园林技术，1996(12).

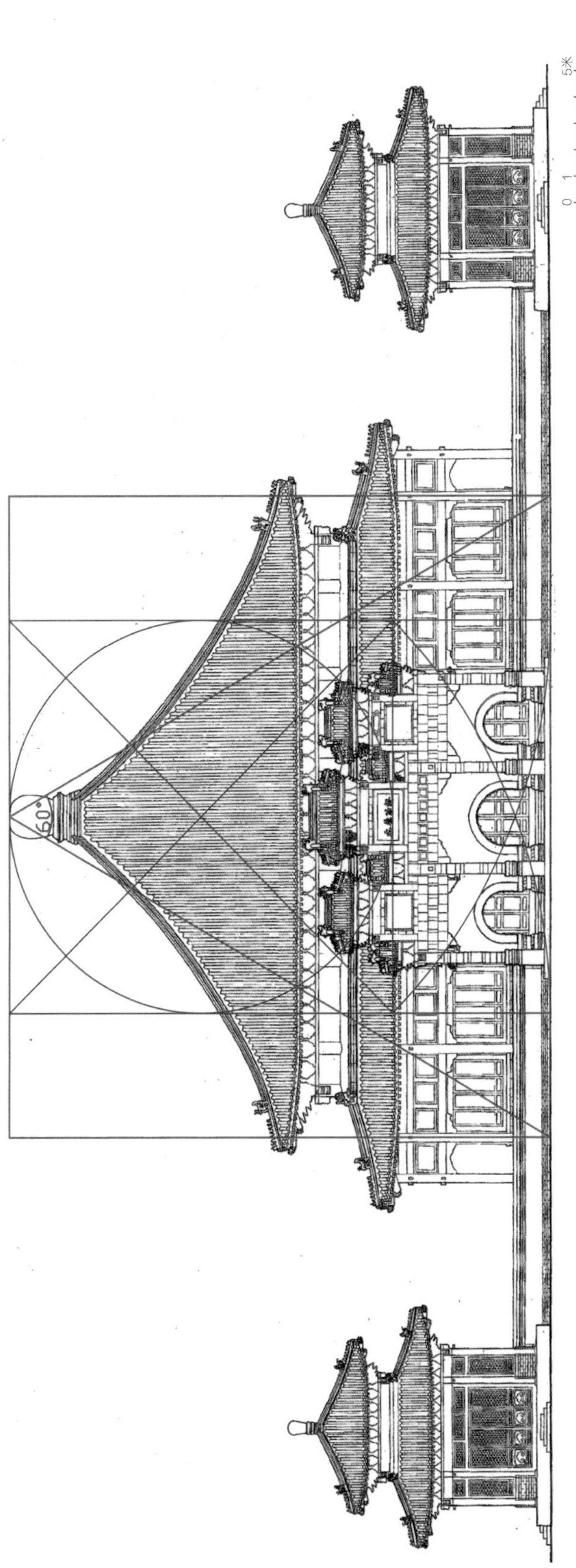

图7-180 北京北海小西天极乐世界正立面分析图
底图来源：《中国古建筑测绘大系·园林建筑：北海》（2015）

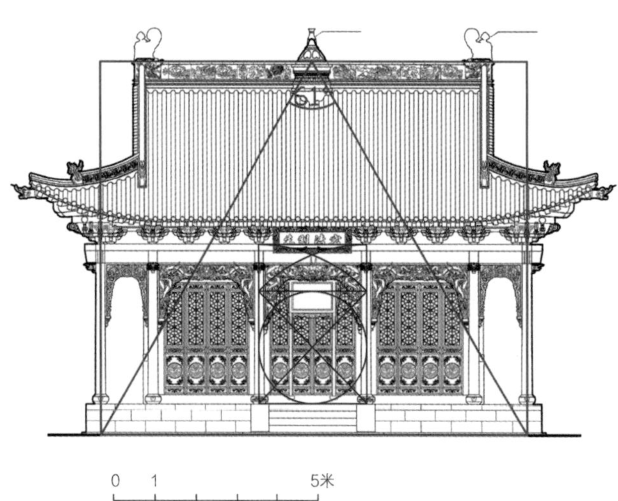

图7-181 五台山龙泉寺地藏殿正立面分析图
底图来源：《中国古建筑测绘十年：2000~2010清华大学建筑学院测绘图集》（上册，2011）

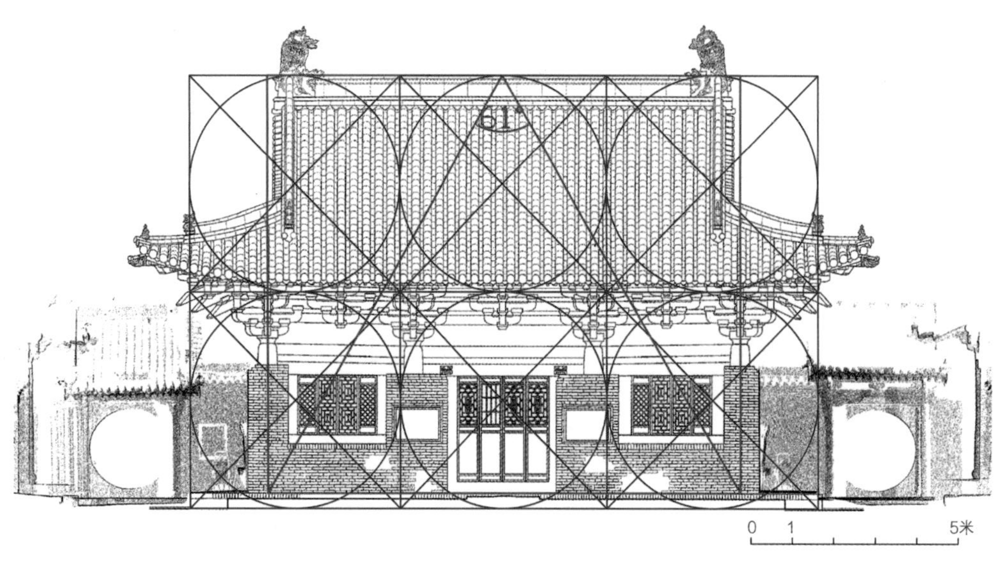

图7-182 山西平遥镇国寺大殿正立面分析图
底图来源：《山西平遥镇国寺万佛殿与天王殿精细测绘报告》（2013）

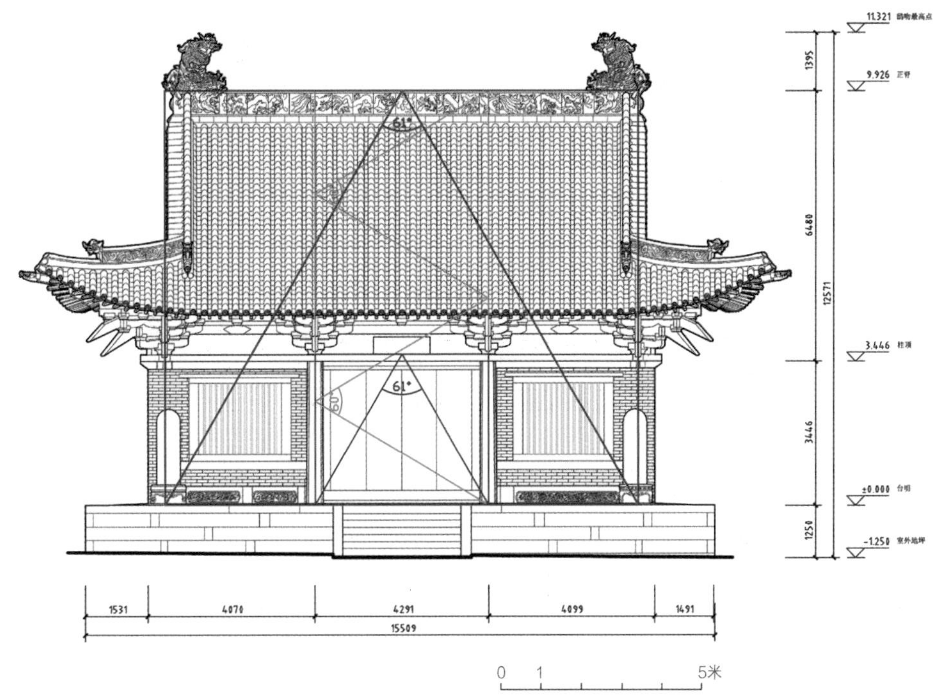

图7-183 山西高平开化寺大殿正立面分析图一
底图来源：清华大学建筑学院

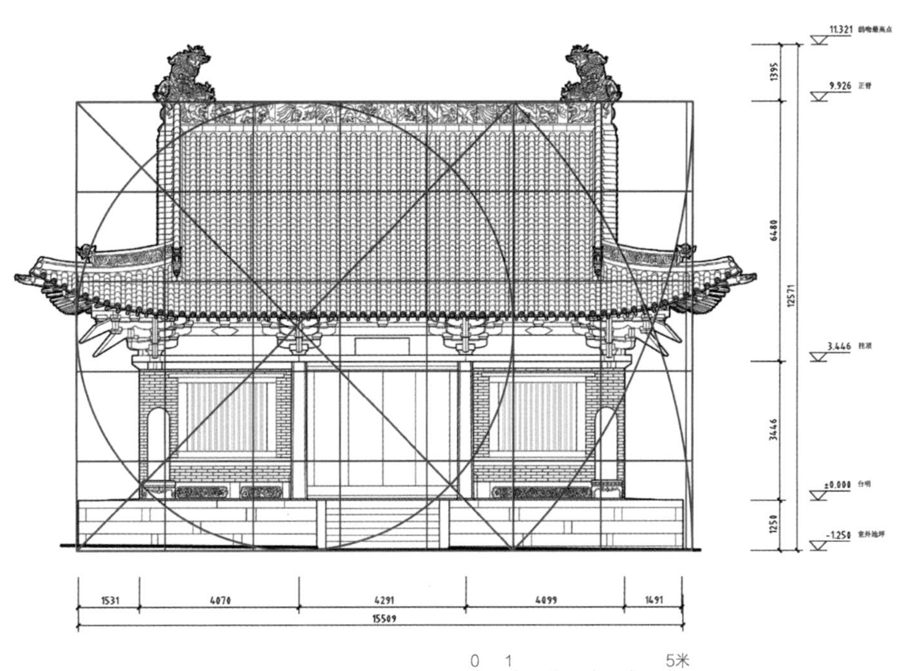

图7-184 山西高平开化寺大殿正立面分析图二
底图来源：清华大学建筑学院

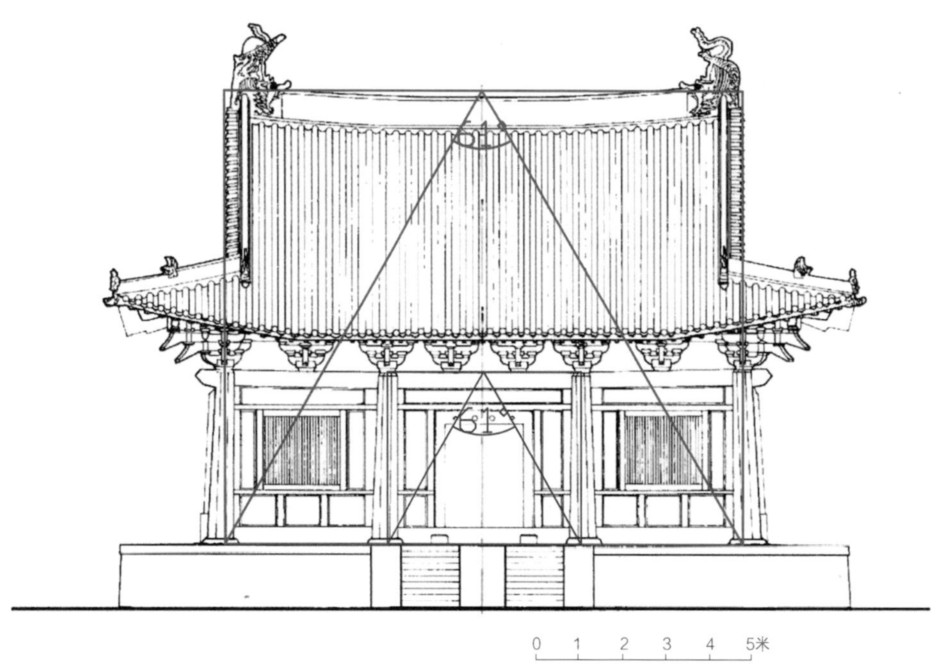

图7-185 河南登封少林寺初祖庵大殿正立面分析图
底图来源:《中国古代建筑史·第三卷:宋、辽、金、西夏建筑》(第二版,2009)

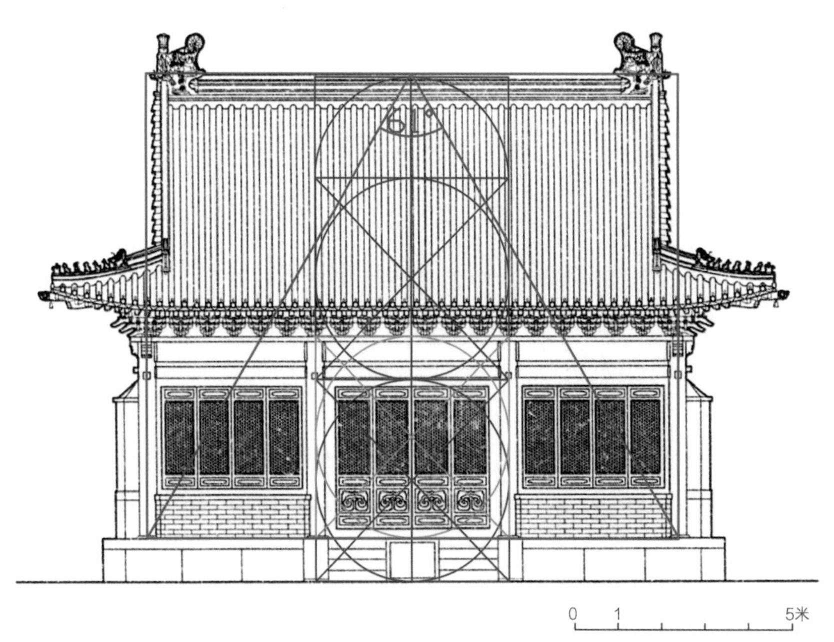

图7-186 北京凝和庙享殿正立面分析图
底图来源:《东华图志:北京东城史迹录》(2005)

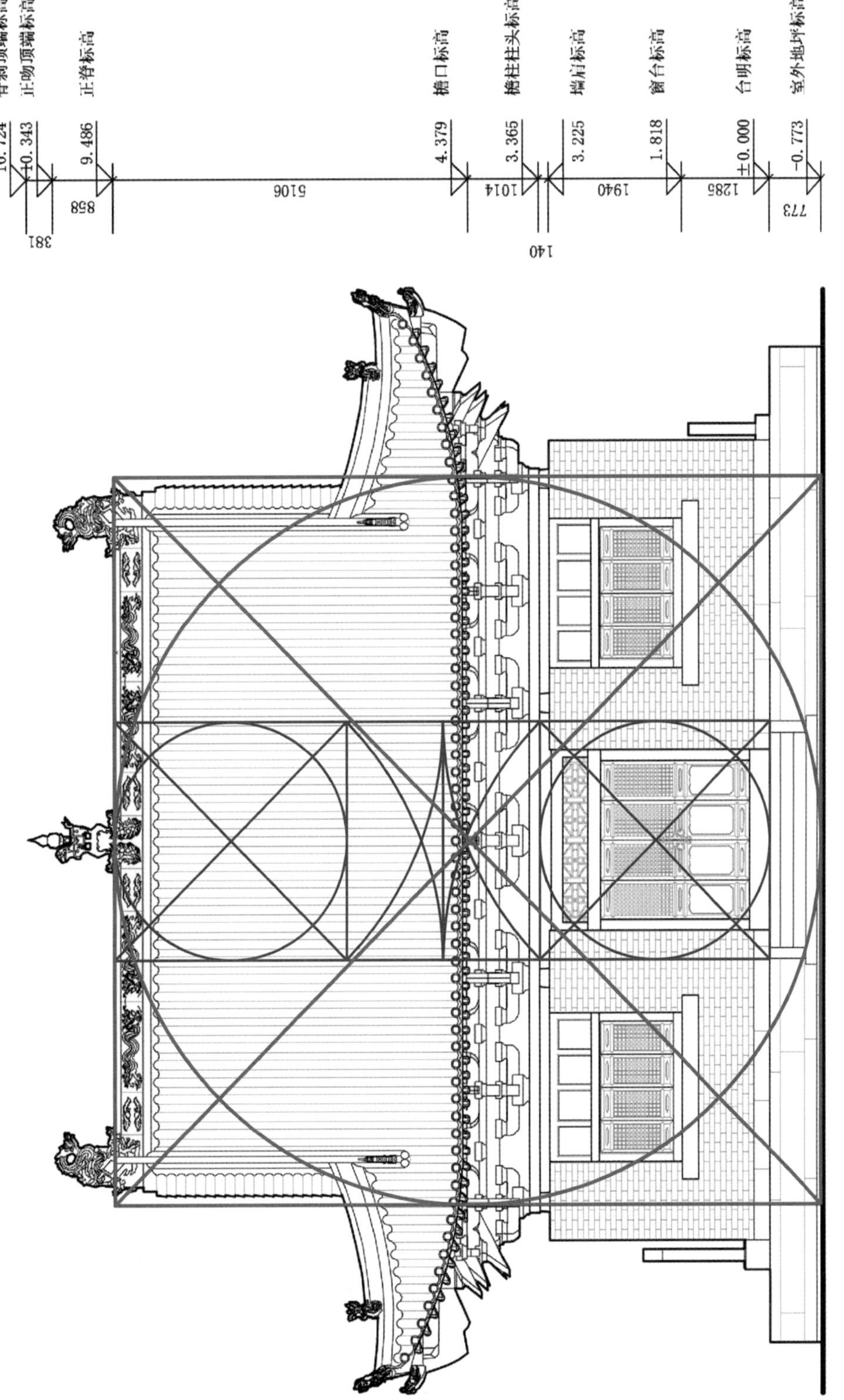

图7-187　山西高平游仙寺毗卢殿正立面分析图
底图来源：清华大学建筑学院

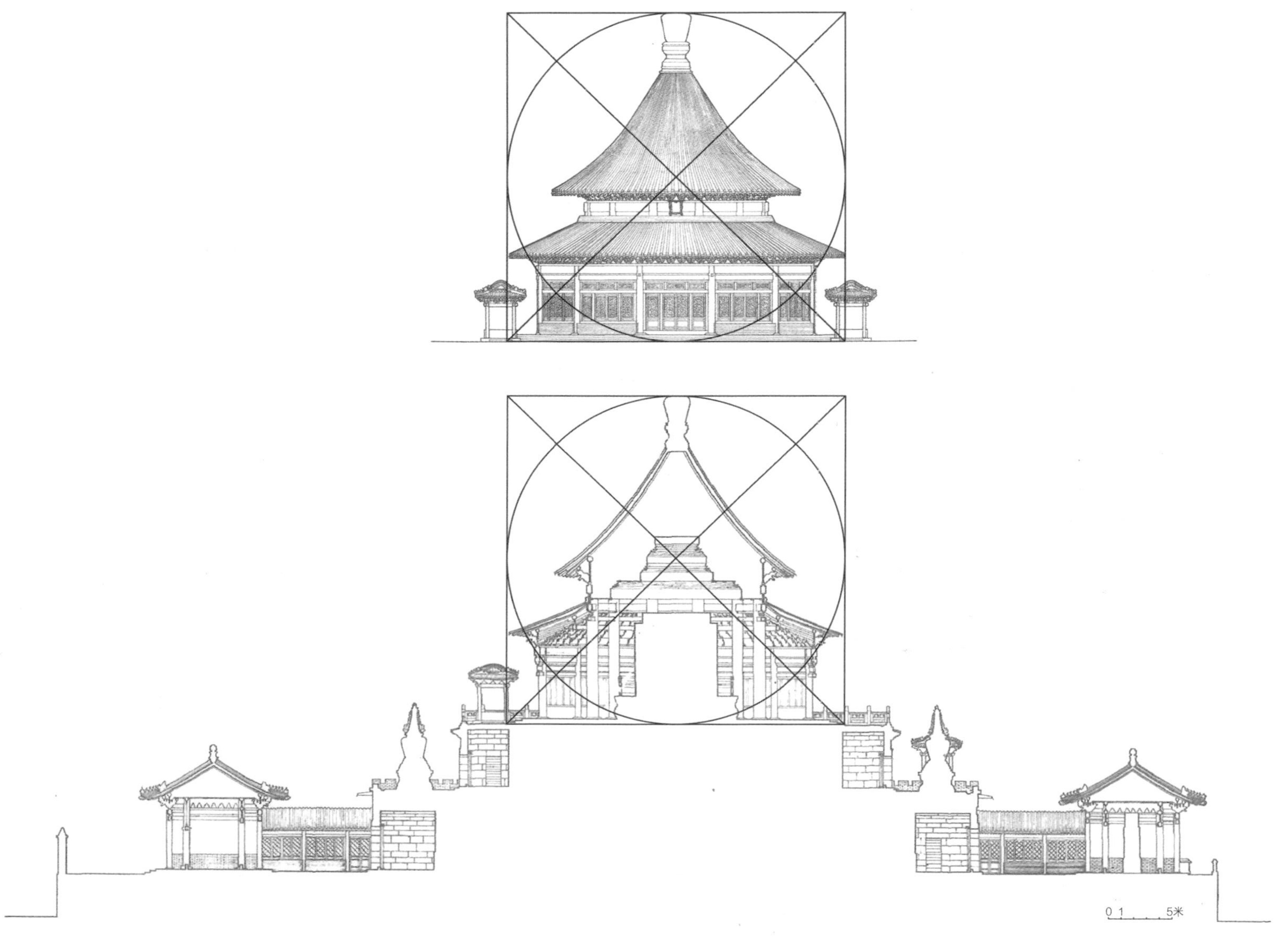

图7-188　承德普乐寺旭光阁正立面、剖面分析图
底图来源：《承德古建筑——避暑山庄和外八庙》（1982）

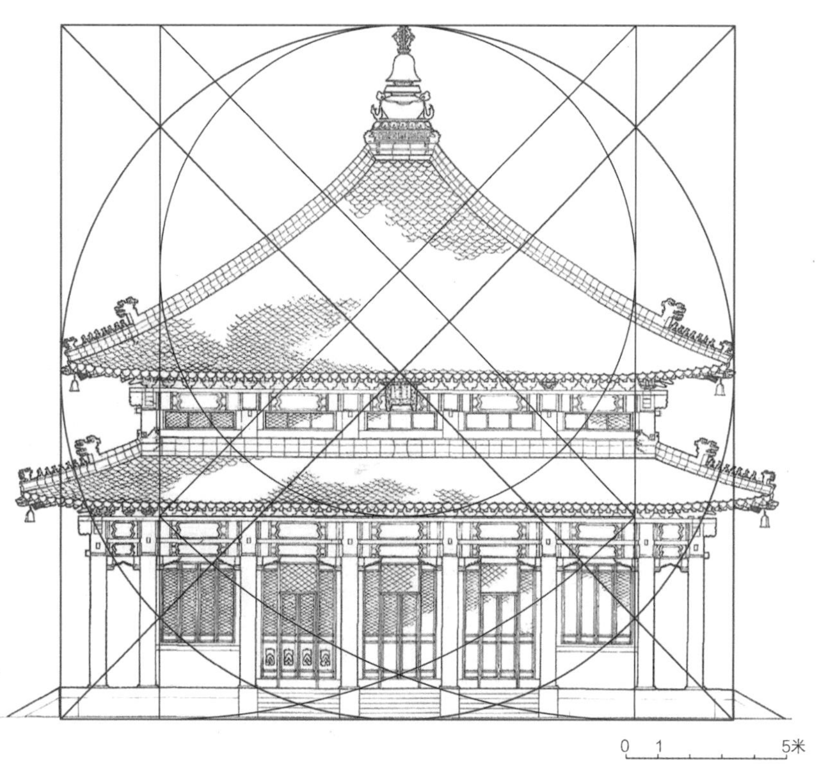

图7-189 承德普陀宗乘之庙万法归一殿正立面分析图
底图来源：《承德古建筑——避暑山庄和外八庙》(1982)

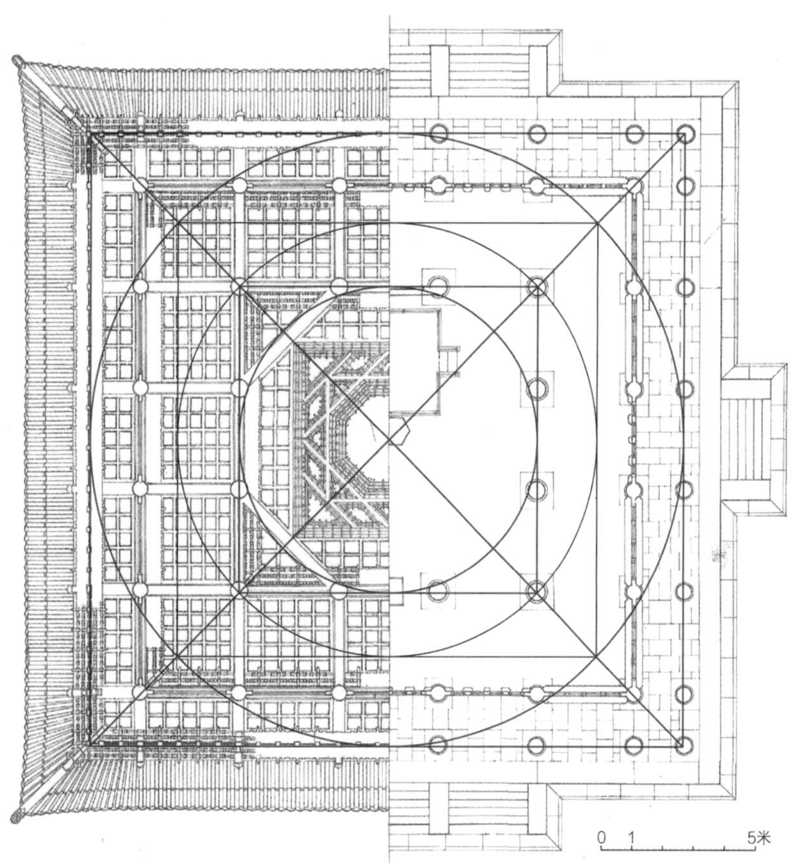

图7-190 承德普陀宗乘之庙万法归一殿平面分析图
底图来源：同上

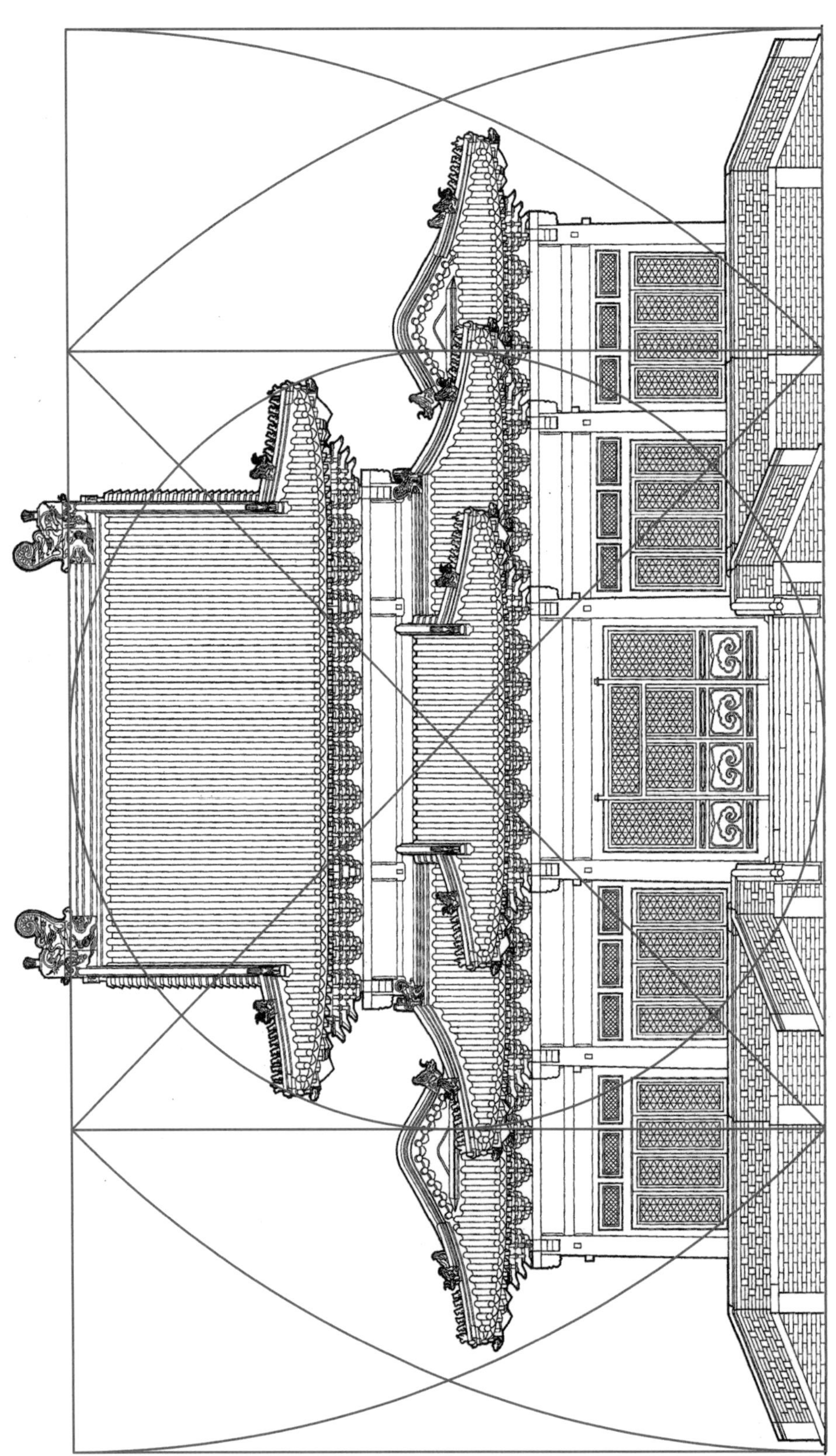

图7-191　北京北海团城承光殿正立面分析图
底图来源:《中国古建筑测绘大系·园林建筑:北海》(2015)

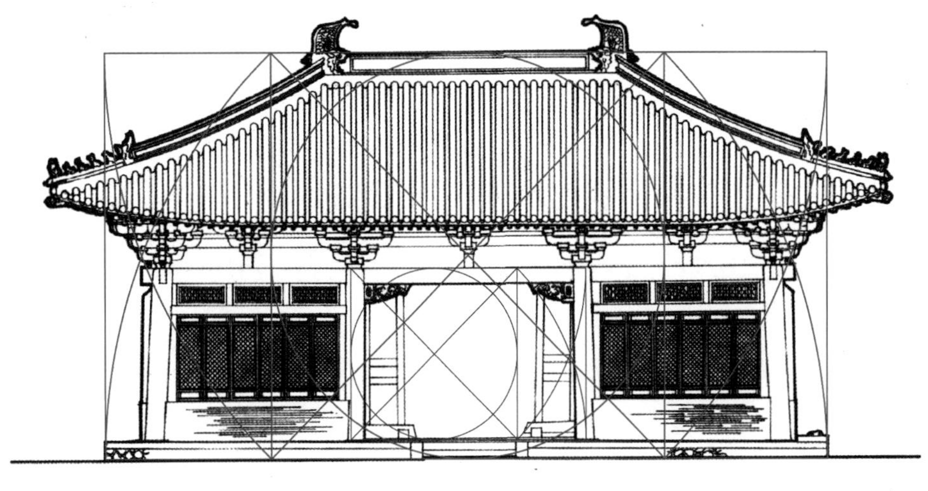

图7-192　蓟县独乐寺山门正立面分析图
底图来源：陈明达《蓟县独乐寺》（2007）

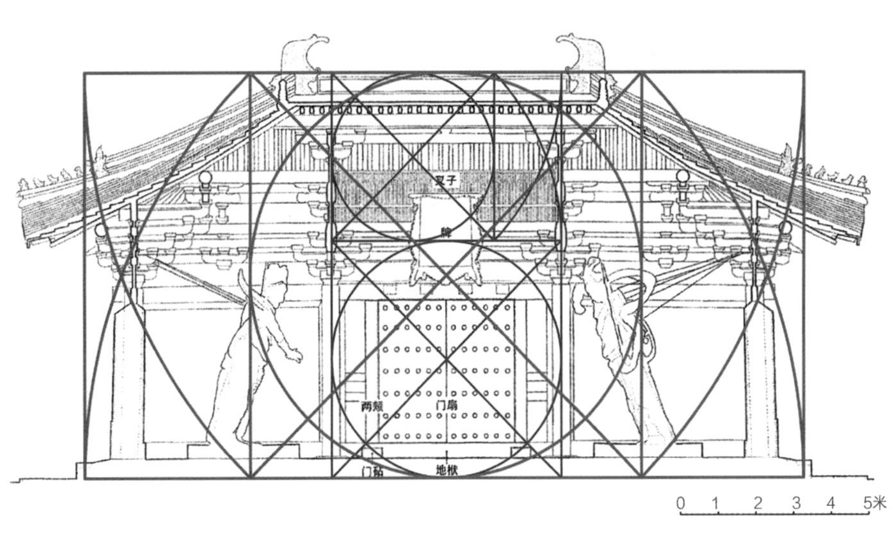

图7-193　蓟县独乐寺山门纵剖面分析图
底图来源：丁垚《蓟县独乐寺山门》（2016）

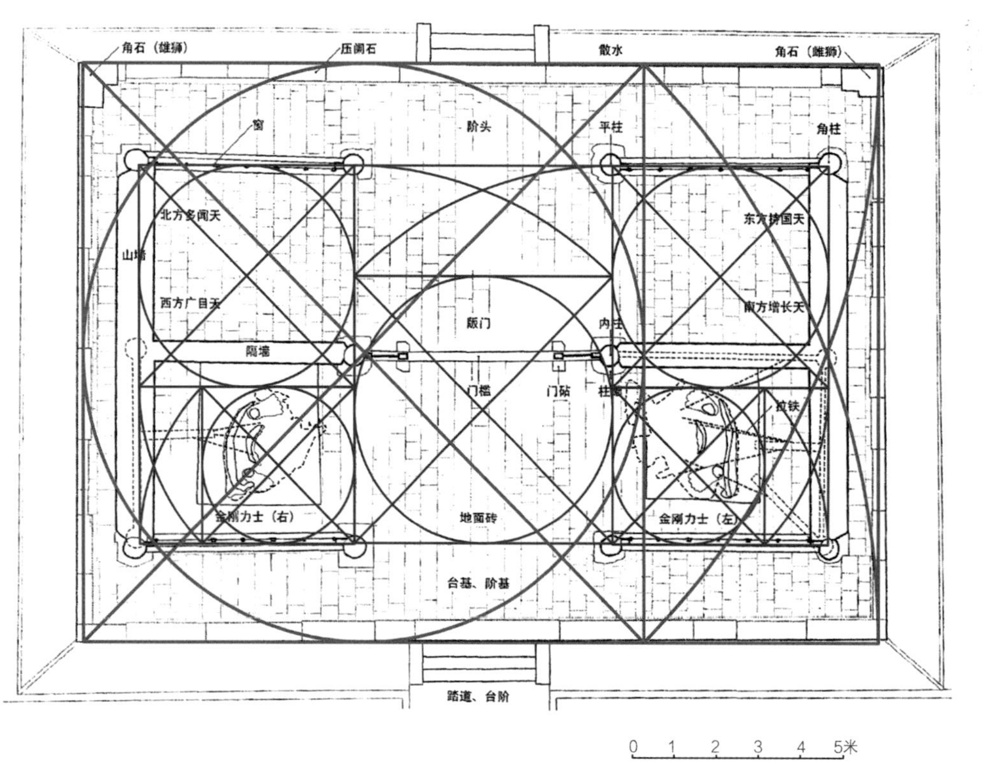

图7-194 蓟县独乐寺山门平面分析图
底图来源：丁垚《蓟县独乐寺山门》(2016)

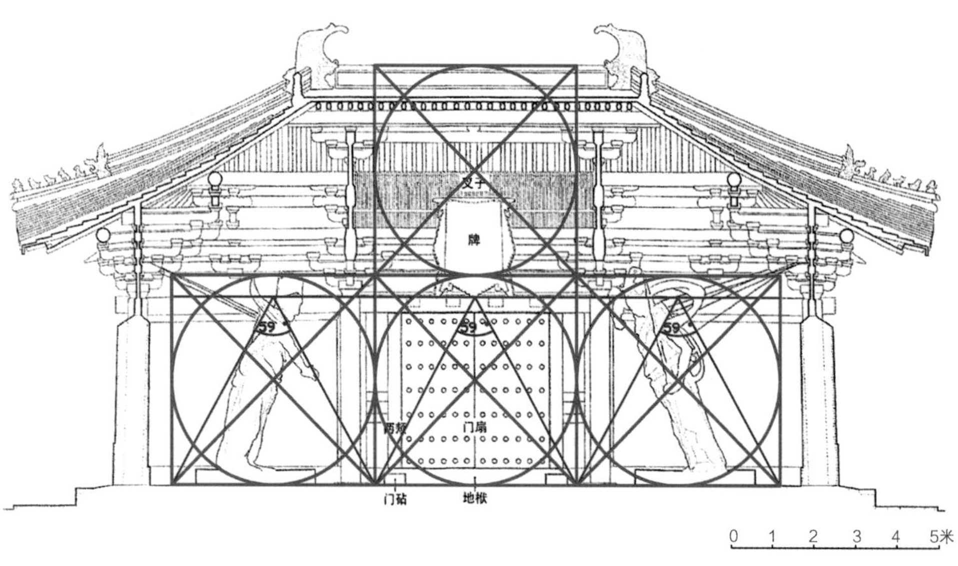

图7-195 蓟县独乐寺山门纵剖面及塑像分析图
底图来源：丁垚《蓟县独乐寺山门》(2016)

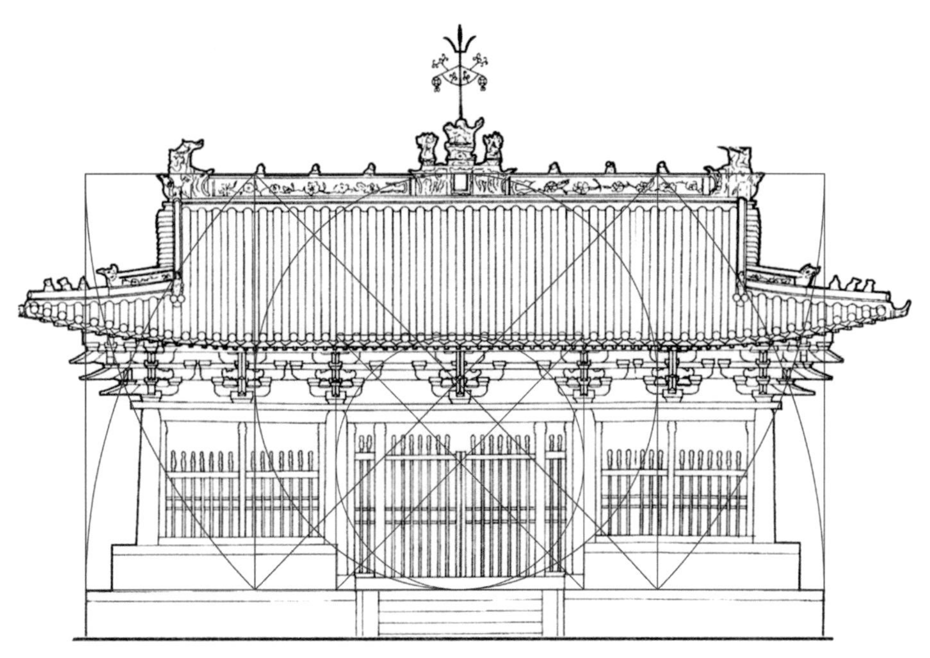

图7-196 太原晋祠献殿正立面分析图
底图来源：《中国古代建筑史》（第三卷：宋、辽、金、西夏建筑，第二版，2009）

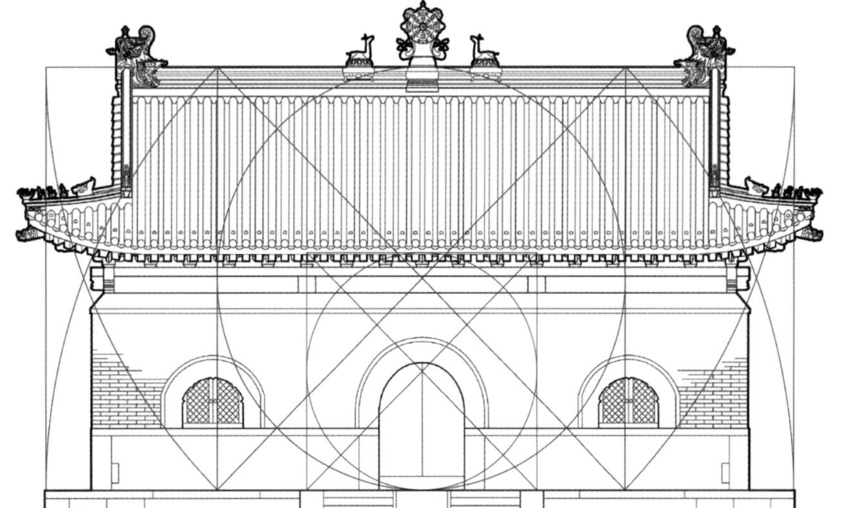

图7-197 山西五台山罗睺寺天王殿正立面分析图
底图来源：《中国古建筑测绘十年：2000~2010清华大学建筑学院测绘图集》（上册，2011）

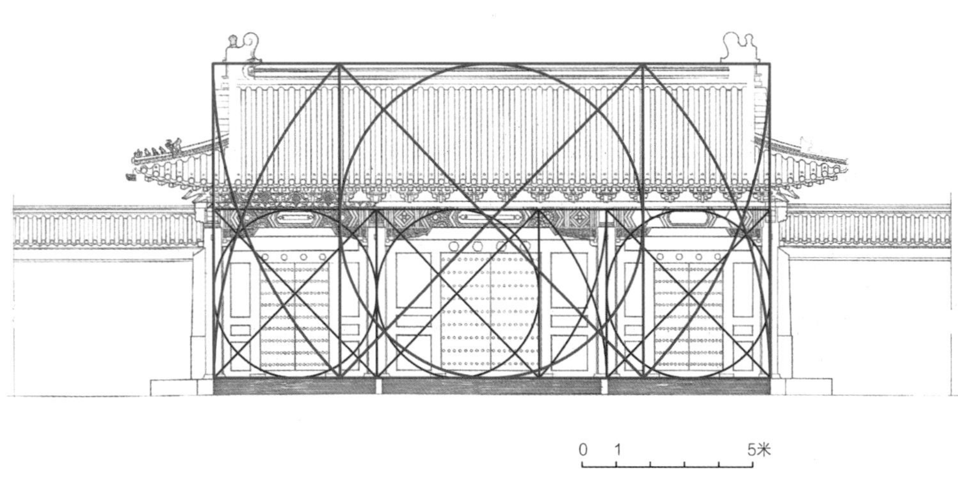

图7-198　北京景山山右里门正立面分析图
底图来源：《北京城中轴线古建筑实测图集》（2017）

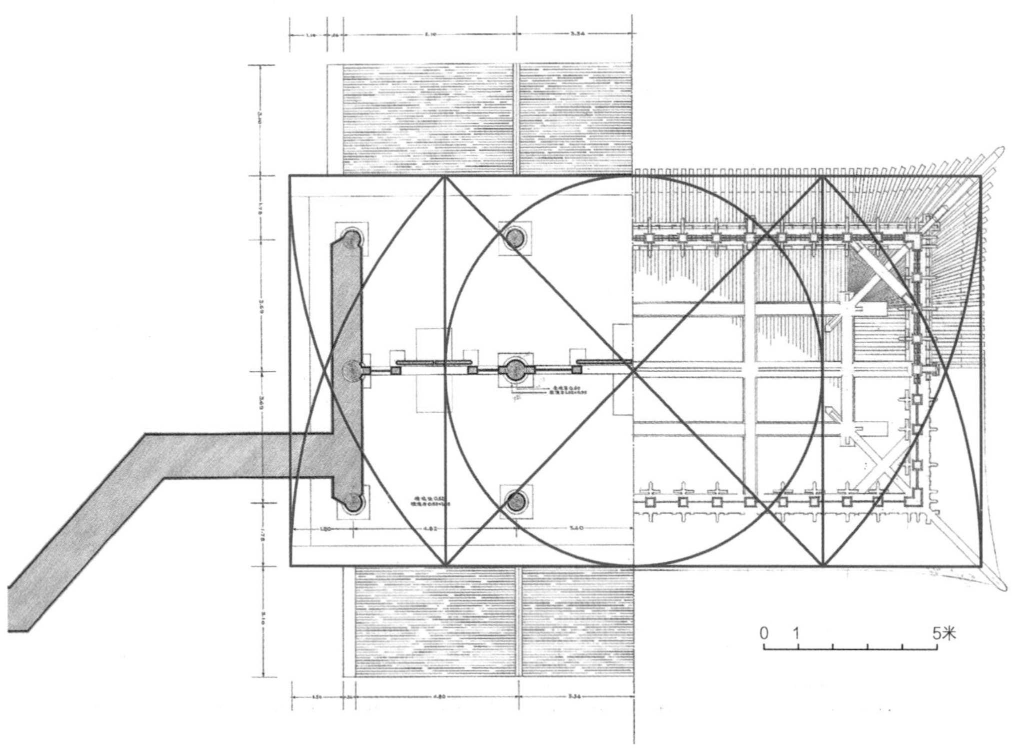

图7-199　北京景山山右里门平面分析图
底图来源：《北京城中轴线古建筑实测图集》（2017）

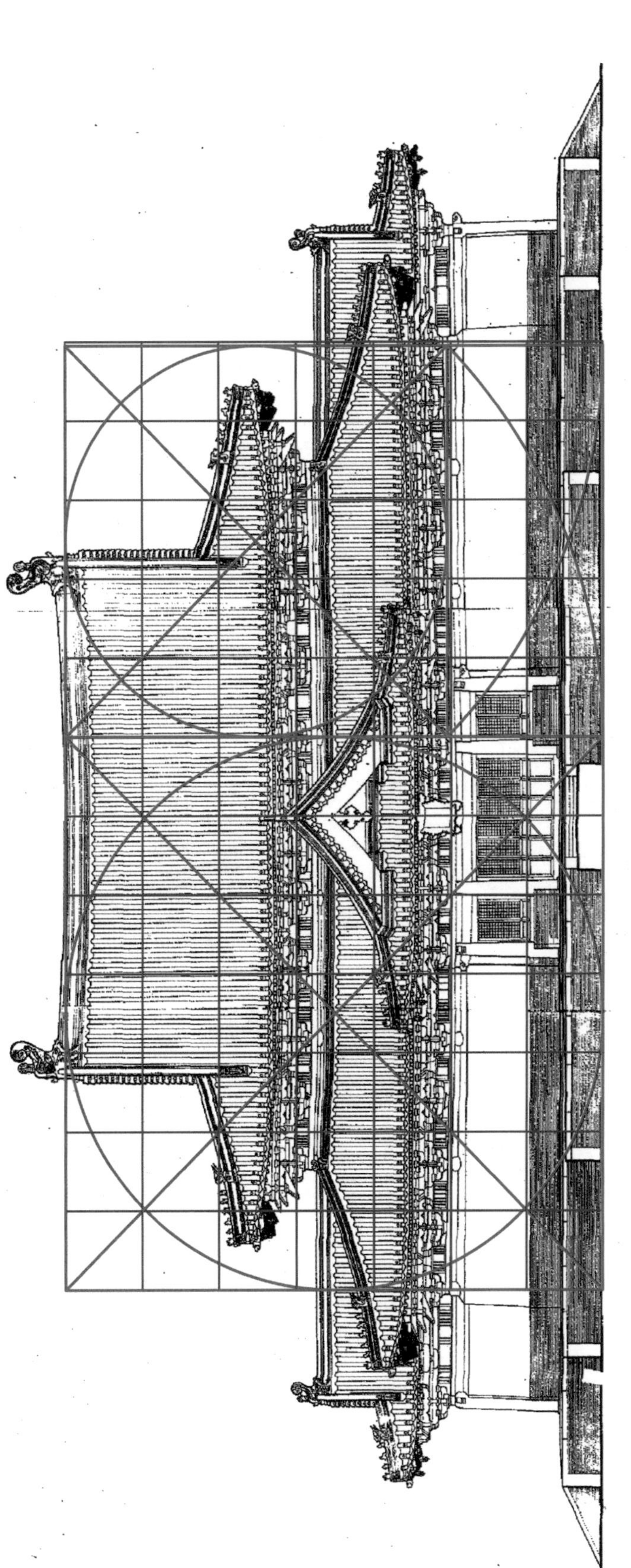

图7-200　正定隆兴寺摩尼殿正立面分析图
底图来源：《正定隆兴寺》(2000)

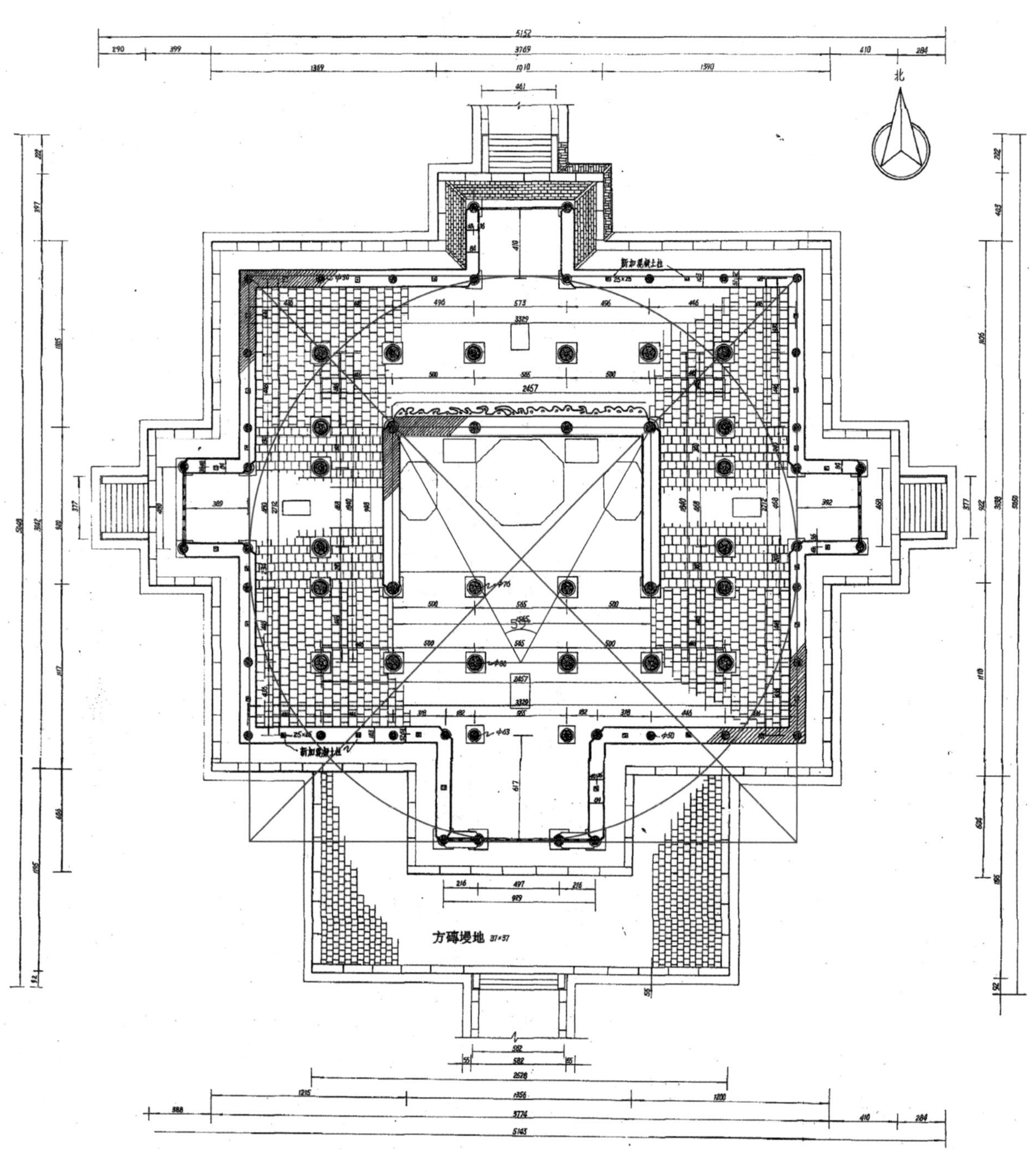

图7-201　正定隆兴寺摩尼殿平面分析图
底图来源：《正定隆兴寺》(2000)

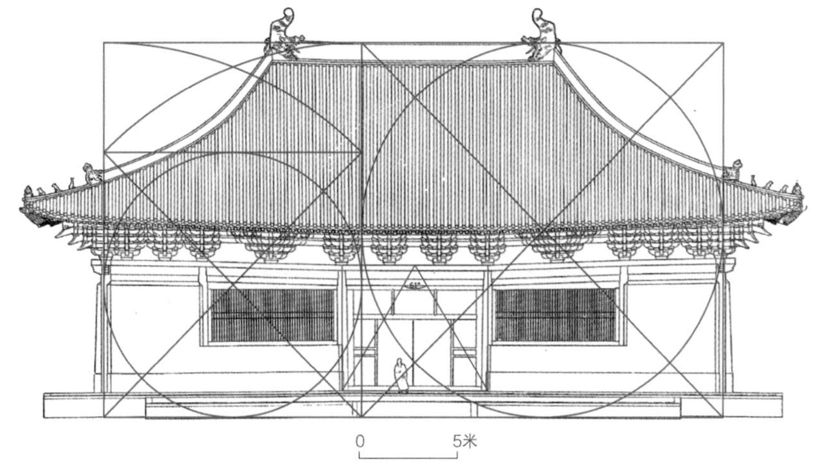

图7-202 大同善化寺三圣殿正立面分析图
底图来源：梁思成、刘敦桢《大同古建筑调查报告》(《中国营造学社汇刊》第四卷第三期，1934)

面平架梁 面平基階

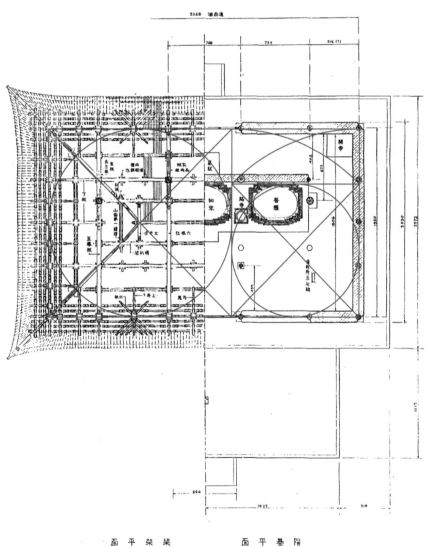

0 5 10米

图7-203 大同善化寺三圣殿平面分析图
底图来源：梁思成、刘敦桢《大同古建筑调查报告》(《中国营造学社汇刊》第四卷第三期，1934)

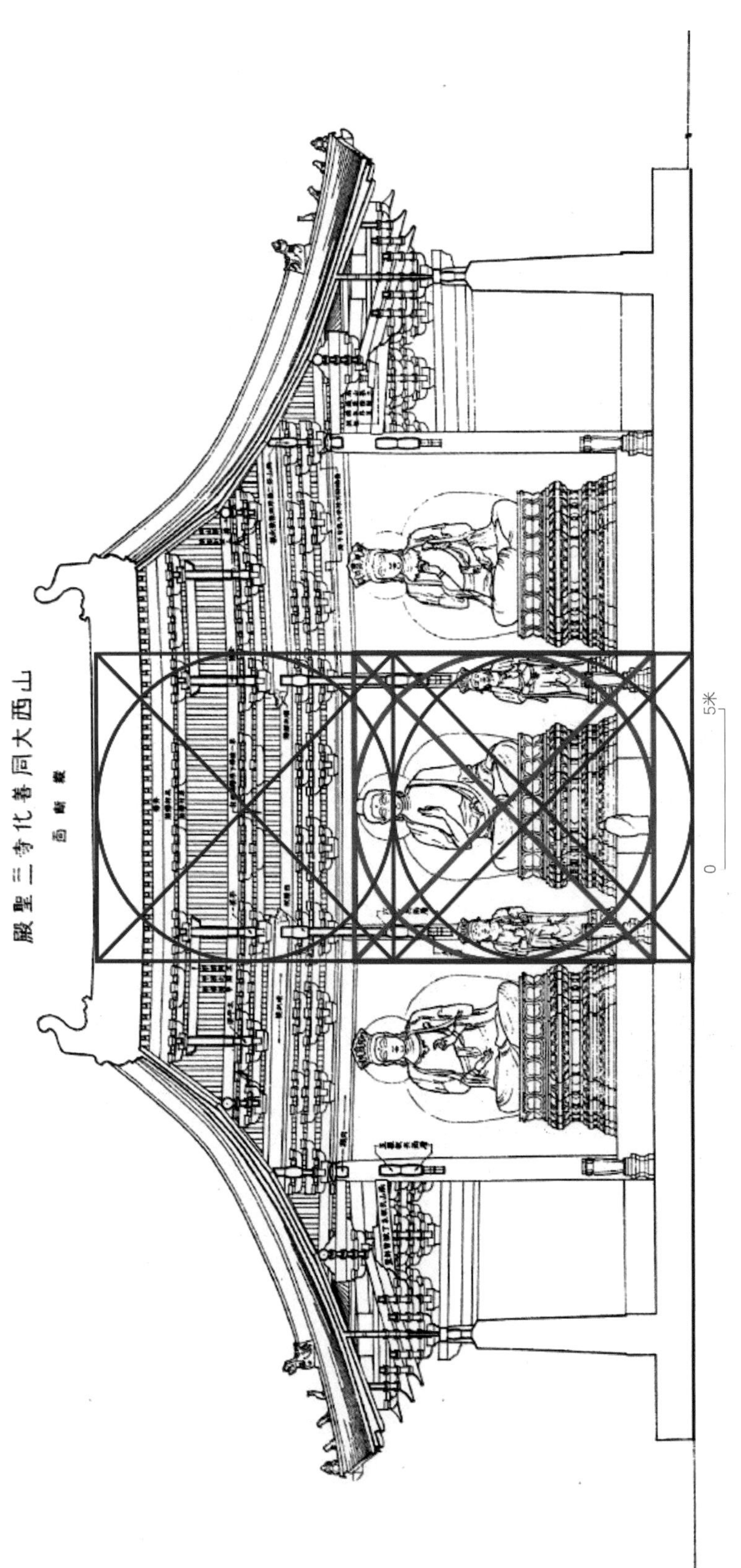

图7-204　大同善化寺三圣殿纵剖面及塑像分析图
底图来源：梁思成、刘敦桢《大同古建筑调查报告》(《中国营造学社汇刊》第四卷第三期，1934)

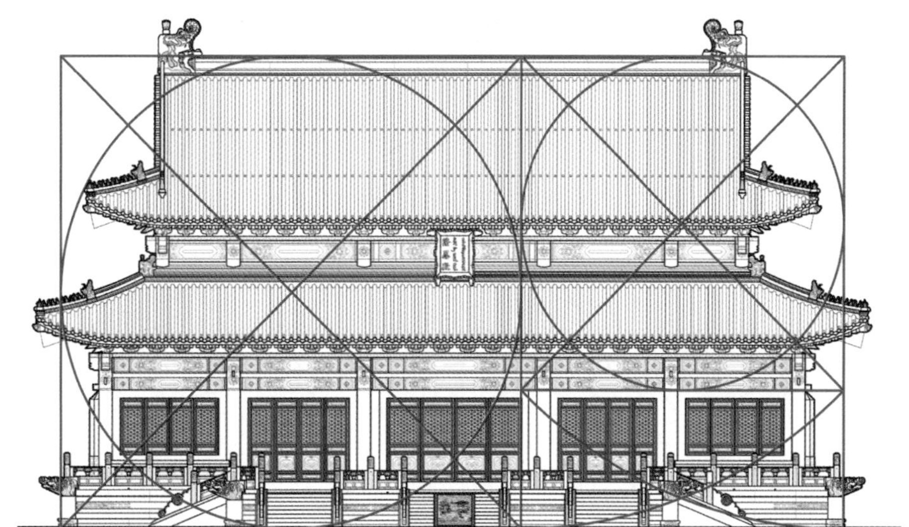

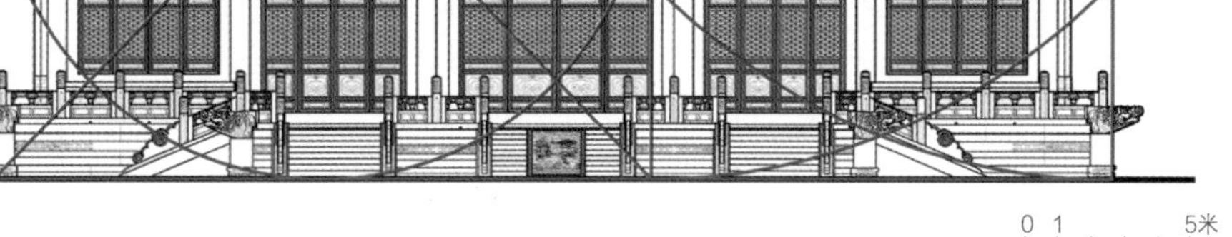

图7-205 河北易县清西陵昌陵隆恩殿正立面分析图一
底图来源：《中国古建筑测绘十年：2000~2010清华大学建筑学院测绘图集》（上册，2011）

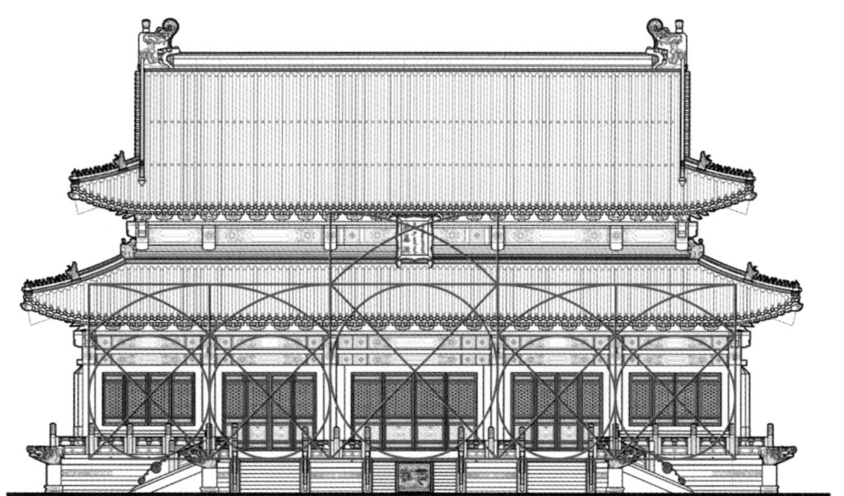

图7-206 河北易县清西陵昌陵隆恩殿正立面分析图二
底图来源：《中国古建筑测绘十年：2000~2010清华大学建筑学院测绘图集》（上册，2011）

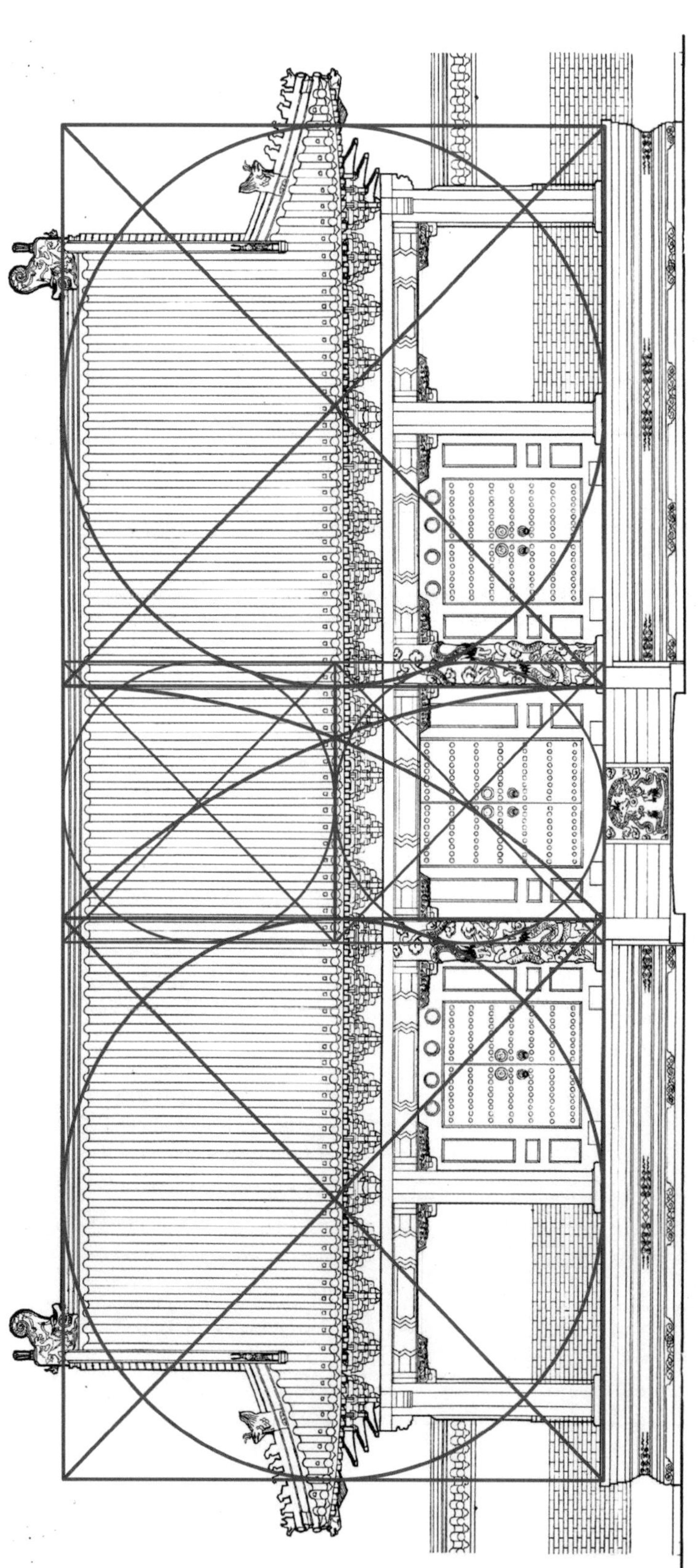

图7-207　曲阜孔庙大成门正立面分析图
底图来源：《曲阜孔庙建筑》（1987）

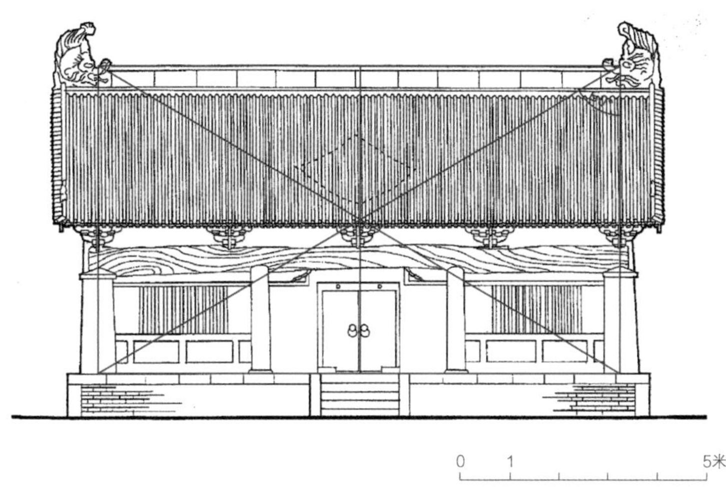

图7-208 陕西韩城禹王庙大殿正立面分析图
底图来源：《中国古代建筑史》（第四卷：元、明建筑，2009）

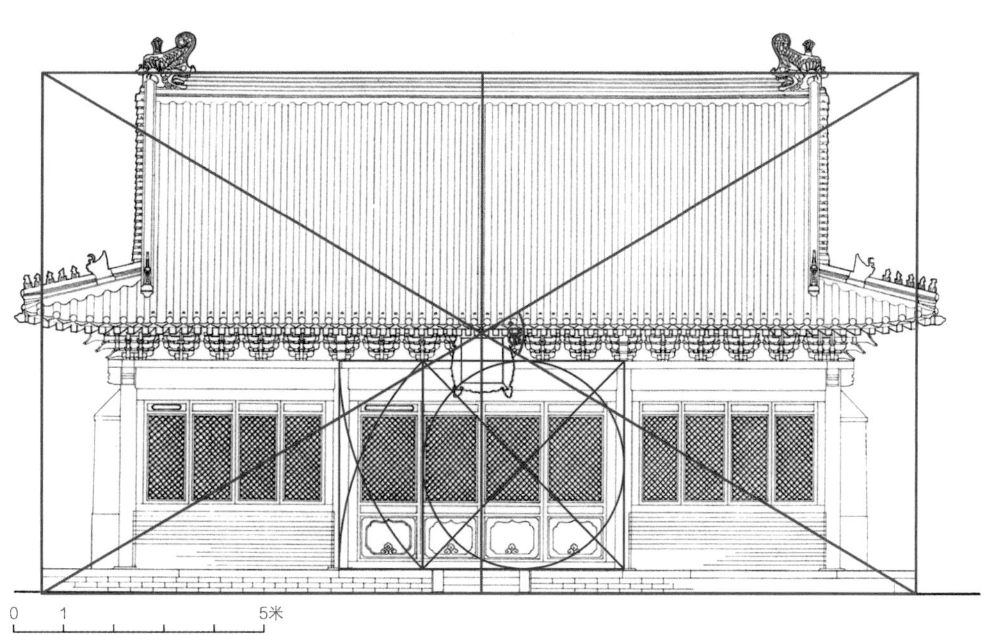

图7-209 北京智化寺智化殿正立面分析图
底图来源：《东华图志：北京东城史迹录》（2005）

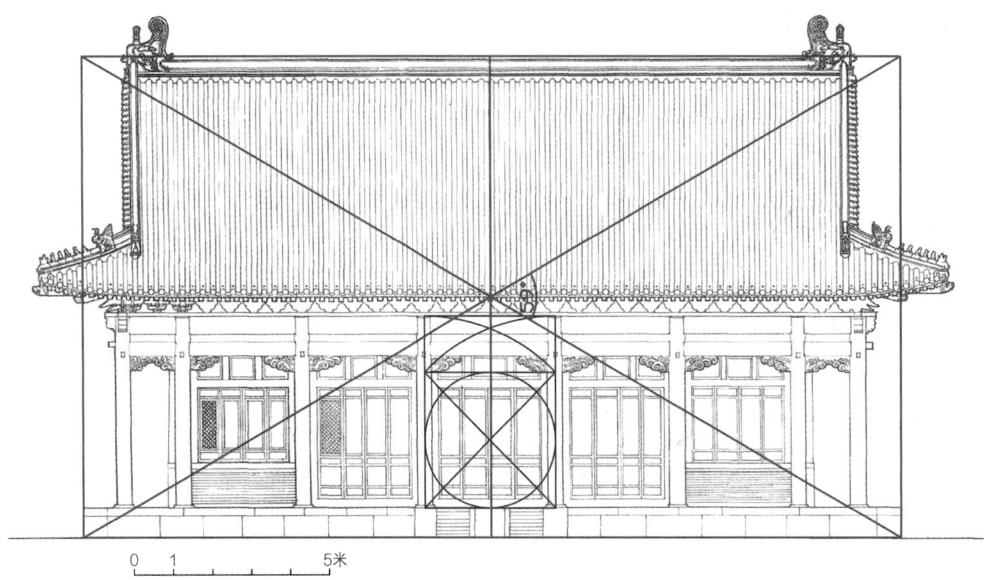

图7-210 承德溥仁寺大殿正立面分析图
底图来源:《承德古建筑——避暑山庄和外八庙》(1982)

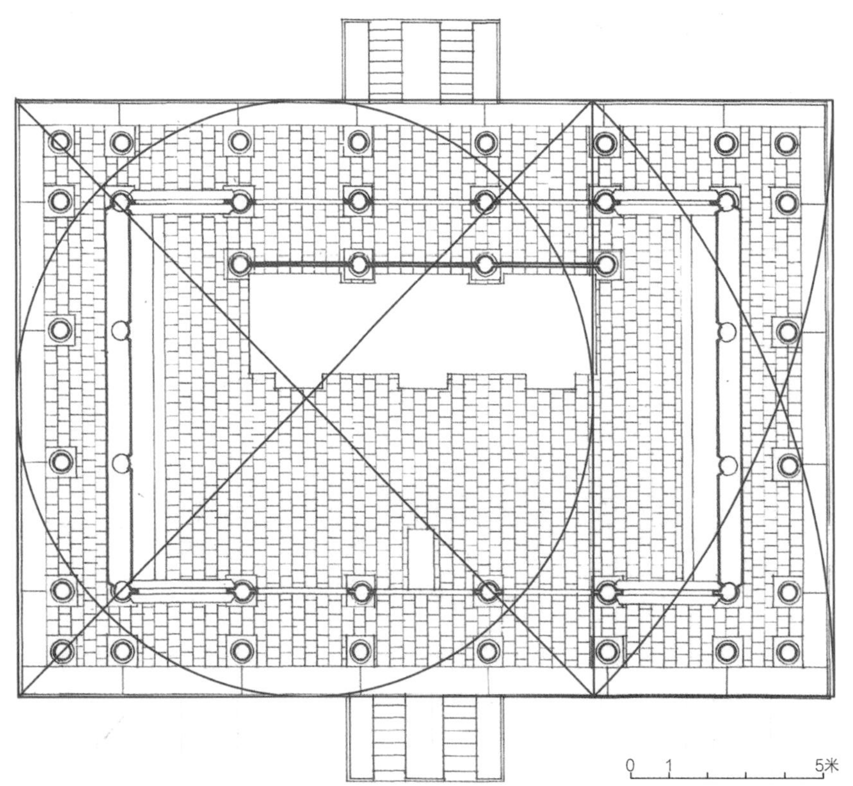

图7-211 承德溥仁寺大殿平面分析图
底图来源:《承德古建筑——避暑山庄和外八庙》(1982)

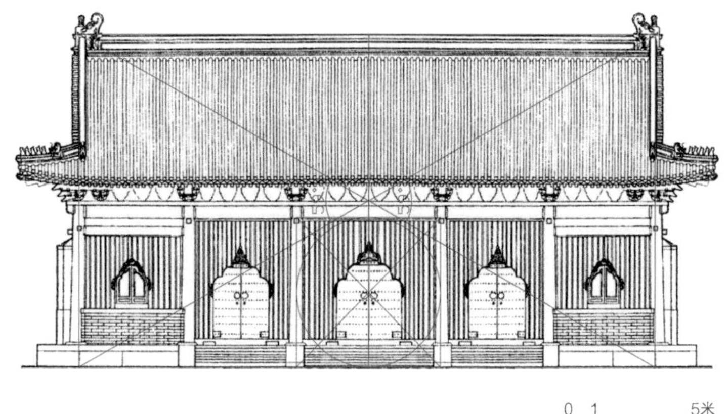

图7-212 北京雍和宫雍和门正立面分析图
底图来源：《东华图志：北京东城史迹录》（2005）

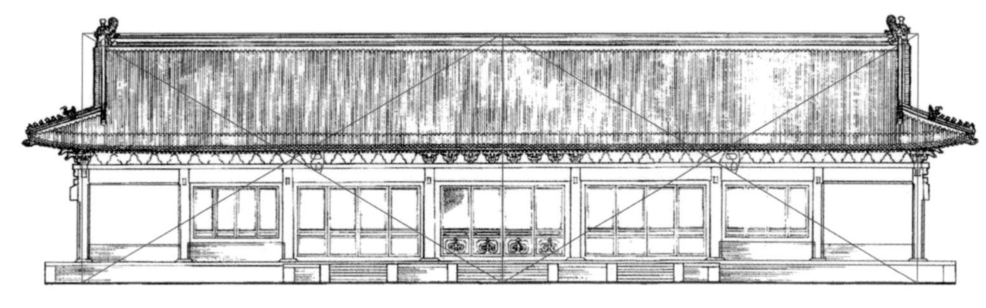

图7-213 北京先农坛太岁殿拜殿正立面分析图
底图来源：《宣南鸿雪图志》（1997）

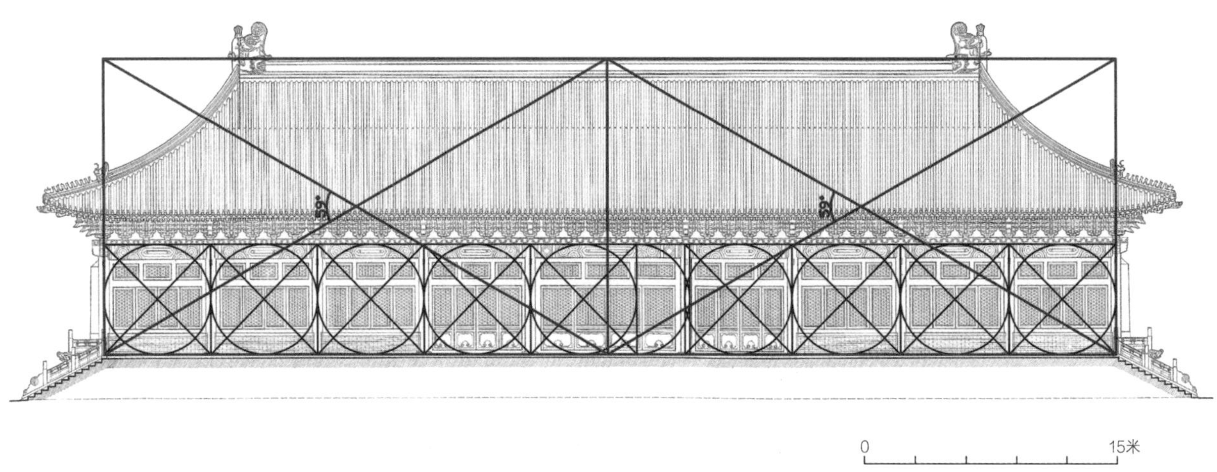

图7-214 北京太庙中殿正立面分析图一
底图来源：《北京城中轴线古建筑实测图集》(2017)

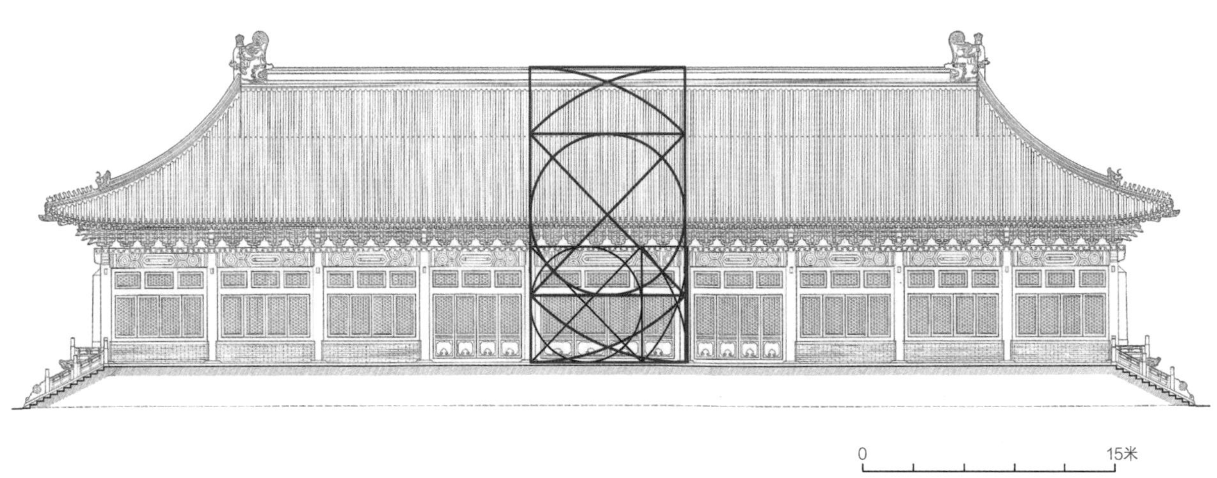

图7-215 北京太庙中殿正立面分析图二
底图来源：《北京城中轴线古建筑实测图集》(2017)

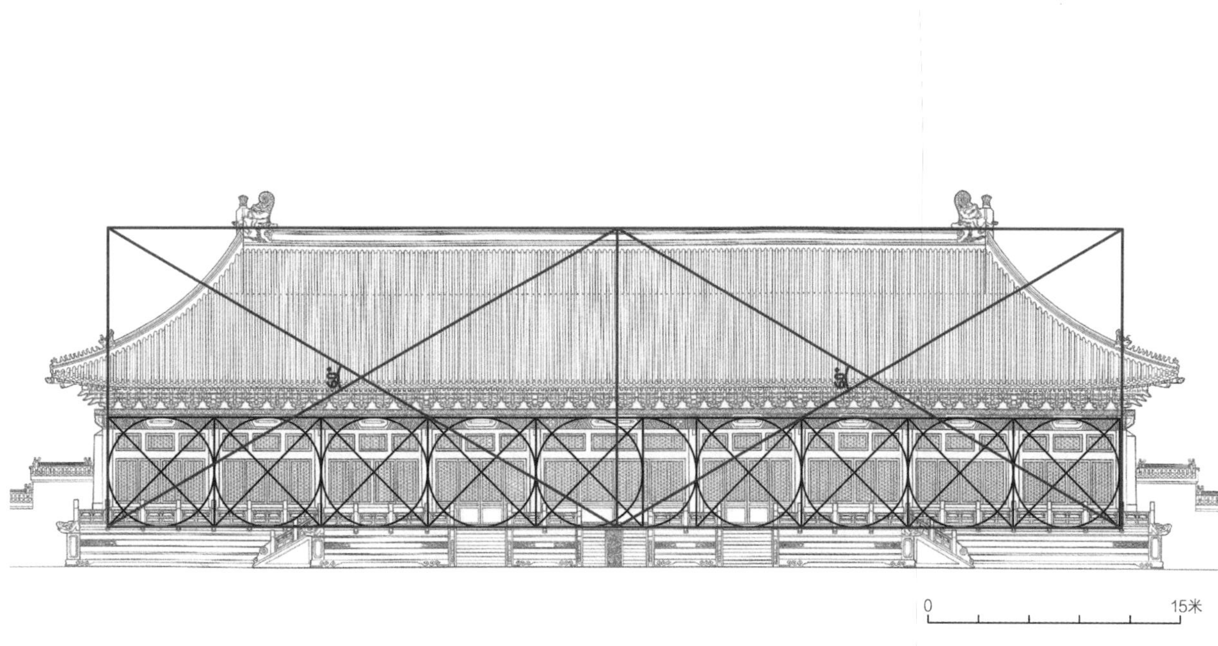

图7-216　北京太庙后殿正立面分析图一
底图来源：《北京城中轴线古建筑实测图集》(2017)

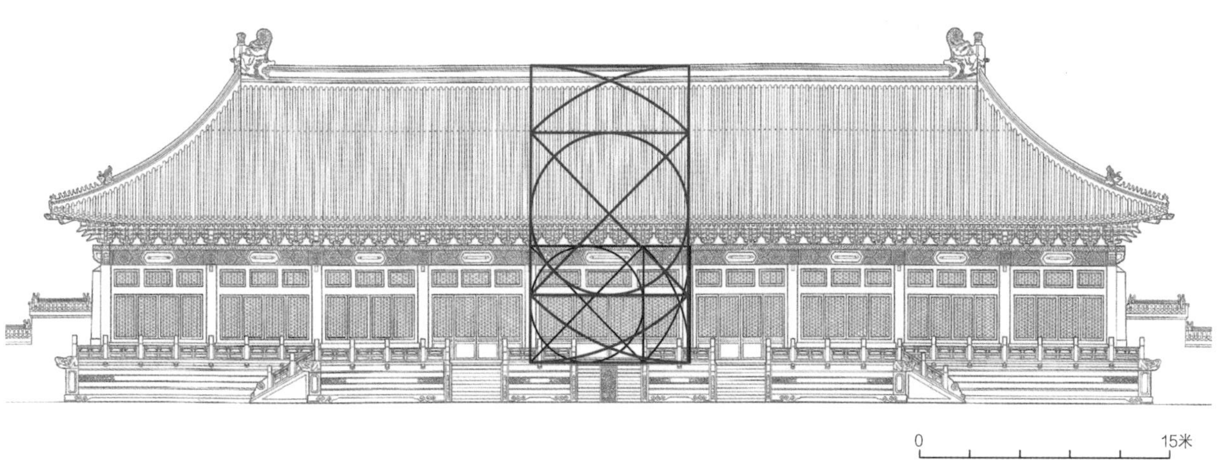

图7-217　北京太庙后殿正立面分析图二
底图来源：《北京城中轴线古建筑实测图集》(2017)

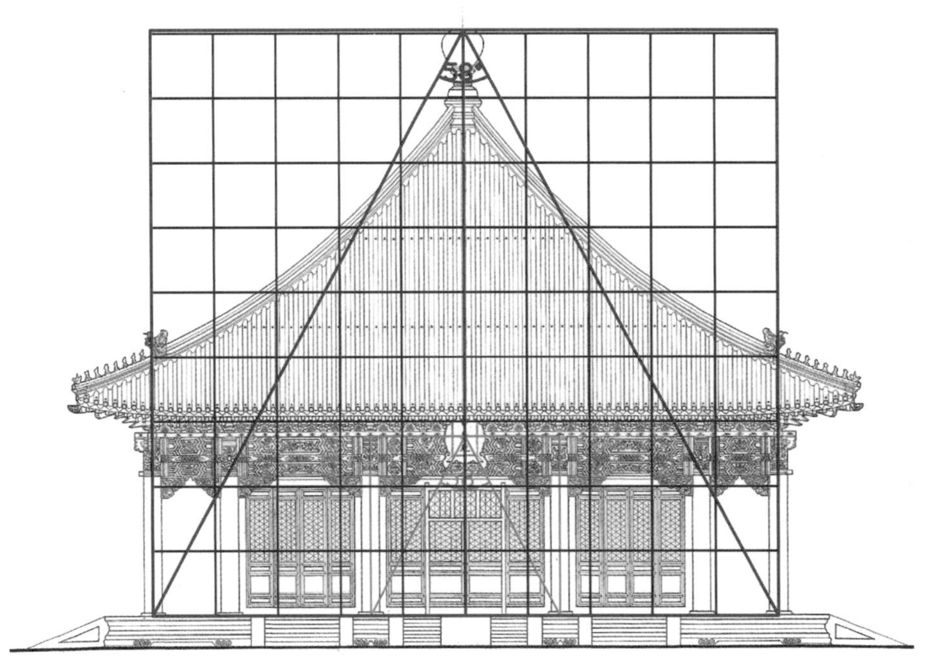

0　5米

图7-218　北京紫禁城中和殿正立面分析图一
底图来源：《北京城中轴线古建筑实测图集》（2017）

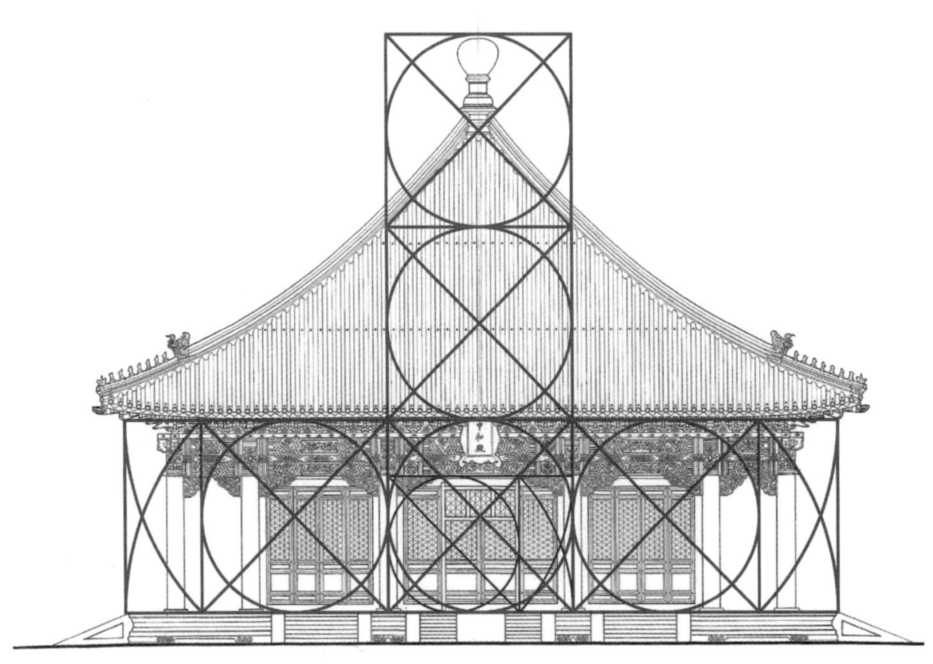

0　5米

图7-219　北京紫禁城中和殿正立面分析图二
底图来源：《北京城中轴线古建筑实测图集》（2017）

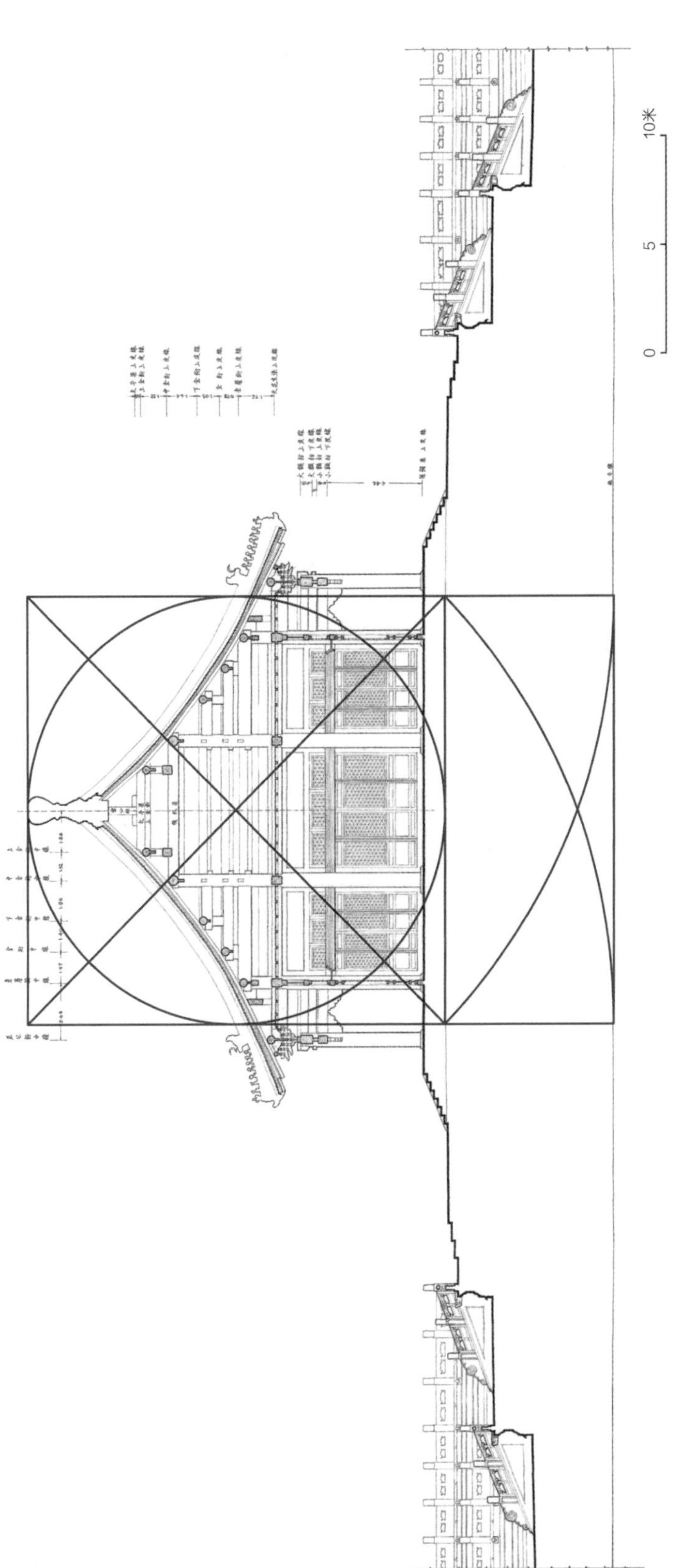

图7-220 北京紫禁城中和殿剖面分析图
底图来源：《北京城中轴线古建筑实测图集》(2017)

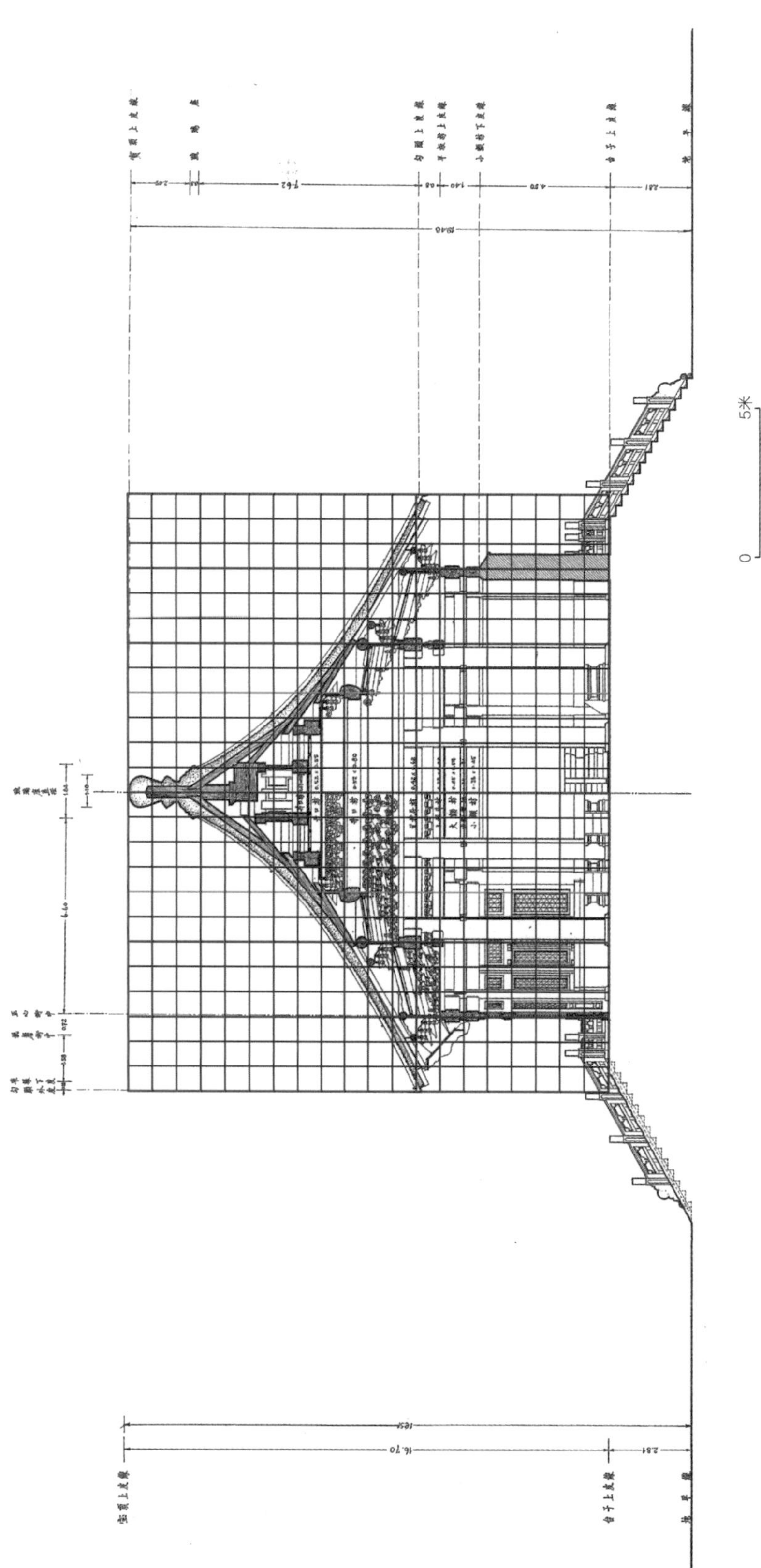

图7-221　北京天坛皇穹宇正立面分析图一
底图来源：《北京城中轴线古建筑实测图集》(2017)

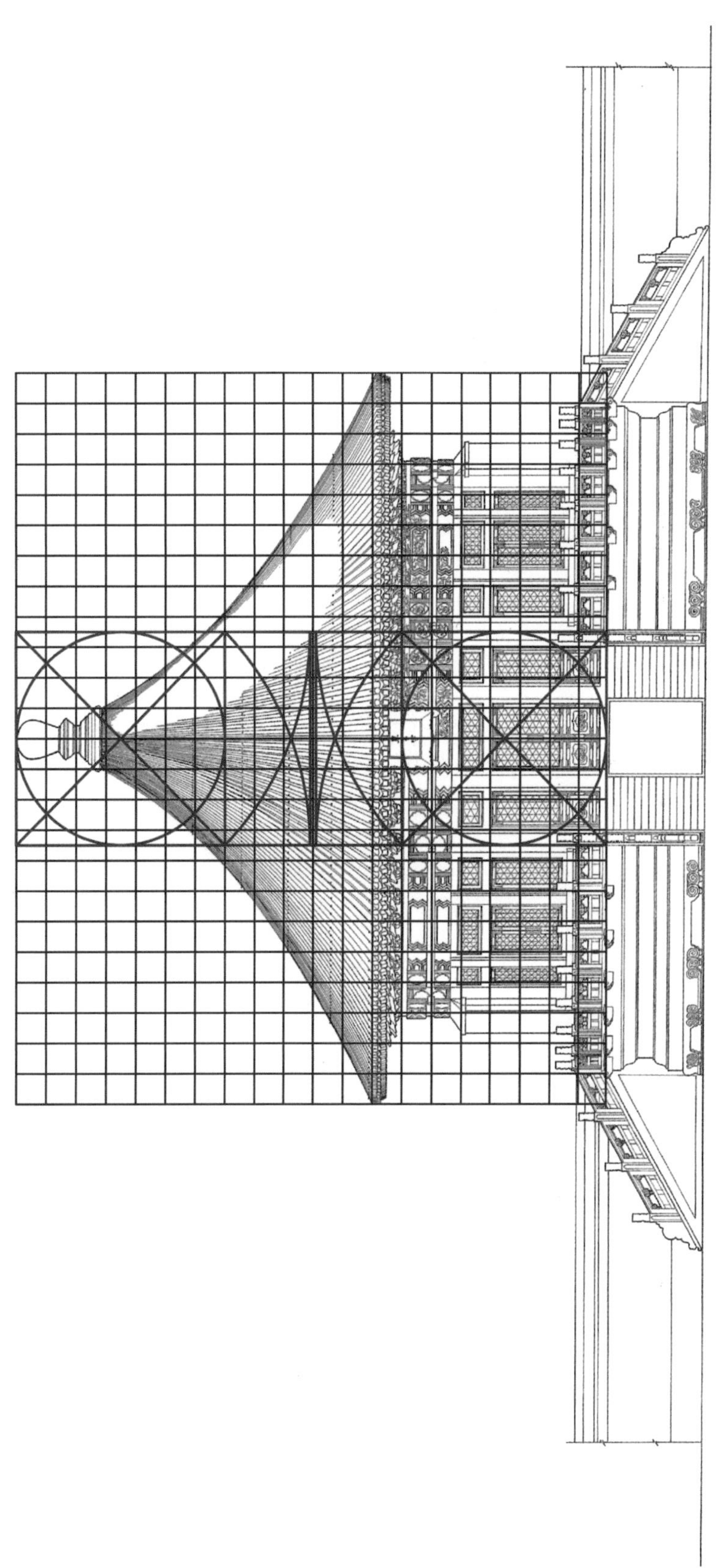

图7-222　北京天坛皇穹宇正立面分析图二
底图来源：《北京城中轴线古建筑实测图集》(2017)

第八章　楼阁与城楼

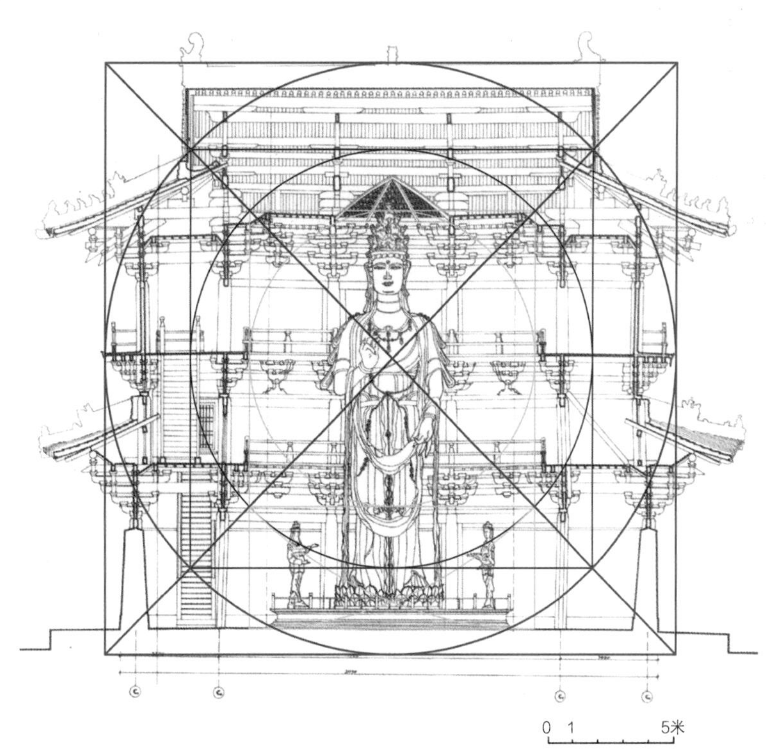

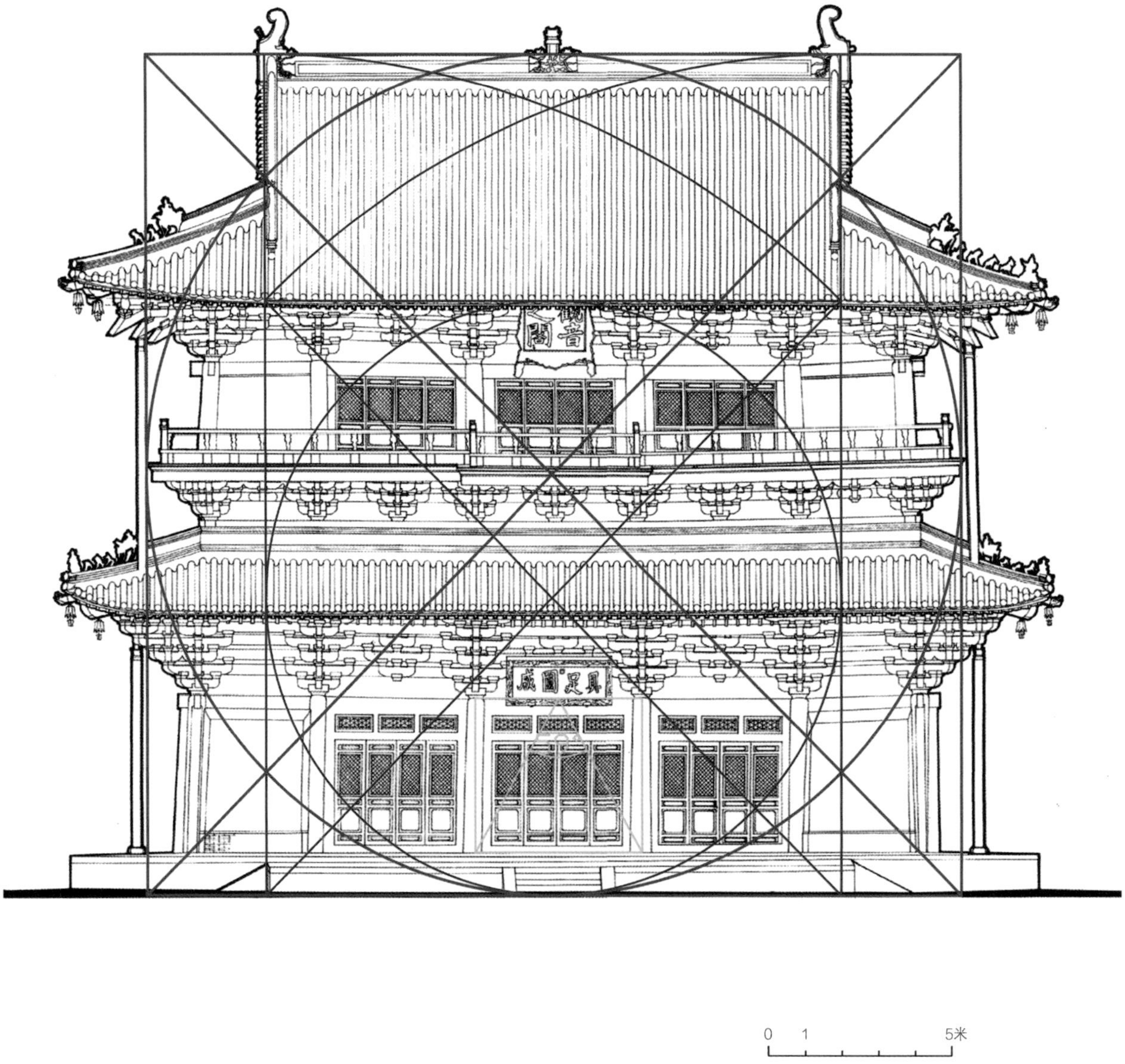

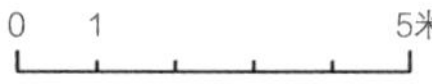

图8-1　蓟县独乐寺观音阁正立面分析图
底图来源：《蓟县独乐寺》(2007)

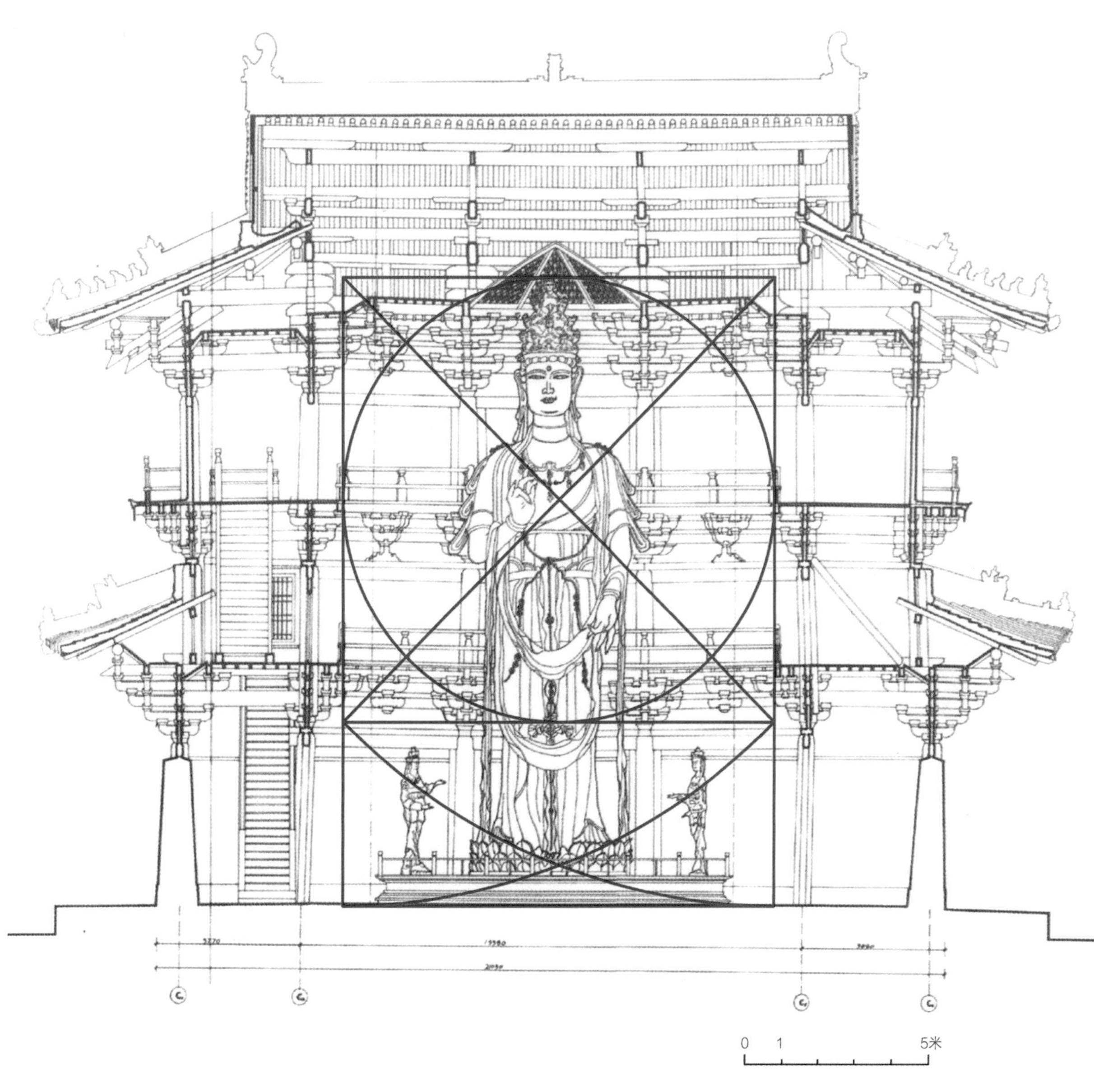

图8-2 蓟县独乐寺观音阁纵剖面分析图一
底图来源:《蓟县独乐寺》(2007)

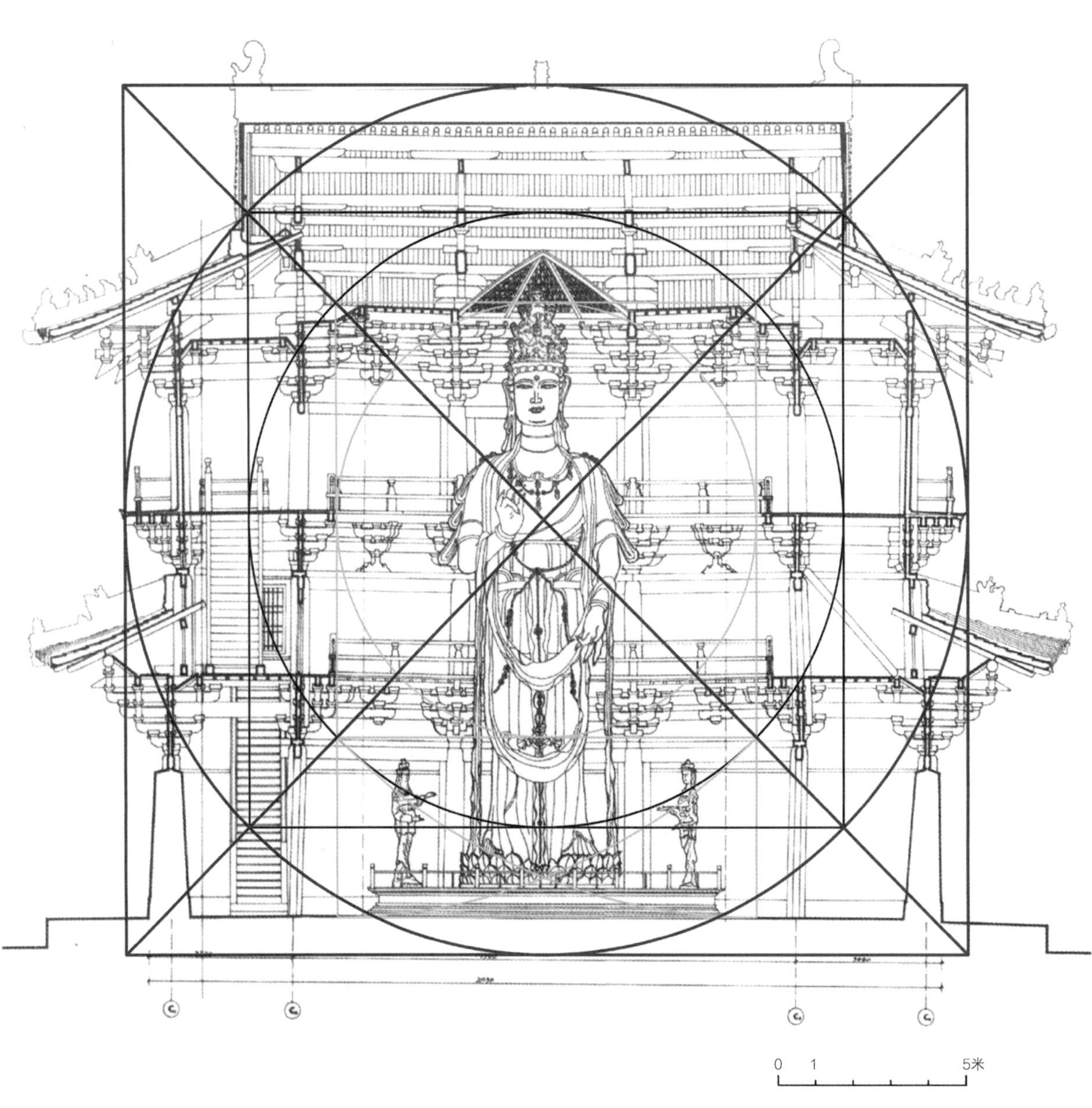

图8-3　蓟县独乐寺观音阁纵剖面分析图二
底图来源：《蓟县独乐寺》(2007)

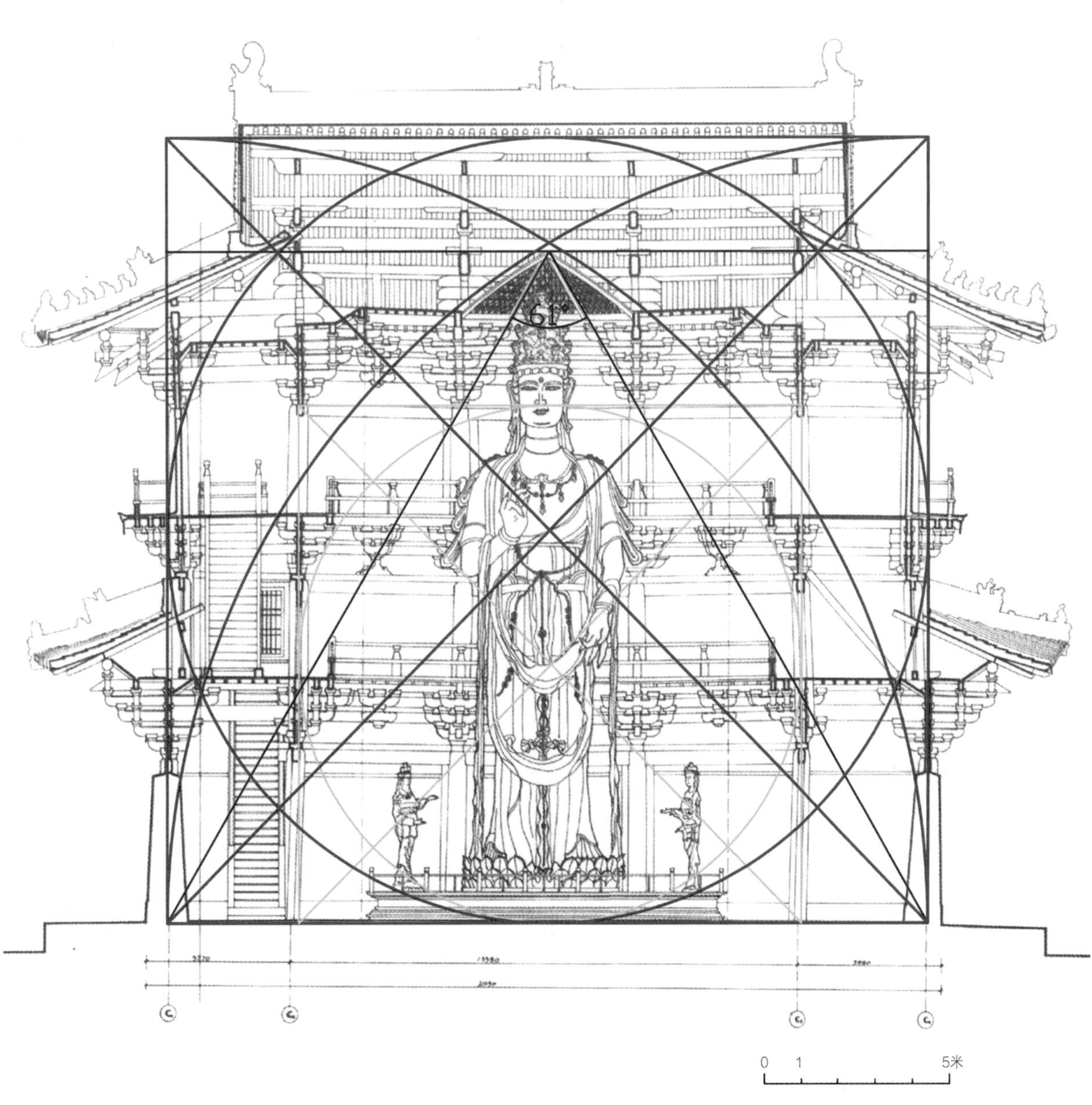

图8-4 蓟县独乐寺观音阁纵剖面分析图三
底图来源:《蓟县独乐寺》(2007)

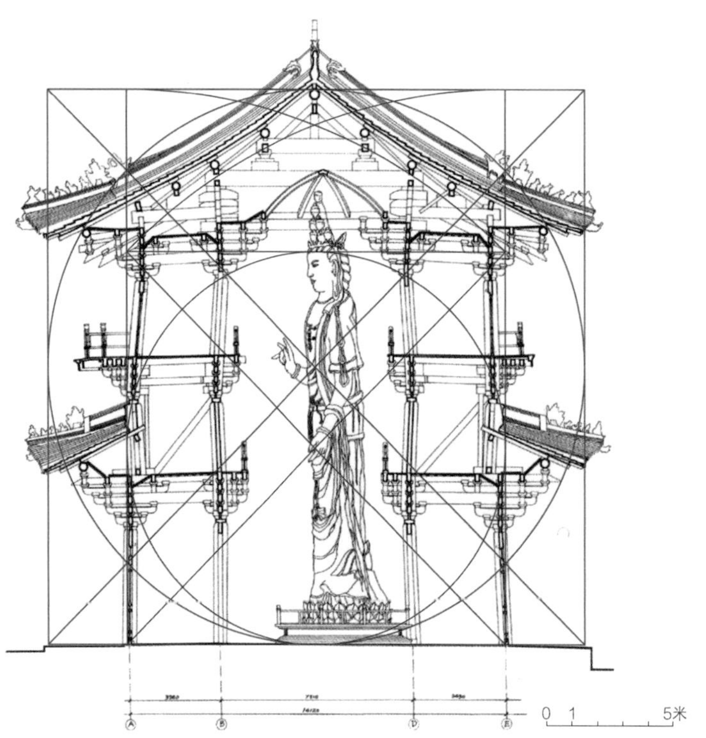

图8-5　蓟县独乐寺观音阁横剖面分析图
底图来源：《蓟县独乐寺》(2007)

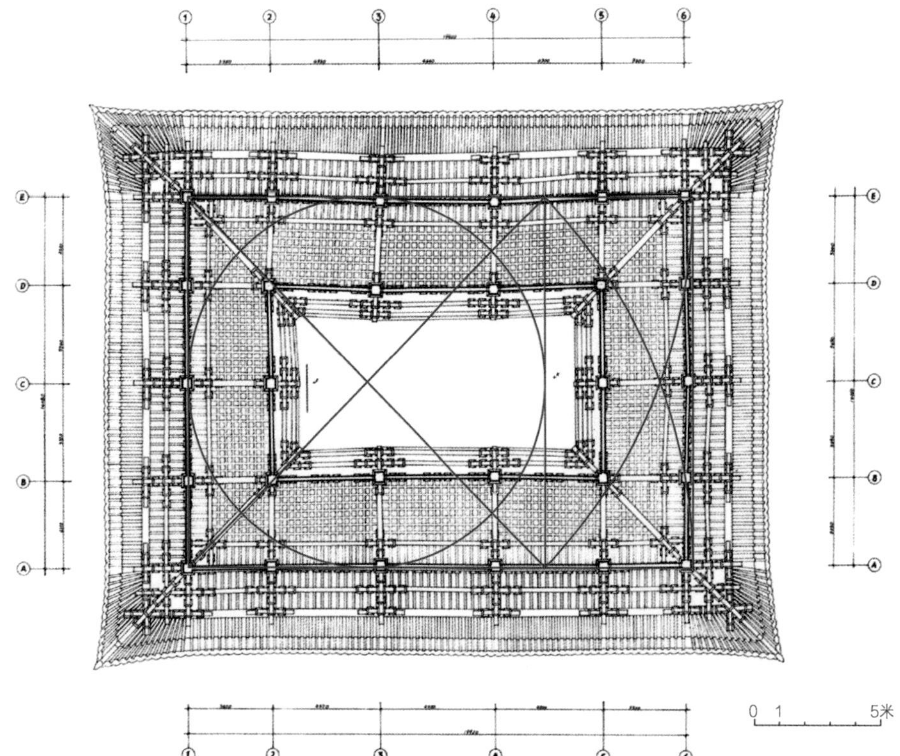

图8-6　蓟县独乐寺观音阁首层平面（仰视）分析图
底图来源：《蓟县独乐寺》(2007)

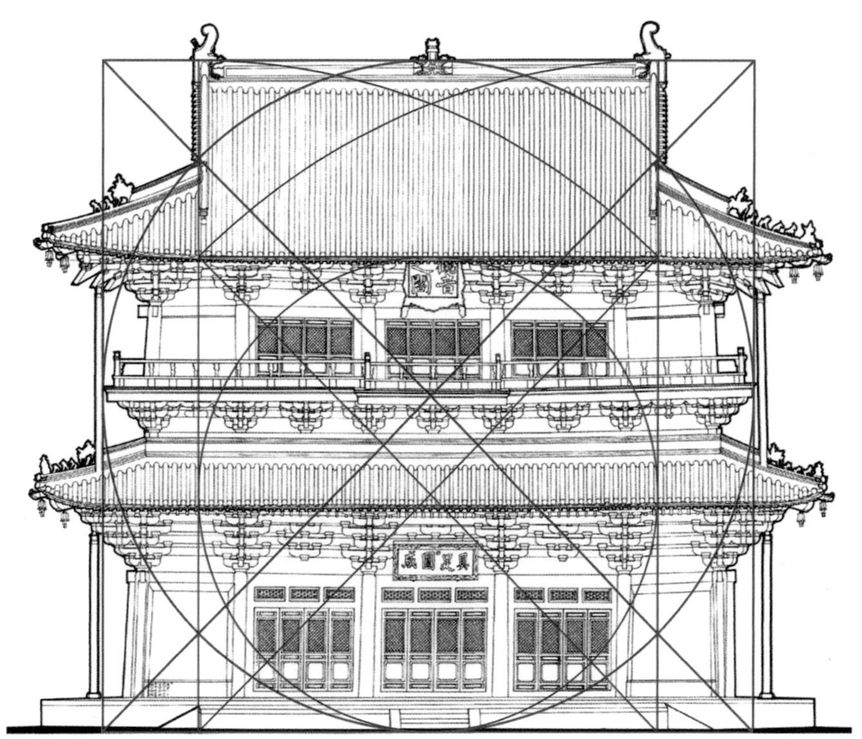

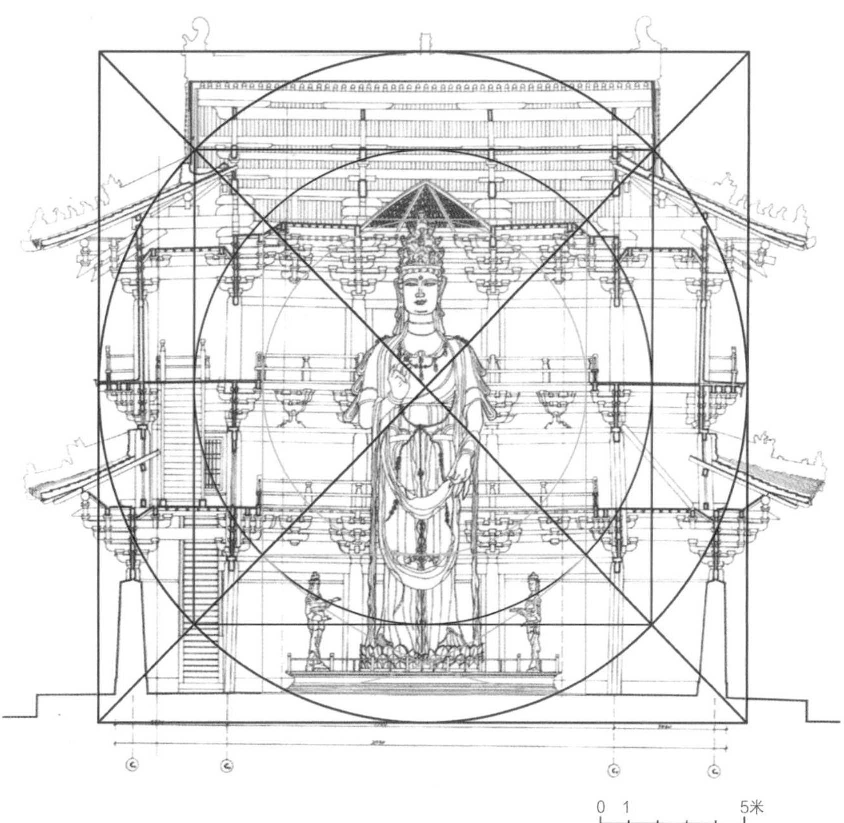

图8-7 蓟县独乐寺观音阁设计理念分析图
底图来源:《蓟县独乐寺》(2007)

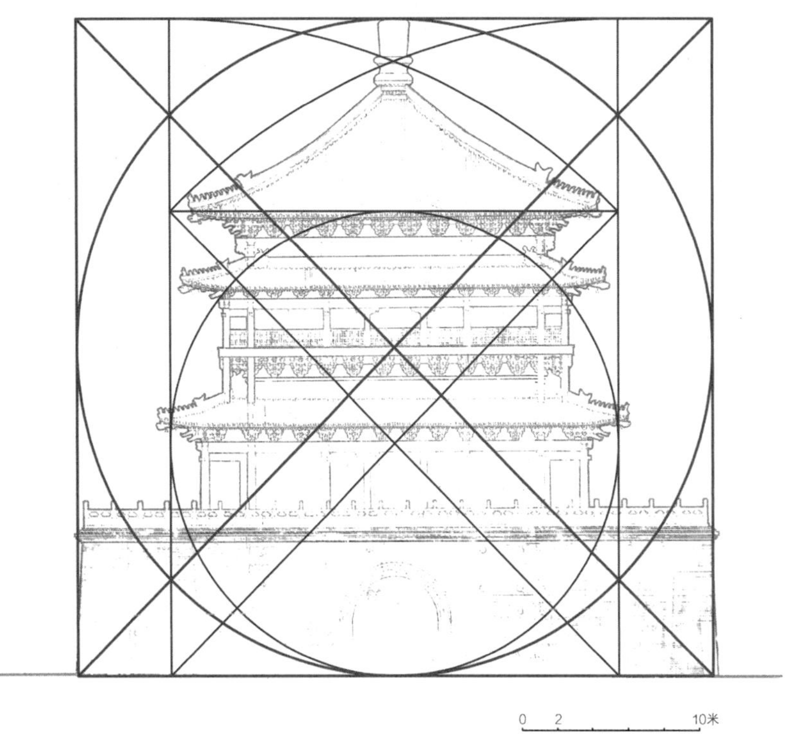

图8-8 西安钟楼立面分析图
底图来源：《中国古代城市规划、建筑群布局及建筑设计方法研究》(2001)

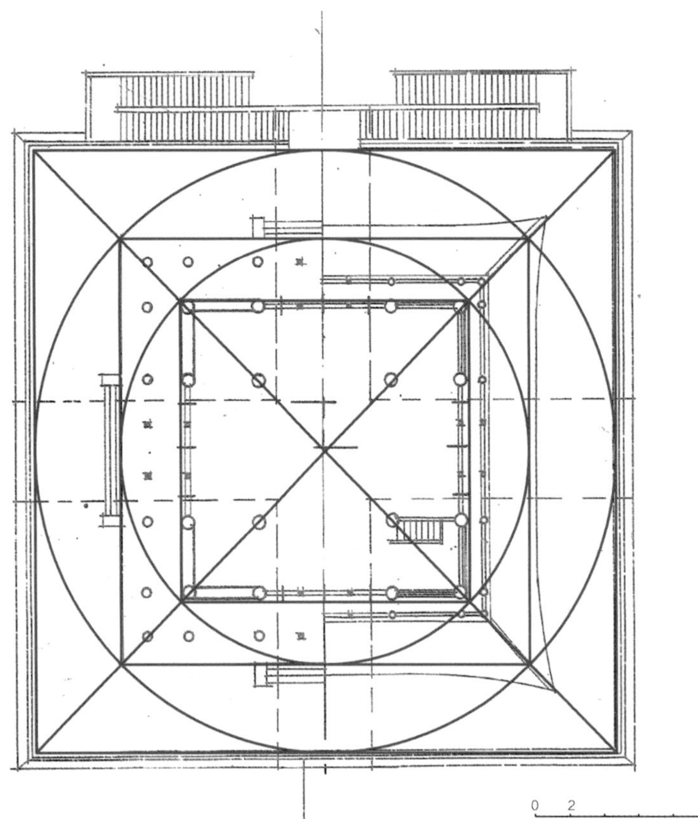

图8-9 西安钟楼平面分析图
底图来源：《陕西古建筑》(2015)

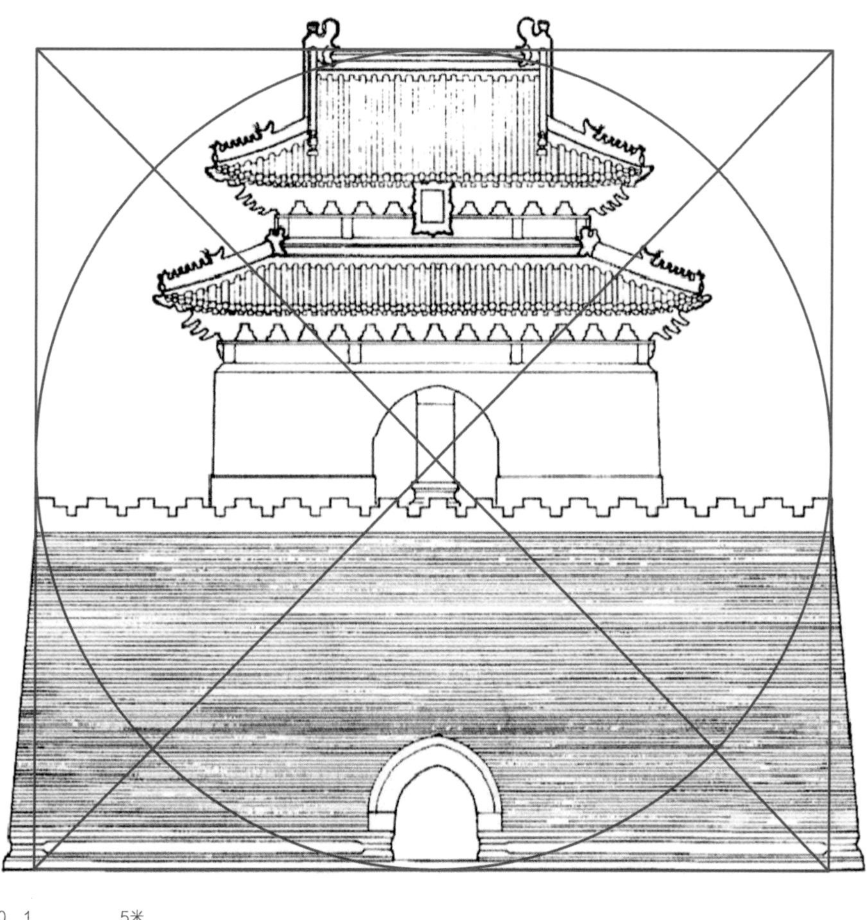

图8-10 北京明长陵方城明楼正立面分析图
底图来源：《中国古代建筑史·第四卷：元、明建筑》(第二版，2009)

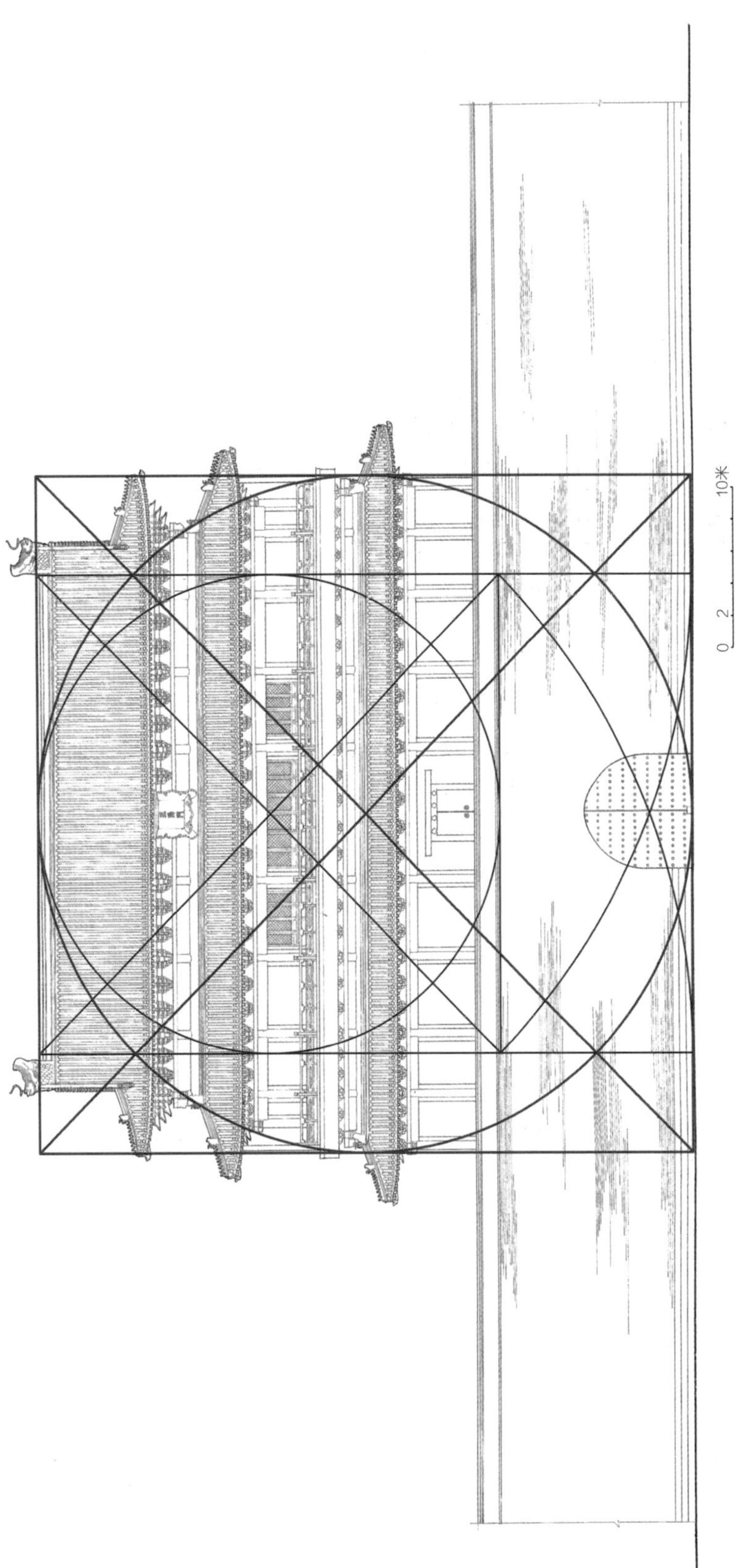

图8-11　正阳门城楼正立面分析图
底图来源：《北京城中轴线古建筑实测图集》(2017)

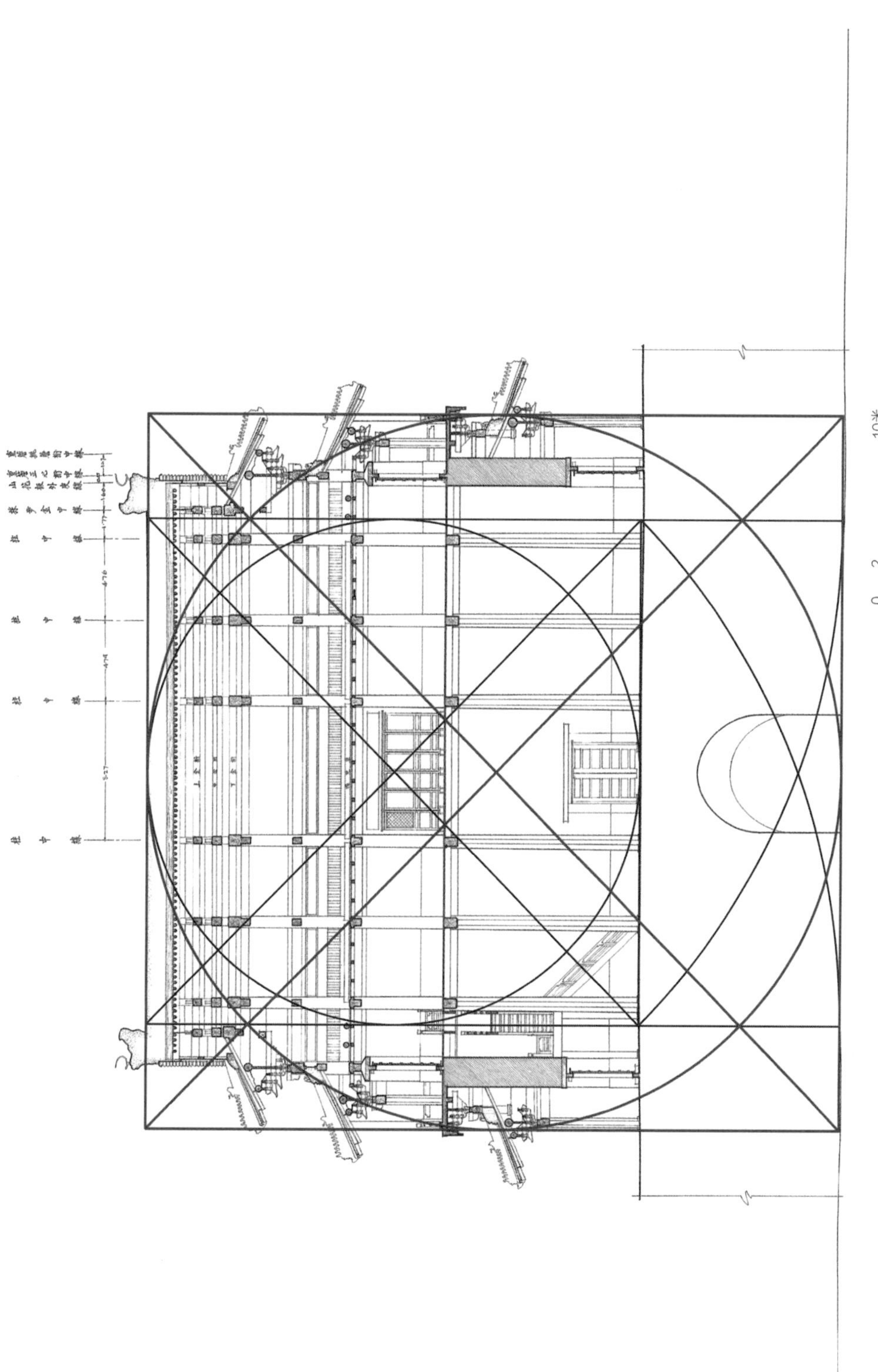

图8-12 正阳门城楼纵剖面分析图
底图来源：《北京城中轴线古建筑实测图集》(2017)

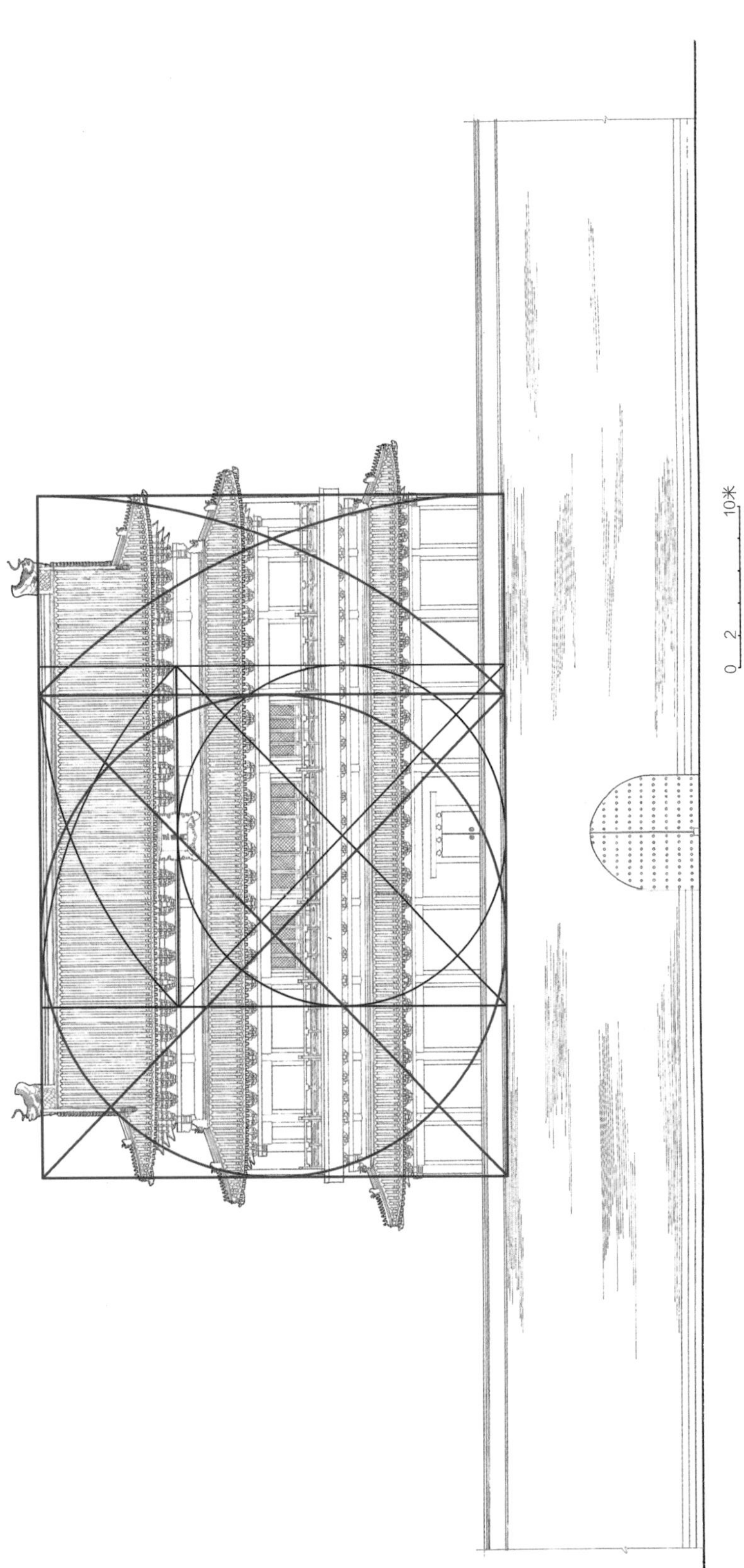

图8-13　正阳门城楼上部正立面分析图
底图来源：《北京城中轴线古建筑实测图集》（2017）

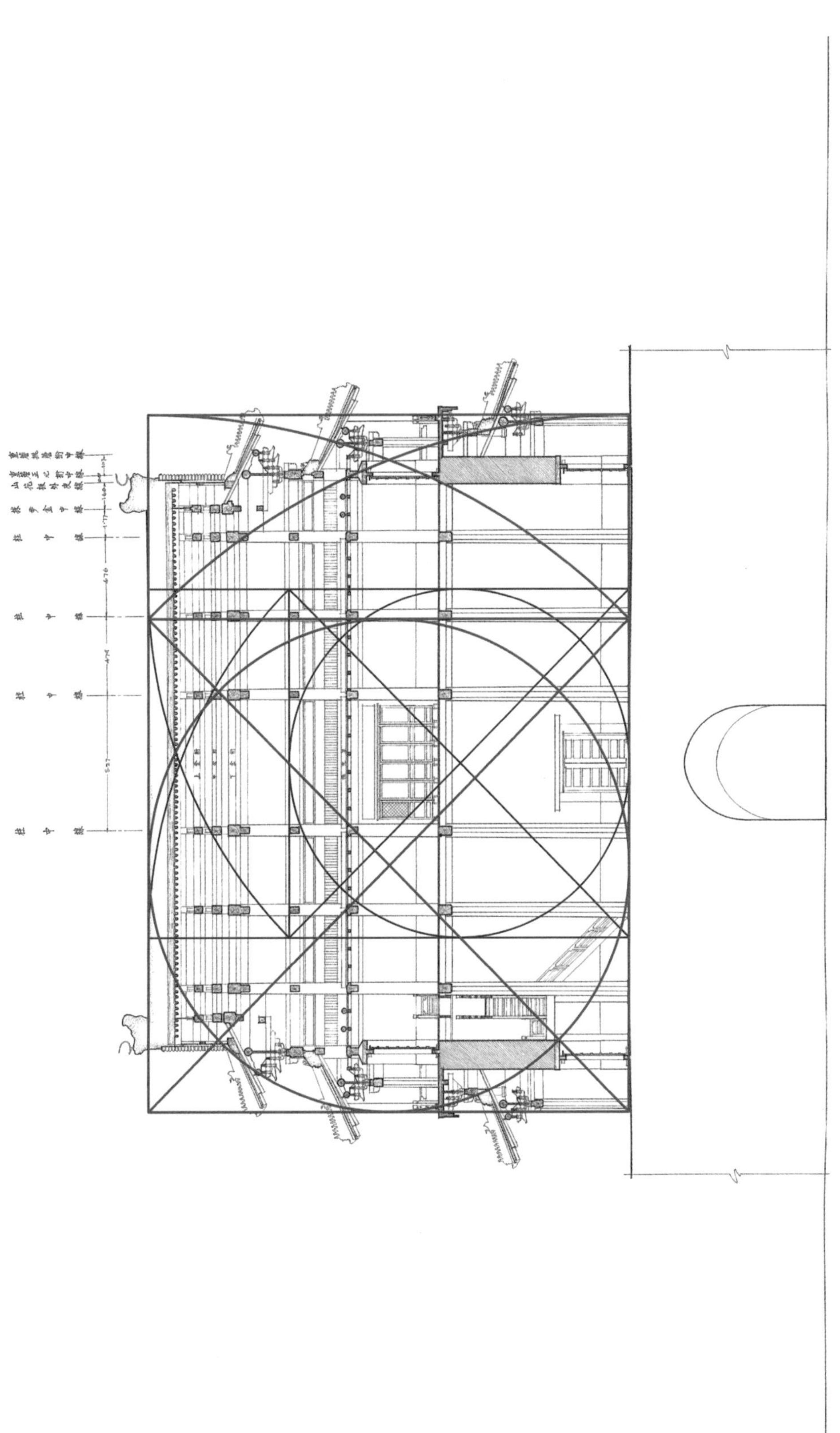

图8-14　正阳门城楼上部纵剖面分析图
底图来源：《北京城中轴线古建筑实测图集》(2017)

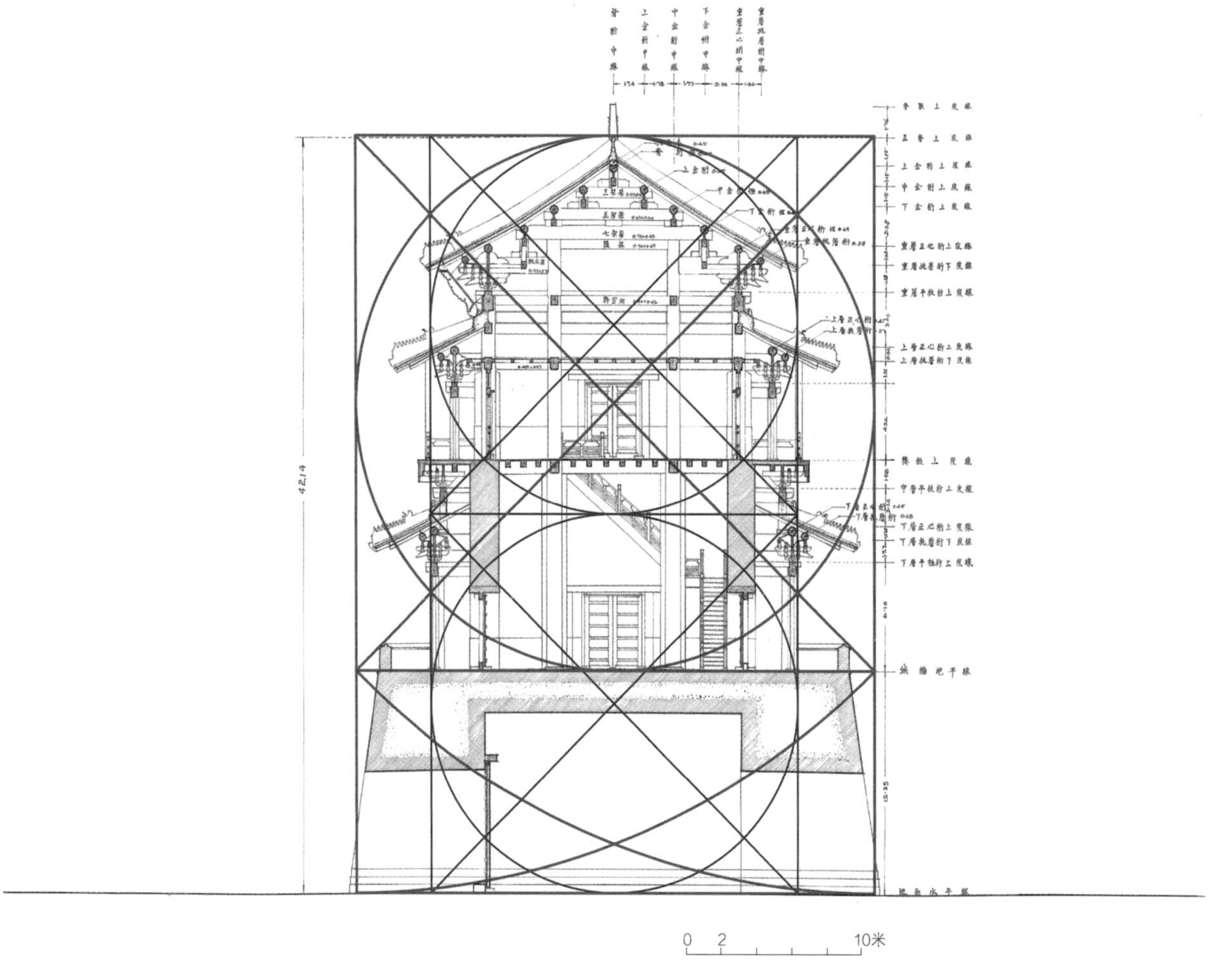

图8-15 正阳门城楼横剖面分析图
底图来源:《北京城中轴线古建筑实测图集》(2017)

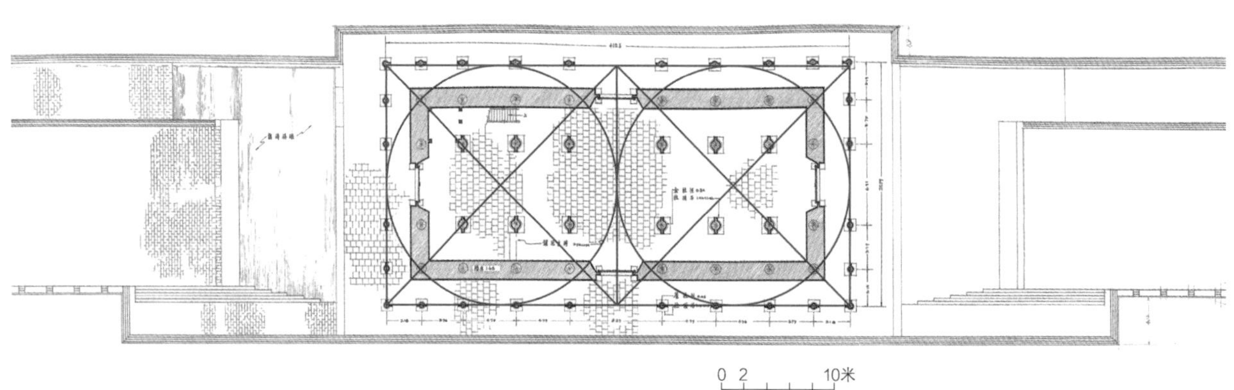

图8-16 正阳门城楼平面分析图
底图来源:《北京城中轴线古建筑实测图集》(2017)

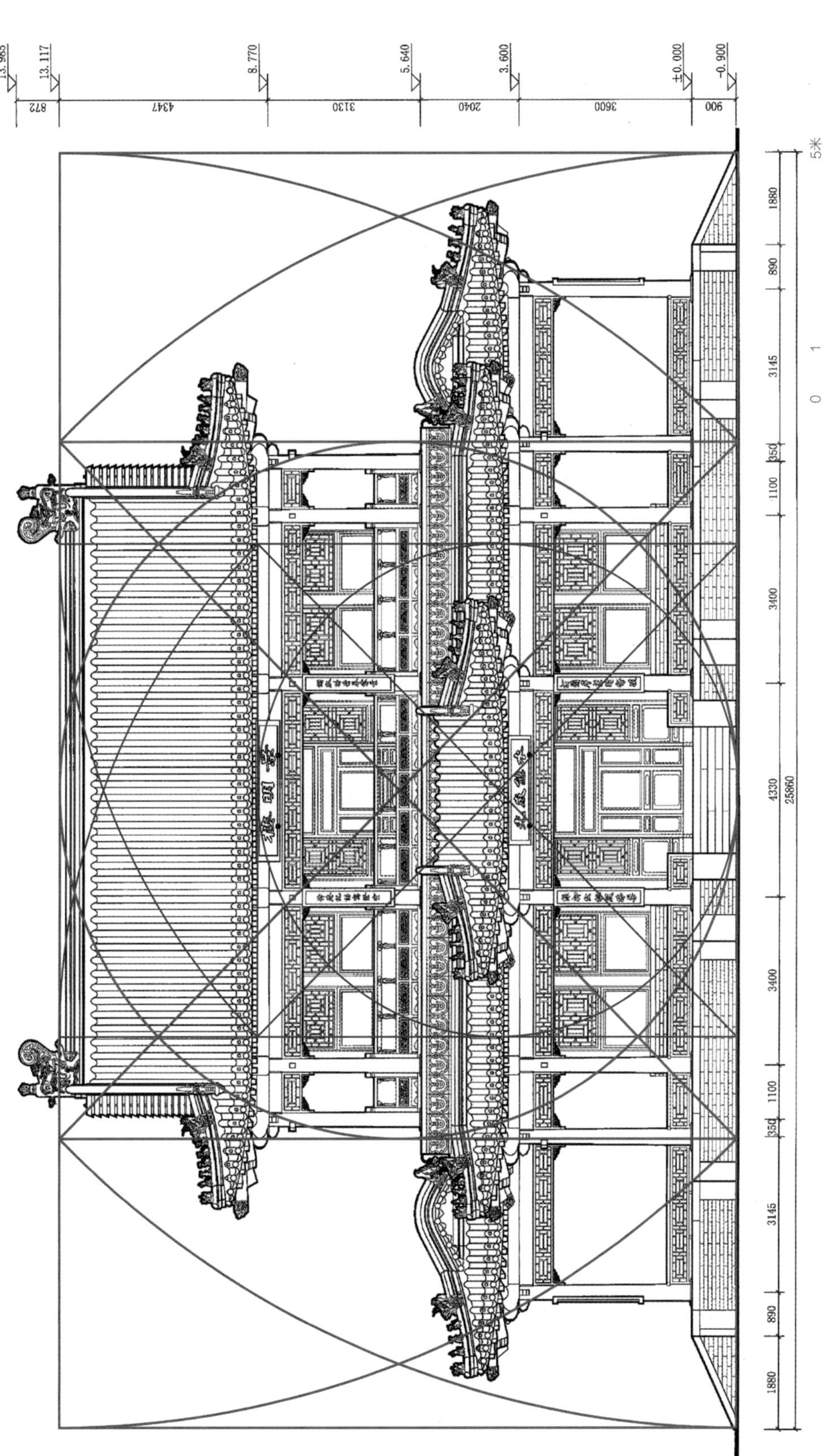

图8-17 北京颐和园景明楼正立面分析图
底图来源：《中国古建筑测绘大系·园林建筑：颐和园》(2015)

图8-18 北京紫禁城角楼正立面分析图
底图来源：《北京城中轴线古建筑实测图集》(2017)

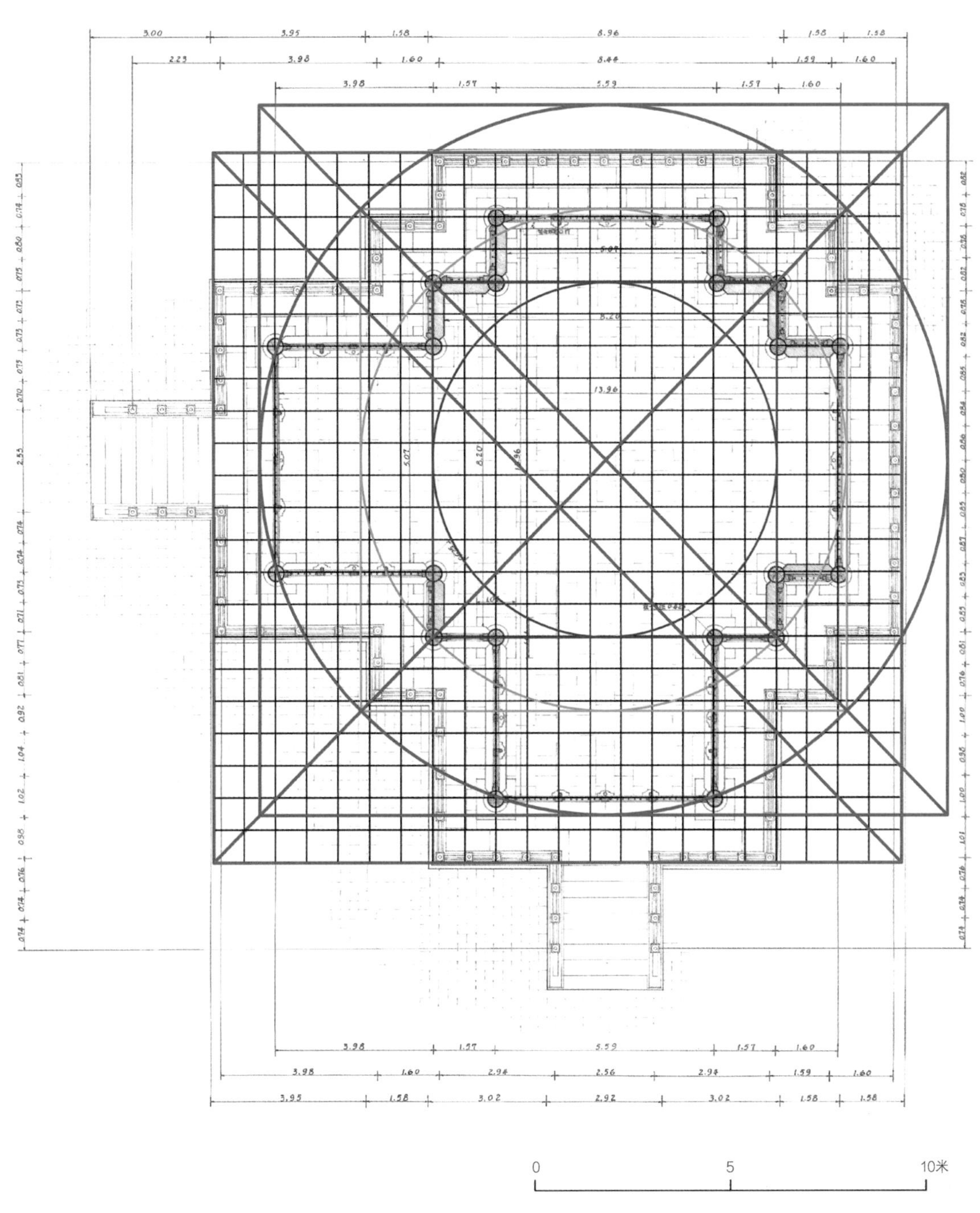

图8-19　北京紫禁城角楼平面分析图
底图来源：《北京城中轴线古建筑实测图集》（2017）

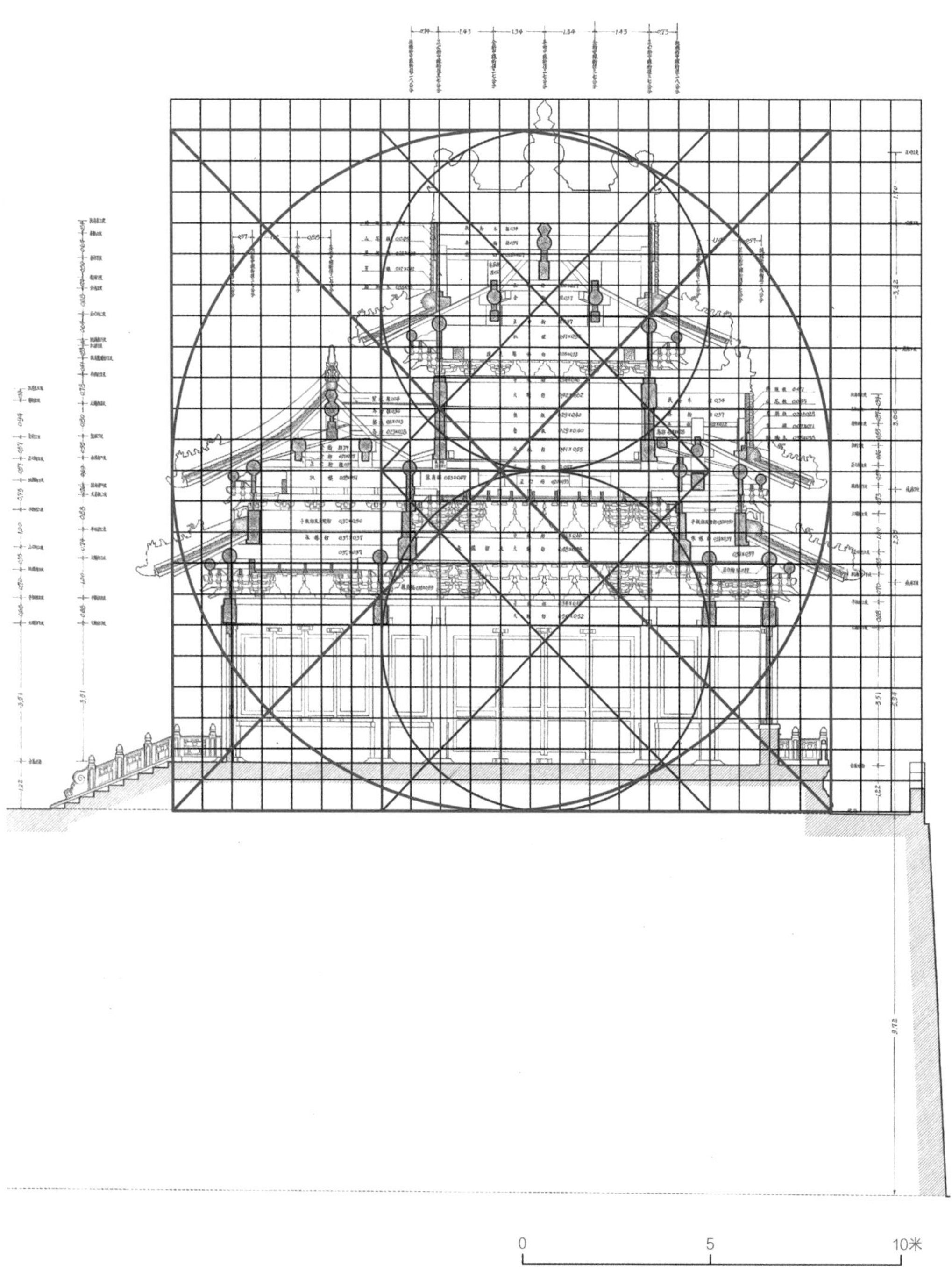

图8-20 北京紫禁城角楼剖面分析图
底图来源：《北京城中轴线古建筑实测图集》(2017)

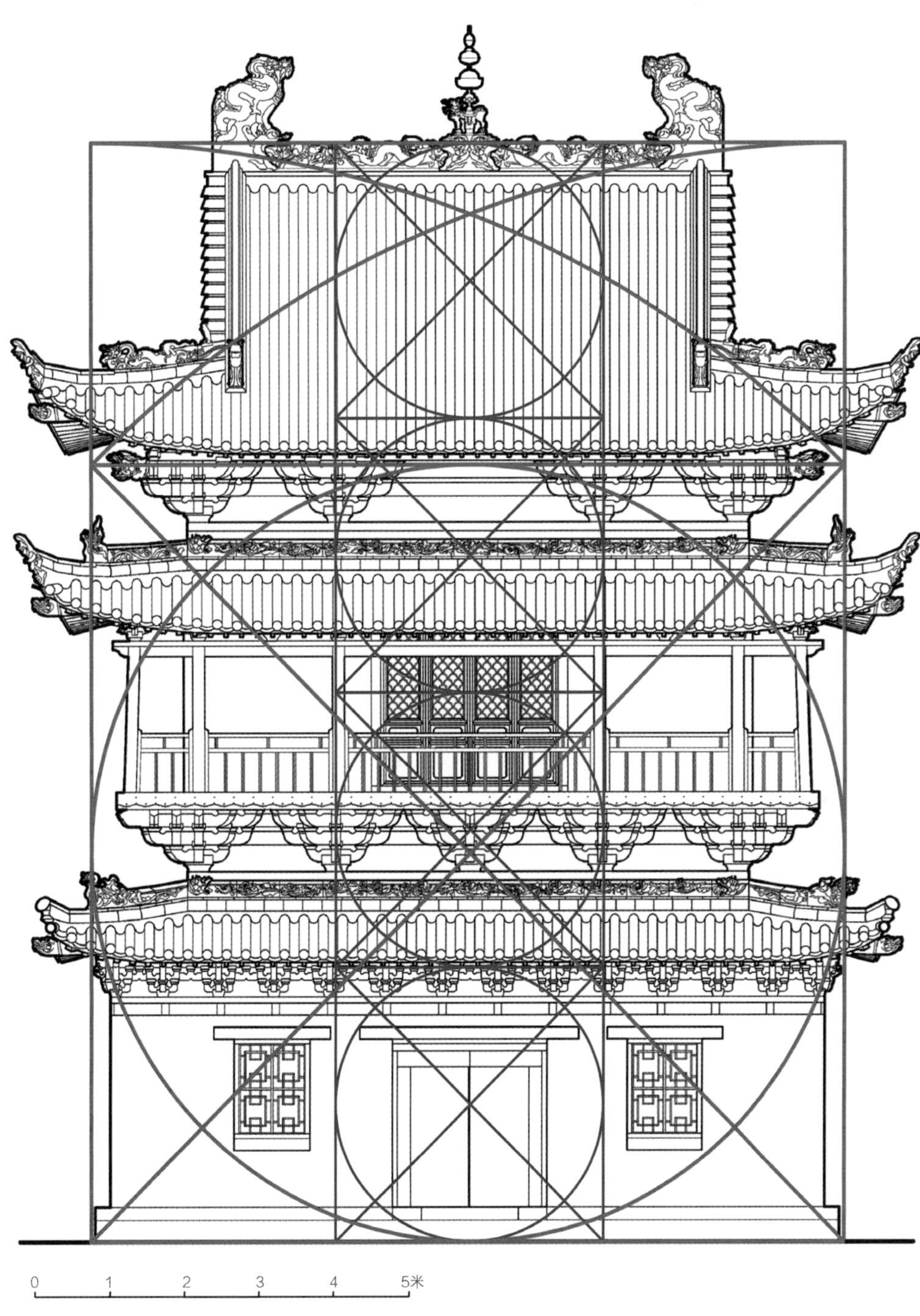

图8-21　山西陵川崇安寺插花楼正立面分析图
底图来源：《中国古建筑测绘十年：2000~2010清华大学建筑学院测绘图集》（下册，2011）

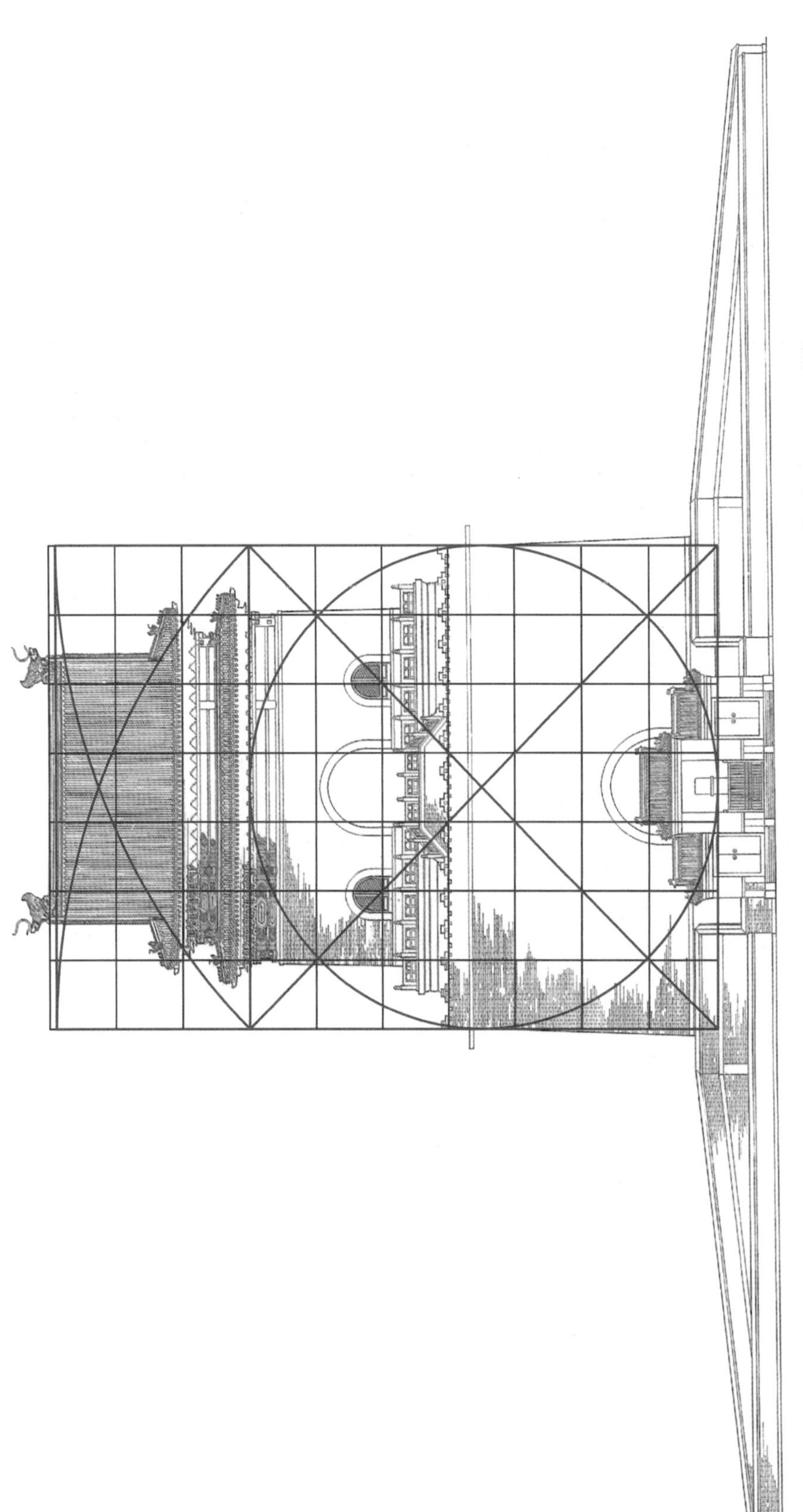

图8-22　北京钟楼正立面分析图一
底图来源：《北京城中轴线古建筑实测图集》(2017)

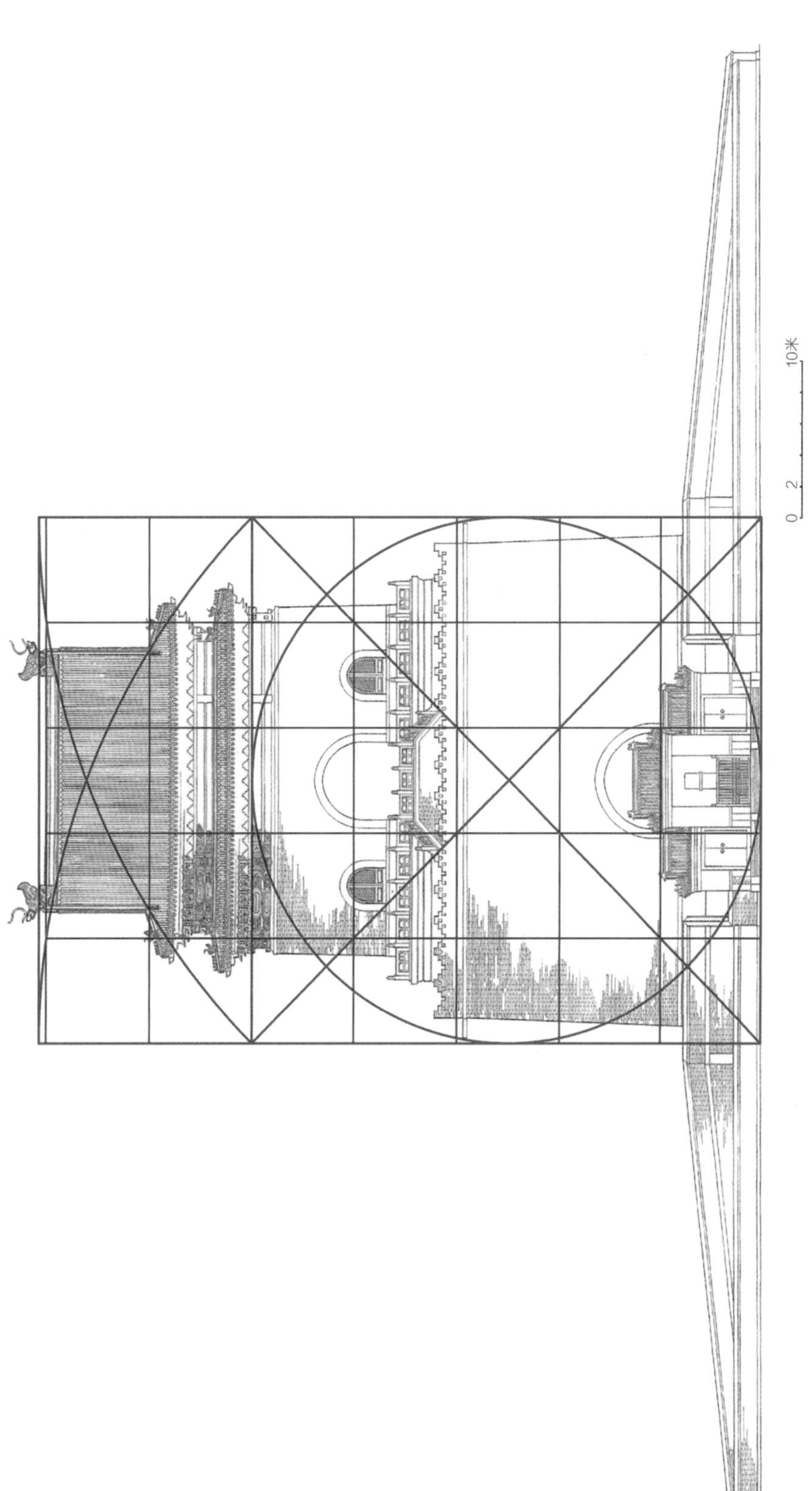

图8-23　北京钟楼正立面分析图二
底图来源：《北京城中轴线古建筑实测图集》(2017)

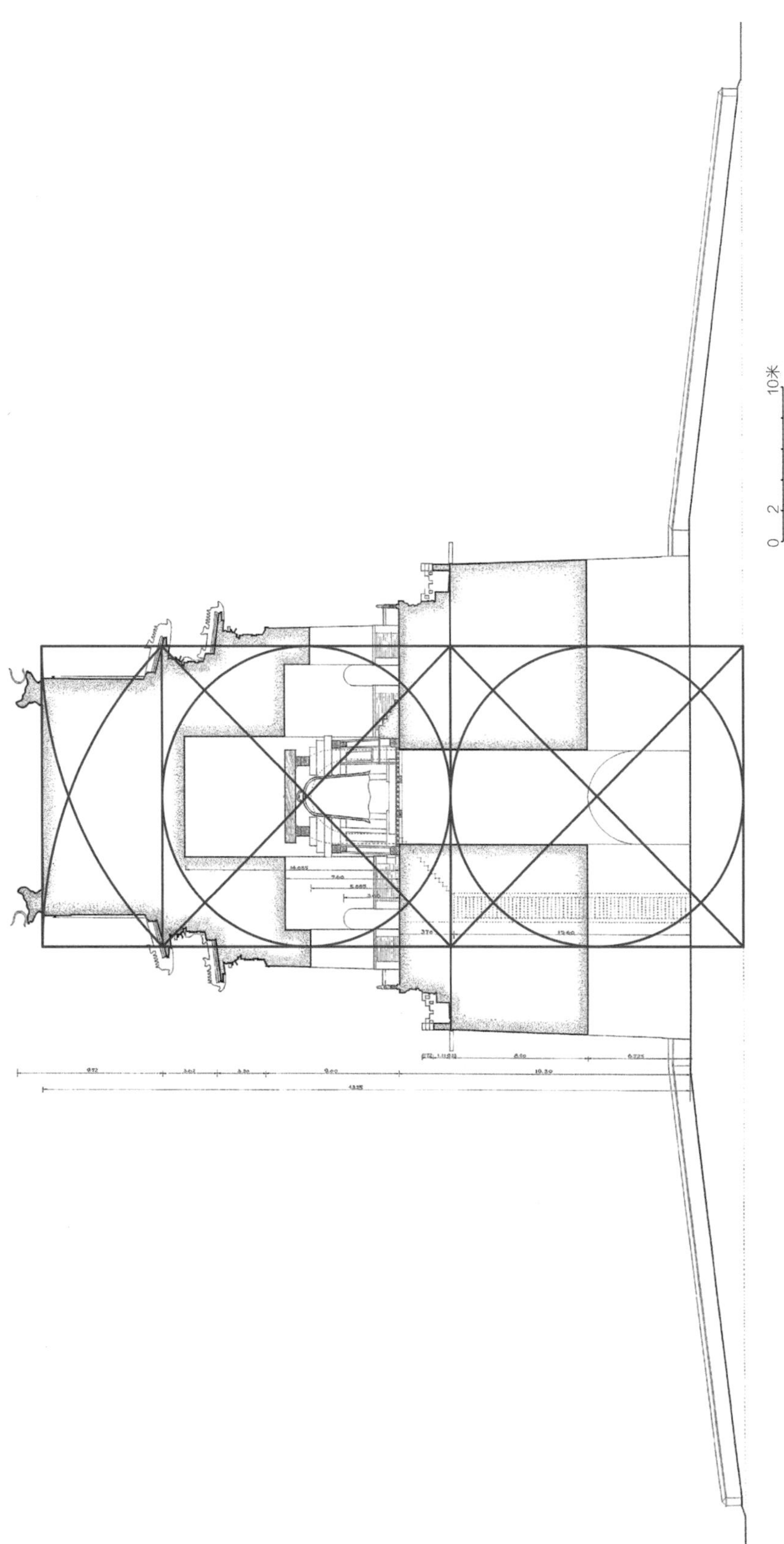

图8-24　北京钟楼纵剖面分析图
底图来源：《北京城中轴线古建筑实测图集》(2017)

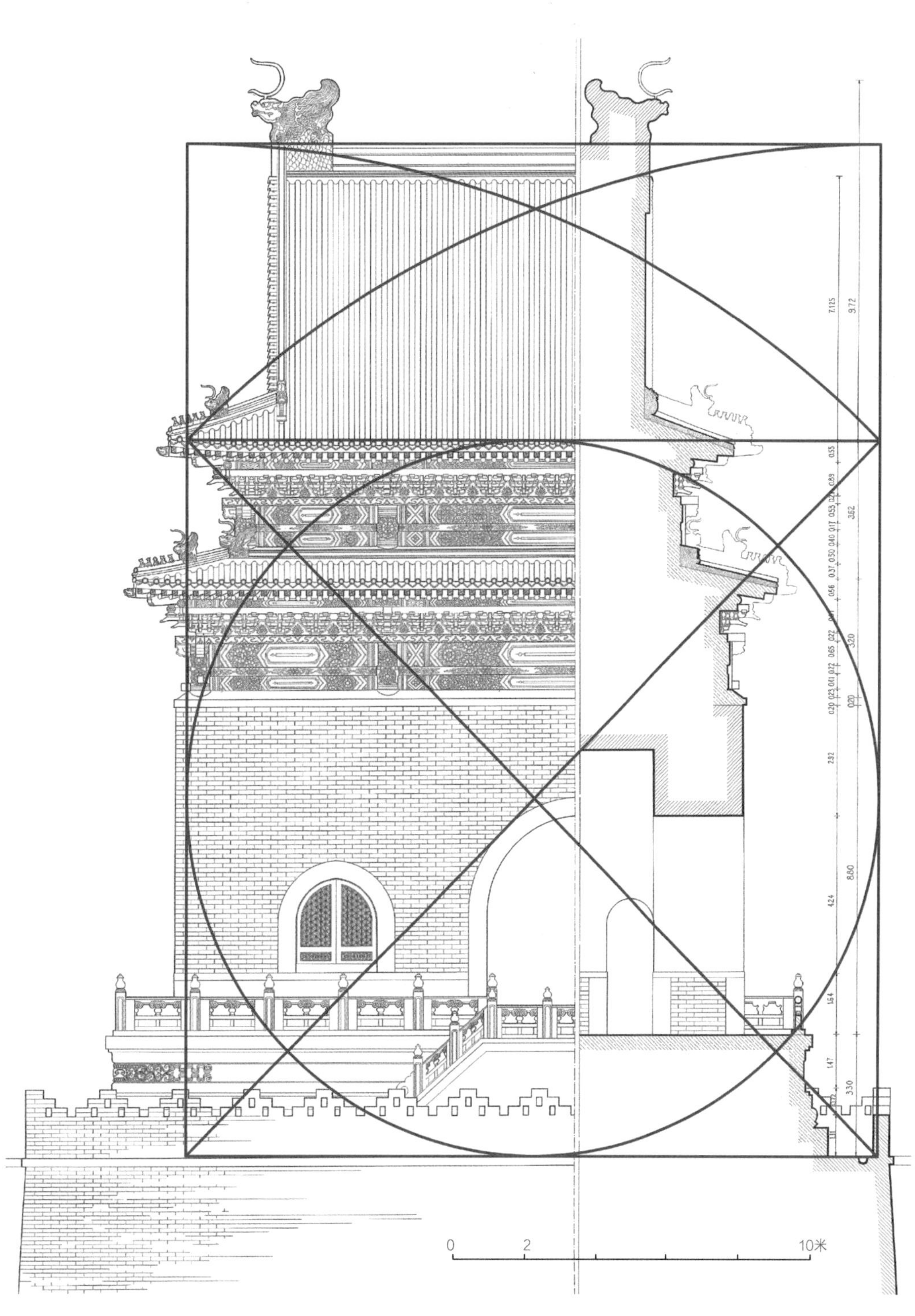

图8-25 北京钟楼墩台以上正立面、纵剖面分析图
底图来源：《北京城中轴线古建筑实测图集》（2017）

图8-26　北京北海西天梵境钟鼓楼正立面分析图
底图来源：《中国古典园林建筑图录・北方园林》（2015）

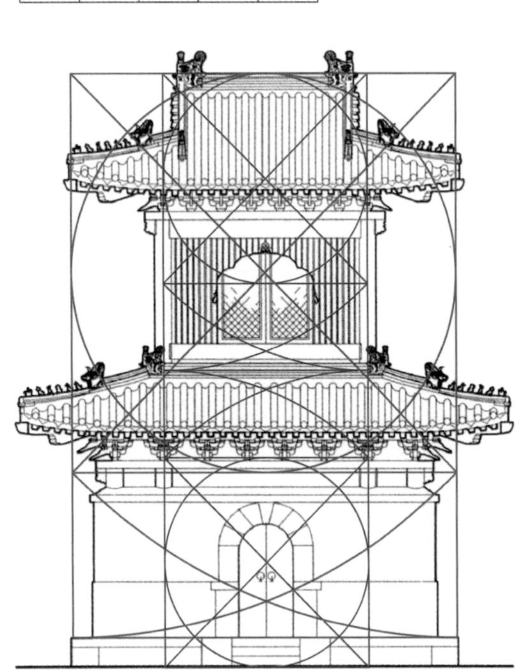

图8-27　北京宣仁庙钟楼正立面分析图
底图来源：《东华图志：北京东城史迹录》（2005）

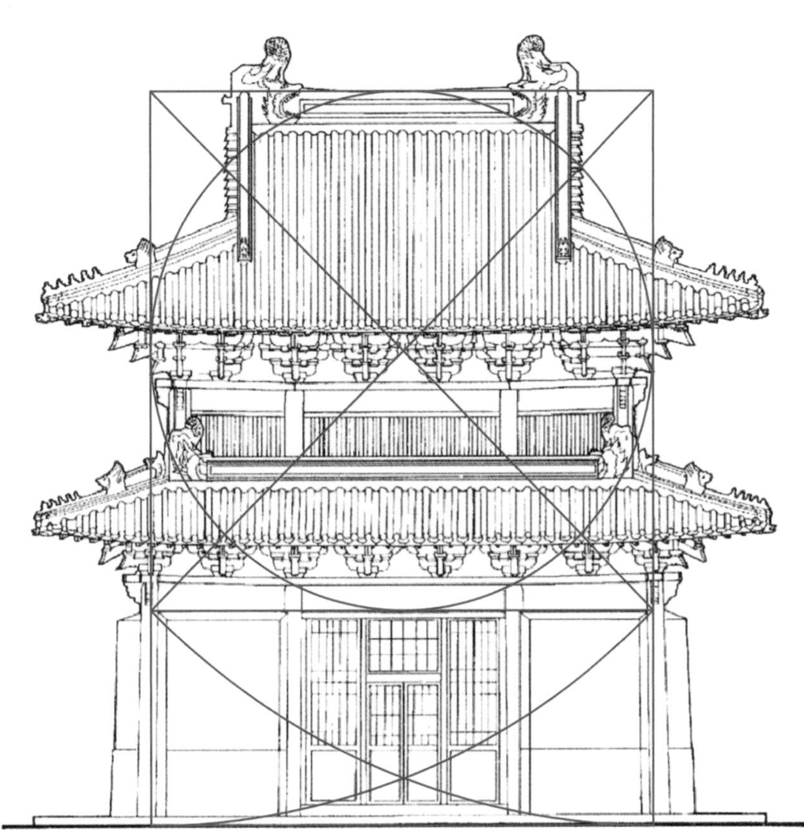

图8-28 河北定兴慈云阁正立面分析图
底图来源：《中国古代建筑史·第四卷：元、明建筑》（第二版，2009）

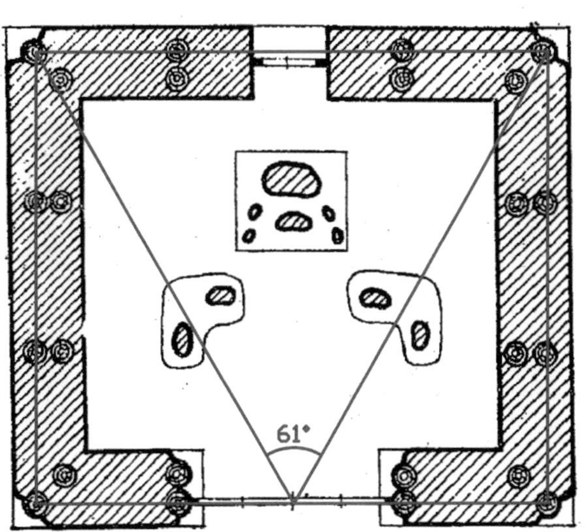

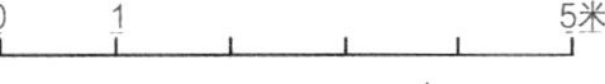

图8-29 河北定兴慈云阁平面分析图
底图来源：刘敦桢《河北省西部古建筑调查记略》（《中国营造学社汇刊》第五卷第四期，1935）

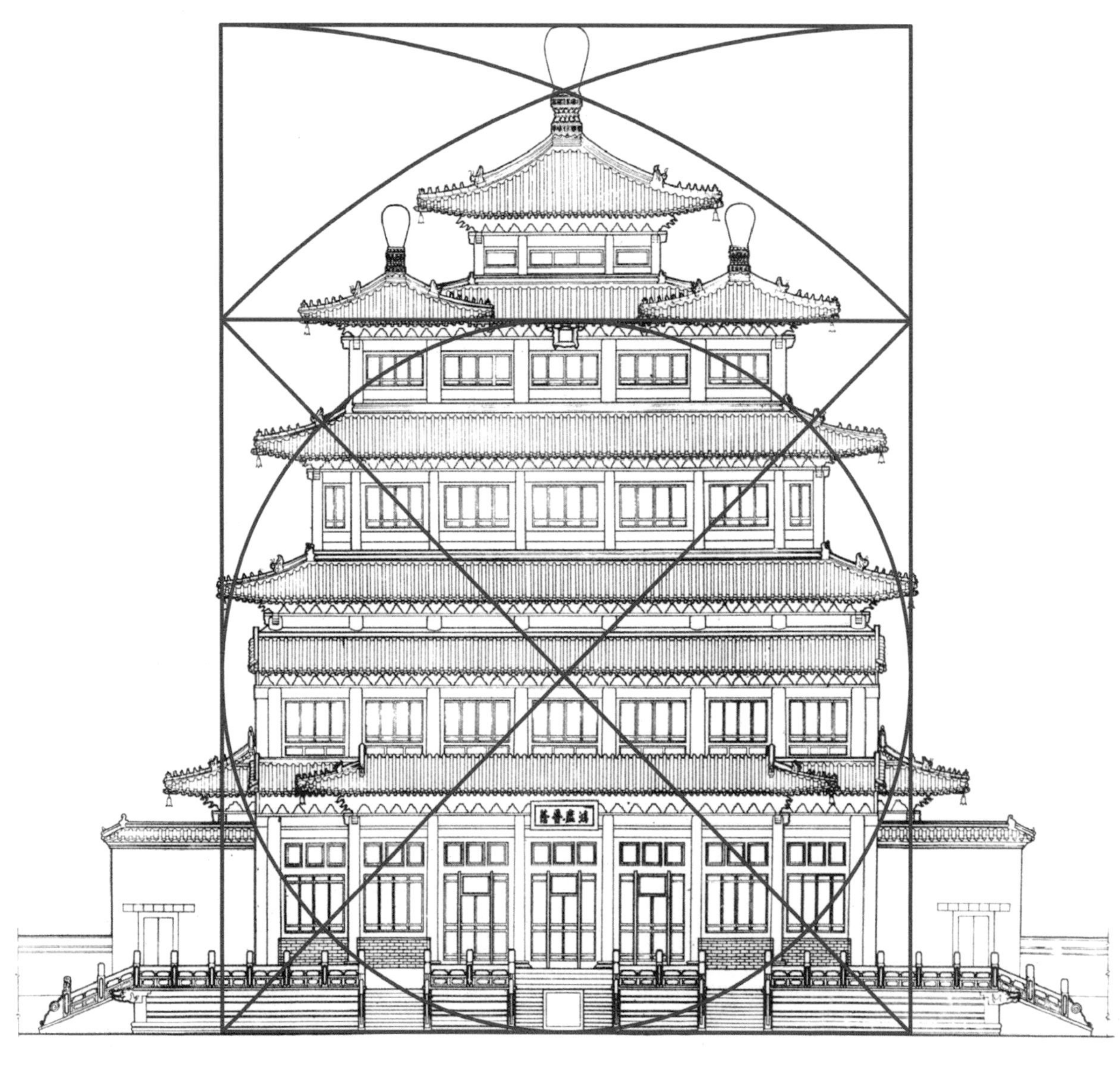

图8-30　承德普宁寺大乘阁正立面分析图
底图来源：《中国古代建筑史》(1984，第二版)

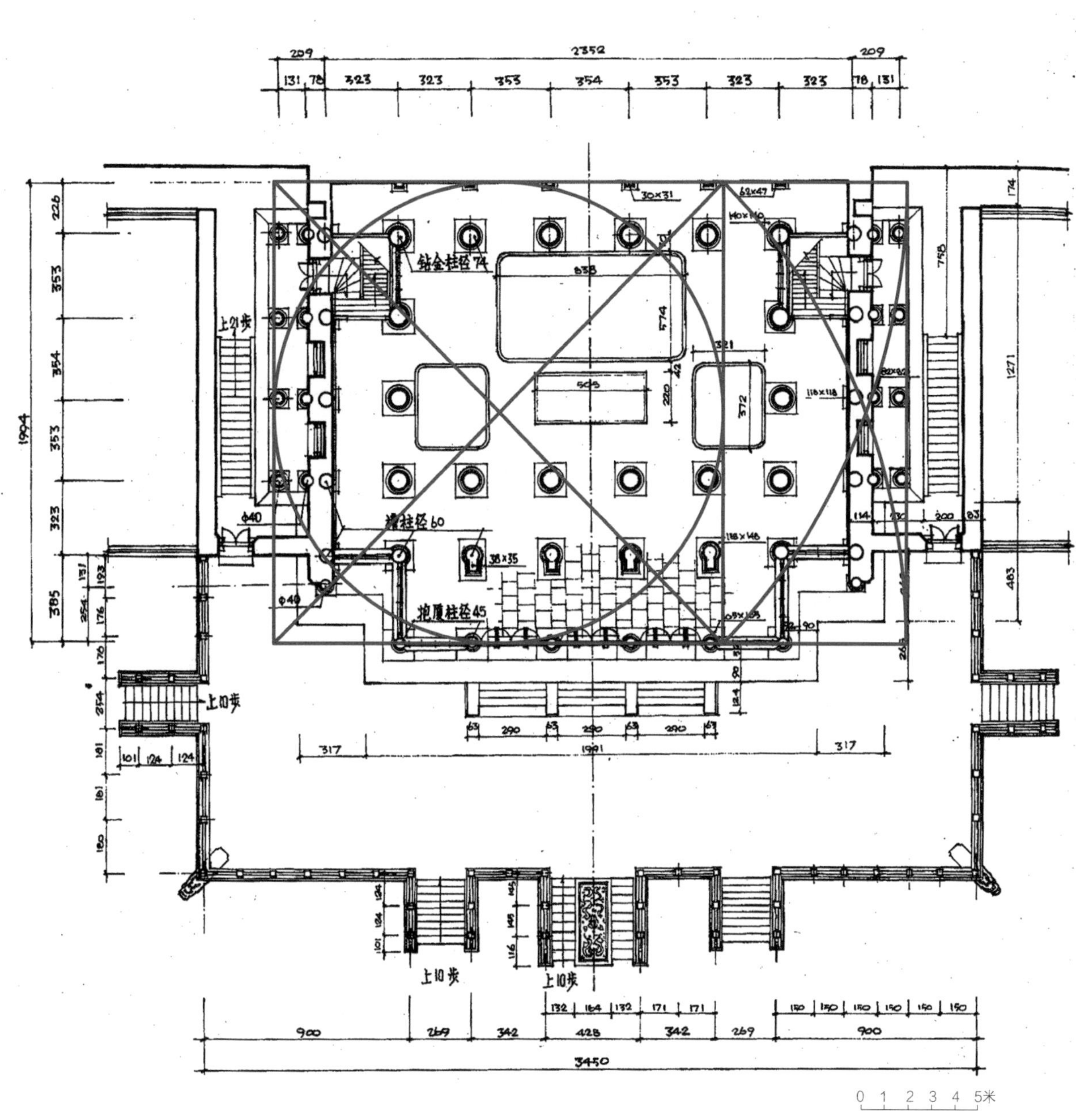

图8-31　承德普宁寺大乘阁平立面分析图
底图来源：孙大章《承德普宁寺——清代佛教建筑之杰作》(2008)

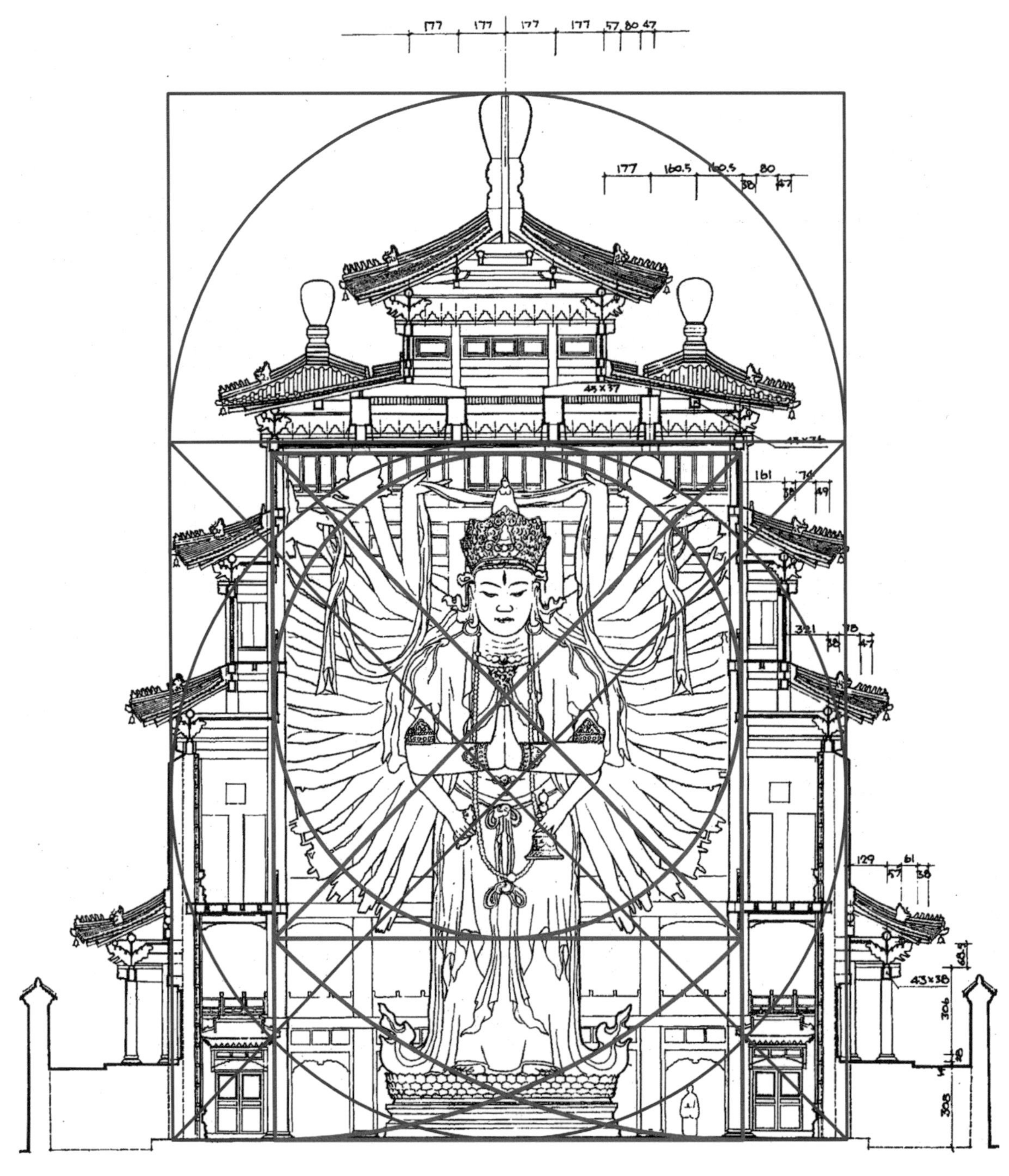

图8-32　承德普宁寺大乘阁纵剖面及塑像分析图
底图来源：孙大章《承德普宁寺——清代佛教建筑之杰作》(2008)

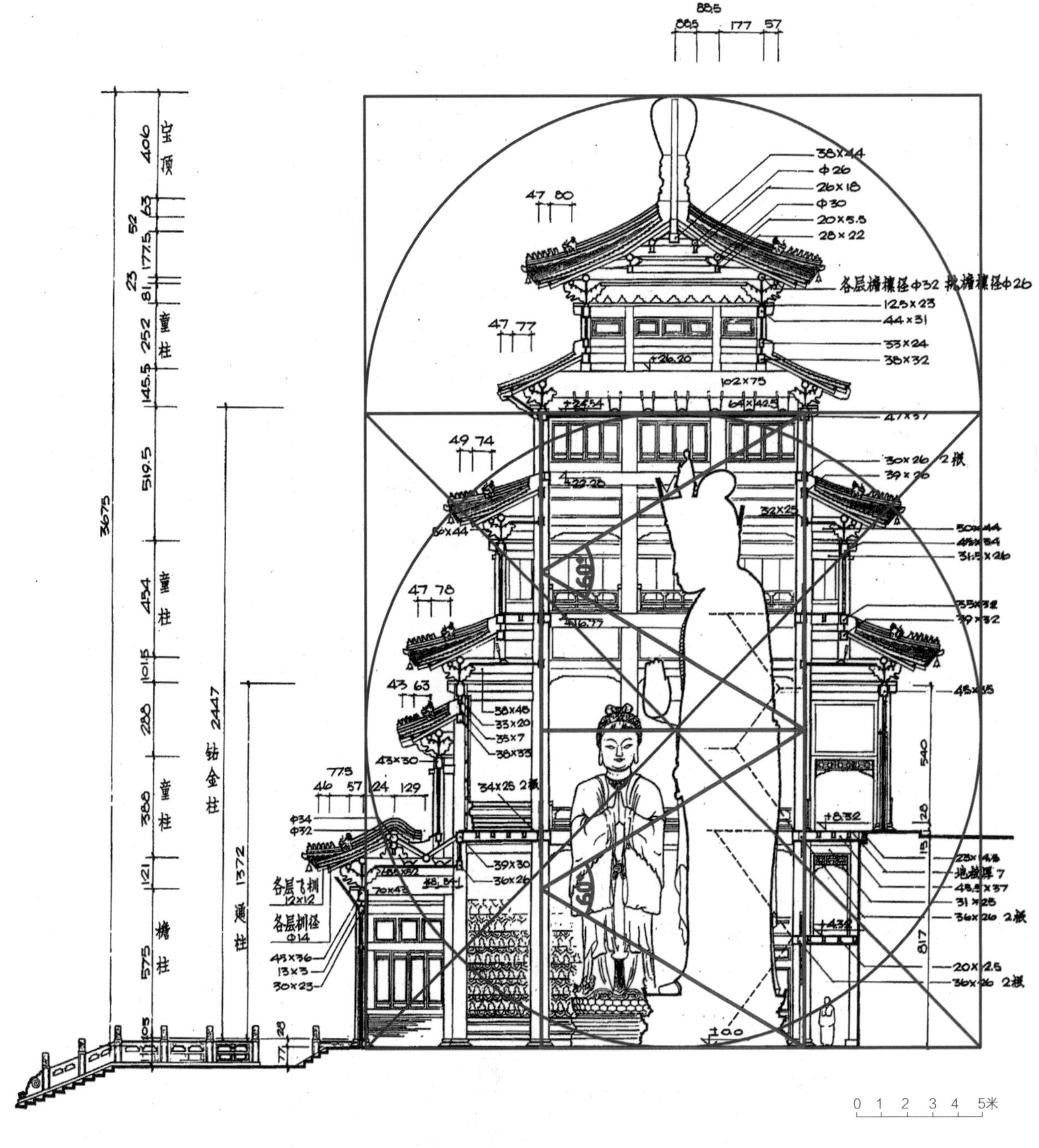

图8-33　承德普宁寺大乘阁横剖面分析图
底图来源：孙大章《承德普宁寺——清代佛教建筑之杰作》（2008）

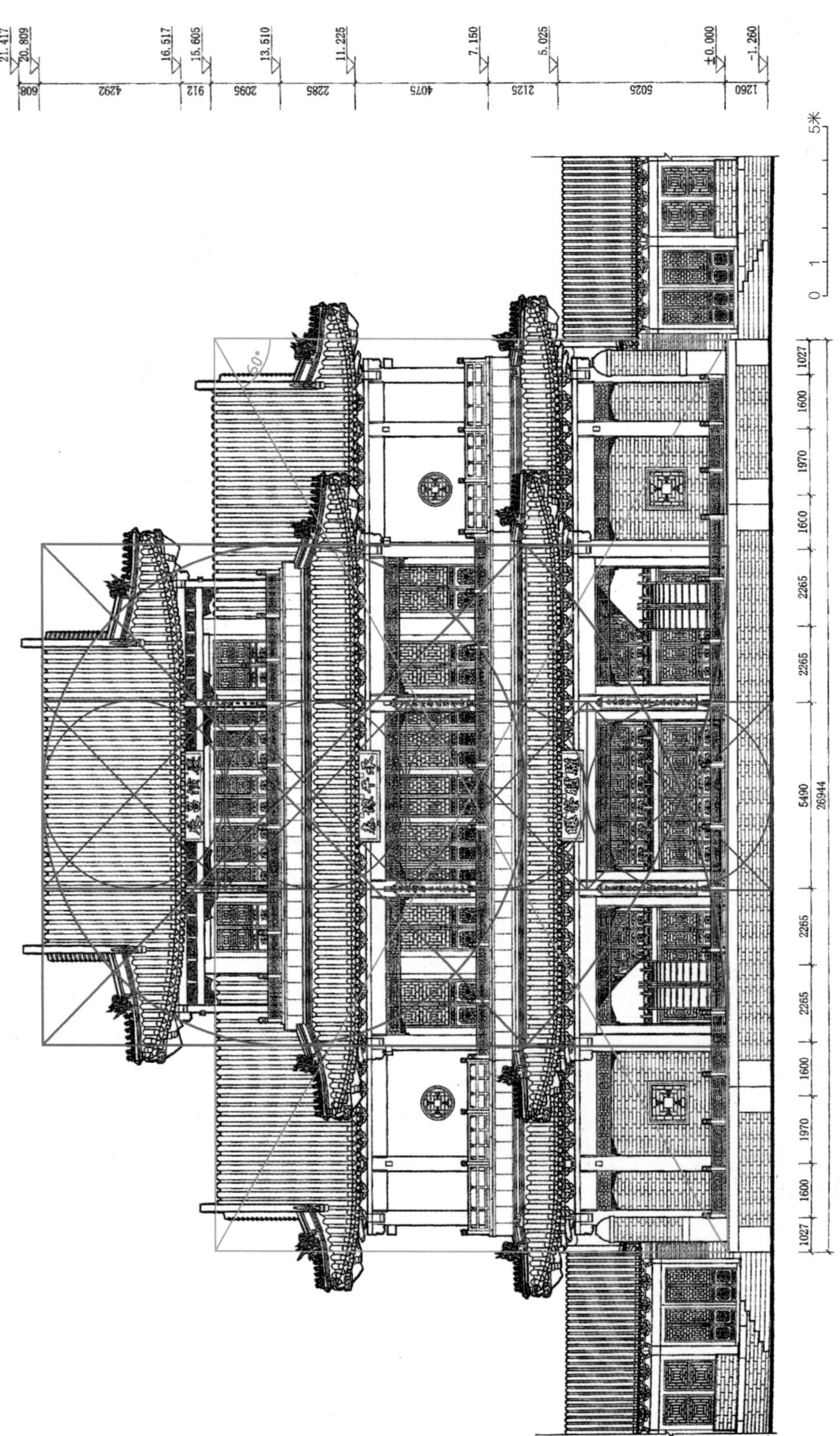

图8-34 北京颐和园德合园大戏楼正立面分析图
底图来源：《中国古建筑测绘大系·园林建筑：颐和园》(2015)

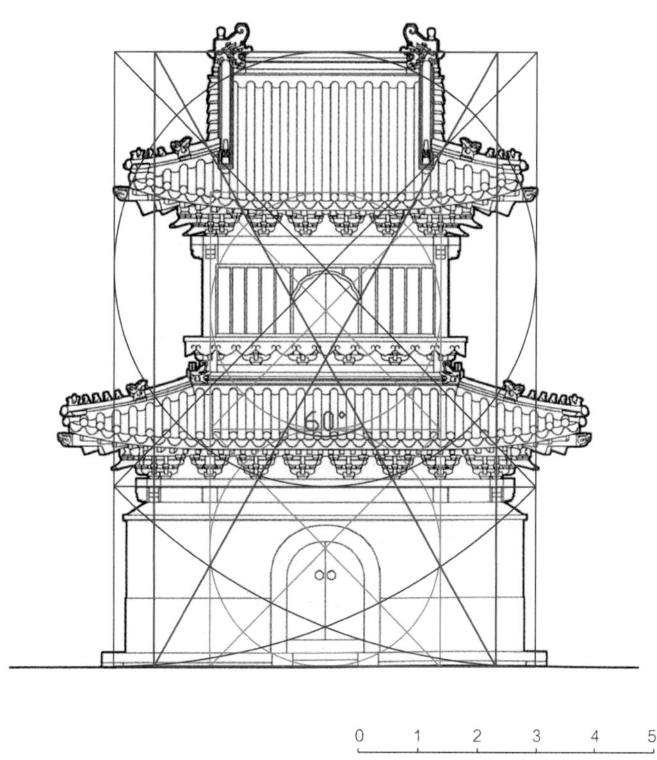

图8-35 北京智化寺钟楼正立面分析图
底图来源：《东华图志：北京东城史迹录》（2005）

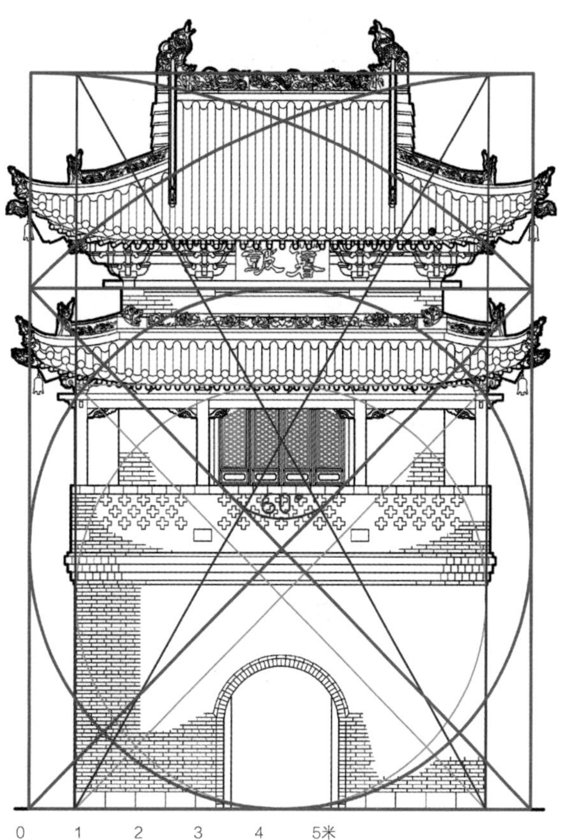

图8-36 山西陵川崇安寺鼓楼正立面分析图
底图来源：《中国古建筑测绘十年：2000~2010清华大学建筑学院测绘图集》（下册，2011）

图8-37 山西大同善化寺普贤阁正立面分析图
底图来源：梁思成、刘敦桢《大同古建筑调查报告》(《中国营造学社汇刊》第四卷第三期，1934)

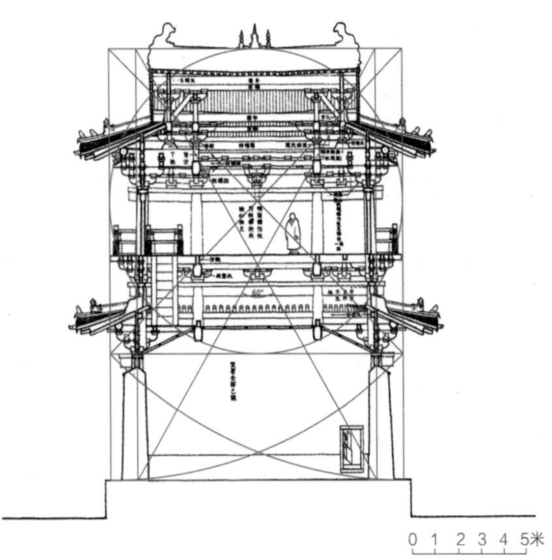

图8-38 山西大同善化寺普贤阁纵剖面分析图
底图来源：梁思成、刘敦桢《大同古建筑调查报告》(《中国营造学社汇刊》第四卷第三期，1934)

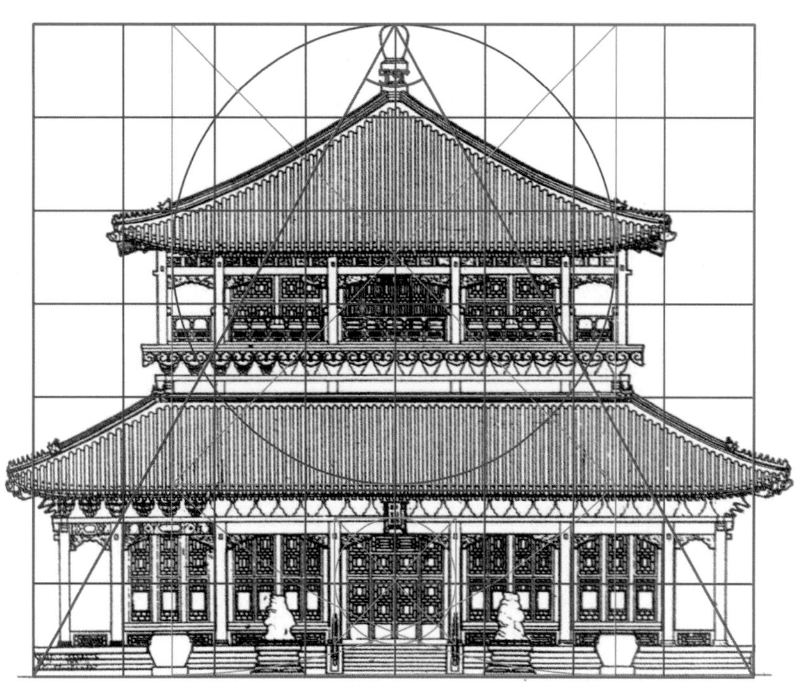

图8-39　北京紫禁城符望阁正立面分析图
底图来源：《中国皇家园林》(2013)

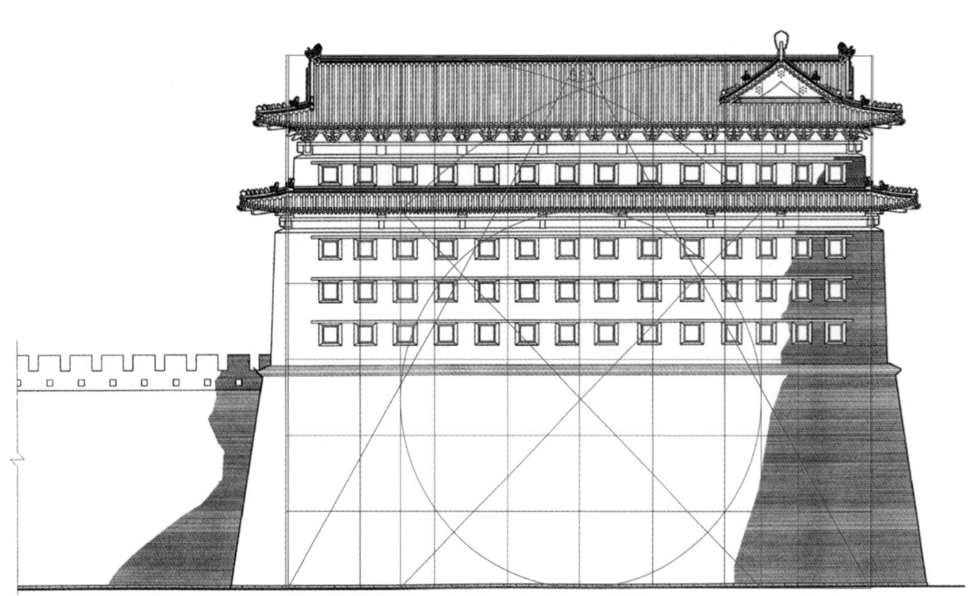

图8-40　北京东南角楼立面分析图
底图来源：《东华图志：北京东城史迹录》(2005)

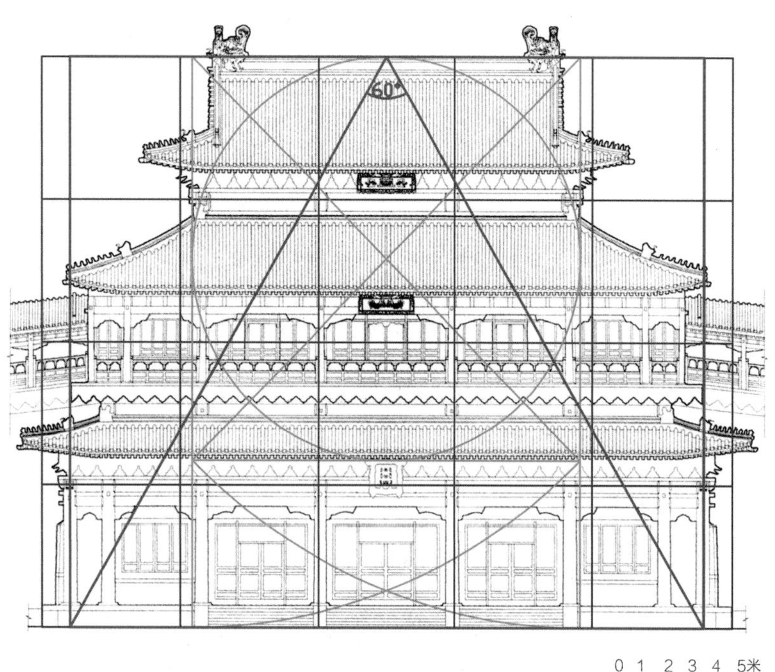

图8-41 北京雍和宫万福阁正立面分析图
底图来源：《东华图志：北京东城史迹录》（2005）

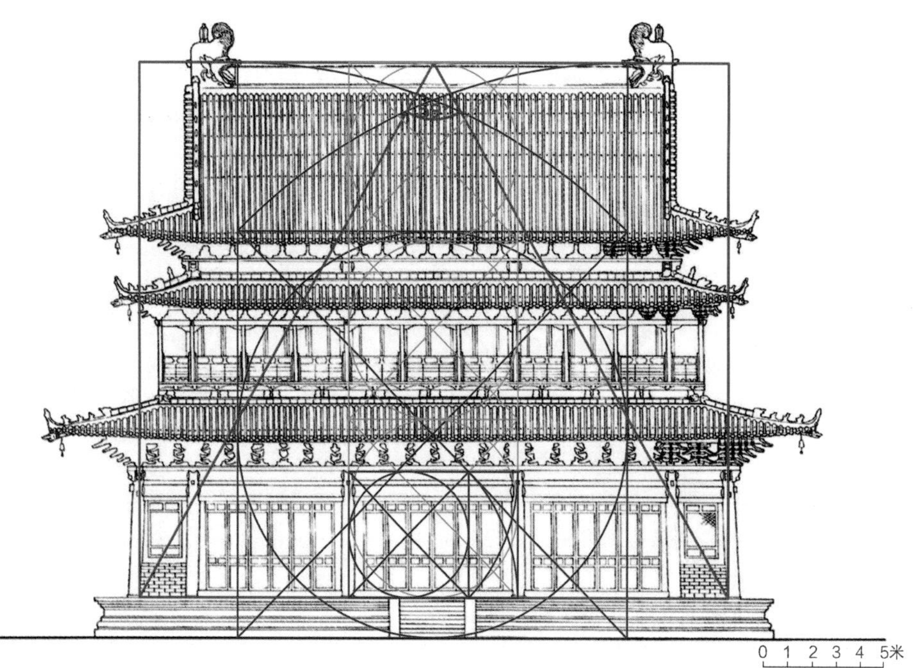

图8-42 四川平武报恩寺万佛阁正立面分析图
底图来源：《中国古代建筑史·第四卷：元、明建筑》（第二版，2009）

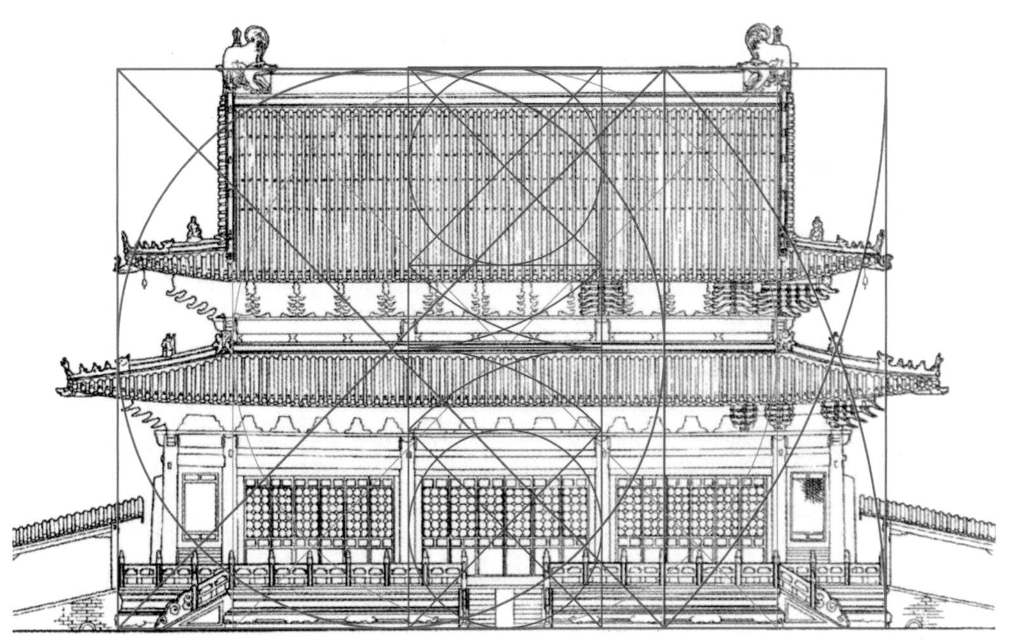

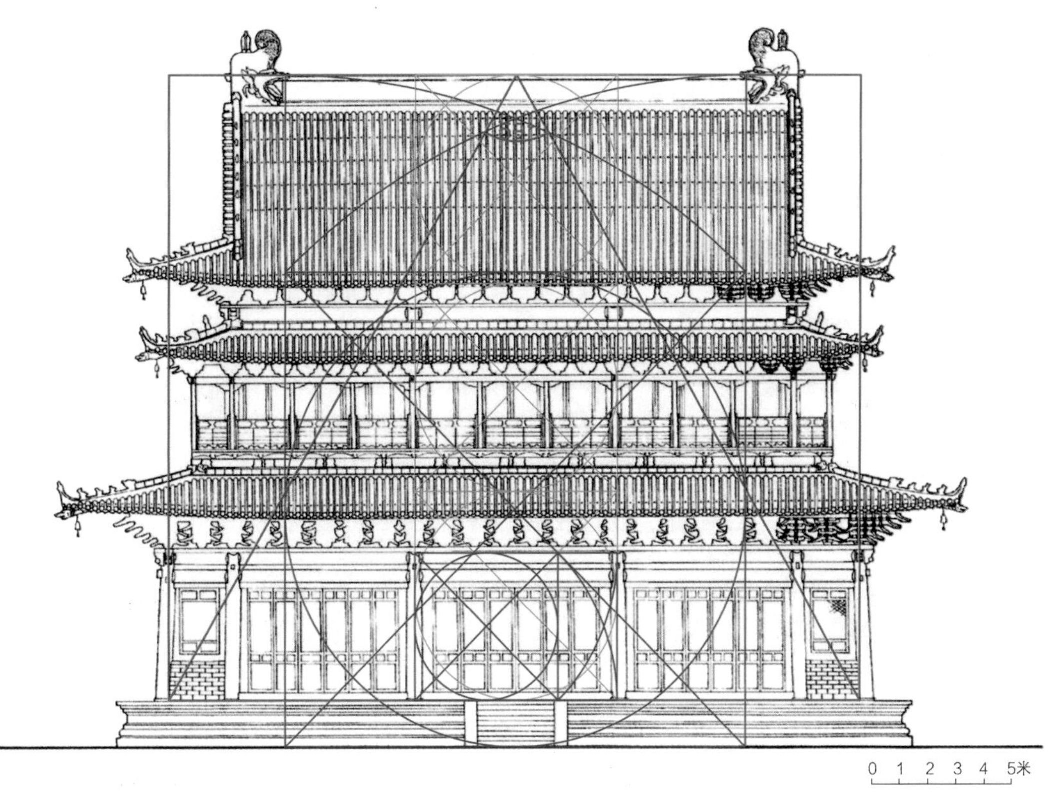

图8-43　四川平武报恩寺大雄宝殿及万佛阁正立面同比例尺比较分析图
底图来源：《中国古代建筑史·第四卷：元、明建筑》(第二版，2009)

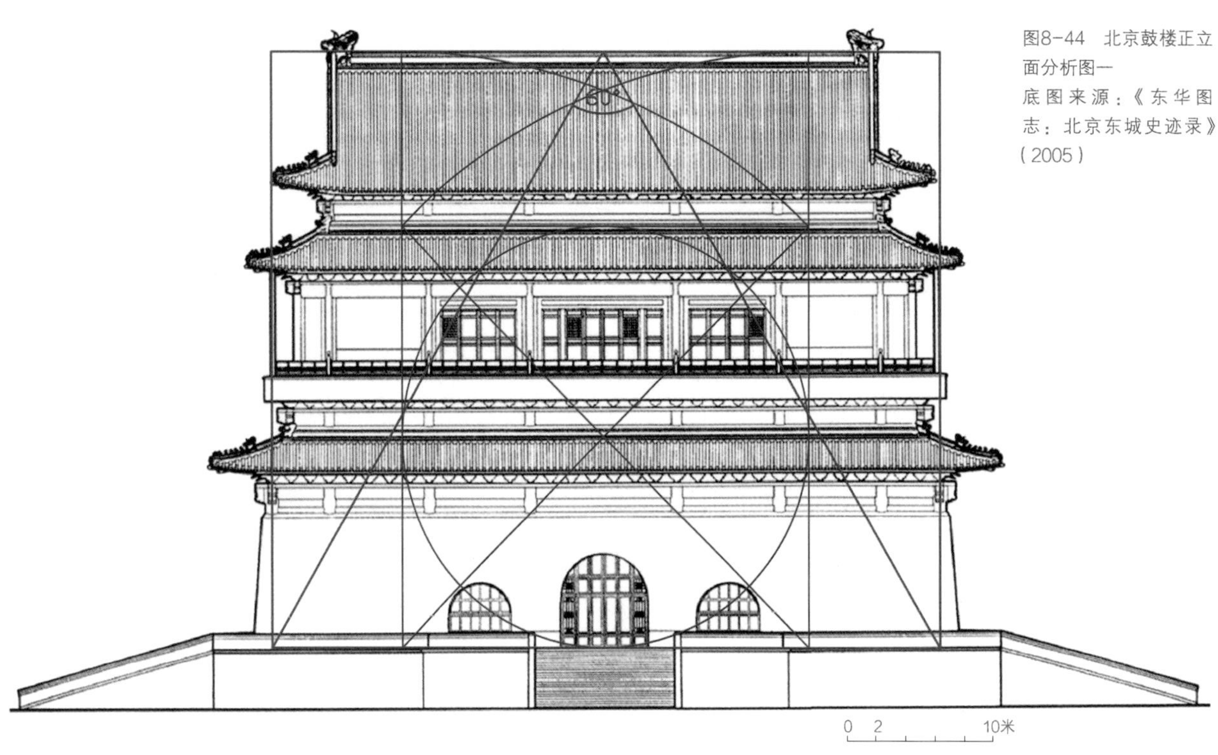

图8-44 北京鼓楼正立面分析图一
底图来源：《东华图志：北京东城史迹录》（2005）

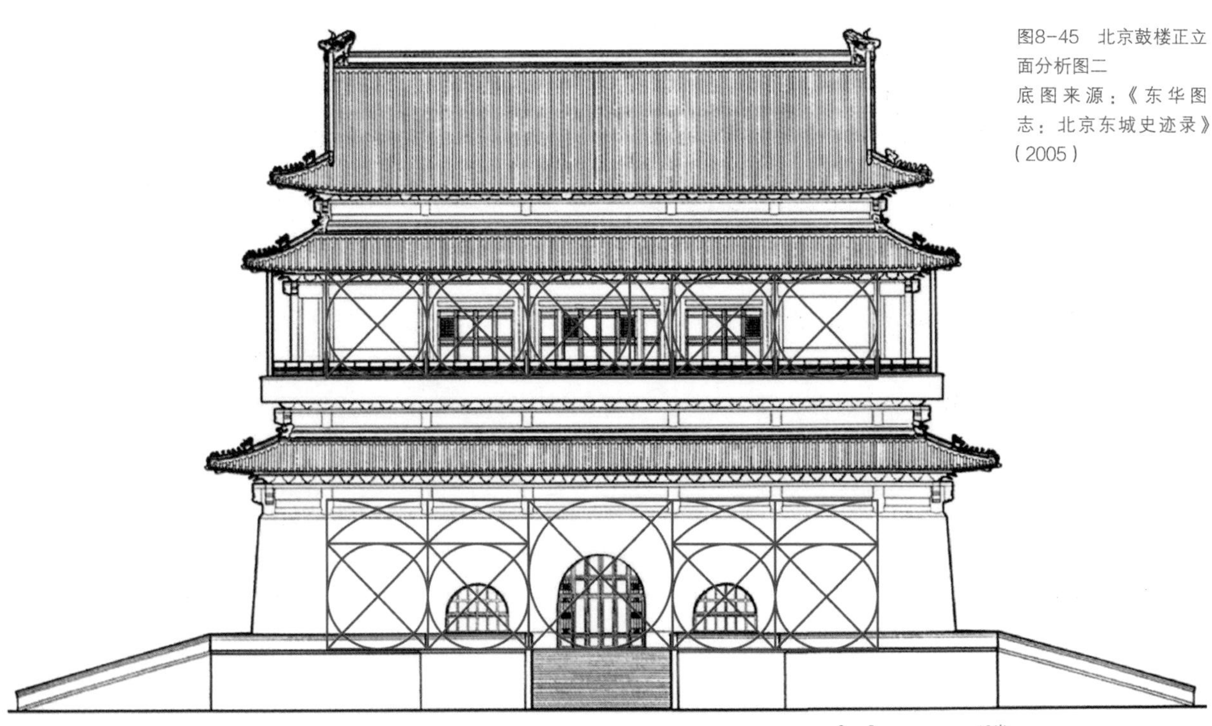

图8-45 北京鼓楼正立面分析图二
底图来源：《东华图志：北京东城史迹录》（2005）

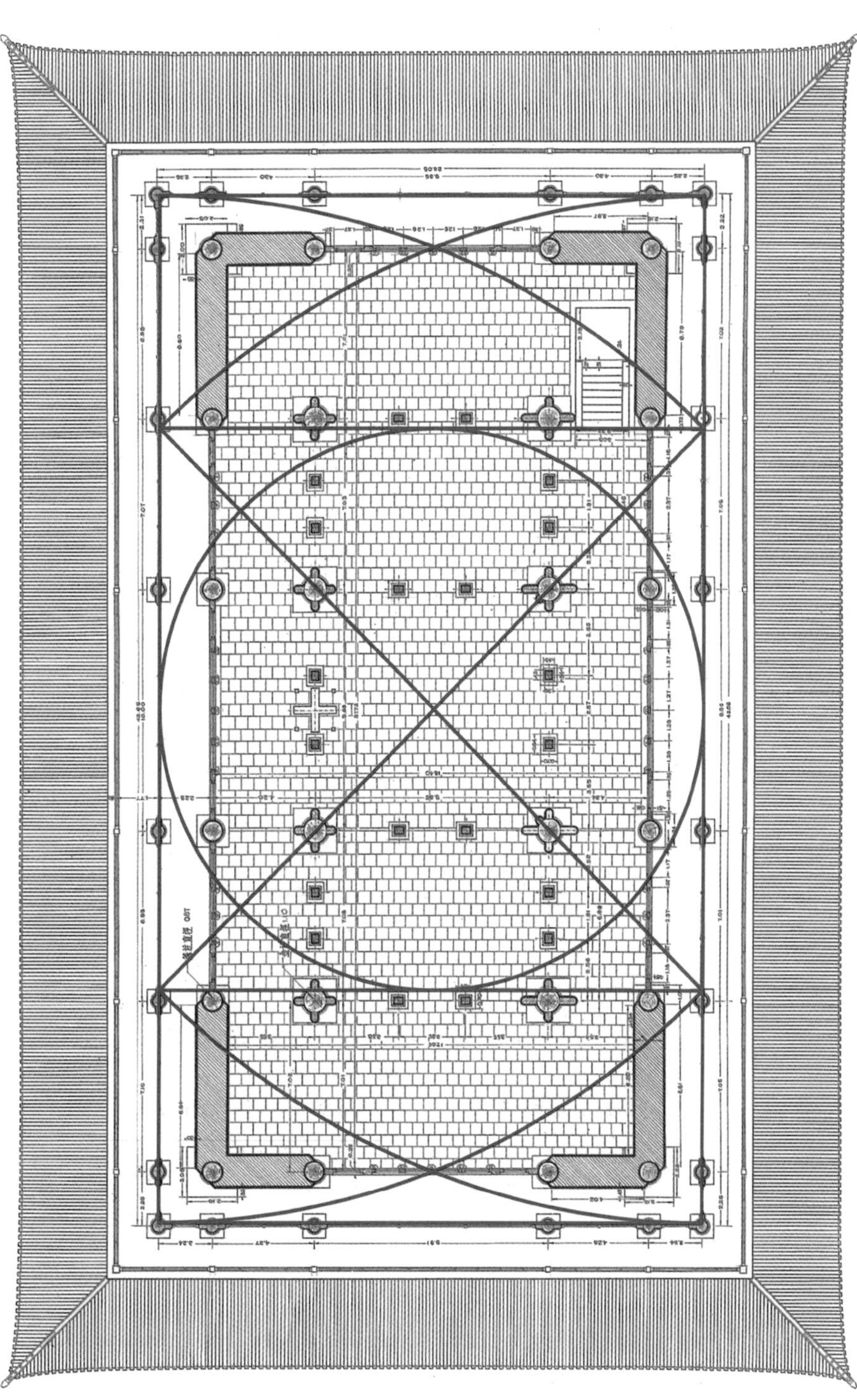

图8-46　北京鼓楼平面分析图
底图来源：《北京城中轴线古建筑实测图集》(2017)

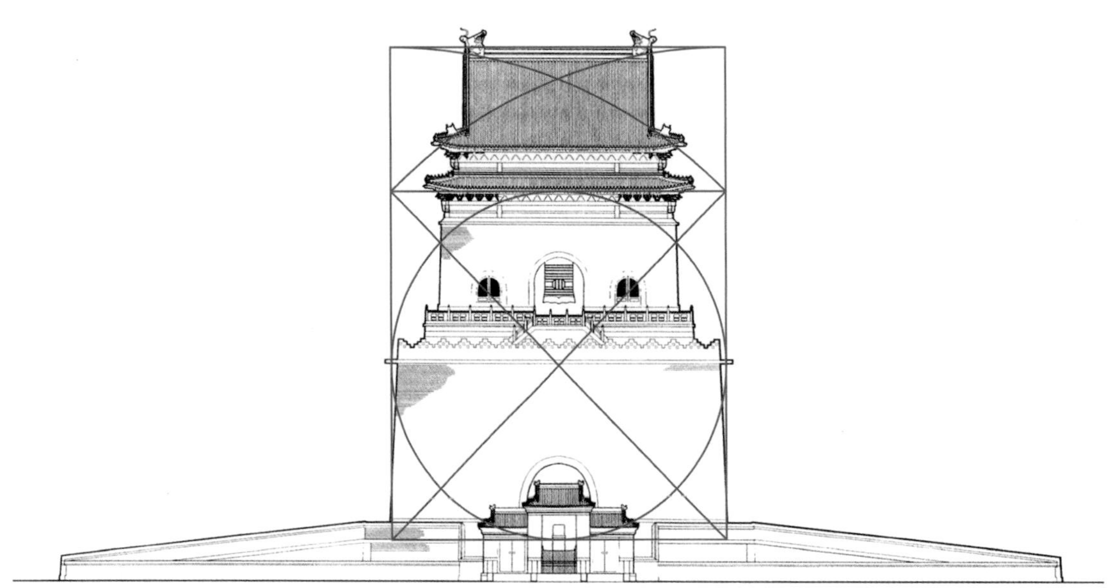

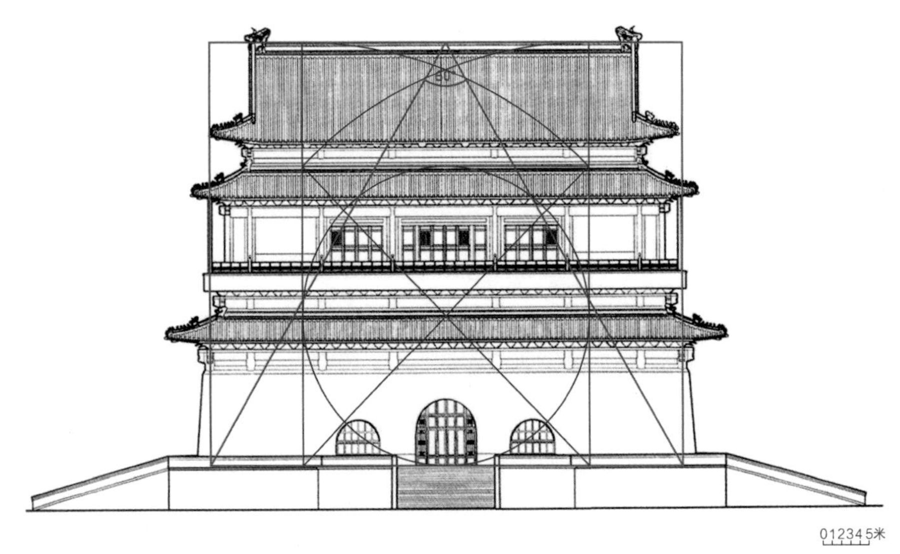

图8-47 北京钟鼓楼立面比较分析图
底图来源：《东华图志：北京东城史迹录》（2005）

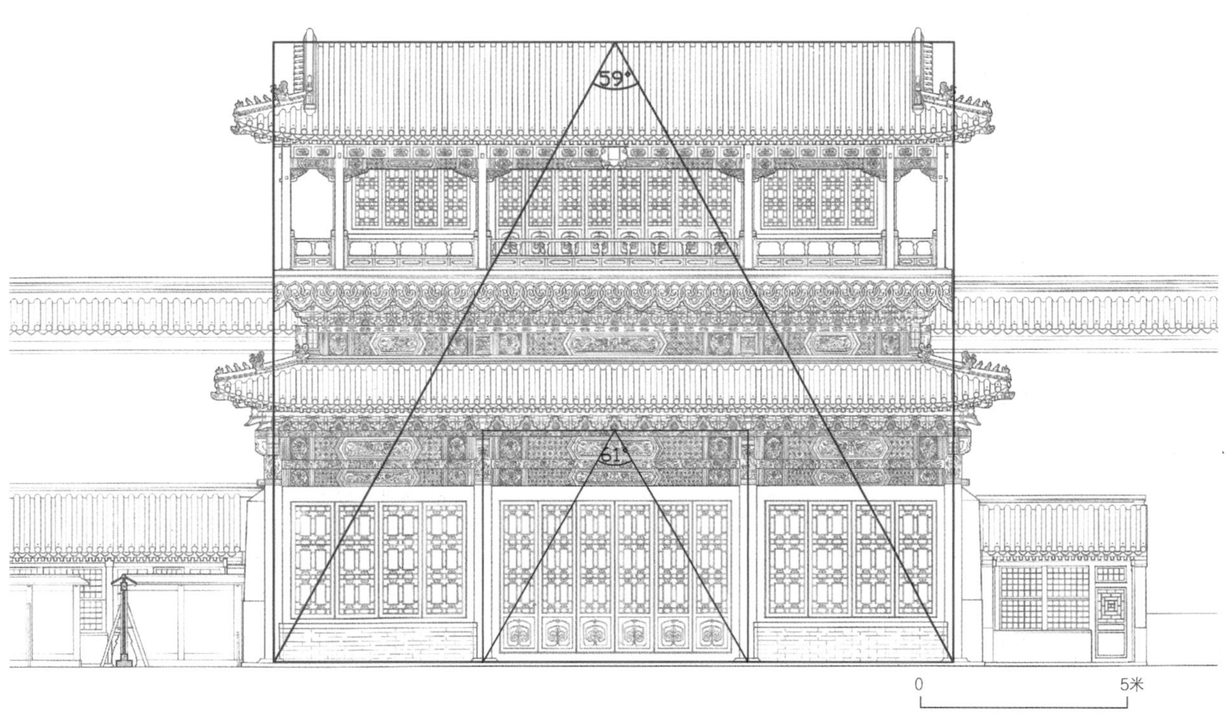

图8-48　北京紫禁城延辉阁正立面分析图一
底图来源：《北京城中轴线古建筑实测图集》（2017）

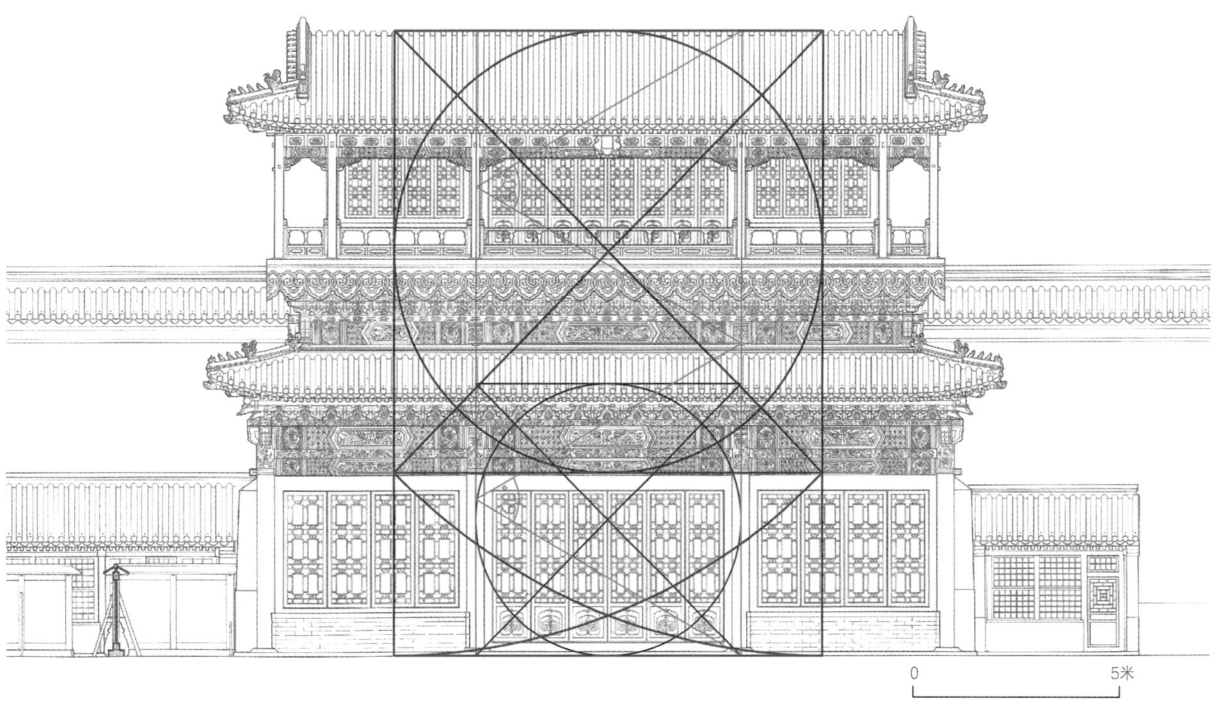

图8-49　北京紫禁城延辉阁正立面分析图二
底图来源：《北京城中轴线古建筑实测图集》（2017）

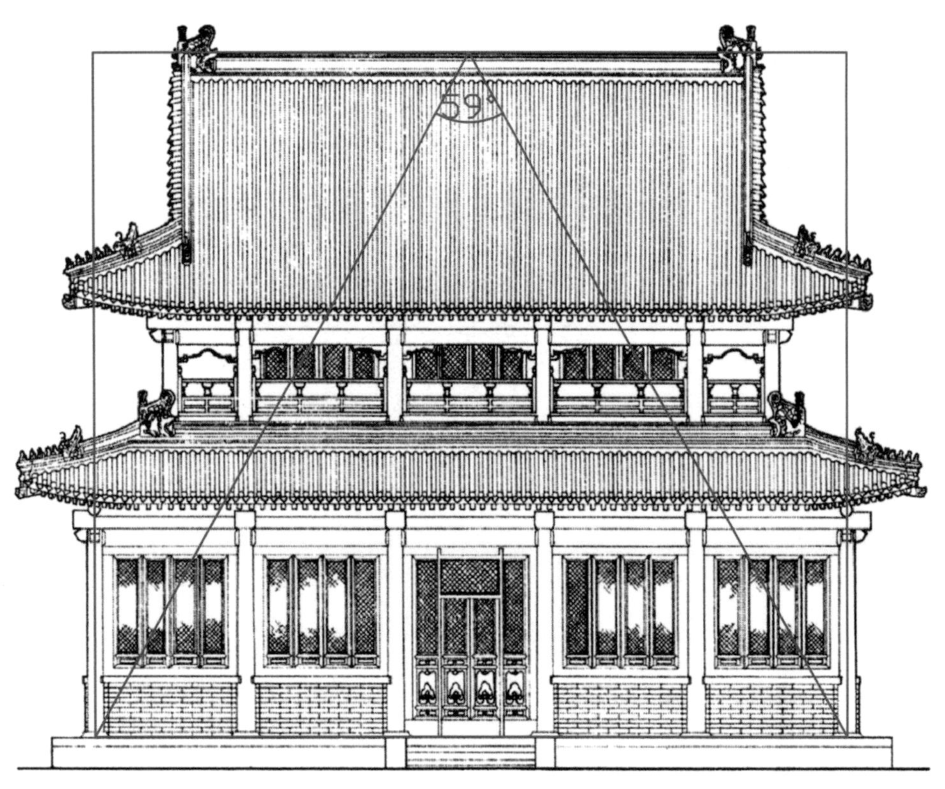

图8-50 北京雍和宫班禅楼正立面分析图
底图来源：《东华图志：北京东城史迹录》（2005）

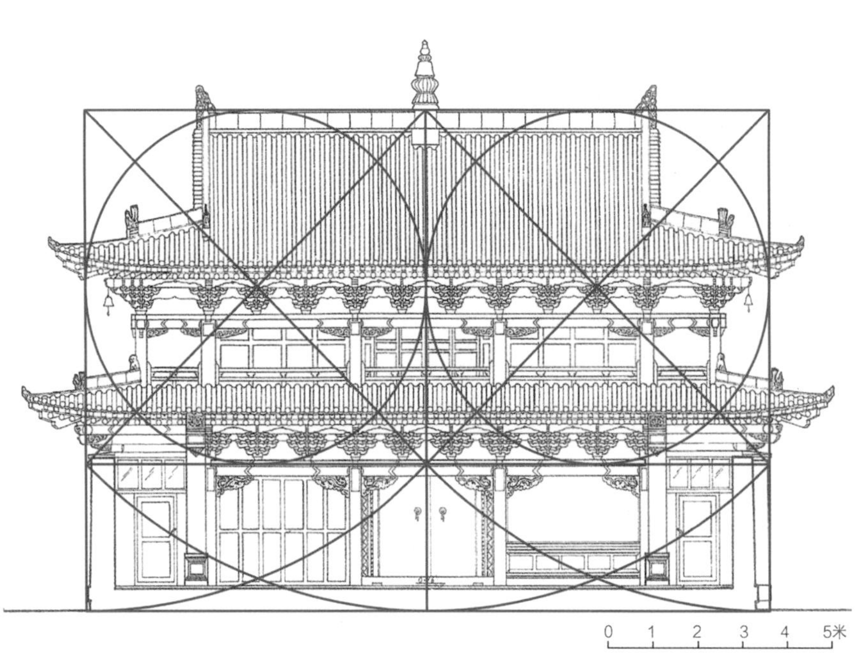

图8-51 青海塔尔寺祈寿殿正立面分析图
底图来源：《青海古建筑》（2015）

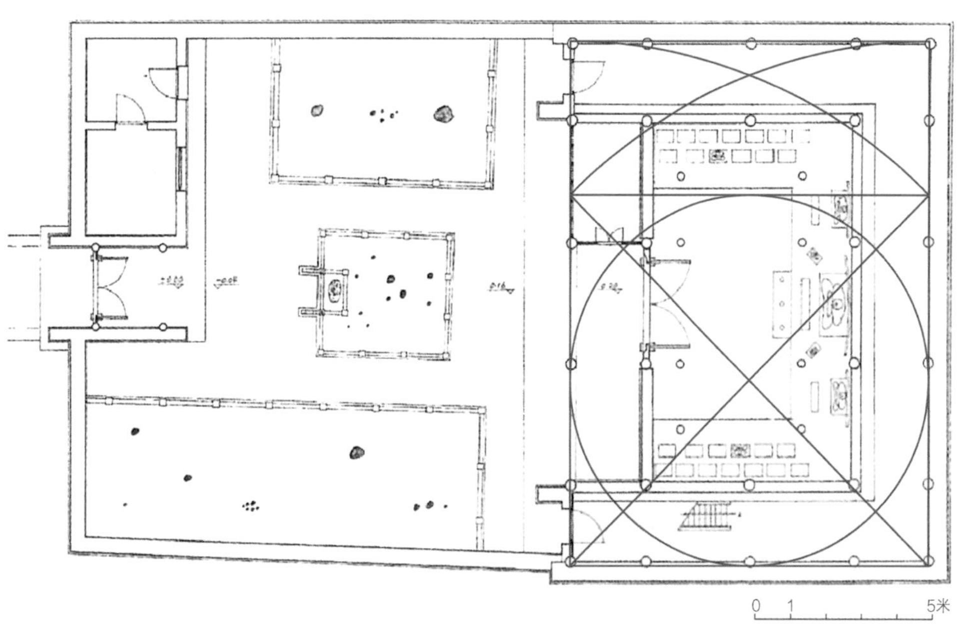

图8-52 青海塔尔寺祈寿殿平面分析图
底图来源：《青海古建筑》(2015)

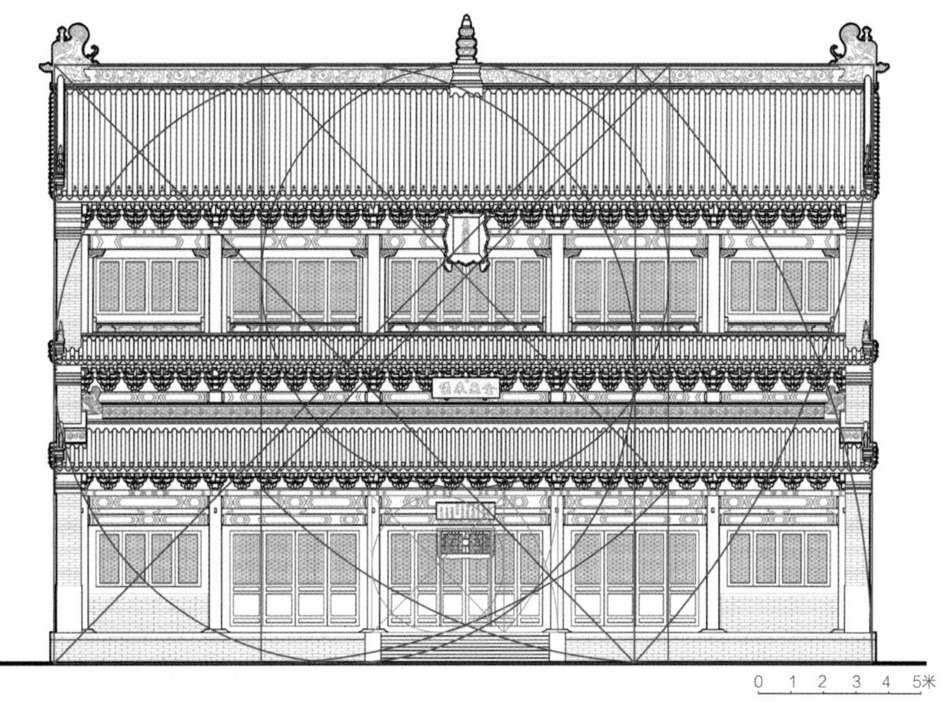

图8-53 山西五台山塔院寺大藏经阁
底图来源：清华大学建筑学院

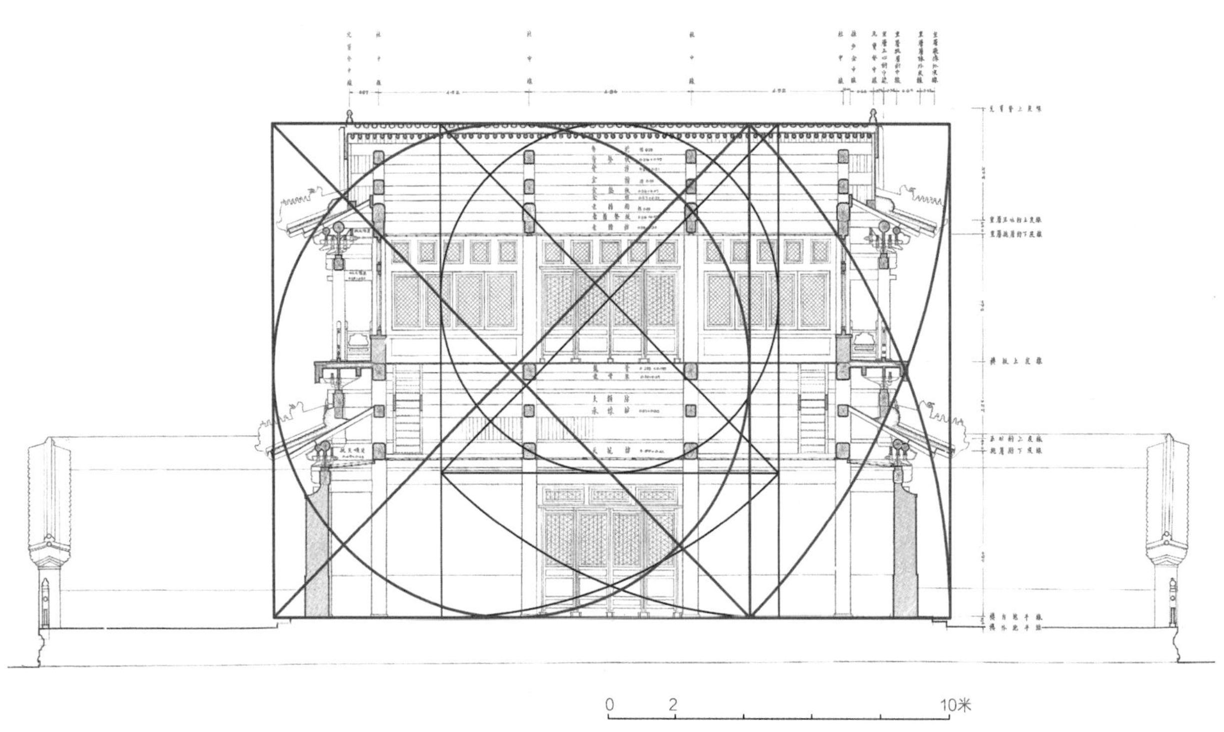

图8-54　北京景山绮望楼纵剖面分析图
底图来源：《北京城中轴线古建筑实测图集》(2017)

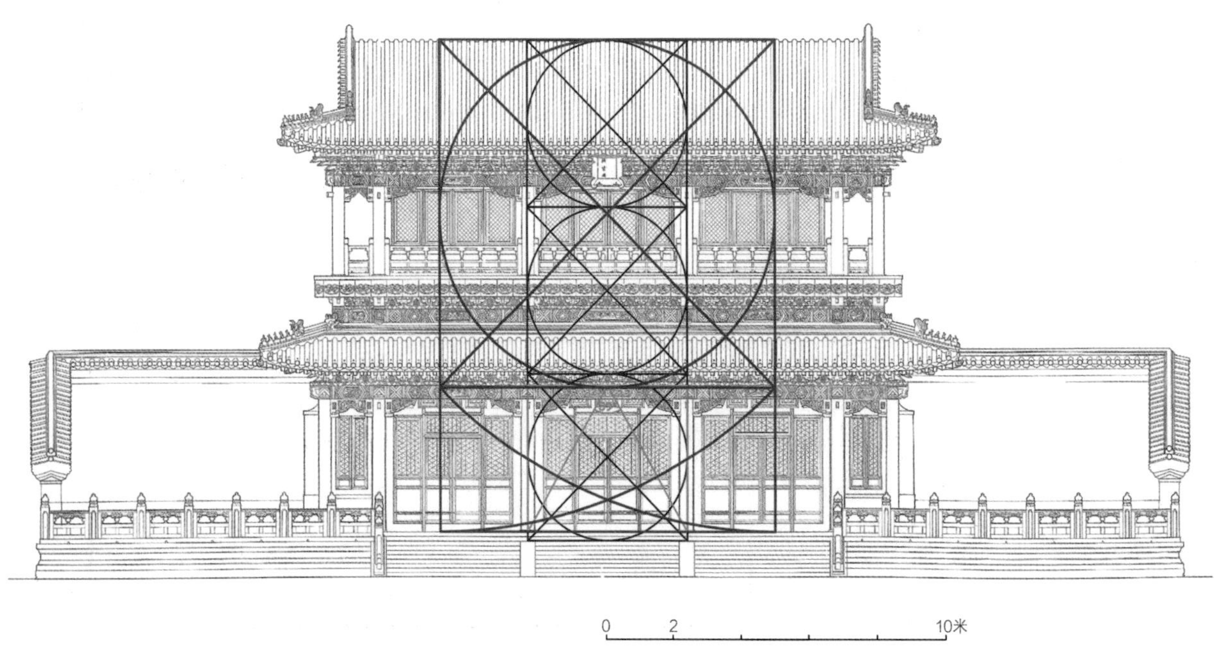

图8-55　北京景山绮望楼正立面分析图
底图来源：《北京城中轴线古建筑实测图集》(2017)

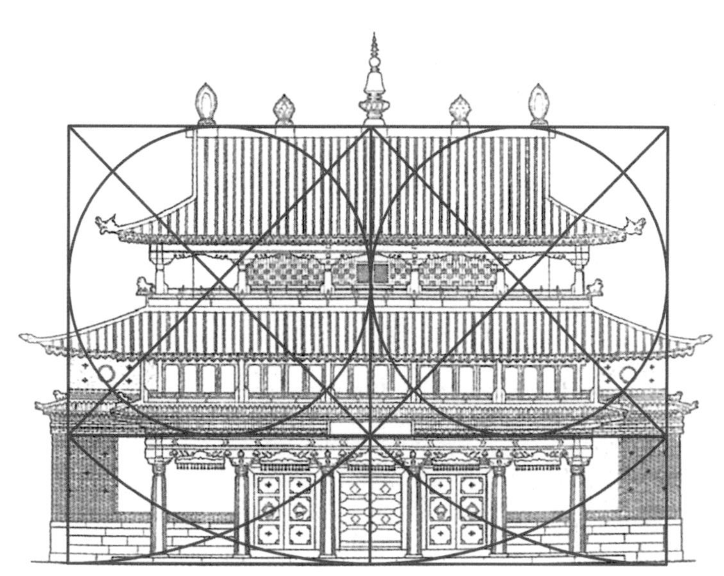

0 1 5米

图8-56　青海塔尔寺大金瓦殿正立面分析图
底图来源：《青海古建筑》（2015）

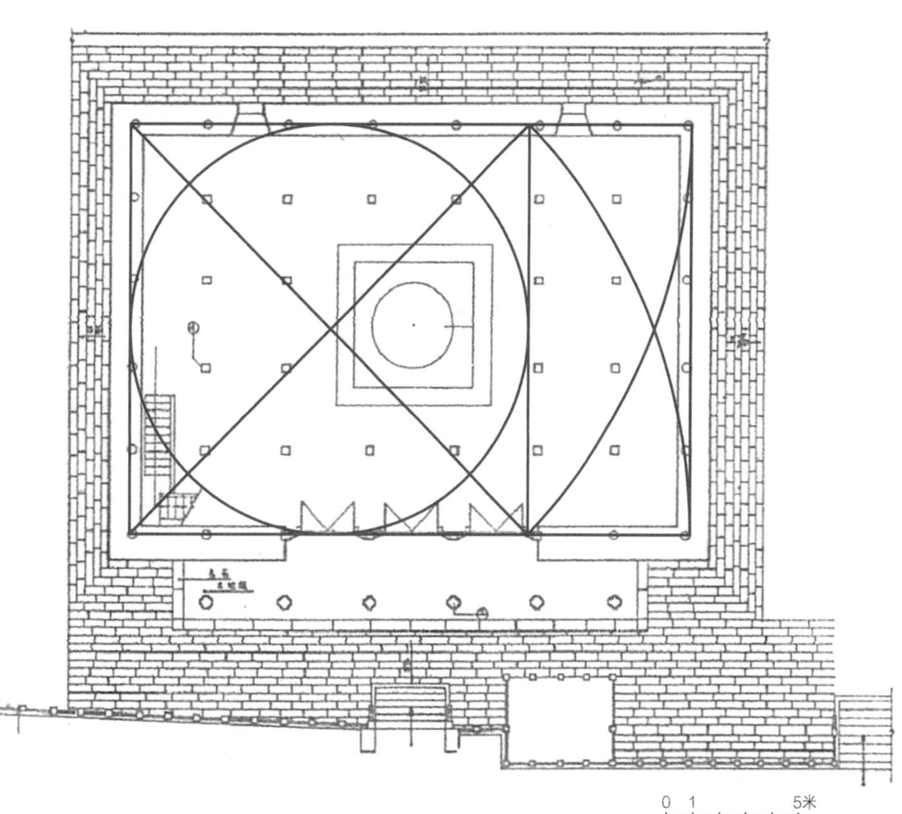

0 1 5米

图8-57　青海塔尔寺大金瓦殿平面分析图
底图来源：《青海古建筑》（2015）

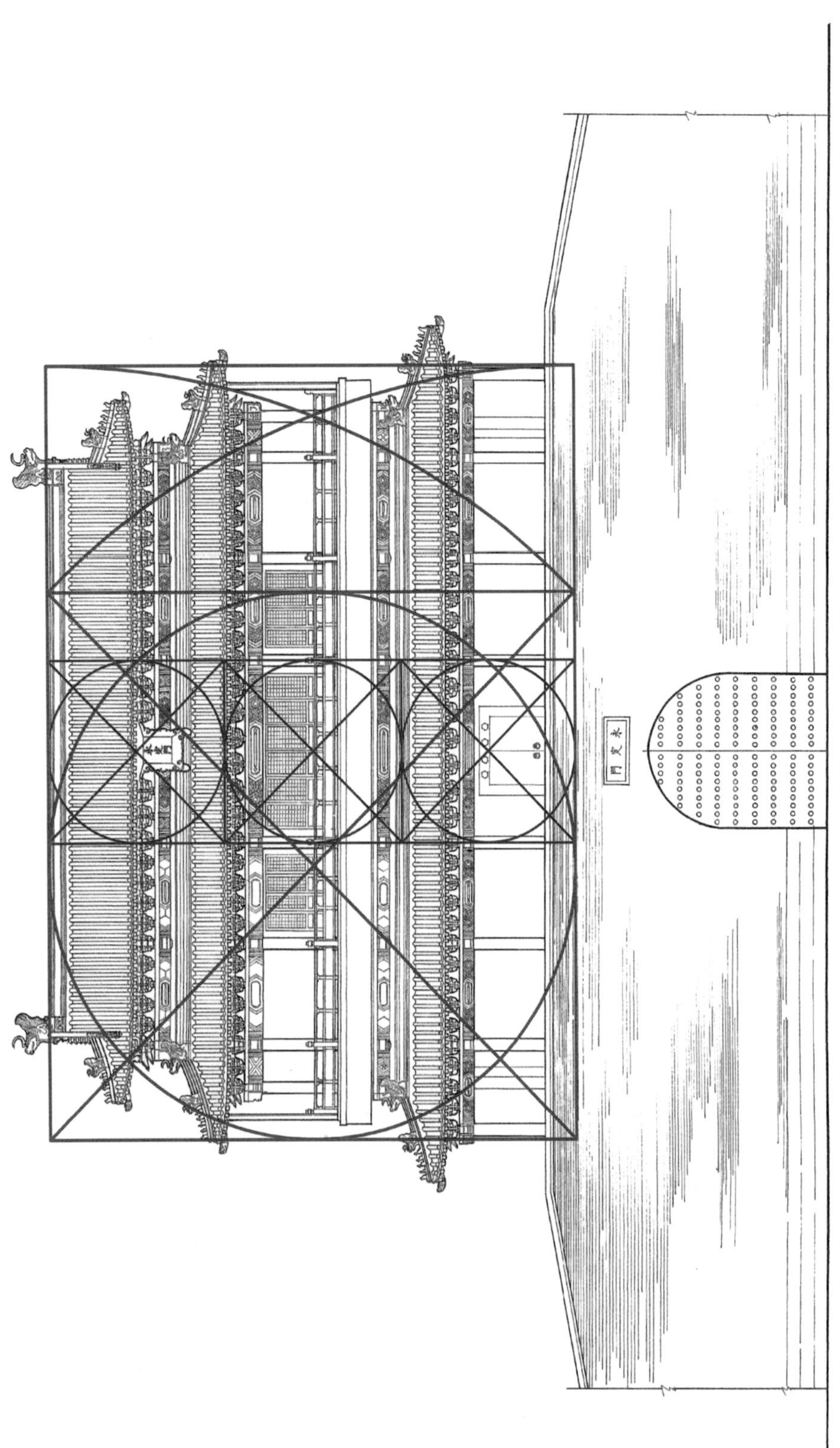

图8-58　北京永定门城楼上部正立面分析图
底图来源：《北京城中轴线古建筑实测图集》(2017)

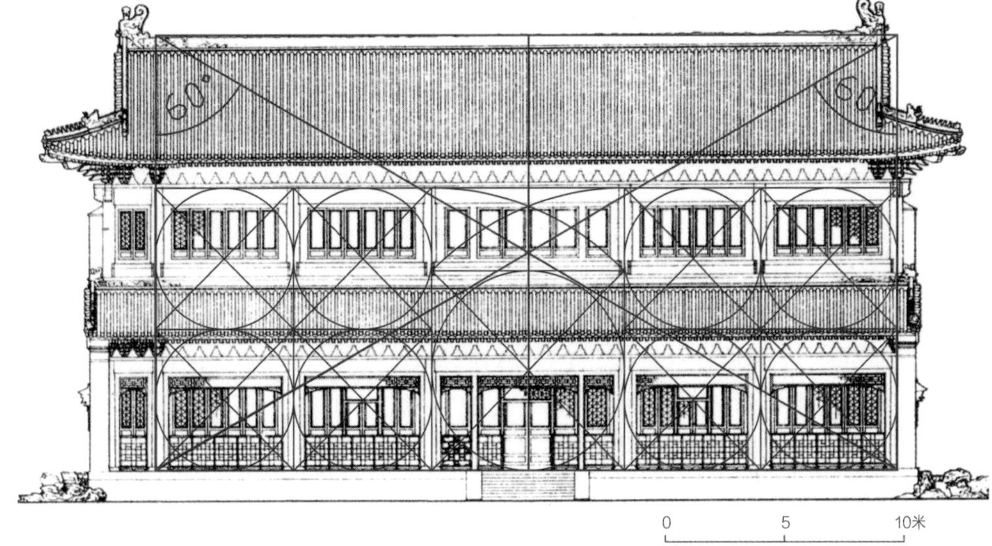

图8-59　北京紫禁城文渊阁正立面分析图
底图来源：刘敦桢、梁思成《清文渊阁实测图说》(《中国营造学社汇刊》第六卷第二期，1935)

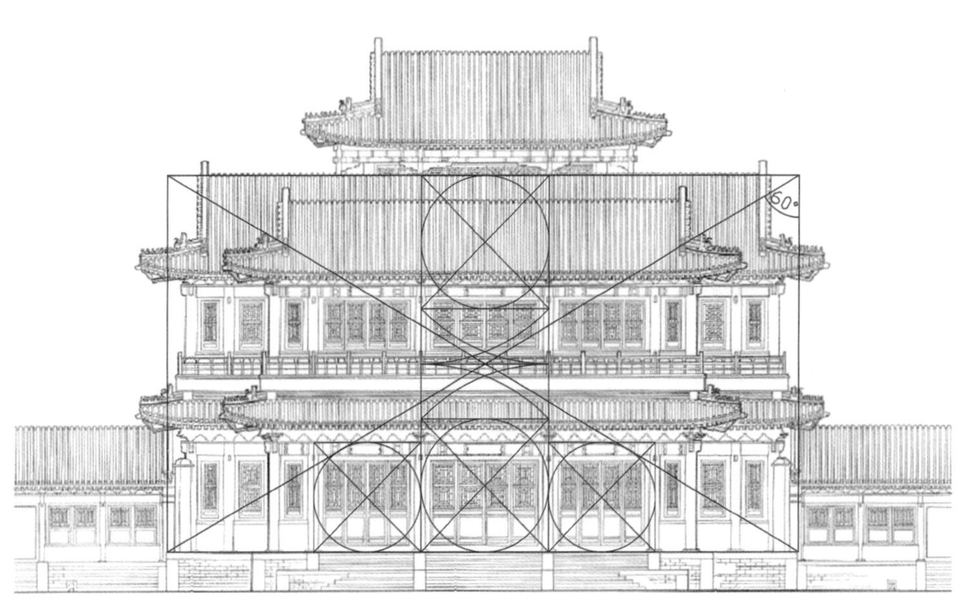

图8-60　北京颐和园德合园大戏楼背立面分析图
底图来源：《颐和园》(2000)

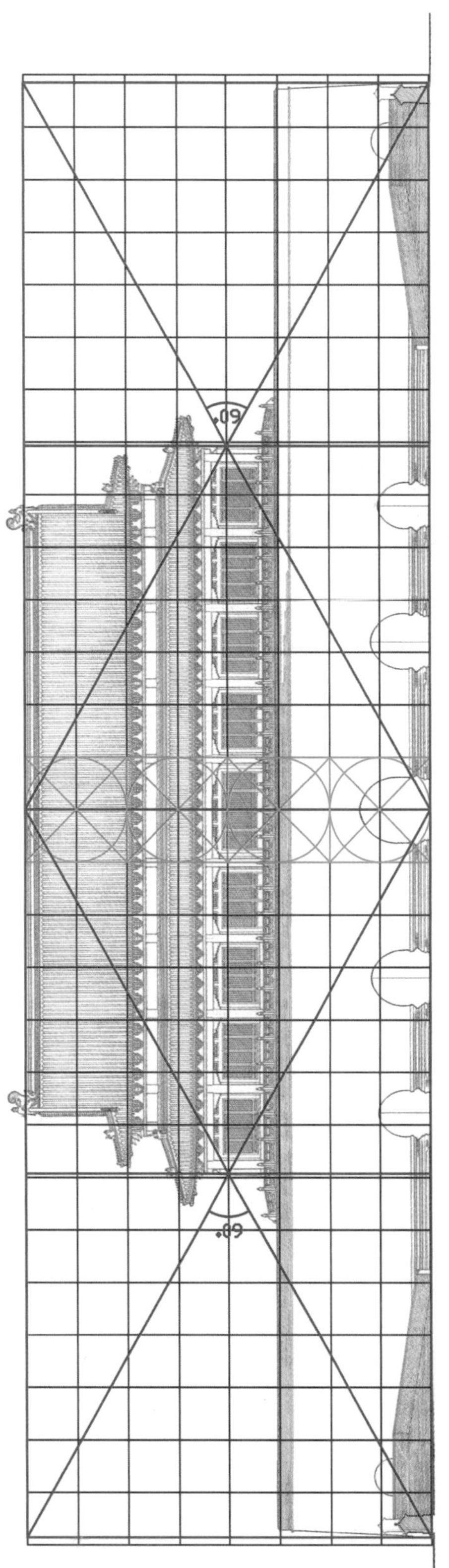

图8-61　北京天安门正立面分析图一
底图来源：《北京城中轴线古建筑实测图集》(2017)

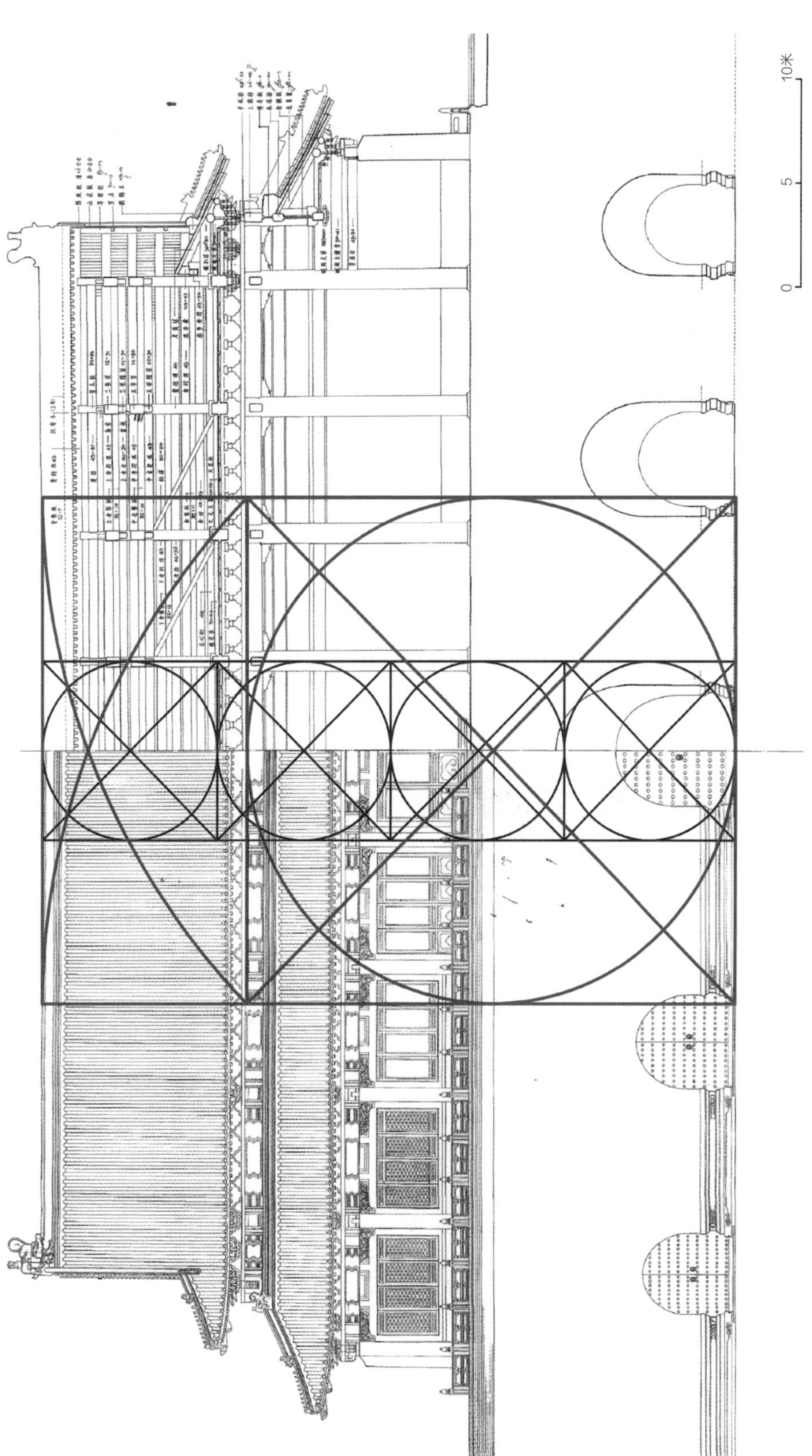

图8-62 北京天安门正立面分析图二
底图来源：《北京中轴线建筑实测图典》(2005)

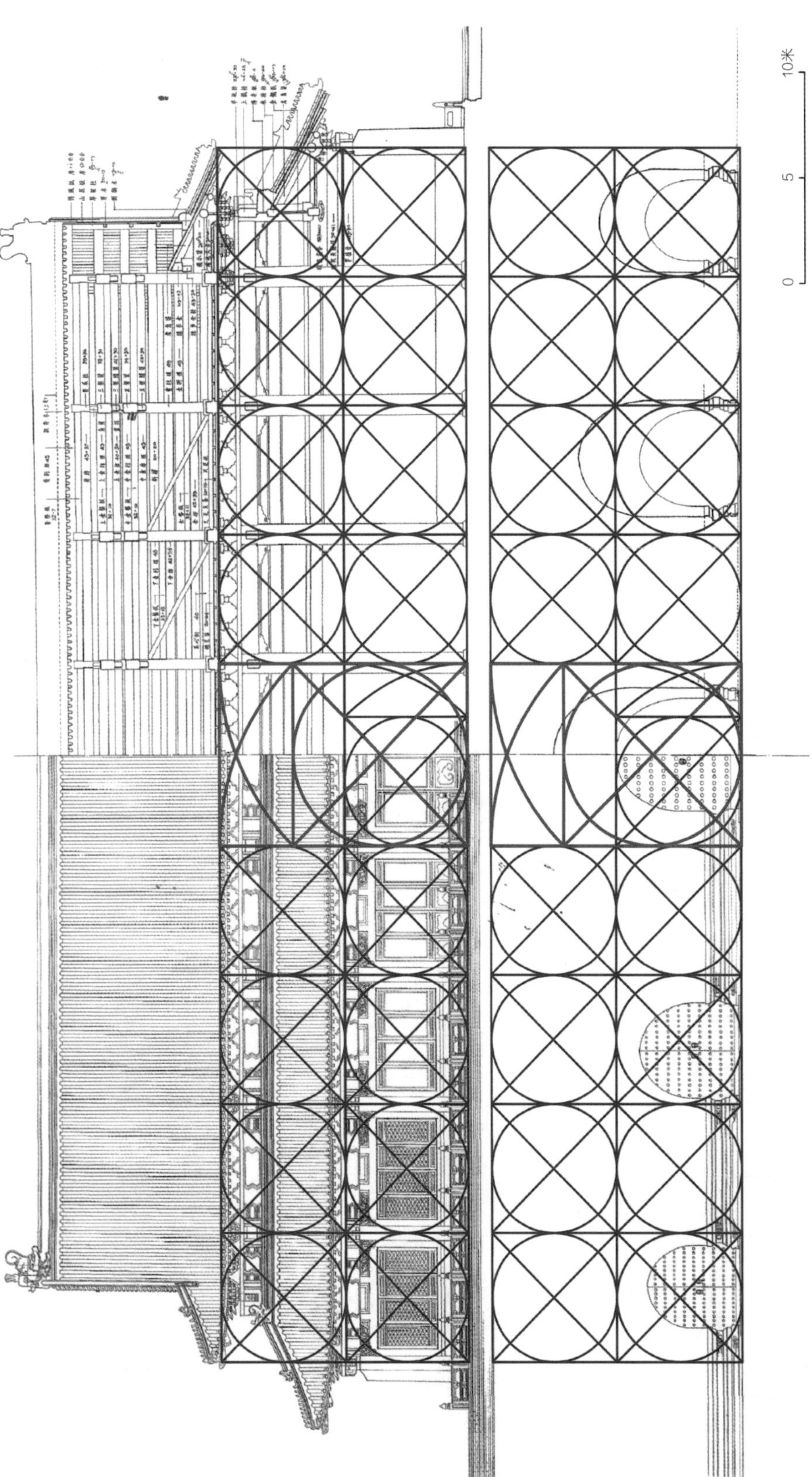

图8-63 北京天安门正立面分析图三
底图来源：《北京中轴线建筑实测图典》（2005）

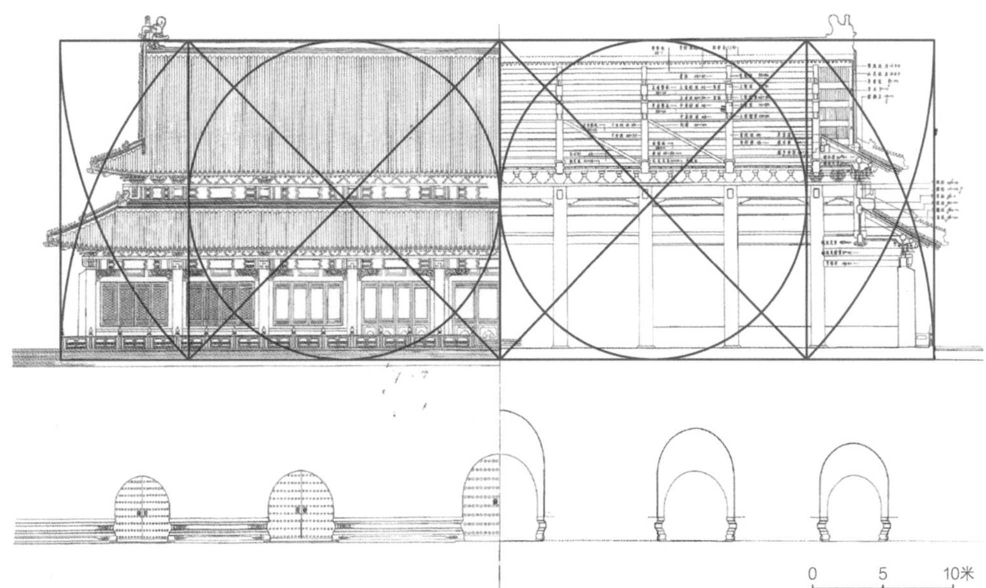

图8-64　北京天安门上部正立面、纵剖面分析图
底图来源:《北京中轴线建筑实测图典》(2005)

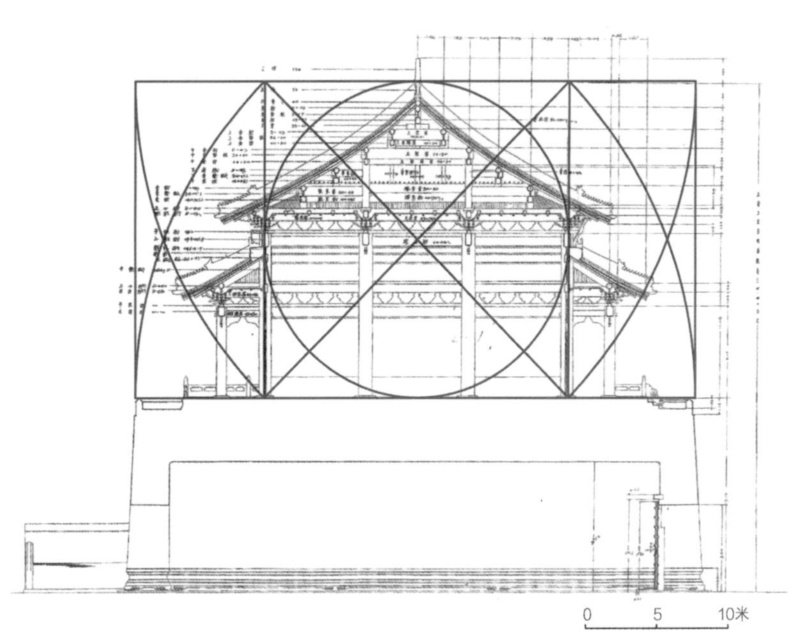

图8-65　北京天安门横剖面分析图
底图来源:《北京中轴线建筑实测图典》(2005)

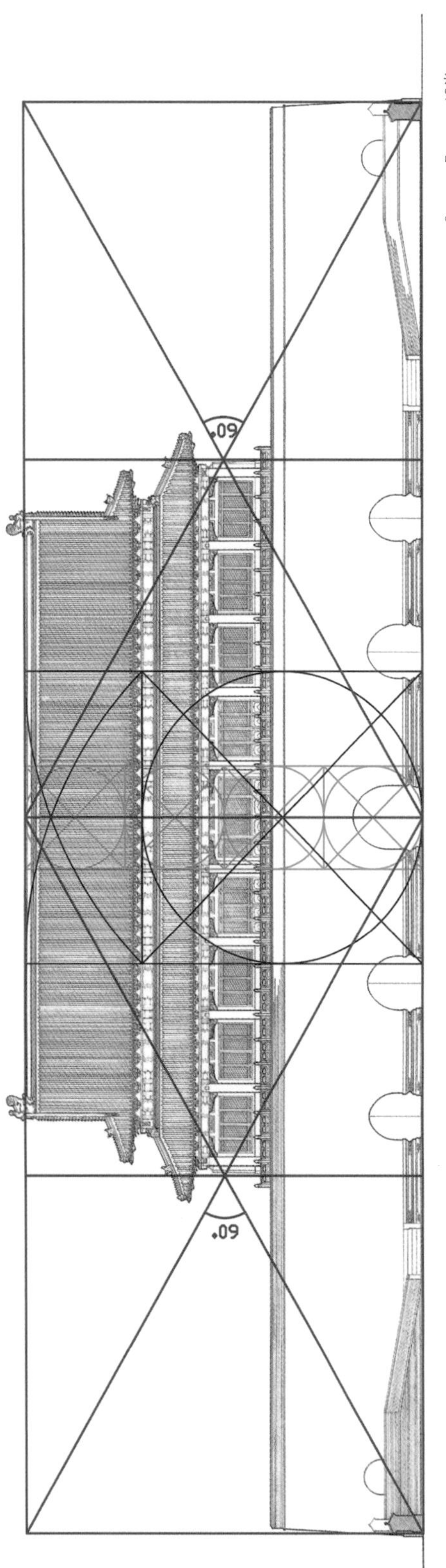

图8-66　北京端门正立面分析图
底图来源：《北京城中轴线古建筑实测图集》(2017)

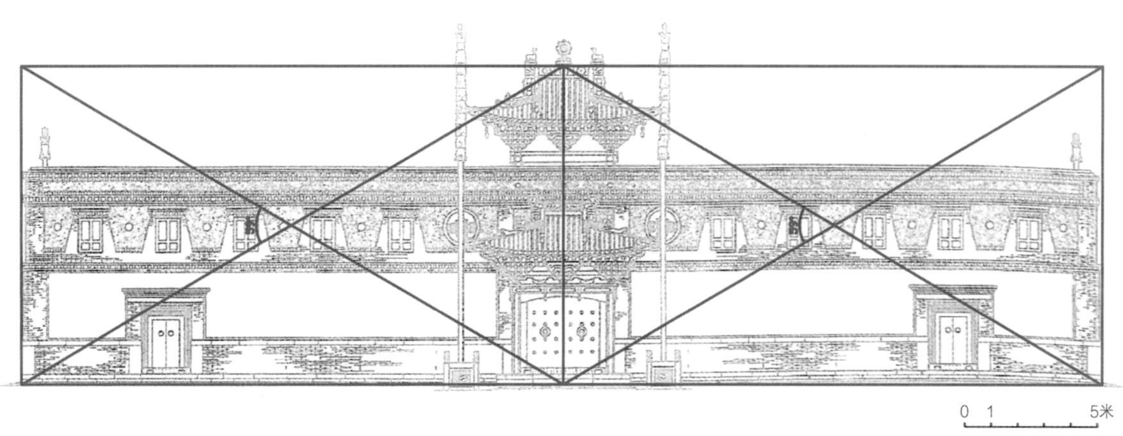

图8-67　青海塔尔寺大经堂外立面分析图
底图来源：《青海古建筑》(2015)

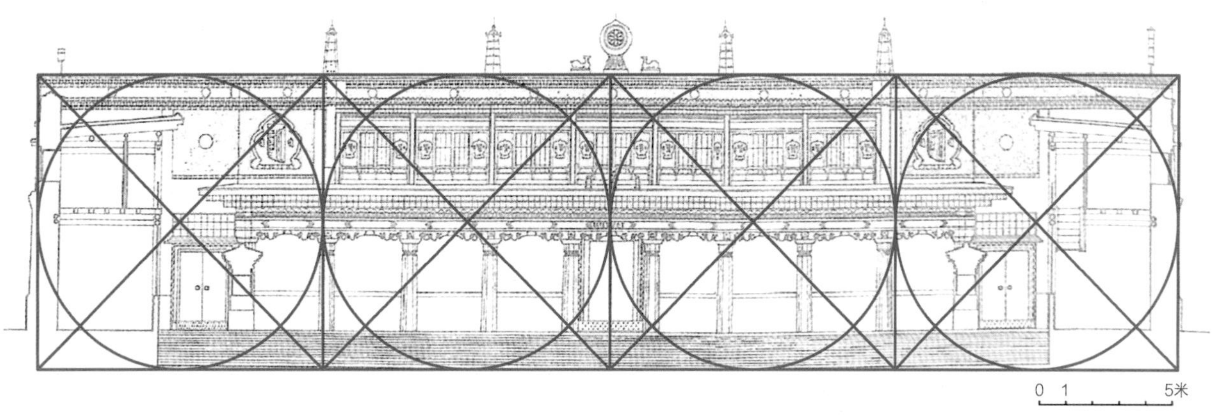

图8-68　青海塔尔寺大经堂内立面分析图
底图来源：《青海古建筑》(2015)

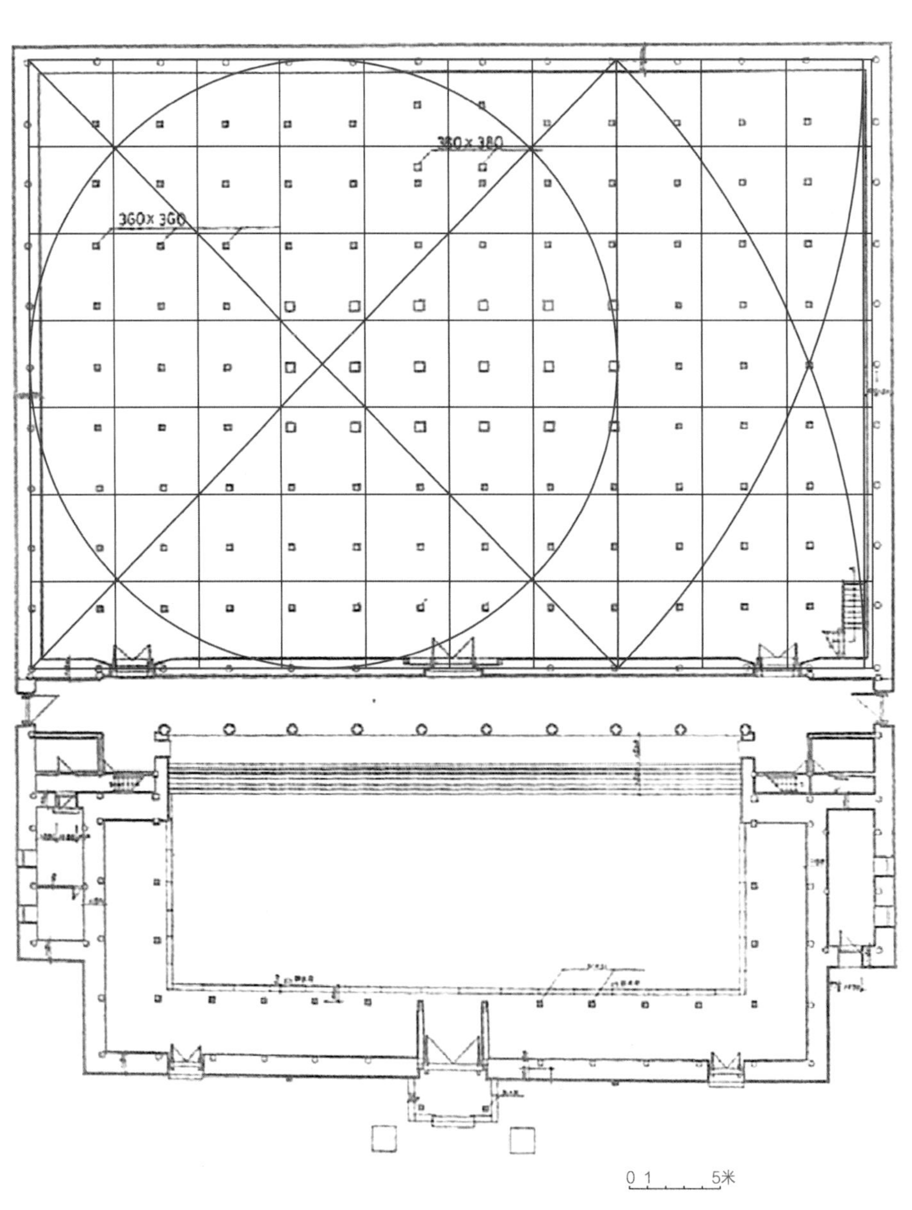

图8-69　青海塔尔寺大经堂平面分析图
底图来源：《青海古建筑》(2015)

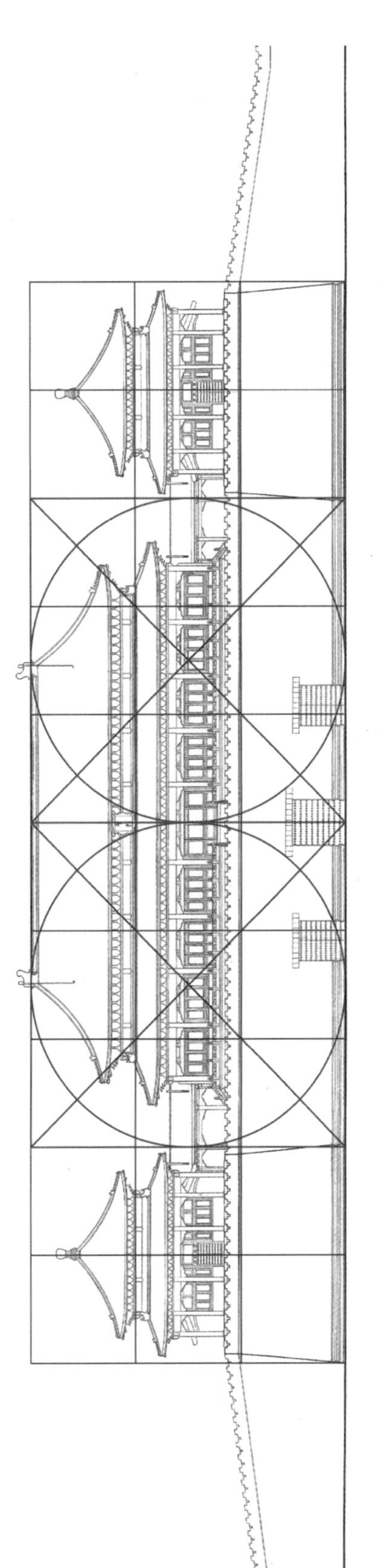

图8-70　北京紫禁城午门正立面分析图
底图来源：《北京城中轴线古建筑实测图集》（2017）

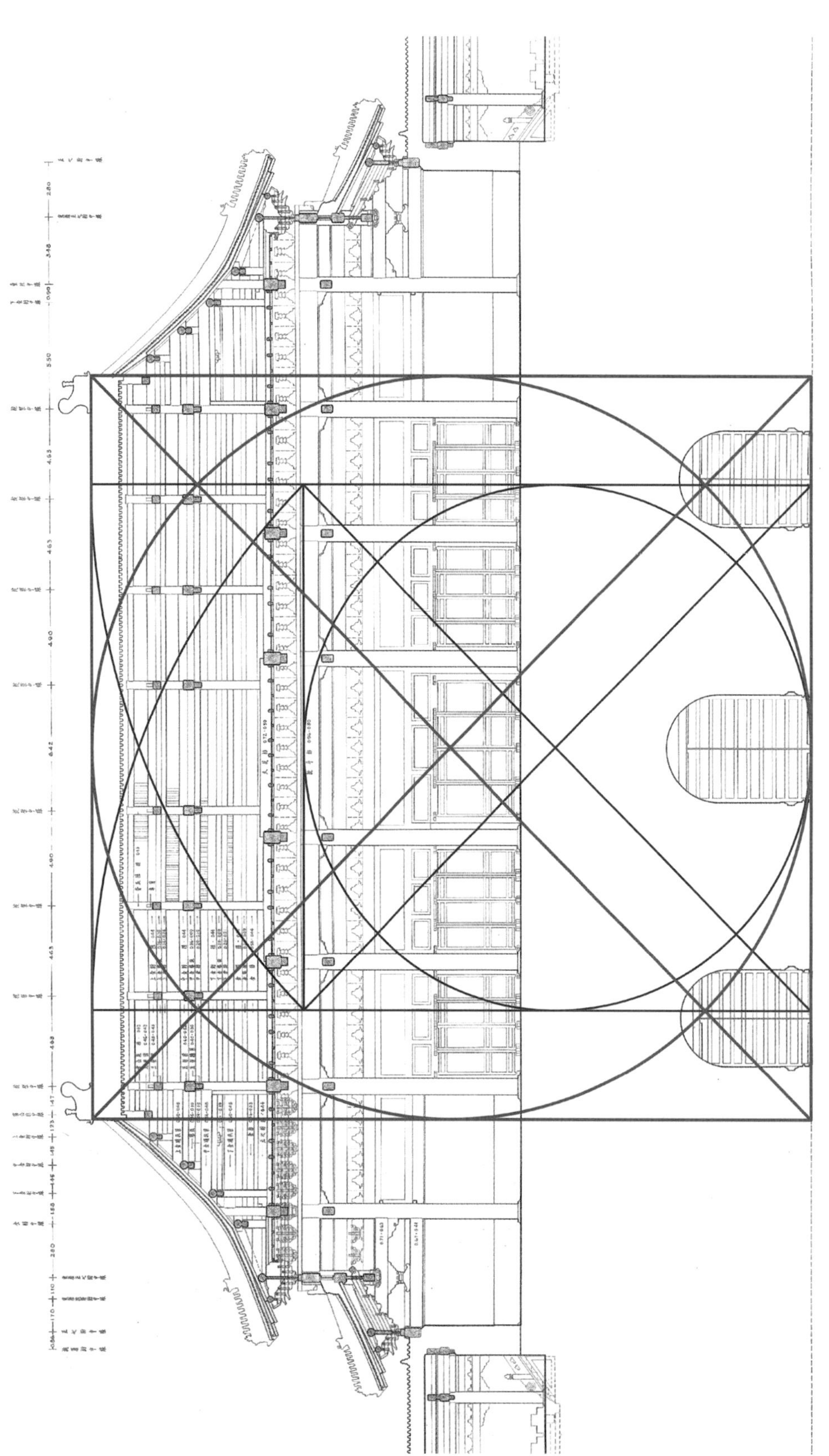

图8-71　北京紫禁城午门纵剖面分析图一
底图来源：《北京城中轴线古建筑实测图集》（2017）

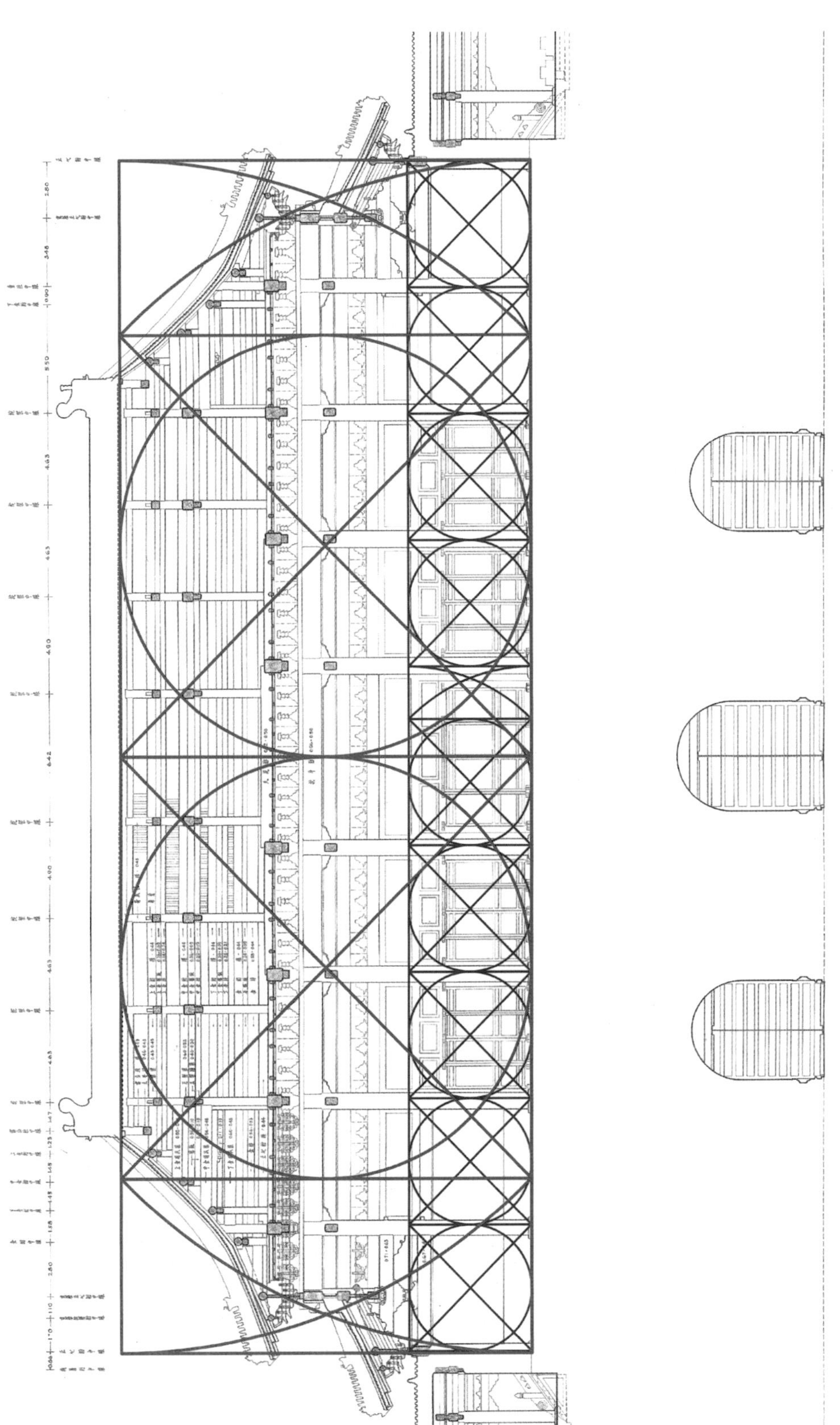

图8-72　北京紫禁城午门纵剖面分析图二
底图来源：《北京城中轴线古建筑实测图集》（2017）

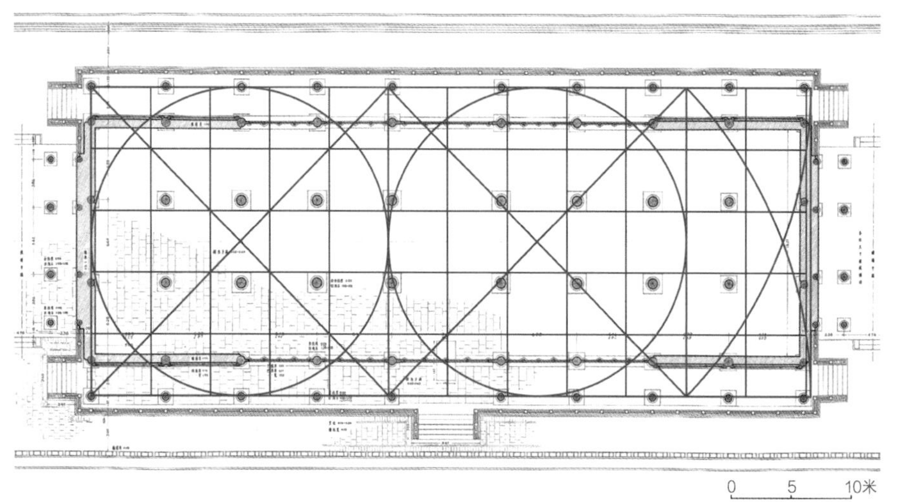

图8-73 北京紫禁城午门平面分析图
底图来源：《北京城中轴线古建筑实测图集》（2017）

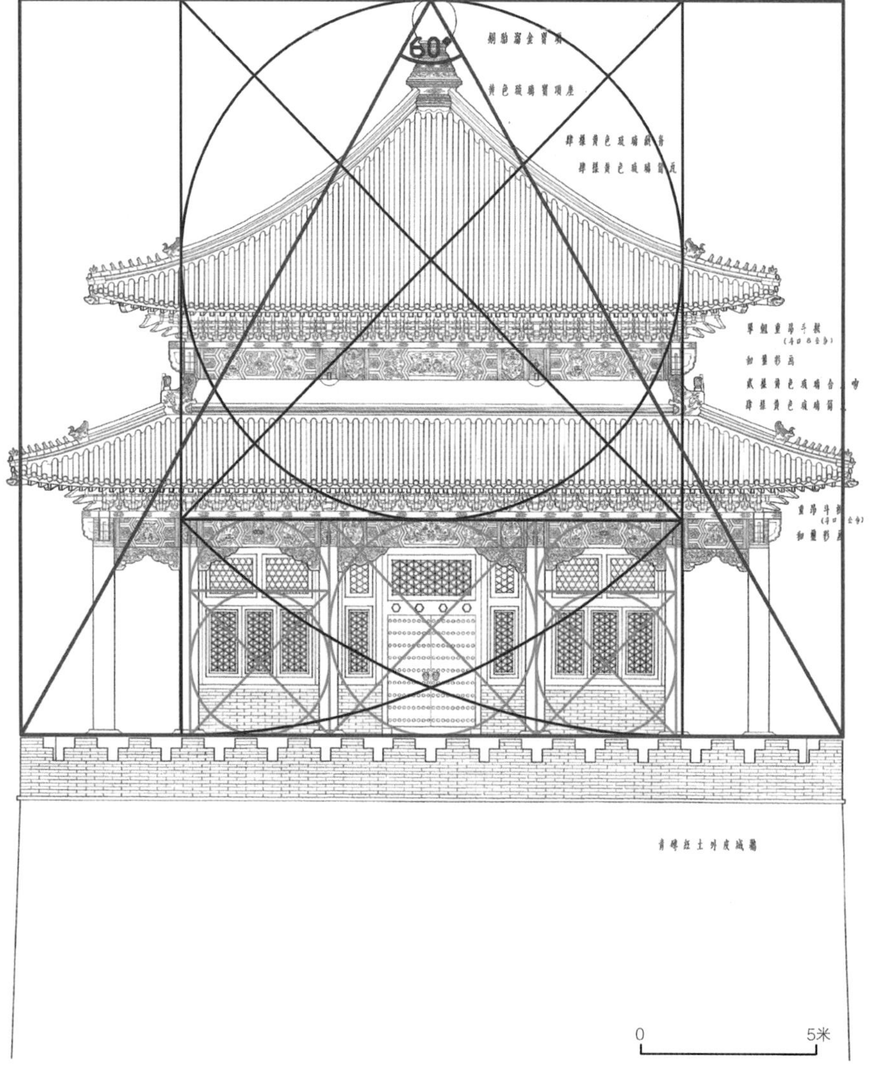

图8-74 北京紫禁城午门阙亭正立面分析图
底图来源：《北京城中轴线古建筑实测图集》（2017）

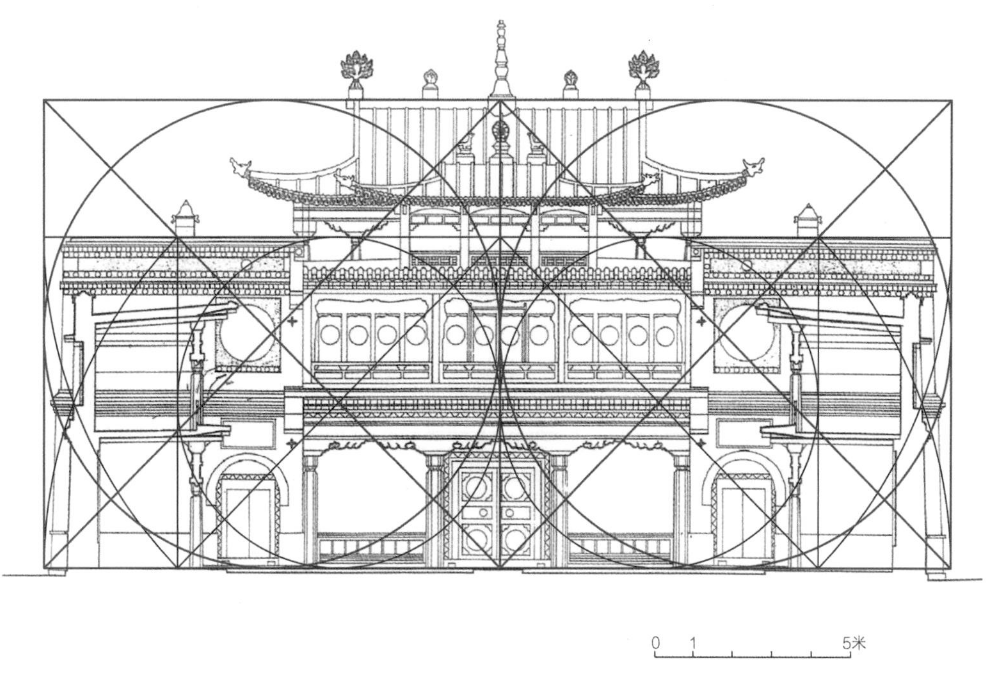

图8-75　青海塔尔寺小金瓦殿正立面分析图
底图来源：《青海古建筑》（2015）

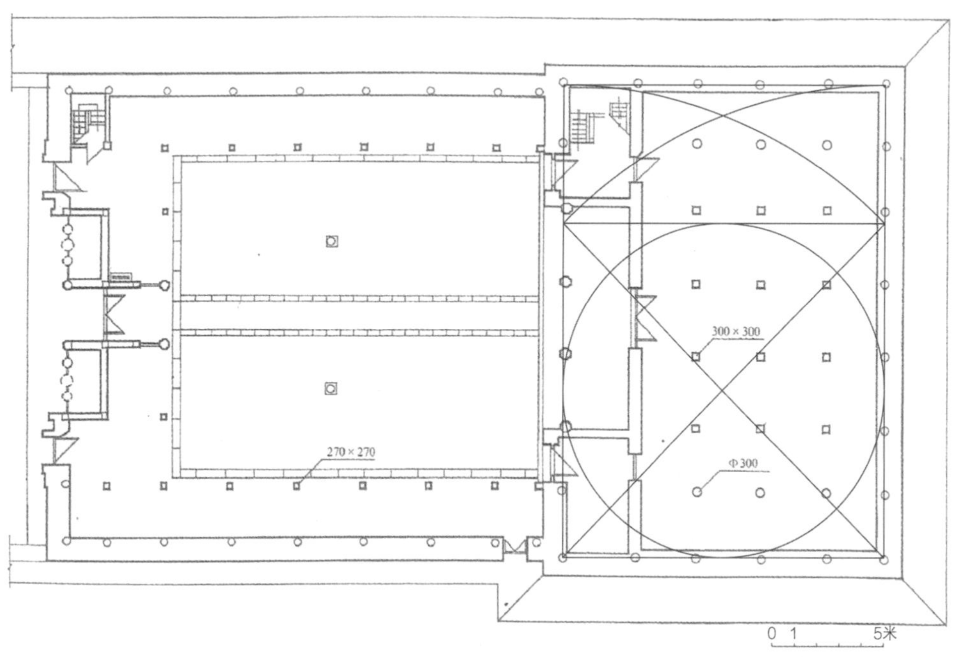

图8-76　青海塔尔寺小金瓦殿平面分析图
底图来源：《青海古建筑》（2015）

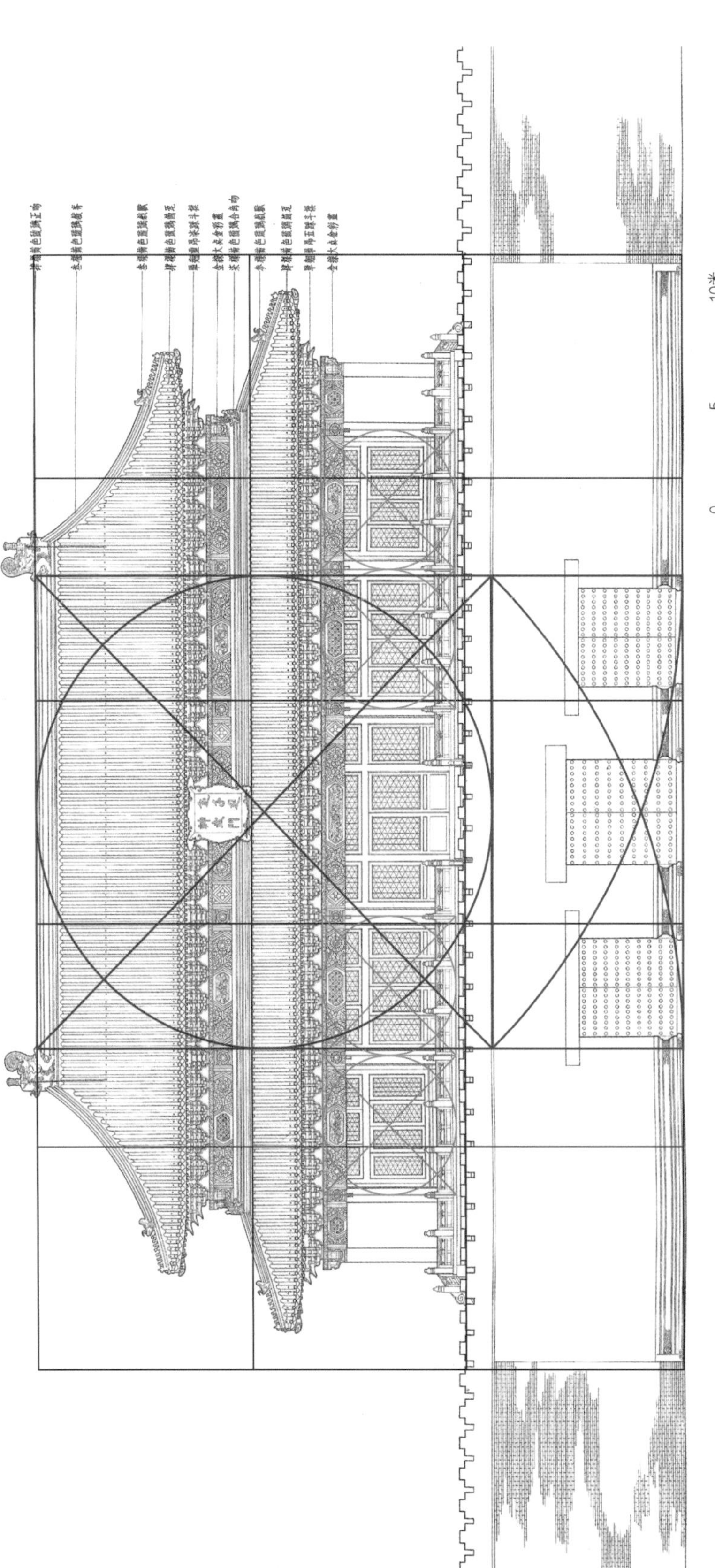

图8-77 北京紫禁城神武门正立面分析图
底图来源：《北京城中轴线古建筑实测图集》(2017)

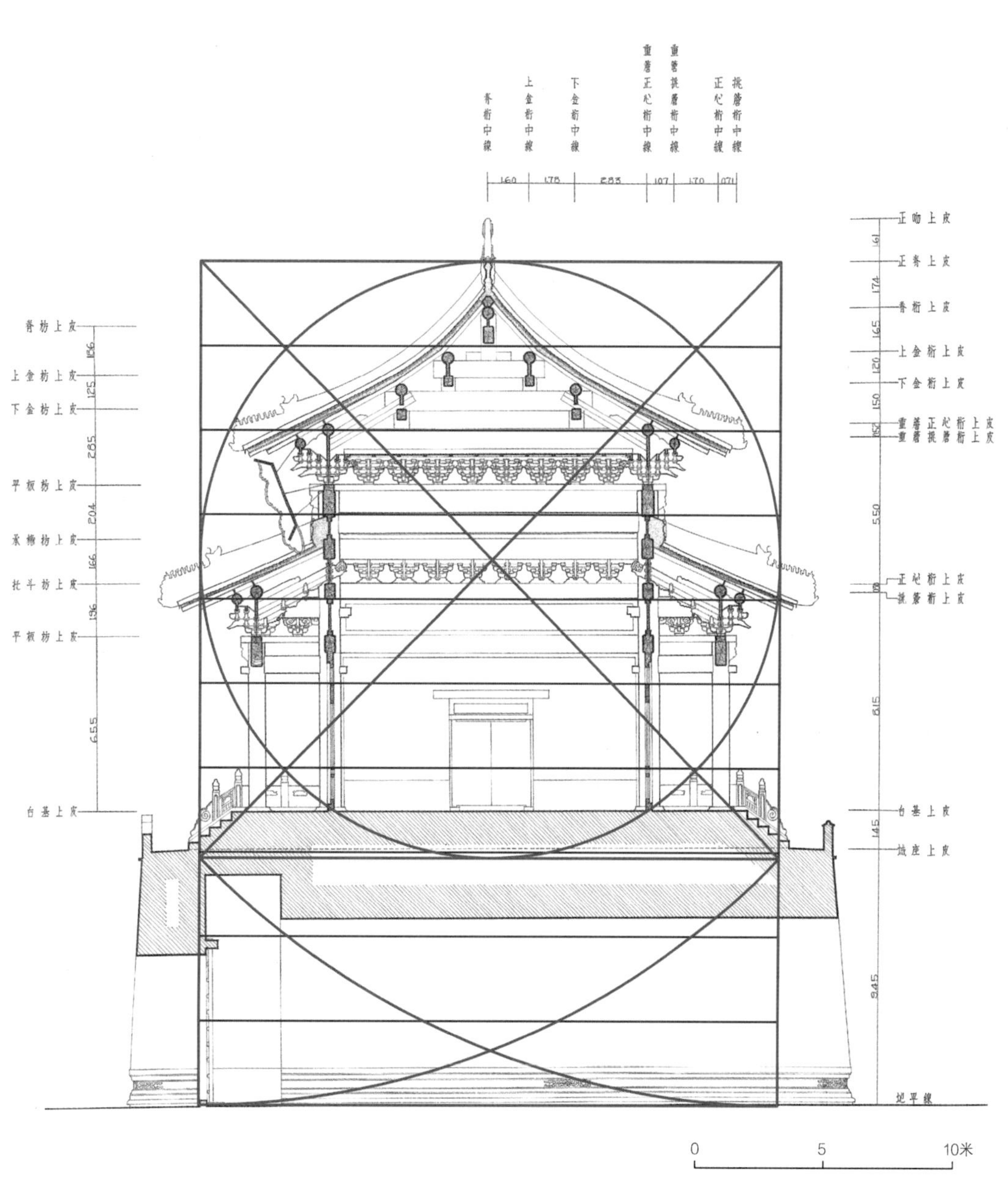

图8-78　北京紫禁城神武门横剖面分析图
底图来源:《北京城中轴线古建筑实测图集》(2017)

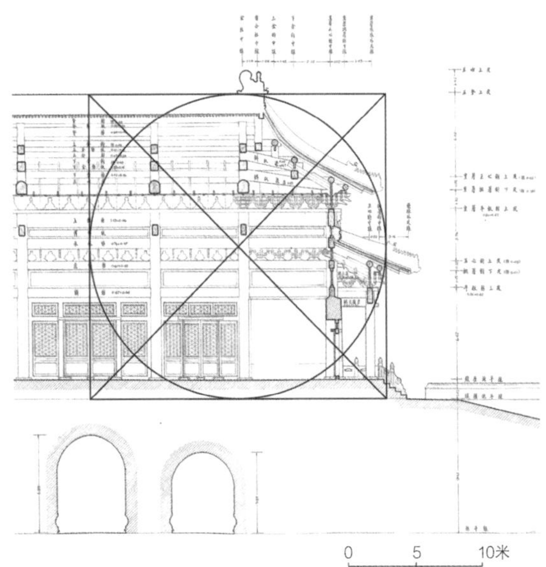

图8-79 北京紫禁城神武门纵剖面分析图
底图来源：《北京城中轴线古建筑实测图集》(2017)

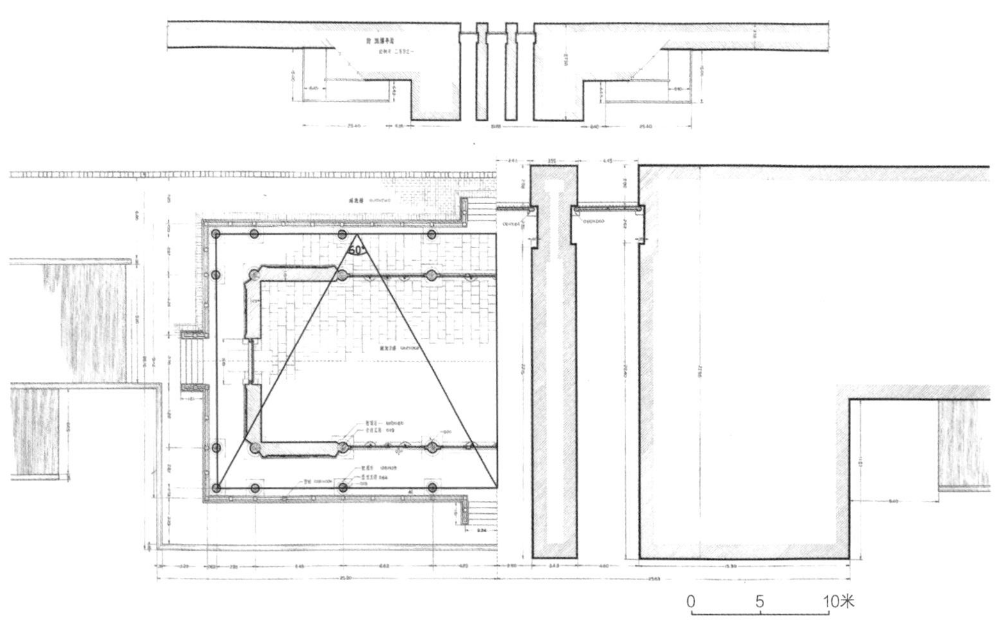

图8-80 北京紫禁城神武门平面分析图
底图来源：《北京城中轴线古建筑实测图集》(2017)

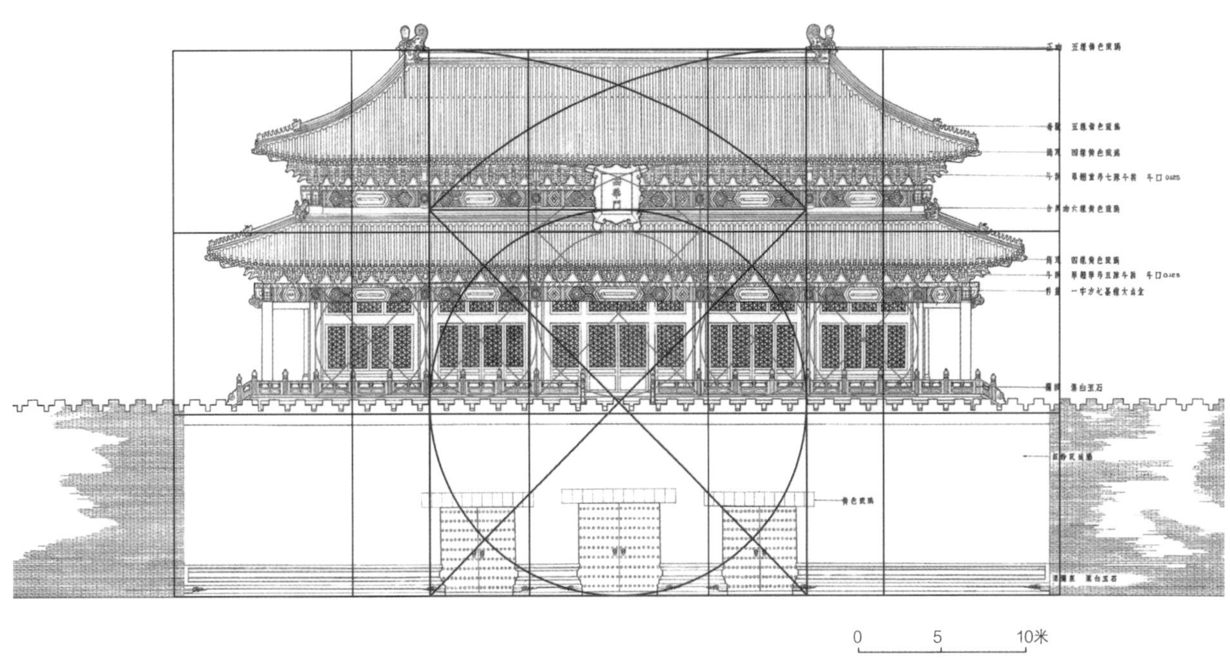

图8-81　北京紫禁城西华门正立面分析图
底图来源：《北京城中轴线古建筑实测图集》(2017)

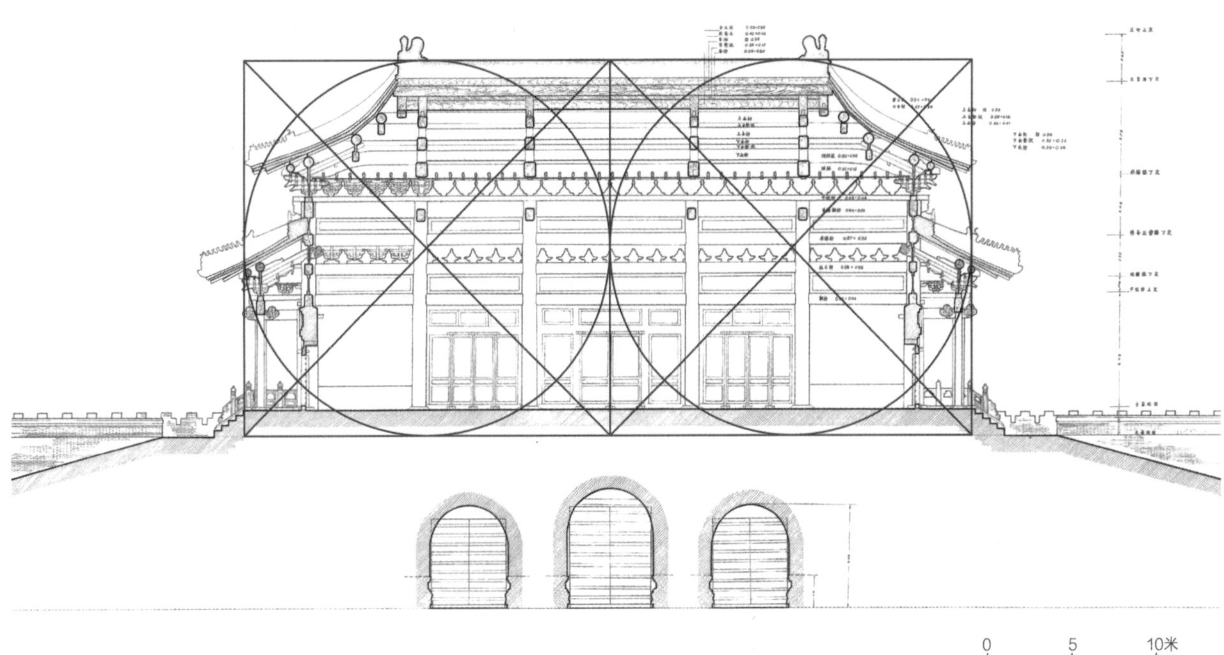

图8-82　北京紫禁城西华门纵剖面分析图
底图来源：《北京城中轴线古建筑实测图集》(2017)

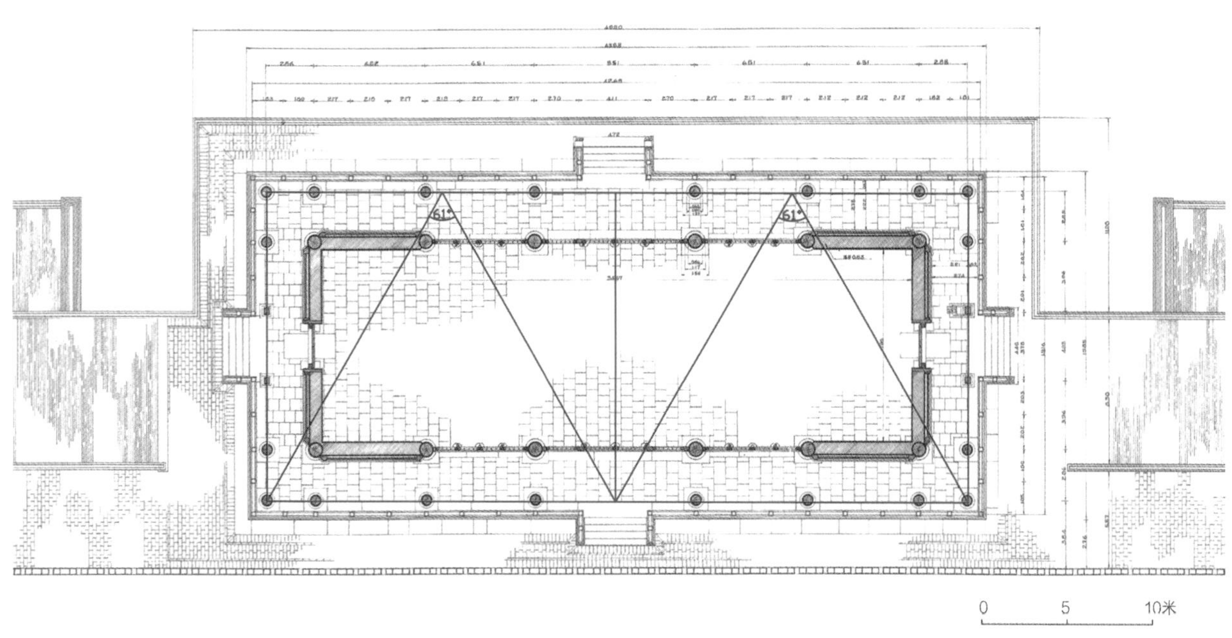

图8-83　北京紫禁城西华门平面分析图
底图来源：《北京城中轴线古建筑实测图集》（2017）

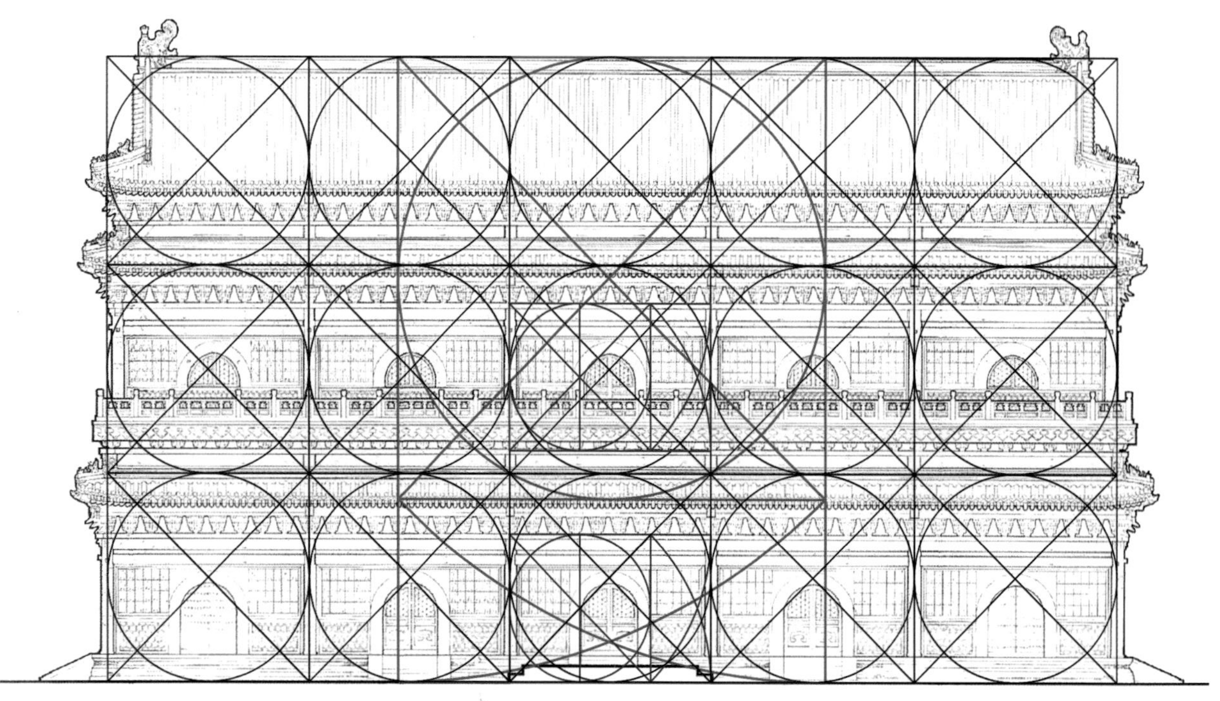

图8-84　北京北海西天梵境琉璃阁正立面分析图
底图来源：《中国古典园林建筑图录·北方园林》（2015）

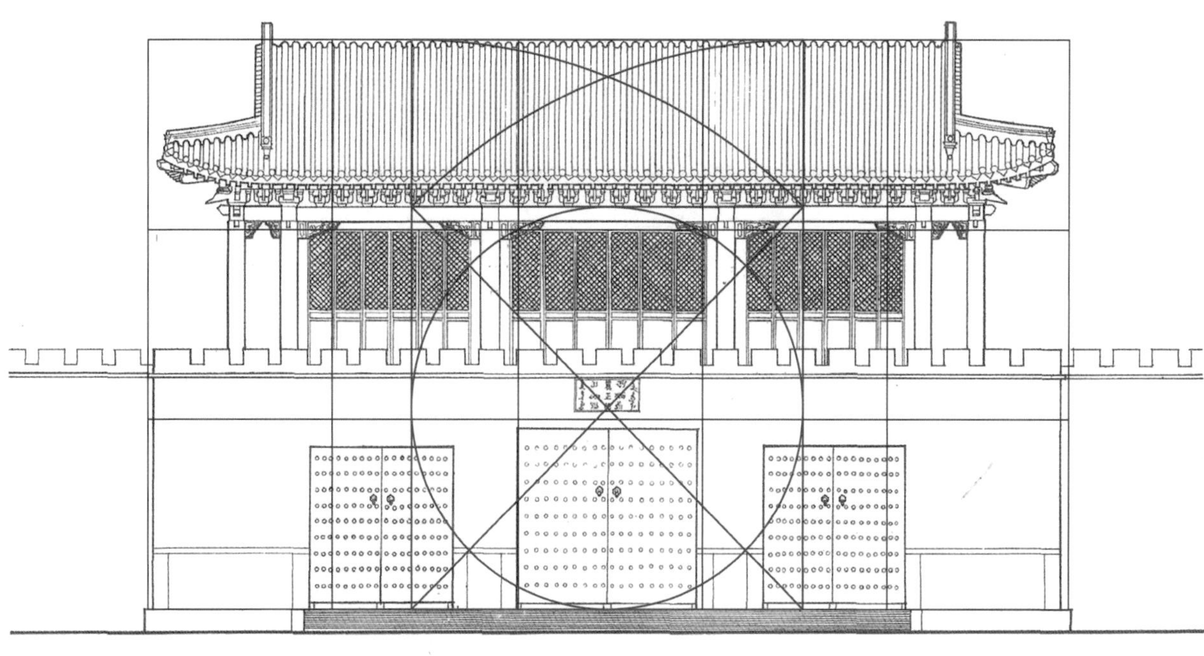

图8-85 承德避暑山庄丽正门正立面分析图
底图来源：《承德古建筑——避暑山庄和外八庙》（1982）

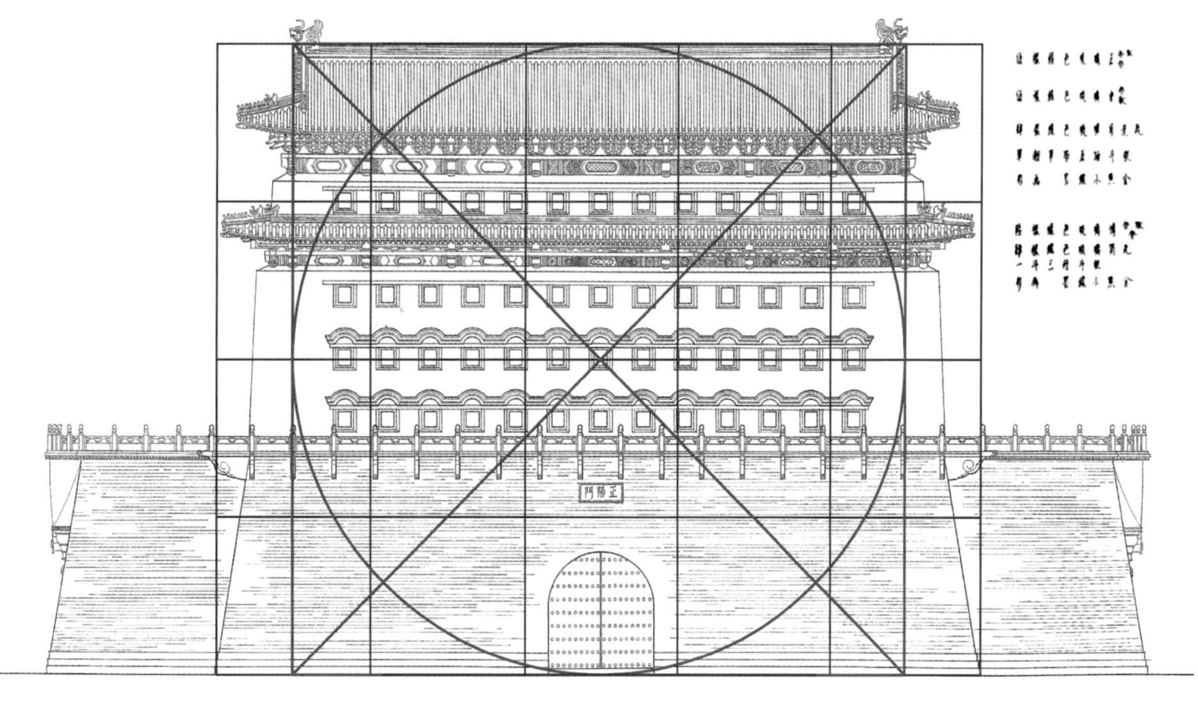

图8-86 北京正阳门箭楼正立面分析图
底图来源：《北京城中轴线古建筑实测图集》（2017）

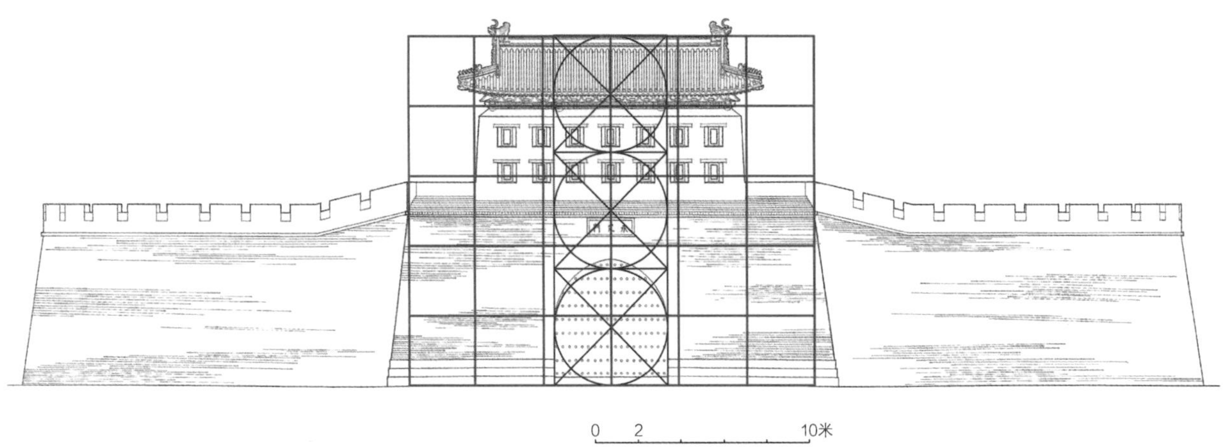

图8-87　北京永定门箭楼正立面分析图
底图来源：《北京城中轴线古建筑实测图集》（2017）

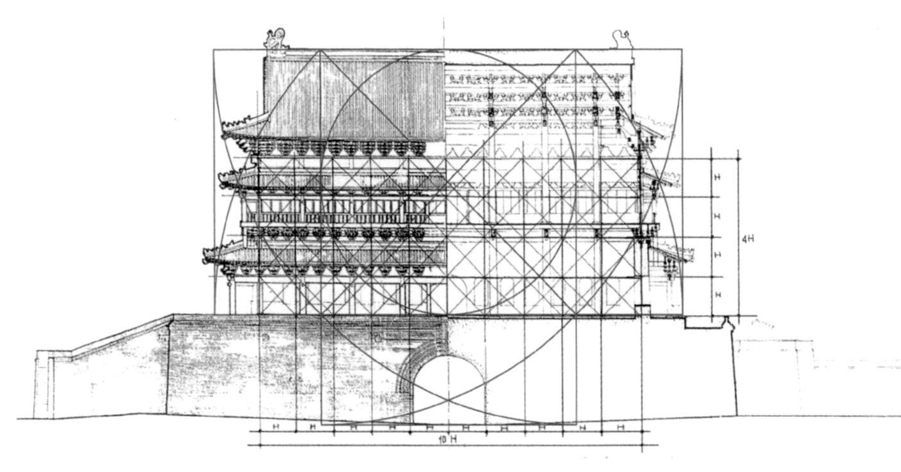

图8-88　西安鼓楼正立面分析图一
底图来源：《中国古代城市规划、建筑群布局及建筑设计方法研究》（2001）

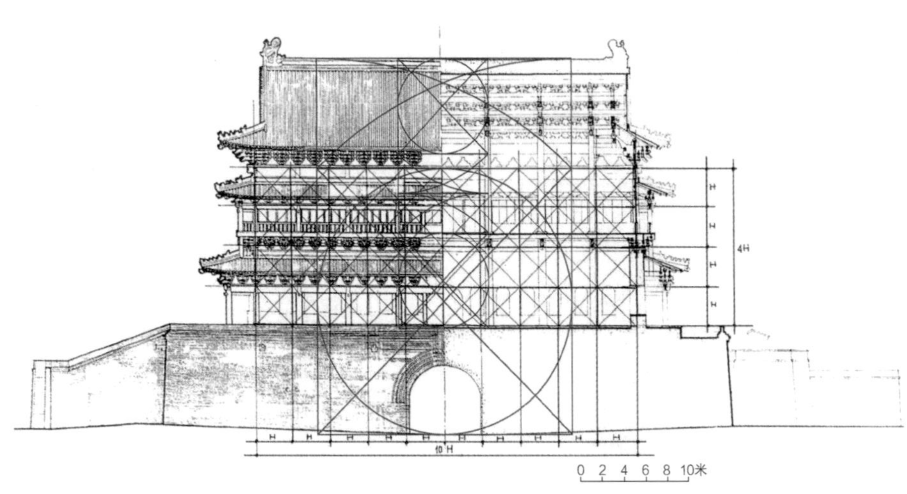

图8-89　西安鼓楼正立面分析图二
底图来源：《中国古代城市规划、建筑群布局及建筑设计方法研究》（2001）

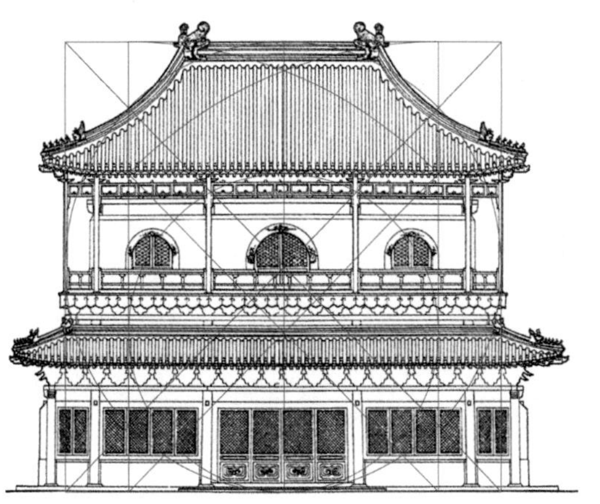

图8-90 北京智化寺万佛阁正立面分析图
底图来源：《东华图志：北京东城史迹录》(2005)

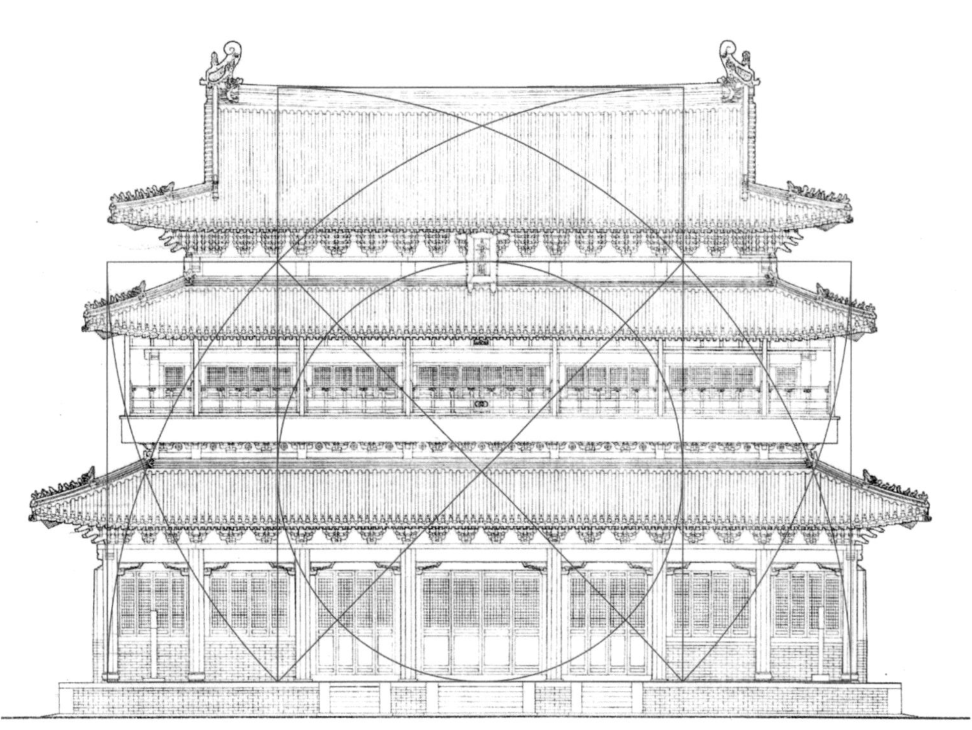

图8-91 曲阜孔庙奎文阁正立面分析图
底图来源：《曲阜孔庙建筑》(1987)

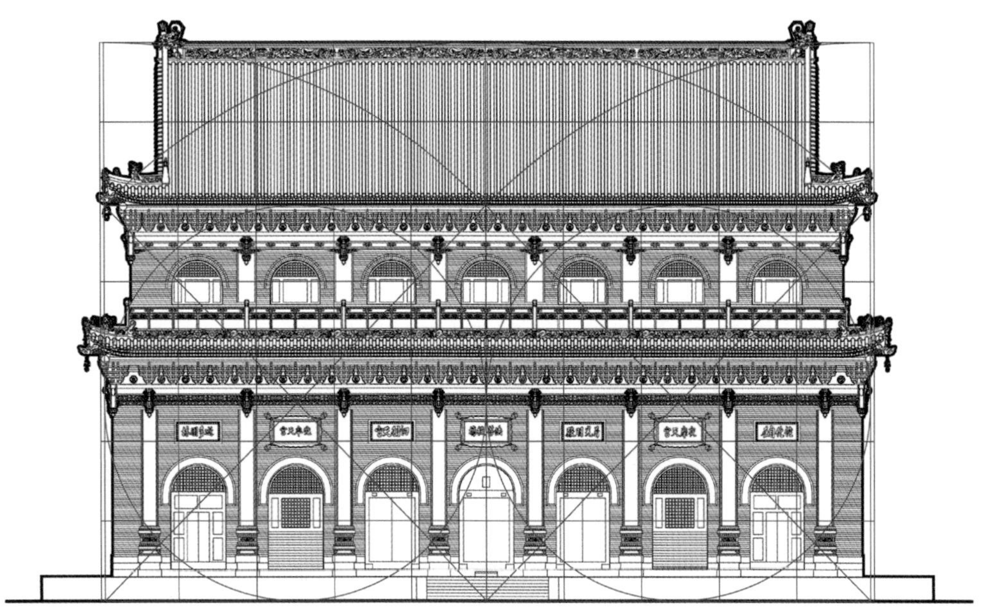

图8-92　五台山显通寺大无梁阁正立面分析图
底图来源：《中国古建筑测绘十年：2000~2010清华大学建筑学院测绘图集》（上册，2011）

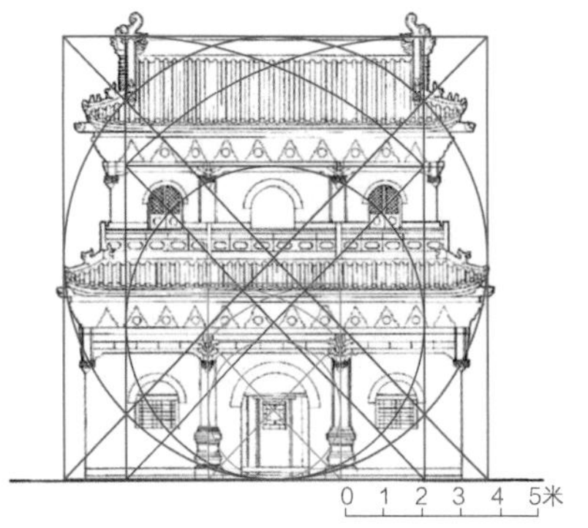

图8-93　五台山显通寺无梁阁正立面分析图
底图来源：《中国古代建筑史·第四卷：元、明建筑》（第二版，2009）

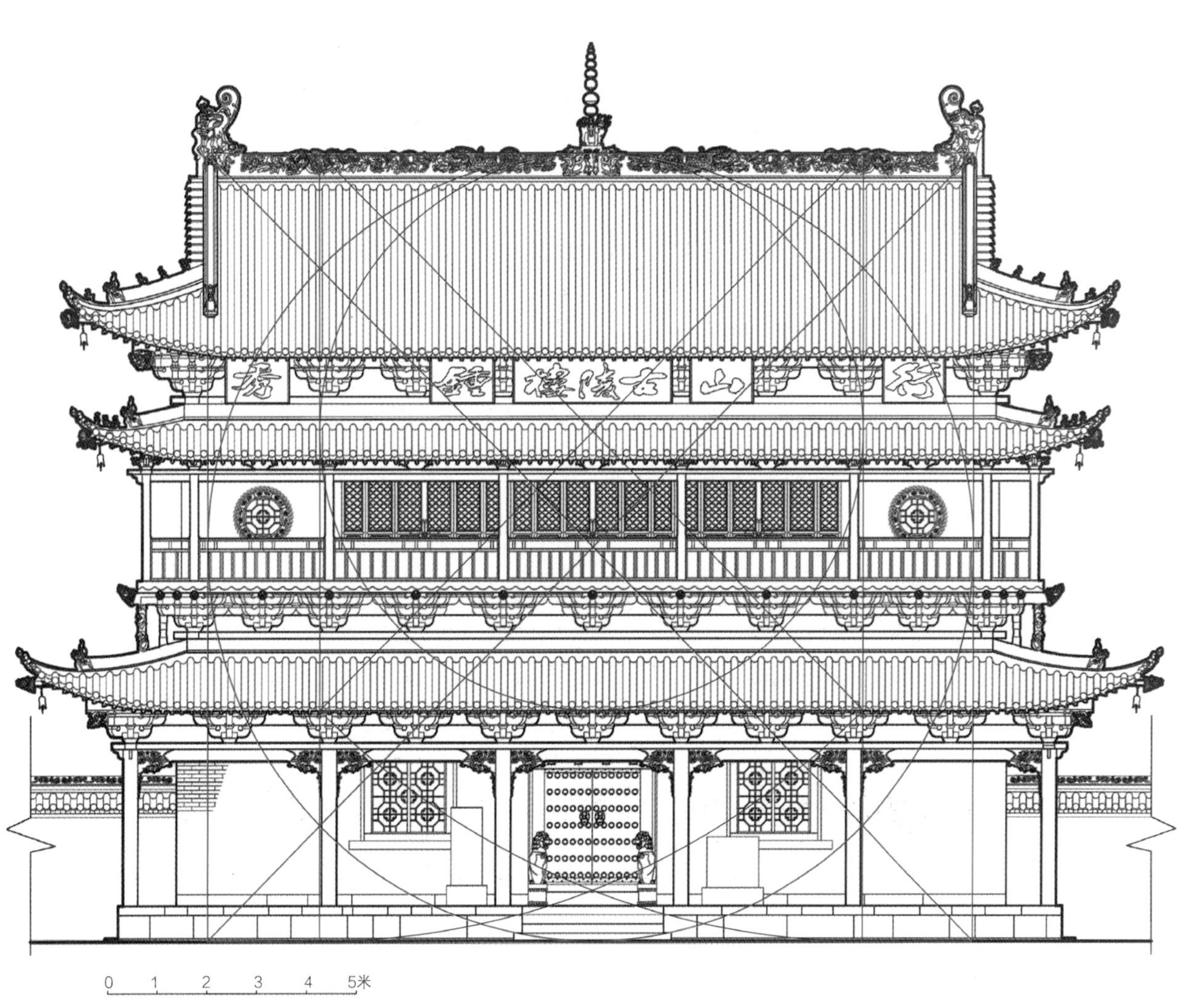

图8-94　山西陵川崇安寺山门正立面分析图
底图来源:《中国古建筑测绘十年:2000~2010清华大学建筑学院测绘图集》(下册,2011)

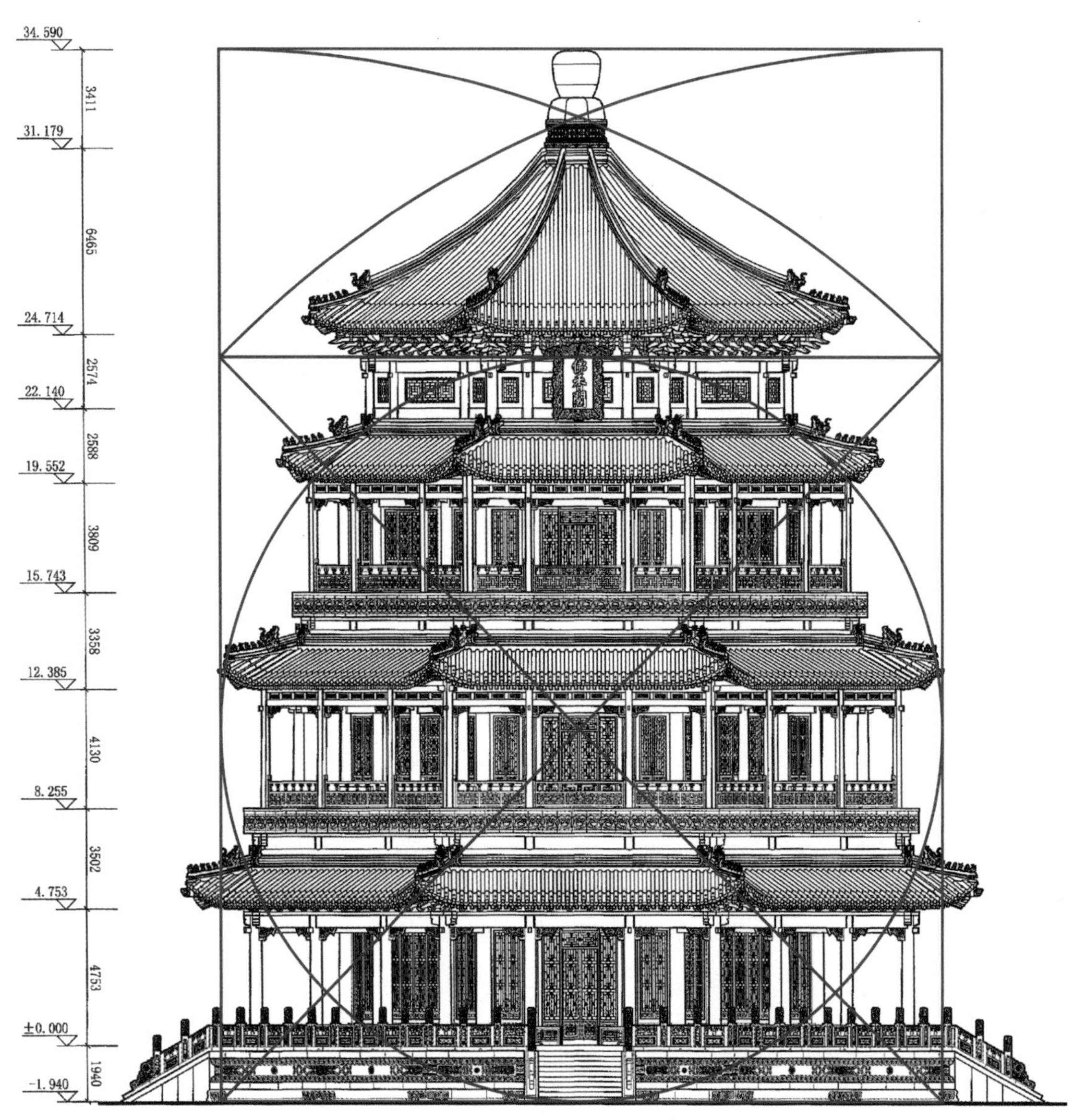

0 1 2 3 4 5米

图8-95　北京颐和园佛香阁正立面分析图
底图来源：《中国古建筑测绘大系·园林建筑：颐和园》(2015)

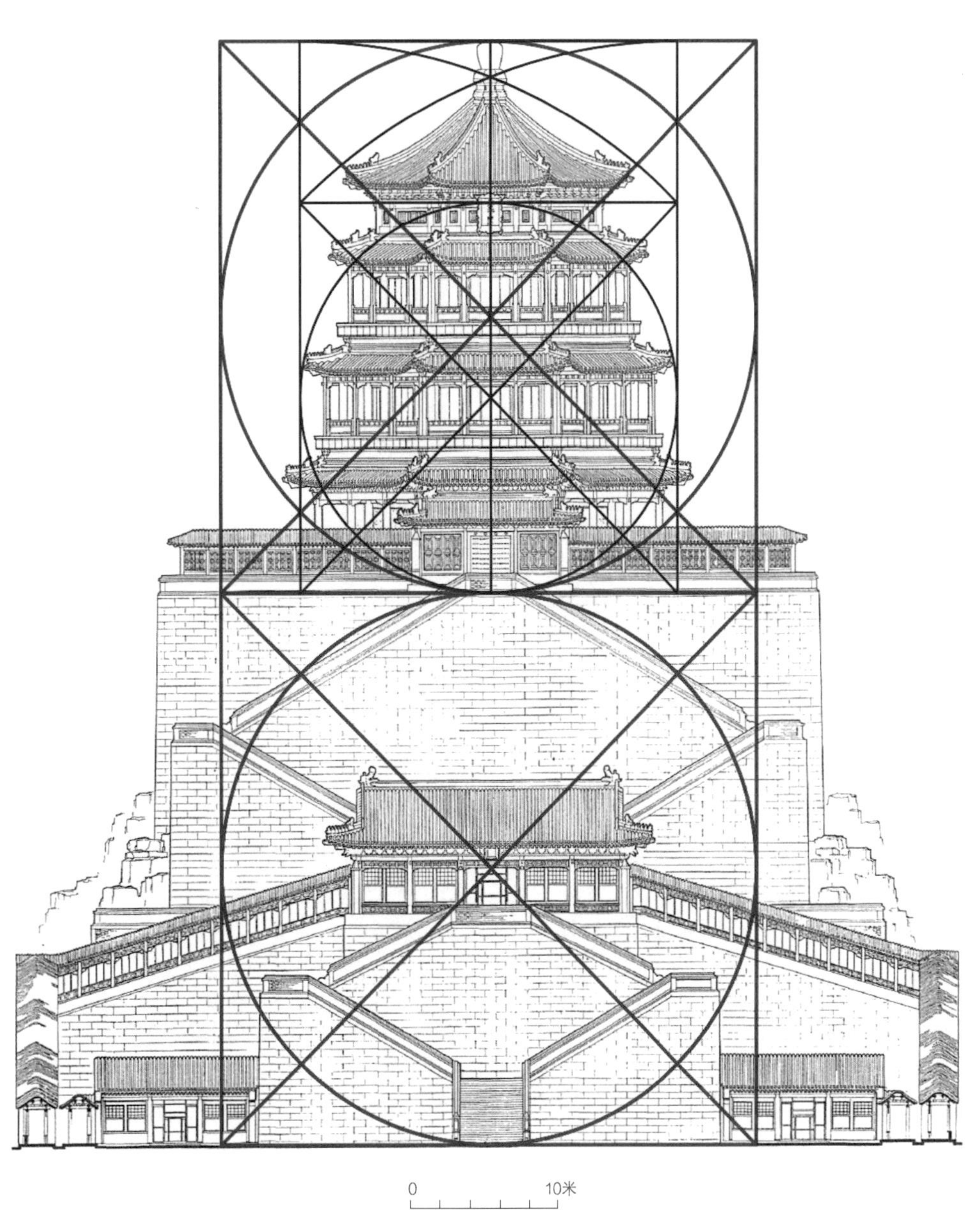

图8-96　北京颐和园佛香阁正立面整体分析图
底图来源：《颐和园》(2000)

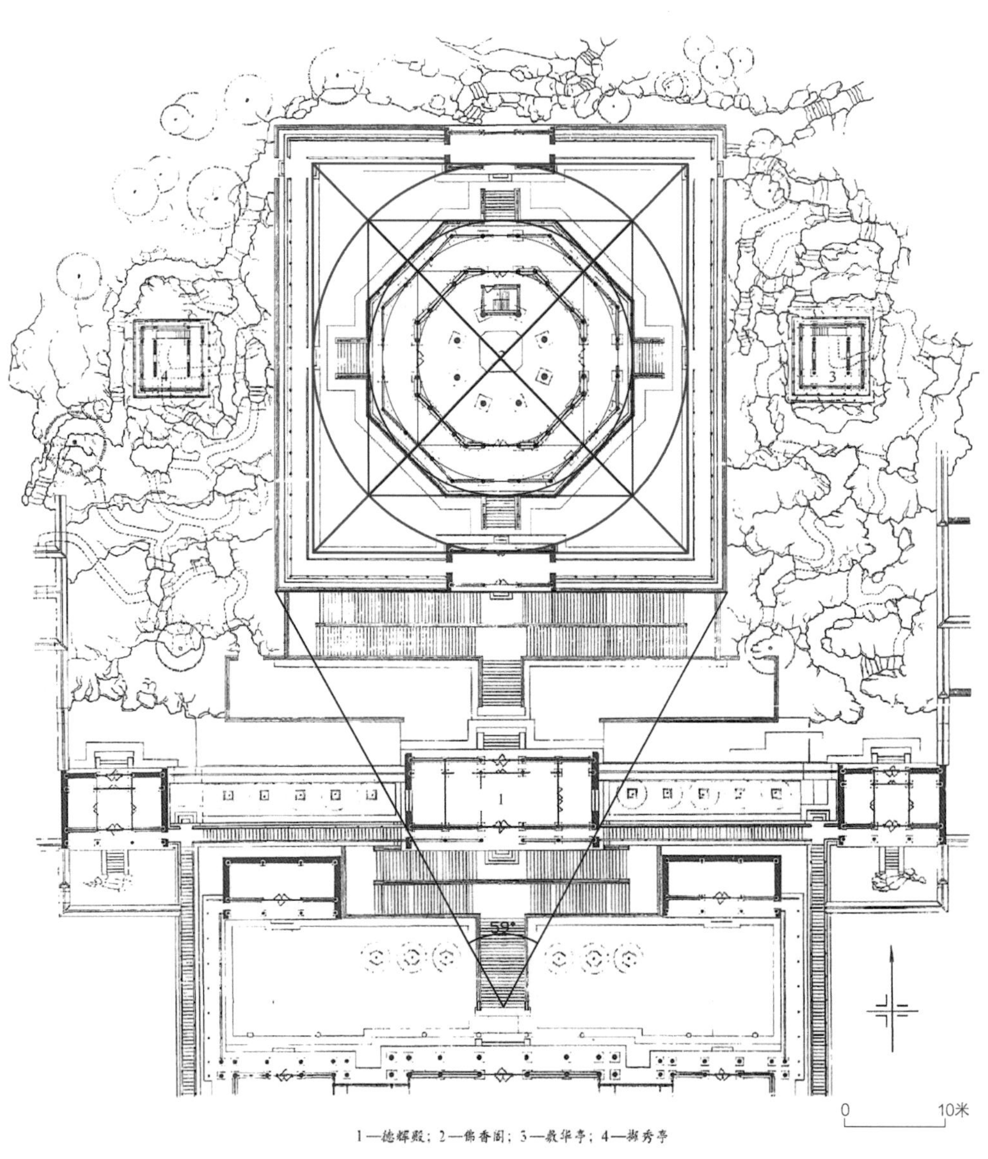

1—德辉殿；2—佛香阁；3—敷华亭；4—撷秀亭

图8-97　北京颐和园佛香阁平面分析图
底图来源：《颐和园》（2000）

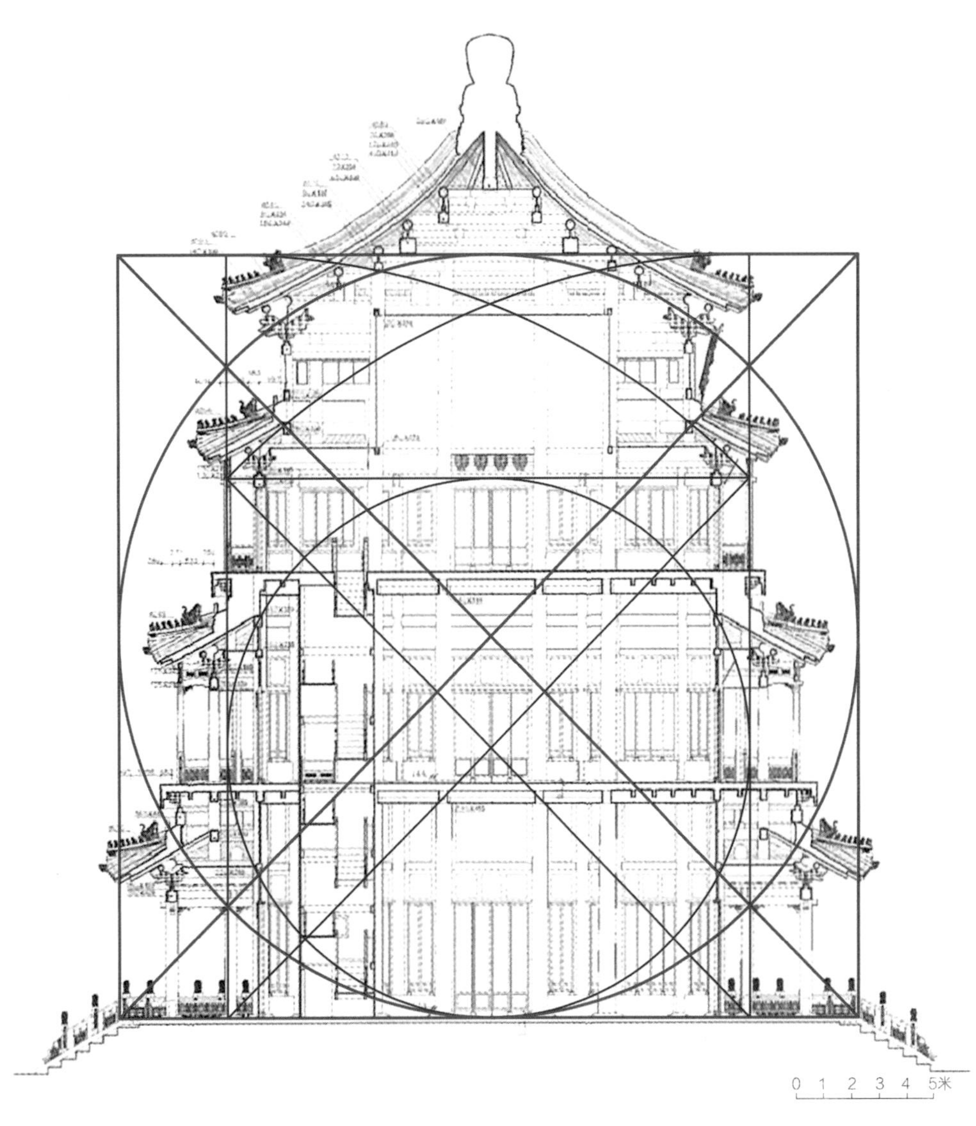

图8-98 北京颐和园佛香阁剖面分析图
底图来源:《颐和园佛香阁精细测绘报告》(2014)

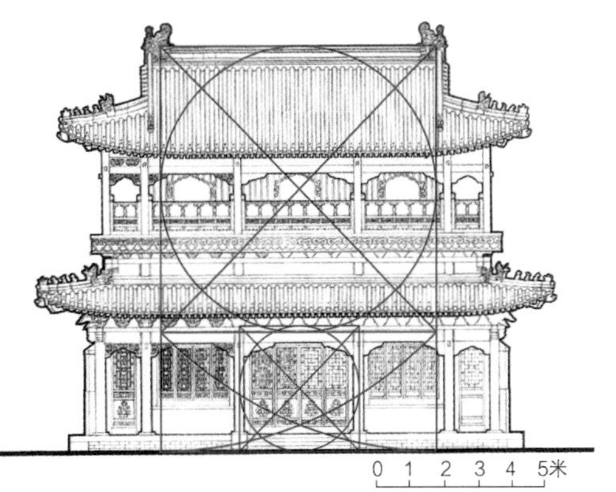

图8-99 北京北海阐福寺钟楼正立面分析图
底图来源:《中国古典园林建筑图录·北方园林》(2015)

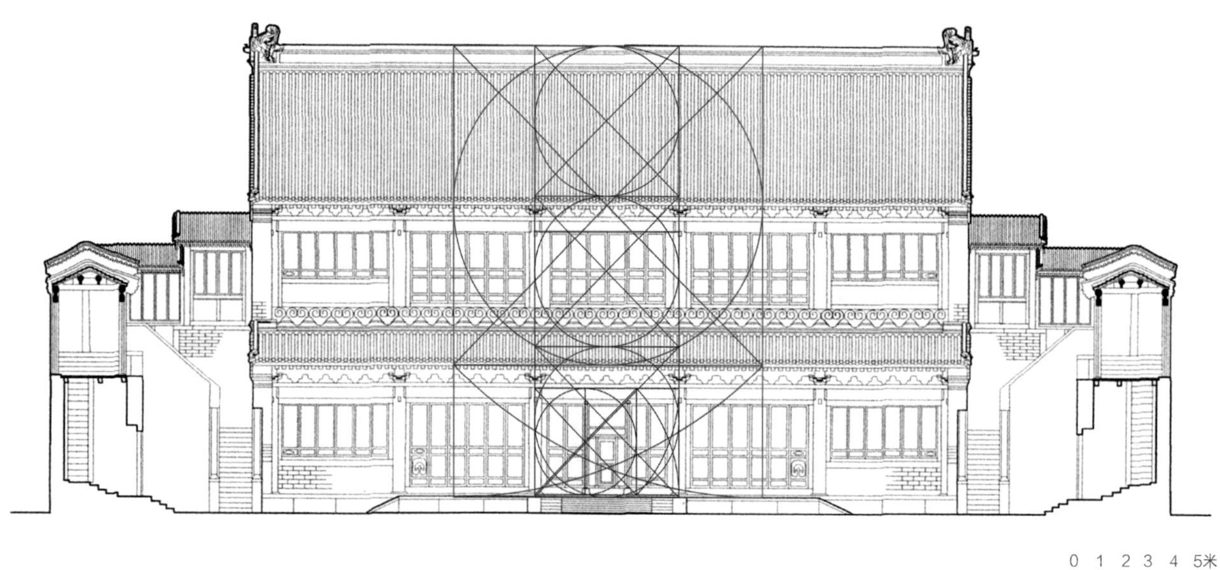

图8-100　北京柏林寺藏经阁正立面分析图
底图来源：《东华图志：北京东城史迹录》(2005)

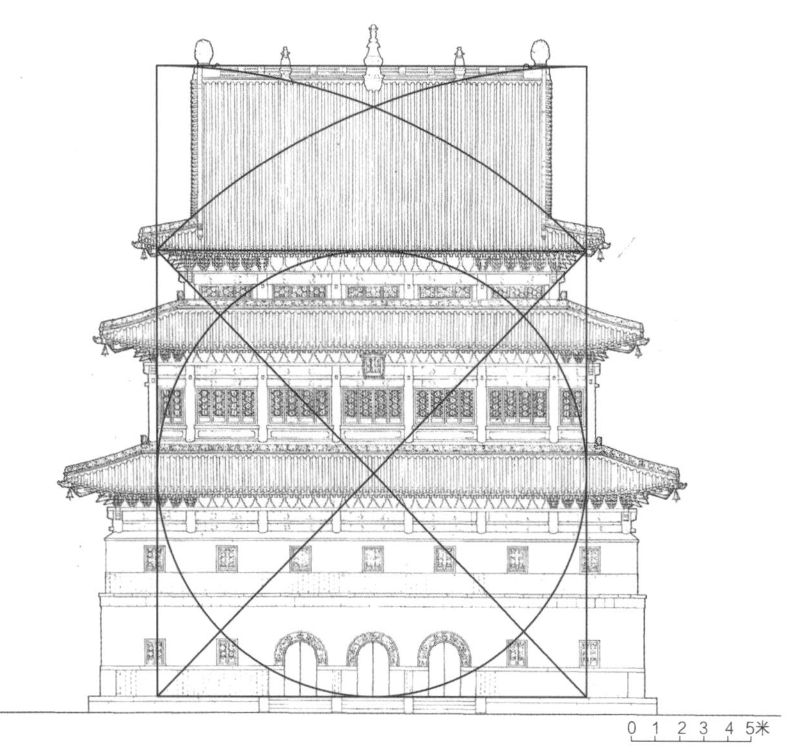

图8-101　承德安远庙普渡殿正立面分析图一
底图来源：《承德古建筑——避暑山庄和外八庙》(1982)

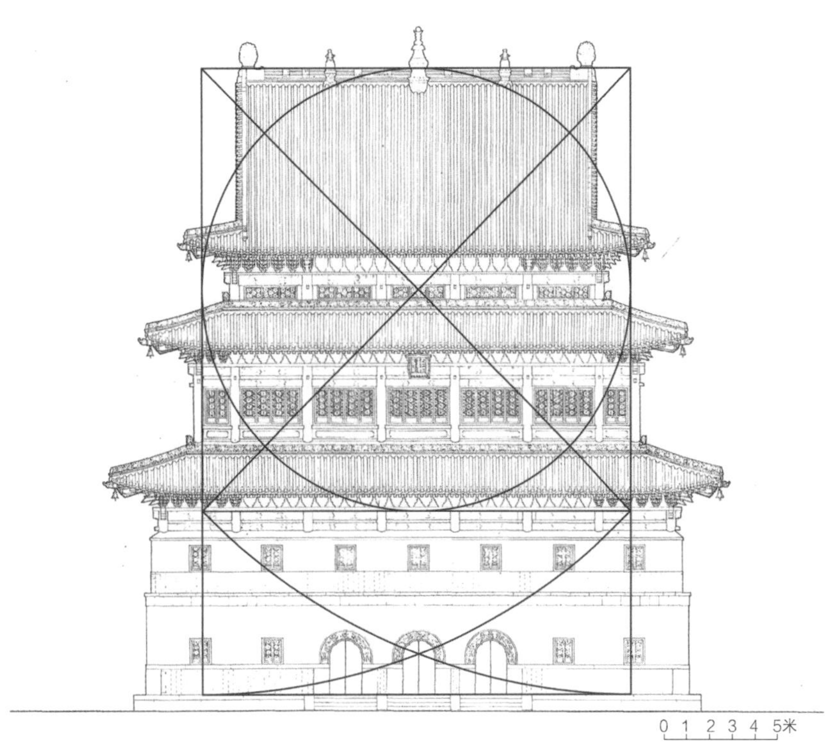

图8-102　承德安远庙普渡殿正立面分析图二
底图来源：《承德古建筑——避暑山庄和外八庙》（1982）

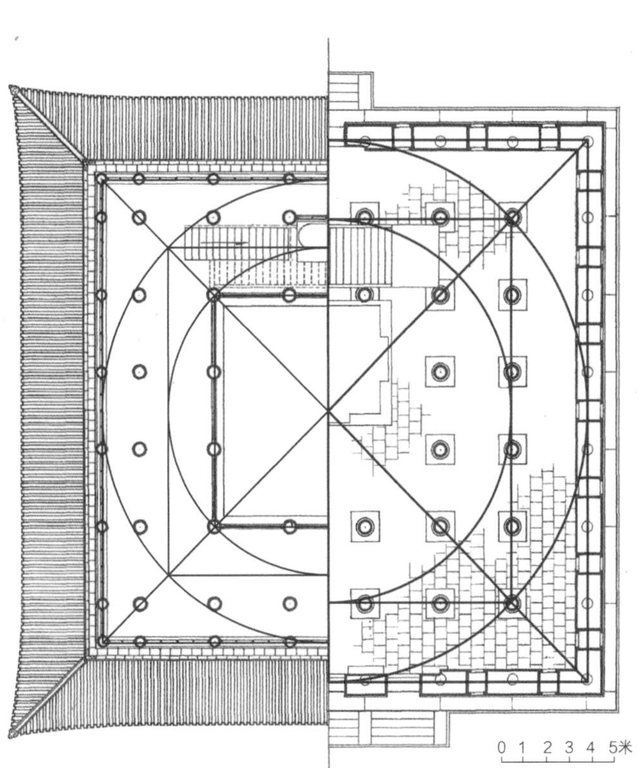

图8-103　承德安远庙普渡殿平面分析图
底图来源：《承德古建筑——避暑山庄和外八庙》

图8-104 承德避暑山庄金山上帝阁正立面分析图
底图来源：《承德古建筑——避暑山庄和外八庙》(1982)

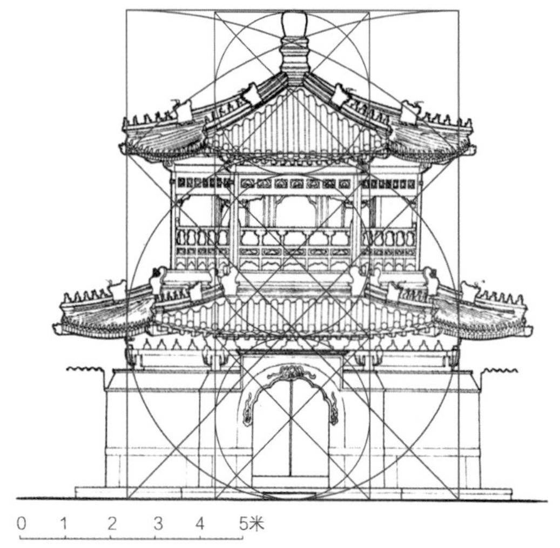

图8-105 牛街清真寺宝月楼正立面分析图
底图来源：《宣南鸿雪图志》(1997)

第九章　佛塔与经幢

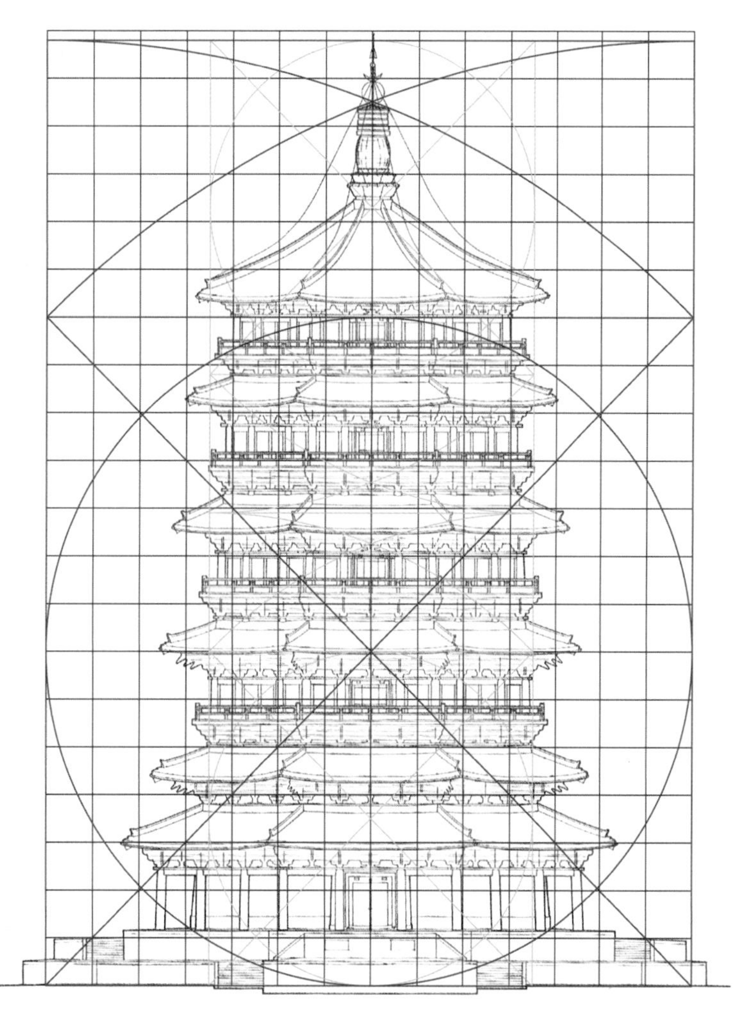

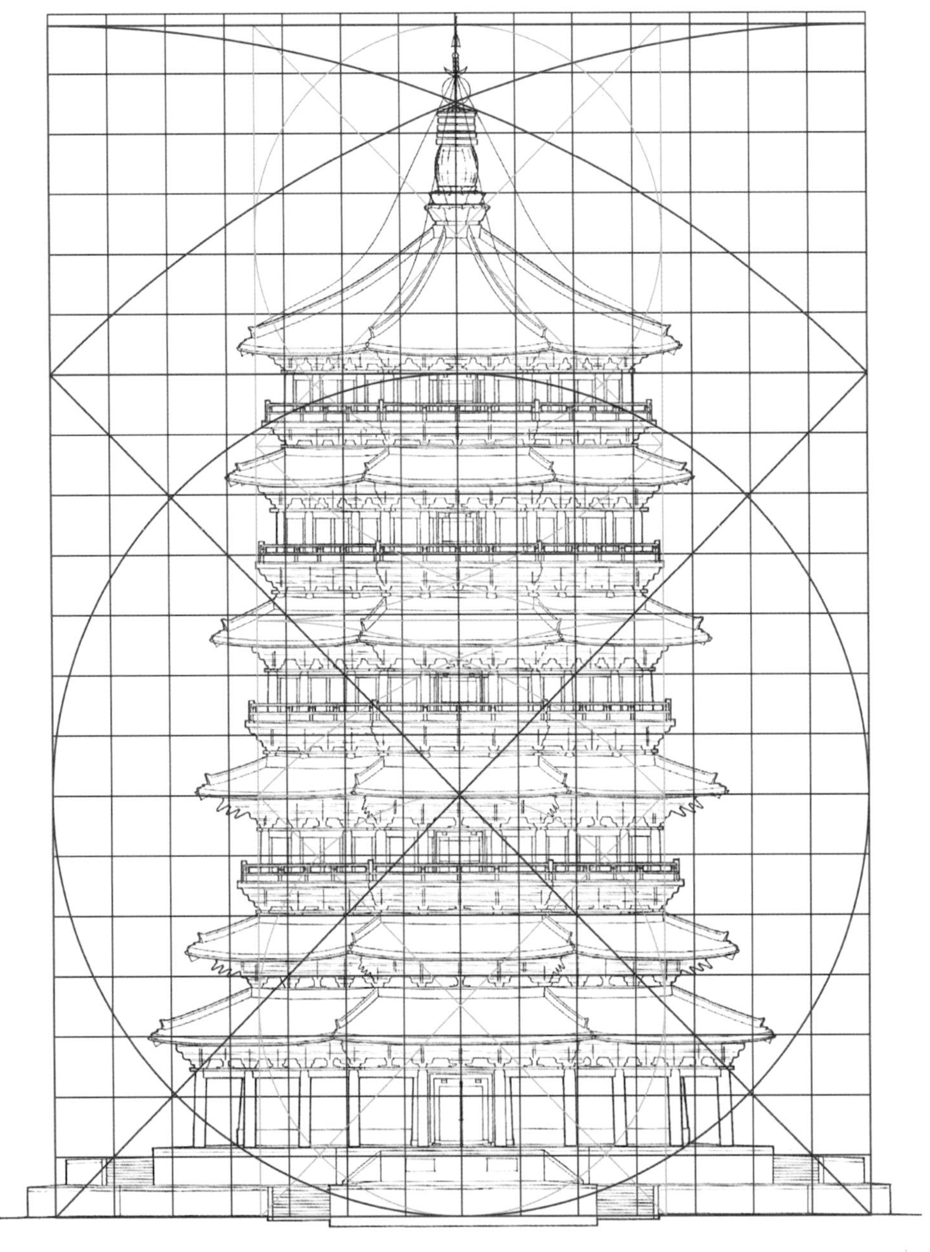

图9-1 应县木塔正立面分析图一
底图来源：《应县木塔》(2001)

图9-2 应县木塔剖面分析图一
底图来源:《应县木塔》(2001)

图9-3　应县木塔正立面分析图二
底图来源：前北京建筑工程学院测绘

图9-4 应县木塔剖面分析图二
底图来源:《中国古代建筑史》(第二版,1984)

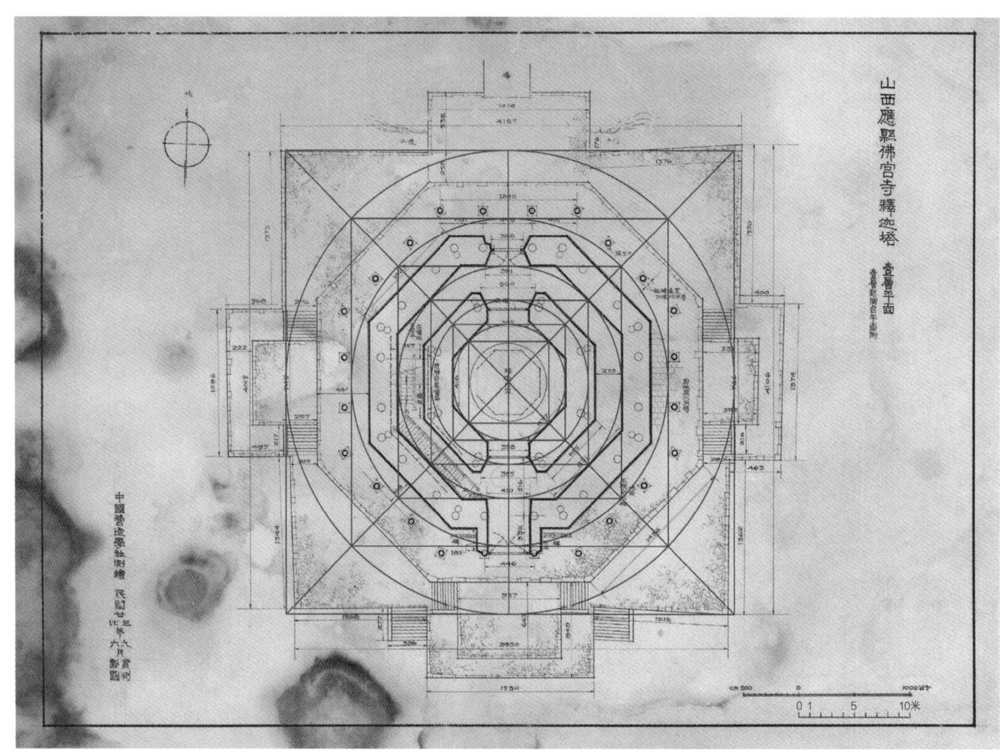

图9-5　应县木塔平面分析图一
底图来源：清华大学建筑学院中国营造学社纪念馆藏

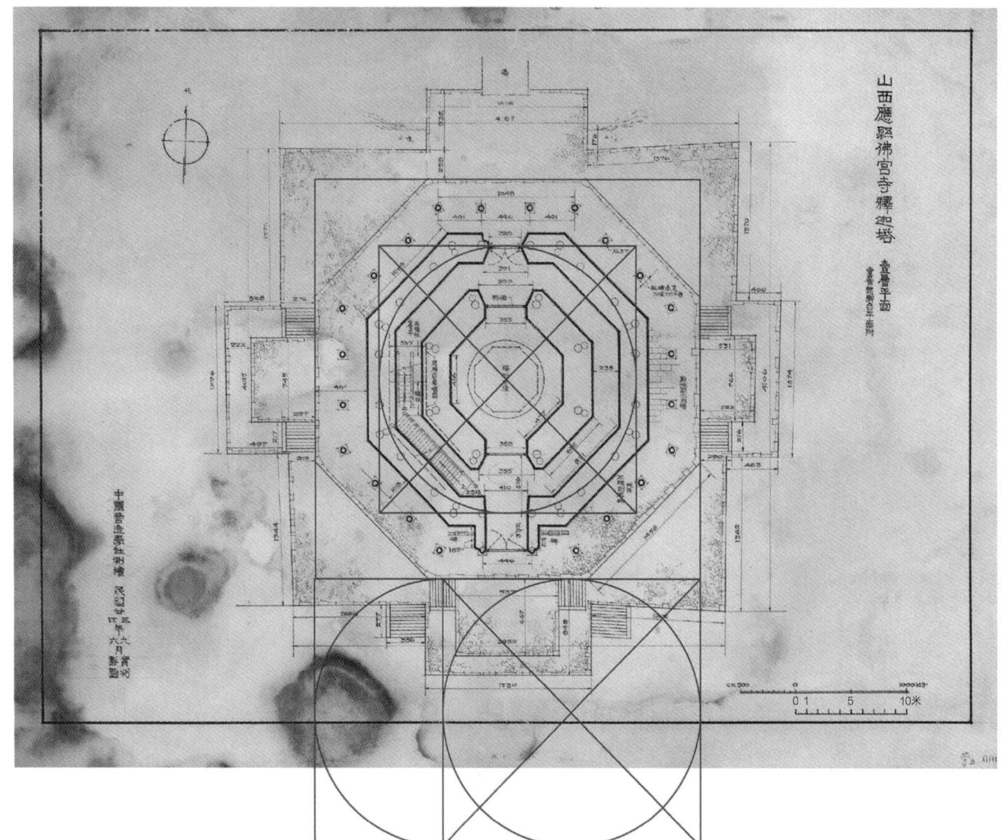

图9-6　应县木塔平面分析图二
底图来源：清华大学建筑学院中国营造学社纪念馆藏

图9-7　应县首层剖面与佛像分析图一
底图来源：《应县木塔》（2001）

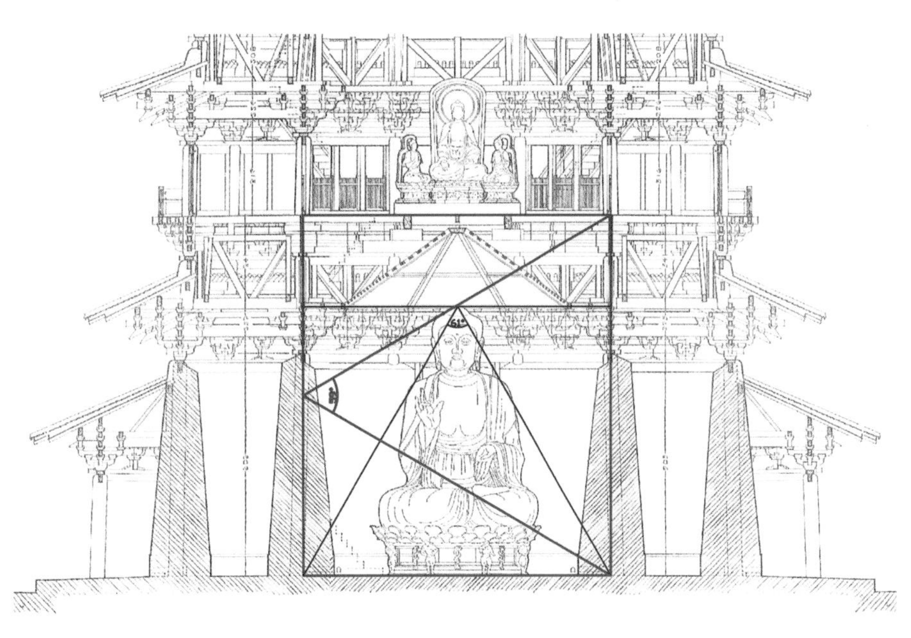

图9-8　应县首层剖面与佛像分析图二
底图来源：《应县木塔》（2001）

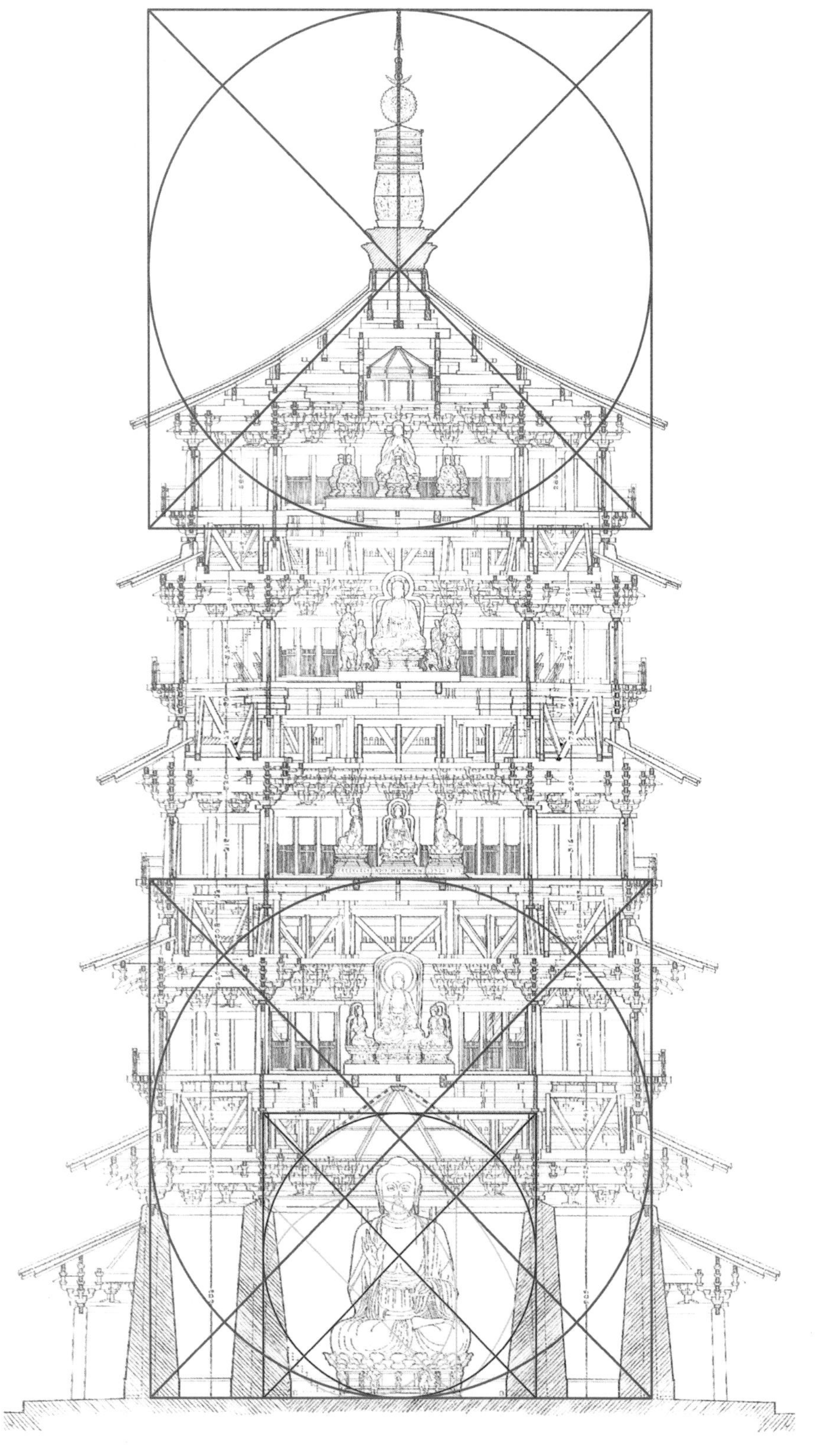

图9-9 应县木塔剖面分析图
底图来源：《应县木塔》(2001)

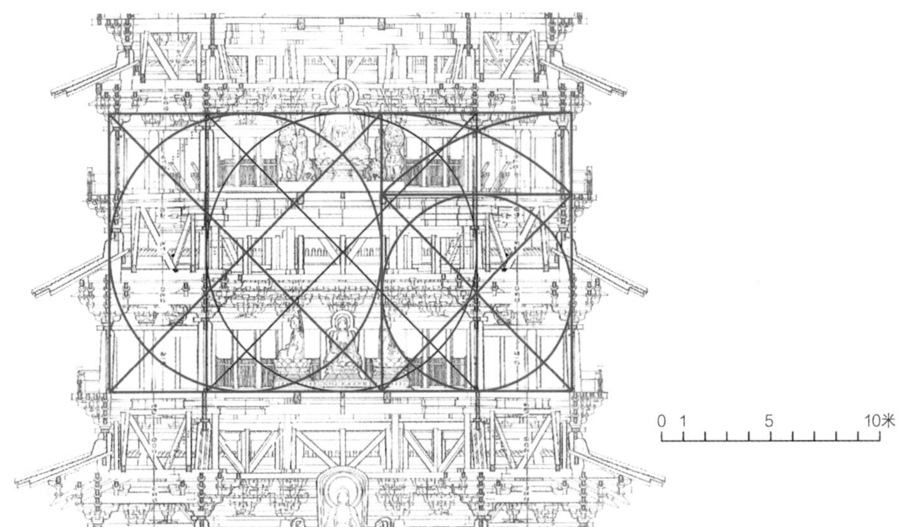

图9-10　应县木塔三层剖面分析图
底图来源：《应县木塔》（2001）

01 5 10米

图9-11　应县木塔设计理念分析图
底图来源：《应县木塔》（2001）

图9-12 大同云冈石窟第21窟塔心柱正立面分析图
底图来源：《中国古代建筑史》（第二版，1984）

图9-13 大同云冈石窟第2窟塔心柱正立面分析图
底图来源：《中国古代建筑史》（第二版，1984）

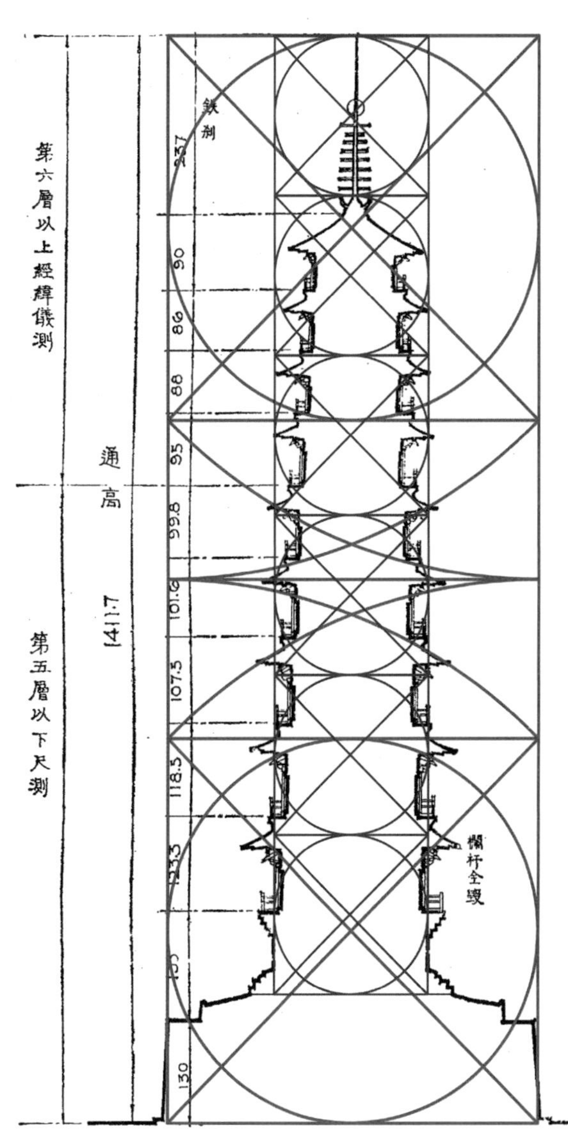

图9-14 杭州闸口白塔立面、剖面分析图

底图来源：梁思成《浙江杭县闸口白塔及灵隐寺双石塔》(《梁思成全集》第三卷，2001)

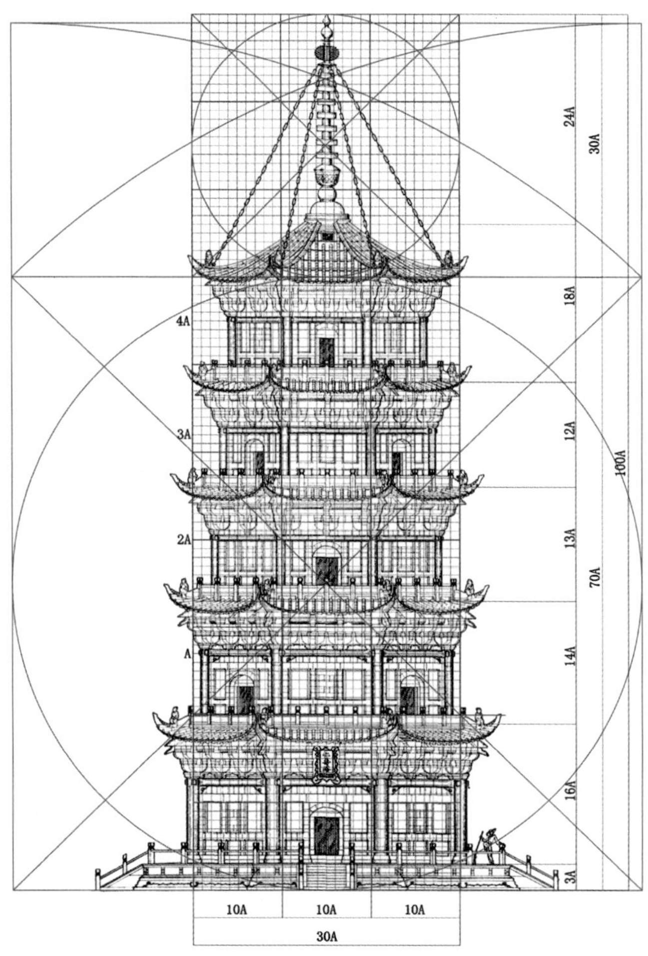

图9-15 泉州开元寺塔正立面分析图
底图来源:《中国古代建筑史》(第二版,1984)

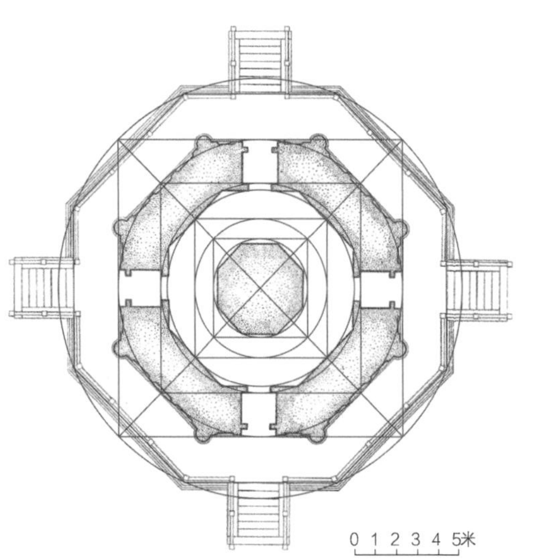

图9-16 泉州开元寺仁寿塔平面分析图
底图来源:《中国古代建筑史》(第二版,1984)

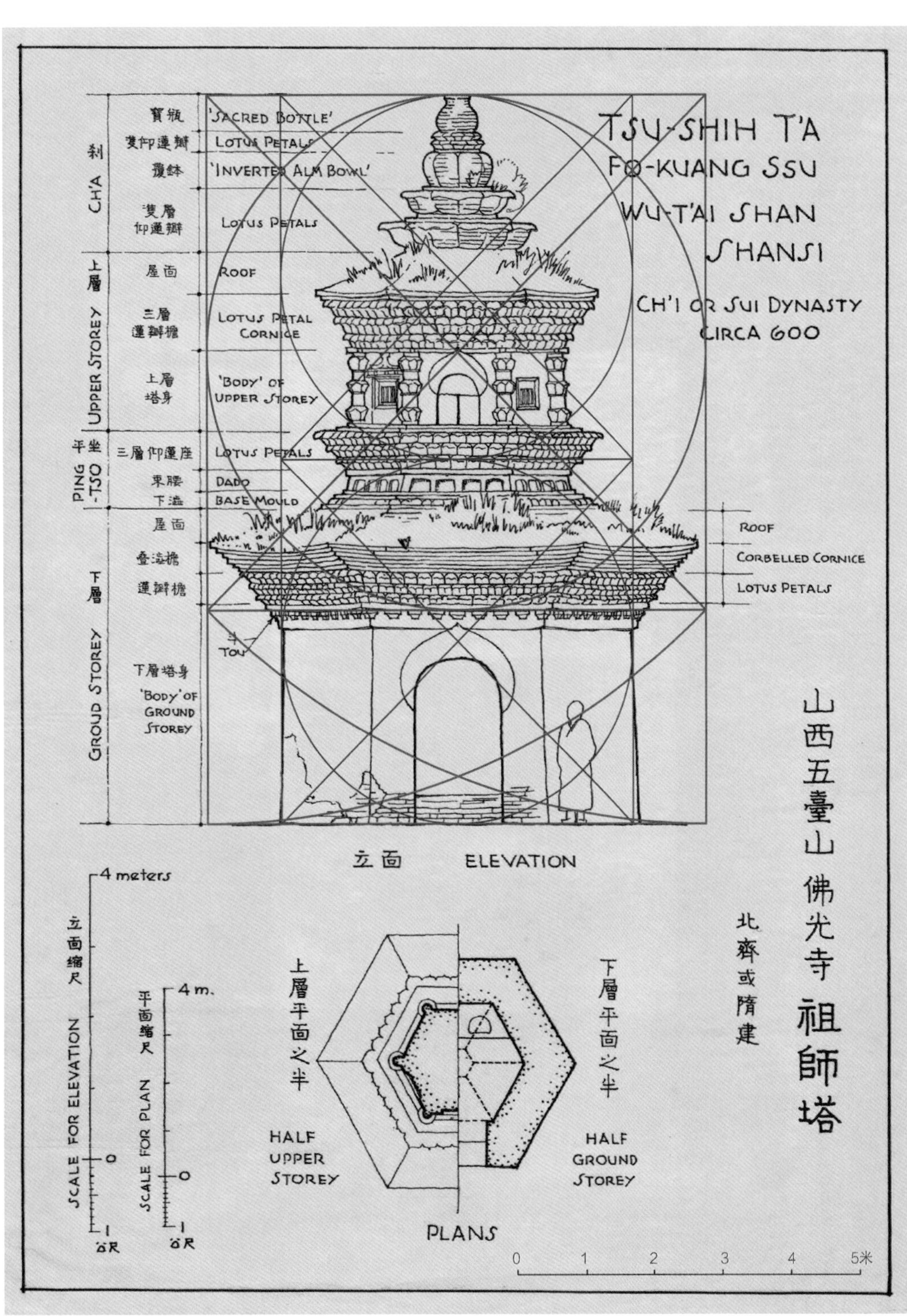

图9-17 佛光寺祖师塔正立面分析图
底图来源：中国国家图书馆藏

图9-18　西安大雁塔正立面分析图一
底图来源：《陕西古建筑》（2015）

图9-19　西安大雁塔正立面分析图二
底图来源：《陕西古建筑》(2015)

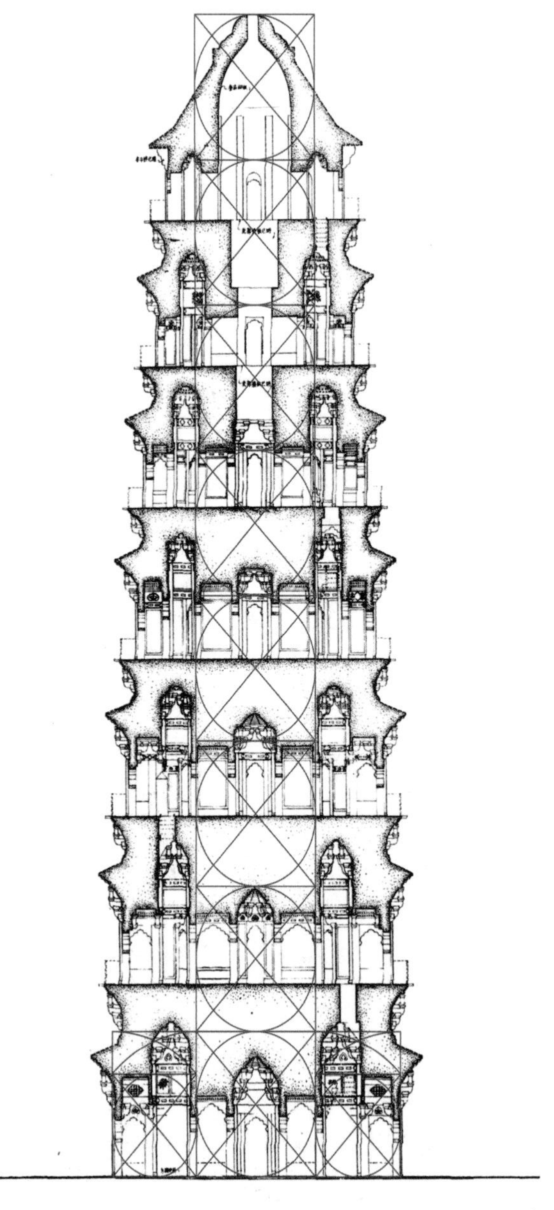

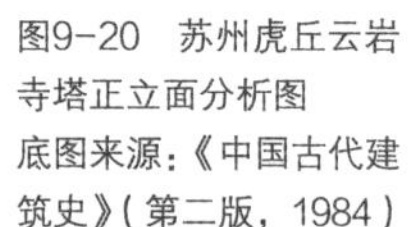
图9-20　苏州虎丘云岩寺塔正立面分析图
底图来源：《中国古代建筑史》（第二版，1984）

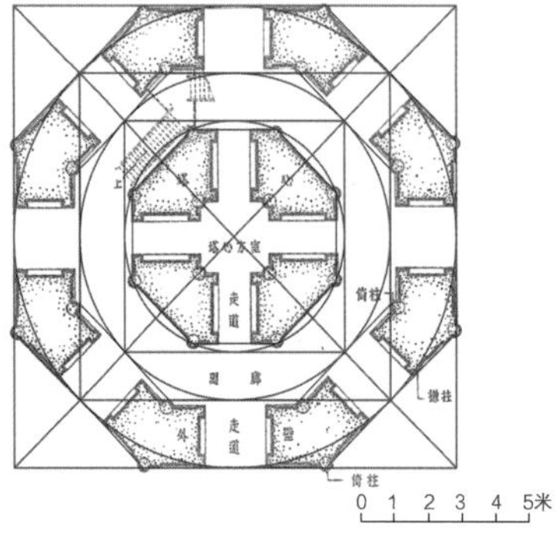

图9-21　苏州虎丘云岩寺塔平面分析图
底图来源：《中国古代建筑史》（第二版，1984）

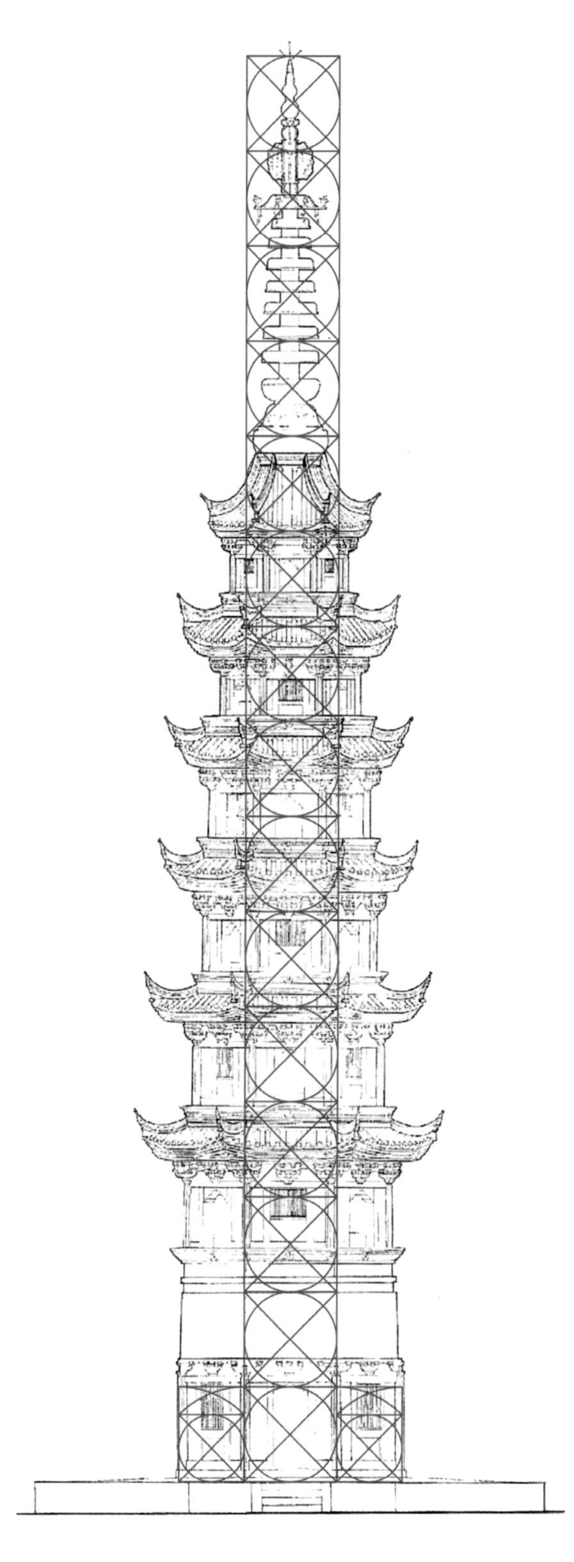

0 1 2 3 4 5米

图9-22 苏州罗汉院双塔正立面分析图
底图来源:《中国古代建筑史·第三卷:宋、辽、金、西夏建筑》(第二版,2009)

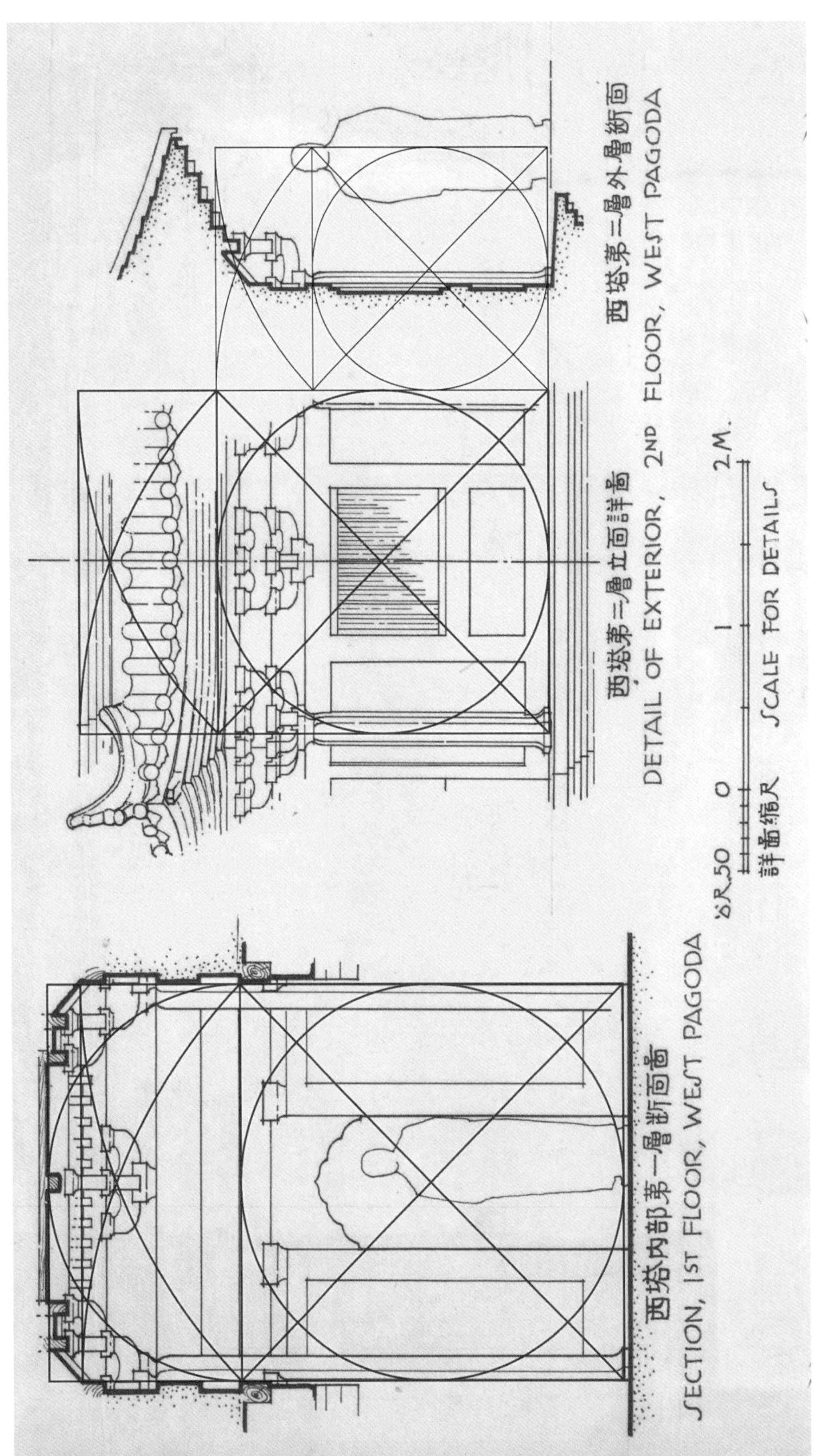

图9-23 苏州罗汉院双塔平面及首层分析图
底图来源：清华大学建筑学院中国营造学社纪念馆藏

图9-24 内蒙古辽庆州白塔正立面分析图
底图来源：《中国古代建筑史·第三卷：宋、辽、金、西夏建筑》（第二版，2009）

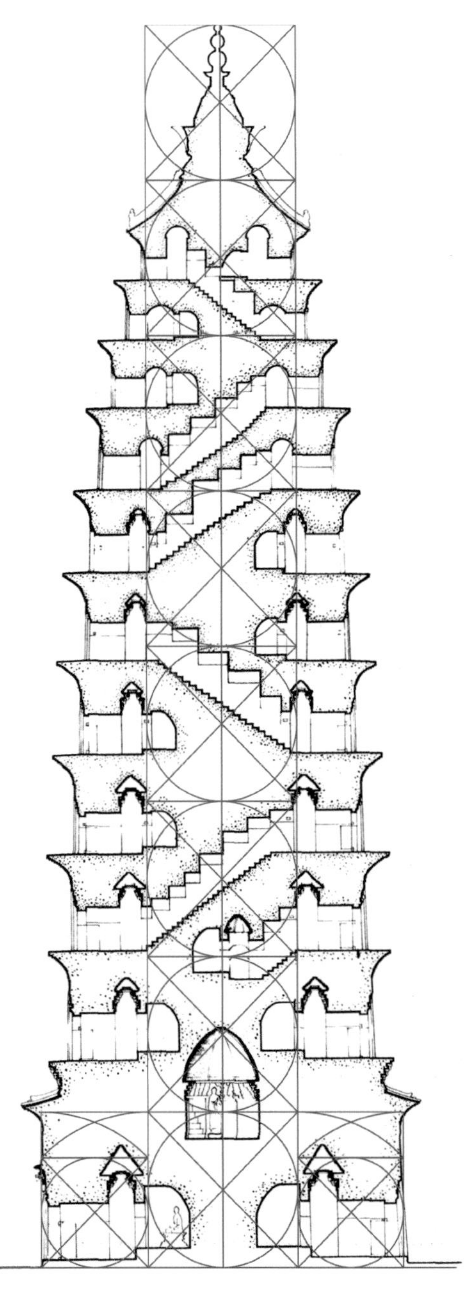

0 1 2 3 4 5米

图9-25　河北定州料敌塔正立面分析图
底图来源：《中国古代建筑史》（第二版，1984）

0 1 2 3 4 5米

图9-26　河北定州料敌塔平面分析图
底图来源：《中国古代建筑史》（第二版，1984）

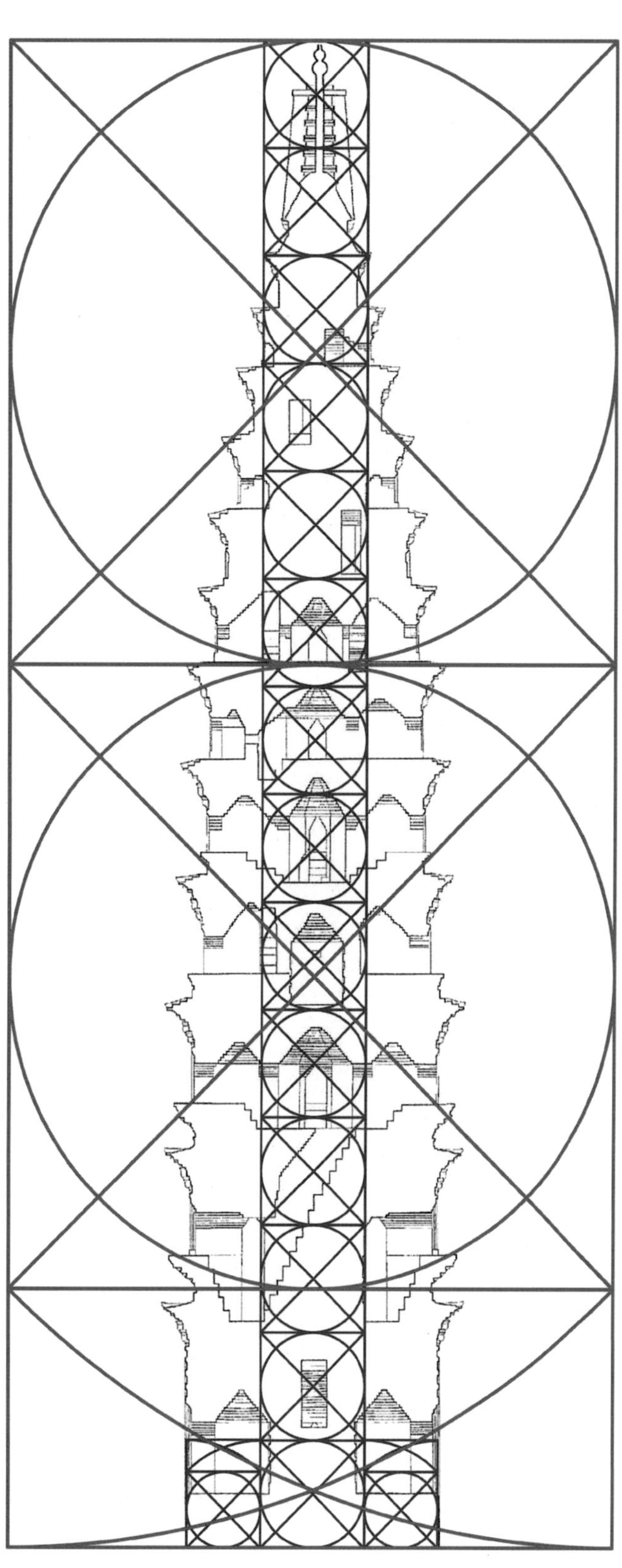

图9-27　安徽蒙城万佛塔正立面分析图
底图来源：《中国古代建筑史·第三卷：宋、辽、金、西夏建筑》（第二版，2009）

图9-28 北京颐和园花承阁琉璃塔正立面分析图
底图来源：《中国古典园林建筑图录·北方园林》（2015）

0 5 10米

图9-29　嵩岳寺塔正立面分析图一
底图来源：《中国古代建筑史》（第二版，1984）

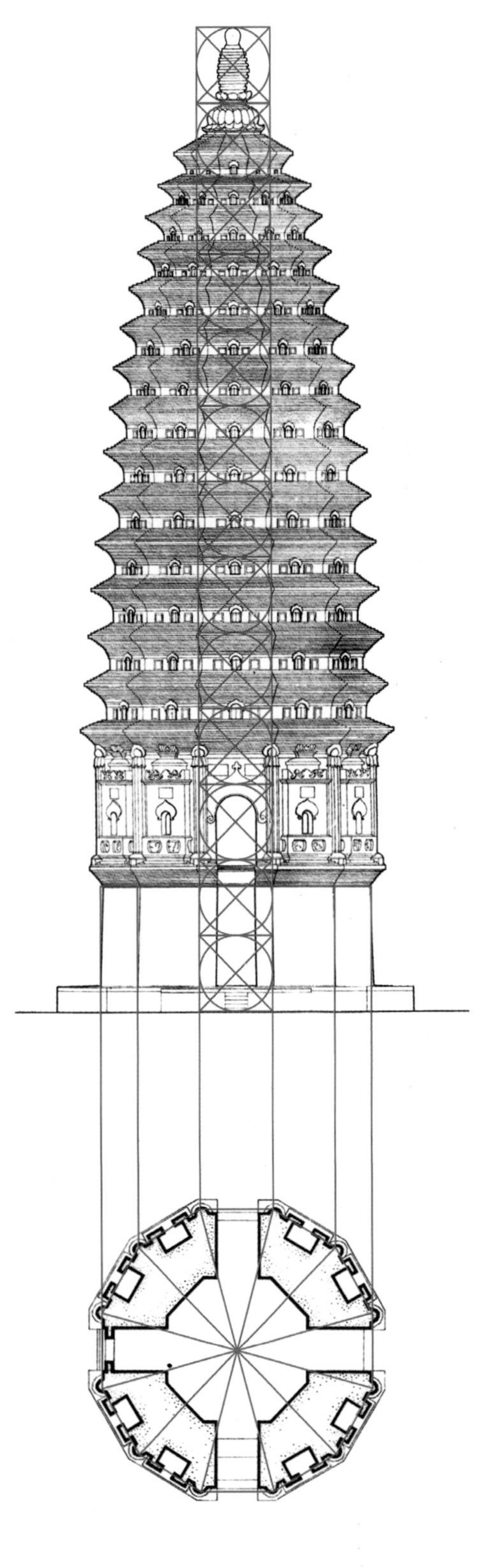

0 5 10米

图9-30 嵩岳寺塔正立面分析图二
底图来源：《中国古代建筑史》（第二版，1984）

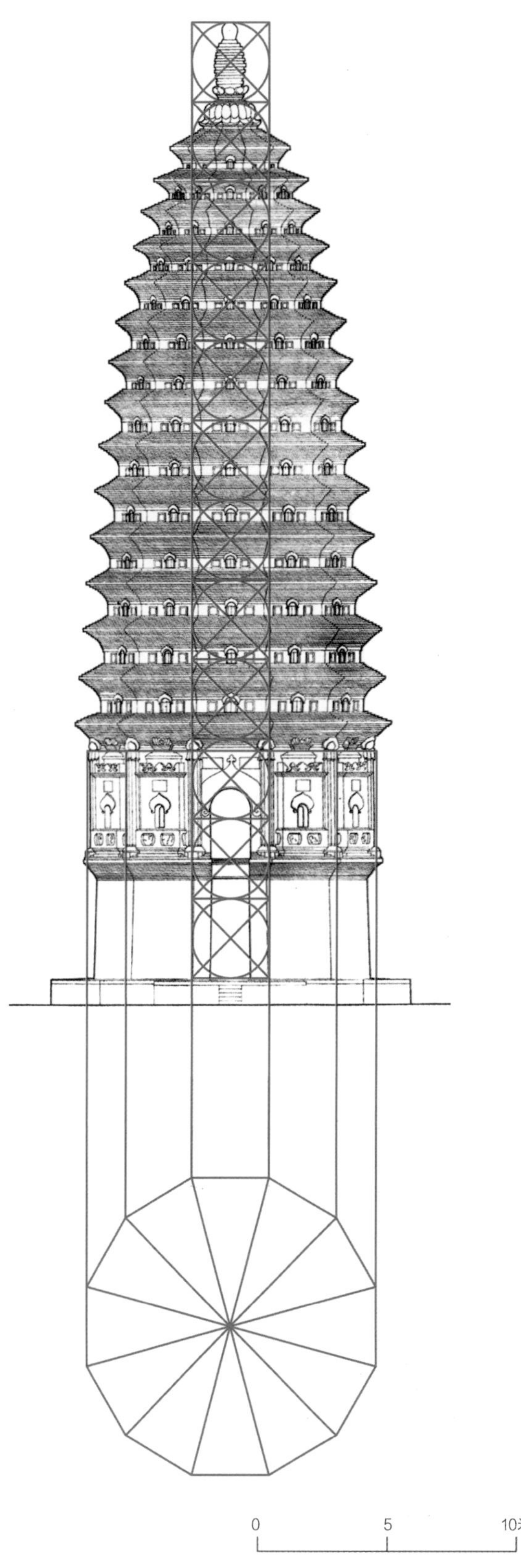

图9-31　嵩岳寺塔正立面分析图三
底图来源：《中国古代建筑史》（第二版，1984）

图9-32　嵩岳寺塔平面分析图
底图来源：《中国古代建筑史》（第二版，1984）

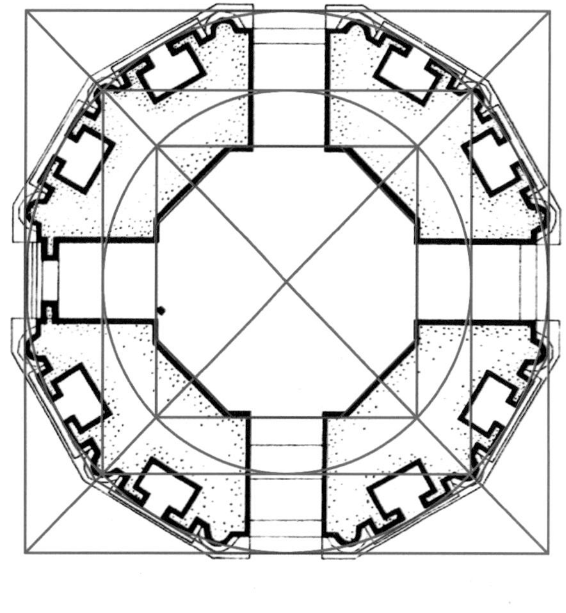

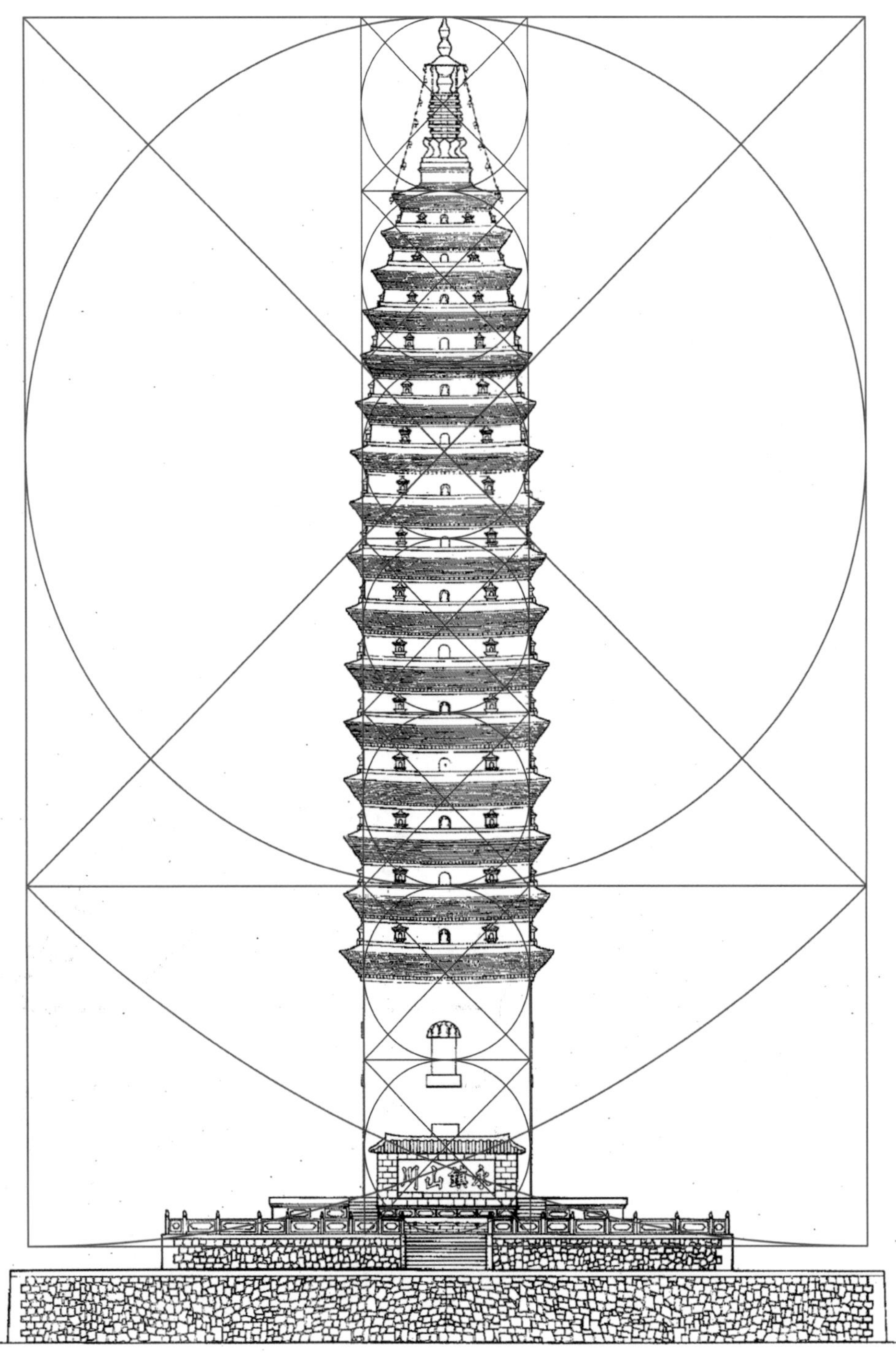

图9-33 大理崇圣寺千寻塔正立面分析图
底图来源：《大理崇圣寺三塔》(1998)

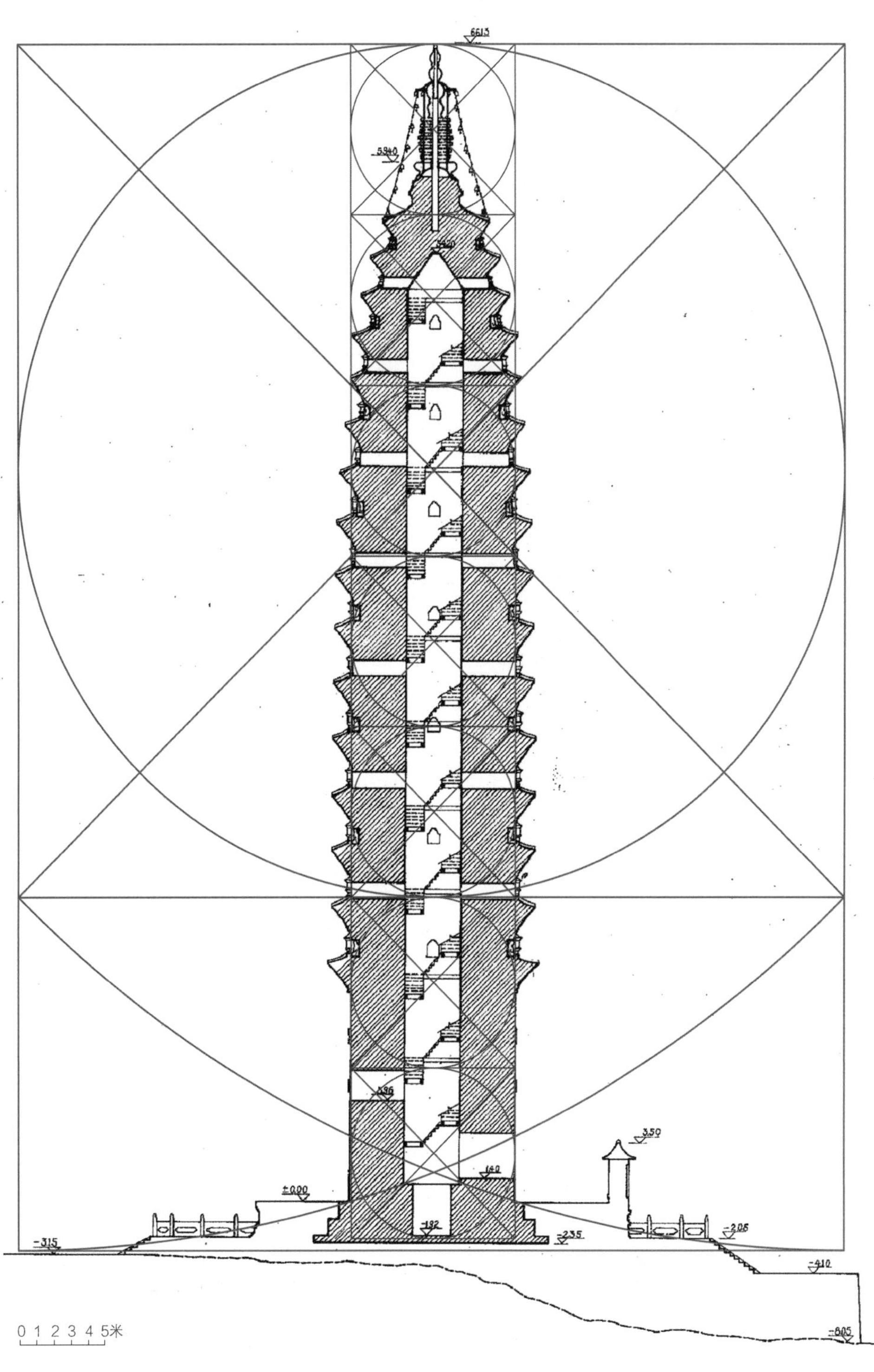

图9-34 大理崇圣寺千寻塔剖面分析图
底图来源：《大理崇圣寺三塔》(1998)

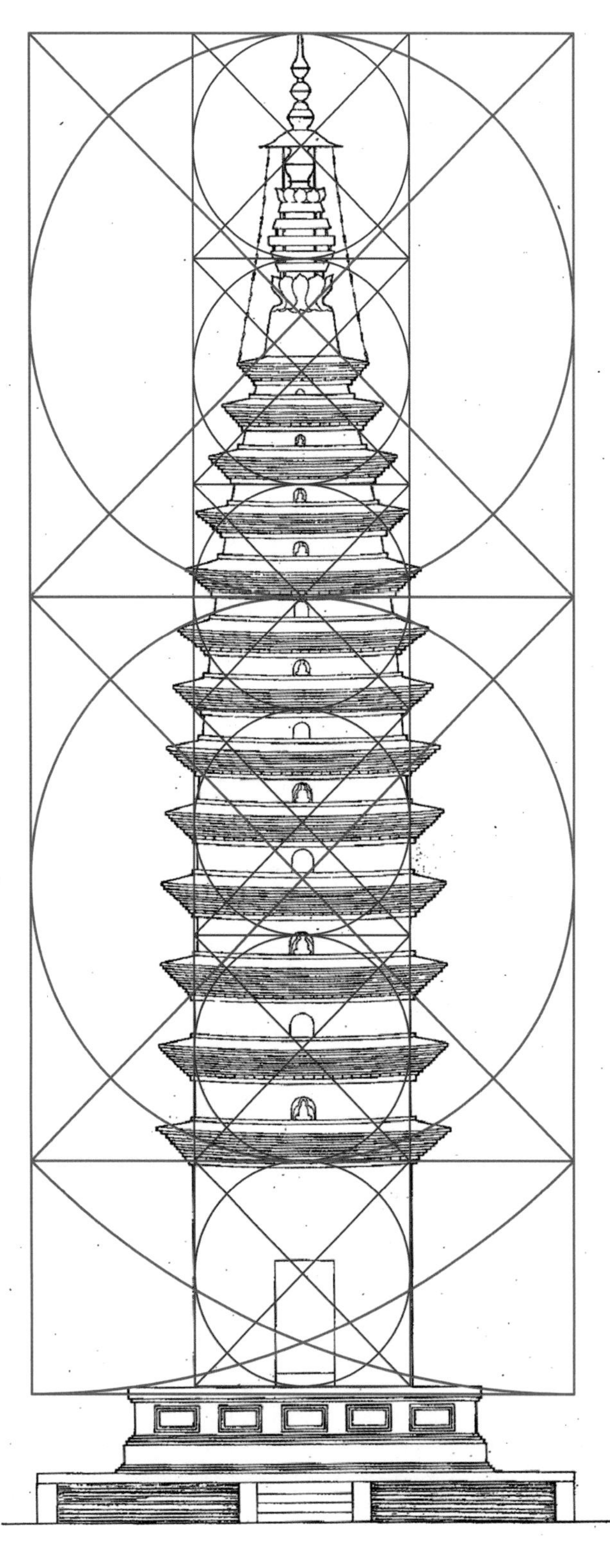

图9-35　大理佛图寺塔正立面分析图
底图来源：《大理崇圣寺三塔》（1998）

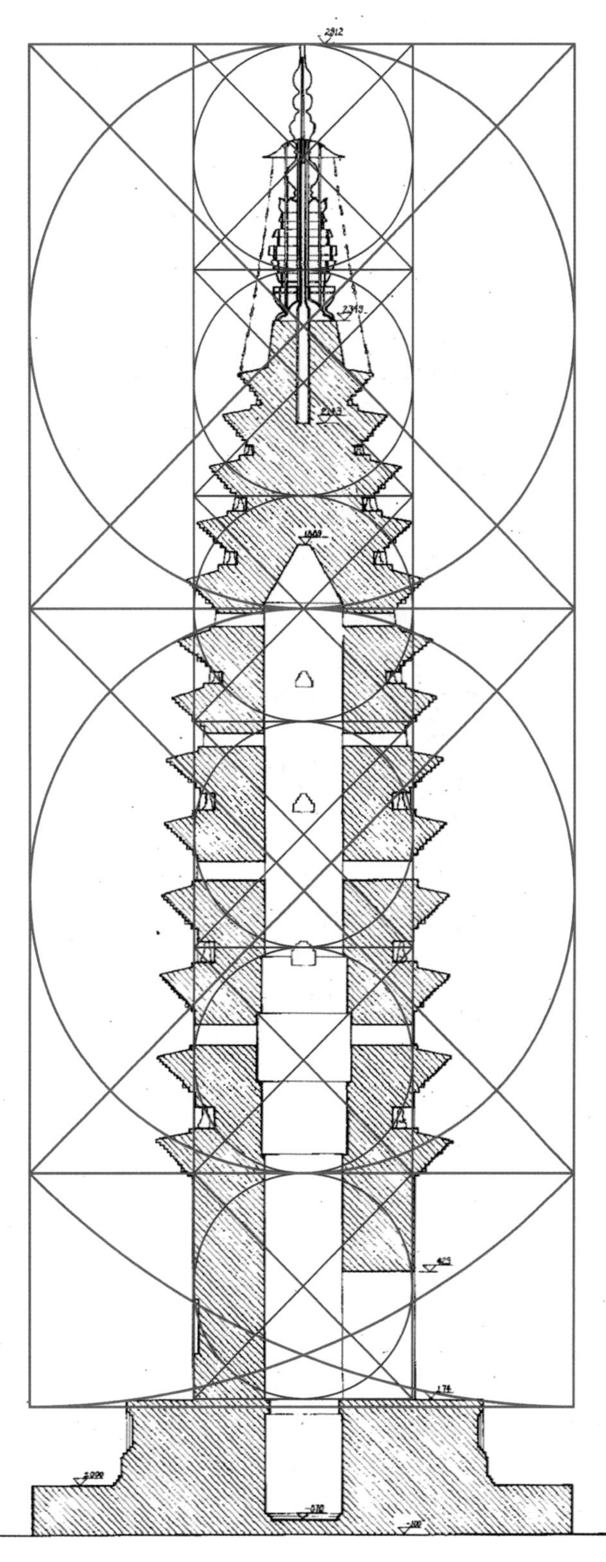

图9-36　大理佛图寺塔
剖面分析图
底图来源：《大理崇圣寺
三塔》(1998)

图9-37 山西灵丘觉山寺塔正立面分析图
底图来源:《山西灵丘觉山寺辽代砖塔》(载于《文物》1996年第2期)

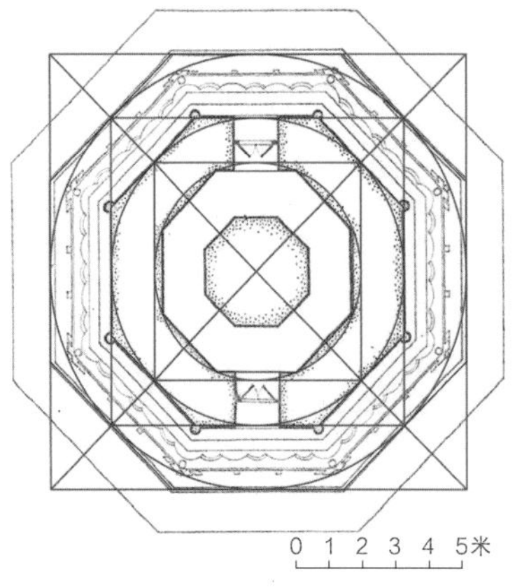

图9-38 山西灵丘觉山寺塔平面分析图
底图来源:《中国古代建筑史》(第二版, 1984)

图9-39　北京天宁寺塔正立面分析图一
底图来源：王南、张晓、李旻华、周翘楚测绘

图9-40　北京天宁寺塔正立面分析图二
底图来源：王南、张晓、李旻华、周翘楚测绘

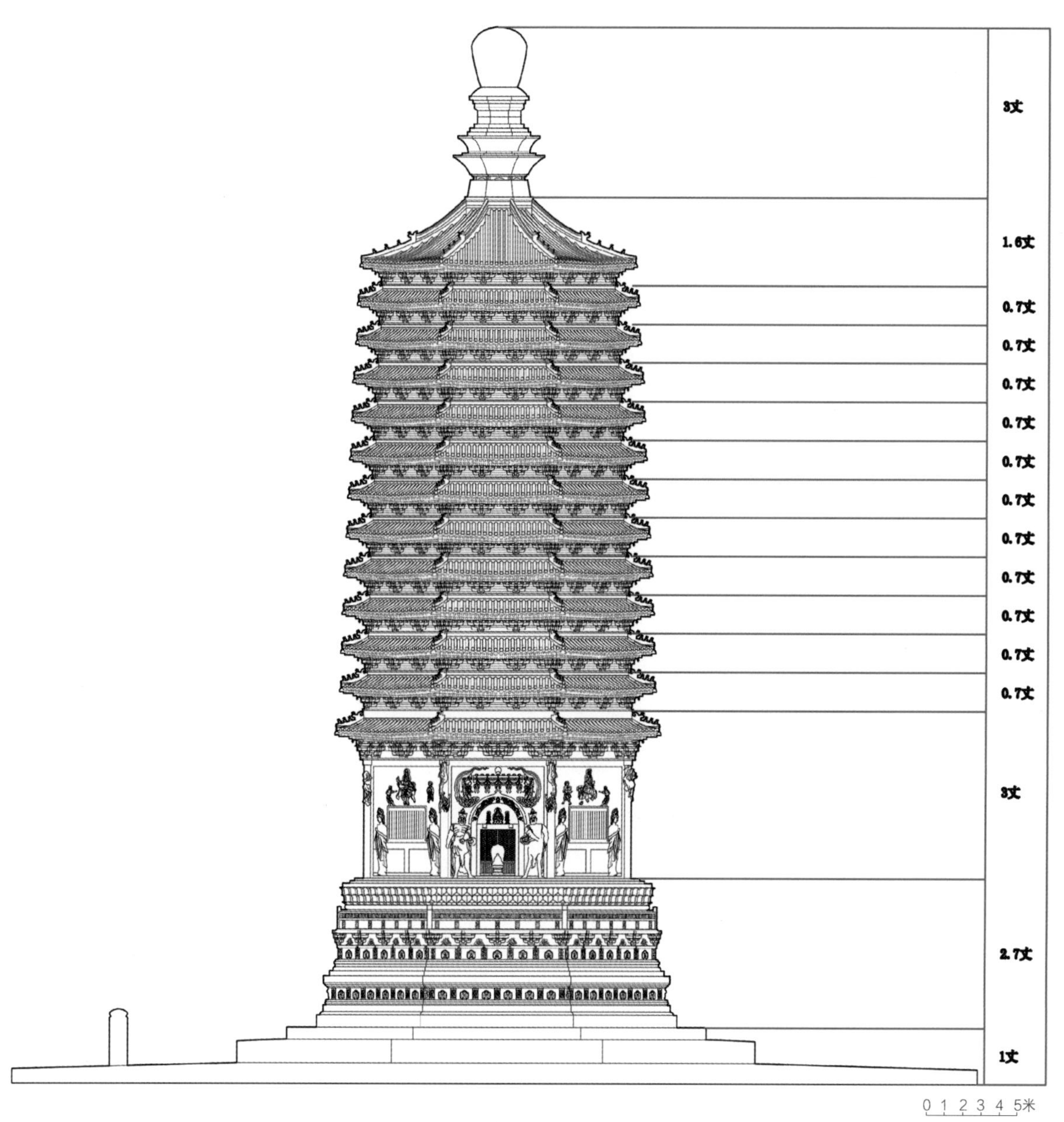

图9-41　北京天宁寺塔正立面分析图三
底图来源：王南、张晓、李旻华、周翘楚测绘

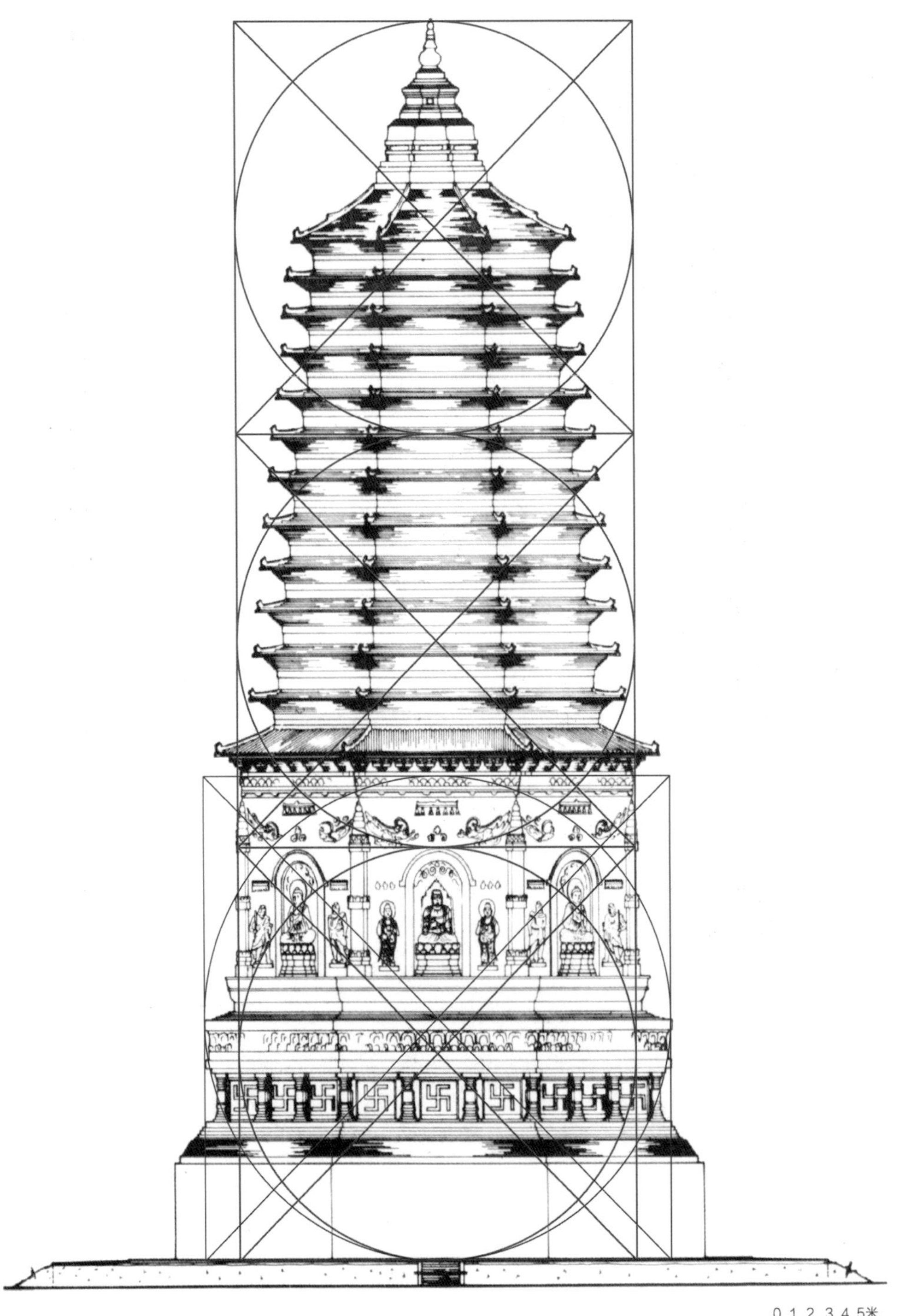

图9-42 辽中京大明塔正立面分析图
底图来源:《辽中京塔的年代及其结构》(《古建园林技术》1985年第2期)

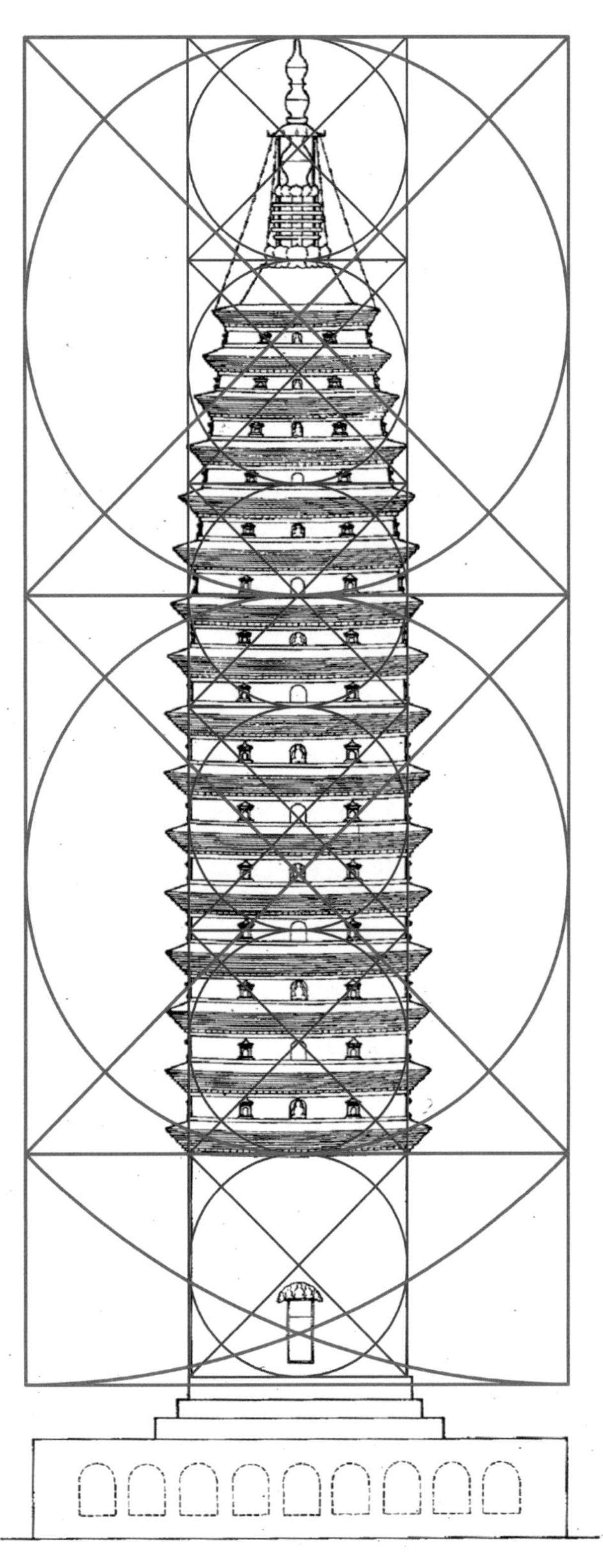

图9-43 大理宏圣寺塔
正立面分析图
底图来源：《大理崇圣寺三塔》（1998）

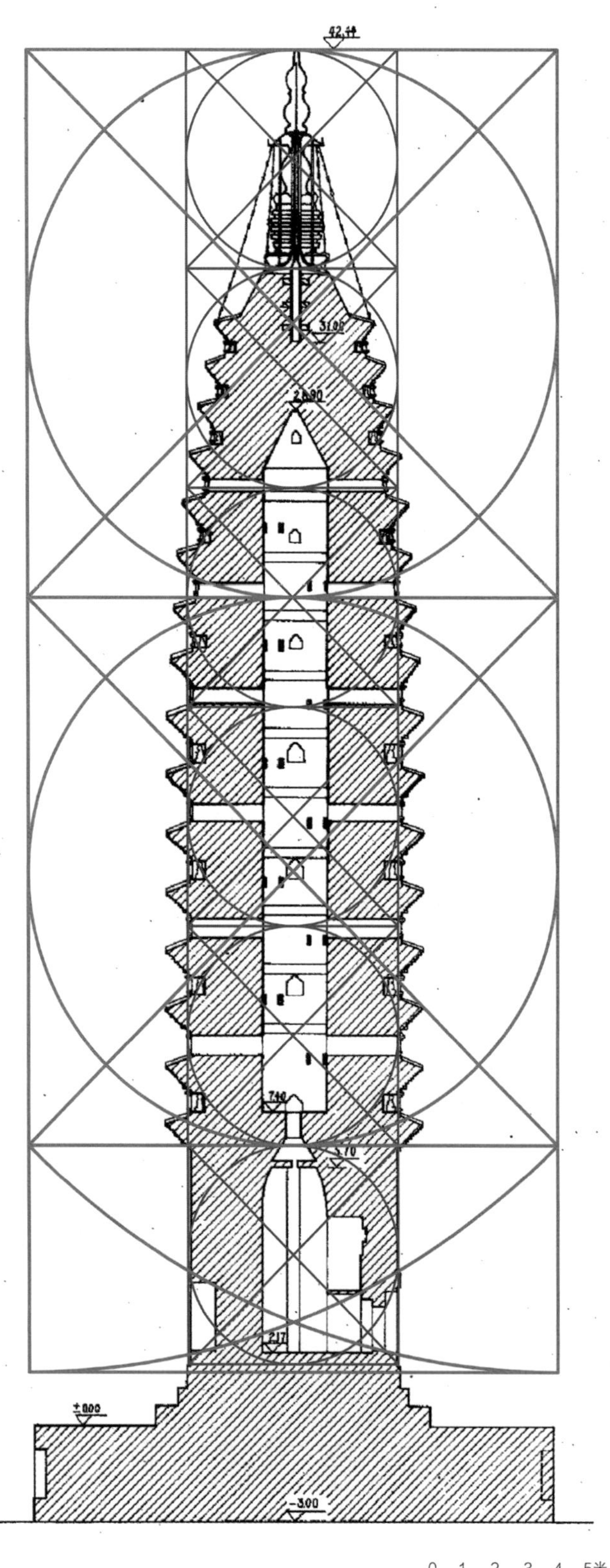

图9-44 大理宏圣寺塔
剖面分析图
底图来源:《大理崇圣寺
三塔》(1998)

图9-45 大理崇圣寺南塔正立面分析图
底图来源:《大理崇圣寺三塔》(1998)

图9-46　北京慈寿寺塔（玲珑塔）正立面分析图
底图来源：王南、张晓、卢清新测绘

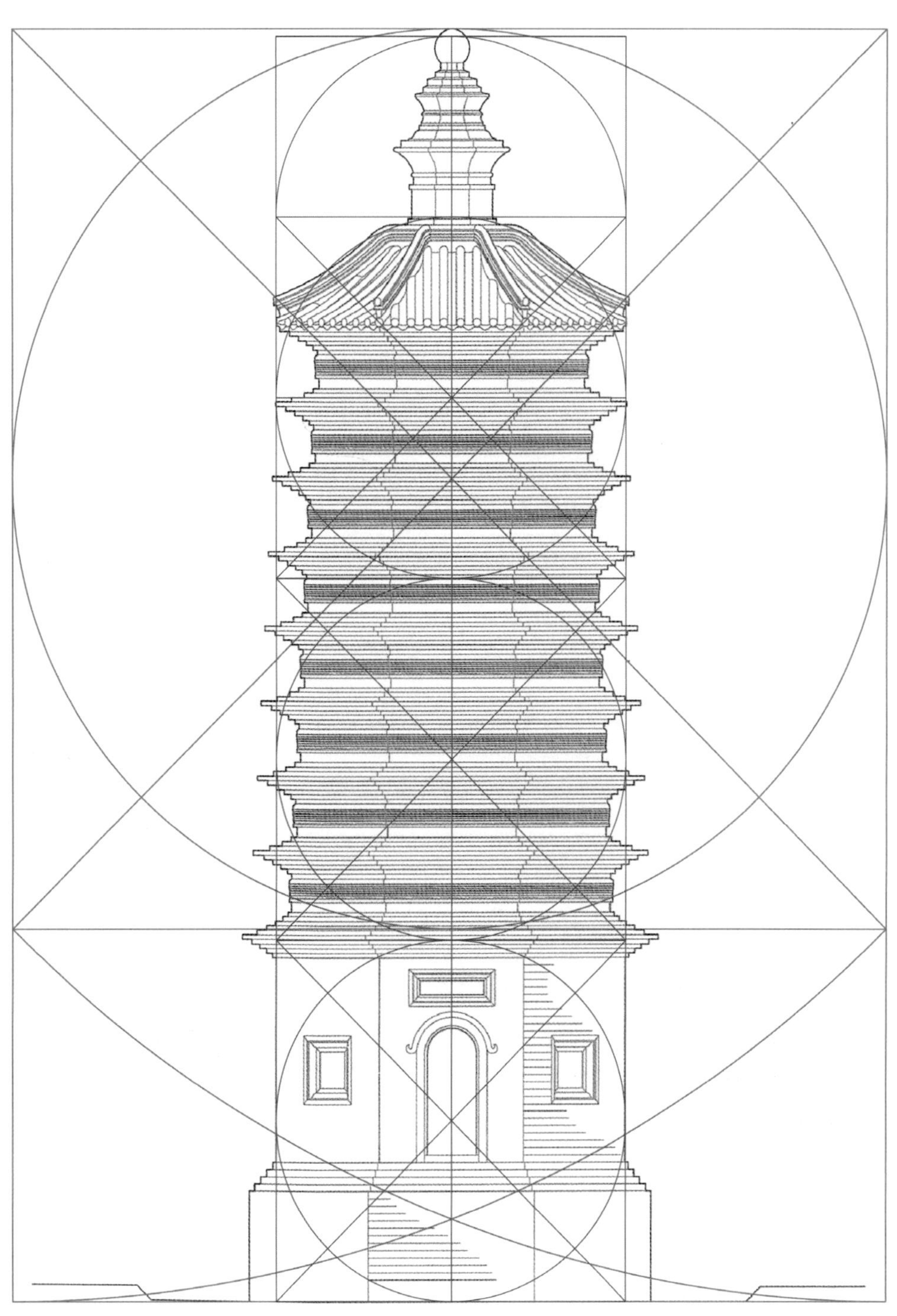

图9-47　北京万松老人塔正立面分析图
底图来源：《北京古建文化丛书：塔桥》（2014）

0　1　2　3　4　5米

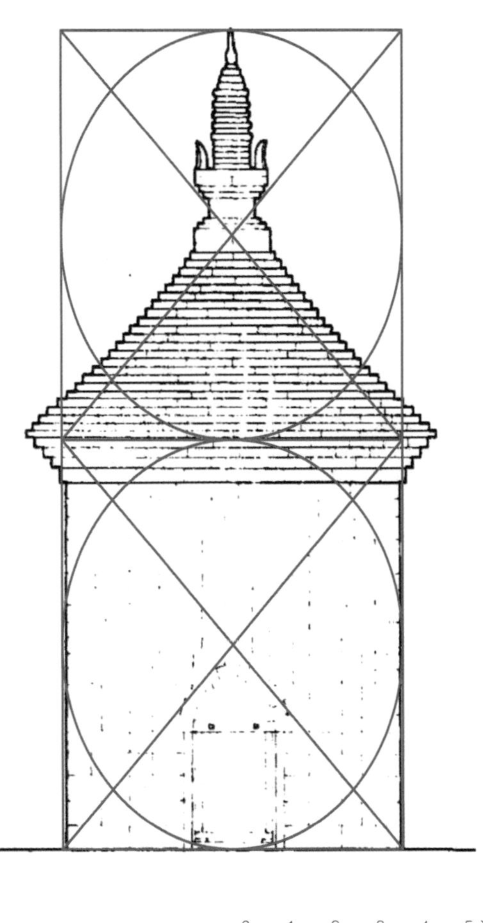

图9-48　山东历城神通寺四门塔正立面分析图
底图来源：《四门塔的维修与研究》（载于《古建园林技术》1996年6月）

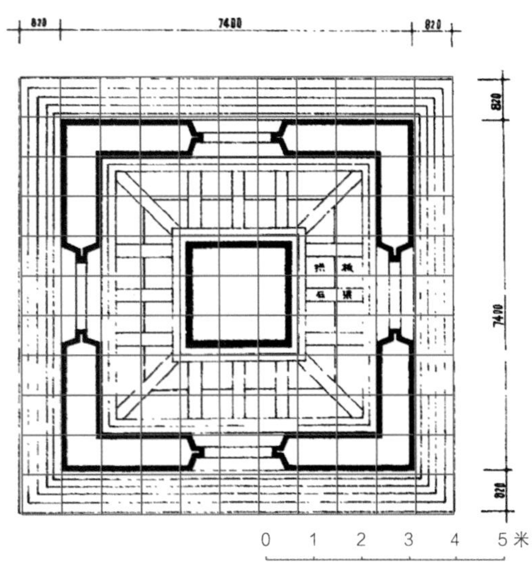

图9-49　山东历城神通寺四门塔平面分析图
底图来源：《四门塔的维修与研究》（载于《古建园林技术》1996年6月）

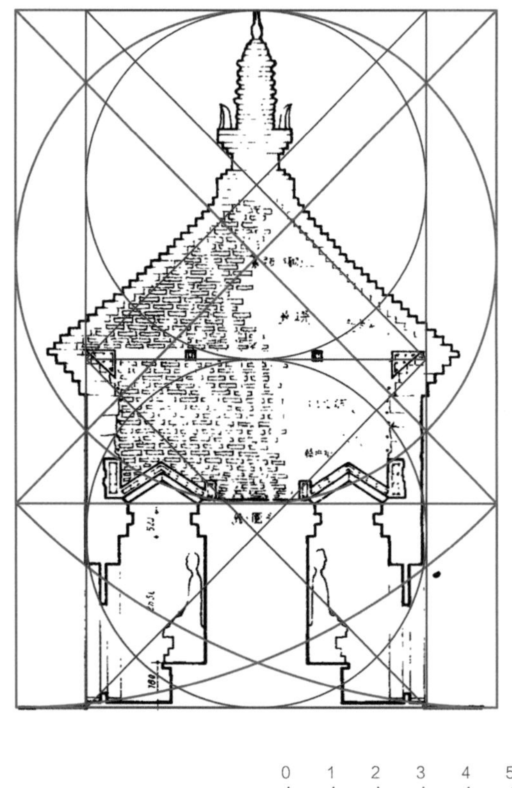

图9-50　山东历城神通寺四门塔剖面分析图
底图来源：《四门塔的维修与研究》（载于《古建园林技术》1996年6月）

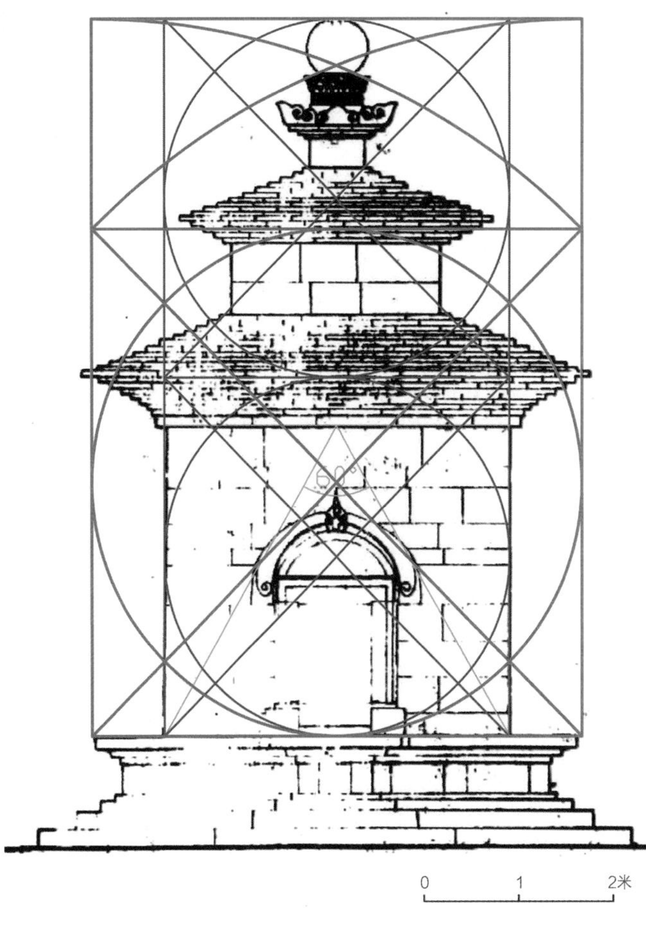

图9-51　山东长清灵岩寺慧崇塔正立面分析图
底图来源：《灵岩寺慧崇塔的修缮及其特点》（《古建园林技术》1996年第3期）

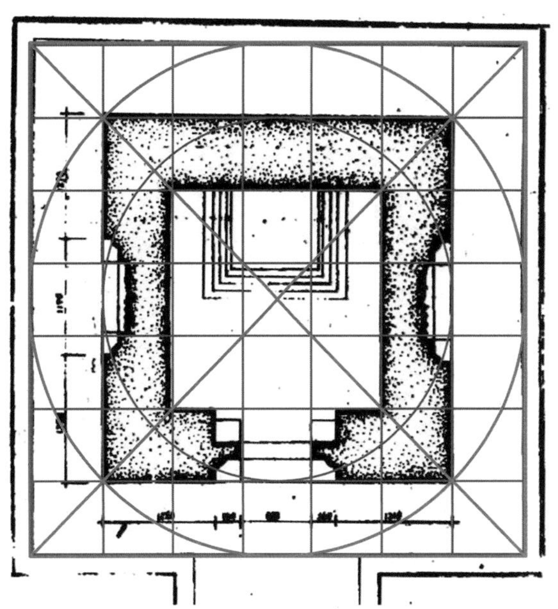

图9-52　山东长清灵岩寺慧崇塔平面分析图
底图来源：《灵岩寺慧崇塔的修缮及其特点》（《古建园林技术》1996年第3期）

图9-53 山西运城泛舟禅师塔正立面分析图
底图来源：《山西古建筑》（下册，2015）

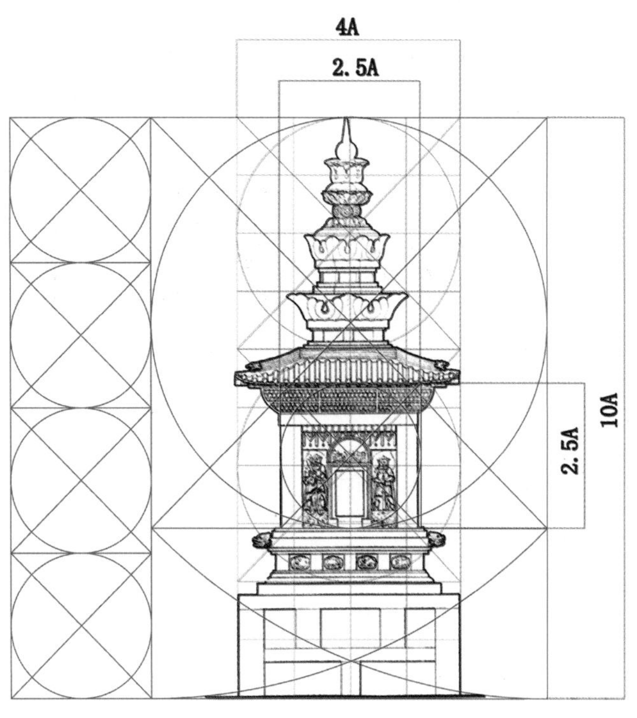

图9-54 山西平顺海会院明惠禅师塔正立面分析图
底图来源：《中国古代建筑史》（第二版，1984）

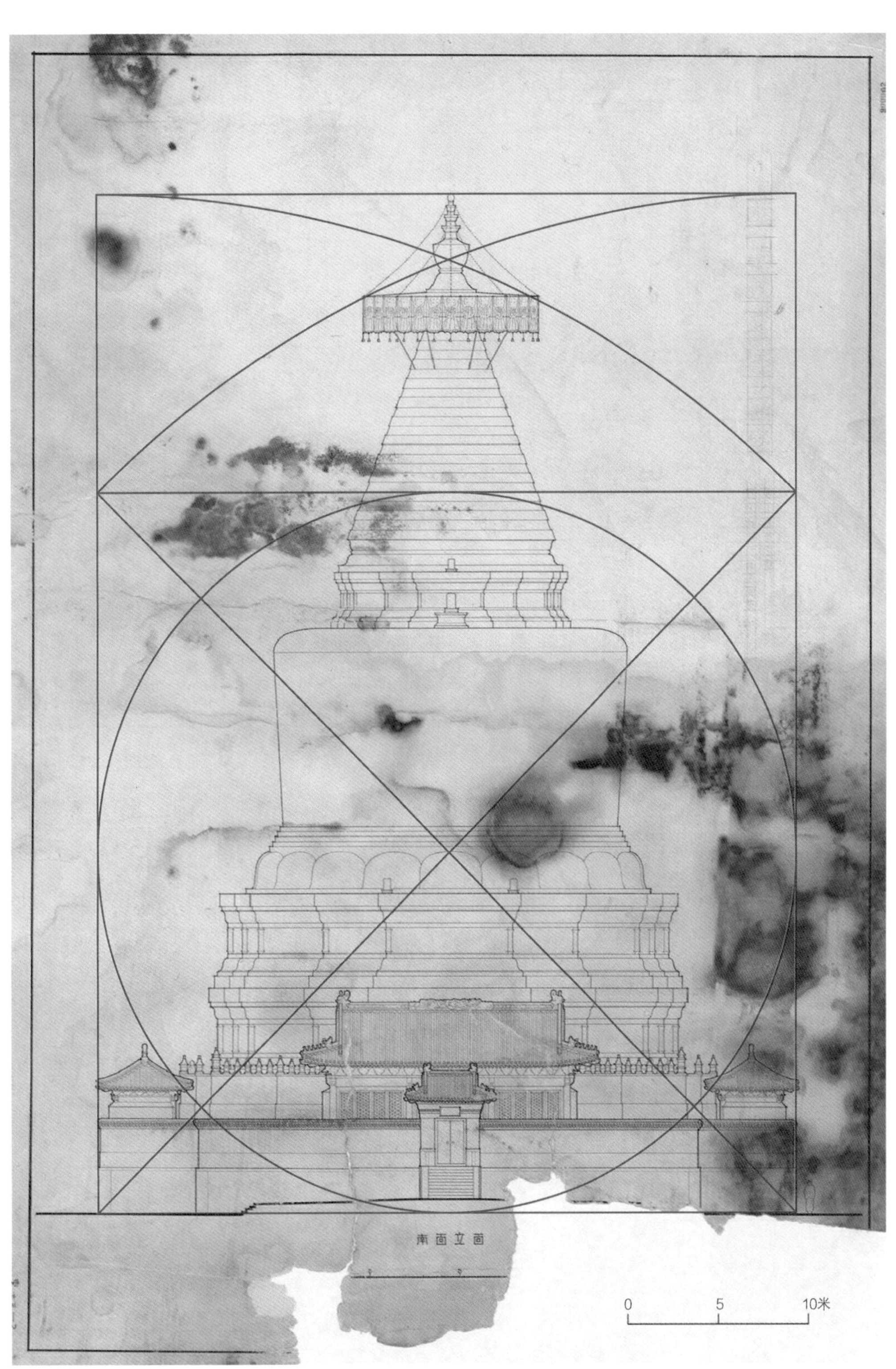

图9-55 北京妙应寺白塔正立面分析图一
底图来源：清华大学建筑学院中国营造学社纪念馆藏

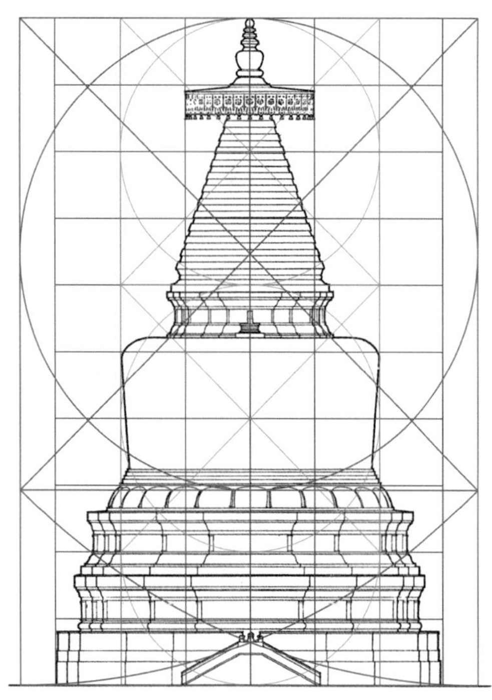

图9-56 北京妙应寺白塔正立面分析图二
底图来源:《中国古代建筑史》(第二版，1984)

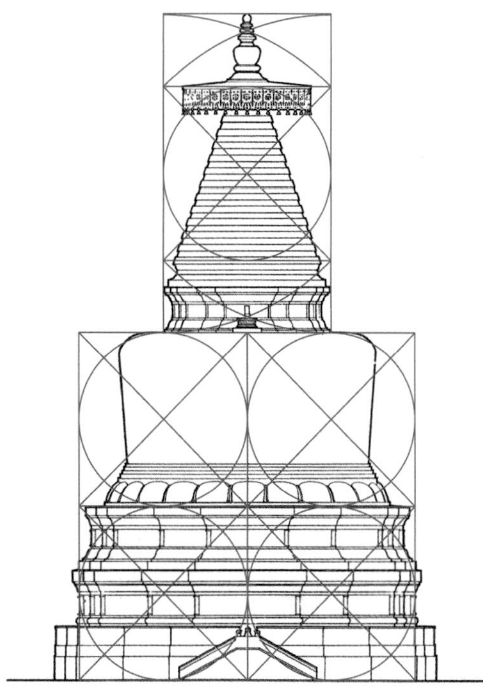

图9-57 北京妙应寺白塔正立面分析图三
底图来源:《中国古代建筑史》(第二版，1984)

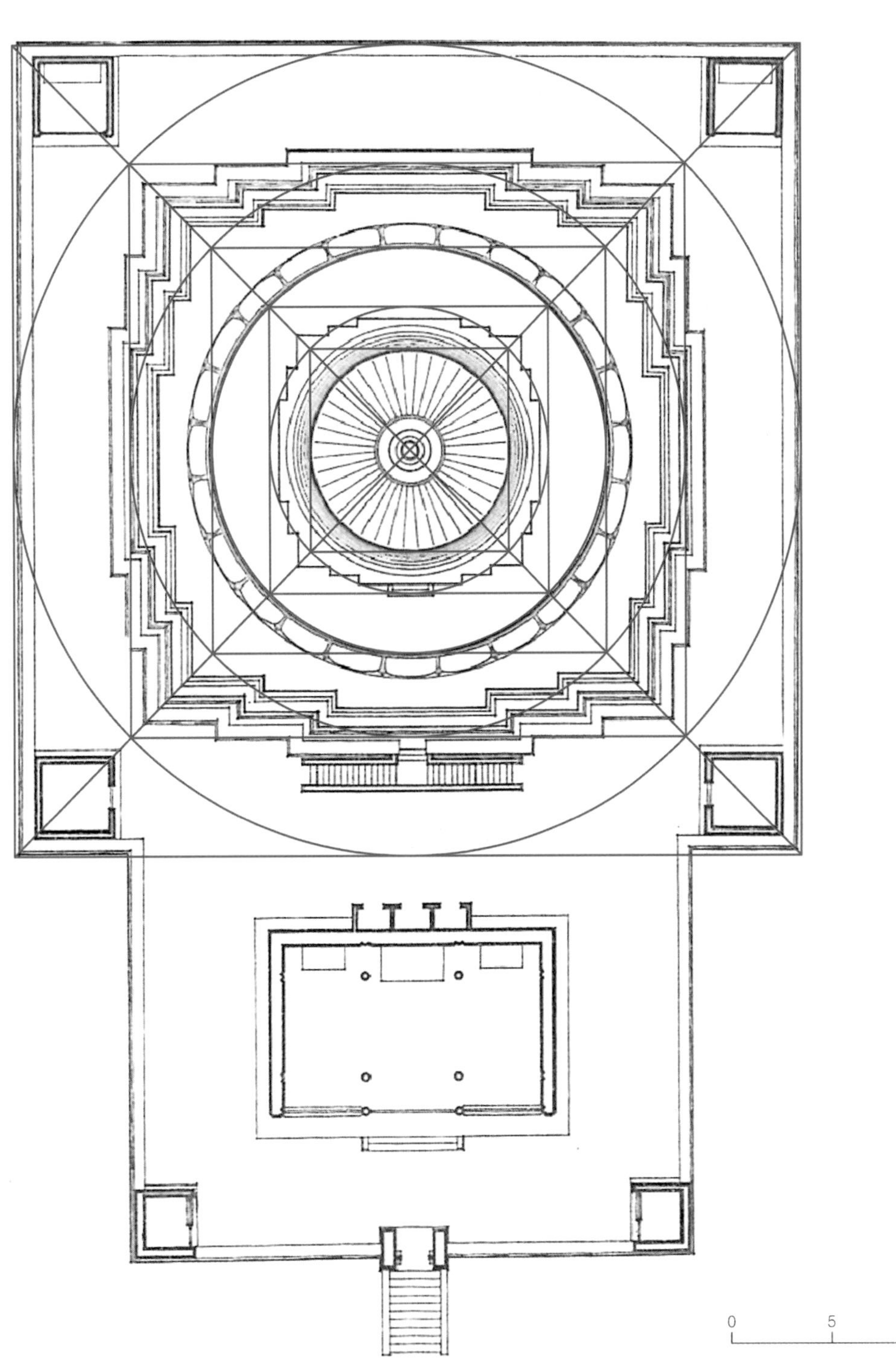

图9-58　北京妙应寺白塔平面分析图
底图来源：《中国古代建筑史》（第二版，1984）

图9-59 五台山塔院寺白塔正立面分析图一
底图来源：《中国古建筑测绘十年：2000~2010清华大学建筑学院测绘图集》（上册，2011）

图9-60　五台山塔院寺白塔正立面分析图二
底图来源：《中国古建筑测绘十年：2000~2010清华大学建筑学院测绘图集》（上册，2011）

图9-61 五台山塔院寺白塔正立面分析图三
底图来源：《中国古建筑测绘十年：2000~2010清华大学建筑学院测绘图集》(上册，2011)

图9-62　山西代县阿育王塔正立面分析图
底图来源：《山西古建筑》（下册，2015）

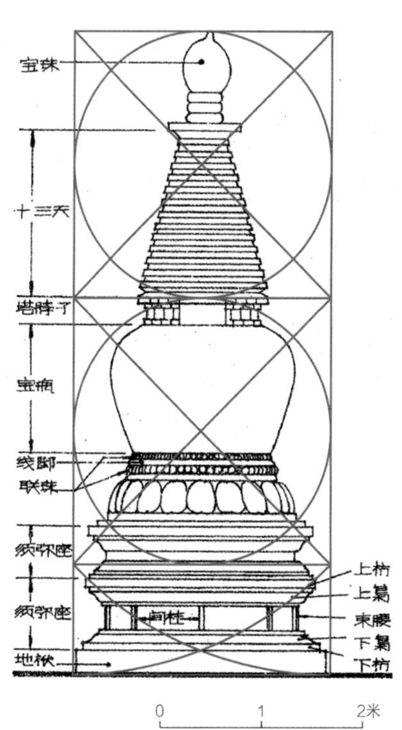

图9-63　北京护国寺西塔正立面分析图一
底图来源：刘敦桢《北平护国寺残迹》（《中国营造学社汇刊》第六卷第二期，1935）

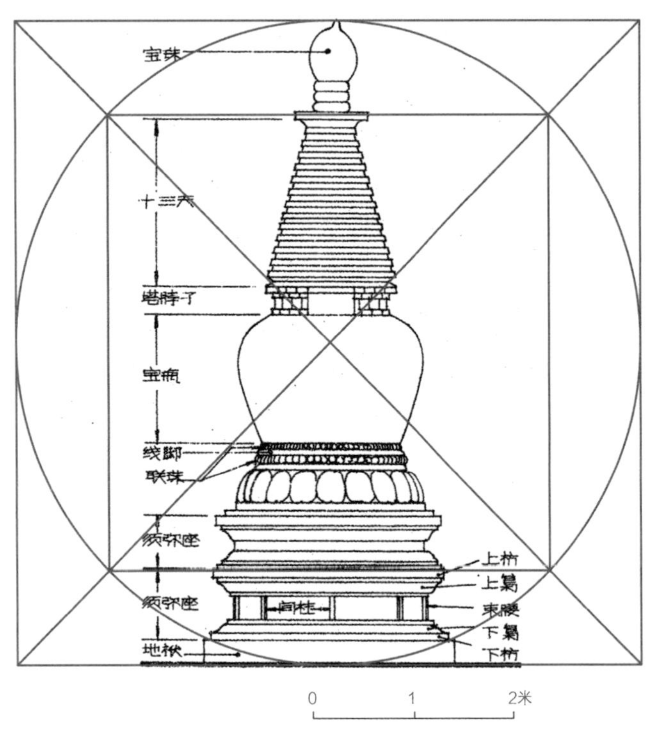

图9-64 北京护国寺西塔正立面分析图二
底图来源：刘敦桢《北平护国寺残迹》(《中国营造学社汇刊》第六卷第二期，1935)

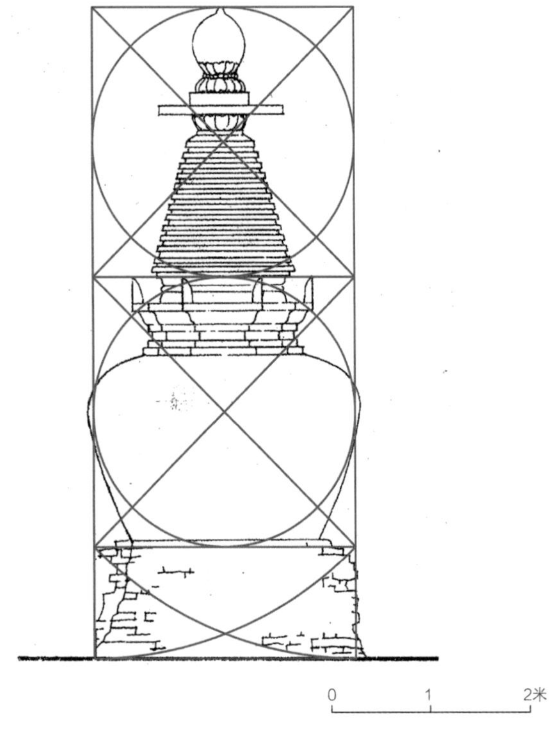

图9-65 北京护国寺东塔正立面分析图
底图来源：刘敦桢《北平护国寺残迹》(《中国营造学社汇刊》第六卷第二期，1935)

图9-66　北京北海永安寺白塔立面分析图
底图来源：《中国古建筑测绘大系·园林建筑：北海》(2015)

图9-67 北京颐和园须弥灵镜西北塔立面分析图
底图来源：《中国古建筑测绘大系·园林建筑：颐和园》（2015）

图9-68 北京颐和园须弥灵镜东北塔立面分析图
底图来源：《中国古建筑测绘大系·园林建筑：颐和园》（2015）

图9-69　北京颐和园须弥灵镜西南塔立面分析图
底图来源：《中国古建筑测绘大系·园林建筑：颐和园》（2015）

图9-70　北京颐和园须弥灵镜东南塔立面分析图
底图来源：《中国古建筑测绘大系·园林建筑：颐和园》（2015）

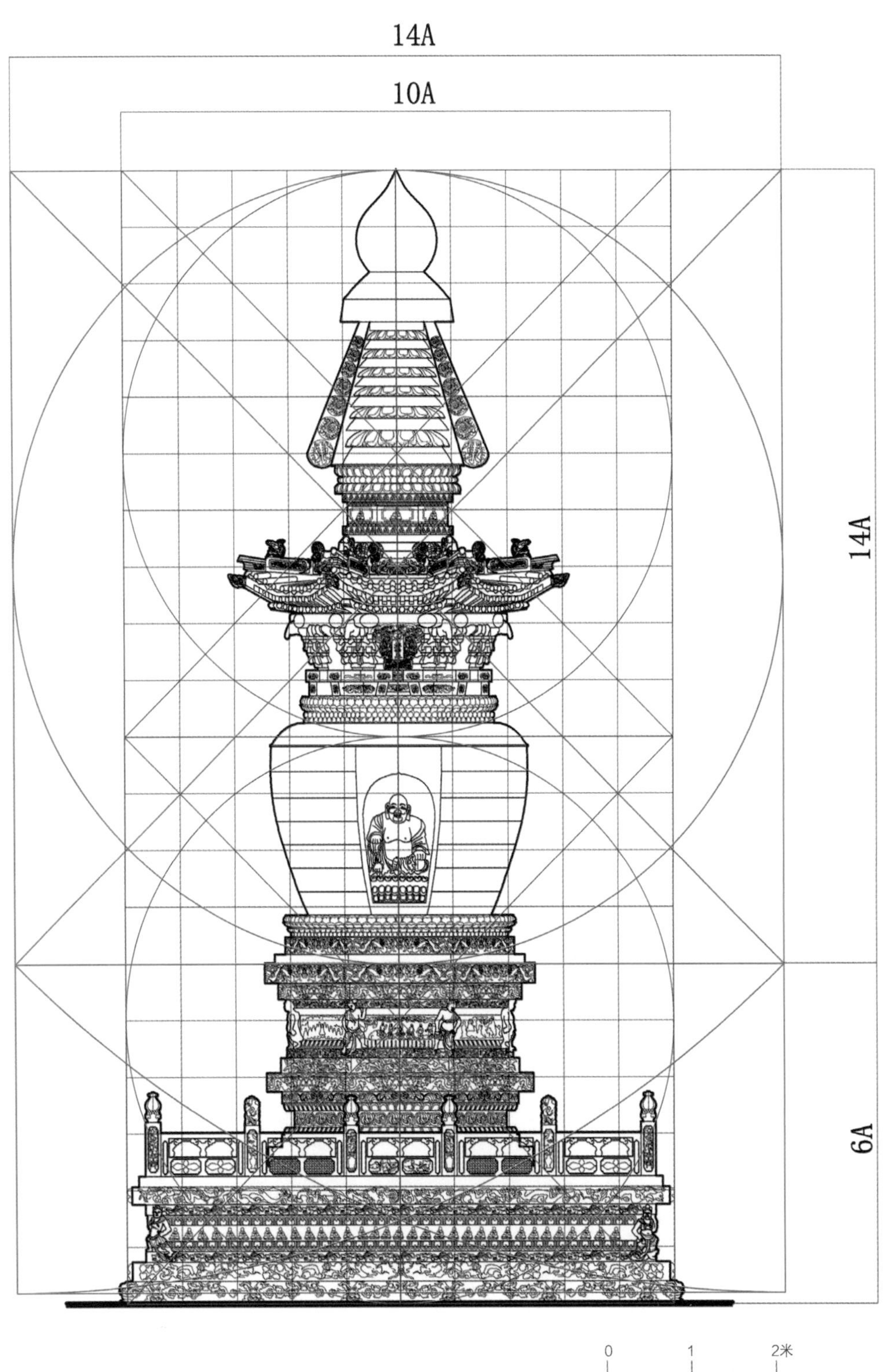

图9-71 五台山龙泉寺普济墓塔正立面分析图
底图来源：《中国古建筑测绘十年：2000~2010清华大学建筑学院测绘图集》(上册，2011)

图9-72　北京正觉寺金刚宝座塔正立面分析图
底图来源：王南、王军、贺从容、司薇、孙广懿、王希尧、池旭、蔡安平测绘

图9-73　湖北襄樊广德寺金刚宝座塔正立面分析图
底图来源：《中国古代建筑史》（第四卷：元、明建筑，2009年第二版）

图9-74　北京云居寺北塔正立面分析图一
底图来源：王南、张晓、王军、卢清新测绘

图9-75　北京云居寺北塔正立面分析图二
底图来源：王南、张晓、王军、卢清新测绘

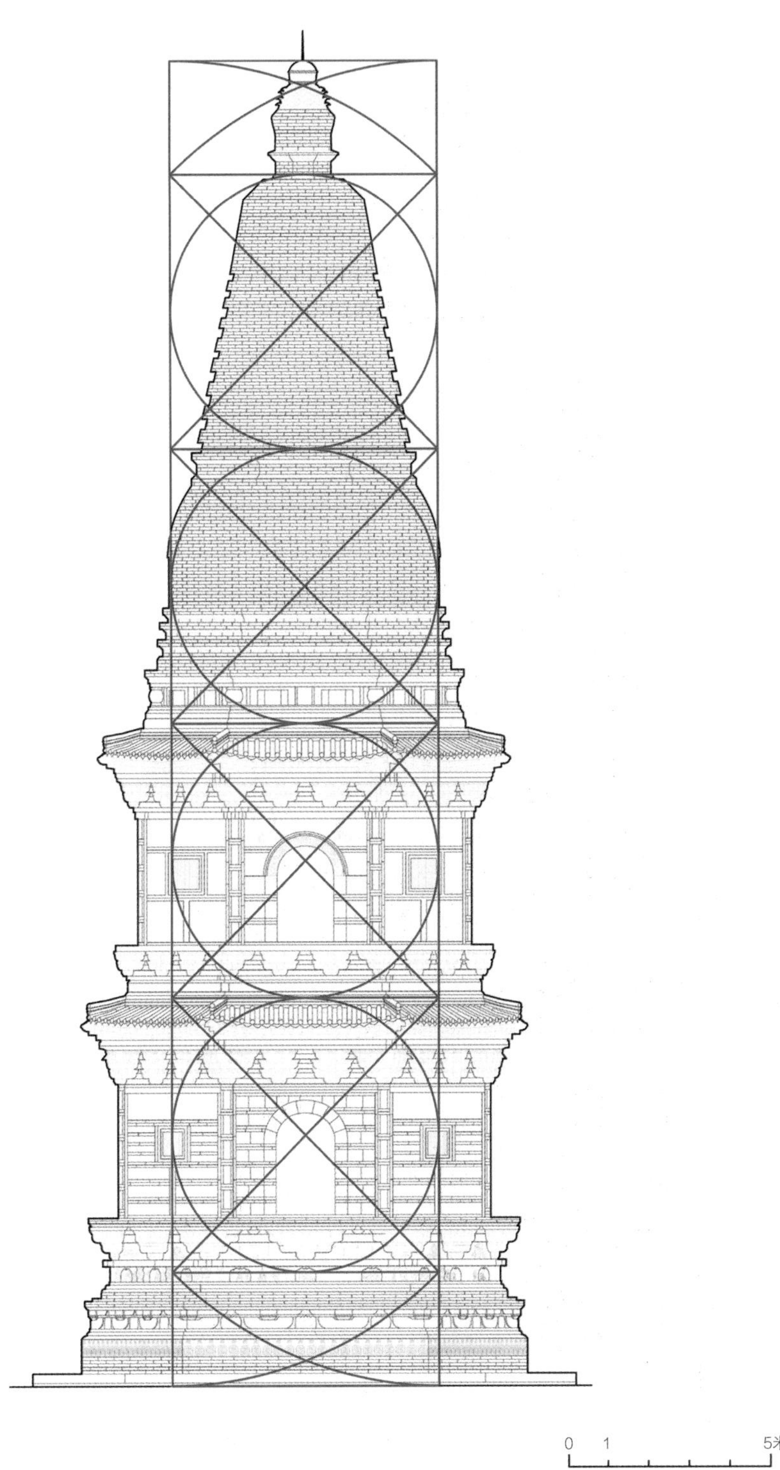

图9-76 北京云居寺北塔正立面分析图三
底图来源：王南、张晓、王军、卢清新测绘

图9-77　北京丰台镇岗塔正立面分析图
底图来源：王南、张晓、王军、李旻华、周翘楚测绘

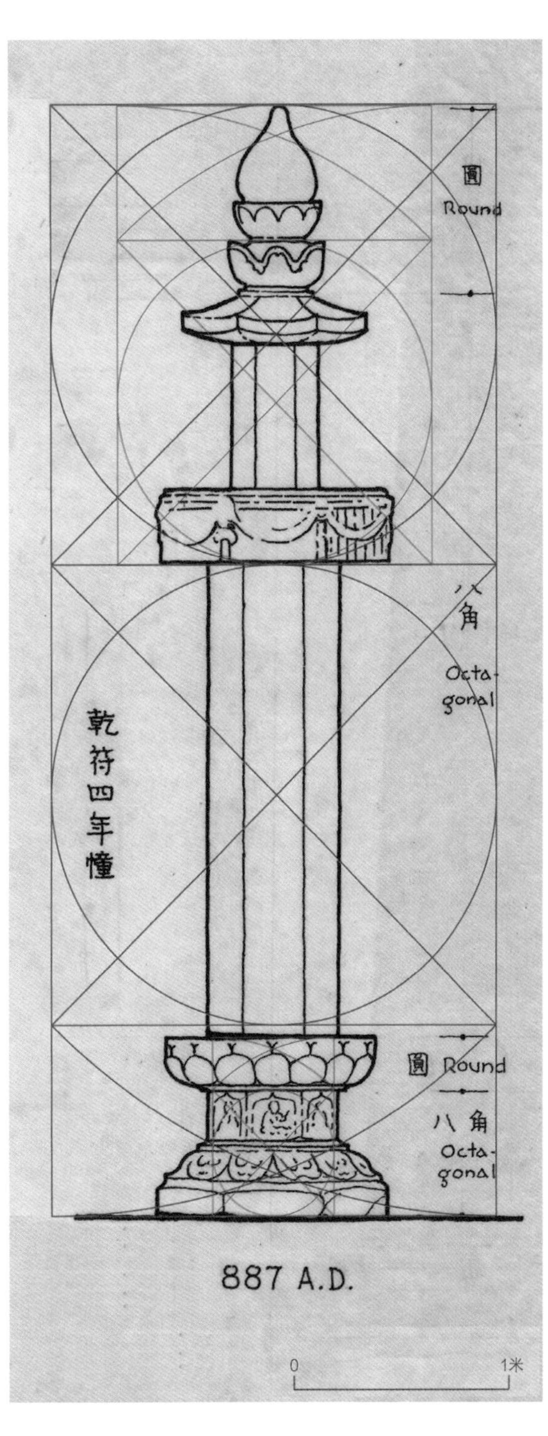

图9-78　五台山佛光寺晚唐经幢正立面分析图
底图来源：清华大学建筑学院中国营造学社纪念馆藏

图9-79　云南昆明大理国地藏庵经幢正立面分析图一
底图来源：清华大学建筑学院中国营造学社纪念馆藏

图9-80　云南昆明大理国地藏庵经幢正立面分析图二
底图来源：清华大学建筑学院中国营造学社纪念馆藏

图9-81　河北赵县陀罗尼经幢正立面分析图
底图来源：《中国古代建筑史》（第二版，1984）

第十章　牌楼、牌坊与棂星门

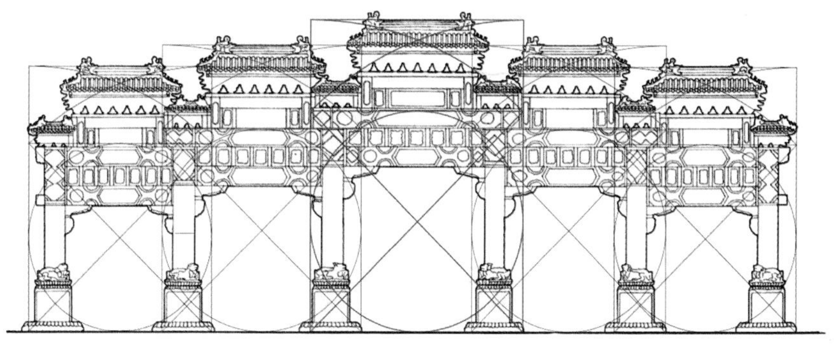

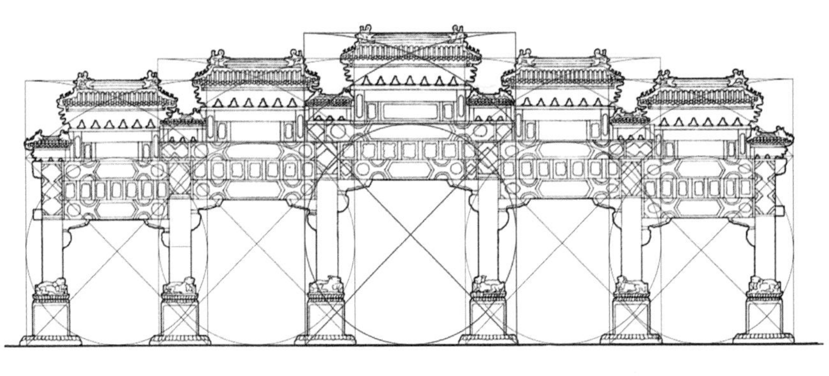

图10-1 北京明十三陵总神道石牌楼正立面分析图一
底图来源:《中国古代建筑史》(第四卷:元、明建筑,2009)

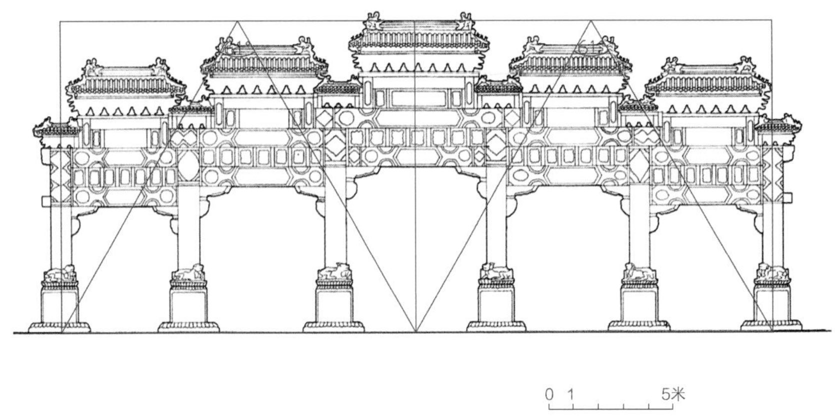

图10-2 北京明十三陵总神道石牌楼正立面分析图二
底图来源:《中国古代建筑史》(第四卷:元、明建筑,2009)

图10-3 北京明十三陵总神道石牌楼正立面分析图三
底图来源:《中国古代建筑史》(第四卷:元、明建筑,2009)

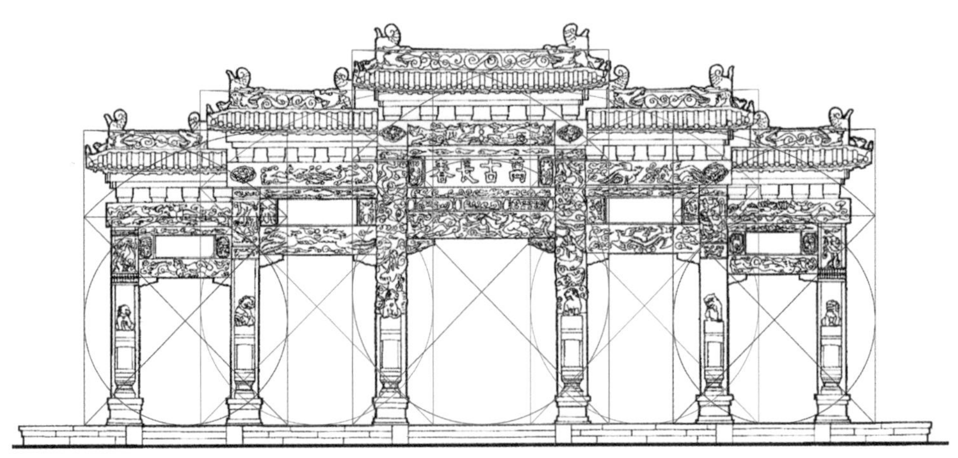

图10-4　曲阜孔林万古长春坊正立面分析图一
底图来源：《中国古代建筑史》（第四卷：元、明建筑，2009）

0　1　2米

图10-5　曲阜孔林万古长春坊正立面分析图二
底图来源：《中国古代建筑史》（第四卷：元、明建筑，2009）

0　1　2米

图10-6　曲阜孔林万古长春坊正立面分析图三
底图来源：《中国古代建筑史》（第四卷：元、明建筑，2009）

0　1　2米

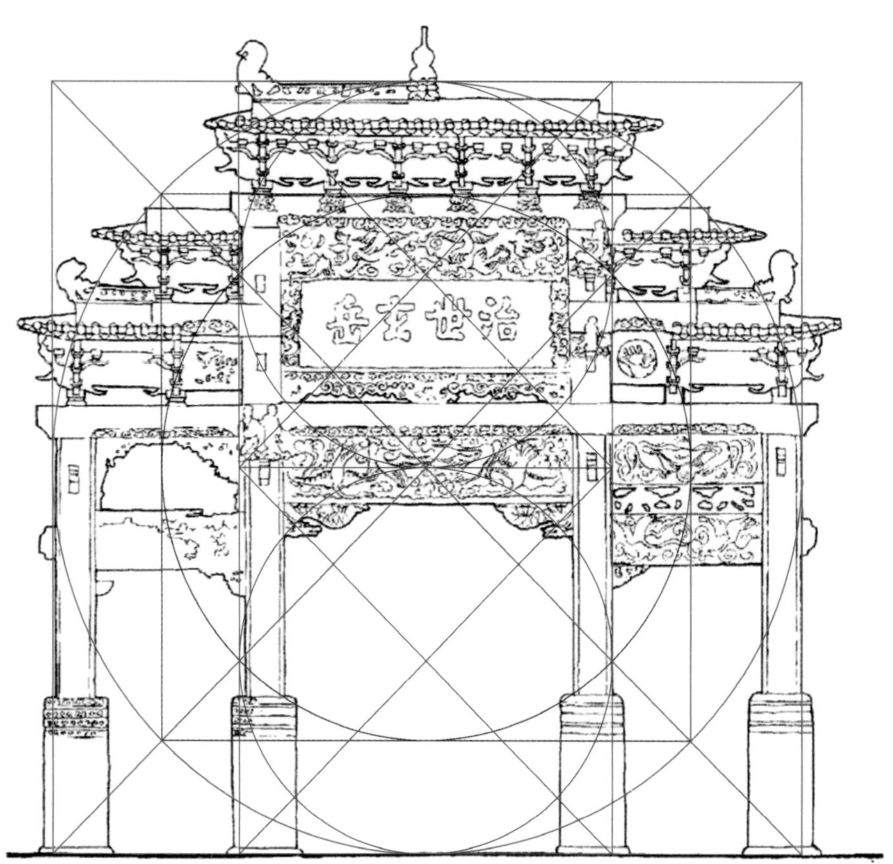

图10-7 湖北武当山“治世玄岳”坊正立面分析图
底图来源:《中国古代建筑史》(第四卷:元、明建筑,2009)

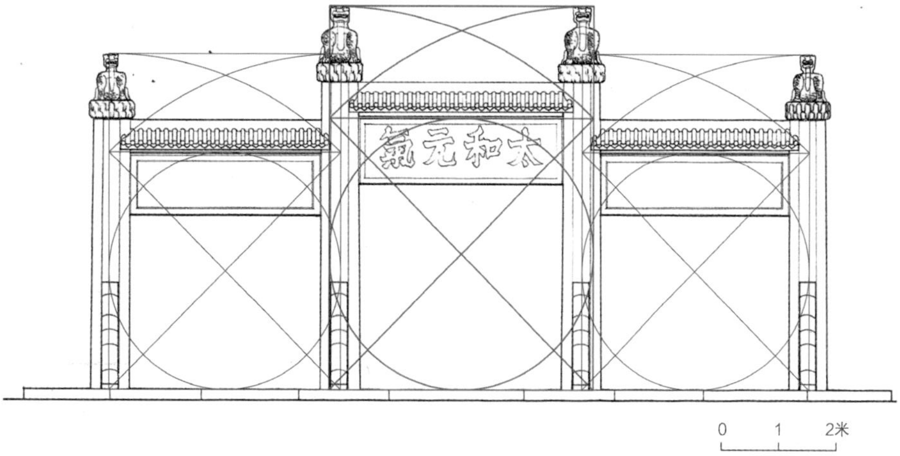

图10-8 曲阜孔庙“太和元气”坊正立面分析图一
底图来源：《曲阜孔庙建筑》（1987）

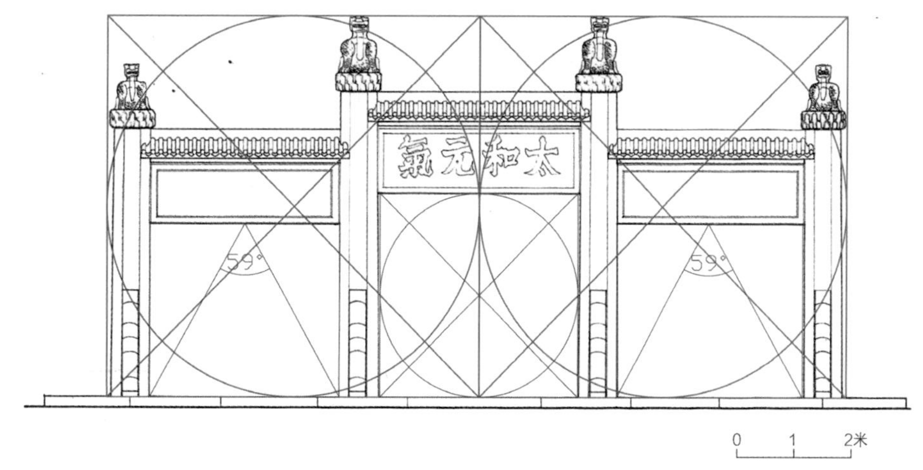

图10-9 曲阜孔庙“太和元气”坊正立面分析图二
底图来源：《曲阜孔庙建筑》（1987）

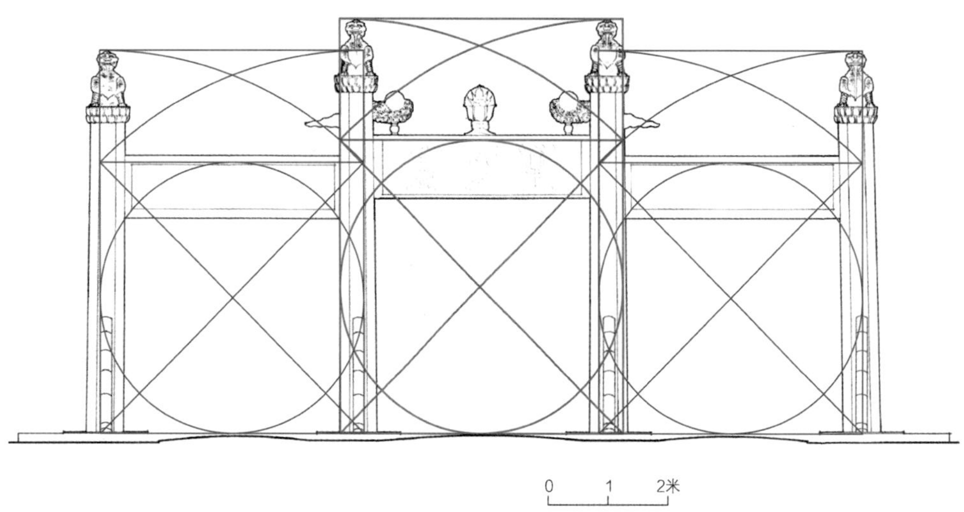

图10-10　曲阜孔庙"至圣庙"坊正立面分析图一
底图来源:《曲阜孔庙建筑》(1987)

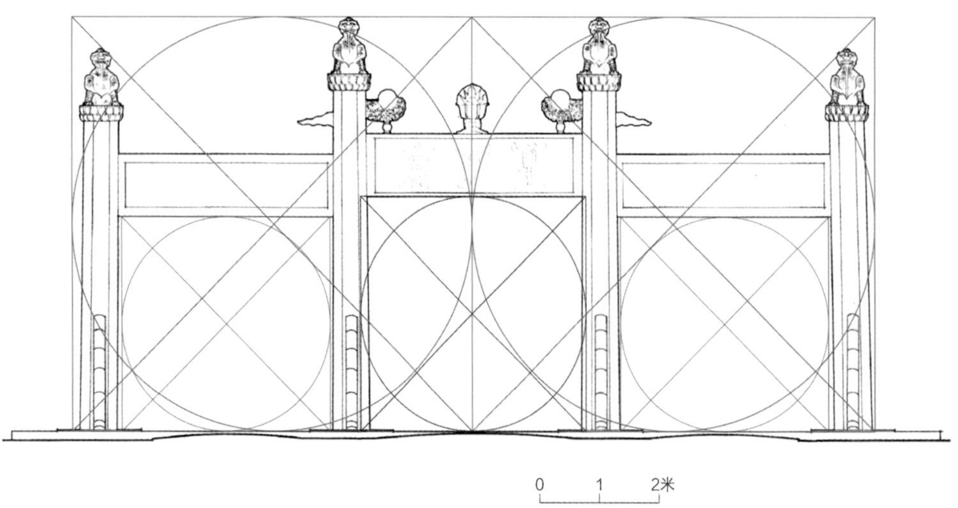

图10-11　曲阜孔庙"至圣庙"坊正立面分析图二
底图来源:《曲阜孔庙建筑》(1987)

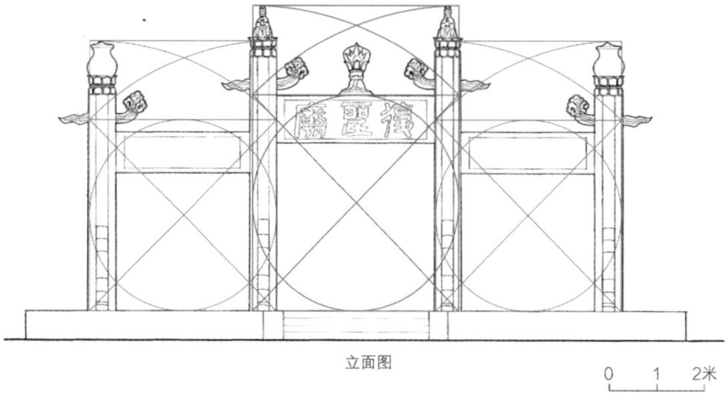

立面图

0 1 2米

图10-12　曲阜颜庙“复圣庙”坊正立面分析图一
底图来源：《曲阜孔庙建筑》（1987）

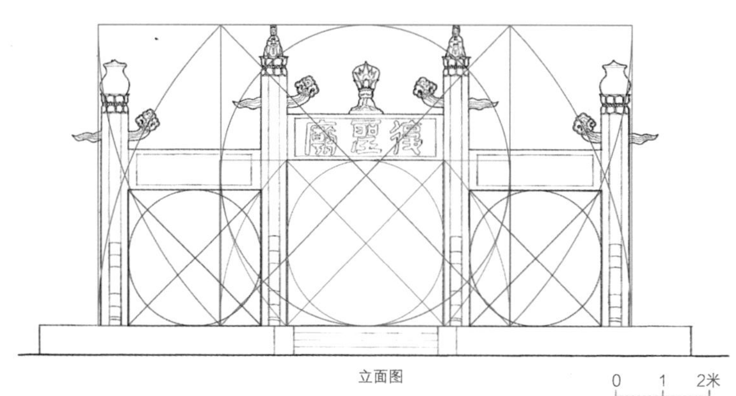

图10-13　曲阜颜庙“复圣庙”坊正立面分析图二
底图来源：《曲阜孔庙建筑》（1987）

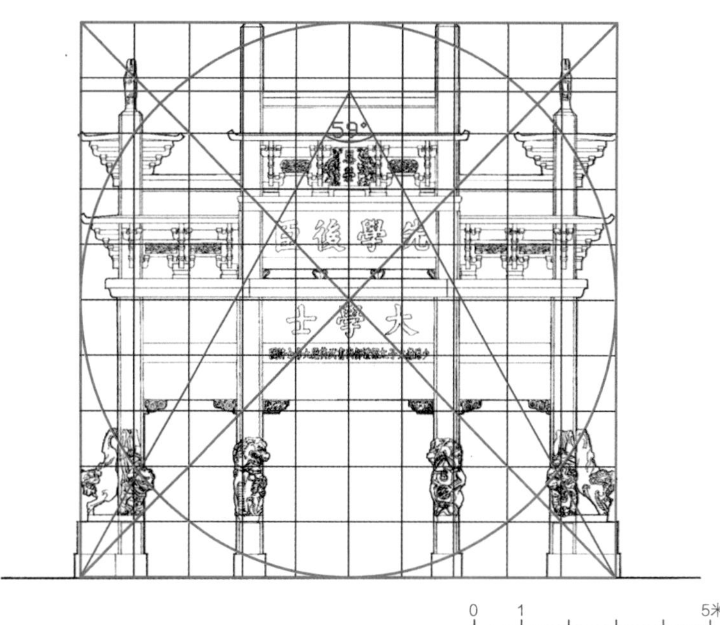

图10-14　安徽歙县许国石坊正立面分析图
底图来源：《中国古代建筑史》（第四卷：元、明建筑，2009）

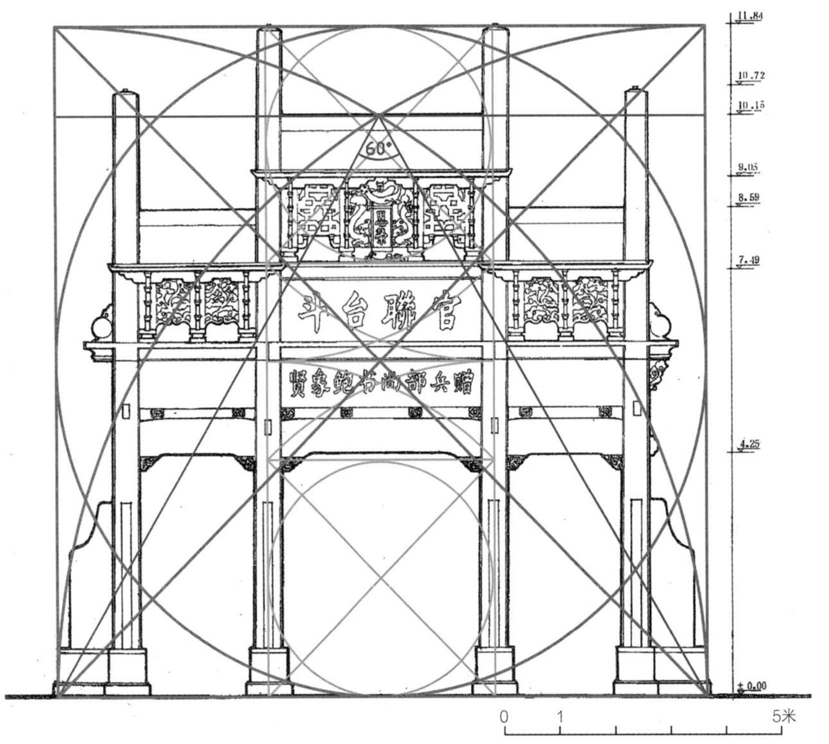

图10-15　安徽歙县棠樾鲍象贤尚书坊正立面分析图
底图来源：《徽州古建筑丛书——棠樾》(1999)

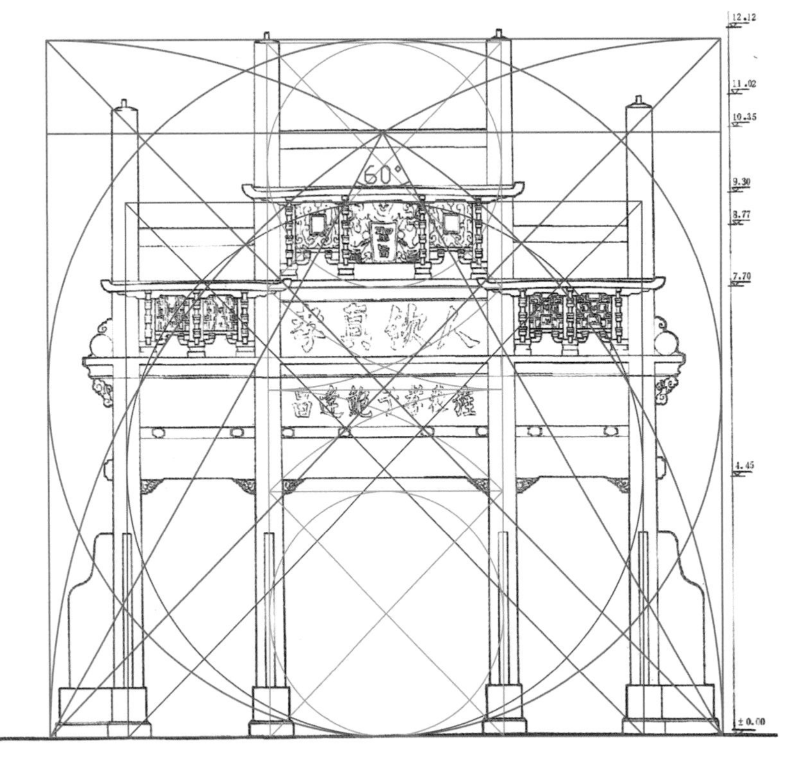

图10-16　安徽歙县棠樾鲍逢昌孝子坊正立面分析图
底图来源：《徽州古建筑丛书——棠樾》(1999)

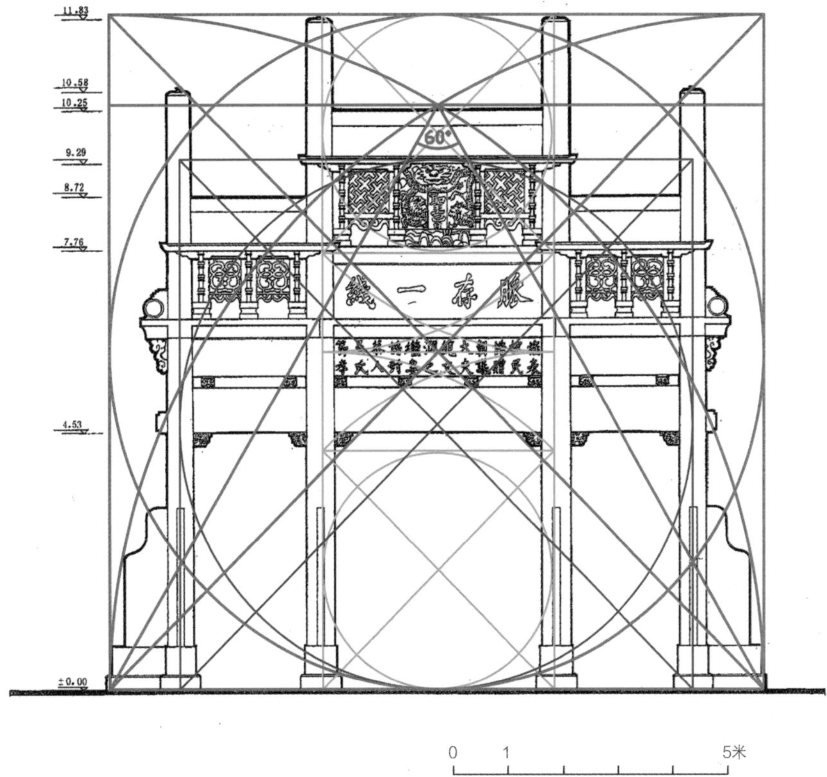

图10-17　安徽歙县棠樾鲍文渊妻节孝坊正立面分析图
底图来源：《徽州古建筑丛书——棠樾》（1999）

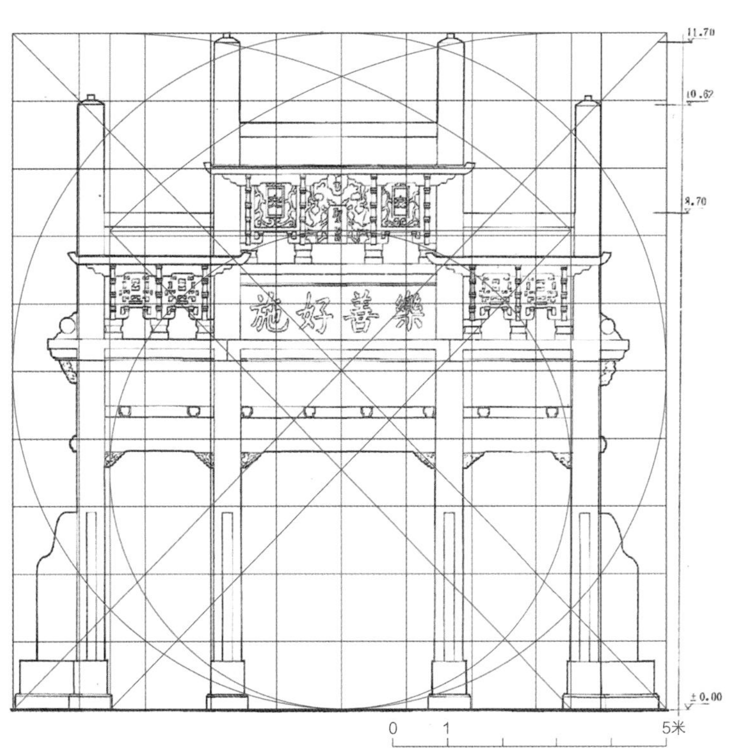

图10-18　安徽歙县棠樾鲍漱芳父子义行坊正立面分析图
底图来源：《徽州古建筑丛书——棠樾》（1999）

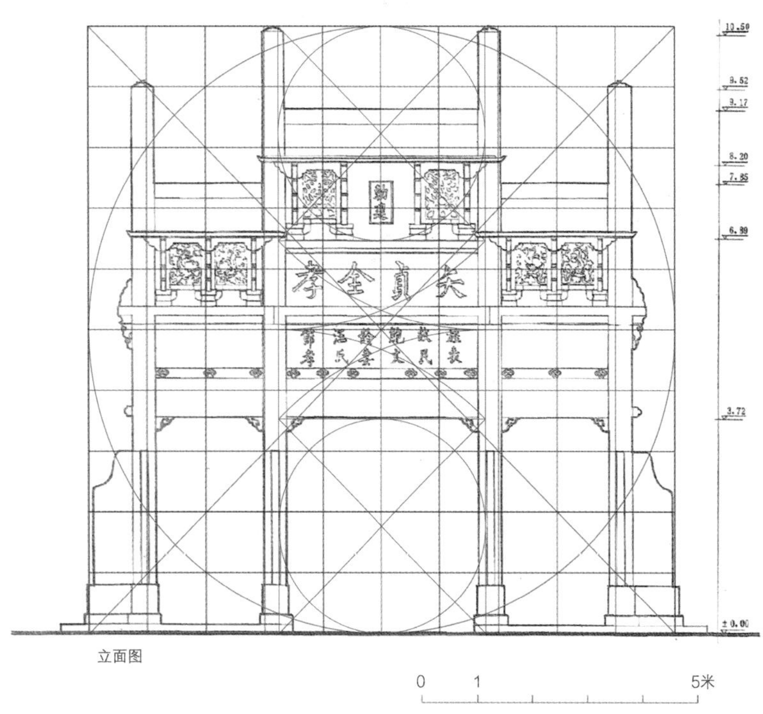

图10-19 安徽歙县棠樾鲍文龄妻节孝坊正立面分析图
底图来源：《徽州古建筑丛书——棠樾》（1999）

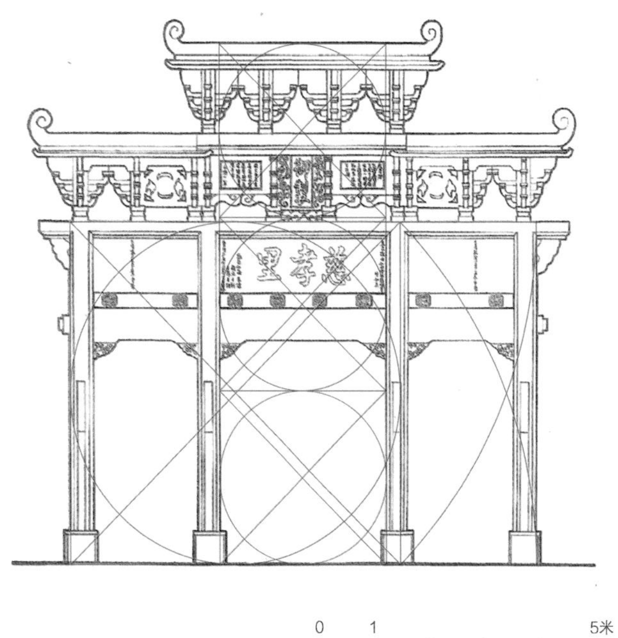

图10-20 安徽歙县棠樾慈孝里坊正立面分析图
底图来源：《徽州古建筑丛书——棠樾》（1999）

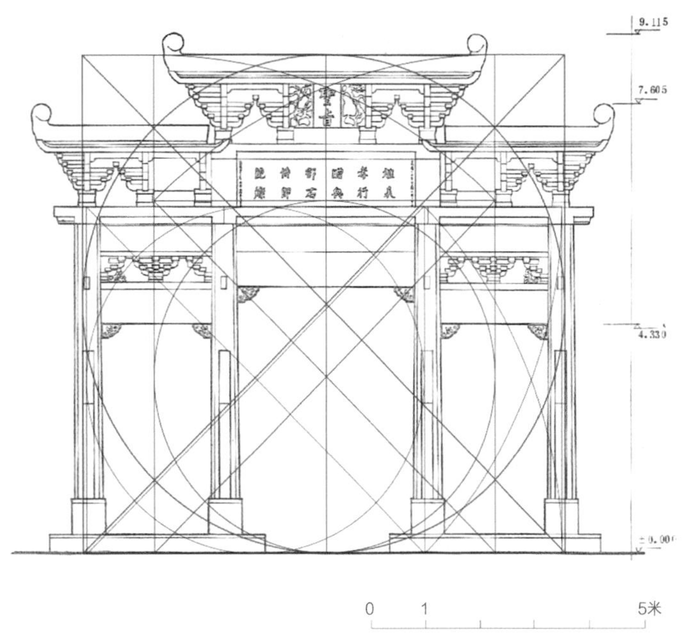

图10-21　安徽歙县棠樾鲍灿孝子坊正立面分析图
底图来源：《徽州古建筑丛书——棠樾》（1999）

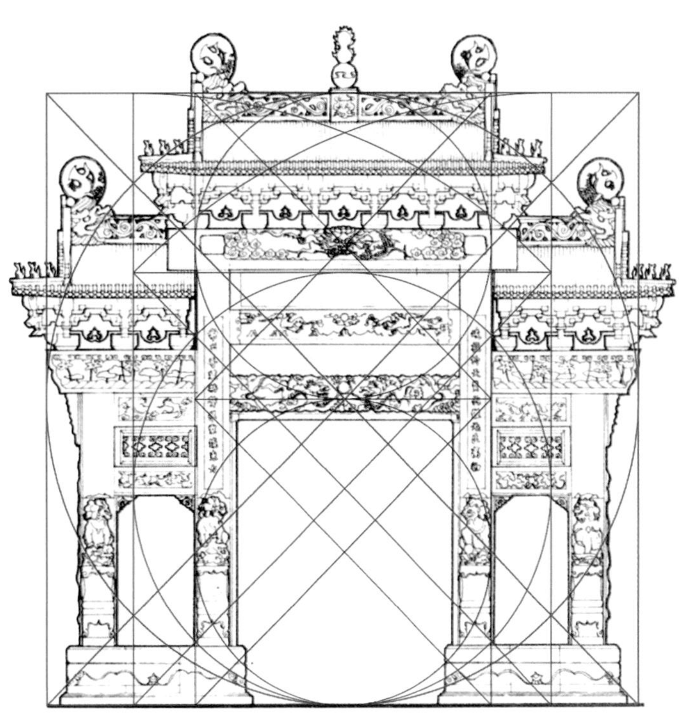

图10-22　山东泰安岱庙石坊正立面分析图
底图来源：《岱庙》（2005）

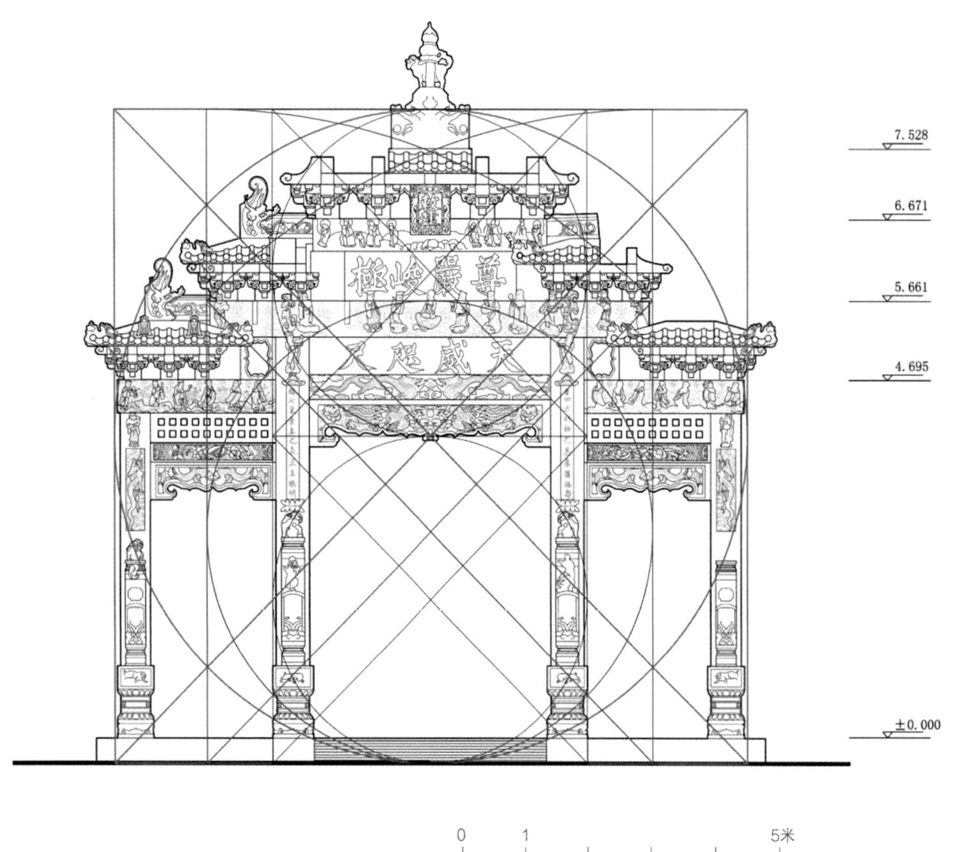

图10-23　陕西华山西岳庙“天威咫尺”坊正立面分析图
底图来源：《中国古建筑测绘十年：2000~2010清华大学建筑学院测绘图集》（下册，2011）

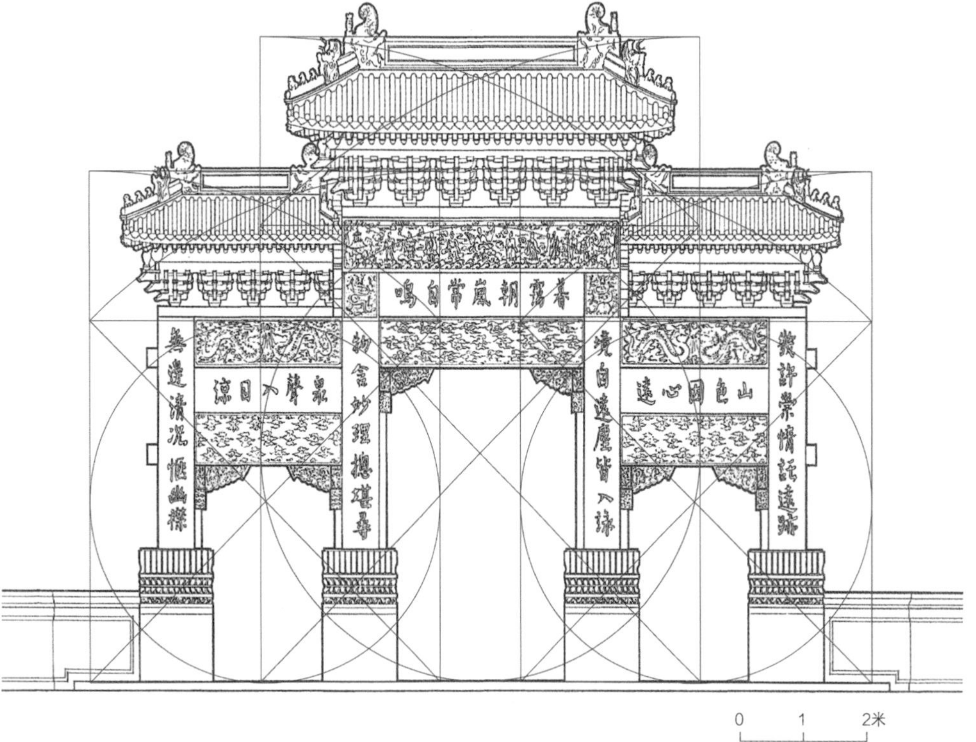

图10-24　北京颐和园宝云阁石牌楼正立面分析图
底图来源：《颐和园》（2000）

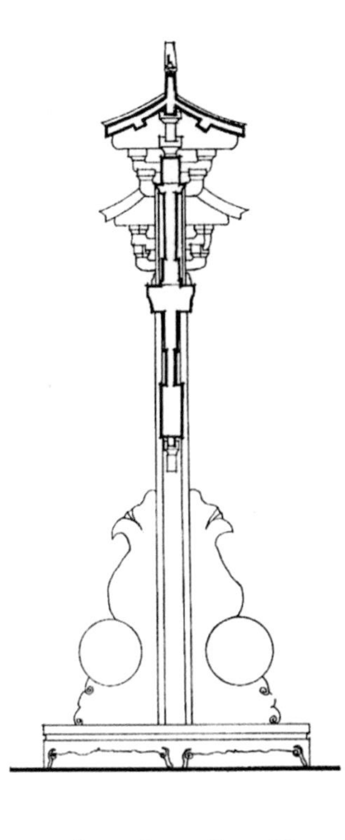

图10-25 安徽歙县尚宾坊正立面分析图
底图来源：《中国古代建筑史》（第四卷：元、明建筑，2009年第二版）

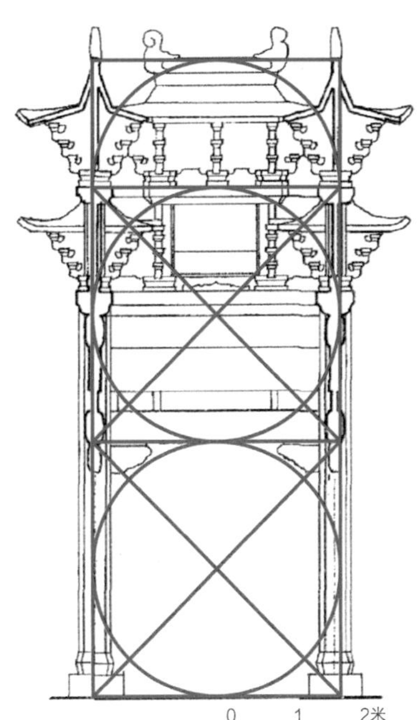

图10-26 安徽丰口四面坊立、剖面分析图
底图来源：《中国古代建筑史》（第四卷：元、明建筑，2009年第二版）

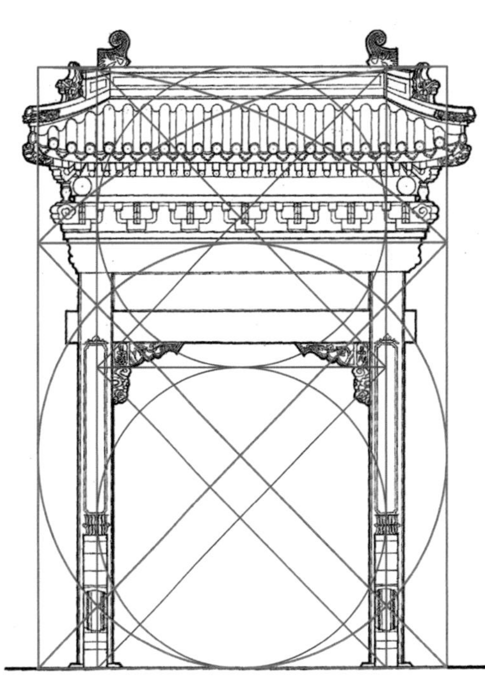

图10-27 北京北海濠濮间石牌楼正立面分析图
底图来源：《中国古建筑测绘大系·园林建筑：北海》（2015）

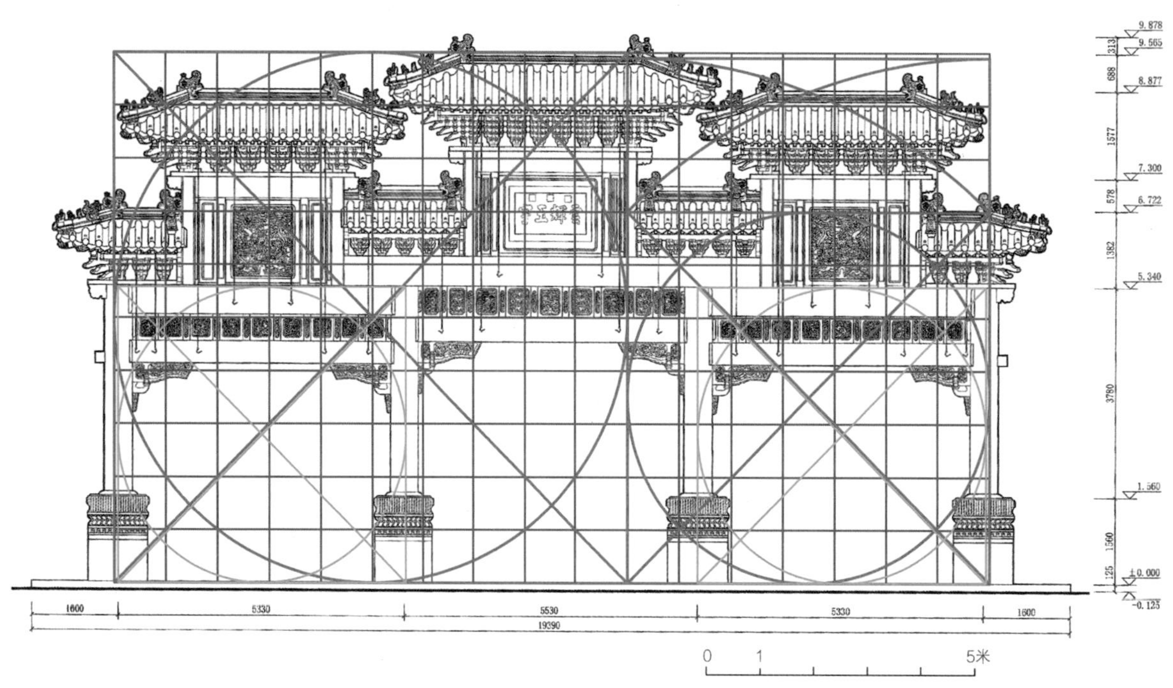

图10-28 北京颐和园“云辉玉宇”牌楼正立面分析图
底图来源：《中国古建筑测绘大系·园林建筑：颐和园》（2015）

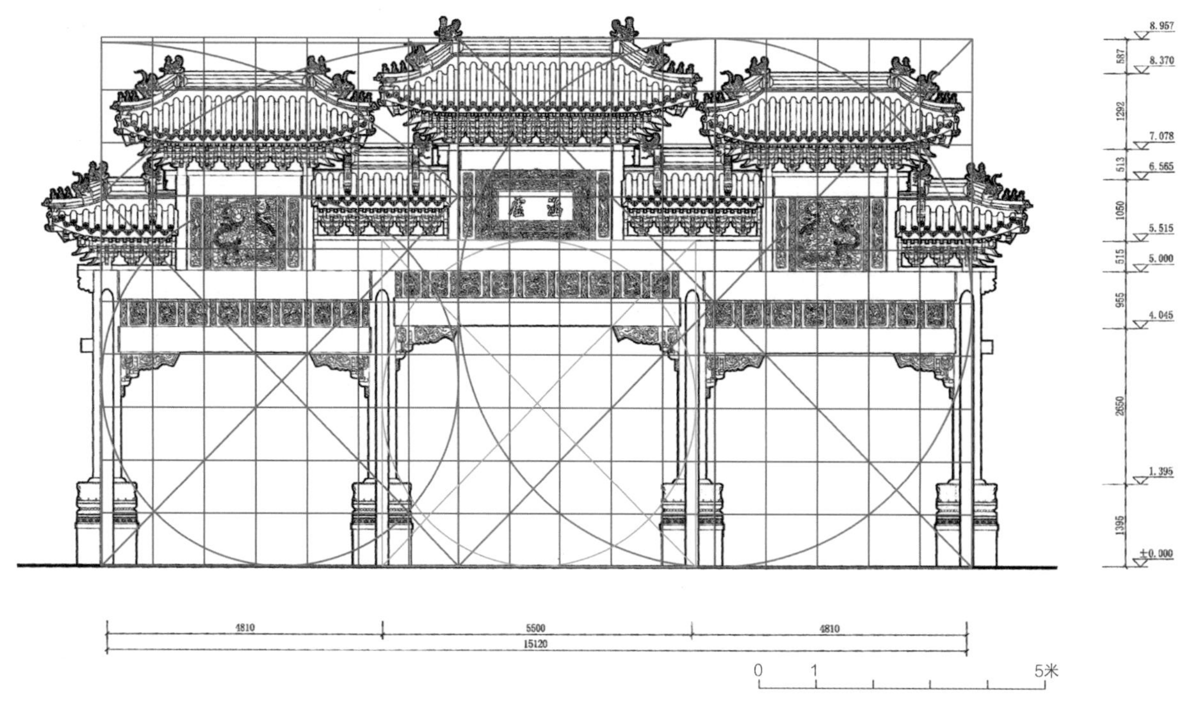

图10-29 北京颐和园“涵虚”牌楼正立面分析图
底图来源：《中国古建筑测绘大系·园林建筑：颐和园》（2015）

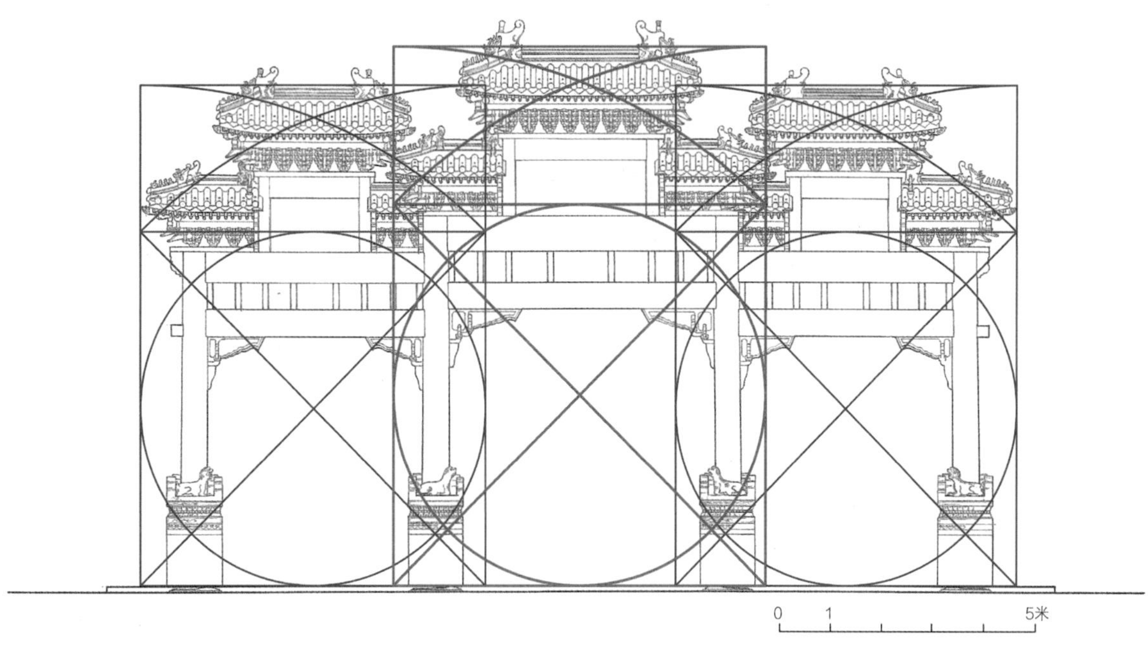

图10-30　北京景山寿皇殿牌楼正立面分析图一
底图来源：《北京城中轴线古建筑实测图集》（2017）

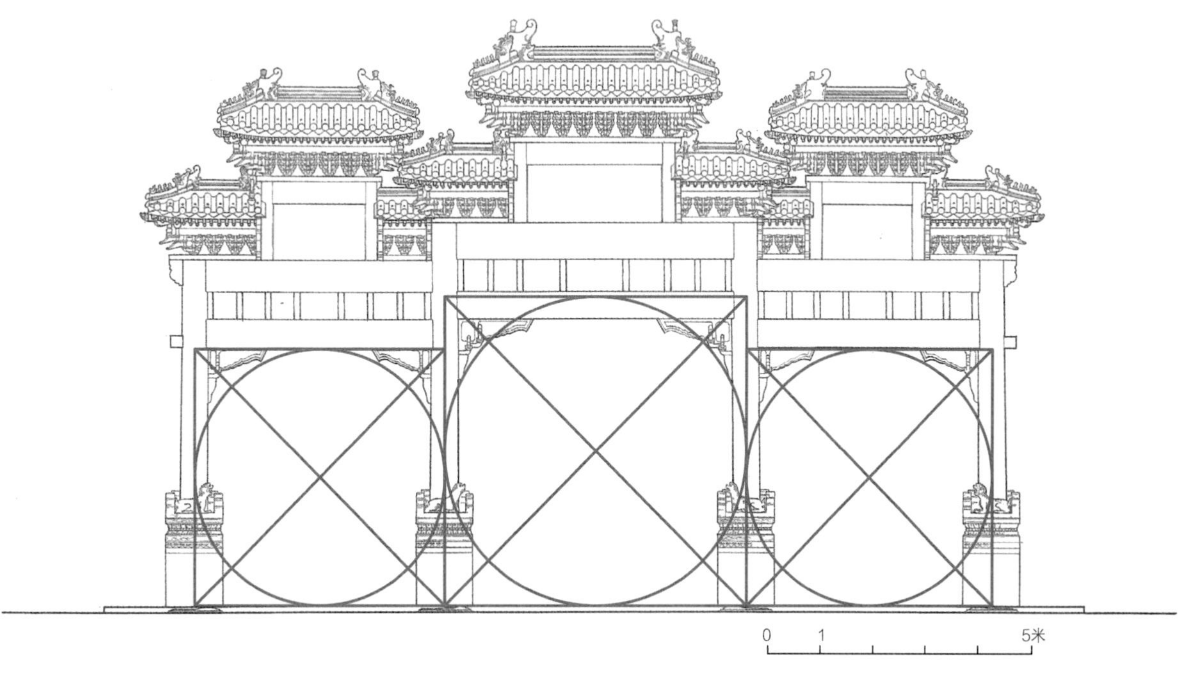

图10-31　北京景山寿皇殿牌楼正立面分析图二
底图来源：《北京城中轴线古建筑实测图集》（2017）

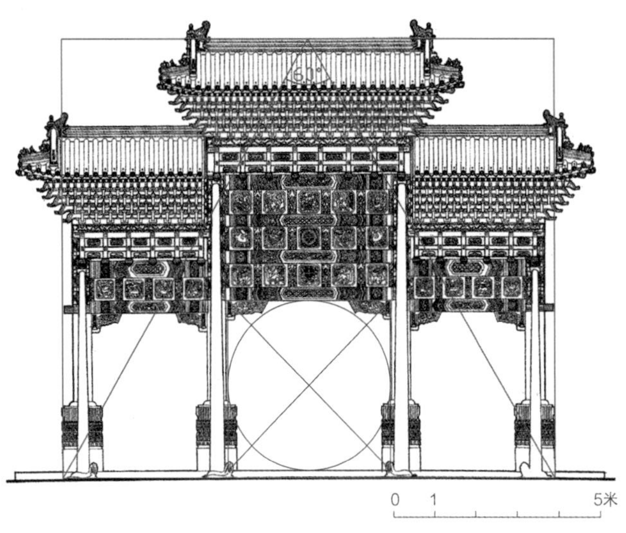

图10-32 北京北海陟山牌楼正立面分析图
底图来源：《中国古建筑测绘大系·园林建筑：北海》(2015)

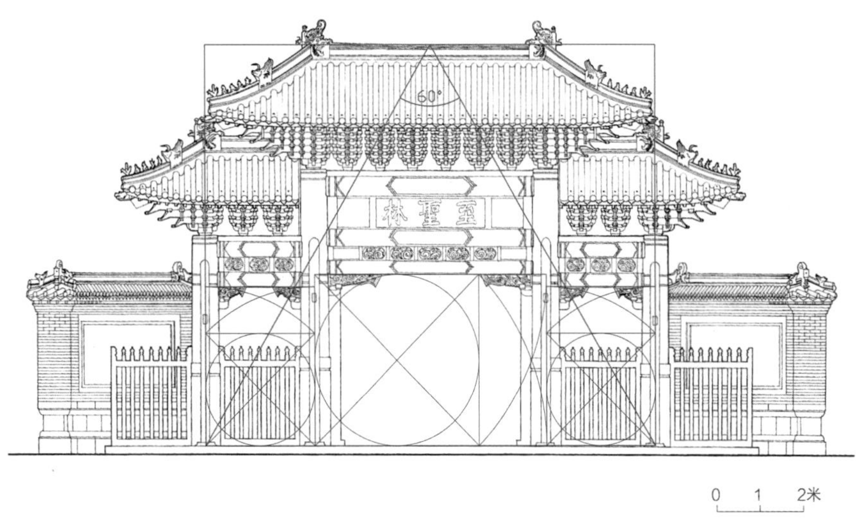

图10-33 曲阜孔林“至圣林”坊正立面分析图
底图来源：《曲阜孔庙建筑》(1987)

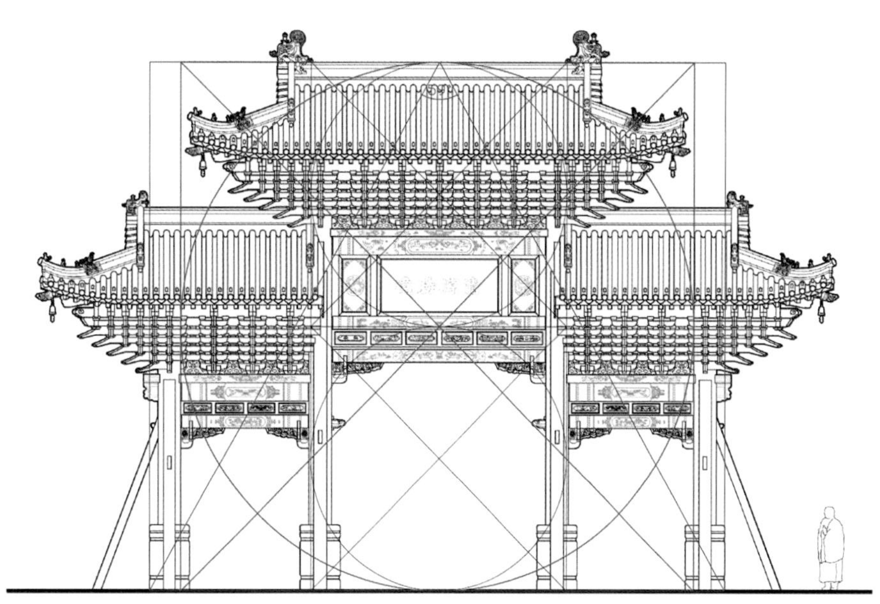

图10-34 五台山塔院寺牌楼正立面分析图
底图来源：《中国古建筑测绘十年：2000~2010清华大学建筑学院测绘图集》(上册，2011)

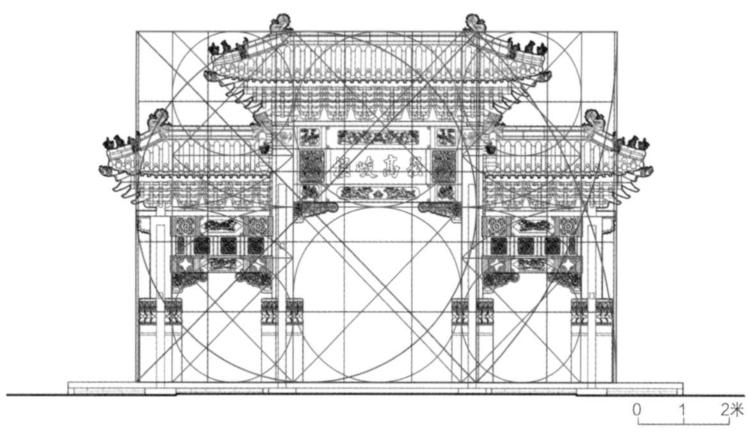

图10-35 河南登封嵩山中岳庙崧高峻极牌坊正立面分析图
底图来源：《中国古建筑测绘十年：2000~2010清华大学建筑学院测绘图集》(下册，2011)

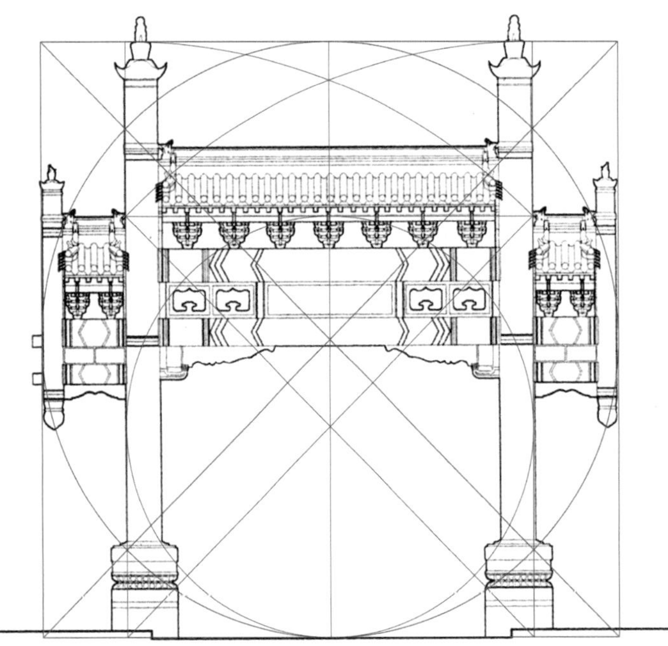

图10-36 北京国子监街牌楼正立面分析图
底图来源：《东华图志：北京东城史迹录》（2005）

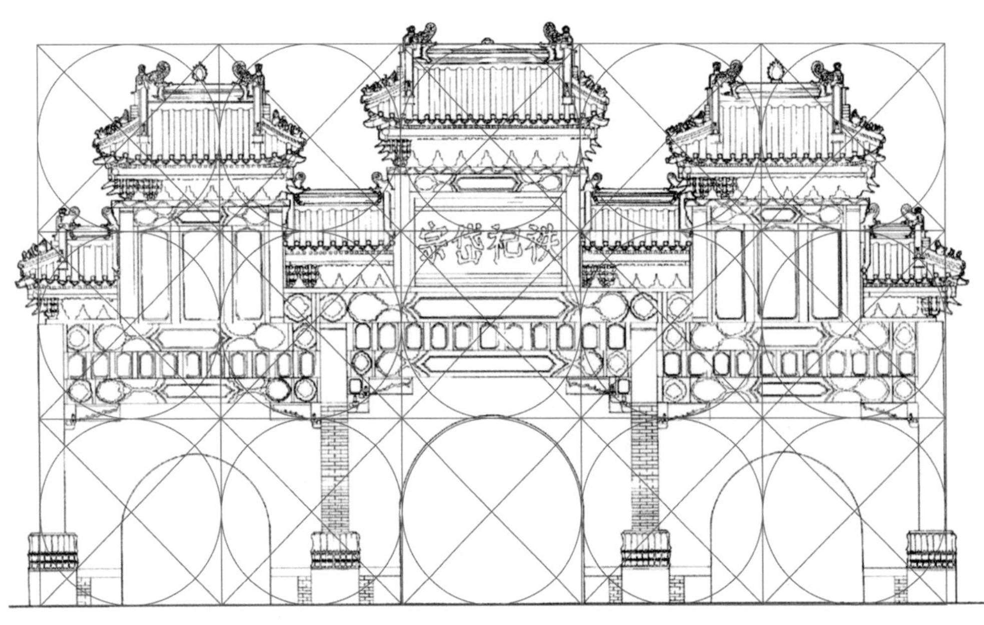

图10-37 北京东岳庙琉璃牌楼正立面分析图一
底图来源：《中国古代建筑史》（第四卷：元、明建筑，2009）

图10-38 北京东岳庙琉璃牌楼正立面分析图二
底图来源：《中国古代建筑史》（第四卷：元、明建筑，2009）

0 1 2米

图10-39 北京东岳庙琉璃牌楼正立面分析图三
底图来源：《中国古代建筑史》（第四卷：元、明建筑，2009）

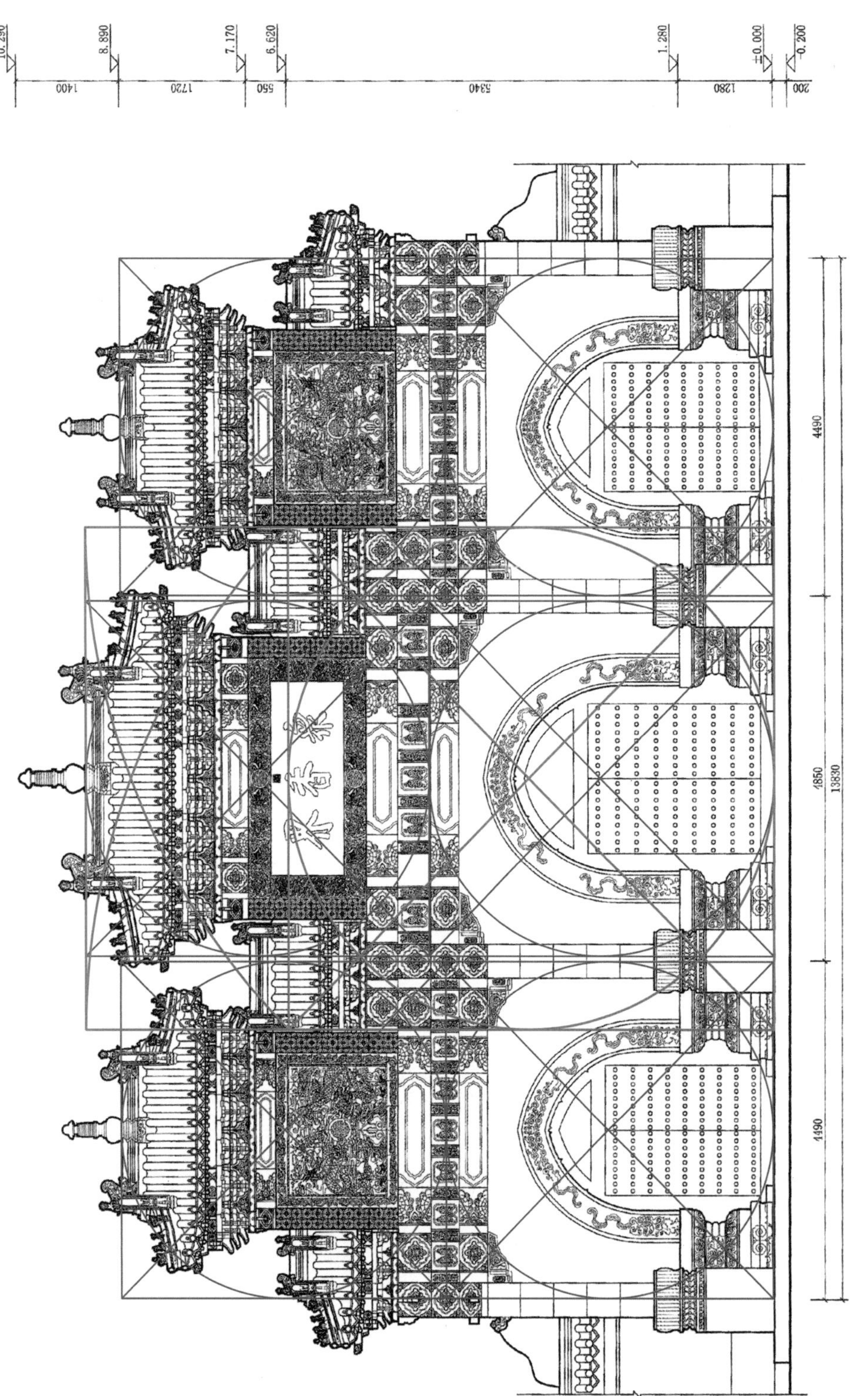

图10-40　北京颐和园"众香界"琉璃牌楼正立面分析图
底图来源：《中国古建筑测绘大系·园林建筑：颐和园》（2015）

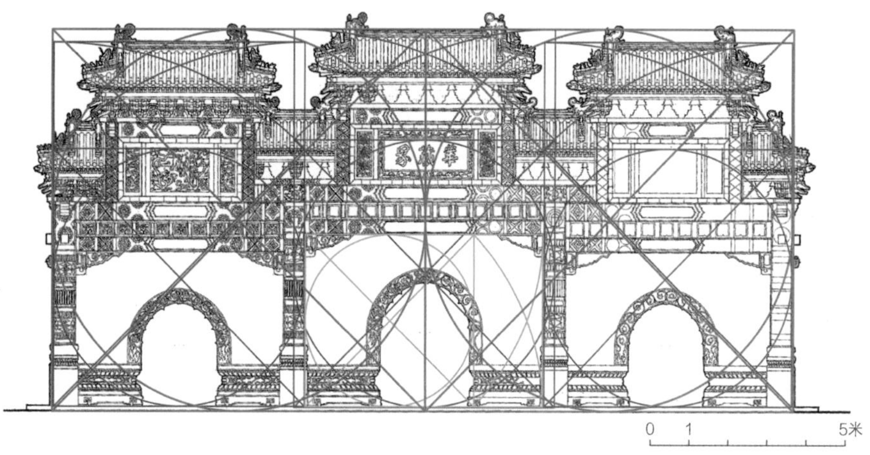

图10-41 北京北海“华藏海”琉璃牌楼正立面分析图
底图来源:《中国古建筑测绘大系·园林建筑:北海》(2015)

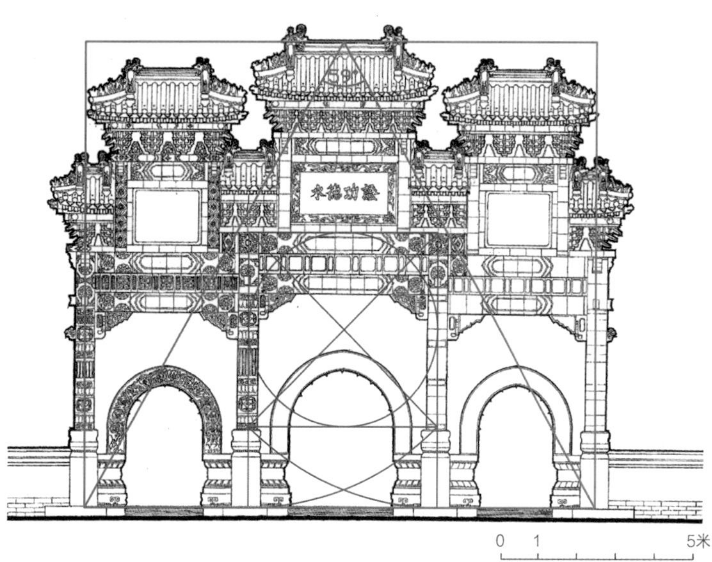

图10-42 北京北海小西天琉璃牌楼正立面分析图
底图来源:《中国古建筑测绘大系·园林建筑:北海》(2015)

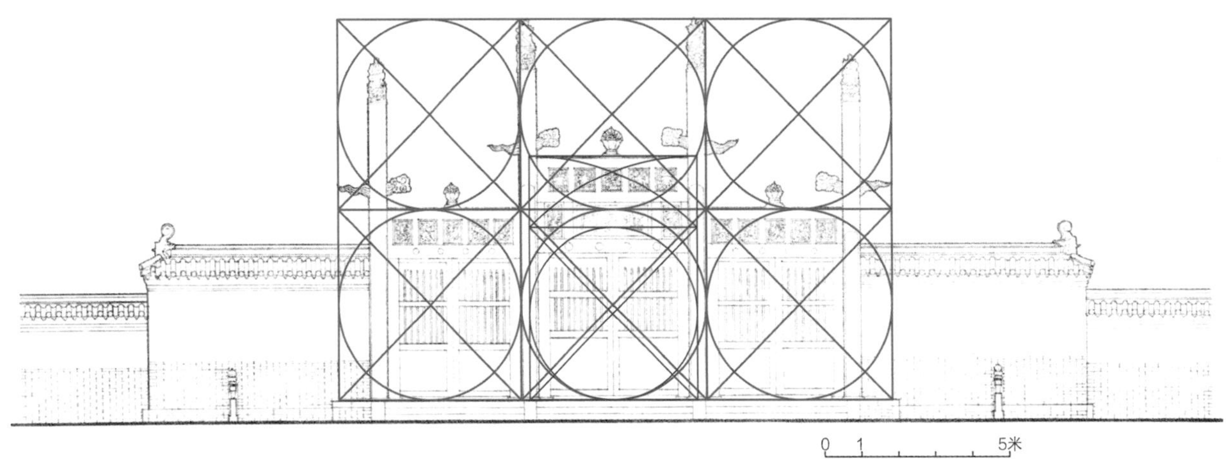

图10-43　曲阜孔庙棂星门正立面分析图
底图来源：《曲阜孔庙建筑》(1987)

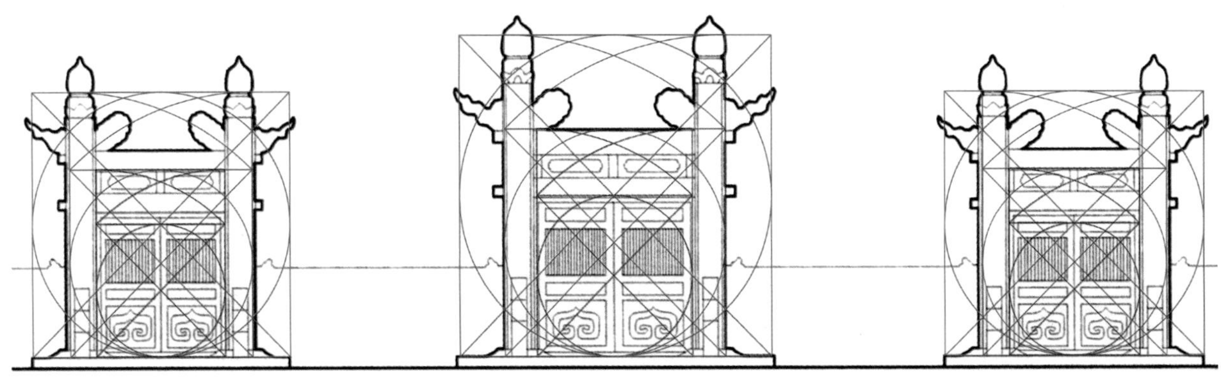

图10-44　北京地坛棂星门正立面分析图
底图来源：《东华图志：北京东城史迹录》(2005)

第十一章　亭

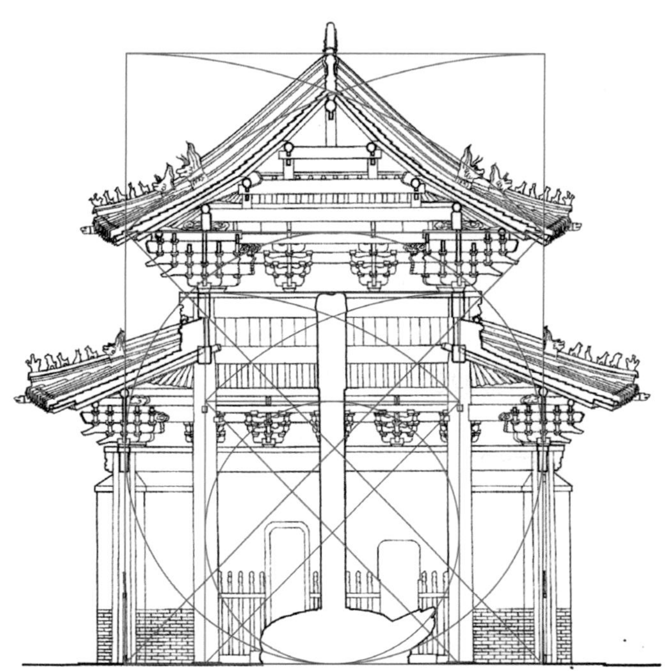

0　1　2　3　4　5米

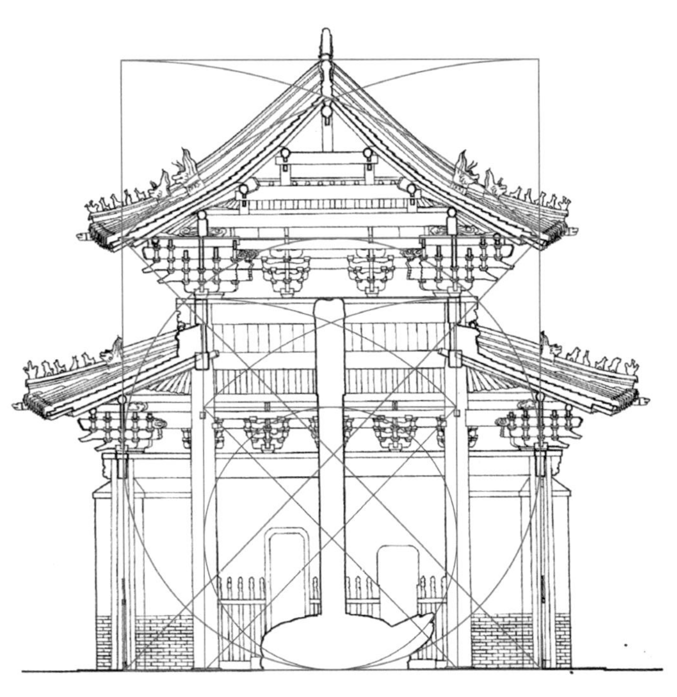

0 1 2 3 4 5米

0 1 2 3 4 5米

图11-1 曲阜孔庙十号碑亭立、剖面分析图
底图来源:《曲阜孔庙建筑》(1987)

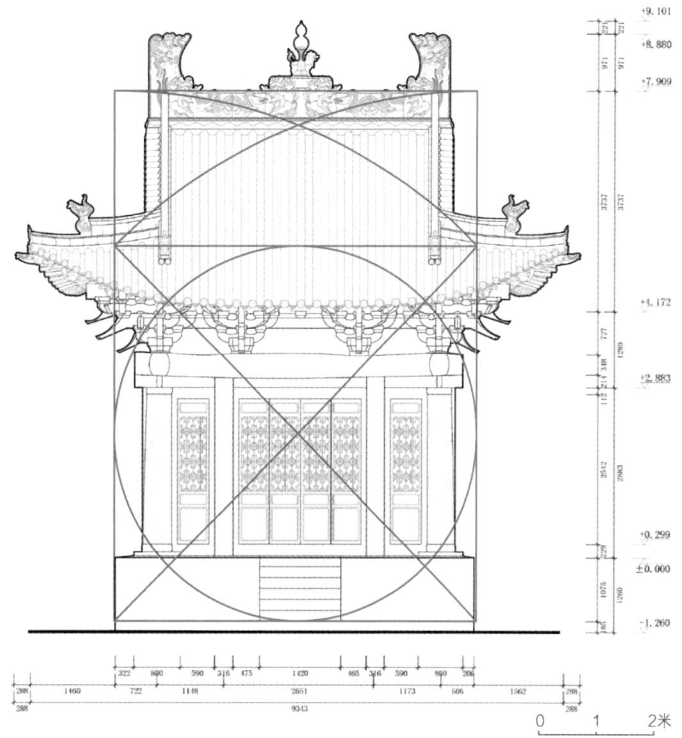

图11-2 山西高平炎帝中庙太子殿正立面分析图
底图来源：清华大学建筑学院

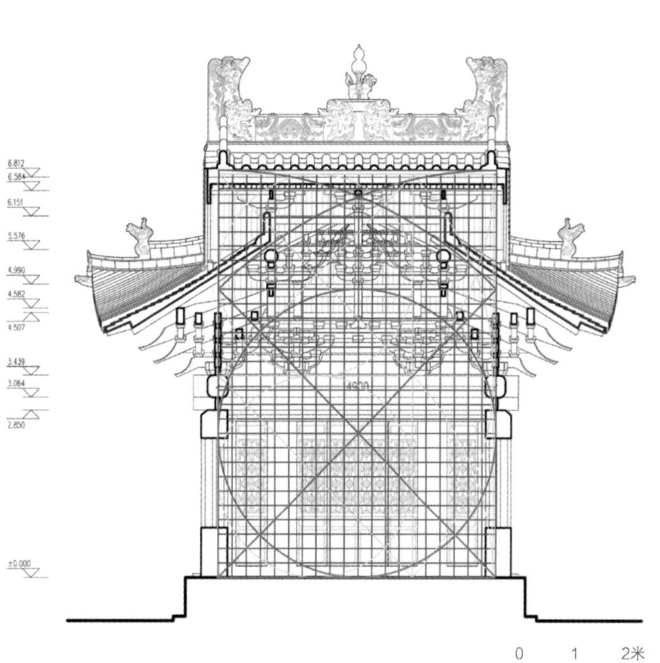

图11-3 山西高平炎帝中庙太子殿纵剖面分析图
底图来源：清华大学建筑学院

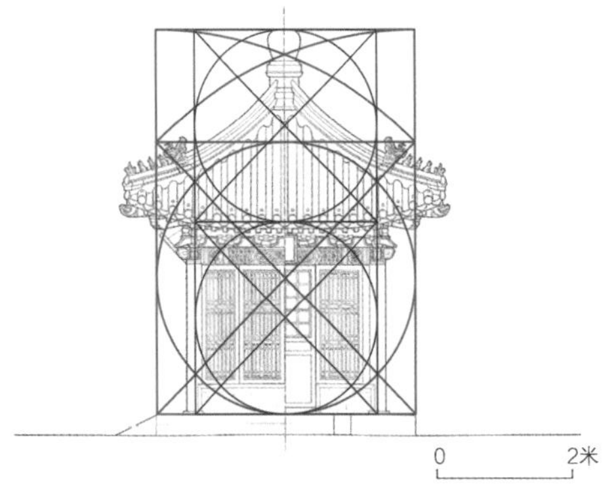

图11-4 北京紫禁城御花园玉翠亭正立面分析图
底图来源：《北京城中轴线古建筑实测图集》(2017)

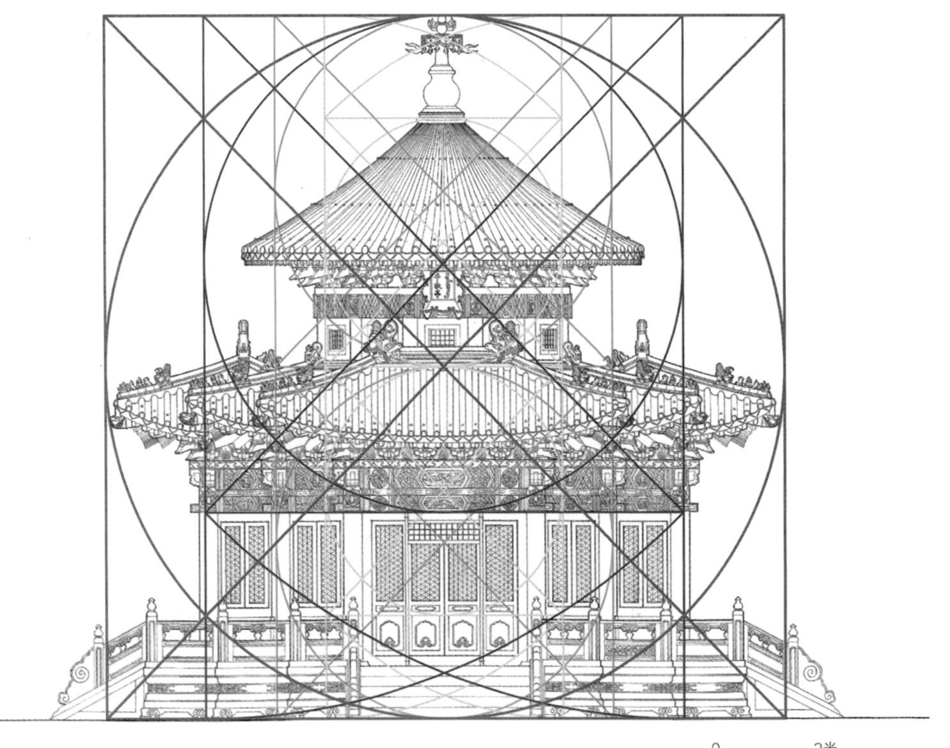

图11-5 北京紫禁城御花园千秋亭立面分析图
底图来源：《北京城中轴线古建筑实测图集》(2017)

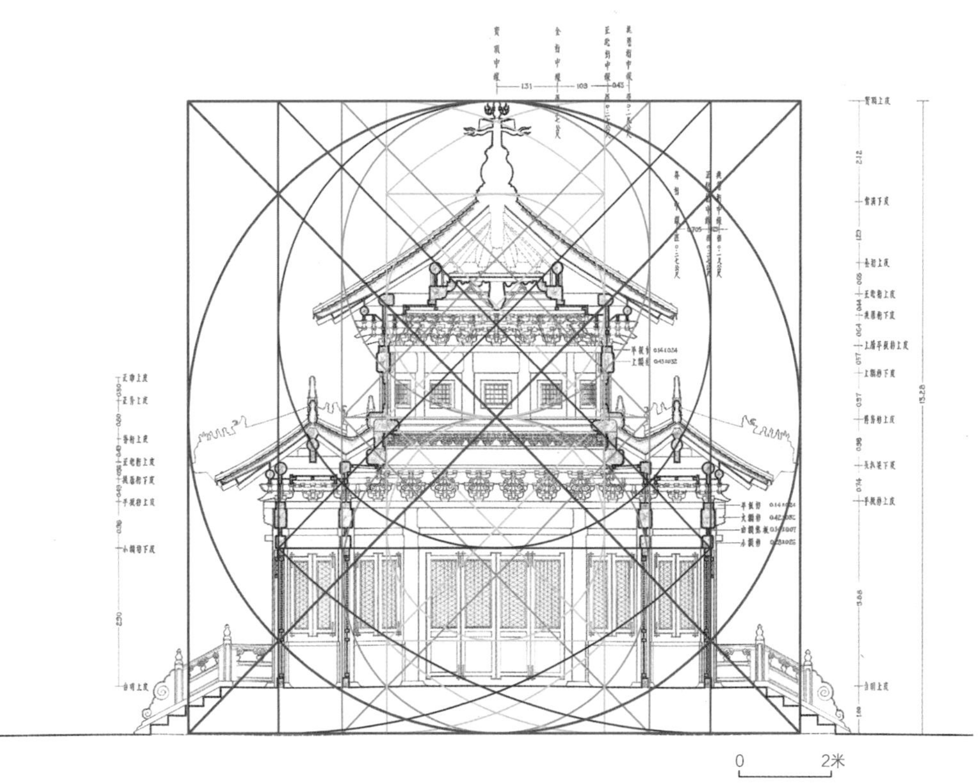

图11-6 北京紫禁城御花园千秋亭剖面分析图一
底图来源:《北京城中轴线古建筑实测图集》(2017)

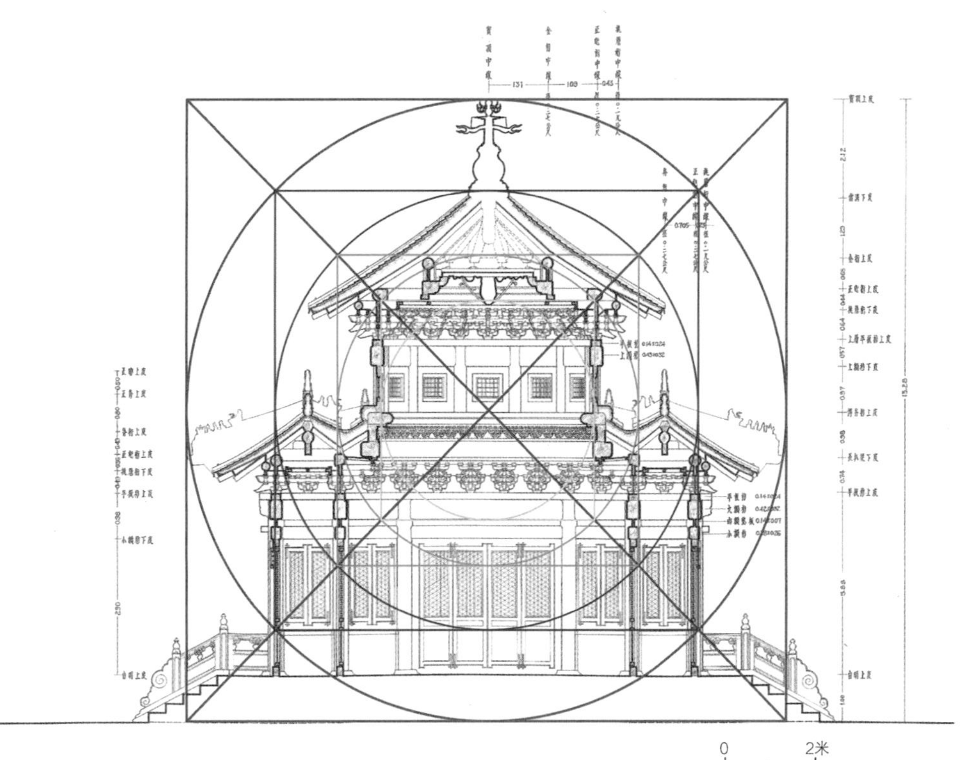

图11-7 北京紫禁城御花园千秋亭剖面分析图二
底图来源:《北京城中轴线古建筑实测图集》(2017)

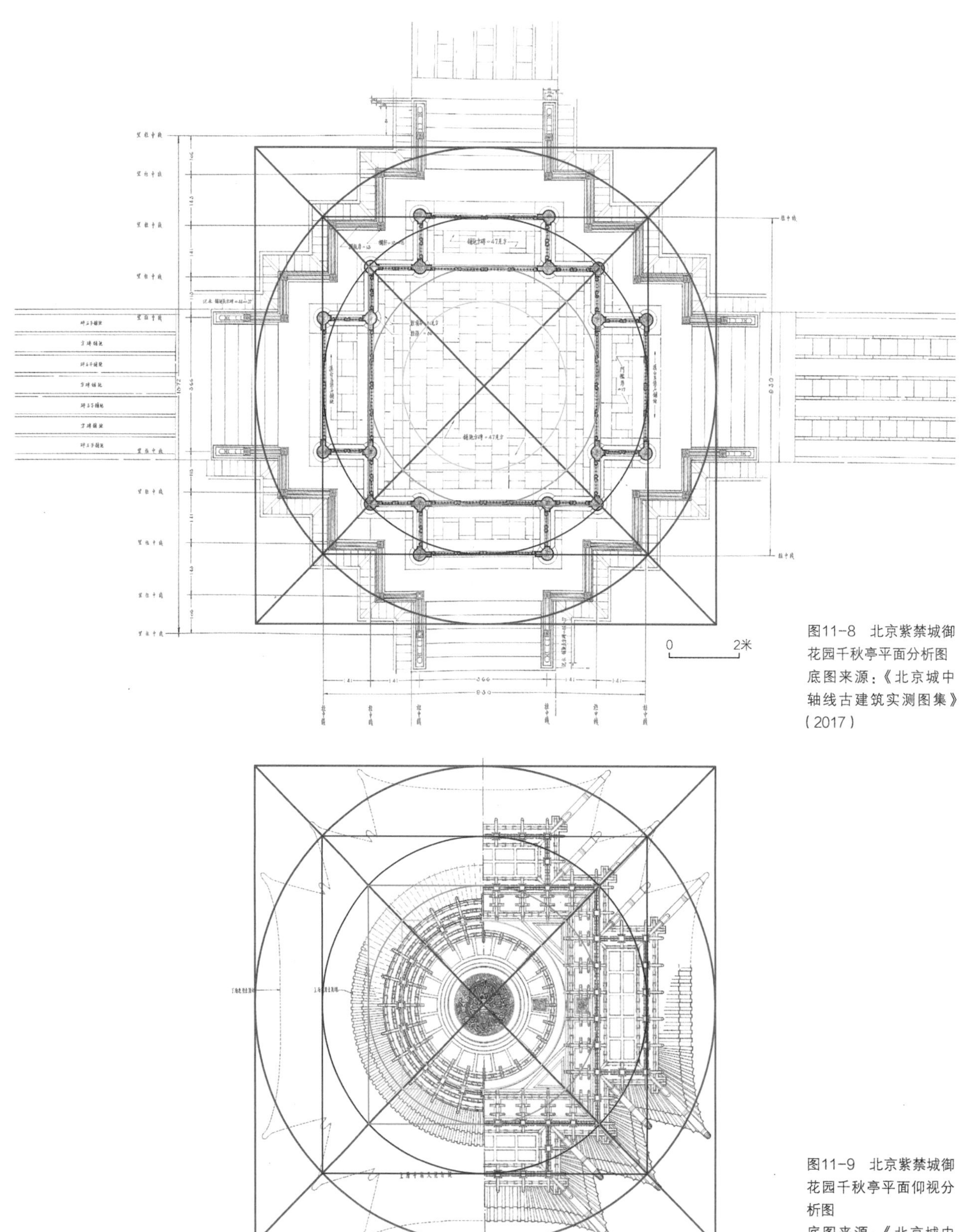

图11-8 北京紫禁城御花园千秋亭平面分析图
底图来源：《北京城中轴线古建筑实测图集》（2017）

图11-9 北京紫禁城御花园千秋亭平面仰视分析图
底图来源：《北京城中轴线古建筑实测图集》（2017）

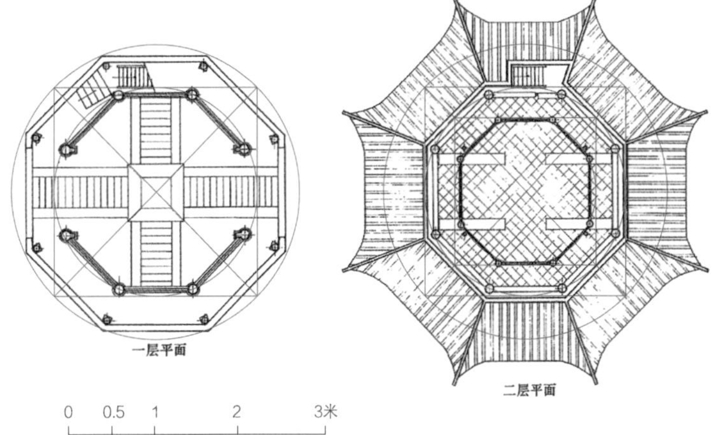

图11-10 安徽许村大观亭平面分析图
底图来源:《中国古代建筑史》(第四卷:元、明建筑,2009年第二版)

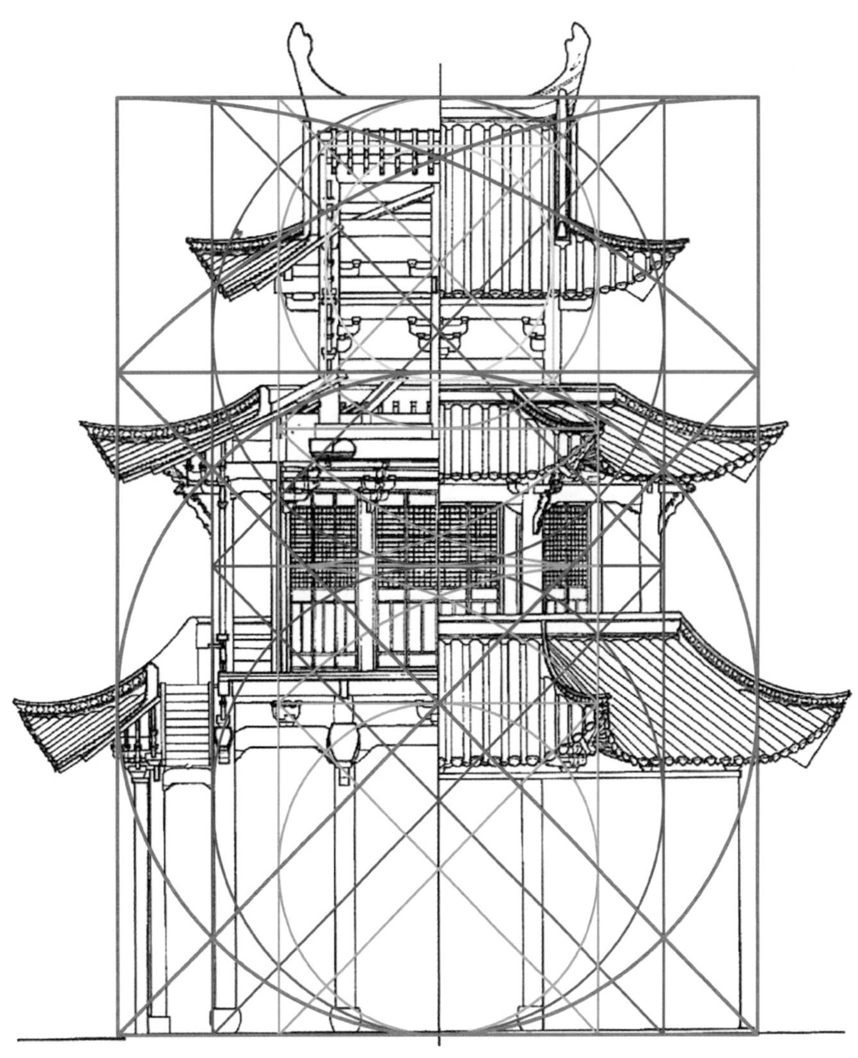

图11-11 安徽许村大观亭立、剖面分析图
底图来源:《中国古代建筑史》(第四卷:元、明建筑,2009年第二版)

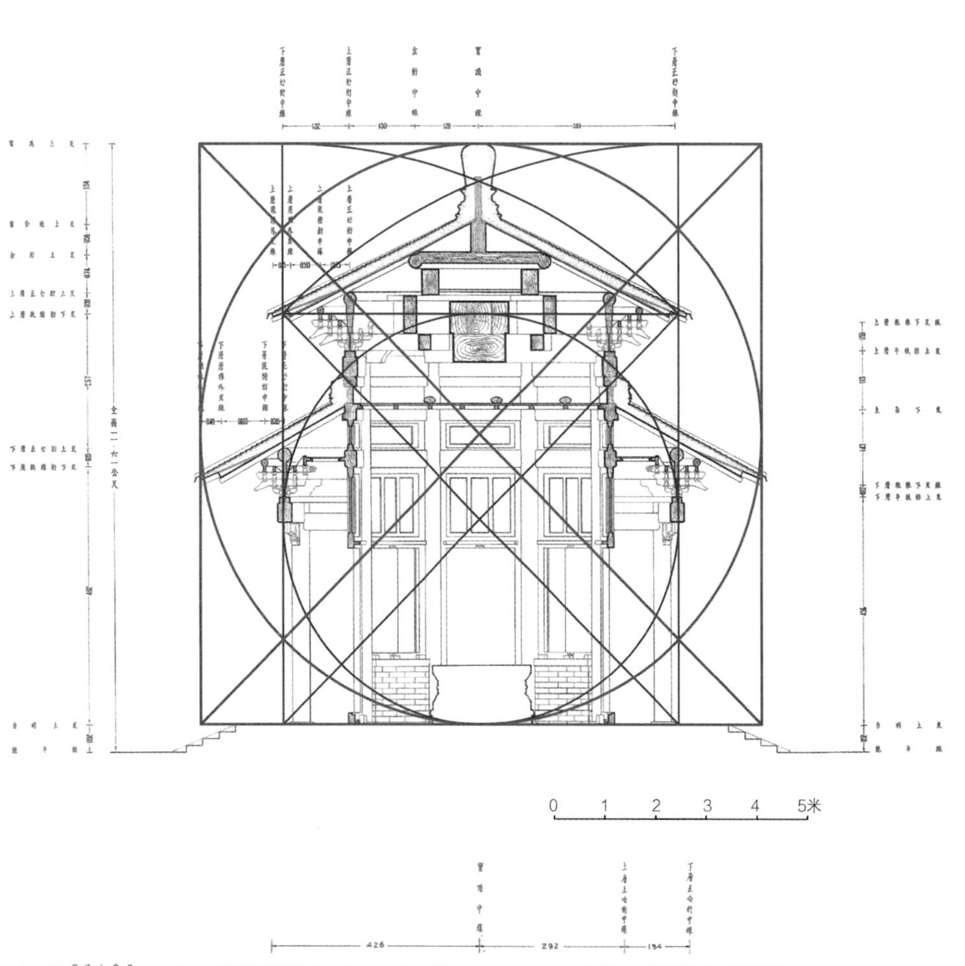

图11-12　北京景山观妙亭剖面分析图
底图来源：《北京城中轴线古建筑实测图集》（2017）

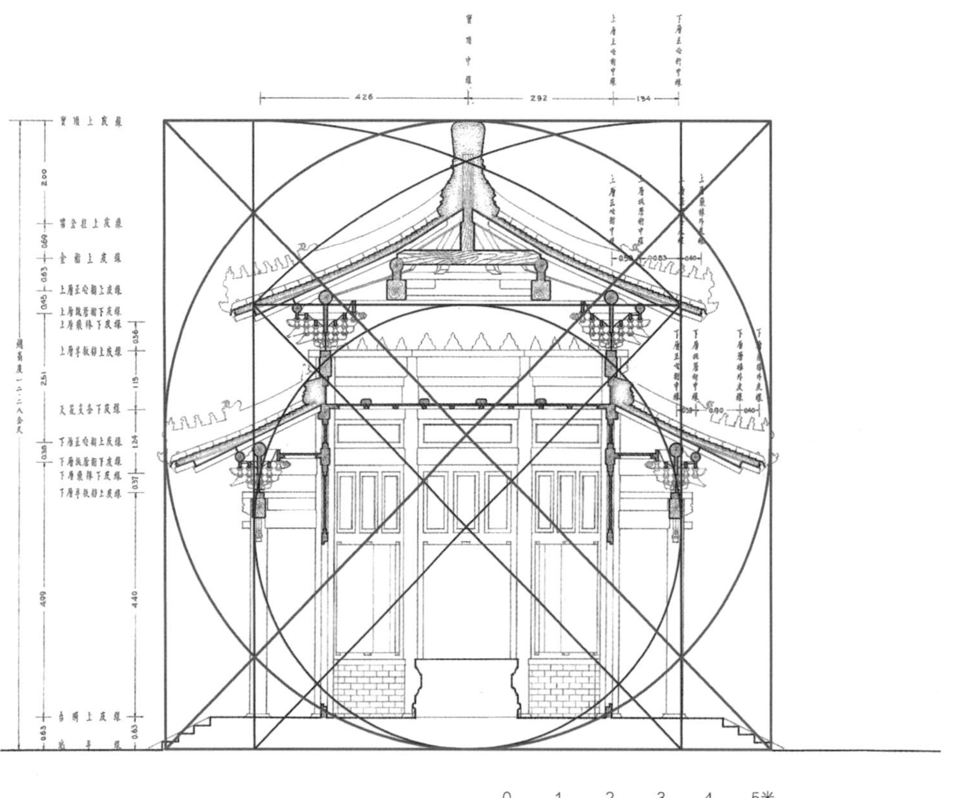

图11-13　北京景山周赏亭剖面分析图
底图来源：《北京城中轴线古建筑实测图集》（2017）

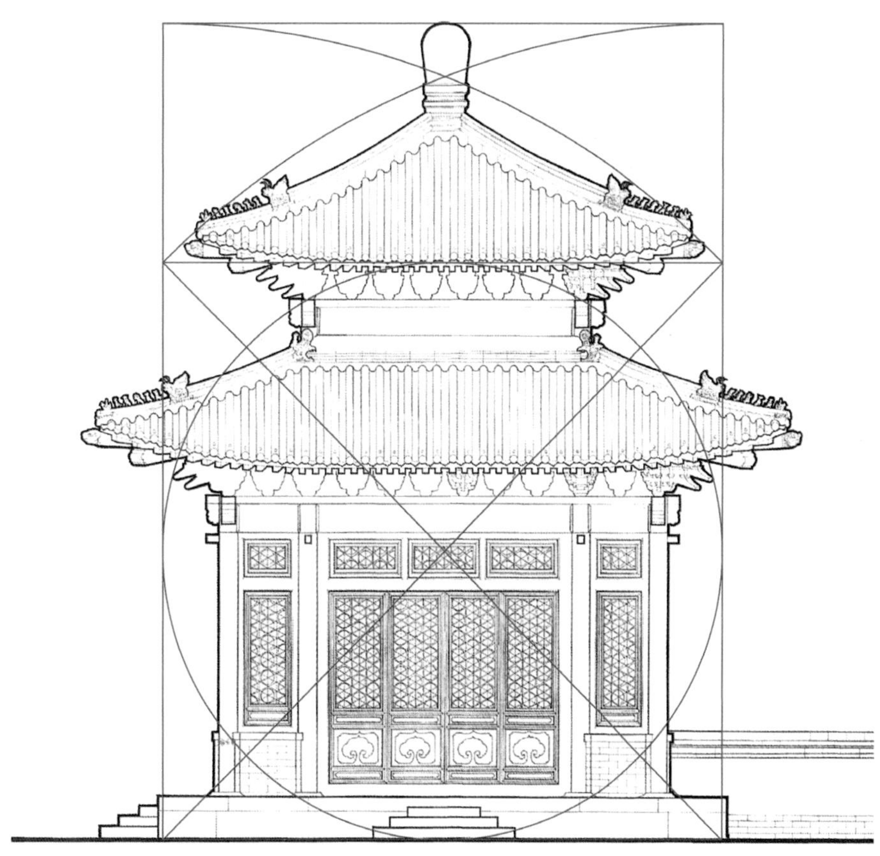

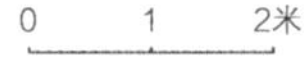

图11-14　北京北海小西天角亭正立面分析图
底图来源：《中国古典园林建筑图录·北方园林》（2015）

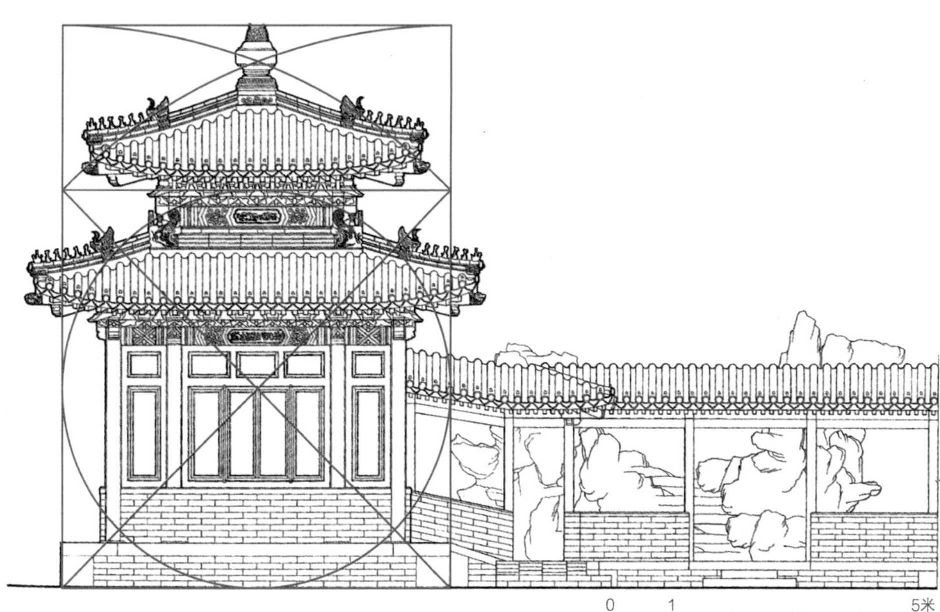

图11-15　北京北海沁香亭正立面分析图
底图来源：《中国古建筑测绘大系·园林建筑：北海》（2015）

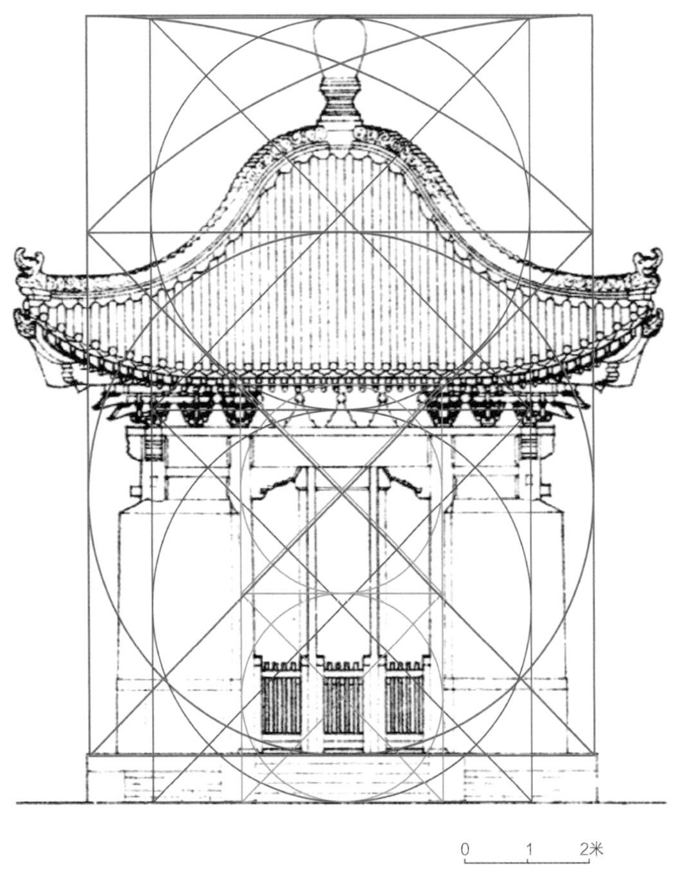

图11-16 北京紫禁城文渊阁碑亭立面分析图
底图来源：刘敦桢、梁思成《清文渊阁实测图说》(《中国营造学社汇刊》第六卷第二期，1935)

图11-17 承德避暑山庄芳渚临流亭正立面分析图
底图来源：《中国古典园林建筑图录·北方园林》(2015)

图11-18 承德避暑山庄烟雨楼八角亭正立面分析图
底图来源：《中国古典园林建筑图录·北方园林》（2015）

0 1 2米

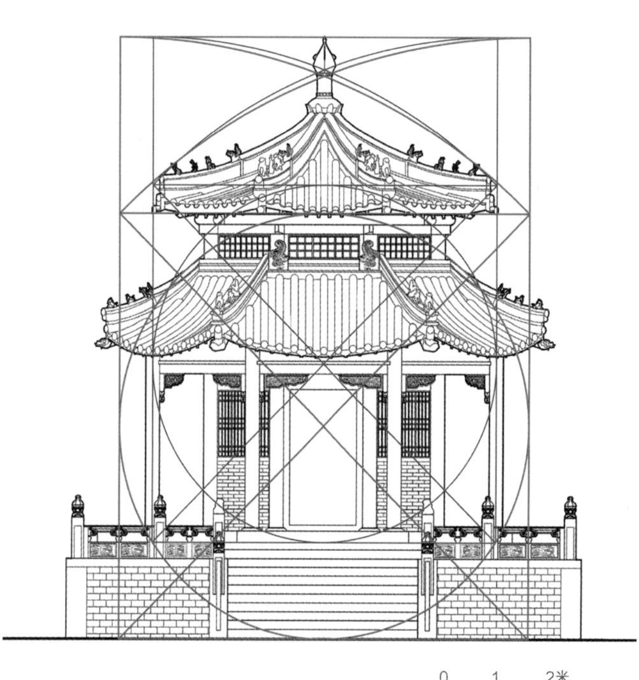

图11-19 河南登封中岳庙遥参亭正立面分析图
底图来源：《中国古建筑测绘十年：2000~2010清华大学建筑学院测绘图集》（下册，2011）

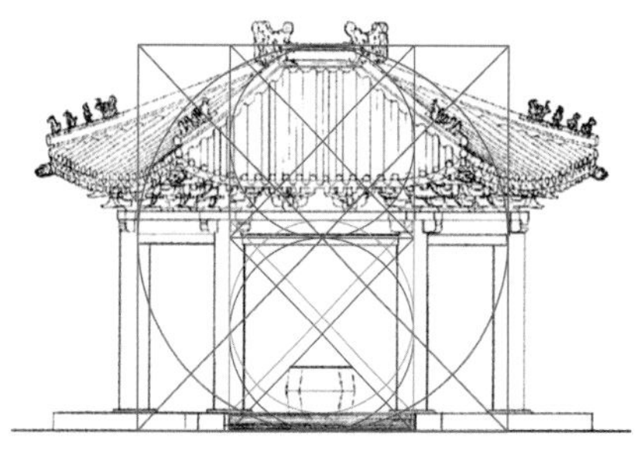

图11-20 北京先农坛井亭正立面分析图
底图来源：《中国古代建筑史》（第四卷：元、明建筑，2009年第二版）

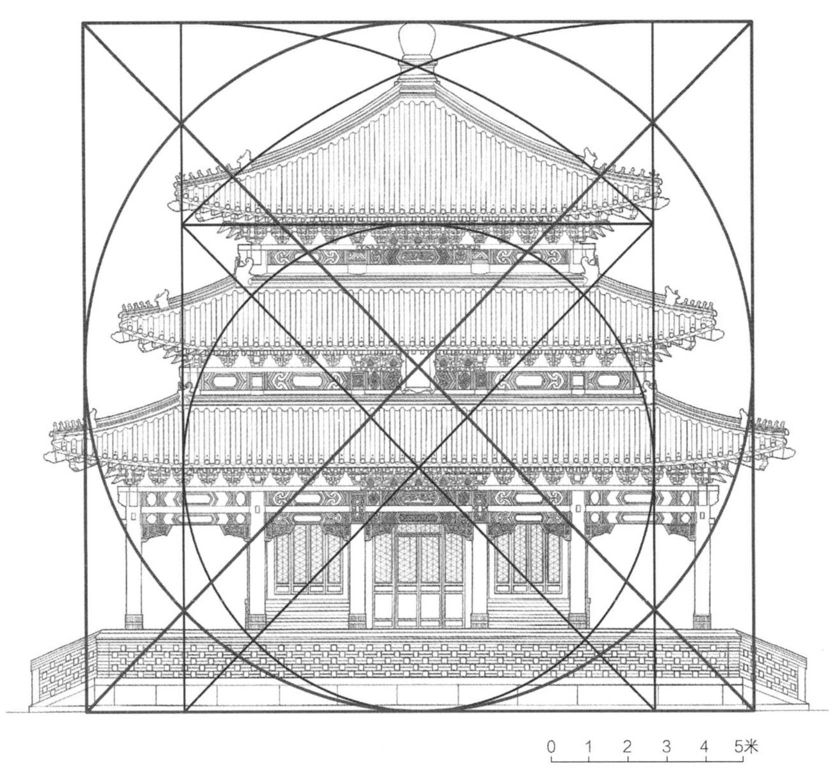

图11-21　北京景山万春亭正立面分析图
底图来源：《北京城中轴线古建筑实测图集》（2017）

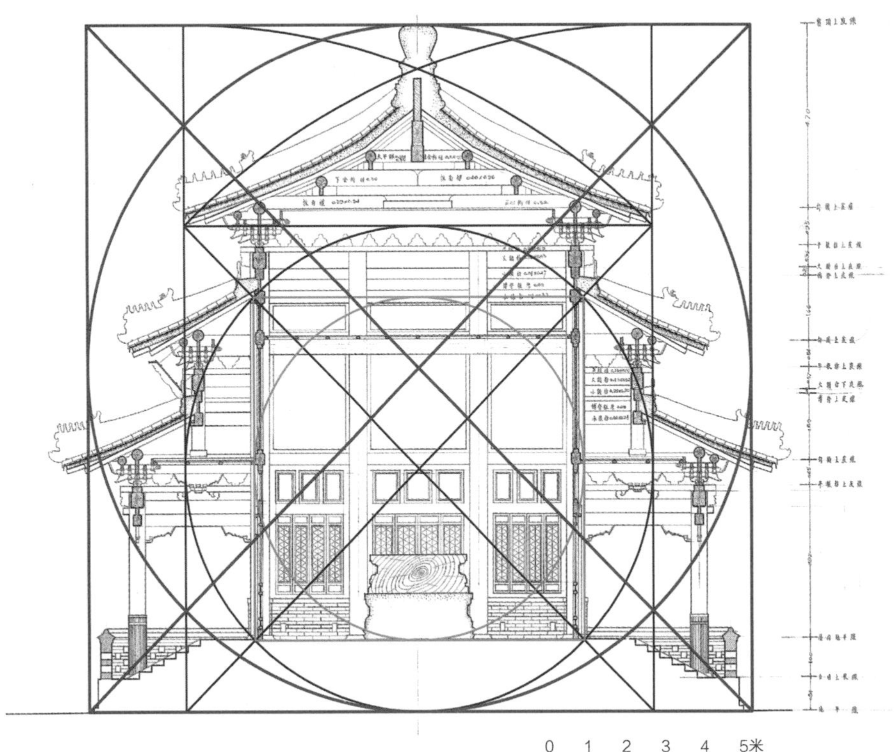

图11-22　北京景山万春亭剖面分析图
底图来源：《北京城中轴线古建筑实测图集》（2017）

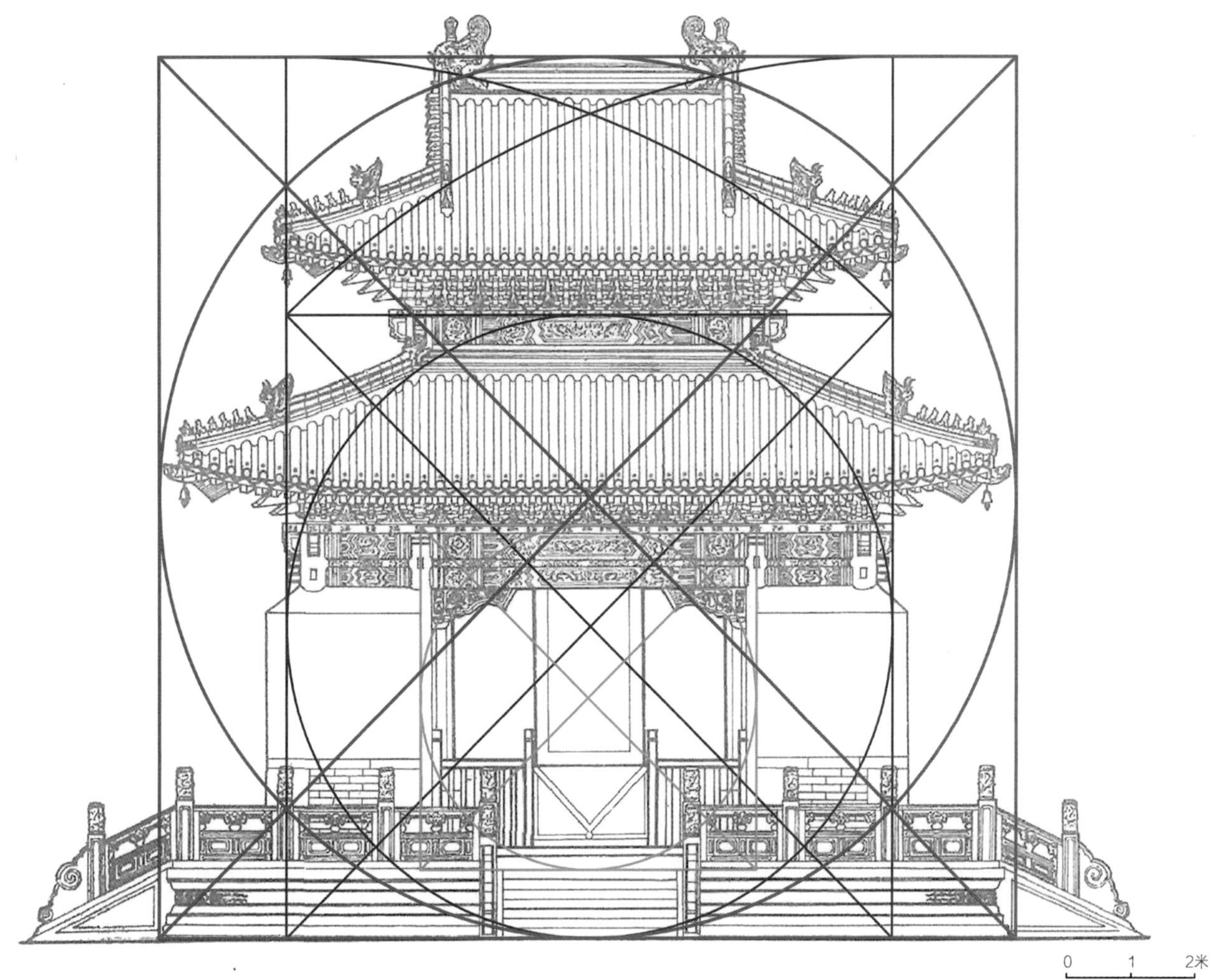

图11-23　河北承德普宁寺碑亭正立面分析图
底图来源：《承德古建筑——避暑山庄和外八庙》(1982)

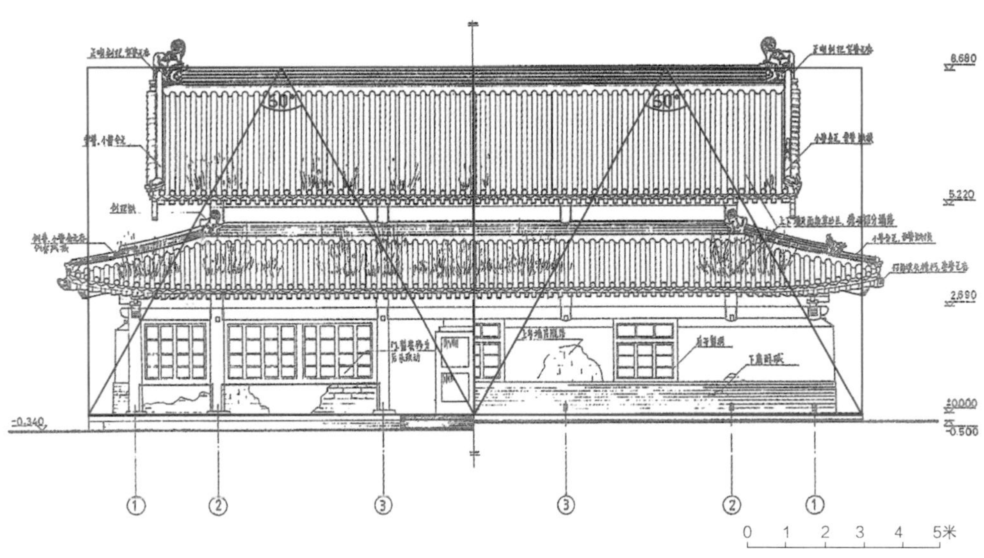

图11-24 北京先农坛宰牲亭正立面分析图
底图来源：《北京先农坛研究与保护修缮》（2010）

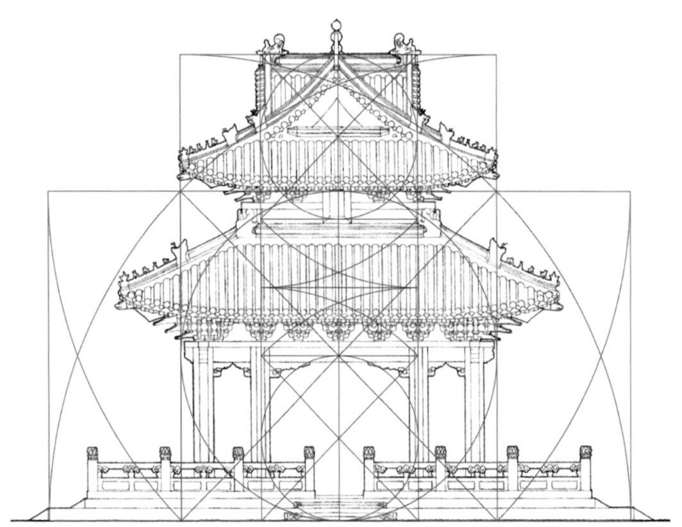

图11-25 曲阜孔庙杏坛正立面分析图
底图来源：《曲阜孔庙建筑》（1987）

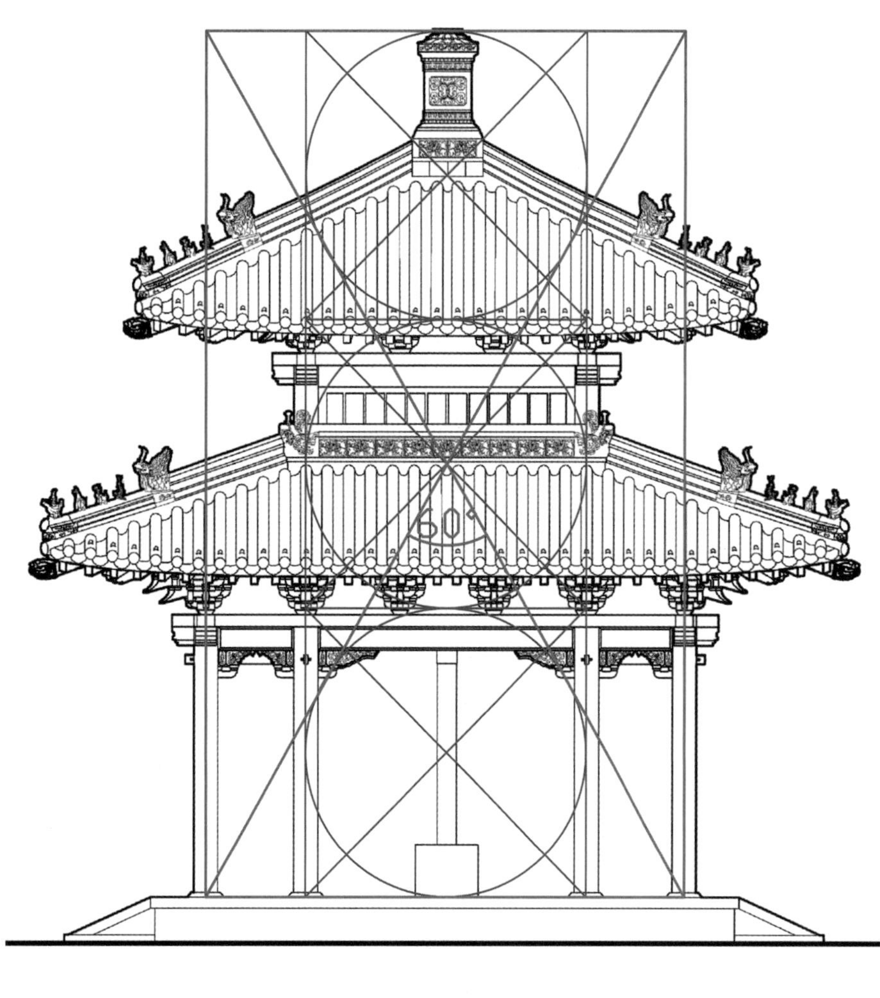

图11-26　河南登封嵩阳书院御碑亭立面分析图
底图来源：《中国古建筑测绘十年：2000~2010清华大学建筑学院测绘图集》（下册，2011）

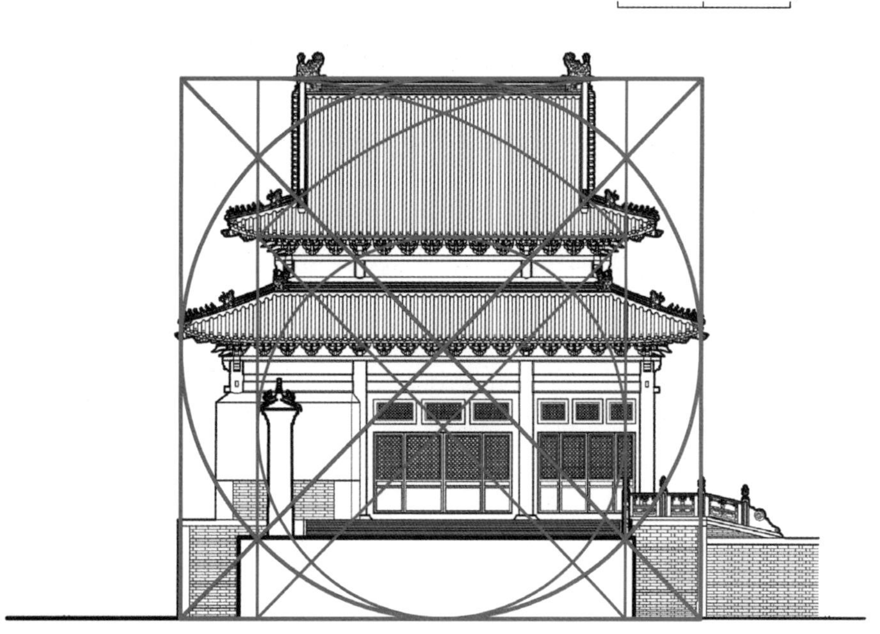

图11-27　北京紫禁城三大殿四角崇楼立面分析图
底图来源：《中国古建筑测绘十年：2000~2010清华大学建筑学院测绘图集》（上册，2011）

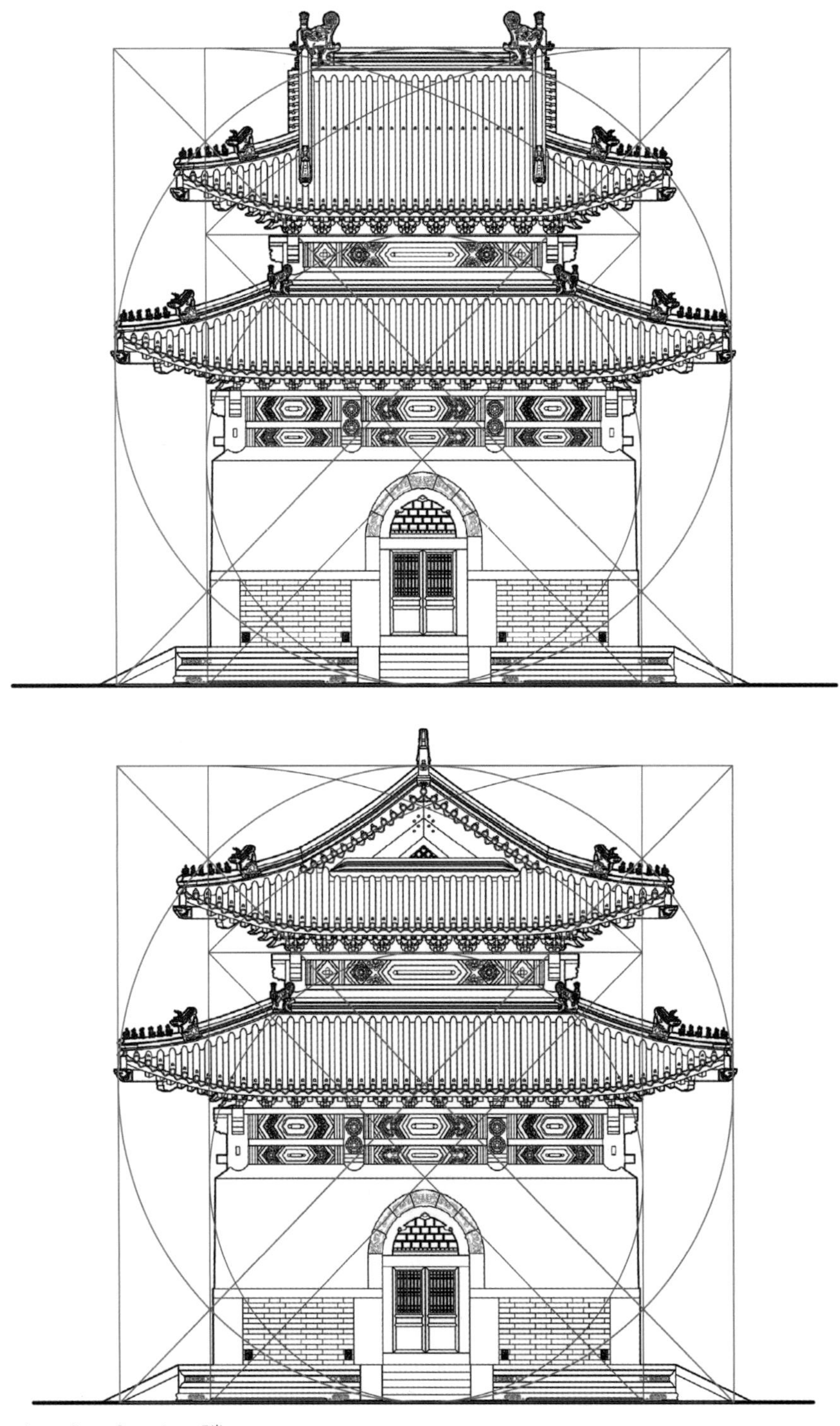

0　1　2　3　4　5米

图11-28　河北易县清西陵昌陵碑亭立面分析图
底图来源：《中国古建筑测绘十年：2000~2010清华大学建筑学院测绘图集》（上册，2011）

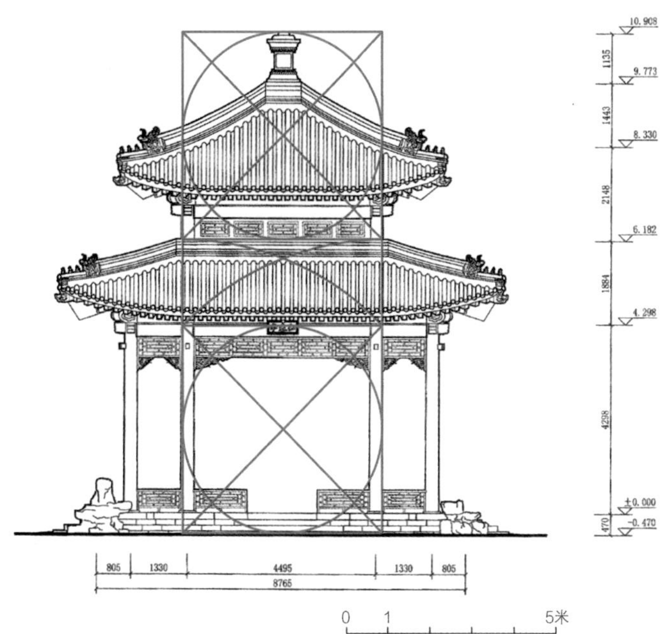

图11-29　北京颐和园知春亭正立面分析图
底图来源：《中国古建筑测绘大系·园林建筑：颐和园》（2015）

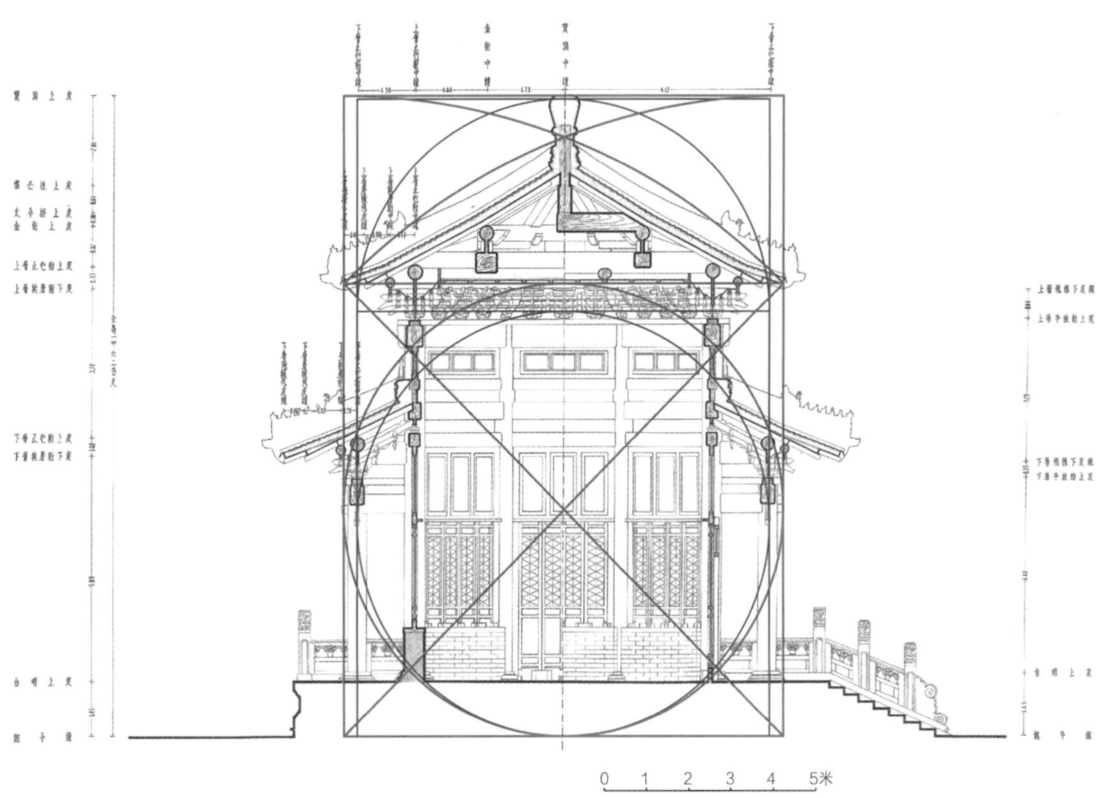

图11-30　北京景山寿皇殿碑亭剖面分析图
底图来源：《北京城中轴线古建筑实测图集》（2017）

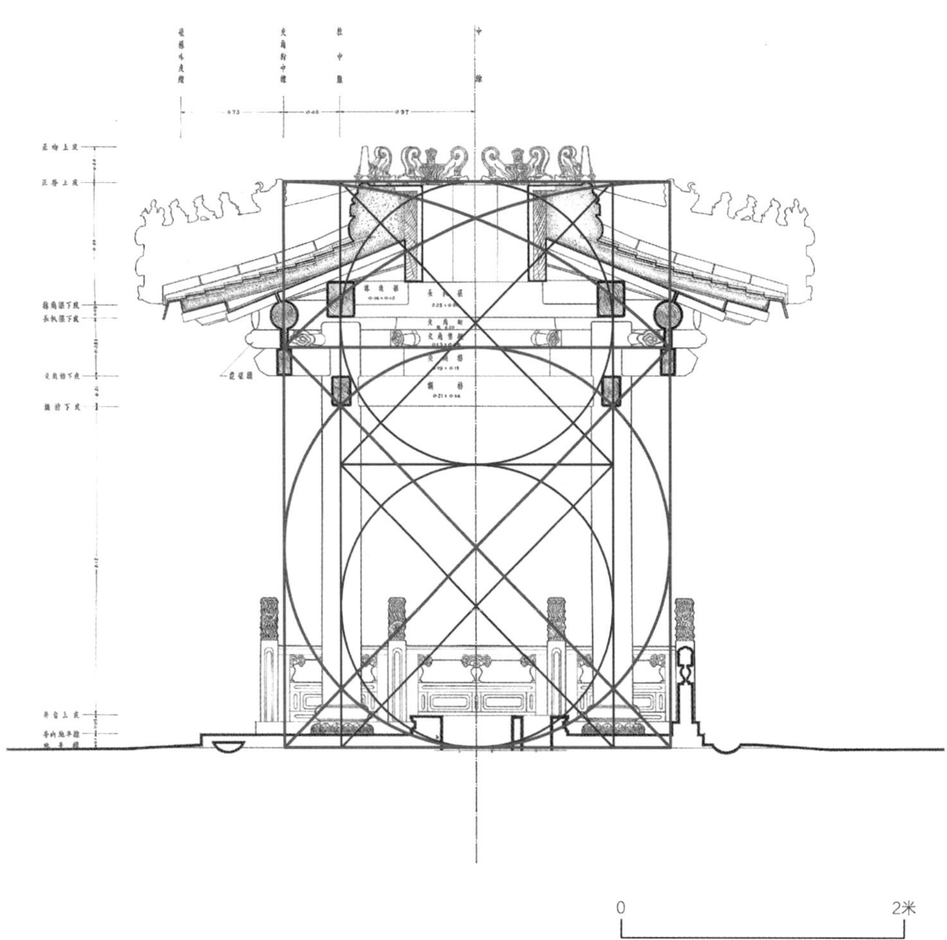

图11-31　北京紫禁城御花园井亭剖面分析图
底图来源：《北京城中轴线古建筑实测图集》(2017)

第十二章　墓祠、墓阙与墓表

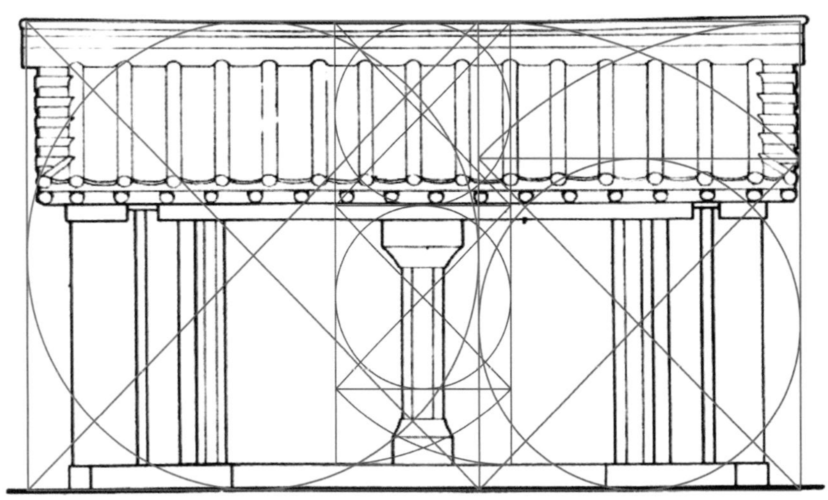

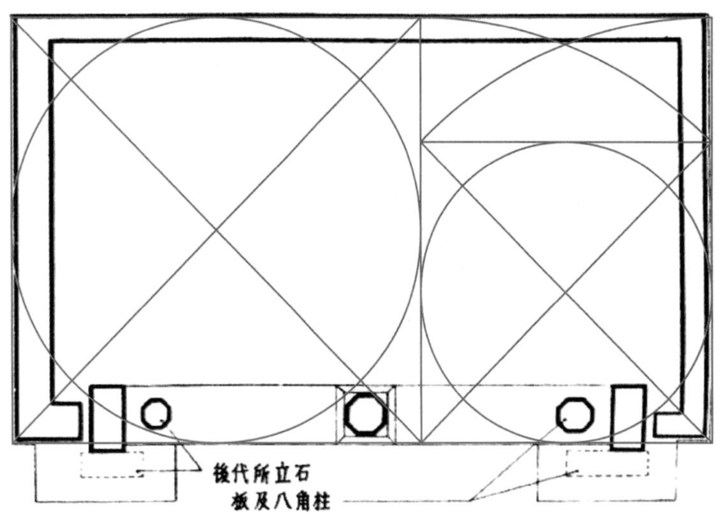

图12-1 山东肥城市孝堂山墓祠平、立面分析图
底图来源:《中国古代建筑史》(第二版,1984)

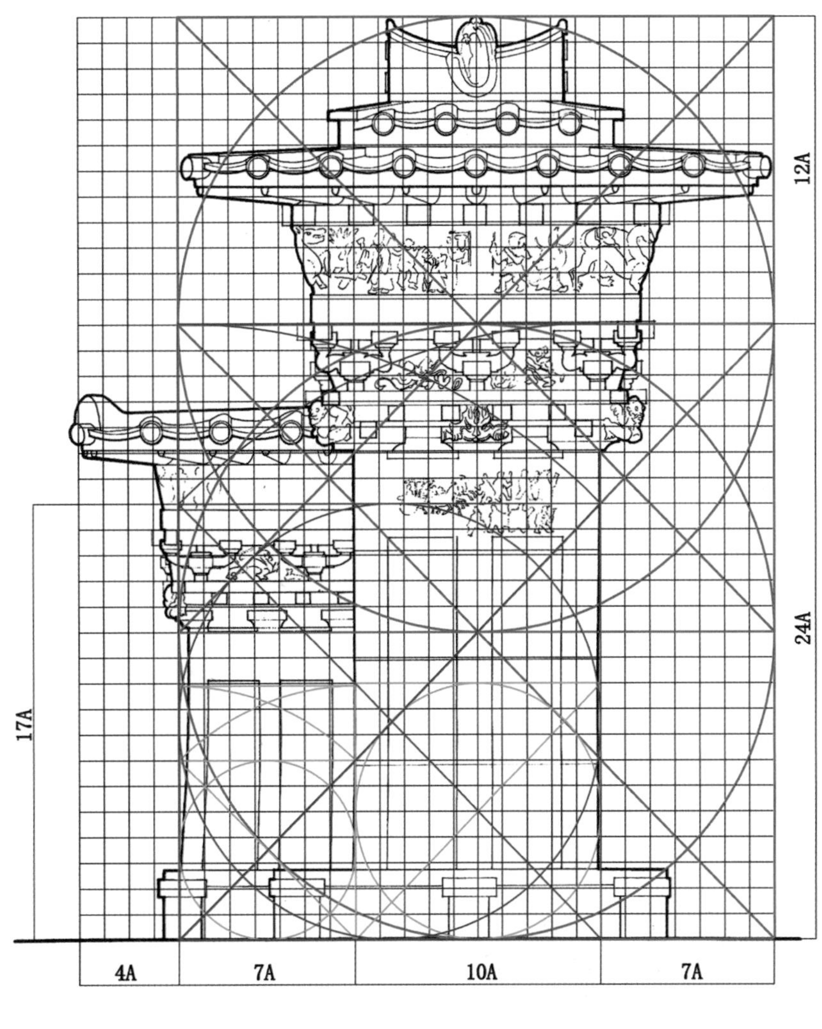

图12-2　四川雅安高颐阙立面分析图一
底图来源：《中国古代建筑史》（第二版，1984）

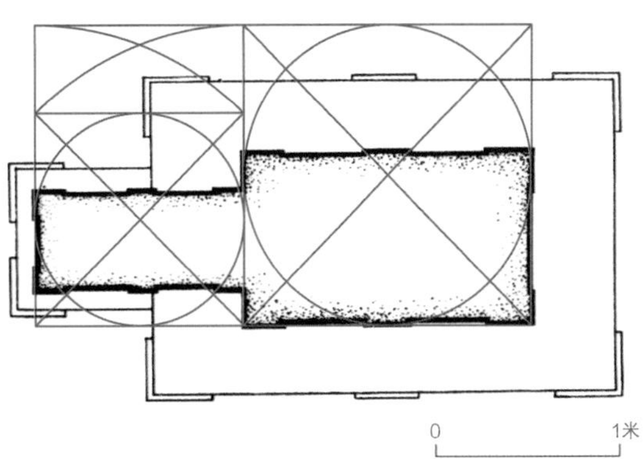

图12-3　四川雅安高颐阙平面分析图
底图来源：《中国古代建筑史》（第二版，1984）

0　　1米

图12-4　四川雅安高颐阙立面分析图二
底图来源：《中国古代建筑史》（第二版，1984）

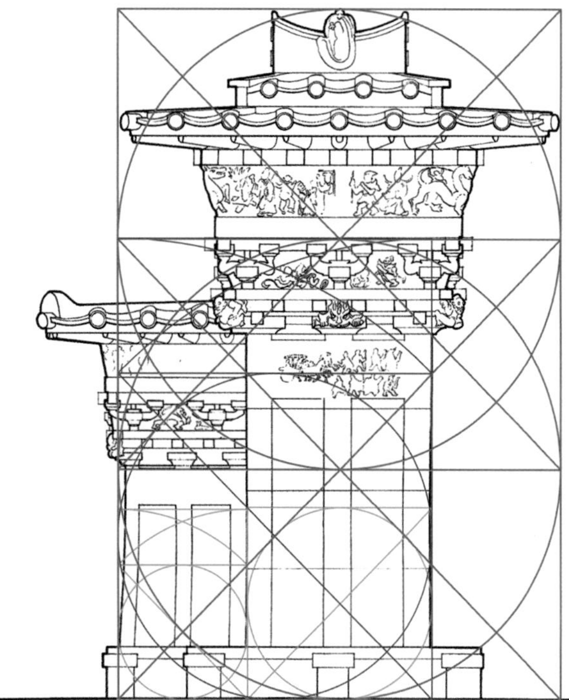

0　　1米

图12-5　四川雅安高颐阙立面分析图三
底图来源：《中国古代建筑史》（第二版，1984）

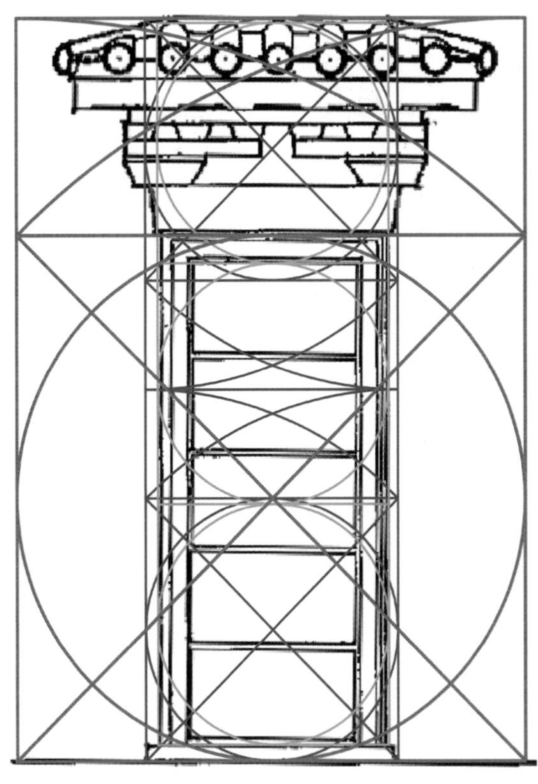

图12-6　山东平邑县皇圣卿阙正立面分析图
底图来源：《中国古代建筑史》（第一卷：原始社会、夏、商、周、秦、汉建筑，2009年第二版）

0　1米

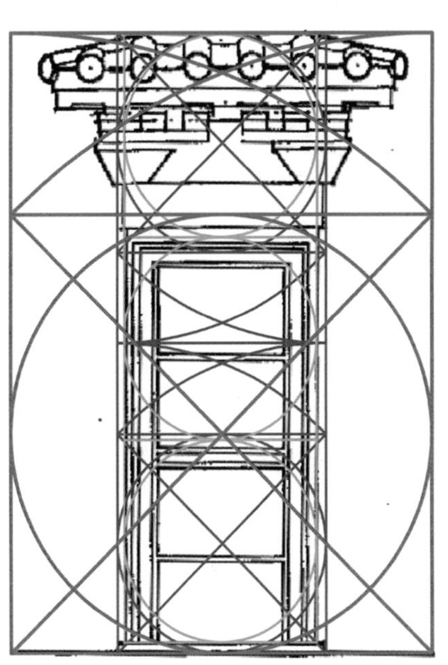

图12-7　山东平邑县功曹阙正立面分析图
底图来源：《中国古代建筑史》（第一卷：原始社会、夏、商、周、秦、汉建筑，2009年第二版）

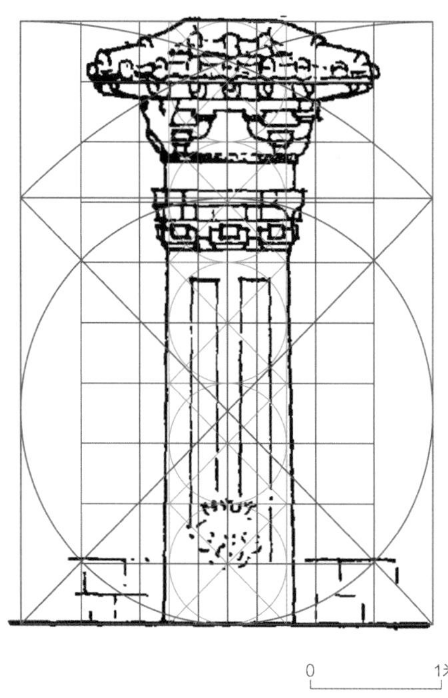

图12-8 四川渠县冯焕阙立面分析图
底图来源：陈明达《汉代的石阙》(《文物》1961年12期)

图12-9 四川忠县丁房阙东阙立面分析图
底图来源：《记四川忠县的两处汉代石阙》(《古建园林技术》1996年第6期)

图12-10 四川忠县丁房阙西阙立面分析图
底图来源:《记四川忠县的两处汉代石阙》(《古建园林技术》1996年第6期)

图12-11 四川忠县无铭阙立面分析图
底图来源:《记四川忠县的两处汉代石阙》(《古建园林技术》1996年第6期)

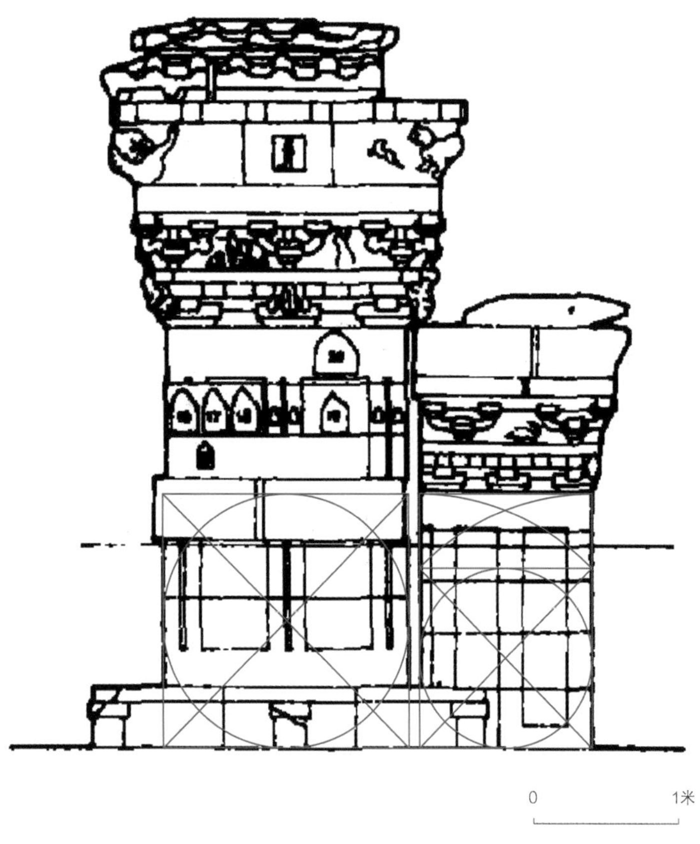

图12-12　四川绵阳市平杨府君阙立面分析图
底图来源：《平杨府君阙考》(《文物》1991年第9期)

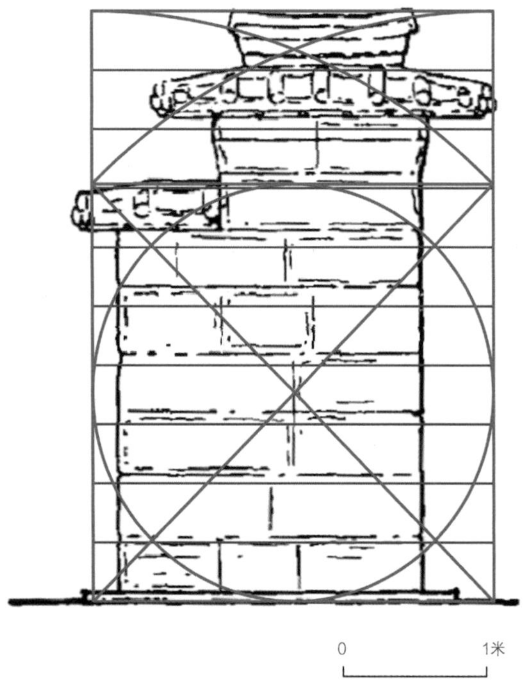

图12-13　河南嵩山太室阙西阙立面分析图
底图来源：陈明达《汉代的石阙》(《文物》1961年12期)

图12-14　江苏南京梁萧景墓墓表立面分析图
底图来源:《中国古代建筑史》(第二版，1984)

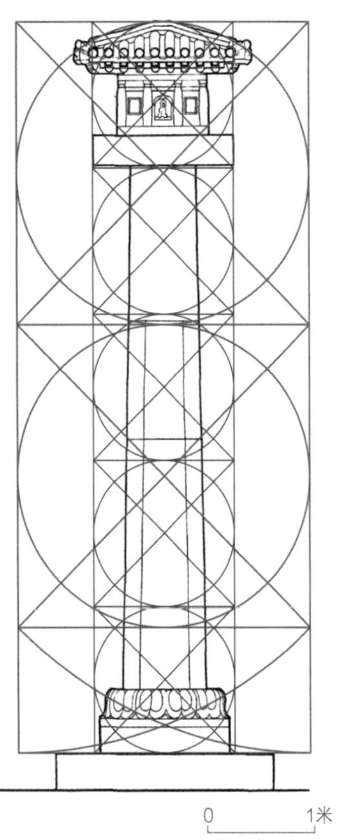

图12-15 河北定兴县义慈惠石柱立面分析图
底图来源：《中国古代建筑史》（第二版，1984）

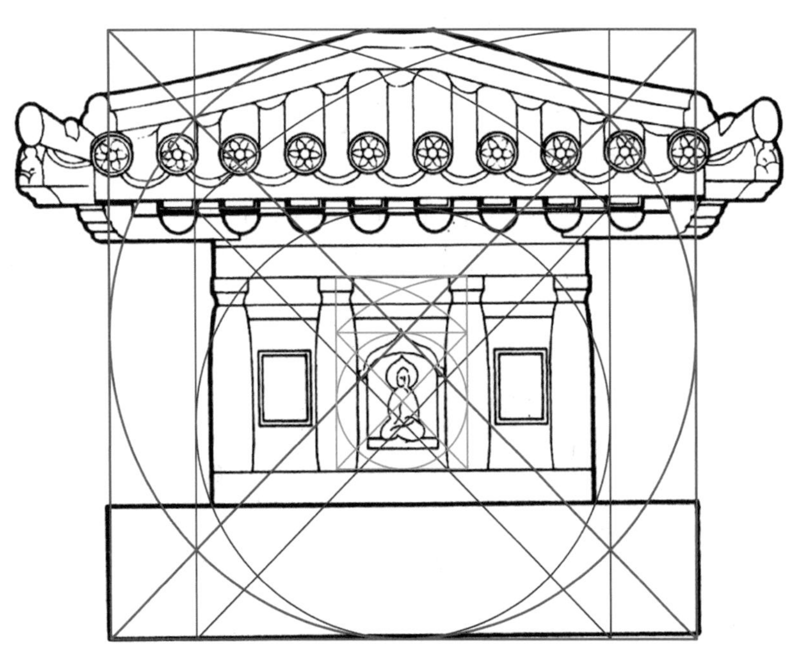

图12-16 河北定兴县义慈惠石柱顶部石屋立面分析图
底图来源：《中国古代建筑史》（第二版，1984）

第十三章　石窟

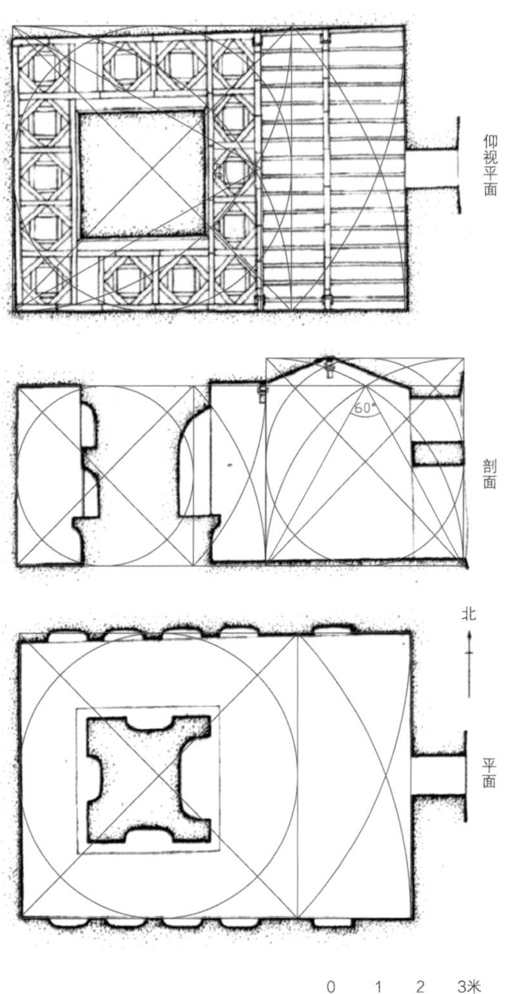

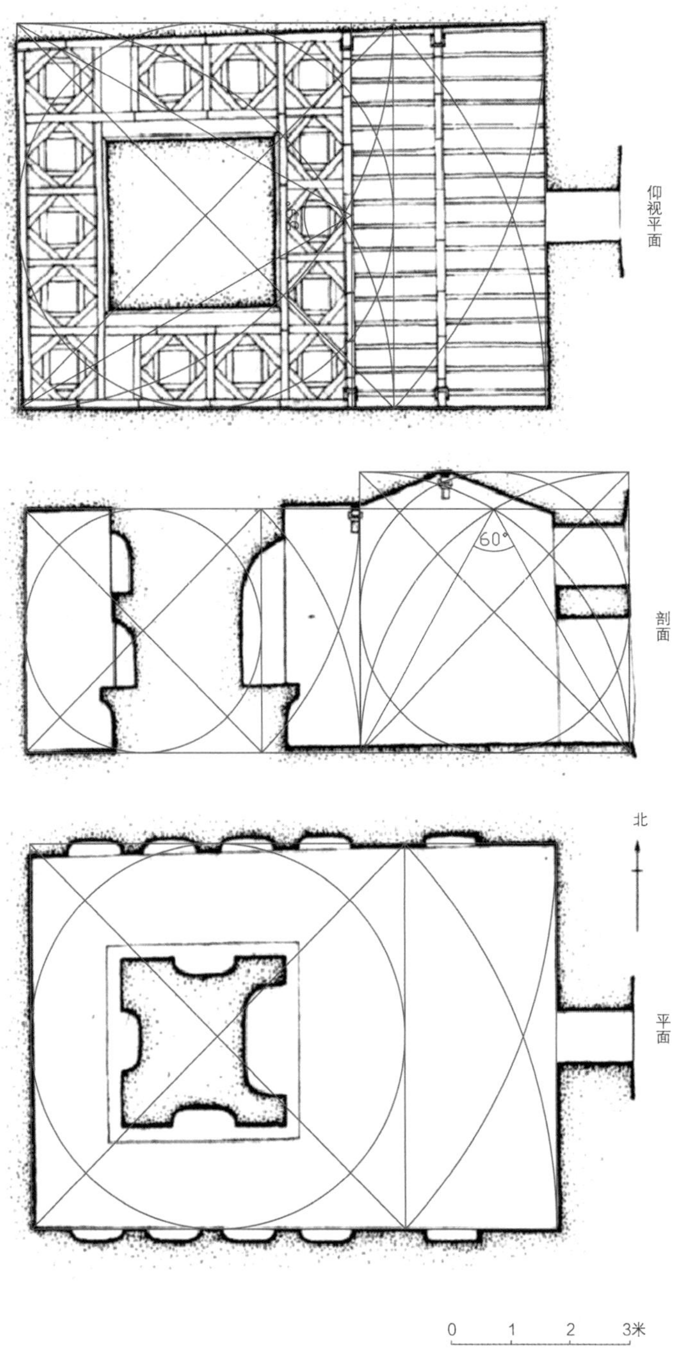

图13-1　敦煌莫高窟北魏第254窟平、剖面分析图
底图来源：《中国古代建筑史·第二卷：三国、两晋、南北朝、隋唐、五代建筑》（第二版，2009）

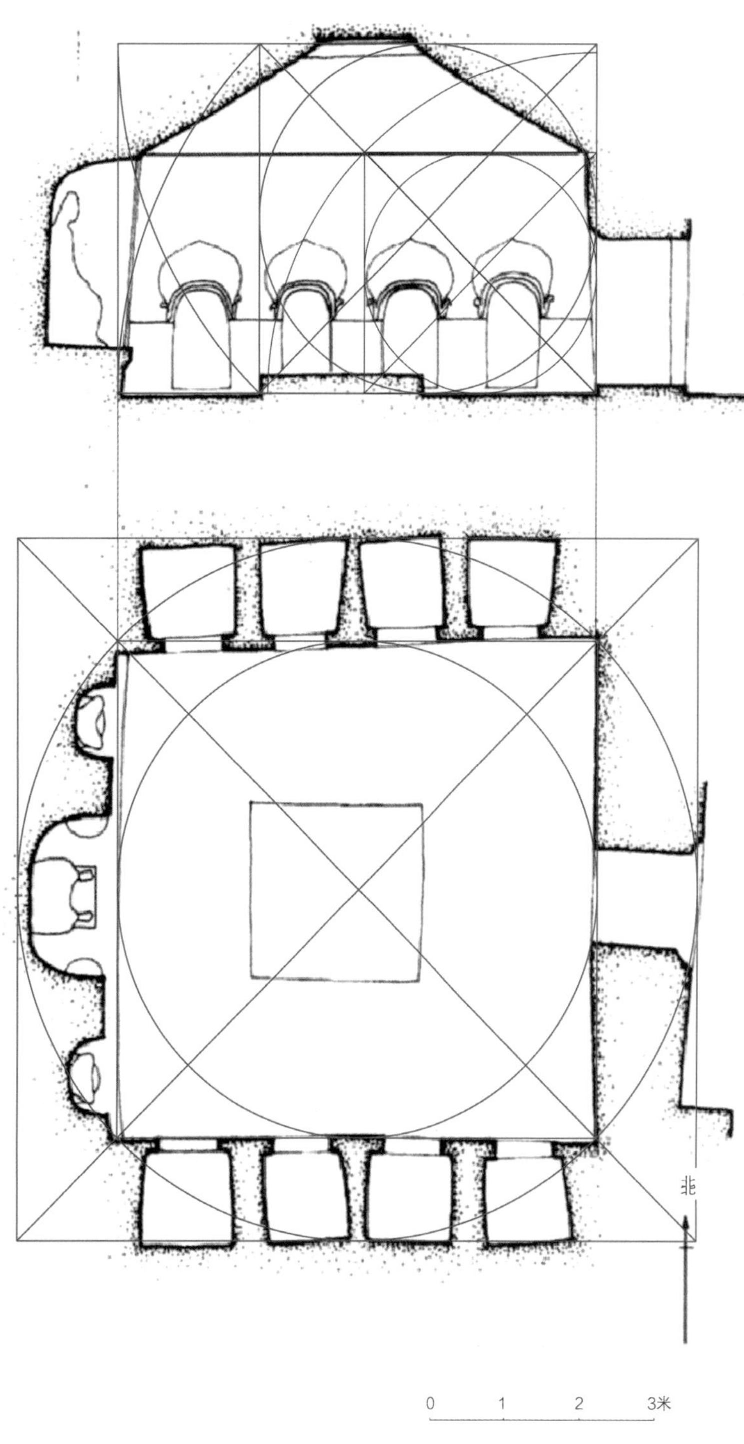

图13-2　敦煌莫高窟西魏第285窟平、剖面分析图
底图来源：《中国古代建筑史·第二卷：三国、两晋、南北朝、隋唐、五代建筑》(第二版，2009)

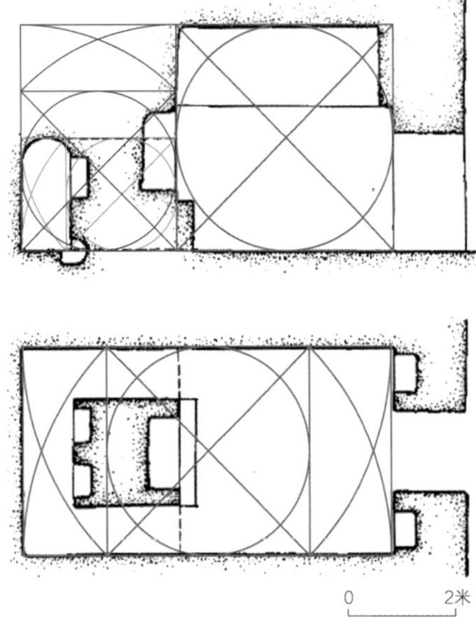

图13-3　新疆拜城克孜尔石窟第38窟平、剖面分析图
底图来源：《中国古代建筑史》（第二卷：三国、两晋、南北朝、隋唐、五代建筑，2009年第二版）

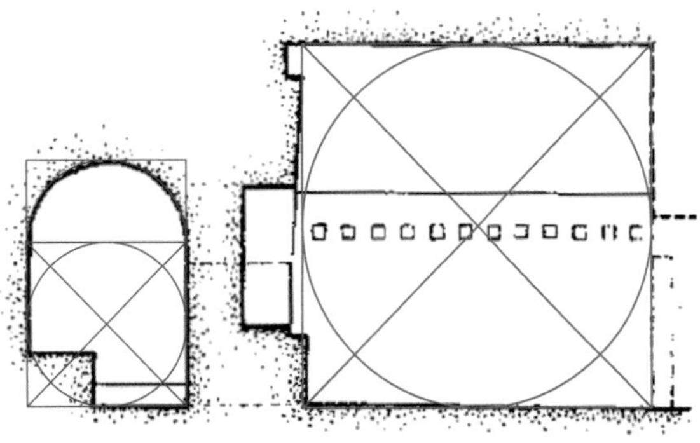

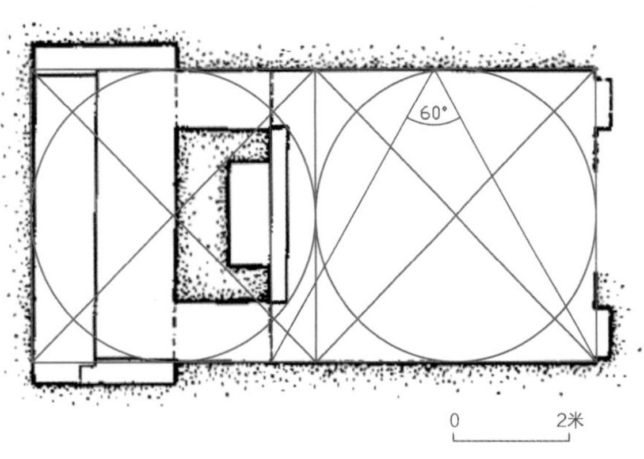

图13-4　新疆拜城克孜尔石窟第8窟平、剖面分析图
底图来源：《中国古代建筑史》（第二卷：三国、两晋、南北朝、隋唐、五代建筑，2009年第二版）

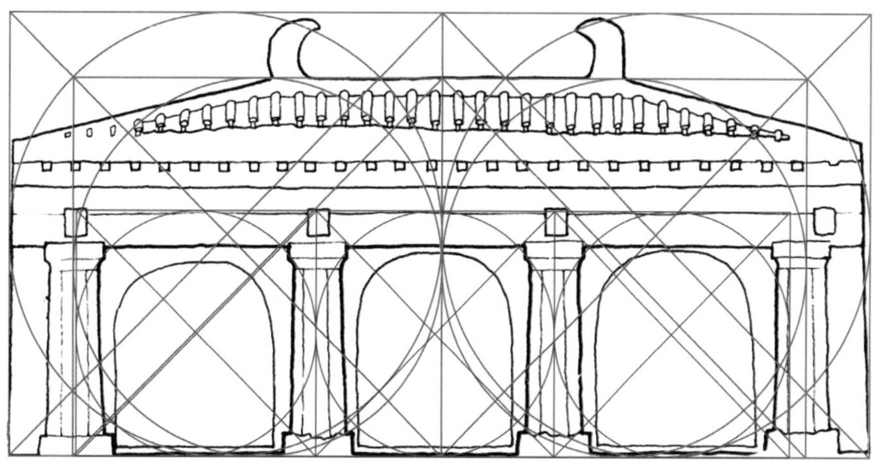

立面

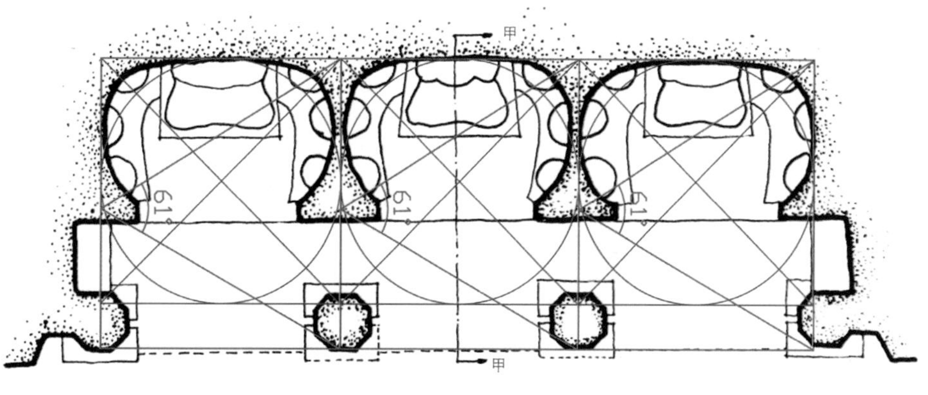

平面

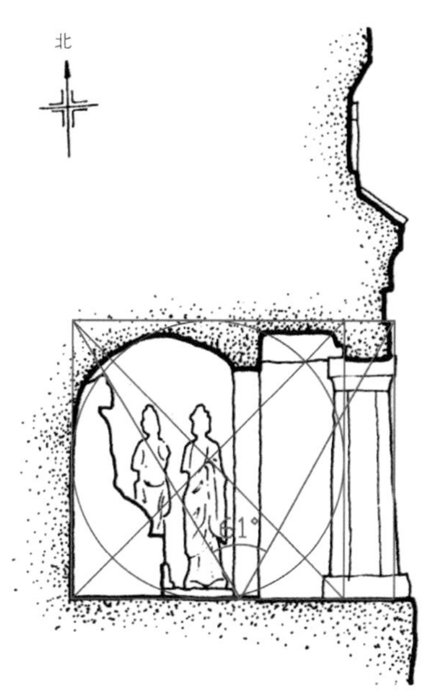

0 1 2 3米

剖面甲—甲

图13-5 甘肃天水麦积山石窟第30窟平、立、剖面分析图
底图来源:《中国古代建筑史·第二卷:三国、两晋、南北朝、隋唐、五代建筑》(第二版,2009)

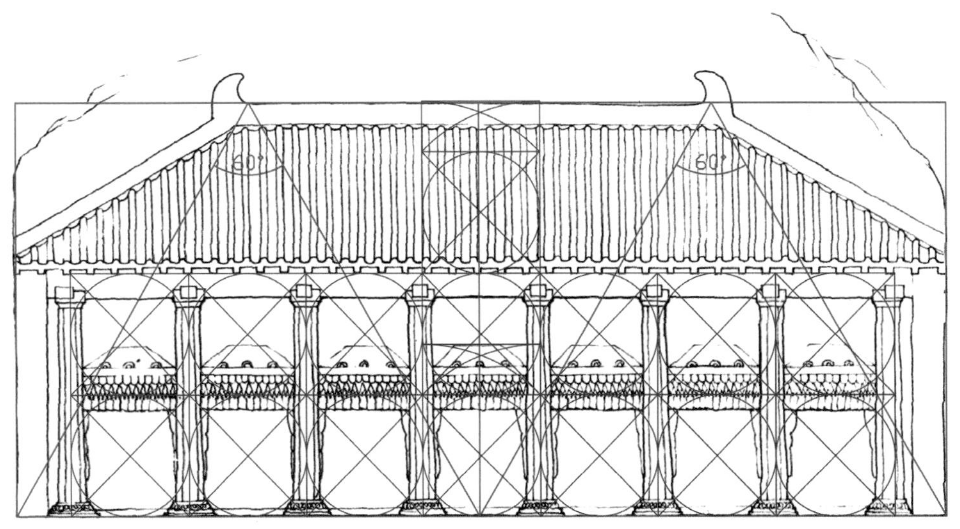

立面

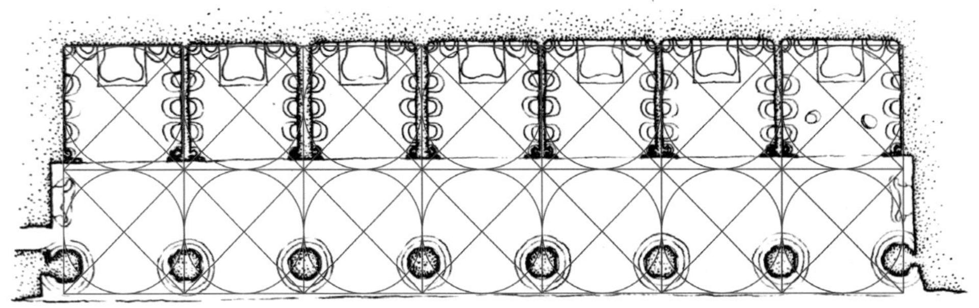

平面

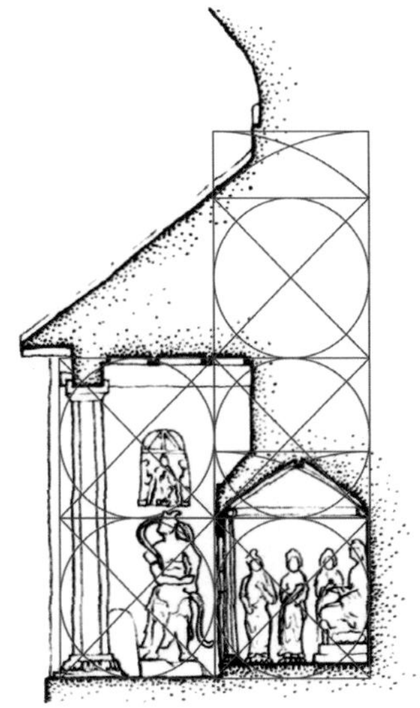

剖面

图13-6 甘肃天水麦积山石窟第4窟平、立、剖面分析图
底图来源：《中国古代建筑史・第二卷：三国、两晋、南北朝、隋唐、五代建筑》(第二版，2009)

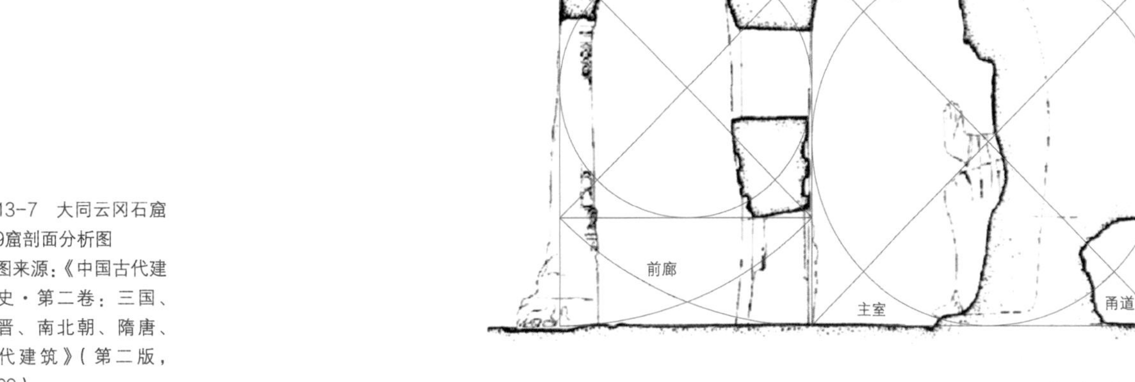

图13-7　大同云冈石窟第9窟剖面分析图
底图来源：《中国古代建筑史·第二卷：三国、两晋、南北朝、隋唐、五代建筑》（第二版，2009）

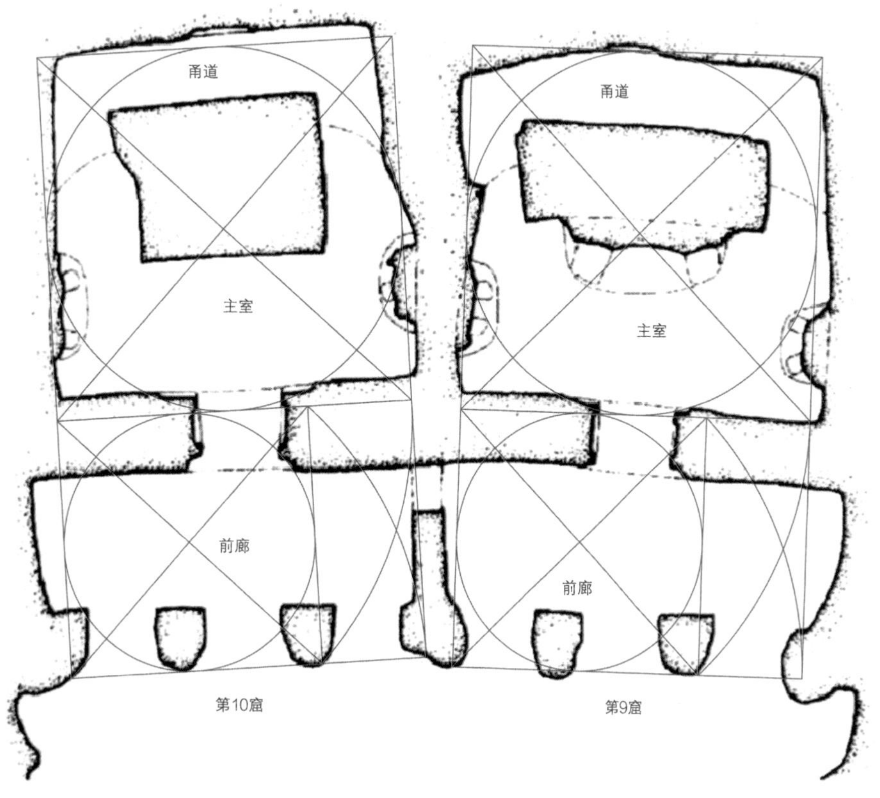

图13-8　大同云冈石窟第9窟第10窟平面分析图
底图来源：《中国古代建筑史·第二卷：三国、两晋、南北朝、隋唐、五代建筑》（第二版，2009）

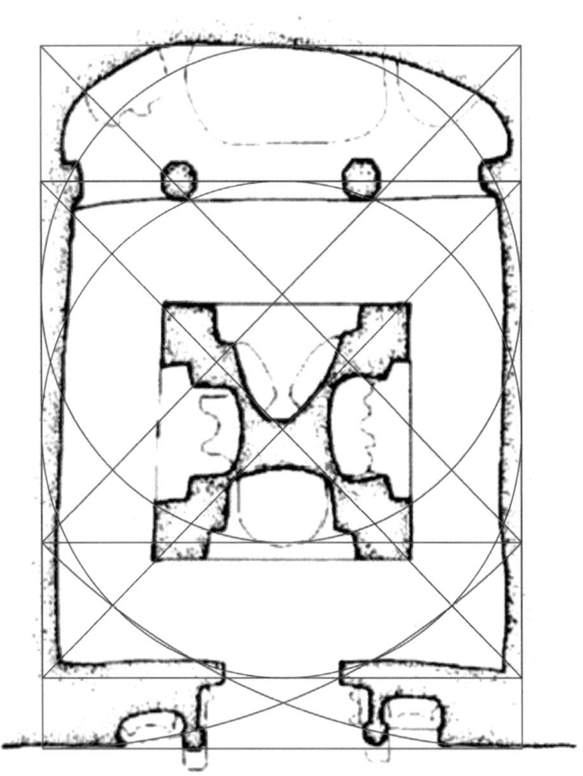

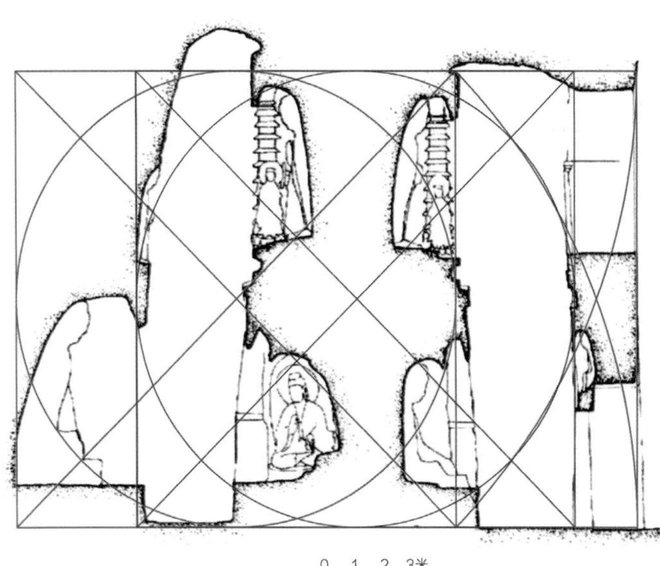

图13-9 大同云冈石窟第6窟平、剖面分析图
底图来源：《中国古代建筑史·第二卷：三国、两晋、南北朝、隋唐、五代建筑》（第二版，2009）

图13-10　太原天龙山石窟16窟立、剖面分析图
底图来源:《中国古代建筑史》(第二版，1984)

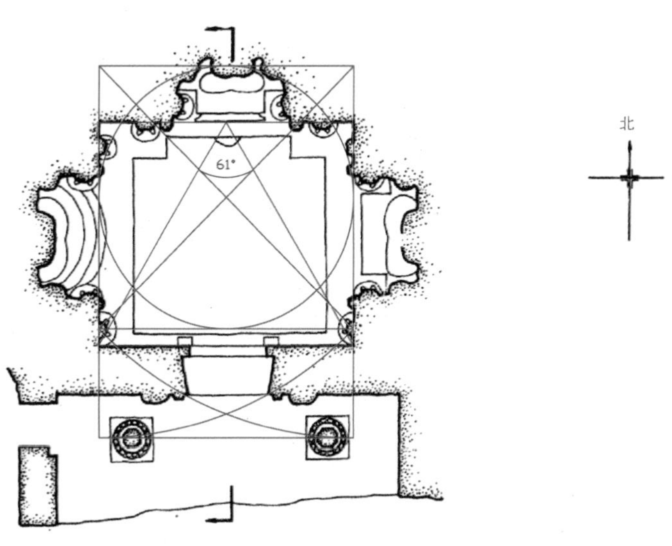

图13-11　太原天龙山石窟16窟平面分析图
底图来源:《中国古代建筑史》(第二版，1984)

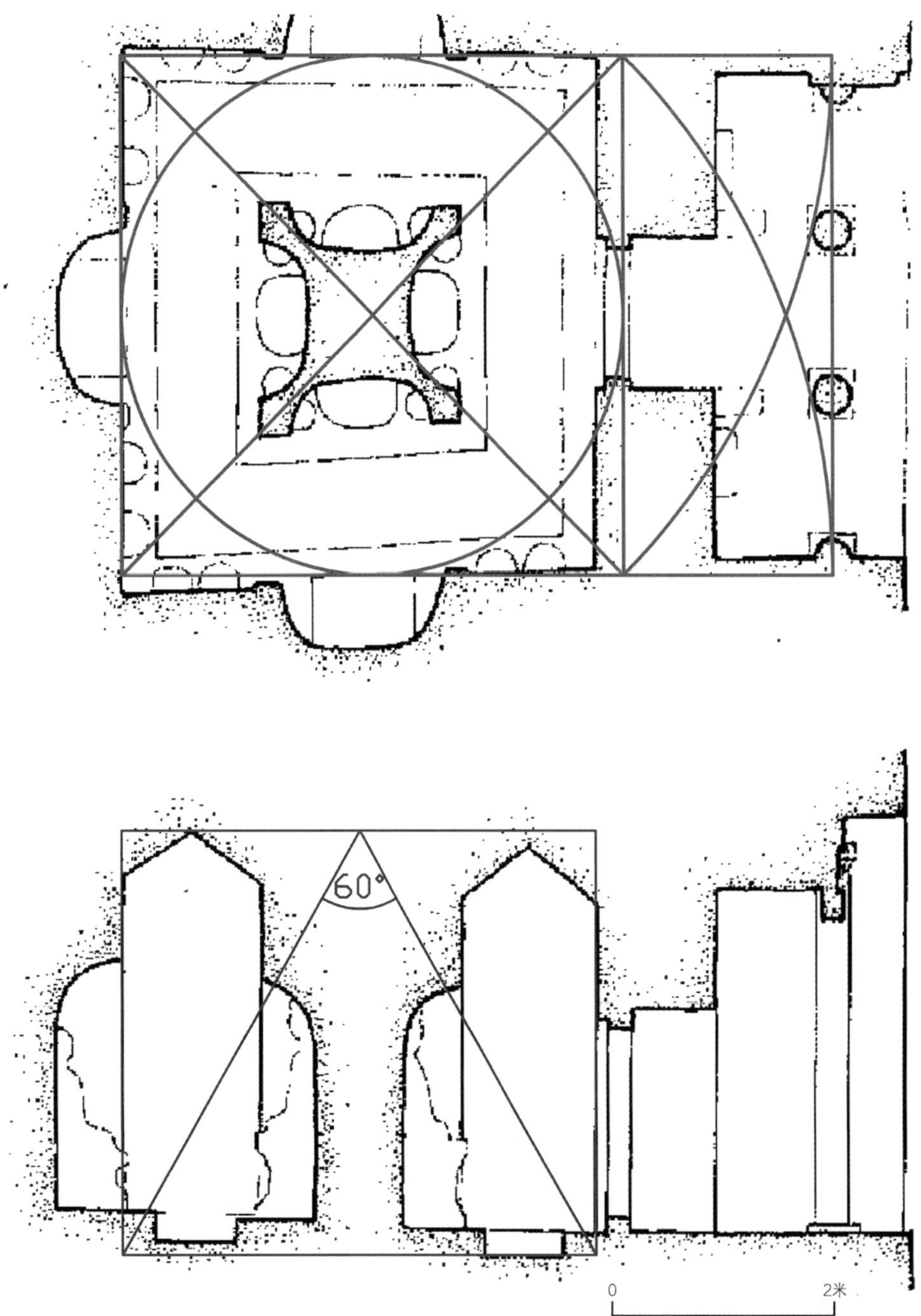

图13-12 山西太原天龙山石窟第8窟平、剖面分析图
底图来源：《中国古代建筑史》（第二卷：三国、两晋、南北朝、隋唐、五代建筑，2009年第二版）

第十四章　其他类型

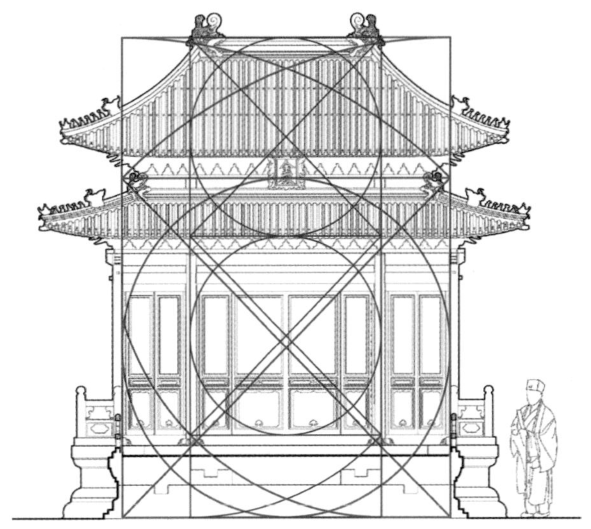

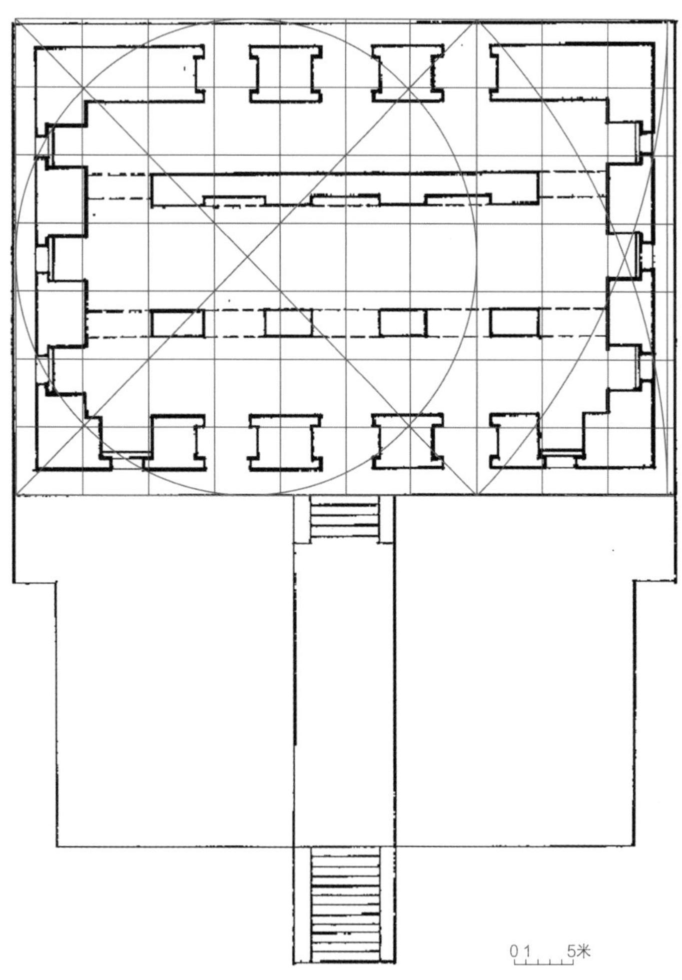

图14-1　南京灵谷寺无梁殿平面分析图
底图来源：《中国古代建筑史》（第四卷：元、明建筑，2009年第二版）

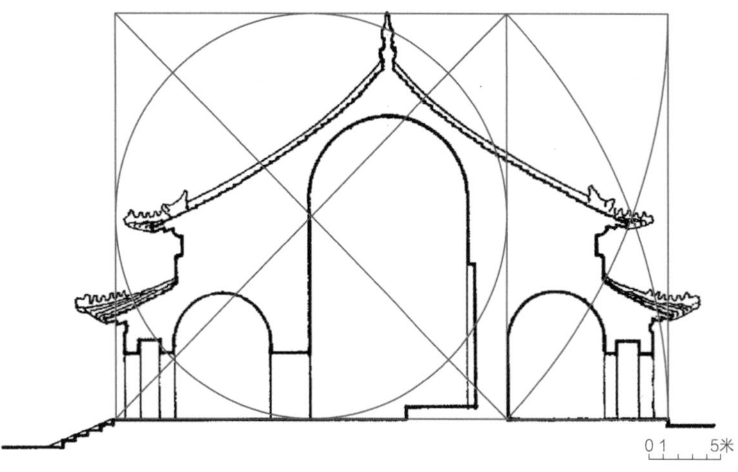

图14-2　南京灵谷寺无梁殿剖面分析图
底图来源：《中国古代建筑史》（第四卷：元、明建筑，2009年第二版）

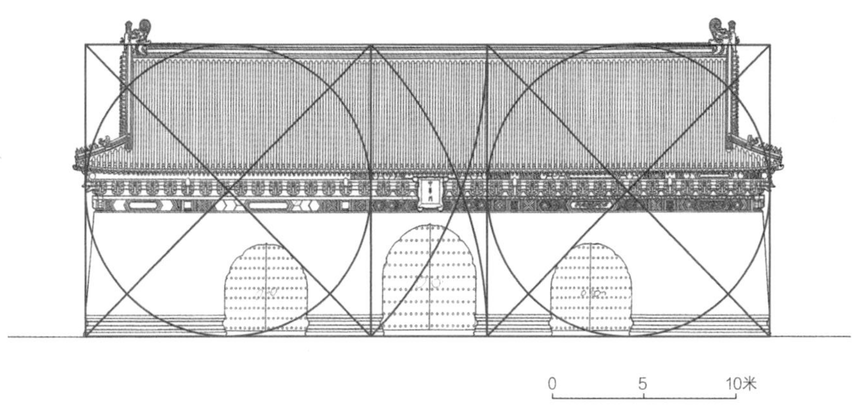

图14-3　北京大明门正立面分析图一
底图来源：《北京城中轴线古建筑实测图集》(2017)

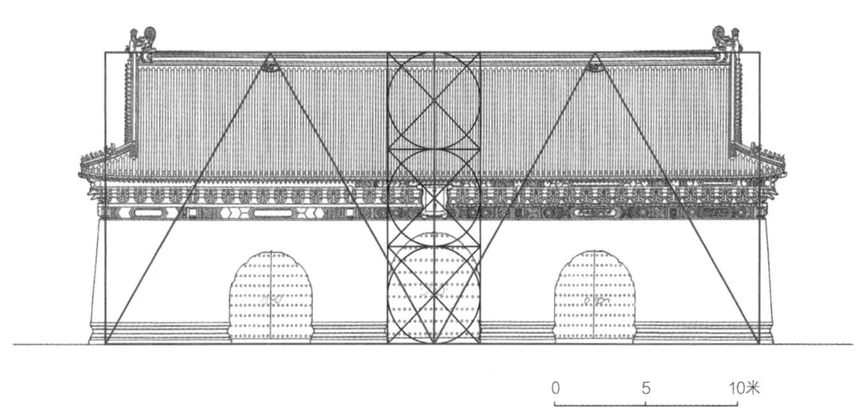

图14-4　北京大明门正立面分析图二
底图来源：《北京城中轴线古建筑实测图集》(2017)

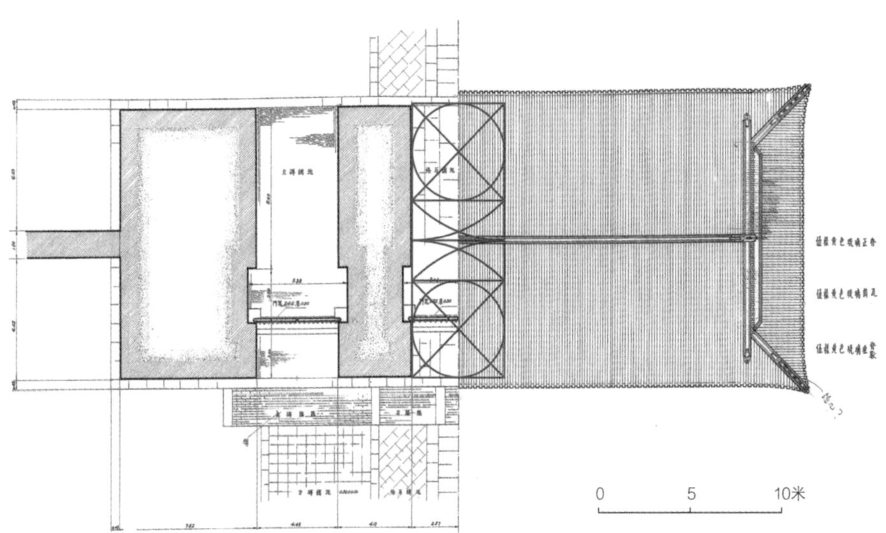

图14-5　北京大明门平面分析图
底图来源：《北京城中轴线古建筑实测图集》(2017)

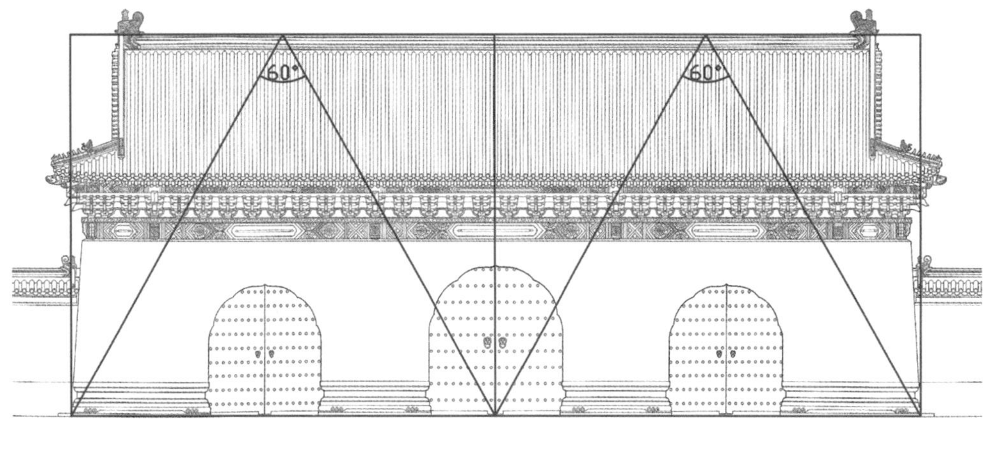

图14-6 北京长安右门正立面分析图
底图来源：《北京城中轴线古建筑实测图集》(2017)

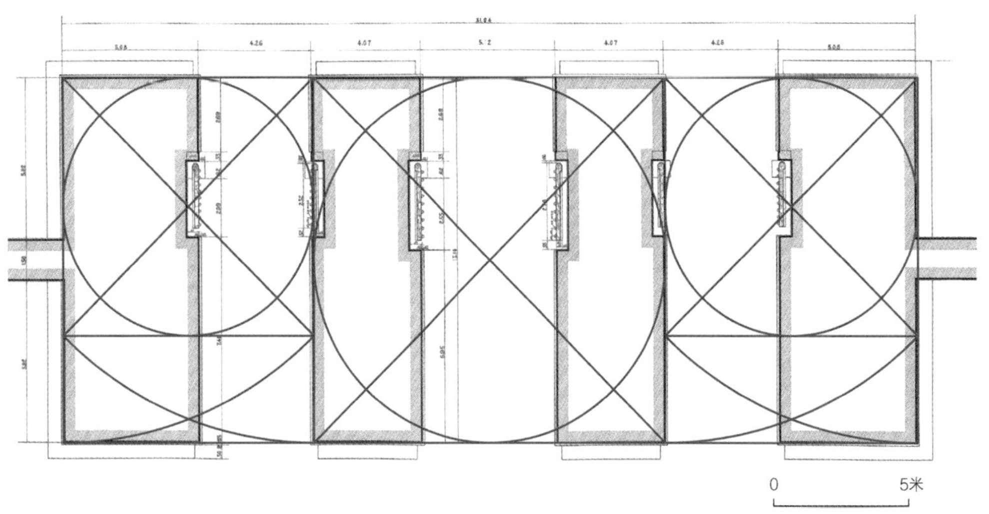

图14-7 北京长安右门平面分析图
底图来源：《北京城中轴线古建筑实测图集》(2017)

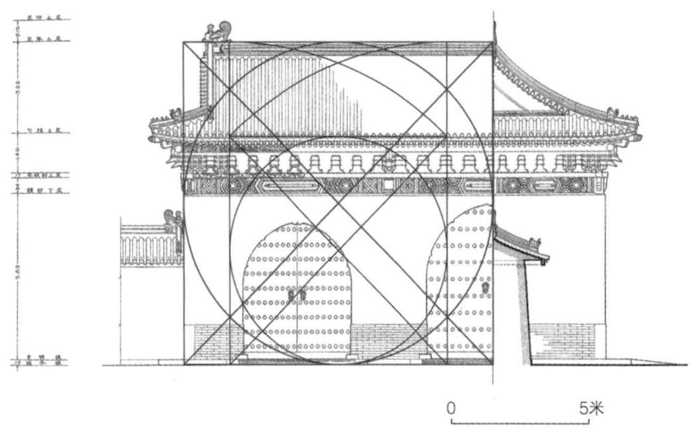

图14-8 天坛坛门正立面分析图
底图来源：《北京城中轴线古建筑实测图集》(2017)

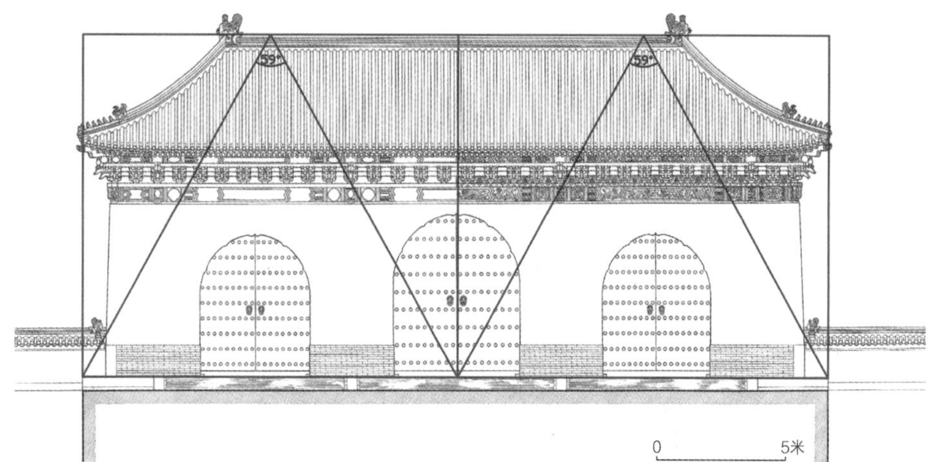

图14-9　天坛祈年门前砖门正立面分析图
底图来源：《北京城中轴线古建筑实测图集》（2017）

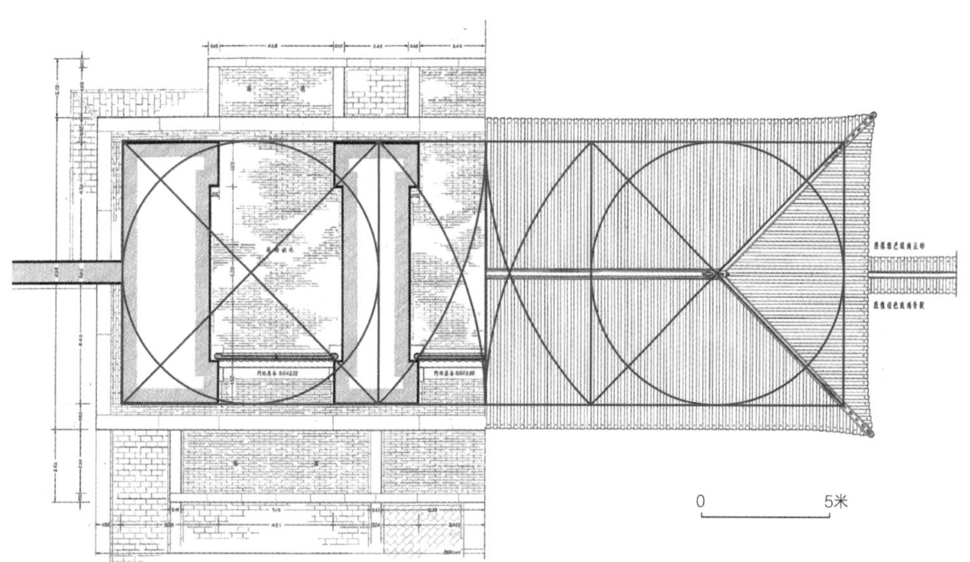

图14-10　天坛祈年门前砖门平面分析图
底图来源：《北京城中轴线古建筑实测图集》（2017）

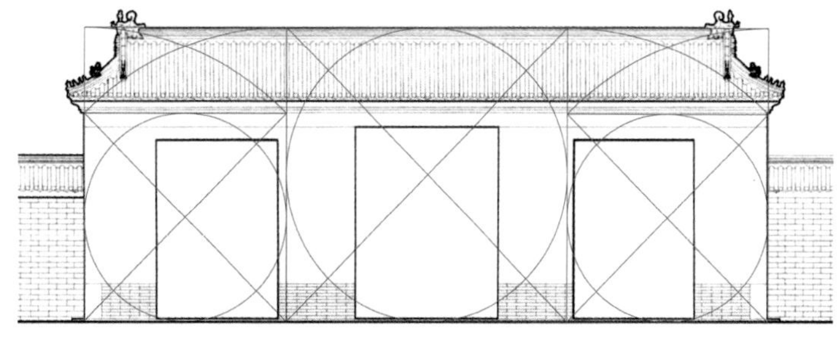

图14-11　北京地坛西门正立面分析图
底图来源：《东华图志：北京东城史迹录》（2005）

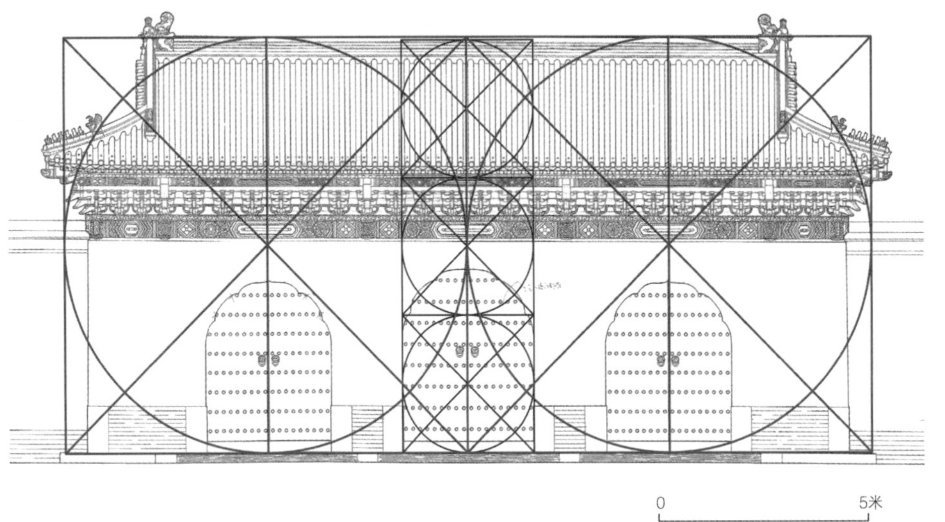

图14-12　北京社稷坛内垣北门正立面分析图一
底图来源：《北京城中轴线古建筑实测图集》（2017）

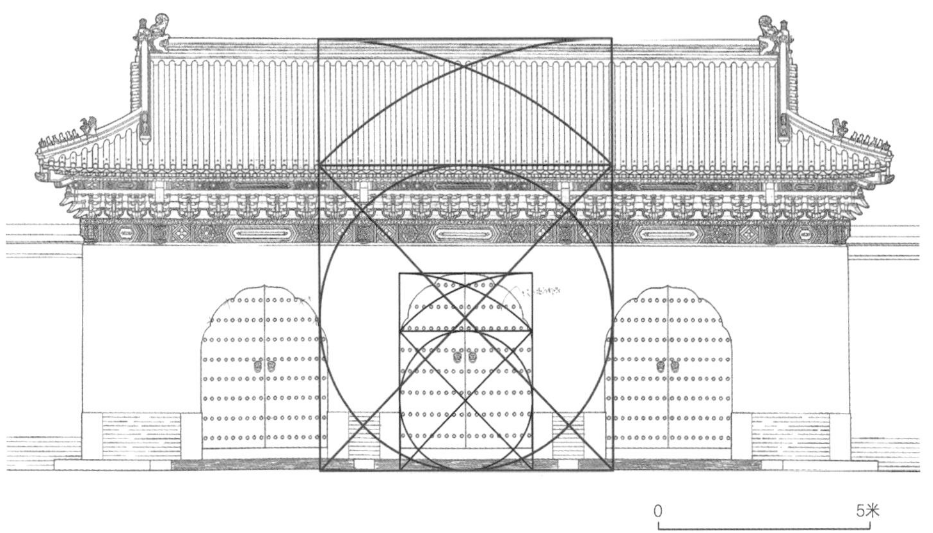

图14-13　北京社稷坛内垣北门正立面分析图二
底图来源：《北京城中轴线古建筑实测图集》（2017）

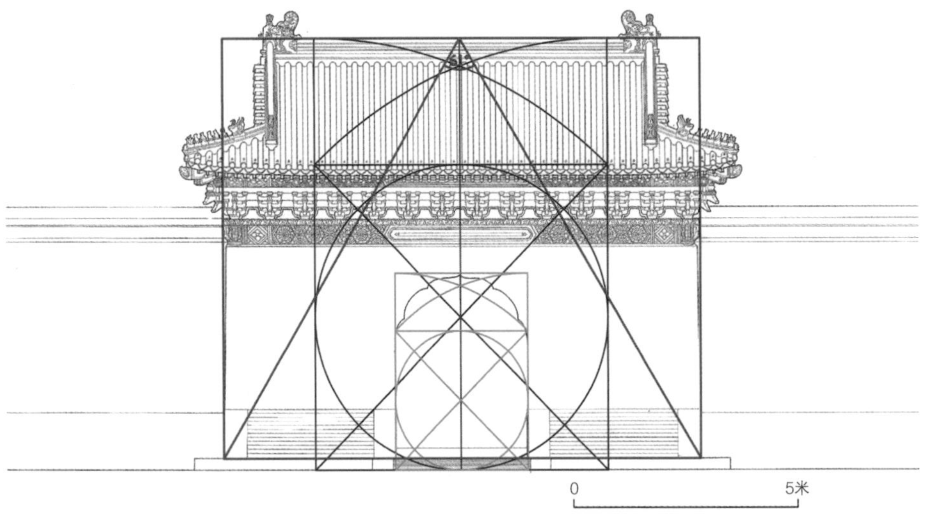

图14-14　北京社稷坛内垣南门正立面分析图
底图来源：《北京城中轴线古建筑实测图集》（2017）

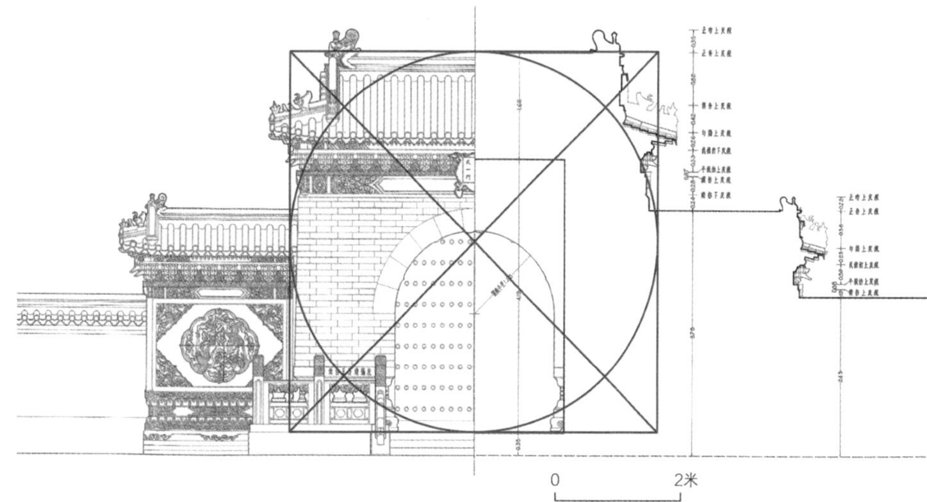

图14-15　北京紫禁城御花园天一门正立面分析图
底图来源：《北京城中轴线古建筑实测图集》（2017）

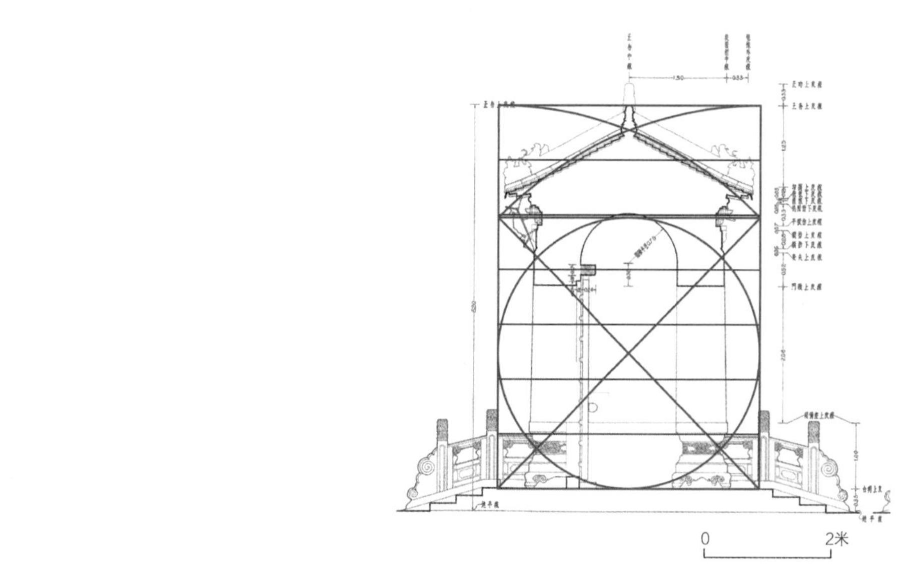

图14-16　北京紫禁城御花园天一门横剖面分析图
底图来源：《北京城中轴线古建筑实测图集》（2017）

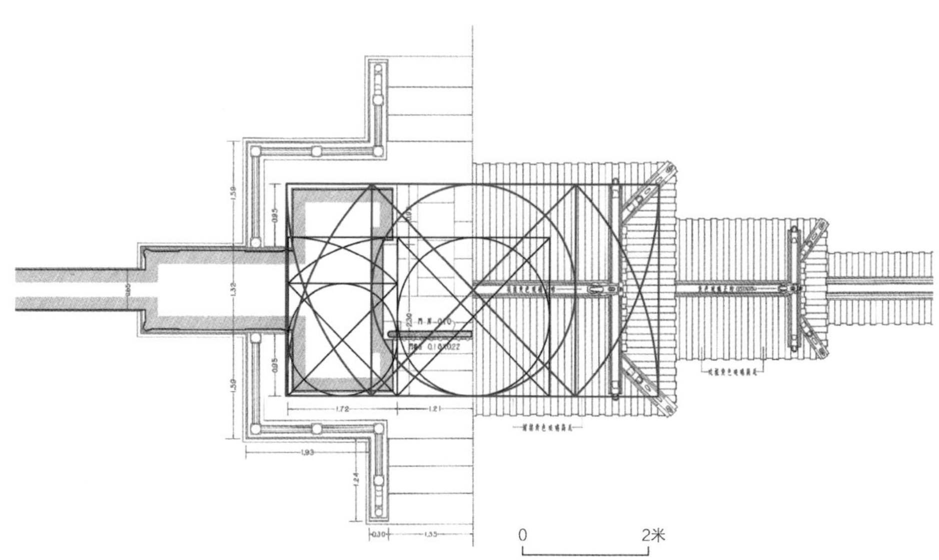

图14-17　北京紫禁城御花园天一门平面分析图
底图来源：《北京城中轴线古建筑实测图集》（2017）

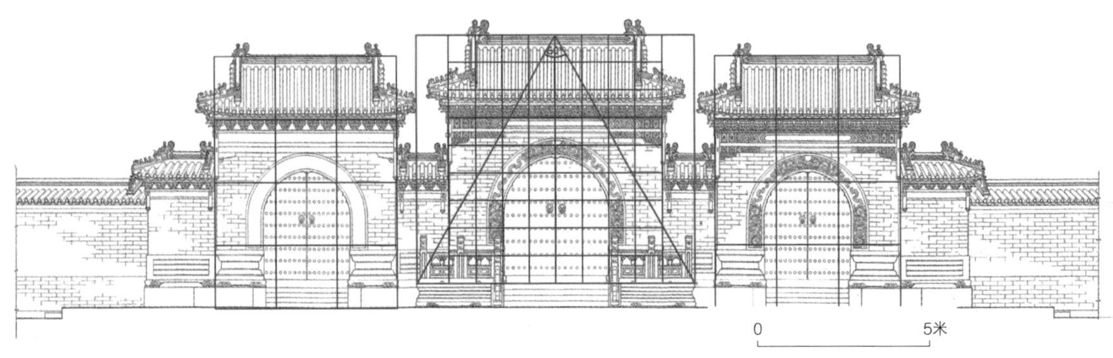

图14-18 北京天坛皇穹宇三座门正立面分析图一
底图来源:《北京城中轴线古建筑实测图集》(2017)

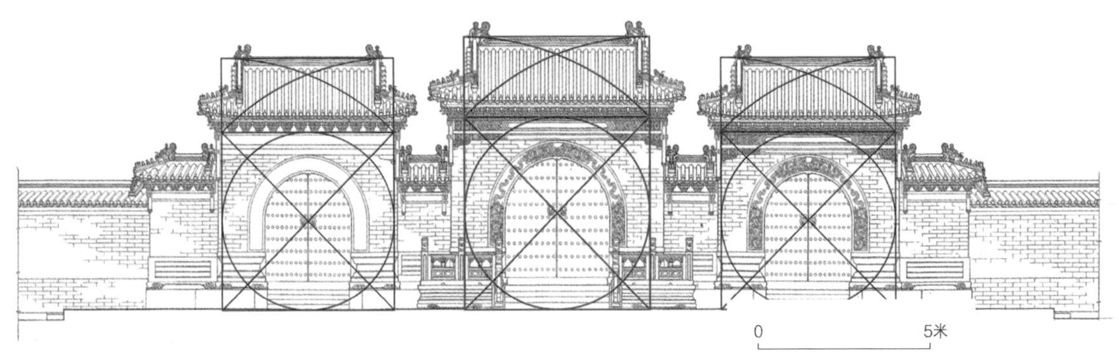

图14-19 北京天坛皇穹宇三座门正立面分析图二
底图来源:《北京城中轴线古建筑实测图集》(2017)

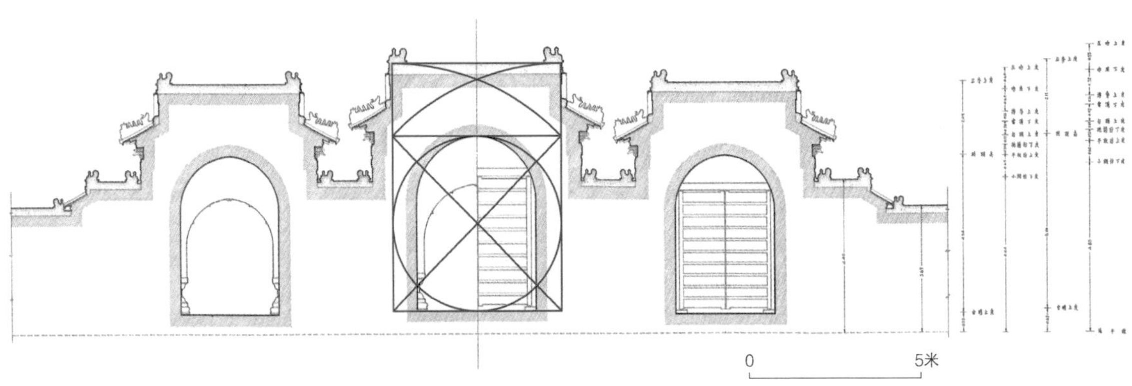

图14-20 北京天坛皇穹宇三座门纵剖面分析图
底图来源:《北京城中轴线古建筑实测图集》(2017)

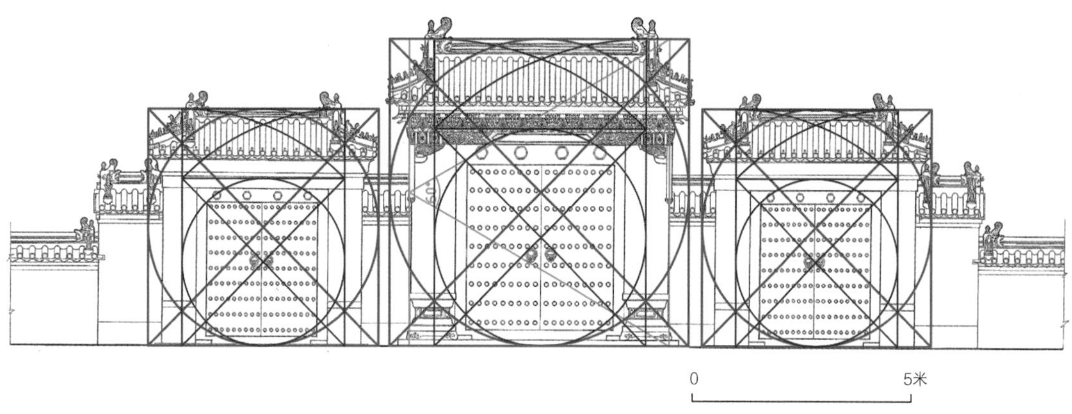

图14-21　北京天坛皇乾殿前琉璃三座门正立面分析图
底图来源：《北京城中轴线古建筑实测图集》（2017）

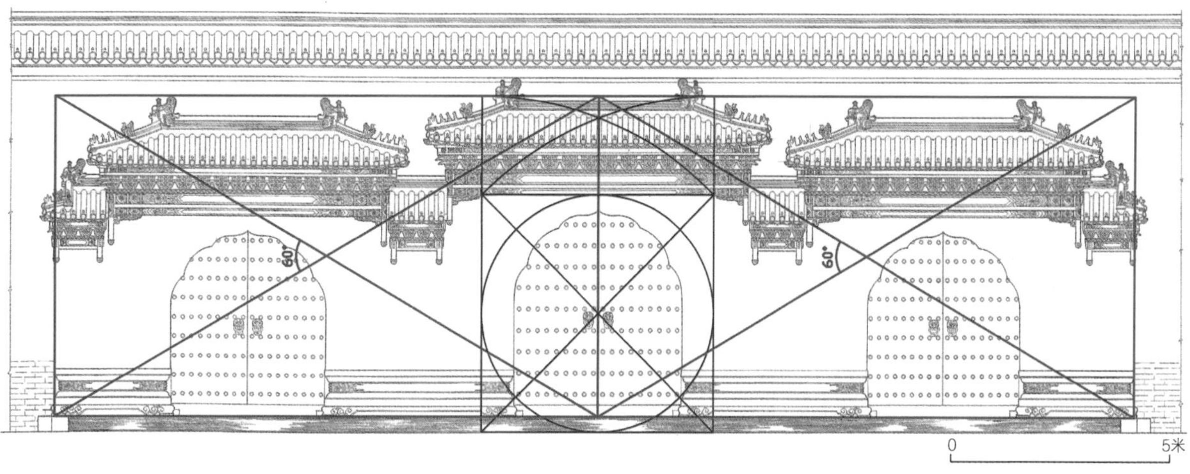

图14-22　北京太庙前门正立面分析图
底图来源：《北京城中轴线古建筑实测图集》（2017）

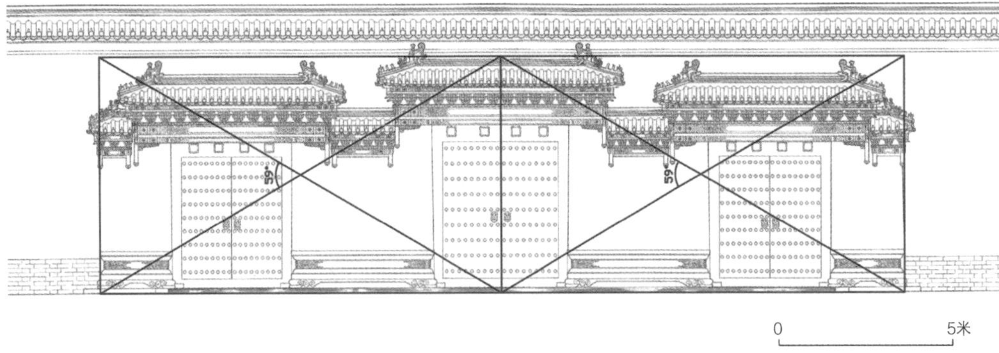

图14-23　北京太庙后门正立面分析图一
底图来源：《北京城中轴线古建筑实测图集》(2017)

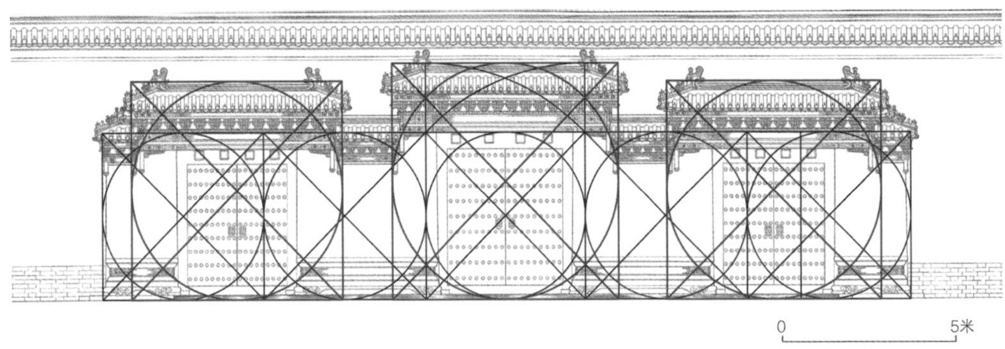

图14-24　北京太庙后门正立面分析图二
底图来源：《北京城中轴线古建筑实测图集》(2017)

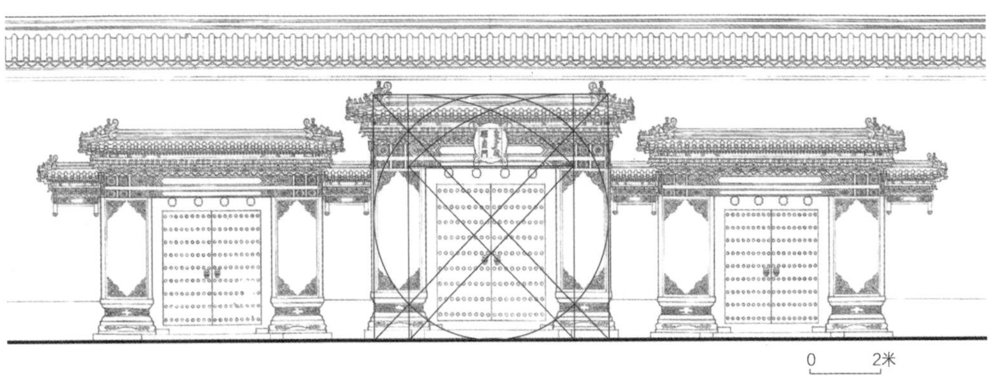

图14-25　北京紫禁城御花园顺贞门正立面分析图
底图来源：《北京城中轴线古建筑实测图集》(2017)

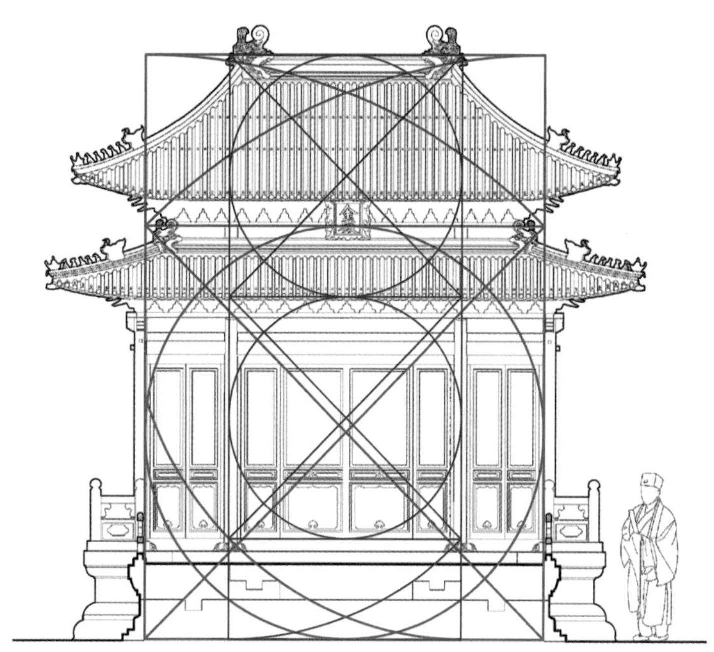

图14-26　武当山金殿正立面分析图
底图来源：《武当山太和宫金殿——从建筑、像设、影响论其突出的价值》(《文物》2015年第2期)

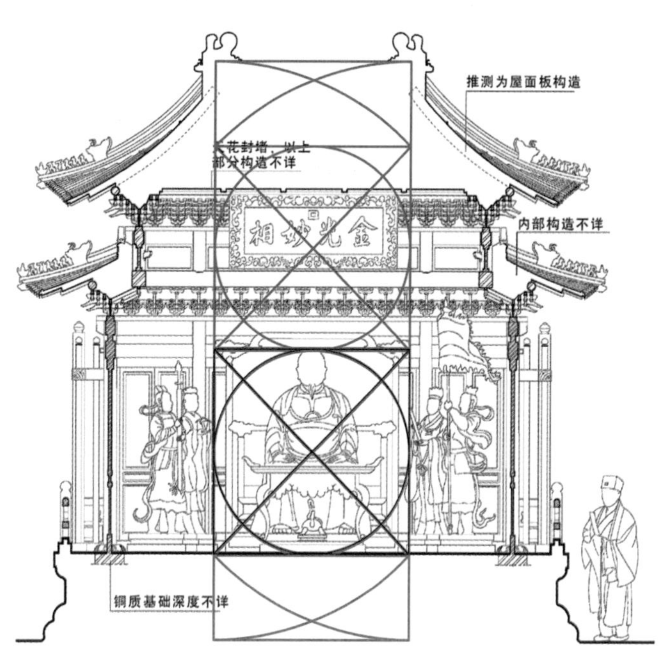

图14-27　武当山金殿纵剖面分析图
底图来源：《武当山太和宫金殿——从建筑、像设、影响论其突出的价值》(《文物》2015年第2期)

0　　1　　2米

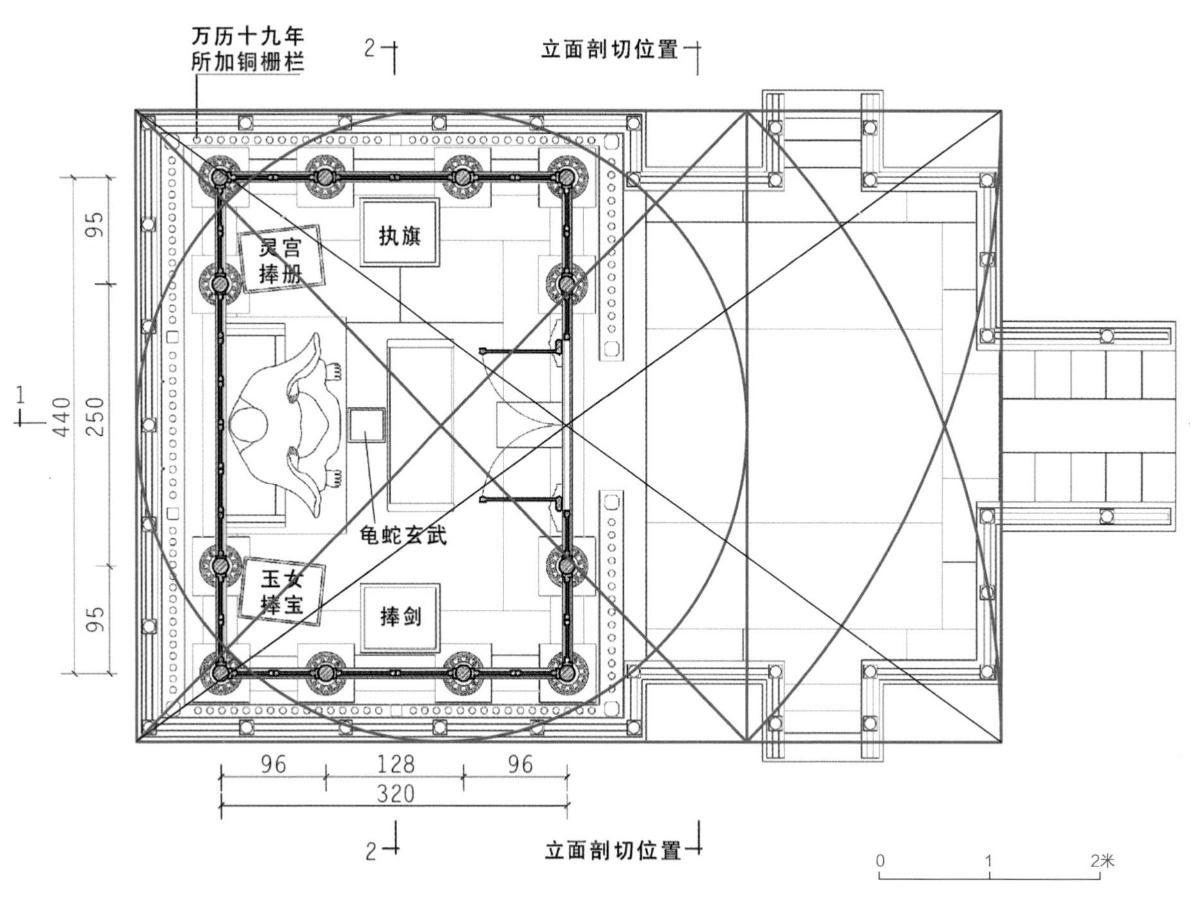

图14-28 武当山金殿平面分析图
底图来源：《武当山太和宫金殿——从建筑、像设、影响论其突出的价值》(《文物》2015年第2期)

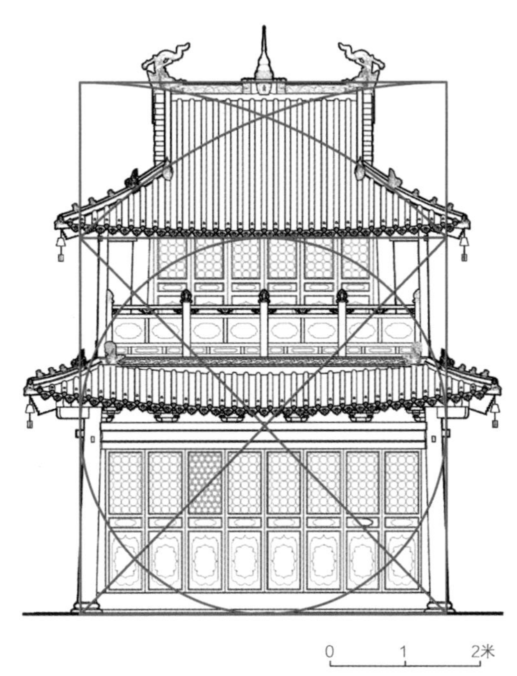

图14-29 山西五台山显通寺铜殿正立面分析图
底图来源:《中国古建筑测绘十年:2000~2010清华大学建筑学院测绘图集》(上册,2011)

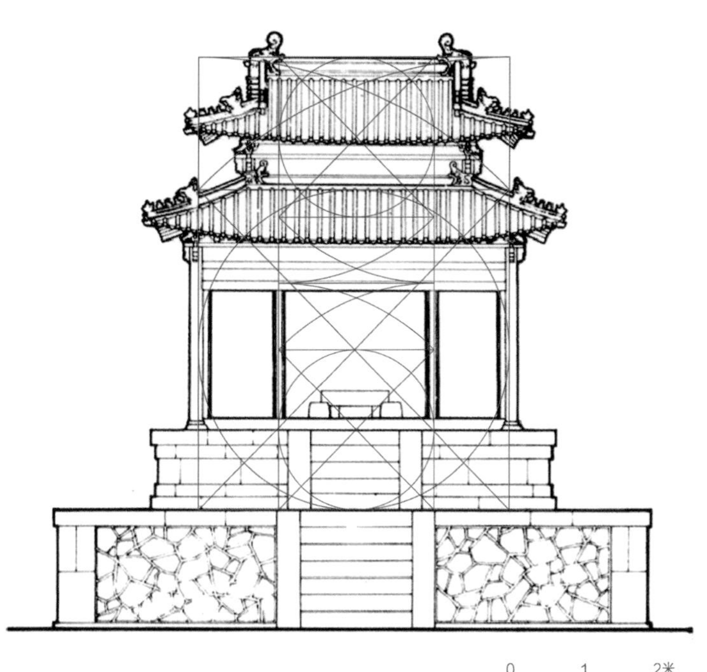

图14-30 泰安岱庙铜亭正立面分析图
底图来源:《岱庙》(2005)

0　1　2米

图14-31　嵩阳书院唐碑正立面分析图
底图来源：《中国古建筑测绘十年：2000~2010清华大学建筑学院测绘图集》（下册，2011）

0　50厘米

图14-32　义县奉国寺辽碑正立面分析图
底图来源：《义县奉国寺》（2008）

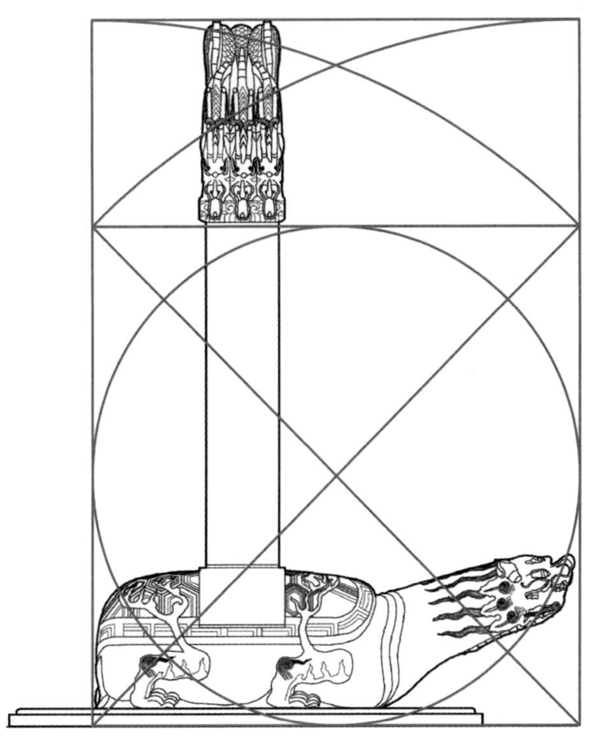

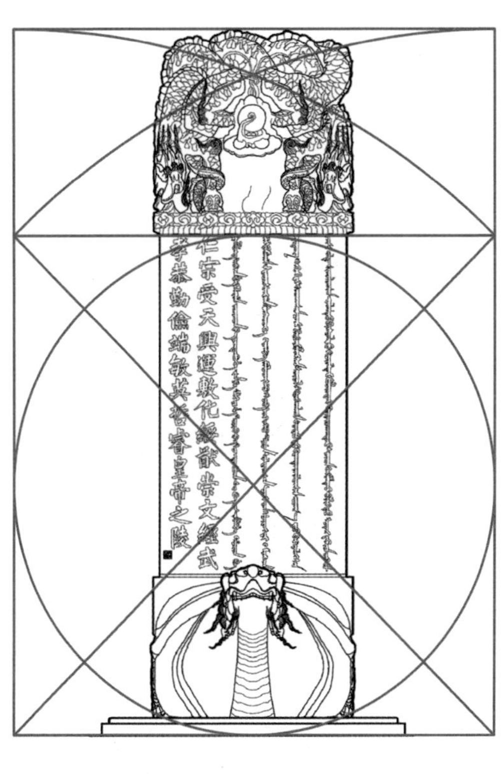

图14-33　清西陵昌陵石碑立面分析图
底图来源：《中国古建筑测绘十年：2000~2010清华大学建筑学院测绘图集》（上册，2011）

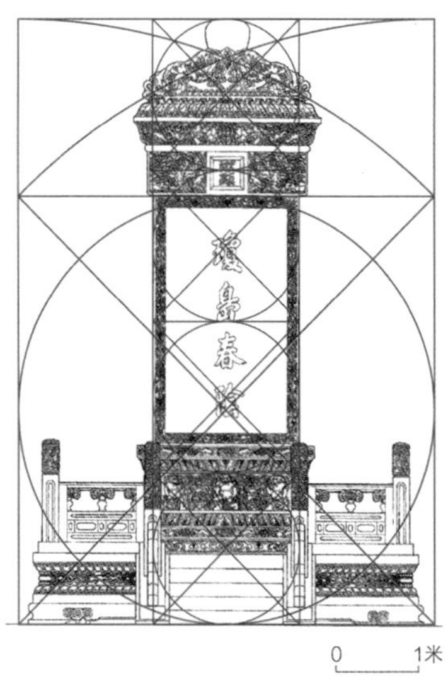

图14-34 北海“琼岛春阴”碑立面分析图
底图来源:《中国古建筑测绘大系·园林建筑:北海》(2015)

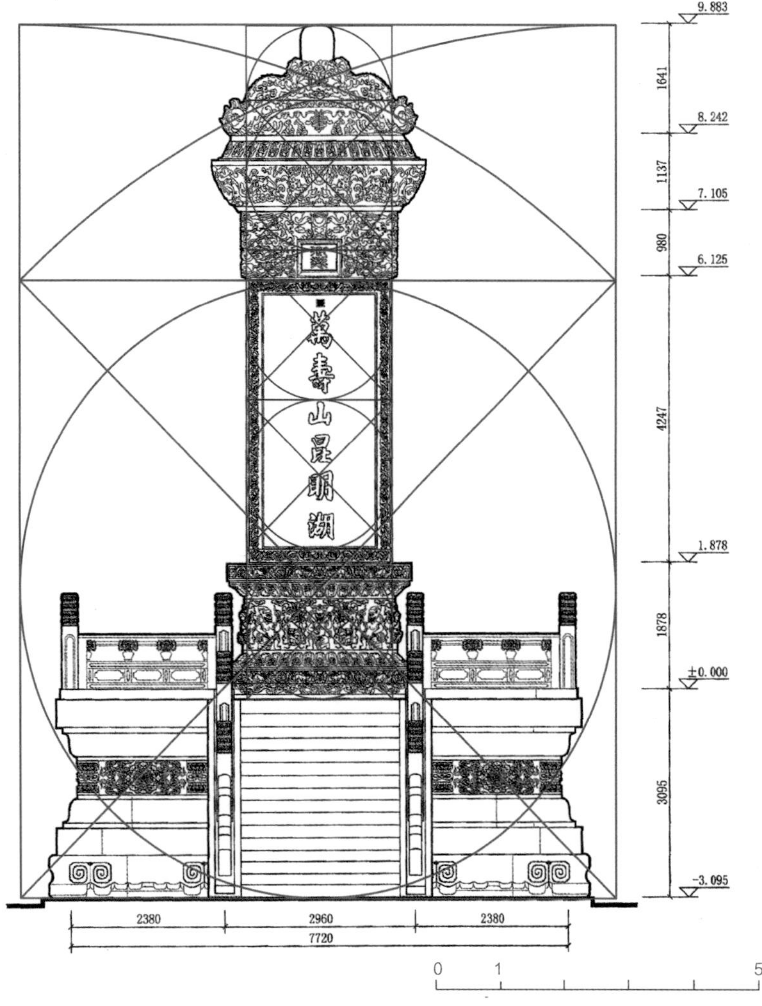

图14-35 颐和园“万寿山昆明湖”碑立面分析图
底图来源:《中国古建筑测绘大系·园林建筑:颐和园》(2015)

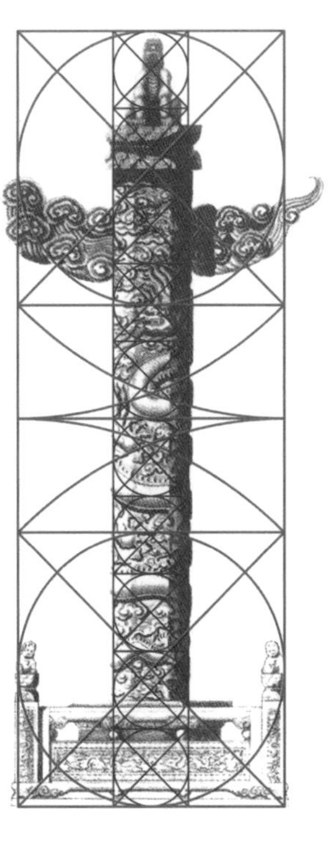

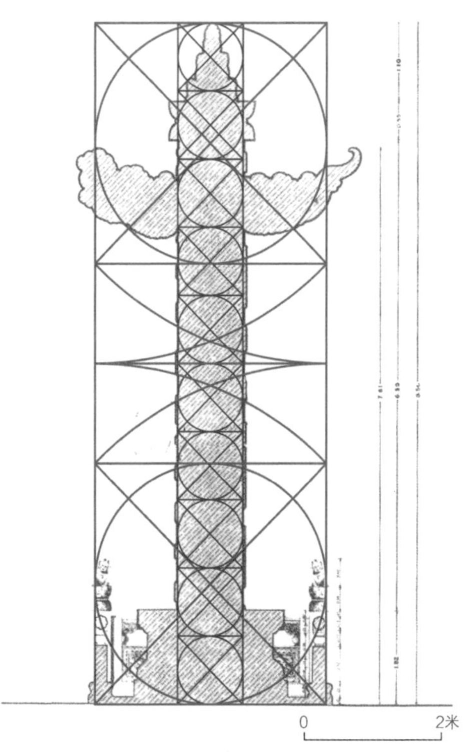

图14-36　北京天安门华表立、剖面分析图
底图来源：《北京中轴线建筑实测图典》（2005）

0　1　2　3　4　5米

图14-37　居庸关云台正立面分析图
底图来源：《中国古代建筑史》（第二版，1984）

结语：从心所欲不逾矩

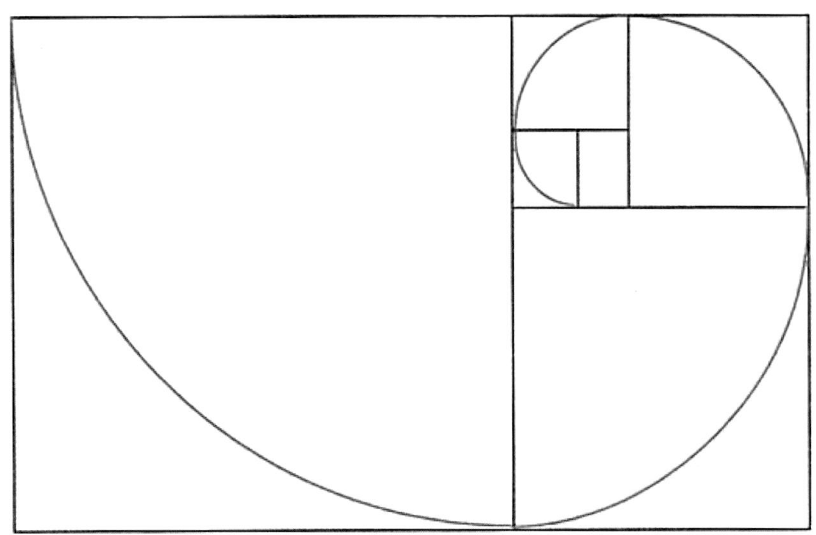

图15-1 黄金分割螺线
来源：《设计几何学——关于比例与构成的研究》（2013）

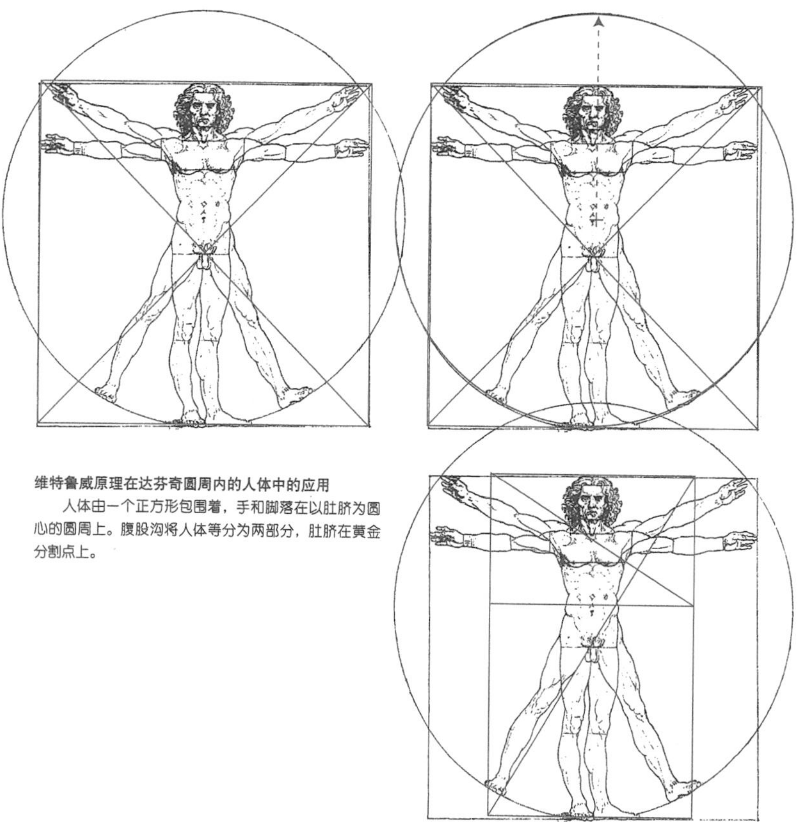

维特鲁威原理在达芬奇圆周内的人体中的应用
人体由一个正方形包围着，手和脚落在以肚脐为圆心的圆周上。腹股沟将人体等分为两部分，肚脐在黄金分割点上。

图15-2 对达·芬奇名作“维特鲁维人”的比例分析
来源：《设计几何学——关于比例与构成的研究》（2013）

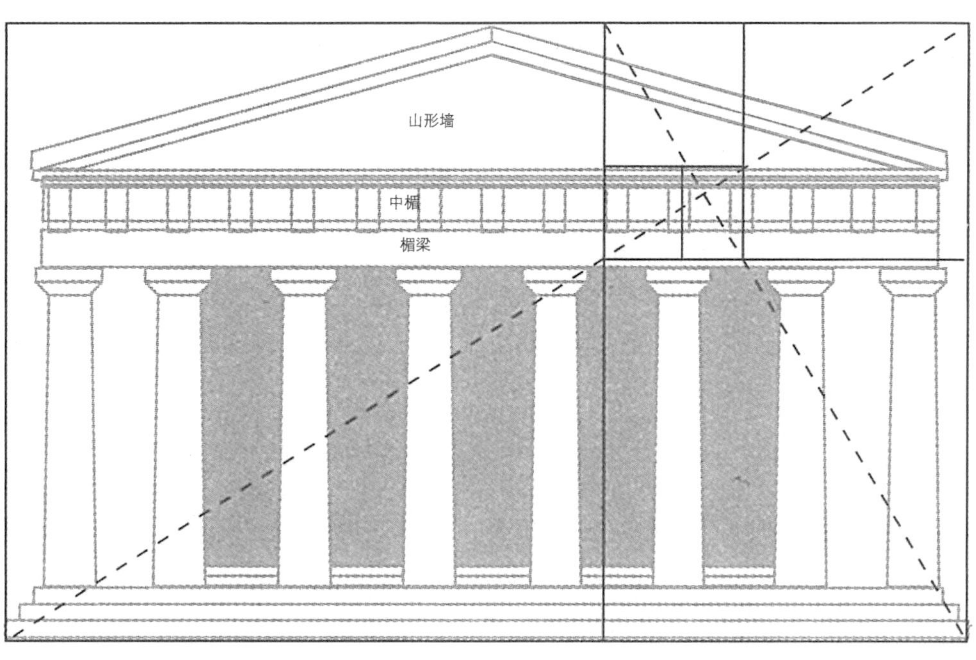

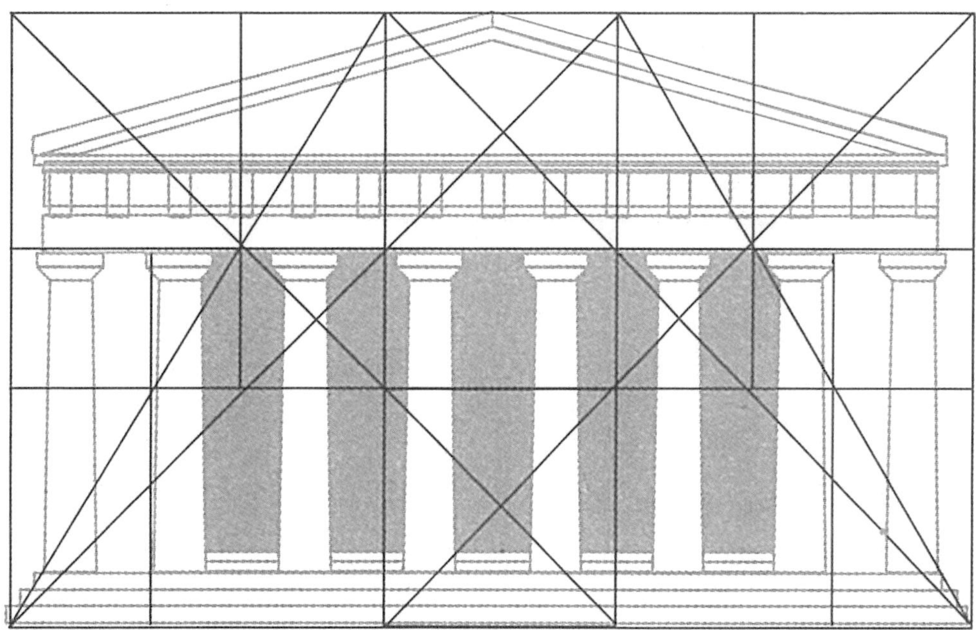

图15-3　古希腊帕提农神庙正立面的黄金比分析
来源：《设计几何学——关于比例与构成的研究》（2013）

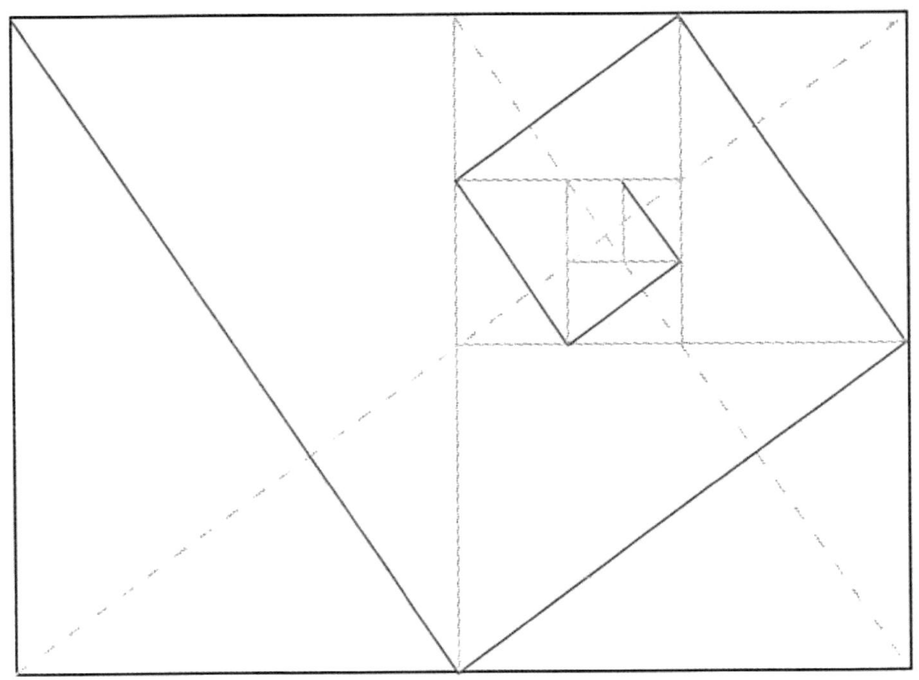

图15-4　$\sqrt{2}$矩形二等分之后仍为相似形
来源：《设计几何学——关于比例与构成的研究》（2013）

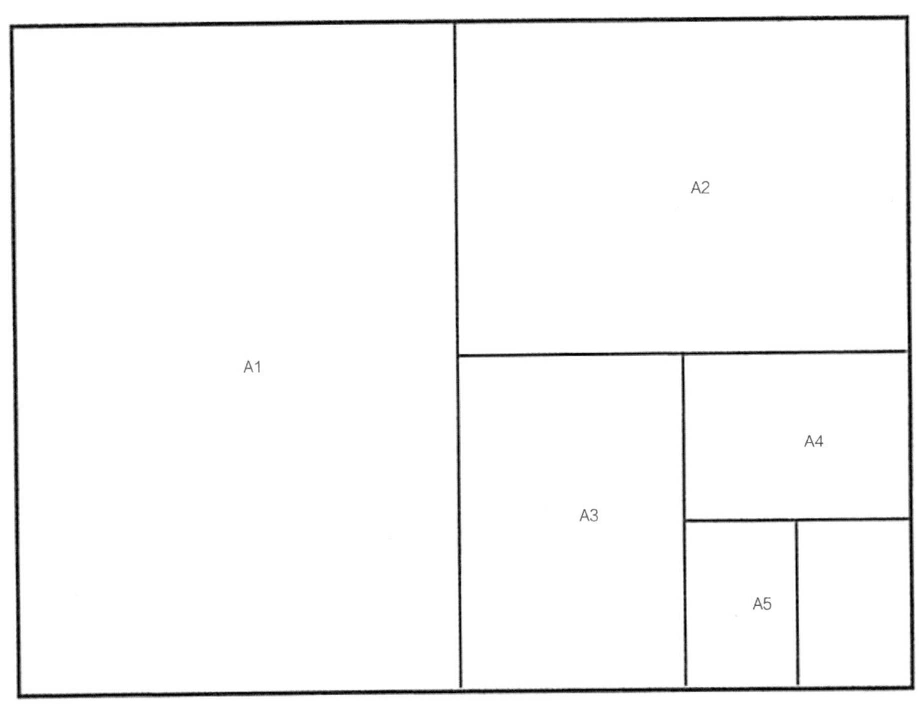

图15-5　$\sqrt{2}$矩形与标准纸张规格
来源：《设计几何学——关于比例与构成的研究》（2013）

图15-6　东汉武梁祠画像石中的伏羲女娲图之一
底图来源：巴黎大学北京汉学研究所《汉代画像全集·二编》（1951）

图15-7　东汉武梁祠画像石中的伏羲女娲图之二
底图来源：巴黎大学北京汉学研究所《汉代画像全集·二编》（1951）

后记

本书研究与写作的缘起，是2013年1月我对北京正觉寺明代金刚宝座塔的测绘（从2012年春开始，为了作北京古建筑的专题研究，我与友人及学生们常常利用周末测绘北京古迹），在整理测绘数据时，无意中发现金刚宝座塔整体高宽比和基座高宽比均呈现为精确的整数比例（分别为7:5和3:5）。不过当时以为金刚宝座塔为印度传入样式，其造型比例或许为印度手法。然而此后在测绘碧云寺、北海古建筑时，又一再发现类似规律，而且大量出现在中国传统木结构建筑中，于是仿佛获得一次“顿悟”，产生了一个大胆的猜测：即中国古建筑的正立面（亦即纵剖面）高宽比例会不会有着严格的控制？

在这一大胆假设的驱使下，我花了相当长一段时间，把当时能够找到的已发表的中国古建筑实测图统统收集起来，并对数以百计的平、立、剖面图纸进行了作图分析，并且居然在大多数实例中都发现了类似的构图比例规律。如此一来，我更是精神百倍，又进一步将研究范围拓展到一些都城与建筑群的总平面规划。当时的主要工作方法深受傅熹年先生的《中国古代城市规划、建筑群布局及建筑设计方法研究》（上下册，2001）一书的影响。这项初步研究花费了近两年时间，绘制了不下500幅分析图，所得初步结论是：中国古代都城规划、建筑群布局和单体建筑设计中大量运用模数网格，并且具有精确的比例控制——这一结论实际上傅熹年先生的研究中早已提出，我在这一阶段的工作，一方面是增加了实例的数量，并且将一些实例的分析推向深入，更重要的是指出中国古代单体建筑设计尤其是正立面（纵剖面）之高宽比惯用一些经典的整数比例。不过当时我也已经注意到：实例中有许多比例并不十分精确，而且有不少经典建筑实例并不具备上述整数比例；还有大量出现的一种内含等边三角形的矩形构图（率先由王树声提出）也比较奇特，不属于整数比范畴。尽管如此，当时对自己的“最新发现”已是激动万分，颇有哥伦布发现新大陆之感。

2014年底是本项研究获得重大突破的决定性时刻。

12月29日，我在老北京的一座四合院中，向老友王军、鞠熙等几位经常一起交流学术的朋友以及庄虹老师做了一次持续了一整天的学术报告，全面汇报了我这两年来的研究成果。大家在激动、鼓励之余，也提出了对该项研究的进一步期待：除了对以傅熹年先生为代表的前辈学者的模数化设计研究进行深耕细作与继续拓展之外，本项研究有没有属于自己的重大原创性贡献？目前揭示出来的这些构图比例背后的文化内涵又是什么？等等。

当天晚上我彻夜难眠，对这些问题进行了深入思考，也对两年来的研究成果进行了全面审视与反思。12月30日中午，我与王军在一家咖啡馆又进行了一次长谈。我指出研究中零星注意到的一些基于方圆作图的比例（诸如$\sqrt{2}$、$\sqrt{3}/2$），或许是试图表达中国古人"天圆地方"的观念，希望追求天地之间的某种象征关系。王军敏锐地指出这可以称作"天地之和比"（引用董仲舒的"天地之和"语）。这时我们同时有一种醍醐灌顶之感，觉得一下子悟出了中国古代城市与建筑规划设计中的重要"密码"——一时间，过去我们零散读过的王贵祥、冯时、王树声、张杰、张十庆等许多学者在这一领域的相关研究，一下子连成了一条主线。那真是一个令人终生难忘的学术研究思想火花大爆发的时刻！

在掌握了方圆作图比例这把"钥匙"之后，我对原有的数以百计的实例全部进行了重新分析和绘图，虽然一切推倒重来难免遗憾，但最终结果却令人无比惊喜：所有过去遇到的难题基本都迎刃而解，所有本来试图用整数比例解释但结果并不理想的实例，皆可用方圆作图比例得到精确得多的结论。这时我终于得以发现本书的最重要结论：即基于规矩方圆作图的一系列构图比例，尤其是$\sqrt{2}$、$\sqrt{3}/2$比例，是中国古代都城规划、建筑群布局和单体建筑设计中广为运用的经典比例。不仅如此，通过对五台山佛光寺大殿、蓟县独乐寺观音阁等实例的深入研究，我发现中国古代匠师甚至在宗教建筑的设计中，将方圆作图比例运用于建筑空间与塑像的整体设计，以达到"度像构屋"之目的，实在令人惊叹。并且由于古人使用"方五斜七"之类的整数比近似值来代替$\sqrt{2}$等方圆作图比例，从而使得前人做过大量深入研究的模数网格设计手法与本研究提出的方圆作图比例可以极好地融合，二者相辅相成。新的思想武器，使得进一步的研究势如破竹，研究实例的数量与范围也逐渐拓展到最后书中所呈现的规模。

本研究的另一个重要决定性瞬间也来得非常偶然。研究过程中，我一直期待能够找到讨论方圆作图比例的代表性文献证据。尽管以往有学者在研究中已经援引班固《两都赋》中"放太紫之圆方"等名句，似乎与方圆作图比例相关，但这毕竟只是文人的辞藻。直到有一天，我无意中取出书架上一本重印的《营造法式》图集，赫然"发现"《营造法式》全书第一幅插图竟然就是"圆方方圆图"——真是“踏破铁鞋无觅处，得来全不费工夫”啊！过去研读《营造法式》，总是高度重视“大木作制度图样”，竟而从未留意到全书第一幅插图的重要性。将此图与全书开篇“方圆平直”条目下援引的《周髀算经》、《墨子》等书中关于规矩方圆的讨论参照来看，真有天地为之一阔的感觉。《周髀算经》、《营造法式》对于“圆方方圆图”的诠释，正是我数年来在数百个实例中发现的方圆作图比例的绝佳注脚。

本书的实际写作过程，基本上就是一个大胆假设、小心求证的过程。

经历了上述一系列思想火花之后，实际写作则是对四百多个实例（这是选入书中的数量，实际上还要更多一些）的仔细分析论证，尤其是对实测图的几何作图分析，并结合实测数据的演算加以综合论证。本书所选取的实测图，一部分采自考古学界的研究成果，尤其是都城和早期建筑群的遗址；另一部分则来自中国古建筑的研究成果，也包括少量我自己主持测绘的成果。相比于考古界的实测图、实测数据相对完备（发表于各类考古发掘报告）的状况，中国古建筑的测绘成果发表现状并不理想，同时兼具详细实测图和实测数据的实例还是比较难求，许多实例仅有实测图（带比例尺）而无实测数据，有些实例连清晰的实测图都难得一见。甚至有许多相当重要的古建筑至今尚未发表实测图和数据，情况颇令人堪忧。还有一些已发表的实测图，由于排版的原因，竟然被改变了形状（或被压扁或被挤瘦），在这些年的研究中时有发现，让人十分无奈。因此需要指出的是，本书中一部分仅有实测图，没有实测数据的实例，其分析结果仅能作为参考，有待将来以实测数据对其加以检验。而即便是书中的二百多个同时具有实测图和数据的实例，由于年代不同，测绘手段不同，测绘精细程度不同，准确程度亦是参差不齐。其中，早年的测绘成果以中国营造学社测图和1940年代由张镈主持的北京中轴线主体建筑测图最佳，图纸质量以及数据详实程度俱高；而近年来一些采用激光三维扫描仪（结合全站仪和手工测量）获得的精细测绘图纸和数据，则是目前所能得到的最准确的测绘成果。期待未来能有更多中国古建筑精细测绘的成果发表，那将是继续深入开展此类研究的重要基础。本书的研究与写作，首先要感谢的就是书中引用的数百幅实测图的作者，我要向这些建筑界、考古界的学者们致以崇高的敬意，如果没有他们辛勤的测绘工作，完全不可能有本书对中国古代城市、建筑规划设计构图比例的研究成果；另一方面，尽我所能充分运用前人的测绘成果来探索中国古人的规划设计手法，也是我继承和延续前人研究工作的一种努力。

下面我要特别感谢对本书写作进行过帮助的为数众多的前辈和朋友们。

首先要感谢尊敬的张锦秋院士，她是本书初稿的第一批读者之一。张先生在繁忙的设计工作之余，牺牲了整个五一节假期通读全书，并欣然为本书作序。她还积极推动本书的出版和国家出版基金的申报，甚至已经关注到本书英文翻译的工作，实在令晚辈感激不尽。

其次要感谢清华大学建筑学院的王贵祥教授。王老师既是我工作中的领导，更是我治学的楷模——本书的研究在一定程度上正是对王老师关于$\sqrt{2}$比例重大发现的继承与开拓。感谢王老师为本书作序并为申请国家出版基金进行的推介，以及在日常研究工作中对我的多方提携、指导与鼓励。

本书的写作，尤其要感谢我近二十年的老友，故宫博物院的王军先生。我对本书从酝酿、构思纲要到正式写作、修订之全过程，都是在与王军的不断讨论中度过的。对我而言，此书写作的一半功劳都应归属这位挚友。具体而言，王军兄对本书的贡献约略如下：首先，他不计任何回报地参与了我的全部古建筑测绘工作（甚至把自己的家人都发展成了志愿者）。其次，我研究中的全部重要发现和观点，都是在与他的不断讨论中发酵成型的——这些年来，我们交流学术的短信早已超过洋洋万言，而互通电话更是不计其数，每次通话超过一两个小时则是家常便饭。其三，当我一度沉浸在中国古建筑实例分析的汪洋大海中不能自拔时，王军及时对我进行了“当头棒喝”，督促我在类型已经完备的情况下，应该尽快动笔，及时发表研究成果——现在想来，如果不是他的一再“鞭策”，这本书的写作不知道要拖延到何年何月。其四，本书的主要章节，以及我所发表的与本研究相关的各篇论文都经过王军的仔细校阅，并提出了大量中肯的修改意见。其五，他总是抓住一切机会向学术界（包括建筑界与考古界）大力推介我的研究成果。最后，我们多次同游中国各地古建筑的美好经历，成为各自学术研究中取之不尽、用之不竭的灵感源泉；我们在并肩学习、研究中国古建筑中产生的深厚友谊，以及共同感受到的身为中国人的无限自豪与幸福，则是研究成果之外的额外犒赏。

另一位要特别感谢的多年老友，是我的大学同窗袁牧。与王军一样，袁牧同样是本研究全过程的见证者。由于合写其他书籍的缘故，近年来我们常常有机会一起出差，我已记不清有多少次出差时与他彻夜畅谈（如同回到我们读博士、同宿舍的年代），终于把这项研究一段一段地与他进行了分享，并得到老友的热情回应、支持与启发。今年5月，袁牧在知乎撰写了数千字的宏文，对本书的研究进行了全面、综合、深入地介绍，是一篇先于本书出版的高水准书评。

我还要感谢清华建筑学院的多位领导及同仁。感谢庄惟敏院长一直以来对我研究大方向的支持与鼓励。感谢贾珺、刘畅、贺从容、李路珂、罗德胤、荷雅莉，他们都是本研究的第一批读者或听众，并向我提出过重要的意见与建议。贾珺兄除了长期与我交流学术思想之外，更让我在由他主编的《建筑史》期刊连续发表了三篇与本书研究相关的长文，使得部分研究成果得以率先问世。刘畅兄不仅为本书提供了大批珍贵的实测图，更多次带我参加他的古建筑测绘队伍，让我学到诸多大木作及测绘的知识，同时长期无偿向我提供测绘仪器；而他本人的研究成果也是本书写作重要的灵感源泉。贺从容老师不仅参与并指导了我们的正觉寺金刚宝座塔测绘工作，而且常在她讲授的《中国古代建筑史》课上向学生推介我的研究成果。还要特别感谢王贵祥老师工作室的唐恒鲁副所长，他既是我的学生，也是学友，本书的大量测绘图和相关数据都凝结着他的心血；他也是最早通晓这项研究的人之一，并且一直尝试在当代仿古建筑设计实践中运用本书提出的方圆作图比例。感谢莫涛先生对我研究的支持与鼓励，并与我分享莫宗江先师对比例研究的相关探索。感谢历史所的博士生姜铮、赵寿堂在中日古建筑、大木作等方面对我的启发与帮助。

特别要感谢梁鉴、冯时、姚仁喜、赵燕菁、赖德霖、朱小地、王辉等前辈及学长，作为本研究的早期听众，他们皆给予我巨大的鼓励与支持，并提出诸多宝贵意见。梁鉴先生是梁思成、林徽因二位先贤之嫡孙，向他汇报我的研究成果时，我恍惚觉得是在向尊敬的祖师爷夫妇汇报一样，激动万分；而梁鉴先生以其广博的学识（尤其是考古学、艺术史方面）给予我许多指点。冯时老师对辽宁牛河梁红山文化遗址的创造性研究，简直如同我研究中的一盏指路明灯，正是在其指引下，我得以充满信心地去寻找夏、商、周古老都城及建筑遗址中蕴含的方圆作图比例。赖德霖学长此前对杨廷宝作品中惯用构图比例的揭示，在很大程度上启发了我的研究灵感。赵燕菁老师从规划的视角为本研究提供了极好的意见，同时不遗余力地向规划学界推介我的研究发现。姚仁喜先生、王辉先生和朱小地先生均以其杰出建筑师的视角，对我的研究提出了富于启发性的建议。朱小地先生不仅对本研究给予高度评价，甚至提出将来一起在当代建筑设计中尝试运用这套比例的设想。今年8月，王辉先生邀请我参与策划了蛇形画廊北京展亭内的一次展览，我们一起在1∶1000的乾隆京城全图上，用规矩绳墨的古老方式，现场为观众绘制我对北京城构图比例的研究成果，效果极佳，仿佛一次现代人与古代规划匠师的互动。

感谢日本东京大学的藤井惠介教授、包慕平研究员对我的中日佛塔构图比例分析提出的宝贵意见（限于篇幅和研究主题，本书未收入日本古建筑构图比例研究的相关内容，我将另外撰文述之）。特别要感谢东京大学的冈村健太郎老师，他在了解我的研究之后，特地告诉我直至今日，日本木工仍在使用一种曲尺（亦称指矩），其刻度既包括正常尺寸的刻度，同时还刻有正常尺寸的$\sqrt{2}$倍的刻度，这样可以十分方便地实现$\sqrt{2}$比例的测量与相关设计。感谢东京大学博士生蔡安平（过去曾是我的学生）帮我在网络上直接查询、购买日本曲尺；感谢清华大学叶晶同学对曲尺相关信息的日文翻译。这种仍在继续使用的曲尺，简直就是$\sqrt{2}$比例在日本木匠匠作中活生生的例证——本书“引言”所引小野胜年的演讲中也提及此事，它与日本法隆寺当代“栋梁”西冈常一、小村三夫提到的“规矩数”亦可相互印证。

感谢参与我的古建筑测绘工作的伙伴们。除了王军和唐恒鲁之外，还要感谢山西大学艺术学院的张晓老师及其团队为我们提供三维激光扫描仪，感谢我的学生孙广懿、司薇、李旻华、周翘楚、卢清新、王希尧、池旭、蔡安平、高琪、李诗卉等，感谢友人李沁园、张彦、刘勐、王适昭等。同时要感谢对我们测绘工作提供大力支持的北京规划委员会西城分局倪锋局长、正觉寺王丹馆长、云居寺张爱民老师、杜颖先生、杜娟女士等。

感谢长期以来一起考察古建筑、交流讨论学术的朋友们，包括北京理工大学庄虹老师（庄老师的一句关于等边三角形方圆作图的话，真是起到了“一语点醒梦中人”的作用）、南京大学姚远博士、北京师范大学鞠熙博士、中央美术学院王敏庆博士、中国社会科学院关笑晶博士、北京大学刘长颖和郭翔老师，老友田欣、任浩、孙凌波、江权、赵大海、毛勇，以及徐颖、王飞宁、张昊媛等各位编辑老师。

还要特别感谢建筑学报黄居正主编、李晓红副主编及其编辑团队。2017年4月，学报编辑部邀请我参与五台山佛光寺东大殿发现八十周年专辑的论文写作，使我得以发表本研究的第一篇学术论文，探讨了佛光寺东大殿建筑及其塑像的构图比例问题。感谢张荣学弟惠赠佛光寺东大殿三维激光扫描的实测图，感谢天津大学丁垚老师、东南大学任思捷老师向我提供东大殿塑像的三维扫描点云图。

此外要特别感谢年轻的“一席”演讲视频团队。在今年3月与他们合作的上海“一席”演讲中，我首次尝试用通俗的语言，结合现场绘图，向大众讲述本书研究发现之大意，未曾想效果出奇之好（竟有数十万人观看），算是以新时代的新模式对这部学术著作的一次提前科普。

当然还要特别感谢中国建筑工业出版社的唐旭、李东禧二位主任及其编辑团队对本书的精心编辑。我和唐、李二位老师合作的第一本书是我的《北京古建筑》（上下册，2016），此次二度合作，更加默契十足。尤其感谢二位老师对我一再修改文稿、图片保持了高度容忍和全力配合。本来全书书稿已于2017年8月提交，可是由于此后不久出版了1940年代张镈主持测绘的北京中轴线重要古建筑实测图（共计七百余幅），于是我又往书中增加了大批实例和分析图，导致已经完成全部排版的书稿需要经历一次“大手术”，可是唐、李二位老师毫无怨言，李东禧老师甚至利用2018年春节的休息时间重理文稿。由于本书插图众多，其中不乏反复修改、调整线型等琐碎工作，感谢唐旭老师长久以来的耐心付出。在这里要向二位老师的专业精神致敬！还要感谢张悟静编辑对本书版式的用心设计，尤其是在设计中突出了“圆方方圆图”的主题。感谢中国城市出版社、中国建筑工业出版社对本书申请国家出版基金所做的努力。感谢国家出版基金的大力支持。

最后，必须深深感谢我的家人们对我的学术研究一如既往的大力支持。学术研究是一种常常需要废寝忘食、没日没夜的工作。出于个人习惯，我的研究工作经常需要在家里开展，并且总是把家中好几处地方变成“书堆”。而且恰好在写作本书的过程中，我的儿子也经历了孕育、出生和成长的历程——全心全意投入学术研究和养育新生儿会产生出怎样的矛盾冲突，就留给读者们自己想象吧。为此我要特别感谢我的妻子曾佳莉，她包揽了绝大部分日常家务琐事和养育孩子的大部分重担（可是她本人和我一样也是大学老师，同时还身兼钢琴家，也有自己的教学、研究甚至演出事业），使得我能够在大部分时间里毫无顾虑地投入到废寝忘食的写作之中。当然也要特别感谢我们双方的父母，尤其是两位母亲，在照顾我们的家庭生活和新生儿方面同样付出了大量心血。不仅如此，曾佳莉还参与了我的几乎所有古建筑考察和测绘工作，她一直担任我们整个测绘团队的“总监”——即便是在她怀孕期间也不例外。我研究过程中遇到的各种各样的灵感、兴奋与苦恼，也常常是第一时间向她报告与倾诉；她总是这本书中每一幅最新出炉的分析图的第一位观众。更神奇的是，她有时甚至用琴声给我带来灵感：记得有一天上午我忽然解开了长期困扰我的唐长安城总平面规划的比例问题，后来得知那时候她正在屋外排练即将演出的莫扎特名曲，就是有着著名的“莫扎特效应”（据说可以提高人的智商）的那首！我还要感谢我们年仅五岁的儿子王畅然小朋友。尽管他的出现，有时候会影响我的研究工作（尤其他小时候哭闹之际），可是大部分时候，我们之间的玩闹也成为我紧张工作之余的轻松插曲。我记得在他小时候，我常常在有重大发现时激动地跑到他和他妈妈跟前大喊大叫、手舞足蹈，他有时会觉得特别可乐，咯咯地笑，有时候也会害怕到吓哭，以为爸爸疯了；有时我有冥思苦想也想不出来的问题，会跑去直接问他，那时还不会说话的他居然会伸出手指头来象征性地回答我……随着年龄的增长，由于常常翻看我的分析图纸，现在只要看到佛光寺大殿或者独乐寺观音阁的图纸，他立刻脱口而出："天圆地方！"让我有一种有了接班人的欣慰之感。

范仲淹曾经在《岳阳楼记》中称"予尝求古仁人之心"，回首写作本书的六年时光，我自己可谓是"予尝求古匠人之心"。随着分析了一个又一个中国古代伟大的都城或者建筑杰作，我越来越有一种强烈的愿望，期望可以"穿越"回到梁思成、林徽因的时代，去向他们二位汇报我的最新发现；甚至如果能直接"穿越"回古代更好，去向萧何、宇文凯、李诫、刘秉忠、蒯祥、"样式雷"，乃至设计建造佛光寺东大殿、独乐寺观音阁、应县木塔这些千古杰作的不知名的大匠们求教，问问他们我的分析可有道理？他们将如何评价我的这些大胆假设（当然也辅以一定程度的小心求证）？我想这些古代哲匠应该会会心一笑，答曰："小朋友，你还是挺敢想的嘛！不过还有很多秘密你还没有发现呢，继续努力吧！"真希望能够在今后的研究生涯中继续探索中国古代建筑博大精深的营造密码。同时，也衷心期待得到读者们的批评与指正！

王南
2018年9月30日
于美国波士顿剑桥